热泵干燥技术与装备

张振涛　杨俊玲　编著

化学工业出版社

·北京·

内 容 提 要

本书系统地介绍了热泵干燥技术的基本原理，热泵干燥系统设计、控制与评价，机械蒸汽再压缩（MVR）热泵干燥技术，太阳能热泵干燥技术以及热泵干燥技术的应用等。具体内容包括热泵干燥技术概述、热泵工质和干燥介质、干燥过程的传热传质、热泵干燥技术、MVR热泵干燥技术、多源热泵干燥技术、热泵干燥系统的控制技术、典型的农林产品热泵干燥、污泥热泵干燥资源化技术与热泵干燥技术在工农业生产中的应用。

本书是编者多年从事热泵干燥技术与工艺研究、热泵干燥系统开发设计和生产应用过程中理论和工程实践经验的总结，也汇编了热泵干燥技术在其他领域的应用，内容丰富，兼具理论分析、实验研究、控制系统开发和工程案例，具有很强的实用性。

本书可供能源动力、建材、食品、冶金、汽车、农林牧渔产品加工、化工机械、工程热物理、环保、理疗、保健、纺织、太阳能等领域从事干燥设备设计、制造、物料干燥加工专业的人员参考，也可供相关专业大学生、研究生、专业技能培训人员等学习参考。

图书在版编目（CIP）数据

热泵干燥技术与装备/张振涛，杨俊玲编著．—北京：化学工业出版社，2020.10（2023.7重印）

ISBN 978-7-122-36922-2

Ⅰ.①热…　Ⅱ.①张…②杨…　Ⅲ.①热泵-干燥　Ⅳ.①TQ028.6

中国版本图书馆CIP数据核字（2020）第081554号

责任编辑：戴燕红　　文字编辑：林　丹　陈立璞

责任校对：边　涛　　装帧设计：刘丽华

出版发行：化学工业出版社（北京市东城区青年湖南街13号　邮政编码100011）

印　　装：天津盛通数码科技有限公司

787mm×1092mm　1/16　印张22¼　字数489千字　2023年7月北京第1版第4次印刷

购书咨询：010-64518888　　售后服务：010-64518899

网　　址：http://www.cip.com.cn

凡购买本书，如有缺损质量问题，本社销售中心负责调换。

定　　价：128.00元

前言

干燥是一个极其复杂的热质传递过程，也是涉及物理和化学变化的过程。干燥行业涉及国民经济的广泛领域，如农业、食品、化工、制陶业、医药、矿产加工、制浆造纸、木材加工等行业，所有的生产过程几乎都要用到干燥。但传统的干燥作业是一项高能耗的工艺过程，我国每年因干燥所消耗的能源占国民经济总能耗的 12% 左右。同时，传统的干燥工艺也是一个造成环境污染的因素。为应对能源和环境问题，实现国民经济可持续发展，干燥的节能与环保日益重要，传统的干燥行业亦面临产业转型升级。热泵技术作为一项兼顾干燥产品品质与成本的清洁节能技术，国内外专家学者已对其做了广泛深入的研究，并将其逐渐应用于干燥领域。编著者近年来主持完成了国家科技支撑计划“特色蔬菜产地保质贮藏节能关键技术装备研发与集成示范 2015BAD19B02”、宁夏回族自治区农业发展项目“枸杞新型制干与保鲜技术研发与示范 ZNNFKJ2015-03”、中国科学院河南成果转移转化中心项目“多功能农特产品热泵干燥技术及产业化”、“移动式烟叶热泵烘烤密集烤房（河南省烟草局重点项目 HYKJ201311）”等十余项国家、省部级及行业科研项目，并在此基础上得到了“十三五”智能农机装备领域国家重点研发计划“农特产品绿色节能干燥技术装备研发 2018YFD0700200”项目的资助，在不同领域持续开展热泵等节能干燥技术的研究。

中国节能协会热泵干燥专委会近年来组织领域内的专家，每年进行多场热泵干燥技术的培训，为热泵干燥技术的推广应用做出了很大的贡献。编著者作为热泵干燥专委会的特聘专家，每年都参与培训工作。2018 年春天，为了进一步做好培训工作，中国节能协会热泵专委会的赵恒谊副秘书长提出由编著者牵头编撰一部系统性、理论性与实践性结合、农机与农艺结合的教材，反映近年来热泵干燥领域的研究进展和产业进步，一方面用于行业应用培训，另一方面也可供科研教学机构参考，共同促进热泵干燥技术与装备的发展。

众所周知，热泵干燥利用逆卡诺循环的原理从周围低温介质中吸取热量，并将一定低温的热能通过热泵系统转化为较高温度的热能来蒸发需要干燥物料中的水分，从而促使物料干燥。热泵干燥只需消耗压缩机工作时使用的电能，就可从空气和排湿废热等低品位能源中获取能量，同时压缩机所消耗的电能也转化为热能被用于干燥，从而提高了能效比（Coefficient of Performance)，较传统干燥方式更节能。热泵干燥技术是一种温和的、接近自然的绿色干燥方式，对环境无污染，是构建生态文明的高效绿色节能技术之一。热泵干燥不仅能对干燥介质的温度、湿度、气流速度等进行精确控制，而且会大大提高干燥产物的品质，目前已广泛应用于木材干燥、种子干燥、食品加工、陶瓷烘焙、纺织行业以及中药材干燥等诸多领域。随着热泵干燥技术的不断创新和应用领域的拓展，基于能够实现对干燥过程的精准控制，热泵干燥技术还具备了发酵、提纯、增效、杀菌、定型定色等新型高品质功能。

干燥装备的设计不仅涉及极为复杂的传热传质机理、物料自身的物性特征与干燥特性，还涉及机械结构设计与自动化控制技术；干燥工艺技术、机械结构特征、自动化控制技术水平直接影响到干燥品质、能耗、设备寿命、安全性及系统的经济性。本书是张振涛研究员多年来从事热泵干燥学术研究和工程应用的经验成果总结，为了使内容更加丰富，编著者也借鉴、汇编了热泵干燥技术在其他领域应用中的经典案例。本书不仅阐述了干燥理论、热泵系统、热泵干燥工艺、自动控制技术、多源高效热泵干燥技术与热泵干燥技术标准及性能评价，也枚举了热泵干燥技术在食品、中药材、烟草、污泥、纺织、化工石油、造纸及木材等行业的应用。本书特色在于理论指导实践应用，又在实践中检验、丰富与推动了理论的发展与完善。

本书共有10章，涵盖了热泵干燥理论、实验研究和工程应用一整套热泵干燥技术，分别为热泵干燥技术概述、热泵工质和干燥介质、干燥过程的传热传质、热泵干燥技术、机械蒸汽再压缩（MVR）热泵干燥技术、多源热泵干燥技术、热泵干燥系统的控制技术、典型的农林产品热泵干燥、污泥热泵干燥资源化技术以及热泵干燥技术在工农业生产中的应用。本书既有经典理论阐述，又有实验研究、理论分析、数值仿真计算、工艺开发，也有经典工程应用案例的系统描述，是从理论到实践再到理论、从发现问题到提出问题再到解决问题的对科学研究方法的阐述。同时，本书也是在大数据时代下，涉及动力工程及工程热物理、机械、控制、化学、农学、林学、医学、物理等多学科交叉融合的研究与应用之作。

《热泵干燥技术与装备》由中国节能协会热泵专业委员会特聘专家、中国科学院理化技术研究所张振涛研究员，中国科学院理化技术研究所杨俊玲副研究员编著。其中，第1章由张振涛，中国节能协会宋忠奎秘书长撰写；第2章由张振涛，中国节能协会热泵专委会赵恒谊常务副秘书长撰写；第3章由广东省现代农业装备研究所的肖波博士，中国科学院理化技术研究所的张钰博士、杨俊玲撰写；第4章由杨俊玲，扬州大学的张琦副教授和郑州轻工业大学的王涛博士撰写；第5章由杨俊玲、中国科学院理化技术研究所张化福助理研究员、刘军博士、张钰博士，常州博睿杰能环境技术有限公司的张俊浩工程师，山东章鼓节能环保技术有限公司的井德忠高工撰写；第6章由青岛科技大学的孟祥文讲师，中国科学院理化技术研究所张振涛、杨俊玲撰写；第7章由西安交通大学的赵玺教授，张振涛撰写；第8章由河北科技大学的赵丹丹副教授，杨俊玲、张振涛，广州能源所的龚宇烈研究员、刘雨兵高工，河南佰衡节能科技股份有限公司的程烨高工撰写；第9章由青岛科技大学的何燕教授，西安交通大学的刘迎文教授，孟祥文，张振涛撰写；第10章由东北电力大学的金旭副教授、刘忠彦讲师编写。

在本书编著过程中，博士后张骥、研究生越云凯、张鹏、林家辉、徐鹏等付出了辛勤劳动，在此一并感谢。南京林业大学的顾炼百教授前期对本书提出了很多建设性意见，北京林业大学的张璧光教授、华中科技大学的邵双全教授、南京林业大学的苗平副教授对本书进行了校阅，在此深表谢意。

感谢中国科学院院士、西安交通大学的何雅玲教授在百忙中审阅书稿，并为本书作序。感谢中国节能协会热泵专业委员会对本书的支持与帮助。

本书在编著过程中使用了工业和信息化部、国家能源局、国家统计局、国际能源署以及北极星网等单位统计的数据资料，参阅了大量国内外专家学者、工程技术人员、相关企业、高校与科研院所等的研究成果、实践经验和工程案例，在此表示衷心感谢！

在河南嵩县乡村郊区建设热泵烤烟房后十余年热泵干燥技术应用研究的过程中，曾经一起奋斗在工作现场的有吕君博士、魏娟博士、陈嘉祥博士、张冲博士、李博博士、苑亚博士、李伟钊博士、孙椰望助研等诸多年轻学子，正是他们出色的研究工作，共同促成了本书的出版。

在河南省烟草局几个科技专项的执行过程中，得到了洛阳烟草公司及嵩县支公司、三门峡烟草局及陕县公司、许昌烟草局、南阳烟草局、平顶山烟草局、漯河烟草局等河南烟草系统各级领导与烟草生产技术专家的全力支持，一起在烟草系统前瞻性地开展了各类热泵烤房的研究和热泵烤房标准的发布，并获得了一些奖项。

在多年的研究过程中，也得到了众多企业的支持和赞助。在压缩机生产企业中，艾默生公司赞助了一部分压缩机，并与团队共同开发早期的热泵干燥控制系统；比泽尔公司赞助了团队第一台跨临界二氧化碳压缩机。要做好干燥技术的研究工作，一定少不了现场规模的实验验证，宁夏塞上阳光、东莞正旭、昆明现代阳光、中科股份、浙江阳帆等企业在不同的地域、不同的产品领域不仅为团队的实验工作提供了便利，而且对现场工作的老师、同学的生活也都照顾得无微不至。可以说，热泵干燥技术的研究能够取得一些进展，与这些企业的大力支持是分不开的。

编著者在科研实践过程中得到的支持极多，任何感谢都难免挂一漏万，只能在此向支持热泵干燥技术研究的各位同仁、各位企业家一并致谢。

限于编著者的知识、能力以及工程经验，且科学技术发展迅速、技术创新不断，书中难免有不足之处，敬请同行和读者批评指正。

中国科学院理化技术研究所
中国轻工业食品药品保质加工
储运装备与节能技术重点实验室
张振涛　杨俊玲
2019 年 11 月

序

干燥技术在工业生产和人民日常生活中随处可见，尤其是在农林产品加工领域。我国的农林产品产地加工目前还存在机械烘干比例低、能耗较高、污染较重、智能化程度较低等诸多问题。构建智能控制、绿色节能的干燥技术与装备体系是提升农特产品干燥技术与装备水平的关键手段。热泵干燥技术与装备是构建绿色节能干燥技术的一种重要手段，受到热泵、农机、农产品加工、环保等行业的关注，迎来了快速的发展；但由于生物物料的易变异性及设备价格等因素的影响，又使得热泵干燥市场面临着挑战。面对这些挑战，深入研究热泵干燥技术与装备，降低干燥能耗，提高干燥物料品质，促进干燥技术的进步，推动智能化农机的发展，是一项具有重要意义的工作。

《热泵干燥技术与装备》一书反映了张振涛研究员等科技工作者10余年来在承担智能化农机领域国家重点研发计划、国家科技支撑计划、中国科学院科技服务网络计划（Science and Technology Service Network Initiative，简称STS计划)等科研项目中科研实践与产业化经验的阶段性成果。

本书内容具有如下三个特点:

一是体现了能源、农机、农艺结合的特点。从能源角度，书中介绍了热泵干燥技术的特征、节能的机制，深入揭示了干燥过程排湿废热的梯级利用与高效回收利用的机理与方法；同时还介绍了对其他低品位能源、可再生能源的综合高效利用等，体现了干燥过程的绿色节能特征。从农机角度，研究了农产品加工过程中干燥器的结构形态、布料方法、物料尺度、形态等因素对干燥器内流场、温度场、干燥品质的影响特征，实现了干燥过程能源与农机的协同。从农艺角度，明晰物料干燥品质的基本表征，研究了干燥介质温度、湿度、成分状态与物料干燥过程内部水分迁移机制、力学行为与生化行为的相互作用、干燥物料品质转变的机理，进而开发出对应的保质干燥工艺。

二是体现了学科交叉的特点。典型干燥工艺的研究，一方面要研究干燥介质的温度和湿度、干燥器内的温度场、流场；另一方面还要研究在这些热力学条件下的多孔物料内部水分迁移机理、高有机物、高活性成分的转化机制、毛细孔道的变化等，体现了热力学、传热学、生物力学、流体力学、植物解剖学等多学科的结合与交叉。在智能控制方面，既要研究热泵的高效运行控制问题，还要研究基于品质特征实施的采集和反馈控制，体现了模式识别、传感器、自动控制等多学科的交叉。

三是体现了技术应用的特点。书中内容不仅有编者在多个科研项目支持下的理论与实验研究成果，还包含了编者将研究成果技术转化的实际应用经验，体现了研究与生产实践紧密结合、互相促进的特点。

相信本书可以为从事热泵干燥行业的工作者提供很好的帮助和经验参考。

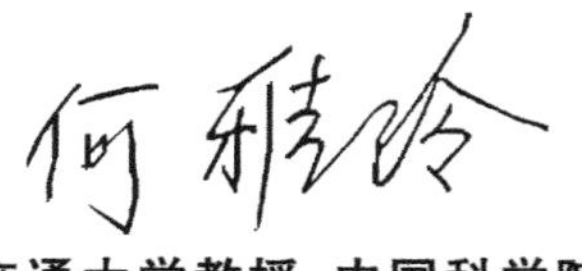

西安交通大学教授、中国科学院院士

2019年12月

目录

第3章 干燥过程的传热传质 / 036

第4章 热泵干燥技术 / 059

第6章 多源热泵干燥技术 / 121

第7章 热泵干燥系统的控制技术 / 143

第9章 污泥热泵干燥资源化技术 / 268

第10章 热泵干燥技术在工农业生产中的应用 / 310

第1章

热泵干燥技术概述

1.1 能源与环境现状

1.1.1 能源现状

能源是人类社会赖以生存的基础，是经济和社会发展的重要资源，也是国际社会面临的五大社会问题之一。工业革命之后，世界经济得到了快速增长，但也带来了能源安全、能源短缺、能源争夺以及过度使用引起的环境污染等问题，这些问题将严重威胁到社会发展甚至人类的生存。

目前世界各国的能源消费基本都以化石能源为主，而化石能源是不可再生资源。从1971年到2017年，世界一次能源供应总量（TPES）增长了2.5倍以上。2017年，石油、煤炭、天然气三者占全球能源消费的比例分别为31.8%、27.1%和22.2%，2018年全球能源消费增长2.3%，几乎是2010年以来平均增速的两倍。全球的天然气需求从2010年以来以最快的速度增长，同比增长4.6%；石油需求增长1.3%，煤炭消费增长0.7%，石油和煤炭占全球需求增长的四分之一。总之，煤、石油、天然气等常规能源是不可再生并会最终枯竭的能源。

目前我国已经成为世界上最大的能源生产国和消费国之一，能源行业的发展取得了不错的成绩，但能源发展也面临着需求压力巨大、生产和消费过程产生的环境污染严重等问题。我国能源资源的阶段性特征从无限供给逐渐转为日益稀缺，能源的供需矛盾成为制约未来经济持续稳定增长的重要因素之一。

从1990年到2016年，我国一次能源的供应总量增长238.58%；目前我国能源消费占全球能源消费的23%，占全球能源消费增长的27%。2017年我国的工业能耗达27.91×10^8tce（吨标准煤当量），单位工业能耗达0.175，大约是美国（0.134）的1.3倍，日本（0.093）和德国（0.087）的2倍。随着经济规模的进一步扩大，能源需求还会持续增加，供求矛盾将长期存在，还将带来巨大的环境压力。据国际能源署（IEA）统计，自1997年我国的能源净进口值由负值变为正值，能源总消费已经大于总供给；近年来，作为全球第二大经济体，我国对能源的需求日益扩大。2016年我国的原油对外依存度升至65.4%，天然气对外依存度超过30%，其中石油进口和海外油气开发长期高度依赖和集中在中东和非洲等地区。煤炭是我国的基础能源，富煤、少气、贫油的能源结构较难改变。据测算，目前我国已探明的煤炭可采储量为 1145×10^8t，剩余已探明的石油储量为 24×10^8t。据估算，到 2020 年，我国主要的矿产资源中只有不足 15%的品种尚可满足社会发展需求。能源需求的对外依存率迅速增大，对我国的发展是一个很大的制约因素。同时我国的能源消费结构依然有待改善，作为主要消费能源的煤炭产量虽然有所下降，但其能源消费占比还在 60%以上。

1.1.2 我国的环境现状

当前世界消耗的化石能源主要以煤、油、气为主，由此带来二氧化碳、硫氮化合物排放日益增加，造成雾霾问题、温室效应问题、酸雨问题日益严重，对当前地球的生态系统造成威胁，如全球平均气温与海水温度升高、全球大范围陆源冰川和极地冰盖融化、世界平均海平面上升等现象。

2017 年，我国的工业废气排放量为 1102.86 万 t、废水排放量达 7110954 万 t、工业固体废物产量达 309210 万 t，远高于美国、日本和德国等发达国家的排放水平。根据有关报道，燃烧 1t 煤平均排放 CO_2 490kg、粉尘 13.6kg、SO_2 14.8kg，其中粉尘是造成雾霾的主要成分。2018 年，全国 338 个地级以上城市中，217 个城市环境空气质量超标，占 64.2%；338 个城市发生重度污染 1899 天次，严重污染 822 天次，比 2017 年增加 20 天。以 PM2.5 为首要污染物的天数占重度以上污染天数的 60.0%，占总超标天数的 44.1%；京津冀及周边地区的平均超标天数比例为 49.5%，其中轻度污染占 32%，中度污染占 11.5%，重度污染占 5.2%，严重污染占 0.8%。超标天数中，以 O_3、PM2.5、PM10 和 NO_2 为首要污染物的天数分别占总超标天数的 46.0%、40.7%、12.8%和 0.8%；区域 PM2.5 的年均浓度为 60μg/m^3，PM10 的年均浓度为 109μg/m^3，环境污染形势不容乐观。环境污染给我国带来的经济损失约占 GDP 的 8%～15%。

我国的能源资源主要分布在生态较为脆弱的地区，能源资源在开发过程中，造成区域性灰霾天气的持续、硫氮混合型酸雨的产生，给脆弱的生态环境造成很大的负担。酸雨在我国的主要成因来源于燃煤与机动车行驶排放的二氧化硫和氮氧化物，近二十年来有加速扩散的趋势，从 1980 年的西南地区，扩散到 1990 年的长江流域东南部大部分地区以及珠三角地区，到 2000 年扩散到秦岭和淮河以南的地区；2018 年，酸雨区的面积约 53×10^4km^2，占国土面积的 5.5%，其中，较重酸雨区面积占国土面积的 0.6%。471 个监测降水的城市（区、县）中，酸雨频率平均为 10.5%；出现酸雨的城市比例为 37.6%，比 2017 年上升 1.5 个百分点；酸雨频率在 25%以上、50%以上和 75%以上的城市比例分别为 16.3%、8.3%和 3.0%。全国降水 pH 年均值范围为 4.34（重庆大足区）～8.24（新疆喀什市），平均为 5.58。酸雨、较重酸雨和重酸雨的城市比例分别为 18.9%、4.9%和 0.4%。

当前气候变化是人类面临的最严峻的挑战之一。化石能源的过度使用加速了气候变化和地球表面升温，科学家预测，地球生态警戒线是大气中的 CO_2 浓度在 450ppm（1ppm＝10^{-6}，下同），地表温升 2℃；一旦超过 2℃，就会朝着 6～7℃的严酷温升发展，全球变暖将无法控制。2018 年，全球 CO_2 的总排放量已达 3.31×10^{10} t/a，大气中的 CO_2 浓度已达 407.4ppm（1ppm=10^{-6}，下同）。国际能源机构 IEA 预测，照此趋势，2050 年地表温升就将达到 2℃。此外，气候变化导致的风暴、热浪、洪水、冰灾等灾害也正在加剧。

由此可见，我国的能源环境与经济发展的矛盾日益突出，能源问题日益成为制约我国可持续发展的瓶颈。长远来看，应从两个方面解决之，一是调整能源结构，增加可再生能源占比，二是大力推广采用节能技术，从源头上降耗。

1.1.3 我国的节能与环保目标

基于全世界资源、能源急剧消耗的危机分析，资源、能源的合理开发及利用逐渐引起了人们的关注。在政府不断出台的相关政策法规中，对高能耗产业相继提出了更高的要求，中国工程院《中国能源中长期（2030、2050）能源发展战略研究报告》提出“我国要兑现 2020 年碳排放强度比 2005 年下降 40%～45% 的承诺”。我国在《工业绿色发展规划（2016—2020 年）》中明确指出“到 2020 年绿色发展理念要普遍贯穿于工业领域的全过程”工业转型应以“更有效地节约利用资源、更重视环境价值和更快地提高环境保护标准”的绿色转型发展为导向，其最终目标是实现中国工业的绿色增长和可持续发展。

面对环境污染和资源短缺的约束，为推进生态文明建设，我国相继出台了《中华人民共和国环境保护法》《中华人民共和国大气污染防治法》《中华人民共和国清洁生产促进法》等法律。同时，《“十三五”控制温室气体排放工作方案》指出，将实施能源消费总量和强度双控，到 2020 年，能源消费总量控制在 50×10^8 tce 以内，单位工业增加值二氧化碳排放量比 2015 年下降 22%。2018 年 7 月印发的《打赢蓝天保卫战三年行动计划》提出经过 3 年努力，大幅减少主要大气污染物排放总量，协同减少温室气体排放，进一步明显降低细颗粒物（PM2.5）浓度，明显减少重污染天数，明显改善环境空气质量，明显增强人民的蓝天幸福感。到 2020 年，二氧化硫、氮氧化物排放总量分别比 2015 年下降 15% 以上；PM2.5 未达标的地级及以上城市浓度比 2015 年下降 18% 以上，地级及以上城市空气质量优良天数的比例达到 80%，重度及以上污染天数的比例比 2015 年下降 25% 以上。同时提出调整优化产业结构，推进产业绿色发展及加快调整能源结构，构建清洁、低碳、高效能源体系等六方面任务措施，并明确量化指标和完成时限。为此，我国不断加大环境督查力度，提高环境规制强度，以实现环境污染的改善，力图以环境规制倒逼工业绿色转型。

干燥行业是我国工业能耗的大户，促进干燥行业绿色保质发展，尤其是干燥行业的能源使用效率提升与污染排放减少，实现资源能源的集约化和高效化使用是当今干燥行业所追求的目标。

1.2 我国干燥行业的现状与发展趋势

1.2.1 干燥概述

为了保证产品质量和使用要求，在产品（或半成品）的储存、运输与使用以及进一步加工的过程中，需除去其中的湿分（水或有机溶剂）。例如，药品湿含量过高，有效期就变短；煤粉含水量过高，净煤运输量下降，运费增加；塑料颗粒若含水超过规定，则在以后的成型加工中产生气泡，影响产品的品质。因此，干燥作业的良好与否直接影响产品的使用质量与外观。

干燥是指借助外力使物料脱水除湿的过程。在一定温度下，湿物料中所含的水都有一定的蒸汽压，当此蒸汽压大于周围干燥介质中的水汽分压时，水分将汽化，汽化所需的热量来自于周围干燥介质或由其他热源通过热传导、对流和辐射等方式提供。干燥按照加热方式可以分为热传导干燥、对流干燥和辐射干燥，对流加热的干燥过程按操作压力一般可分为常压干燥与真空干燥；按操作方式分间歇干燥与连续干燥。目前，干燥行业普遍采用以空气为干燥介质的对流干燥方式去除物料中的水分，空气既是载热体又是载湿体。图 1-1 为对流干燥过程的热质传递示意图，温度为 t、湿分分压为 p 的湿热气体流过温度为 t_i 的湿物料的表面，且 $t_i < t$，在温差作用下，气体以对流方式向固体物料传热，使湿分汽化；在分压差的作用下，湿分由物料表面向气流主体扩散并被气流带走。对流干燥过程中，传热、传质同时进行，只要物料表面的湿分分压高于气体中的湿分分压，干燥即可进行，与气体温度无关。

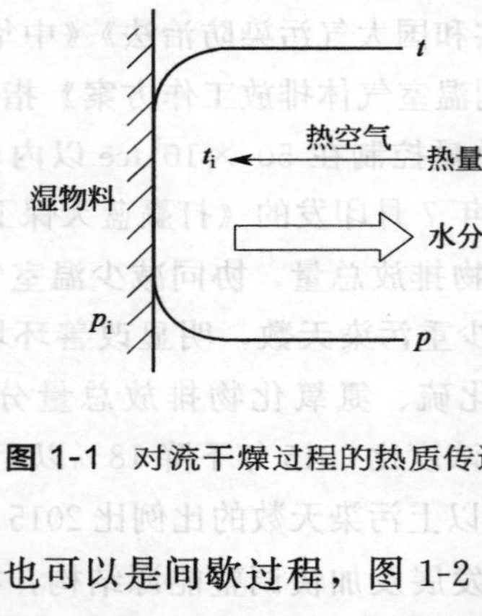

图 1-1　对流干燥过程的热质传递

对流干燥可以是连续过程也可以是间歇过程，图 1-2 是典型的对流干燥流程示意图。空气经预热器加热至适当温度后，进入干燥器；在干燥器内，气流与湿物料直接接触；沿其行程气体温度降低，湿含量增加，废气自干燥器另一端排出。若为间歇过程，湿物料成批加入干燥器内，待干燥至指定的含湿要求后一次取出。若为连续过程，物料被连续地加入与排出，物料与气流可呈并流、逆流或其他形式的接触。

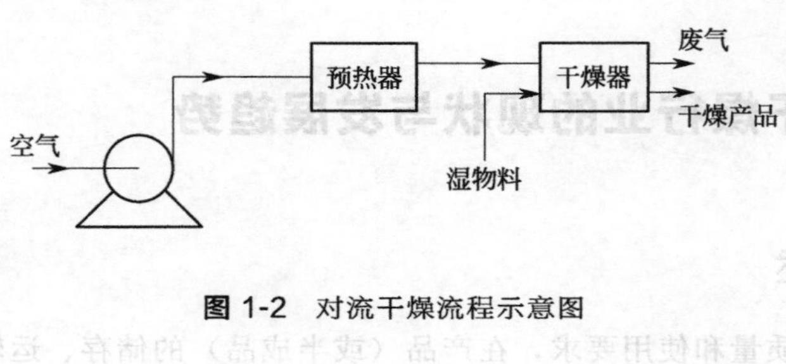

图 1-2　对流干燥流程示意图

在干燥操作中，加热空气所消耗的热量只有一部分用于汽化水分，相当可观的一部分热能随含水分较高的废气流失（例如木材常规干燥的排气热损失可高达40%）。此外，设备的热损失、固体物料的温升也造成了不可避免的能耗。为降低汽化水分的热负荷，干燥前湿物料中的水分应当尽可能采用机械分离方法先给予去除，因为机械分离方法比较经济。为提高干燥过程的经济性，应采取适当措施降低能耗，提高干燥过程的热利用率，如回收废气中的热量是有效的节能措施。

1.2.2 我国干燥行业的现状

国家统计局公布的全国粮食生产数据显示，2019年全国粮食总产量66384万t，比2018年增加594万t，增长0.9%，创历史最高水平。其中每年收获的粮食中有20%属高水分，即约有1.2×10^8t粮食需要干燥。但目前我国的粮食干燥仍以自然晾晒为主，粮食机械烘干量不足4000×10^4t，因不能及时干燥粮食至安全水分而造成霉变和发芽的损失量已占到了年产量的5%，经济损失高达300亿～600亿元。近年来干果的产量和质量都得到了快速提升，仅新疆地区2016年干果产量已经达到800多万吨，产量的提升迫切需要精细的加工手段与之匹配。干果加工目前还以自然晾晒、风干和传统烘干房烘干为主，干燥加工较国外而言存在效率低、品质差，易造成二次污染等缺点，导致干燥产后损失率增加。农产品的产后损失已经成为不可忽视的经济问题和亟待解决的难题。

我国第一届干燥会议于1975年召开，至今已经有40多年的历史。四十多年来，我国的干燥行业不断发展壮大，目前我国从事干燥技术研究的科研院所、大专院校、研究单位有几十家，涉及化工、医药、染料、轻工、林业、食品、粮食、造纸、水产业等。近年来，随着科技的进步，干燥方法趋于多样化，发展出了一系列新型干燥技术，主要有热泵干燥、真空干燥、太阳能干燥、微波干燥、电场干燥、辐射干燥、薄膜干燥、喷雾干燥、流态化干燥、带式干燥、冷冻干燥、远红外干燥、蒸汽回转干燥、MVR干燥等多种方法被应用于干燥行业。干燥方法的种类多，但以常压湿空气作干燥介质的常规干燥技术因其技术成熟、操作简便、干燥特性容易掌握、干燥速度快等诸多优势仍占主导地位。

根据干燥设备的操作压力可分为常压干燥机和真空干燥机；根据不同的加热方式可分为对流式干燥机、传导式干燥机、辐射式干燥机、介电式干燥机等；根据不同的运动方式又可分为输送机式干燥机、立式干燥机、机械气流式干燥机、喷雾式干燥机以及组合式干燥机等多种。

长期以来，国内干燥设备行业一直存在生产规模小、门槛低、整体技术含量不高的问题。如大部分企业集中于生产成熟度较高的设备，不注重新技术的开发，数量虽多但整体水平不高等。整体来说，我国干燥设备产业的发展与世界先进水平相比还有较大的差距。其中，以燃煤为主的高能耗、高污染，中、低端技术占据市场主导地位是目前我国干燥设备市场发展的瓶颈。由于对于节能与绿色能源的认识不足，有些行业把在首都区域明令禁止的生物质颗粒等高排放的燃料当成至宝大力推广，从燃煤污染转向另一种污染。当然，我们也欣喜地看到，在科技部、中国节能协会热泵专业委员会、中国制冷空调工业协会、中国农业机械学会等的推动下，节能干燥技术的发展方兴未艾，涌现出河南佰衡节能股份、宁夏塞上阳光、东莞正旭、昆明现代阳光、安徽中股份等一批新型节能干燥设备制造骨干企业，引领着新型干燥技术的发展。如今，我国的干燥设备已经基本结束“进口时代”；我国干燥设备在国内市场的占有率已达80%以上，预计未来国产干燥设备在国内市场的占有率将达90%以上。

干燥过程中不仅存在物理变化，还同时存在着复杂的生理、生化过程。物料干燥过程中，由于物料本身存在的水分及挥发物质具有显热与潜热，因此干燥是一个能量密集型的操作过程。据 A. S. Mujumdar 教授提供的数据，在美国、加拿大、法国、英国，工业干燥能耗占全国总能耗的10%～15%，而在丹麦和德国，则高达20%～25%。我国的干燥能耗占整个工业能耗的比例约为12%。在一些高能耗行业，其所占加工能耗的比例更高。英国造纸的干燥能耗占其加工总能耗的33%；而我国在木材加工行业，干燥能耗占整个加工能耗的比例甚至高达40%～70%。因此，干燥环节的节能在降低整个工业能耗上具有巨大潜力。在巨大的能源消耗的同时，干燥过程所造成的环境污染也不可忽视。目前市场上使用的常规干燥设备中，热风干燥设备的湿气排放污染大，采用燃煤炉的烘干机由于缺乏脱硫、脱硝与除尘设备，不仅能源利用效率低，而且污染严重；干燥过程产生大量的PM2.5细颗粒物，造成空气污染，危害人体健康，进而形成酸雨，使土壤酸化、污染灌溉水源与饮用水。同时干燥环节的重要性不仅在于它对产品生产过程的效率和总能耗有较大的影响，还在于它往往是生产过程的最后工序，操作的好坏直接影响产品质量，从而影响市场竞争力和经济效益。因此，我国需要进一步对干燥行业投入更多的研究。干燥过程的节能降耗与品质保持一直是技术攻关的难点、装备升级的痛点、终端用户所讨论的热点以及国家政策的焦点。

随着农林产品、食品及其他需要干燥物料类别的丰富与人们对物料干燥品质要求的提高，加工企业对干燥设备的多功能性也越来越重视，更加注重研究物料干燥机理和干燥特性、掌握对不同物料的最优操作条件、开发和改进干燥器。进一步研究大型化、高强度、高经济性、广谱与个性化结合，改进对原料的适应性和产品质量，开发新型高效和高适用性的保质节能干燥装备是干燥器发展的基本趋势。

在探索干燥技术的新型发展道路时，必须对能效、环保以及产品的质量进行综合考虑，以求得全面、协调和可持续的发展。要实施高效与绿色干燥的发展战略，首先要走资源节约型发展道路，变单一粗放型干燥为组合、智能型干燥；不仅要从干燥工艺上进行根本改造，还要进行全面、多层次的节能技术改造，大力发展应用可再生能源与工业余热的干燥技术。总的来说，加强干燥行业的发展应该从以下几个方面入手：①更改能源供给形式，利用可再生能源替代不可再生能源；②优化干燥工艺，提升干燥技术，开发新型干燥技术，研制高效节能的干燥装备；③开发智能控制技术与装备，提升干燥效率；④各种排气热能回收技术的研发与推广。干燥是一个能耗较大的工艺过程，提高干燥物料的品质、缩短干燥工作周期以降低干燥系统的运行能耗，一直是干燥技术与工艺研究的重要课题。热泵及除湿干燥技术因其适应范围广、热效率高并能较好地保持物料的品质而受到重视。

1.3 热泵干燥技术

1.3.1 热泵干燥技术的原理

热泵是根据逆卡诺循环原理以消耗少量高品质能源或高温热能为代价从自然环境或余热资源吸热以获得更多的输出热能，实现将低品位热能转化为高品位热能的。逆卡诺循环是工作于温度分别为 T_1 和 T_2 的两个热源之间的逆向循环，由两个可逆定温过程和两个可逆绝热过程组成。工质为理想气体时，逆卡诺循环的 T-s 图，如图 1-3 所示。图中，过程 c—b 工质被等熵压缩，升温、升压；过程 b—a 工质向热源等温放热，放出热量为 q_1；过程 a—d 工质等熵膨胀，降温、降压；过程 d—c 工质从冷源等温吸热，吸收热量为 q_2，从而完成整个循环。一个循环中，工质向温度为 T_1 的高温热源的放热量 q_1 与该循环的净耗功量 w 之比，称为该逆卡诺循环的制热系数（Coefficient of Performance，COP）。

$$\mathrm{COP}=\frac{q_1}{w}=\frac{T_1}{T_1-T_2} \tag{1-1}$$

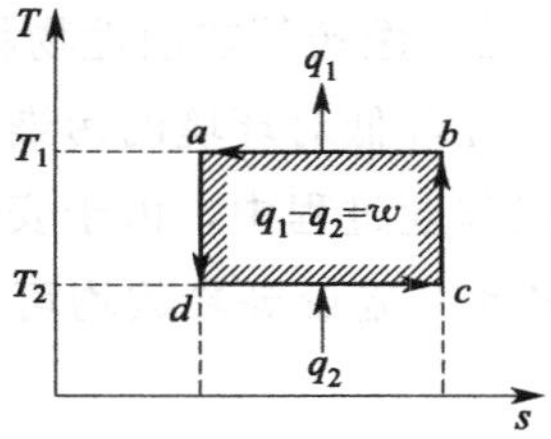

图 1-3 逆卡诺循环 T-s 图

热泵干燥和常规干燥的基本原理和干燥本质相同，均是依靠干燥室内热空气与被干物料间的对流换热，空气加热被干物料并吸收从被干物料中蒸发出的水分，两者的主要区别是湿空气的去湿方法不同。常规干燥利用向大气排湿的方法来降低干燥室内的相对湿度，即根据干燥工艺的要求湿度，定期排出一部分湿度大的热空气，同时从外界吸入等量的冷空气。

除湿干燥机是通过系统的蒸发器制冷把干燥介质的温度降低到露点温度以下，从而脱除干燥介质中的水分。降低干燥室内空气的湿度，调控干燥介质与被干燥物料表面之间水蒸气分压差的干燥方法。通常干燥介质在干燥室与除湿机之间为闭式循环，基本上不排气。除湿干燥机的主要部件是压缩机、蒸发器、膨胀阀和冷凝器。蒸发器内的制冷剂吸收来自干燥室内的干燥介质湿热空气的热量，使湿热空气冷却脱湿排水成为干冷空气，温度和相对湿度都降低。蒸发器内的制冷剂由于吸收湿热空气的热量而由液体变成气体，经压缩机压缩升温后送至冷凝器。冷凝器内的制冷剂依靠来自蒸发器的干冷空气冷却为高温高压液体，同时冷凝器内制冷剂放出的热量使干冷空气被复热成为干热空气，又送回干燥室加热干燥物料，并绝热等焓吸收被干物料的水分。来自冷凝器的高压高温制冷剂液体经过膨胀阀等节流装置的作用由高压降至低压，成为温度较低的两相流体进入蒸发器内吸热进入下一个制冷除湿循环。由于除湿干燥机在除湿干燥的同时，回收了干燥介质的低品位废热，并把回收的这部分废热升温增焓后，重新用于干燥供热，类似水泵将水从低水位泵送到高水位，因此也常把这种除湿干燥机称为热泵干燥机。但开式热泵干燥机和半开式热泵干燥机一般不再称为除湿干燥机。

热泵干燥机回收了干燥室空气排湿放出的热量，因此它是一种节能干燥设备。与常规干燥设备相比，热泵干燥机的节能率在40%～70%。

1.3.2 热泵干燥技术的特点

（1）热泵干燥技术的优点

① 节能降耗。热泵干燥的过程基本上在封闭的系统内进行，干燥过程回收利用了废气中的显热及潜热，有效地降低了能量损失，例如木材用热泵干燥与传统干燥相比节能率一般在40%左右。

② 干燥品质高。热泵干燥技术一般属于低温的干燥，且干燥环境易于调控，所以干燥质量好。适用于多数农产品、食品、医药等热敏性物料的干燥。

③ 环境友好。热泵干燥可以明显降低对环境的污染，减少对全球变暖的影响。

④ 自动化程度高。在热泵干燥作业过程中，由于安装了各种类型的传感器和控制装置，干燥室内干燥介质的温度、湿度、流量等参数均可得到比较精准的控制，使热泵干燥装置自动化程度大幅度提高。

（2）热泵干燥技术的缺点

① 热泵干燥在干燥后期除湿效率下降、干燥速率降低、能耗增加。

② 热泵干燥的温度多数属于中温或低温干燥，通常比常规干燥的干燥时间长。

③ 热泵设备投资比较大，一般为传统干燥设备的两倍多。

④ 维修保养的问题也需关注，如制冷剂的泄漏对热泵干燥装置的工作性能影响较大。

1.3.3 热泵干燥技术的适用范围

① 适用于附加值比较高、干燥周期较长的物料。例如对于木材干燥而言，高档的珍贵材、难干材干燥周期长，用热泵干燥节能效果明显，而且干燥质量很好。

② 由于热泵干燥在物料的高含水率阶段节能效果显著，故用热泵对物料预干更适宜。

③ 热泵在高温、潮湿地区节能效果更好。

④ 对于适于低温干燥的种子、水产品及热敏类化工原料建议推广热泵干燥。

1.3.4 热泵干燥与其他干燥技术的对比

（1）热风干燥

热风干燥由于价格低廉且易于操作等因素是目前应用最广泛的干燥技术。热风干燥以热空气作为干燥介质，首先将物料表面的水分汽化并不断扩散到周围介质中；然后将物料水分从内部逐渐向表面转移，使物料含水量下降，直至达到一定的水分含量为止。在干燥过程中，物料表面的温度逐渐升高，形成了由外到内、由高到低的温度梯度；而水分的迁移方向与该梯度的方向相反，阻碍了水分的迁移过程，从而导致干燥速度变慢。热风干燥为了保证干燥速度，加热的温度比较高，容易造成果蔬表面色泽的变化和内部营养物质的损失。此外，热风干燥还存在干燥时间长、能量利用率低、能耗大以及储藏期产品品质下降等问题。

（2）微波干燥

微波干燥是指利用波长为1mm～1m、频率为300MHz～300GHz的电磁波的穿透性把能量传播到被加热物体的内部，依靠高频电磁场造成分子运动和相互摩擦从而产生大量摩擦热使得介质温度升高，促使水分子从物料逸出达到干燥的目的。微波加热与传统的对流、传导与辐射不同，它打破了传统传热的限制因素，利用微波的穿透性直接到物料内部加热。微波干燥过程中，微波能能够被水分子优先吸收，使物料水分由内部向表面迁移，然后变成水蒸气被去除，迅速完成干燥的目的。所以微波加热具有干燥速度快、产品内外同时加热等优点；但微波干燥也存在许多缺点，如物料受热不均匀，导致产品质量下降、物料表面易烧焦等普遍问题，又如微波设备复杂、价格昂贵、单位耗能高等，这些限制了微波干燥的工业化应用及推广。

（3）真空干燥

真空干燥就是将被干燥的物料置于密封的干燥室中，在抽真空的同时对被干燥物料不断加热，使物料内的水分子通过压力差和浓度差扩散到表面，水分子在物料表面获得足够的动能，在克服分子间的吸引力后，逃逸到真空室的低压空间，从而被真空泵抽走的干燥过程。因为水的汽化温度与蒸汽压成正比，所以真空干燥时物料中的水分在低温下就能汽化，可以实现低温干燥。真空干燥时由于干燥室的压力始终是负压，气体分子稀薄，含氧量低，还可以降低操作温度，因热作用与氧化作用引起的物料变色少，基本可以保持物料的天然色泽。因此，真空干燥是一项低温、快速的干燥技术，在热敏性材料、易燃和易爆危险品的干燥中具有非常重要的应用价值。常用的真空干燥设备大致有真空厢式、真空耙式、真空滚筒式、真空双锥回转式、真空转鼓式、真空圆盘刮板式、圆筒搅拌式、真空振动流动式与真空带式等。但是，真空干燥的抽真空系统、能耗问题以及传热效率亟待解决；一些传动装置密封引起的泄漏也是真空干燥设备的不足。另外，真空干燥投资大、设备干燥容量扩大受限也是影响真空干燥推广应用的因素。近几年来，将真空技术与微波、远红外加热技术及其他干燥技术相结合，出现了一些新的真空干燥装置类型，比传统的烘干机节约能耗30%～50%。随着规模化生产的需要，研究连续式真空干燥设备及其配套装置，开发大型化、自动化设备势在必行。

（4）冷冻干燥

冷冻干燥是在较低温环境中，将物料水分快速冷凝成冰，而后在较高真空度下使冰直接升华去除水分的干燥技术。由于物料冷冻干燥过程中，水分升华后物料的形状及内部结构基本维持不变，故干燥后产品有很好的复水性。并且干燥过程温度较低，特别适用于易氧化食品以及热敏性食品的干燥，可以使产品较好地保留其原有的色、香、味、形等。所以此方法与其他干燥技术相比，能够得到较高质量的最终产品，如较好地保留维生素和热敏性营养物质、收缩性小、复水性能高、很好地保持食品风味等。然而此技术在工业化应用中同样存在许多缺点，如干燥速度慢、能量消耗高导致运营成本较高、初始投资大，且冷冻产品为避免吸潮和氧化，包装设备及材料消耗大等都增加了最终产品的成本。

（5）渗透干燥

渗透干燥是将物料浸入浓糖水或浓盐水等高渗透压的溶液中，通过渗透作用除去物料中部分水分的一种方法。渗透脱水处理过程较短，对物料组织结构影响较小，所以渗透脱水的产品仍能够较好地保留原有的质构、色泽、风味和营养品质等。渗透干燥中，溶液的渗透压较高，能够抑制微生物的生长，延长产品的储藏期。但是，干燥物料的细胞壁是一种半渗透膜，在渗透脱水的同时，部分溶质会渗透到细胞中，导致产品风味和营养价值的变化。渗透干燥只能脱去物料的部分水分，故更多地用于物料干燥的前处理方式，与冷冻干燥、热风干燥和微波干燥等联合使用。所以渗透干燥技术在商业化推广中具有一定的局限性。

（6）红外干燥

红外干燥是物料中的水分直接吸收红外线辐射能量，从而使物料温度升高、水分去除，达到脱水干燥的技术方法。干燥的原理是水分从物料内部向表面扩散，然后从物料表面扩散到周围环境中。红外线能够穿透物料一定的深度，并且水分子吸收的波长与红外线波长相匹配，能够很好地吸收红外能量，从而使高水分含量的物料快速加热并使水分去除，获得较高的干燥速率。红外干燥较传统干燥技术有许多优点，如干燥时间短、能量消耗少、效率高、产品质量好等。但对于较厚的物料，红外干燥的效率不高。

热泵干燥与常规干燥方式的经济指标对比见表 1-1。

▣ 表 1-1 不同干燥方法的技术经济项目评价对比

干燥方法	初投资	运行费用	干燥质量	干燥时间	制造复杂性
自然风干	1	1	1	5	1
电热、锅炉热风干燥	2	2	2	3	2
冷冻干燥	5	5	5	3	5
真空干燥	3	4	4	2	4
微波干燥	3	3	2	2	2
热泵干燥	2	2	3	3	2
说明	数字越大则初投资越大	数字越大则运行费用越高	数字越大则干燥质量越好	数字越大则干燥时间越长	数字越大则制造越复杂

对比发现，热泵干燥系统的综合经济指标在几种干燥方式中表现最好，发展潜力最大。

1.3.5 热泵干燥技术的应用

热泵干燥技术近几年来得到了广泛的应用和发展。主要应用如下：

（1）农副产品加工领域

农副产品需求量大且面广，生产的季节性强。传统的干燥方式多为自然干燥或火坑烘干，受环境气候因素制约，质量、成品率难以保证。我国学者对蔬菜、果品、菌类、水产品、茶叶等物料进行热泵干燥，发现采用热泵干燥技术不仅产品品质高、色质好、产品等级高，而且能源利用率高、环境友好以及经济效益明显。

（2）木材干燥领域

木材经干燥后可提高其力学强度、改善物理性能，防止腐朽变质、延长使用寿命，减轻重量、降低运输成本，保证产品加工质量。我国的木材干燥行业改革开放后得到全面发展，全国的锯材干燥总量已从不足 $20\times10^4m^3$ 发展到 $1300\times10^4m^3$ 以上。目前大多数干燥方式干燥能耗高、污染严重、节能环保应用比例较低，随着我国环保政策的推进，在珠三角、长三角、北京、山东等地区用热泵对木材干燥已经有了一定的应用，干燥能耗较低且无污染。

（3）谷物与种子干燥领域

谷物干燥是热泵干燥技术的主要研究及应用领域之一，日本科学家利用热泵干燥技术对谷物进行干燥，干燥实验结果表明：从谷物中去除 1kg 水的平均能耗为 2063kJ。俄罗斯科学家的实验数值为 1642kJ，生产试验证明：热泵干燥技术应用于谷物干燥较常规气流干燥法平均节能约 30%，最多节能 50%。目前，在英国、德国等发达国家，热泵干燥技术已在谷物干燥加工生产实际中得到广泛应用。热泵干燥技术的低温干燥特性比较适合于种子干燥，用热泵干燥机分别对玉米、大豆、稻谷种子进行干燥试验研究，结果表明：热泵干燥技术是一种很适合各种种子干燥加工的技术，它不仅能保持种子的品质，和日晒相比，还可使种子发芽率提高 5%。

（4）中药材应用

高品质是中药高质量发展的基础。植物类中药材的含水量普遍较高，在采后的中药材初加工环节，以自然晾晒或作坊式土烘房干燥为主的传统工艺技术落后、干燥设施简陋，烘干效率低、药材有效成分破坏严重、容易受天气和环境因素影响而腐烂变质，严重影响中药材的品质。热泵干燥由于其节能高效、烘干除湿性能优良，在药材加工企业逐渐得到推广。

（5）经济类作物干燥领域

烘烤是烟叶生产中的一个重要环节，决定了烟叶成品质量和可用性。在烟叶质量的形成过程中，大田生长占 1/3，成熟采收占 1/3，烤烟也占到了 1/3，并且烘烤还决定了烟叶的经济产量。对烟叶进行烘烤的目的是将烟叶烤黄、烤干和烤香。积极开发可以替代煤炭进行烘烤的新型廉价能源，已成为烤烟生产中亟待解决的问题。鉴于烟草行业的特殊性和不同国家能源结构上的差异，国内积极开展热泵烤烟的研究，不仅可有效利用空气中的热能替代煤炭进行烟叶烘烤，而且烤后的烟叶质量有较大提高，烘烤成本明显降低。

（6）其他方面

其他方面如陶瓷坯料、皮革、化工与轻工产品及纸张等也可以采用低温热泵干燥法进行干燥。

1.3.6 热泵干燥技术的研究现状与发展趋势

（1）热泵干燥技术的研究现状

William Thomson 在 19 世纪初以“热量倍增器”的名称阐释了热泵原理，但直到 20 世纪 20 年代才开始研究，并更名为“热泵”。1930 年，英国人 Haldan 公布了他在苏格兰安装与实验的首台家用热泵；采用外界空气做热源，供住宅采暖和加热水用。1939 年，欧洲首台热泵在苏黎世交付使用；用河水作为热源，用 R12 作为工质，其输出功率为 175kW，供苏黎世市政厅采暖用的水温为 60℃。此后，热泵的研究工作在许多国家展开。

在 1950 年，美国应用热泵干燥技术对粮食进行干燥。随后法国、日本等国相继进行了研究，并应用于各个领域，从而热泵干燥技术在发达国家得到推广。特别是 20 世纪 70 年代发生了世界性的能源危机，促使热泵得到迅速的发展。

我国热泵干燥技术的研究和应用起步于 20 世纪 80 年代。北京林业大学于 1985 年以后承担林业部“七五”重点课题，开始研制热泵除湿机，于 1989 年研制成功双热源热泵干燥机用于干燥木材，并获得了国家专利。上海能源研究所从 1985 年开始研制木材热泵干燥机，并于 1992 年开始研制粮食种子热泵干燥装置。1985 年以后，广东、山东等地有关机械厂从仿制逐渐转到独立设计制造。2010 年开始，中国科学院理化技术研究所的团队在一系列河南烟草科技专项的支持下，与河南佰衡公司一起开展了热泵烤烟技术的研究，开发了可拆移式、吊装式、联体拆移、时间协同连续隧道式等多种热泵烤烟设备。2015 年在“十二五”国家科技支撑计划支持下，开展特色蔬菜热泵干燥技术的研究。2016 年，在高寒地区冻结粮食的干燥方面，中科院理化所的团队开发了国内外首套−30℃环境下的 300t 规模低温热泵干燥设备。2018 年中科院理化所团队得到了“十三五”国家重点研发计划的支持，继续开展农特产品热泵节能干燥技术的研究。目前热泵干燥技术的研究内容主要集中在干燥品质调控、热泵干燥理论、热泵干燥工艺以及新型热泵干燥系统及其零部件、新工质、智能控制系统，开发专用热泵压缩机和高温工质，实现热泵设计的优化匹配、工艺和运行的优化，提高除湿效率、降低能耗和成本等问题。

1）干燥的理论模型研究

干燥理论的基础研究是产生高新技术的摇篮，基础研究对理解与掌握涉及干燥的各种物理现象是非常有必要的；而基础研究与生产实际不可脱节，基础研究和工艺应用研究可互相促进、共同发展。干燥是物料内部和外界进行热湿传递的过程，这一过程具有强烈的非线性和内在的耦合性。众多学者通过实验观察和理论分析，提出了重力、浓度梯度、温度梯度及压力梯度这 4 种质传递推动力及包括力学流动和毛细流动在内的 8 种质迁移机理，建立了诸多物料内部的热湿迁移模型，诸如 Sherwood 扩散理论、蒸发冷凝理论、毛细管模型、热质传递耦合模型、Luikov 不可逆热力学模型、Whitaker 体积平均理论、渗透蒸发前沿理论模型等。我国学者利用热泵系统实验条件，在多孔介质干燥技术研究方面已取得国际先进水平的成果。在未饱和多孔介质传热传质、多孔介质的热湿迁移测试理论、多孔介质对流相变传热传质、高温条件下的流动和扩散模型研究上，得到了一系列有别于传统规律的特性和现象，提出了较为新颖的设计算法，模型计算结果与实验值符合得很好。

近年来，为寻求热泵干燥的理论依据和指导，准确地把握水分含量及干燥时间的变化规律，不少学者对热泵干燥过程中的动力学模型进行了大量研究，大量关于热泵系统传热传质的理论模型已见报道。其中薄层干燥动力学最为常见，干燥方程包括理论方程、半理论方程、半经验方程和经验方程。其研究方式多是通过实验拟合找出最符合某特定物料干燥特性的薄层模型作为实验物料的热泵干燥动力学模型，发展了 Page 模型、Midilli 模型、Loga-rithmic 薄层模型和 Lewis 模型等。无论是薄层干燥的半理论、半经验还是经验方程，都含有一个或多个待定经验常数，这些常数的物理意义现在还不够明确，而且不同研究者得到的数据也有差异。许多外部和内部的参数也影响着干燥性能，外部参数包括干燥介质的温度、湿度和风速，内部参数包括干燥物料的密度、渗透率、孔隙度、吸附解吸特性和热物理性质。

不同于对薄层干燥模型进行实验拟合的研究方法，神经网格具有大规模并行、分布式储存、自组织、自适应和自学习能力，特别适合于处理需要同时考虑许多因素、不精确和信息模糊的问题，在系统辨识、模式识别、智能控制领域具有极大的应用价值。在干燥领域，关于采用神经网络模型建立干燥过程的预测模型屡见不鲜，通过对有限的实验数据进行分析，最终用新的输入数据来快速推算输出结果，从而实现精准预测。

2）热泵干燥的工艺研究

目前对热泵干燥工艺的研究主要包括热泵干燥工艺和热泵系统运行参数的优化，针对不同的热泵系统形式，探究不同干燥介质的状态参数、不同热泵干燥系统的结构参数以及不同运行参数的影响机制，如风速、温度、相对湿度、载物量、风量、循环模式、物料形状等。多采用在单因素实验的基础上进行正交实验的方法，优化热泵干燥系统的运行参数和性能参数、干燥制品的品质指标。Chua 等人采用梯度控温技术，利用两级热泵干燥装置，在恒定的相对湿度条件下，对香蕉片进行变温干燥处理；研究其干燥动力学以及产品颜色变化，并和恒温干燥结果相比较，发现变温干燥可以在显著降低干燥时间的同时获得理想的水分含量和产品颜色。Hawlader 等人在惰性气体环境中，对苹果、番石榴、马铃薯进行热泵干燥处理，并研究其颜色、表面孔隙度和复水能力。结果发现，惰性气体热泵干燥食品的品质和真空冷冻干燥产品的品质类似。Teeboonma 等人指出，评价热泵干燥设备的最佳工艺条件和干燥过程最低成本的主要因素是空气循环比、蒸发器的旁路空气比、气流速度和干燥温度。采用数学模拟和实验验证相结合的方法对木瓜和芒果进行热泵干燥处理，发现两种水果的最佳干燥条件，尤其是最佳风速和蒸发器的旁路空气比有较大差异。Nathakaranakule 等人发现，远红外辅助热风、热泵干燥可缩短龙眼的干燥时间，提高干燥速率。远红外加热还可以使产品产生更多的孔隙结构，产品收缩率和硬度减小，复水率增加，而且孔隙度随着红外加热功率的增加而增加。此外，远红外辅助热泵干燥的能耗随着远红外加热功率的增加而减小。

同时，干燥基准是物料干燥生产的指南和工艺操作的主要依据。随着行业的发展，国内各高校研究所以及企业对不同物料、规格和用途等特性制定了各自的干燥基准，对干燥工艺的实施起到了指导和规范作用，推动了干燥工业的发展。但干燥基准的相关研究和标准还不能完全满足实际生产需求，大多数工业干燥生产习惯于采用经验得出的干燥基准。在干燥过程中，单纯追求根据干燥时间来确定干燥进度的较多，导致干燥缺陷等情况时有发生。

3）热泵系统的控制研究

自动控制、信息技术、模拟技术等的发展为热泵干燥机组的性能进一步优化创造了条件。干燥加工是一个复杂多变的过程，根据物料脱水情况及环境状况实时调控干燥工艺参数，有利于提高能量利用率及产品品质。随着计算机应用技术、网络技术、单片机技术的不断发展与普及，用计算机、单片机控制器组成监控网络控制生产过程已越来越受到重视；利用计算机、单片机控制器、网络技术来控制物料干燥过程，能保证物料干燥质量、缩短干燥周期、降低能耗、减少环境污染、提高生产率。干燥控制系统的研究目前基本实现了自动化控制，对各干燥工艺参数如温度、风速和湿度等参数的控制较为准确，但是针对物料干燥参数的在线监测研究却相对较少，目前只在个别研究中的实验台上具备物料含水率的实时检测功能。对于物料色泽变化的图像信息采集功能，在干燥控制研究中更是缺乏报道。另外，一些先进的控制理念和控制方法，如网络远程控制和集散控制系统发展还不够完善，导致干燥系统的智能化、数字化程度还有待进一步加强。

（2）热泵干燥技术的发展趋势

热泵干燥技术自面世以来逐渐发展成熟，相比于传统干燥方式，热泵干燥具有环保、高效、易操控等优点，但是作为一种新型干燥技术，其应用和推广仍有很长的路要走，相应的技术发展主要有如下几个方面。

1）技术革新、工艺优化与性能提升

目前，热泵干燥机所用的压缩机都是制冷压缩机，而热泵干燥机工作的温度范围高于制冷机，致使压缩机的气缸容积与制冷工质不匹配，影响工作效率。因此将高温工质或混合工质加入到热泵的制冷系统中，使冷凝温度增加，并能满足较高的干燥温度要求或研制热泵专用压缩机是当前发展的趋势。目前，已有部分研究人员展开了相关研究，开发了 R245fa、R1234ze（Z）、R1233zd（E）以及 R1336mzz（Z）等高温热泵工质。王怀信等以 MB85 二元混合工质为制冷剂，最高制热温度达到 97.2℃且 COP 为 3.83。天津大学自主研发的高温工质BY-3，在单级压缩条件下，将48℃的热源提升到80℃以上，且机组的COP大于3.5。Marwan等人设计测试了一种利用R718作为制冷剂的新型热泵，其冷凝温度可以达到130～140℃。Bobelin等人通过实验验证热泵采用名为EC03^{TM}的新型混合制冷剂的可行性和可靠性，其制热温度可以达到140℃。

2）供给侧技术提升与消费侧多层次需求协调与统一

随着经济的发展和人民生活水平的提高，人们对于食品安全和营养的需求与日俱增，对干燥产品品质如新鲜度、色泽、含水率等多方面的技术指标提出了多层次的要求。合理的干燥工艺可以起到节能、省时、高效的作用。为了使热泵干燥技术在各个领域得到应用，必须研究与之适应的干燥工艺，使干燥产品品质指标与市场多层次需求协调、统一，普遍性与特殊性相统一。以木材干燥为例，干燥室内空气的温度和相对湿度随木材含水率而变化。干燥初期空气温度低、湿度高，除湿需求大；干燥中期木材含水率在纤维饱和点附近，空气相对湿度在50%～60%（与材种、厚度有关）时，热泵干燥机的除湿量明显减少；在干燥后期由于空气温度高、湿度低，可能出现湿空气流经除湿蒸发器后只降温不除湿的现象，即除湿效率为零。木材干燥的实验证明，在干燥后期，当干燥室温度高而湿度低时，可采取用风量控制阀适当减少通过蒸发器的风量来增加除湿量的方法。必须指出，这种方法仅仅是提高了每千克空气流过蒸发器的除湿量，由于总流通量减少，在空气温度低、湿度大时可能使总除湿量减少，因此在每一工况下，都有一个最佳空气流量；若制冷循环中的制冷量低于干燥箱内空气中水分冷凝时所需的冷量，干燥箱内的相对湿度就会很高，从而导致微生物的大量繁殖。另外，香味化合物、脂肪酸等物质在干燥过程中易发生氧化反应，导致产品风味、颜色和复水性变差。因此，在脱水的过程中，在干燥室内适当降低氧气浓度，增加氮气或二氧化碳的含量，抑制酶的活性，进一步提高产品的品质。另外，把干燥介质中的氧气、氮气、二氧化碳按照一定的配比加入到干燥室中，作为干燥介质循环使用，会有更好的节能和干燥效果。

3）多源热泵绿色节能干燥技术

组合干燥是目前热泵干燥的发展趋势之一，每一种干燥方法都有其优缺点，采用不同干燥方法组合的联合干燥方法可以取长补短。以热泵与常规干燥组合为例，由于热泵工作温度受到热泵工质和压缩机运行条件的限制，热泵干燥室的温度一般在60℃以下，比常规热风干燥温度低，干燥周期长。如果采用热泵与热风干燥组合，开始阶段用常规能源的热风预热物料，将物料热透，进入干燥阶段初期和中期，干燥室湿度大，用热泵干燥可以收到明显的节能效果。而在干燥后期，干燥室湿度小，基本上不用排湿，这时关闭热泵，采用常规的热风干燥可以提高干燥温度，明显加快干燥速率，缩短干燥周期。采用组合干燥方式，在物料的不同干燥阶段，采用不同的参数和干燥方式，可实现对干燥过程的优化控制，最终实现高效优化用能和优质生产。

4）热泵干燥过程自动化、智能化、智慧化

由于干燥物料的种类不同，同一种物料的变异性等原因，不同物料甚至同一种物料的不同部位，都需要不同的干燥工艺曲线。传统的干燥工艺控制，基本是以温、湿度为基础的工艺控制，但有很多热敏性物料和易开裂流变的物料，用这种控制方式难以满足由物料变异引起的干燥条件变化需求，难以形成统一控制算法，难以保证干燥品质。研究无线、有线相结合的通信方法、通信协议和算法，保证干燥物料工艺、品质参数、干燥装备运行等视频监控系统信号、通信系统信号以及检测系统信号在同一个通信平台互不干涉且平稳传输，并基于有线和无线数据传输互联协议技术，将无线通信与有线通信相结合采集烤房内不同传感器的多源头、不同质的数据，构建可自愈的传感网络，从而建立保质干燥过程参数与品质表征参数变化的实时感知体系，积累保质干燥控制参数和品质表征参数的多维度、高通量动态关联数据；通过数据分析，建立品质表征参数与干燥过程参数耦合的跨时空多元工艺控制数学模型，对通过传感网获取的数据进行品质目标识别、态势评估、威胁评估等，开发基于多元参数控制的精益控制策略，实现对干燥装备运行跨时空的远程检测、故障诊断与分级授权控制，实现干燥行业高效、优质发展是热泵干燥工艺控制未来的发展方向。

参考文献

[1] BP 世界能源统计年鉴［R］. 2016.

[2] BP 世界能源统计年鉴［R］. 2017.

[3] 中国环境公报［R］. 2018.

[4] 伊松林，张璧光．太阳能及热泵干燥技术［M］．北京：化学工业出版社，2011.

[5] 沈维道，童钧耕．工程热力学［M］．第 4 版．北京：高等教育出版社，2007.

[6] 陈敏恒等．化工原理［M］．第 4 版．北京：化学工业出版社，2015.

[7] 张昌．热泵技术与应用［M］．北京：机械工业出版社，2015.

[8] Neslihan C, Hepbasli A. A review of heat pump drying: Part 1- Systems, models and studies［J］. Energy Conversion and Management, 2009, 50（9）:2180-2186.

[9] Neslihan C, Hepbasli A. A review of heat pump drying Part 2: Applications and performance assessments［J］.Energy Conversion and Management, 2009, 50（9）:2187-2199.

[10] Chua K J, Chou S K, Ho J C, et al. Heat pump drying: Recent developments and future trends［J］. Drying Technology, 2002, 20（8）:1579-1610.

[11] Hodgett D L. Efficient drying using heat pumps［J］. Chemical Engineer, 1976, 311:510-512.

[12] Barneveld N, Bannister P, Carrington C G. Development of the ECNZ electric heat pump dehumidifier drier pilot-plant［J］. Annual Conference of the Institute of Professional Engineers of New Zealand, 1996, 2（1）:68-71.

[13] Jia X G, Jolly P, Clements S. Heat pump assisted continuous drying part 2: Simulation results［J］. International Journal of Energy Research, 1990, 14（7）:771-782.

[14] Clements S, Jia X, Jolly P. Experimental verification of a heat pump assisted continuous dryer simulation model［J］. International Journal of Energy Research, 1993, 17:19-28.

[15] Klocker K, Schmidt E L, Steimle F. A drying heat pump using carbon dioxide as working fluid［J］. Drying Technology, 2002, 20（8）:1659-1671.

[16] Saensabai P, Prasertsan S. Effects of component arrangement and ambient and drying conditions on the performance of heat pump dryers［J］. Drying Technology, 2003, 21（1）:103-127.

[17] Lee K H, Kim O J, Kim J. Performance simulation of a two-cycle heat pump dryer for high-temperature drying［J］. Drying Technology, 2010, 28（5）: 683-689.

[18] Chua K J, Chou S K. A modular approach to study the performance of a two-stage heat pump system for drying［J］. Applied Thermal Engineering, 2005, 25（8-9）:1363-1379.

[19] Paakkonen K. A combined infrared/heat pump drying technology applied to a rotary dryer [J]. Agricultural and Food Science in Finland, 2002, 11 (3): 209-218.

[20] Hawlader M, Jahangeer K A. Solar heat pump drying and water heating in the tropics [J]. Solar Energy, 2006, 80 (5): 492-499.

[21] Fernandez G S, Hermoso P E, Conde G M. Evaluation at industrial scale of electric-driven heat pump dryers [J]. Holz Roh Werkst, 2004, 62:261-267.

[22] Fatouh M, Metwally M N, Helah A B, et al. Herbs drying using a heat pump dryer [J]. Energy Conversion and Management, 2006, 47 (15-16): 2629-2643.

[23] Shi Q L, Xue C H, Zhao Y, et al. Drying characteristics of horse mackerel (Trachurus japonicus) dried in a heat pump dehumidifier [J]. Journal of Food Engineering, 2008, 84: 12-20.

[24] Yang J, Wang L, Xiang F, et al. Experiment research on grain drying process in the heat pump assisted fluidized beds [J]. Journal of University of Science and Technology Beijing, 2004, 11 (4): 373-377.

[25] Adapa P K, Schoenau G J. Re-circulating heat pump assisted continuous bed drying and energy analysis [J]. International Journal of Energy Research, 2004, 29 (11): 961-972.

[26] Pal U S, Khan M K, Mohanty S N. Heat pump drying of green sweet pepper [J]. Drying Technology, 2008, 26 (12):1584-1590.

[27] Oktay Z, Hepbasli A. Performance evaluation of a heat pump assisted mechanical opener dryer [J]. Energy Conversion and Management, 2003, 44:1193-1207.

[28] Lee K H, Kim O J. Investigation on drying performance and energy savings of the batch-type heat pump dryer [J]. Drying Technology, 2009, 27 (4): 565-573.

[29] Soylemez M S. Optimum heat pump in drying systems with waste heat recovery [J]. Journal of Food Engineering, 2006, 74:292-298.

[30] Teeboonma U, Tiansuwan J, Soponronnarit S. Optimization of heat pump fruit dryers [J]. Journal of Food Engineering, 2003, 59:369-377.

[31] Minea V. Improvements of high-temperature drying heat pumps. International Journal of Refrigeration [J]. 2010, 33:180-195.

[32] 谢继红，陈东，朱恩龙，等．热泵干燥装置循环空气的参数优化研究 [J]．化工装备技术，2006，27 (3)：18-22.

[33] 马一太，张嘉辉，马远．热泵干燥系统优化的理论分析 [J]．太阳能学报，2000，2 (12)：208-213.

[34] 马一太，张嘉辉，吕灿仁．热泵干燥系统运行特性的有效能研究 [J]．热科学与技术，2003，2 (2)：95-100.

[35] 张荔喆，张学军，范誉斌，等．热泵干燥技术研究进展及其在香菇干燥中的应用 [J]．制冷与空调，2019,19 (7)：77-83.

[36] 张鹏，吴小华，张振涛，等．热泵干燥技术及其在农特产品中的应用展望 [J]．制冷与空调，2019,19 (7)：65-71.

[37] Comakli K. Determination of optimum working conditions R22 and R404A refrigerant mixtures in heat-pumps using Taguchi method [J]. Applied Energy, 2009, 3 (3): 1-8.

[38] Khanuengnit Chapchaimoh, Nattapol Poomsa-ad, Lamul Wiset, et al. Thermal characteristics of heat pump dryer for ginger drying [J]. Applied Thermal Engineering, 2016, 95.

[39] Mustafa Aktas, Seyfi sevik, M Bahadir Ozdemir, et al. Performance analysis and modeling of a closed-loop heat pump dryer for bay leaves using artificial neural network [J]. Applied Thermal Engineering, 2015, 87.

[40] Mustafa Aktas, Ataollah Khanlari, Ali Amini, et al. Performance analysis of heat pump and infrared-heat pump drying of grated carrot using energy-exergy methodology [J]. Energy Conversion and Management, 2017, 132.

[41] Liu Shengchun, Li Xueqiang, Song Mengjie, et al. Experimental investigation on drying performance of an existed enclosed fixed frequency air source heat pump drying system [J]. Applied Thermal Engineering, 2017.
[42] Peter Y S Chen, Wayne A Helmer. Design and test of a solar-dehumidifier kiln with storage and heat recovery system [J]. Forrest P, 2007, 37 (5): 25-27.
[43] Baines P G, Carrington C G. Analysis of rankine cycle heat pump driers [J]. International Journal of Energy Research, 1988, 12 (3): 495-510.
[44] Cziesla F, Tsatsaronis G, Gao Z. Avoidable thermodynamic inefficiencies andcosts in an externally fired combined cycle power plant [J]. Energy, 2006, 31: 1472-89.
[45] Kelly S, Tsatsaronis G, Morosuk T. Advanced exergetic analysis: approaches forsplitting the exergy destruction into endogenous and exogenous parts [J]. Energy, 2009, 34: 384-91.
[46] 张振涛．两级压缩高温热泵干燥木材的研究［D］．南京:南京林业大学，2008.
[47] 张绪坤．热泵干燥系统性能试验研究［J］．农业工程学报，2006（22）：4.
[48] 王晓明，寇圆圆．热泵干燥系统温湿度控制实验研究［J］．干燥技术与设备，2014,12（05）：42-46.
[49] 倪超，李娟玲，丁为民,等．全封闭热泵干燥装置监控系统的设计与试验［J］．农业工程学报，2010，26（10）：134-139.
[50] 张宇凯．热泵干燥机控制系统的研究［D］．南京:南京农业大学，2004.
[51] 张建锋，李娟铃．热泵干燥装置控制系统的研究［J］．粮油加工，2007（10）:122-124.
[52] 陈东，谢继红．氢气作为热泵干燥装置干燥介质的分析［J］．化工装备技术，2008，29（5）：5-8.
[53] 丁真真，陈计峦，张超，等．干燥介质对脱水胡萝卜特性的影响［J］．食品科学，2017，38（13）：96-101.
[54] Rosen H N, Simpson W T. Evaluating humidity at dry-bulb temperatures above the normal boiling-point of water [J]. Wood and Fiber, 1981 (13): 97-101.
[55] Vasile Minea. Efficient Energy Recovery with Wood Drying Heat Pumps [J]. Drying Technology, 2012, 30 (14): 1630-1643.
[56] Vasile Minea. Heat-Pump-Assisted Drying: Recent Technological Advances and R&D Needs [J]. Drying Technology, 2013, 31 (10): 1177-1189.
[57] 姚才华,张涛,陆鸿,等．热泵木材干燥技术的新进展［J］．木林机械，1999（11）:7-9.
[58] 张璧光，钟群武．新型双热源除湿干燥机［J］．林产工业，2000（5）：29-30.
[59] 广东晟启热能设备有限公司．高效热泵除湿干燥机：ZL200820047218.2［P］.
[60] 高瑞清，周永东，李晓玲，等．小型除湿干燥机干燥乐器用材的实践［J］．木材工业，2004,18（6）:38-40.
[61] 黄新月，章建平．热泵除湿干燥技术在木材干燥中的应用［J］．铁道运营技术，2005,11（2）:14-16.
[62] 谢英柏，宋蕾娜，杨先亮，等．热泵干燥技术的应用及其发展趋势［J］．农机化研究，2009，31（4）：12-15.
[63] Kudra T, Mujumder A S. 先进干燥技术［M］．李占勇，译．北京：化学工业出版社，2005.
[64] 郑先哲，赵学笃．稻米食味值测定及干燥品质的研究［J］．农业机械学报，2001，31（4）：54-60.
[65] Chu Zhide, Yang Junhong, Song Yang, et al. Heat and masstransfer engorgement of vibrating fluidized bed [J]. Journal of Thermal science, 1994, 13 (4): 257-262.
[66] 郑先哲，王成芝．水稻爆腰增率与干燥条件关系的试验研究［J］．农业工程学报，1999，15（2）：194-197.
[67] 夏吉庆，郑先哲，曹川江．水稻三种干燥工艺的试验研究［J］．农机化研究，1999（2）：77-80.
[68] 吴耀森，赵锡和，刘清华，等．南方夏季稻谷热泵干燥特性研究［J］．粮食加工，2014:54-57.
[69] 赵锡和，龙成树，张进疆，等．秋季稻谷热泵变风速干燥及干燥箱烟分析［J］．食品与机械，2016，32（6）：95-99.
[70] 谈文松．太阳能-联合热泵干燥小麦的系统研究与设计［D］．泰安:山东农业大学，2016.
[71] 王卫峰，陈江华，宋朝鹏，等．密集烤房的研究进展［J］．中国烟草学科学，2005（3）:12-14.
[72] 宫长荣．烤烟三段式烘烤导论［M］．北京:科学出版社，2006.

[73] 孙敬权，任四海，吴永德．烤烟燃煤密集烤房的改进探讨［J］．烟草科技，2004（9）:43-44.

[74] Bryan W，Maw J，Michael M，et al. Heat pump dehumidification during the curing of flue-cured tobacco［J］. The Proceedings of the 41st Tobacco Workers' Conference，Nashville，Tennessee，2004.

[75] 宫长荣，潘建斌．热泵型烟叶自控烘烤设备的研究［J］．农业工程学报，2003，19（1）:155-158.

[76] 潘建斌，王卫峰，宋朝鹏，等．热泵型烟叶自控密集烤房的应用研究［J］．西北农林科技大学学报，2006，34（1）:25-29.

[77] 孙培和，王先伟，王法懿，等．高温热泵烟叶烤房的研究与应用［J］．现代农业科技，2010,1:252-254.

[78] 彭宇，王刚，马莹，等．热泵型太阳能密集烤房烘烤节能途径探讨［J］．河南农业科学，2011，40（8）:215-218.

[79] 孙晓军，杜传印，孙其勇．热泵型烤房的设计开发［J］．山东省制冷空调学术年会论文集，2009.

[80] 孙晓军，杜传印，王兆群，等．热泵型烟叶烤房的设计探究［J］．中国烟草学报，2010，16（1）:31-35.

[81] 吕泽群．我国木材干燥工业现状及发展挑战与对策［J］．林产工业，2018（9）:3-7.

[82] 顾炼百，庄寿增．我国木材干燥工业现状与科技需求［J］．木材工业，2009（03）:27-30.

[83] 张璧光，周永东，伊松林，等．我国木材干燥理论与技术研究的现状与建议［J］．林产工业，2016，43（1）:12-14.

[84] 张荔喆，张学军，范誉斌，等．热泵干燥技术研究进展及其在香菇干燥中的应用［J］．制冷与空调，2019（7）:77-83.

[85] 闫一野．普通真空干燥设备综述［J］．干燥技术与设备，2011，9（92）: 57-63.

[86] 赵祥涛，唐学军，张明学，等．大型粮食真空干燥设备的研究开发及应用［J］．干燥技术与设备，2009，7（05）: 29-33.

[87] 解读：2019 年全国粮食产量再创新高．http://www.stats.gov.cn/tjsj/zxfb/201912/t20191206_1716156.html.

[88] Teeboonma U，Tiansuwan J，Soponronnarit S. Optimization of heat pump fruit dryers［J］. Journal of Food Engineering，2003，59（4）: 369-377.

[89] Chua K J，Mujumdar A S，Hawladcr M N A，et al. Batch drying of banana pieces-effect of stepwisechange in drying air temperature on drying kineticsand product colour［J］. Food Research International，2001，34（8）: 721-731.

[90] Hawlader M N A，Perera C O，Tian M. Properties of modified atmosphere heat pump dried foods［J］. Journal of Food Engineering，2006，74（3）:392-401.

[91] Nathakaranakule A，Jaiboon P，Soponronnarit S. Fatinfrared radiation assisted drying of longan fruit［J］Journal of Food Engineering，2010，100（4）: 662-668.

第2章 热泵工质和干燥介质

2.1 热泵工质

2.1.1 热泵工质及其分类

热泵工质是热泵中的工作介质，它在热泵系统中循环流动，通过自身热力状态的变化与外界发生能量交换，从而达到低品位能量获取、转移与增焓的目的。从本质上来说，热泵工质的功能与制冷剂在制冷系统中的功能相同。蒸汽压缩式热泵系统的工质从低温热源中吸取热量，在低温下汽化，通过压缩机升压增焓，再在高温下冷却或冷凝，向高温热源排放热量。除跨临界、超临界循环工质外，一般只有在工作温度范围内能够汽化和凝结的物质才有可能作为热泵工质使用。多数热泵工质在大气压力和环境温度下呈汽态。

目前使用较多的热泵工质按照其化学性质分，主要有三类：①无机物，NH_3，CO_2 和 H_2O；②卤代烃，二氯二氟甲烷（R12）、四氟乙烷（R134a）、二氟一氯甲烷（R22）、一氟三氯甲烷（R11）、三氟二氯乙烷（R123）与五氟丙烷（R245ca）等；③碳氢化合物，甲烷、乙烷、丙烷、异丁烷、乙烯、丙烯等。此外，某些环烷烃的卤代物、链烯烃的卤代物也可作制冷剂使用，例如八氟环丁烷、二氟二氯乙烯等，但使用范围远不如上述三类广泛。

甲烷类衍生物的氟利昂系列有十五种，如图 2-1 所示。乙烷类衍生物的氟利昂系列有 28 种，如图 2-2 所示。依据乙烷类衍生物的氟利昂系列分子中的两个碳原子结合的原子量不平衡程度，可以排列为 a、b、c 三种异形体，如 R134a、R142b、R144 等。这种同分子异形体现象给选用更合适的制冷剂提供了一个更加广泛的范围。

2.1.2 对热泵工质的要求

对制冷剂的诸多要求原则上也适用于热泵工质。但由于热泵工质更注重它本身的节能与环保的特殊性，因此专家们主要从热物理性质和环境特性方面对热泵工质提出更高的要求。

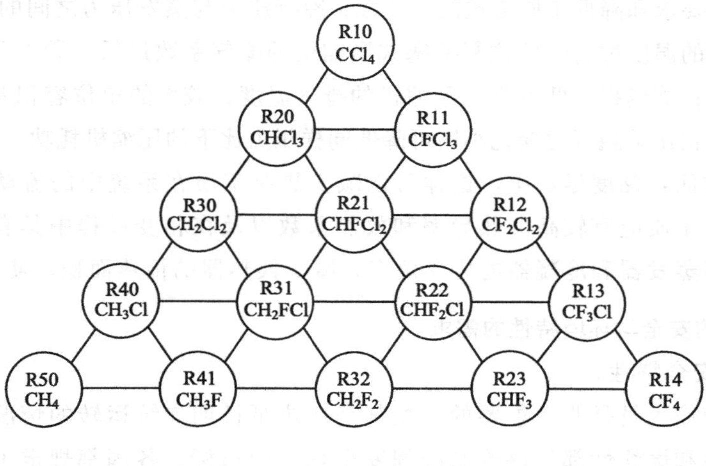

图 2-1　甲烷类衍生物的氟利昂系列

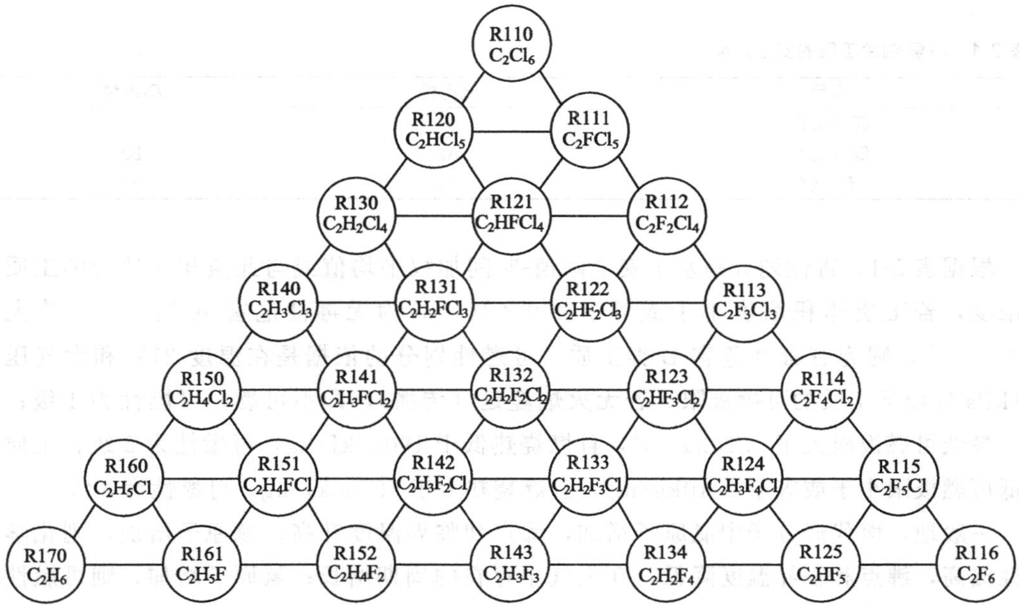

图 2-2　乙烷类衍生物的氟利昂系列

（1）工质的热物理性质方面的要求

工质的热物理性质主要是指工质与热有关的运动中所表现出的性质，主要分为热力学性质与迁移性质两个方面。

热力学性质方面：①热泵工质的临界温度需高于冷凝温度，此时节流损失小，制热量及制热系数较高。②热泵工质在工作温度范围内有合适的压力与压力比。蒸发压力不能低于大气压力，如蒸发压力低于大气压力，致使热泵系统的低压部分出现负压，使外界空气渗入系统导致循环效率过低；冷凝压力不能太高，可以减少热泵部件承受的工作压力，降低对密封性的要求和降低工质渗透的可能性；冷凝压力与蒸发压力之间的比值不宜过大，以免压缩机终了的温度过高或使往复活塞式压缩机的输气系数过低。③工质的比热容小可以减少节流损失；等熵指数低可降低压缩机的排气温度；较大的单位容积制热量可使压缩机尺寸紧凑；气相比焓随压力变化小则可降低同样压力比下的压缩机耗功。

迁移性质方面：黏度尽量小，这样可以减少热泵工质在系统中的流动阻力以及热泵工质的充注量；工质应有较高的热导率和放热系数以及在相变过程中具有良好的传热性能，这样能提高蒸发器和冷凝器的传热效率，减少换热器的传热面积，使系统结构紧凑。

（2）工质的安全与环境特性的需求

① 工质的安全特性。

安全性对操作人员是非常重要的，尤其是在热泵长期连续运转的情况下。热泵工质的毒性、燃烧性和爆炸性都是评价制冷剂安全程度的指标，各国都规定了最低安全程度的标准，如 ANSI/ASHRAE15-2004 等。ASHRAE Standard 34 根据工质的可燃性和毒性对工质的安全特性进行分级，如表 2-1 所示。

表 2-1 热泵/制冷工质的安全分类

项目	低毒性	高毒性
高可燃性	A3	B3
低可燃性	A2	B2
不可燃	A1	B1

根据表 2-1，毒性划分是基于安全阈值-时间加权平均值或与此值相一致时的工质体积浓度，若工质体积浓度小于或等于 400×10^{-6}，为无毒性危害 A 类工质；若大于 400×10^{-6}，则为有毒性危害 B 类工质。可燃性划分的依据是在温度 21℃ 和大气压力 101kPa 环境下工质的可燃极限，若无火焰蔓延（传播），即不可燃，可燃性为 1 级；工质的最低可燃极限大于 0.10kg/m^3，且燃烧热低于 19000kJ/kg，可燃性为 2 级；工质的最低可燃极限小于或等于 0.10kg/m^3，且燃烧热大于 19000kJ/kg，可燃性为 3 级。

一般地，卤代烃分子中氯原子增加，沸点和临界温度升高；氟原子增加，则化学稳定性提高，沸点和临界温度降低，在大气中存在的周期增长；氢原子增加，则可燃性增加，稳定性降低。

各种热泵工质的燃烧性与爆炸性差别很大。易燃的热泵工质在空气中的含量达到一定范围时，遇明火就会产生爆炸。因此，应尽量避免使用易燃和易爆炸的热泵工质。若必须使用时，必须要有防火防爆安全措施。

② 工质的环境特性。

制冷剂对环境影响的评价指标有大气臭氧层消耗的潜能值（Ozone Depletion Potential，ODP）、全球变暖潜能（Global Warming Potential，GWP）、总等效温室效应（Total Equivalent Warming Impact，TEWI）以及全周期气候性能指数（Life Cycle Climate Performance，LCCP）四个。

ODP 表示工质对臭氧的消耗特征及其强度分布，以 R11（CFC-11）作为基准源，其值被人为地规定为 1.0。GWP 反映了温室气体进入大气以后所直接造成的全球变暖效应，以 CO_2 为比较基准，规定其值为 1。热泵工质应该尽量使用低 ODP 与低 GWP 值的工质，避免对大气臭氧层破坏及引起全球气候变暖。TEWI 是用来描述温室气体的全球变暖效应的综合指标，不仅包括排放总量的影响，而且包括装置用能效率（例如 COP）、化石燃料转化为电能或机械能的效率对温室效应的间接影响。因此 TEWI 包含直接温室效应（Direct Warming Impact）和间接温室效应（Indirect Warming Impact）两部分。直接温室效应是指温室气体的排放、泄漏以及系统维修或报废进入大气后对大气温室效应的影响，可以表示为温室气体的 GWP 值与排放总和的乘积；间接温室效应是指使用这些温室气体（主要是热泵工质）的装置因耗能（主要指电能和燃烧化石燃料）引起的二氧化碳排放所带来的温室效应。TEWI 不单是温室气体物性的函数，因此无法给出某一温室气体的 TEWI 值。全周期气候性能指数 LCCP 在 TEWI 的基础上补充了制冷剂生产和报废过程中能耗引起的温室效应。表 2-2 给出了一些制冷与热泵工质的 ODP 值和 GWP 值。表 2-3 为部分热泵工质的性质对比。

表 2-2 一些制冷与热泵工质的 ODP 值和 GWP 值

工质代号	GWP（CO_2= 1.0）	ODP	工质代号	GWP（CO_2= 1.0）	ODP	工质代号	GWP（CO_2= 1.0）	ODP
R11	3500	1.0	R124	350	0.022	R500	6300	0.75
R12	7100	1.0	R125	2940	0	R502	9300	0.23
R22	1600	0.055	R134a	875	0	R600a	0	0
R23	650	0	R142b	1470	0.065	R702	0	0
R32	70	0	R143a	2660	0	R704	0	0
R50		0	R152a	105	0	R717	0	0
R123		0.02	R290	0	0	R718	0	0
R410a	1730	0	R407c	1300	0			

表 2-3 热泵干燥工质的对比

类别	蒸发温度/℃	环境温度 30℃时的冷凝压力/bar	制冷剂
高温（低压）制冷剂	＞0	1.0	R11、R113、R114、R21
中温（中压）制冷剂	－60～0	1.0	R12、R22、R717、R142、R502
低温（高压）制冷剂	1600	0.055	R13、R14、R503、烷烃、烯烃

CFC 和 HCFCs（如 R22）对环境具有破坏性，同时具有极高的 ODP 与 GWP。1987 年，《蒙特利尔议定书》限制高 ODP 的制冷剂使用；1997 年，《京都决议案》限制高 GWP 的制冷剂使用。目前，CFC 和 HCFCs 在大多数国家已逐步被淘汰。2019 年《基加利修正案》规定：对于发达国家，HCFCs 在 2015 年达到 90%的消减，在 2020 年完全淘汰；对于发展中国家，HCFCs 在 2020 年消减 35%，2025 年消减 67.5%，2030 年完全淘汰。目前 HCFCs 在欧洲、北美、日本、澳大利亚等地区已被 HFC 所替代。同时，

R134a、R410a、R410c 和 R407c 已在世界大部分地区成为主流的制冷剂。然而，HFC 广泛地被认为是低 GWP 制冷剂的“过度”解决方案。未来天然制冷剂是热泵领域的发展趋势。

(3) 其他方面的要求

① 应具有良好的化学稳定性。热泵工质应不燃烧、不爆炸，高温下不分解，对金属和其他材料不会产生腐蚀和侵蚀作用，以保证热泵能长期可靠地运行。

② 对使用者的生命与健康无危害。

③ 具有一定的吸水性，当渗入部分水时，不易导致冰堵。

④ 原料来源充足，制造工艺简单，价格便宜。

⑤ 溶解于油要从两个方面分析。如工质能和润滑油互溶，其优点是为机件润滑创造良好的条件，在蒸发器和冷凝器的传热面上不易形成油膜而阻碍传热；缺点是使蒸发温度有所提高，使润滑油黏度降低，工质沸腾时起泡多，蒸发器中的液面不稳定。如工质难溶于油，其优点是蒸发温度比较稳定，在制冷设备中制冷剂与润滑油易于分解分离；其缺点是蒸发器与冷凝器的热交换面上形成很难清除的油垢，影响传热效率。

2.1.3 热泵工质的性质

(1) 纯工质的热物理属性

1) 临界温度与标准沸点

从热泵应用的角度来看，往往要求热泵工质有较高的临界温度和较低的标准沸点。临界温度是工质能否用于热泵的前提。一般地，只有那些临界温度高于供热温度的物质才能作为热泵工质。对于给定的供热温度，临界温度越高的工质使得循环工作区远离临界点，越接近逆卡诺循环，节流损失也越小，热泵系数也越大。尽管跨临界循环可行，但通常要求其冷凝放热温度低于临界温度。

工质的标准沸点（1 个大气压下的沸点，简称沸点）既是制冷剂制冷温度的直接指标，也是选取热泵低温热源的参考值。作为热泵工质，希望其标准沸点要低于低温热源的温度，这样工质在蒸发器中的蒸发压力高于标准大气压，避免在系统中产生真空度。通常情况下，对于给定的蒸发温度，标准沸点越低的工质，压缩机入口的比体积也越小。因此在相同排气量的条件下，压缩机尺寸就越小。

但是在某些场合，上述两个要求难以同时满足。图 2-3 列出了一些工质的临界温度和标准沸点。可以看出，工质的沸点与临界温度存在一定的线性相关性。图中拟合的直线斜率为 0.6328，即 $t_b/t_c = 0.6328$。所以临界温度高的工质，往往标准沸点也较高。

2) 冷凝压力

一定温度条件下，工质的冷凝压力要低。冷凝压力是整个热泵系统中的最高压力，它决定了对压缩机和系统的强度要求。冷凝压力低，热泵的造价就低。对于纯工质，冷凝压力是冷凝温度下对应的饱和压力。

图 2-4 给出了一些工质的饱和压力与热力学温度之间的关系。其中，纵坐标压力采

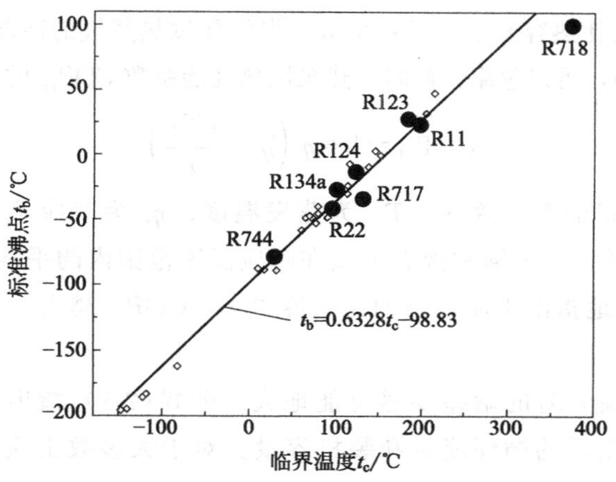

图 2-3 工质的临界温度与标准沸点

用对数坐标，热力学温度采用倒数（$1/T$）。这样，对于绝大多数工质，其饱和压力曲线几乎都是一条直线。对于某纯工质，饱和压力线代表气液平衡态。饱和压力线的左边区域表示，相对于饱和值，该区域的压力较高或温度较低，所以代表过冷液体区。饱和曲线右边的区域表示相对饱和状态，压力较低或温度较高，是过热蒸气区。这种压力-温度图最初由杜林提出，因此又称为工质的杜林图（Dühring Plots）。此图提供了一个快速而合理的途径去选择热泵工质。假设我们要为某蒸汽压缩式热泵选择工质，该热泵压缩机的压缩比为 10，低温热源温度为 270K。如果选用 R134a，则压力工作范围在 0.2～2.0MPa，冷凝器侧可获得的高温约 345K。

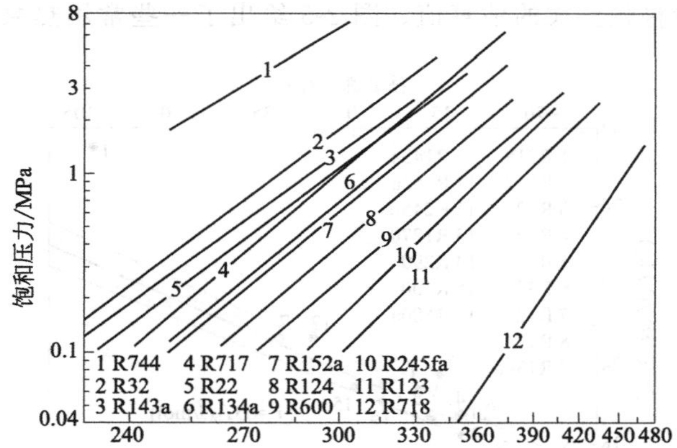

图 2-4 热泵的工质饱和压力与热力学温度之间的关系（$\log p$-$1/T$）

热泵工质的工作压力过高会导致经济性降低。当然随着技术的进步，高压热泵的成本在不断降低。

3）比热容

液态和气态工质的比热容要小，以减小节流损失和过热蒸气的冷却损失。对于大部分卤代烃，过热损失比较小，可以忽略。此时，热泵制热性能系数 COP_H 的一个简化公式如下。

$$COP_H = 1 + \eta_i \left(\eta_c - \frac{cT_L}{r} \right) \tag{2-1}$$

式中，η_i 为压缩机的等熵效率；T_L 为蒸发温度；η_c 为对应蒸发温度与冷凝温度条件下的逆卡诺循环效率；c 为饱和液态工质在对应温度范围内的平均比热容；r 为蒸发潜热。公式（2-1）明确地指出工质液态的比热容越小，COP_H 越大。

4）蒸发潜热

工质蒸发（或冷凝）时的焓差要尽可能地大。公式(2-1）指出 r 越大，热泵效率越高；同时，还能减小工质的循环流量和装机容量。对于大多数工质，其标准蒸发潜热可根据特鲁顿定律（Trouton's Rule）估算。

$$r \approx \frac{85T_b}{M} (\mathrm{kJ/kg}) \tag{2-2}$$

式中，T_b 为标准沸点，K；M 为分子质量。例如，工质 R134a 的标准沸点为 −26.07℃，分子质量为 102.03kg/kmol，根据 Trouton's Rule，则汽化潜热约为

$$r \approx \frac{85 \times (273.15 - 26.07)}{102.03} = 205.84 (\mathrm{kJ/kg}) \tag{2-3}$$

而 R134a 的实际汽化潜热为 216.97kJ/kg，估计值与实际值相差约 5%。此外，如果工质的分子量接近 100，也可以直接用沸点 T_b 作为蒸发潜热的估算值。例如，R134a 的 T_b = 247.08K，其数值与汽化潜热值相差也大。

特鲁顿定律是一个经验公式，并不适用于所有工质，尤其不适用于液体分子间存在强作用力的物质和小气体分子物质。例如液态水（R718）和氨（R717）中的氢键使得它们的汽化潜热大于特鲁顿公式的估算值。图 2-5 给出了一些常用热泵工质的标准汽化潜

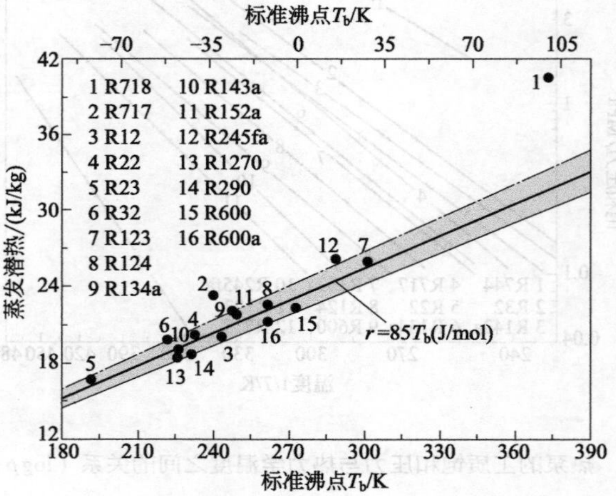

图 2-5 标准沸点与蒸发潜热之间的关系

热与特鲁顿公式的估算值。由图可见除了 R717 与 R718 等少数工质，特鲁顿公式的估计精度都在 5%左右。

5）比体积

工质蒸气的比体积要小。这样质量流量一定时，也可减小压缩机尺寸，单位容积制冷量或制热量也大。图 2-6 给出了一些工质蒸气的比体积随温度的变化情况。工质的比体积一般随着蒸发温度的升高而减小。从图中还可看出工质之间的比体积可能相差好几个数量级。其中比体积最大的是水蒸气（R718）。这也是 R718 应用中的一个问题。

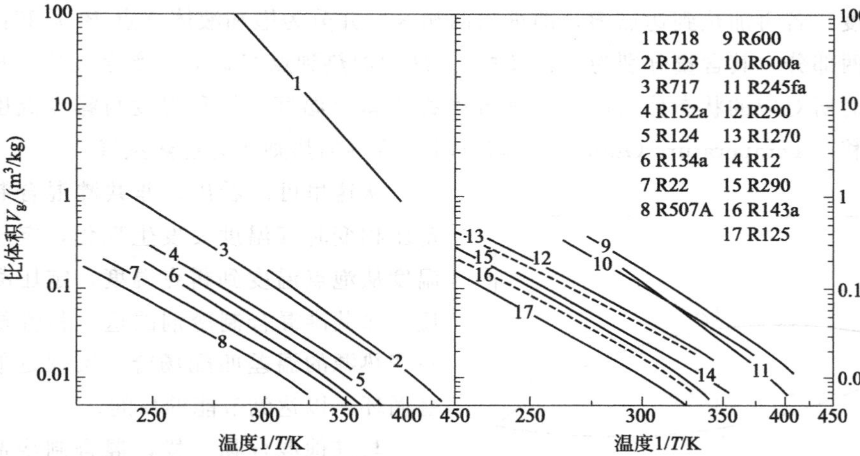

图 2-6 常见工质的比体积随温度的变化关系

6）传热与流动特性

一般地，工质的热导率、液态密度、汽化潜热越大，动力黏性系数越小，则冷凝时传热性能越好。此外，液态工质的比热容、工质蒸气的密度和表面张力对工质的沸腾传热性能有重要影响。这些参数对传热性能的影响还与换热器的具体形式有关。

（2）混合工质

混合制冷剂是由两种或两种以上的纯制冷剂以一定的比例混合而成的。按照混合后的溶液是否具有共沸的性质，分为共沸制冷剂和非共沸制冷剂两类。

1）共沸混合制冷剂

共沸制冷剂有下列特点。

① 在一定的蒸发压力下蒸发时，具有几乎不变的蒸发温度，而且蒸发温度一般比组成它的单组分的蒸发温度低。这里所指的“几乎不变”是指在偏离共沸点时，泡点温度和露点温度（泡点和露点的概念见下面“非共沸制冷剂”部分）虽有差别，但非常接近；而在共沸温度时，泡点和露点温度完全相等，表现出与纯制冷剂相同的恒沸性质，即在蒸发过程中，蒸发压力不变，蒸发温度也不变。

② 在一定的蒸发温度下，共沸制冷剂的单位容积制冷量比组成它的单一制冷剂的单位容积制冷量要大。这是因为在相同的蒸发温度和吸气温度下，共沸制冷剂比组成它的

单一制冷剂的压力高、比体积小。

③ 共沸制冷剂的化学稳定性较组成它的单一制冷剂好。

④ 在全封闭和半封闭压缩机中，采用共沸制冷剂可使电动机得到更好的冷却，电动机绕组温升减少。

2）非共沸混合制冷剂

非共沸混合制冷剂没有共沸点。在定压下蒸发或凝结时，气相和液相成分不同，温度也在不断变化。图 2-7 为非共沸制冷剂的 T-ξ（温度-含量）图。由图可见，在一定压力下，当溶液加热时，首先到达饱和液体点 A；此时所对应的状态称为泡点，其温度称为泡点温度。若再加热到达点 B，即进入两相区，并分为饱和液体（点 B_1）和饱和蒸气（点 B_g）两部分，其含量分别为 ξ_{B1} 和 ξ_{Bg}。继续加热到点 C 时，全部蒸发完，成为饱和蒸气；此时所对应的状态称为露点，其温度称为露点温度。饱和温度与露点温度之差称为温度滑移（Temperature Glide）。在露点时，若再加热则成为过热蒸气。

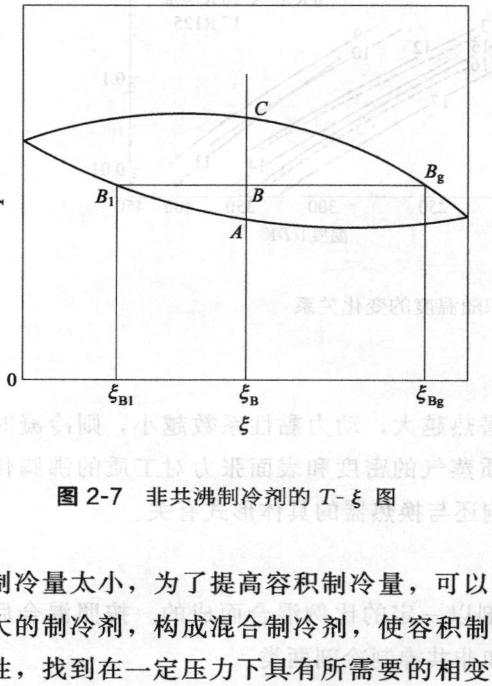

图 2-7 非共沸制冷剂的 T-ξ 图

从这里可以看出，非共沸混合制冷剂在定压相变时其温度要发生变化，定压蒸发时温度从泡点温度到露点温度，定压凝结则相反。非共沸混合制冷剂的这一特性被广泛用在变热源的温差匹配场合，实现近似的洛伦兹循环，以达到节能的目的。

与其他混合物一样，混合制冷剂具有与各纯质制冷剂近似和平均的性质。可以利用混合制冷剂的这一特性，实现与各纯质制冷剂的优势互补。例如，有些纯质制冷剂，它们除了可燃性以外，其他性质都较好，可以在这一纯质制冷剂中加入一定量的不可燃制冷剂，构成混合制冷剂，使可燃性降低；又例如，有些纯质制冷剂制冷系数大，但容积制冷量太小，为了提高容积制冷量，可以在这一纯质制冷剂中加入一定量的容积制冷量大的制冷剂，构成混合制冷剂，使容积制冷量增大；此外，还可以利用混合制冷剂的特性，找到在一定压力下具有所需要的相变温度的混合制冷剂。混合制冷剂所有的这些特性，使得它们在传统制冷剂替代物的研究中得到了广泛的应用。

在实用上，使用非共沸制冷剂的麻烦是当制冷装置中发生制冷剂泄漏时，剩余在系统内的混合物含量就会改变。因此，需要向系统中补充制冷剂使其达到原来的数量和含量，并需通过计算来确定充注量。这一特点在一定程度上限制了非共沸混合制冷剂的应用。

在文献中，还可能经常看到“近共沸制冷剂（Near Azeotropic Mixture Refrigerant）”这一术语，实际上它是指那些泡点温度与露点温度很接近的非共沸混合制冷剂。但到底接近什么程度才为近共沸和非共沸的分界点，还没有一个明确的规定，通常认为泡点与露点的温度差小于 3℃的混合制冷剂为近共沸混合制冷剂。

2.2 干燥介质

2.2.1 干燥介质概述

在各种对流干燥器、干燥窑或其他密闭容器构成的控制容积中，对果蔬、烟叶、粮食籽粒及锯材（板、方材）等各种物料进行干燥处理时，首先需要将这些物料以及其内部所含的水分加热到预定温度，这就是湿物料的预热过程；还需使已预热的水分蒸发为水蒸气，排出湿物料，这是干燥过程。预热表面上是一个传热过程，但干燥是传热传质过程。这个传热传质过程需要一种可以载热载湿的媒介物质（通常为气体），把热量传给待干燥物料，同时将物料排出的水蒸气带出干燥室（窑）。这种在干燥过程中可以载热载湿的传热传质媒介物质称为干燥介质。基于干燥物料的不同，通常所用的干燥介质主要有湿空气、炉气和过热蒸汽。

2.2.2 湿空气

湿空气是含有少量水蒸气的空气，即干空气和水蒸气的混合气体。干空气的成分主要是氮、氧、氩及其他微量气体，多数成分比较稳定，少数随季节变化有所变动，但从总体上可将干空气作为一个稳定的混合物来看待。自然界中的大气，烤烟房、林果烘房和木材干燥窑等干燥室内的空气，都是湿空气。

根据道尔顿定律，湿空气的压力 p 等于干空气的分压力 p_a 与水蒸气的分压力 p_v 之和，即

$$p=p_a+p_v \tag{2-4}$$

式中，p 一般为大气压力，单位为 Pa 或 kPa，海平面的标准大气压为 101325Pa。

研究湿空气的性质时，可将干空气和湿空气视为理想气体。其状态参数之间的关系，可用理想气体状态方程来表示，即

$$pv=RT \tag{2-5}$$

式中，p 是气体的压力，Pa；v 是气体的比体积，m^3/kg，干空气及水蒸气的密度等于比体积的倒数；R 是气体常数，干空气的气体常数 R_a 等于 287.14J/(kg·K)，水蒸气的气体常数 R_v 等于 461.5J/(kg·K)；T 是气体的热力学温度，K。

2.2.3 湿空气的状态参数

干燥过程中，系统总压通常是恒定的，湿空气的状态参数主要有湿度、焓、湿比体积、温度等。

（1）湿含量（湿度）

湿含量指含有 1kg 干空气的湿空气中所含的水蒸气的质量，用 d 表示，常用单位为 kg/kg 干空气。设有 G_v(kg) 水蒸气和 G_a(kg) 干空气，则

$$d = G_v / G_a = \rho_v / \rho_a \tag{2-6}$$

$$d = 0.622 \frac{p_v}{p - p_v} (\text{kg/kg 干空气}) \tag{2-7a}$$

考虑到湿空气中水蒸气含量较少，因此含湿量 d 的单位也可以用 g/kg 干空气表示，这样式(2-7a) 可以写成

$$d = 622 \frac{p_v}{p - p_v} (\text{g/kg 干空气}) \tag{2-7b}$$

由式(2-7b) 可得

$$p_v = \frac{pd}{622 + d} \tag{2-8}$$

式(2-8) 表明，大气压力 p 不变时，空气的湿含量 d 只依水蒸气的分压力 p_v 而异，随着水蒸气分压力的增大而增大。

空气的湿度有两种概念，即绝对湿度和相对湿度。每立方米湿空气中所含水蒸气的质量，称为湿空气的绝对湿度；在数值上等于水蒸气在其分压力 p_v 和温度 t 下的密度，用 ρ_v(kg/m^3) 表示。它只能表明湿空气中实际含水蒸气的多少。

相对湿度是度量湿空气中水蒸气含量的间接指标，表征湿空气中水蒸气接近饱和含量的程度，定义为湿空气的水蒸气压力与同温度下饱和湿空气的水蒸气压力之比。

$$\varphi = \frac{p_v}{p_{qb}} \times 100\% \tag{2-9}$$

式中，p_{qb} 为饱和水蒸气压力，Pa，是温度的单值函数，可以在一些热工手册中查得。

湿空气的相对湿度与含湿量之间的关系可以式(2-9) 推导出，根据

$$d = 0.622 \frac{p_v}{p - p_v} = 0.622 \frac{\varphi p_{qb}}{p - \varphi p_{qb}}, d_b = 0.622 \frac{p_{qb}}{p - p_{qb}}$$

可得

$$\varphi = \frac{d}{d_b} \times \frac{p - p_v}{p - p_{qb}} \times 100\% \tag{2-10}$$

式(2-10) 中 p 值远大于 p_v 值与 p_{qb} 值，认为 $p - p_v \approx p - p_{qb}$ 只会造成 1%～3%的误差，因此相对湿度可近似表示为

$$\varphi = \frac{d}{d_b} \times 100\% \tag{2-11}$$

式中，d_b 为饱和含湿量，kg/kg 干空气 或 g/kg 干空气。

相对湿度可称作空气的饱和度，表明一定温度下空气被水蒸气饱和的程度，常用百分率表示。φ 值越小，表明湿空气继续容纳水蒸气的能力越强，当 $\varphi = 0$ 时，就是干空气。相反，φ 值越大表明它吸收水蒸气的能力越小，当 $\varphi = 100\%$时，就成为饱和湿空气，失去了吸收水分的能力。

相对湿度既可用湿度计来测定，也可用经验公式计算。

（2）温度

1）干球温度与湿球温度

湿度计由两支精度相同的温度计组成（图 2-8）。一支温度计的温包外裹着洁净且吸

水性好的纱布，纱布下端浸在清水中，使纱布保持湿润状态。这支包裹着湿纱布的温度计叫作湿球温度计，用它测得的温度叫作湿球温度 t_w。另一支温包不包纱布的温度计叫作干球温度计，用它测得的温度叫作干球温度 t。在不饱和空气中，湿球纱布所含的水分向空气中蒸发；水分蒸发时从湿球吸取热量，使得湿球温度小于干球温度（即空气温度）。干球温度和湿球温度之间的差值（$\Delta t=t-t_w$）为湿度计差，或干湿球温度差。空气越干，湿度计差越大，湿物料的水分蒸发越快。反之，空气越湿，湿度计差越小，湿物料的水分蒸发越慢。当空气被水蒸气饱和（$\varphi=100\%$）时，湿度计差为零，此时湿物料的水分停止蒸发。

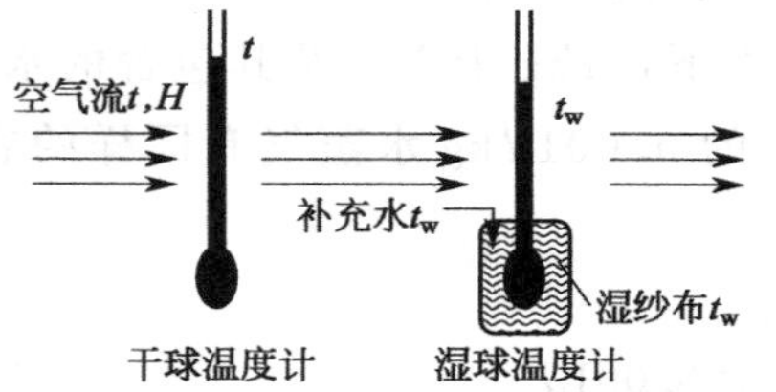

图 2-8　干、湿球温度计

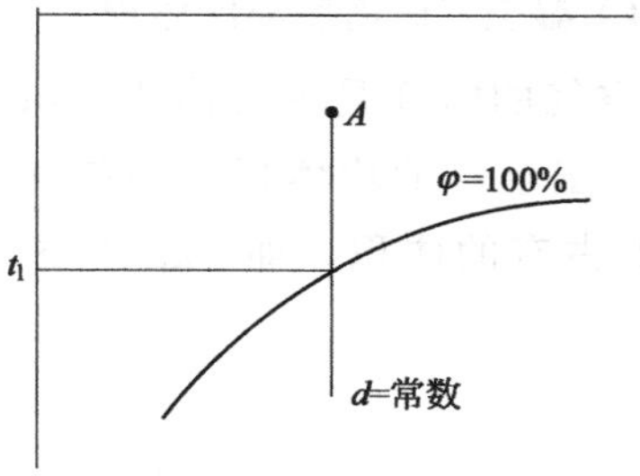

图 2-9　湿空气的露点温度

2）露点温度

空气的露点温度 t_1 也是湿空气的一个状态参数，它与周围空气的水蒸气压力和湿含量有关，因而不是独立参数。湿空气的露点温度定义为在含湿量不变的条件下，湿空气降温达到饱和时的温度。在图 2-9 中，A 状态湿空气的露点温度即由 A 沿等湿线向下与 $\varphi=100\%$ 线交点的温度。显然当 A 状态湿空气被冷却时（或与某冷表面接触时），只要湿空气温度大于或等于其露点温度，就不会出现结露现象。因此，湿空气的露点温度也是判断是否结露的判据。

3）绝热饱和温度

绝热饱和温度是空气的一个状态参数，是绝热增湿过程中空气降温的极限。当流动空气同循环水绝热接触时，只要空气的相对湿度小于 100%，水就会不断汽化。汽化需要吸收热量，使水温下降。空气通过对流传热将热量传给循环水，所以气体温度也会下降。当水经充分循环后，水温将维持恒定。由于它与空气充分接触，空气中水汽达到饱和，水和空气的温度也相同，空气与水之间在热量传递和质量传递两方面均达到平衡。此平衡系统的温度，称为绝热饱和温度。

（3）焓

湿空气的焓等于干空气的焓与水蒸气的焓之和。因为焓以 1kg 干空气为计算单位，故湿空气的焓等于 1kg 干空气的焓与 $0.001d$ kg 水蒸气的焓之和，即 $(1+0.001d)$kg 湿空气的焓 H 为

$$H=h_a+0.001dh_v \text{(kJ/kg 干空气)} \tag{2-12}$$

式中，h_a 是1kg干空气的焓，以0℃空气的焓为基准，$h_a=c_a t$，kJ/kg；h_v 是1kg水蒸气的焓，以0℃的水为基准，$h_v=c_v t+r$，kJ/kg；c_a 是干空气的比热容，在0～150℃下可取为1kJ/(kg·℃)；c_v 是水蒸气的比热容，为1.85kJ/(kg·℃)；r 是水在0℃时的汽化潜热，为2500kJ/kg。

1kg干空气的焓 h_a 等于把空气从0℃加热到 t℃所需的热量。1kg水蒸气的焓 h_v 等于在0℃下蒸发1kg水和把所形成的水蒸气从0℃加热到 t℃所需的热量。将以上数值代入式(2-12)，得：

$$H=t+0.001d(2500+1.85t)\text{(kJ/kg 干空气)} \tag{2-13}$$

(4) 湿空气的密度与比体积

湿空气的密度是单位体积（m^3）的湿空气所具有的质量，用 ρ 表示，单位常用 kg/m^3。湿空气的比体积 v 是指在一定湿度和压力下，1kg干空气及其包含的水蒸气（kg）所占有的体积，即1kg干空气与压力为 p_v 的 $0.001d$kg水蒸气有同样的容积。因此

$$v_{1+0.001d}=\frac{R_a T}{p_a}=\frac{R_v T}{p_v}\times 0.001d \tag{2-14}$$

将式(2-8) 代入式(2-14)，且当大气压力为 10^5Pa时，可得：

$$v_{1+0.001d}=4.62\times 10^{-6}T(622+d)\text{(m}^3\text{/kg 干空气)} \tag{2-15}$$

由式(2-15) 可见，在一定大气压力 p 下，湿空气的比体积 v 与湿含量 d 及温度 T 有关；比体积随温度成正比例增加，也随湿含量的增大而增加。

2.2.4 湿空气的焓湿图

为了简化计算，便于确定湿空气的状态参数及分析研究湿空气的状态变化过程，常采用湿空气的参数图，即焓-湿图（h-d 图）。为了最大限度地扩大不饱和湿空气区的范围，便于各相关参数间分度清晰，一般在大气压力一定的条件下，取焓值 h 为纵坐标，含湿量 d 为横坐标，且两坐标之间的夹角等于或大于135°（图2-10）。在实际使用中，为避免图面过长，常将 d 坐标改成水平线。

在选定的坐标比例尺和坐标网格上，进一步确定等温线、等相对湿度线、水蒸气分压力标尺及热湿比线。

(1) 等温线

根据公式 $h=1.01t+(2500+1.84t)d$，当 $t=$常数时，公式化为 $h=a+bd$ 的形式，因此当确定两个值后，即可确定一条等温线。显然 $1.01t$ 为等温线在纵坐标轴上的截距，$(2500+1.84t)$ 为等温线的斜率。可见不同温度的等温线并非平行线，其斜率的差别在于 $1.84t$；又因为 $1.84t$ 与2500相比很小，所以等温线又可近似看作是平行的（图2-11）。

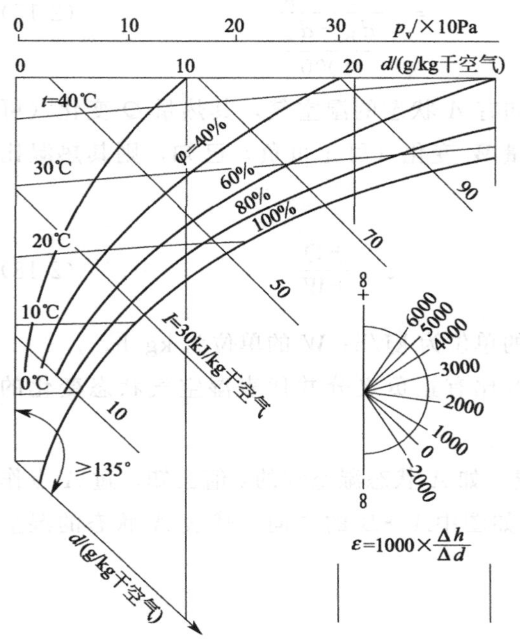

图 2-10 湿空气焓-湿图

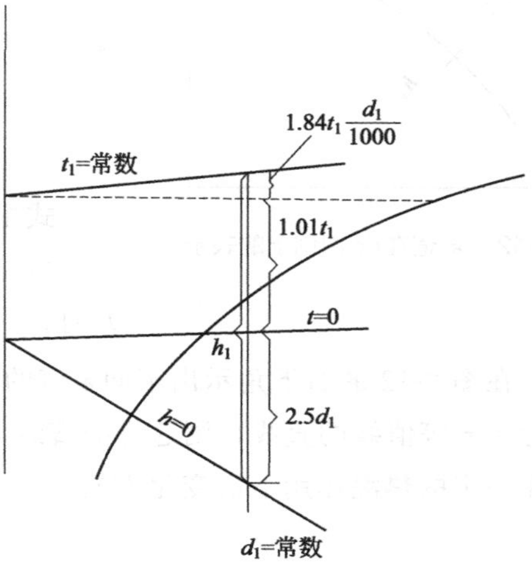

图 2-11 等温线在焓-湿图上的确定

（2）等相对湿度线

由式(2-8) 可知 $p_v=\frac{pd}{622+d}$，因此给定不同的 d 值，即可求得相对应的 p_v 值。在 h-d 图上，取一横坐标表示水蒸气分压力值，则如图 2-10 所示。

在已建立起水蒸气压力坐标的条件下，对应不同温度下的饱和水蒸气压力可通过查表得到，或由 $p_{qb}=f(t)$ 的经验式求得（见空气状态参数的计算式）。连接不同温度线和其对应的饱和水蒸气压力线的交点即可得到 $\varphi=100\%$ 的等 φ 线。又据 $\varphi=p_v/p_{qb}$，当 φ 为常数时，则可以求得各不同温度下的 p_v 值，连接在各等温线与 p_v 值相交的各点即成等 φ 线。这样作出的焓-湿图包括了 p、t、d、p_v、h、φ 等湿空气参数。在大气压力 p 一定的条件下，在 t、d、h、φ 中，已知任意两个参数，就可确定湿空气状态，在焓-湿图上也就有一确定的点，其余参数均可由此查出。因此，将这些参数称为独立参数。但 d 与 p_v 不能确定一个空气状态点，因而 p_v 与 d 只能有一个作为独立参数。

（3）热湿比线

一般在焓-湿图的周边或右下角给出热湿比（或称角系数）ε 线。热湿比的定义是湿空气的焓变化与含湿量变化之比，即

$$\varepsilon=\frac{\Delta h}{\Delta d}\text{或}\varepsilon=\frac{\Delta h}{\frac{\Delta d}{1000}} \tag{2-16}$$

假设焓-湿图上有 A、B 两点（图 2-17），则由 A 到 B 的热湿比为

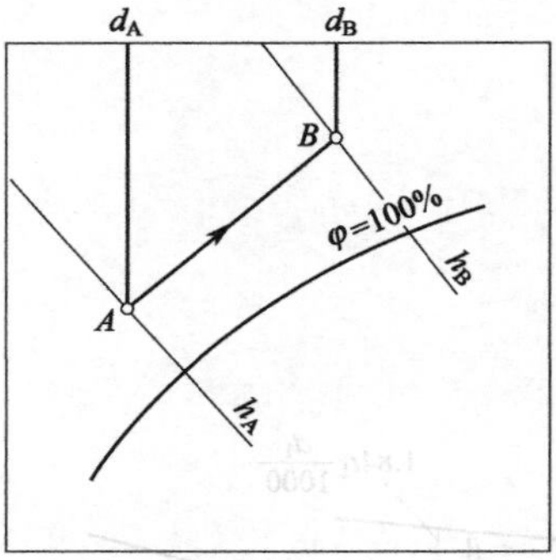

图 2-12　ε 值在焓-湿图上的表示

$$\varepsilon=\frac{h_B-h_A}{\frac{d_B-d_A}{1000}} \tag{2-17}$$

进一步，如有 A 状态的湿空气，其热量 Q 变化（可正可负）和湿量 W 变化（可正可负）已知，则其热湿比应为

$$\varepsilon=\frac{\pm Q}{\pm W} \tag{2-18}$$

式中，Q 的单位为 kJ/h；W 的单位为 kg/h。

可见，热湿比有正负之分并代表湿空气状态变化的方向。

在图 2-12 的右下角示出不同ε值的等值线。如 A 状态湿空气的ε值已知，过 A 点作平行于ε等值线的直线，则这样的直线（假定如图中$A\rightarrow B$ 的方向）代表 A 状态的湿空气在一定的热湿作用下的变化方向。

2.3 过热蒸汽

过热蒸汽是一种不饱和蒸汽，具有吸水能力，其温度大于相对应条件下水的沸点温度。蒸汽是液体在有限的密闭空间内蒸发，液体分子进入上层空间成为蒸汽分子。此时的状态称为饱和状态。顾名思义，饱和液体即为在饱和状态下的液体，而饱和蒸汽为相对应状态下的蒸汽。

过热蒸汽的生成过程如图 2-13 所示。水经过不断地加热，到达沸点成为沸水；沸水经过不断加热成为湿饱和蒸汽，此时湿饱和蒸汽的温度即为水的沸点；湿饱和蒸汽不断加热，待水全部由液态变为气态后成为干饱和蒸汽；干饱和蒸汽经过不断加热成为过热

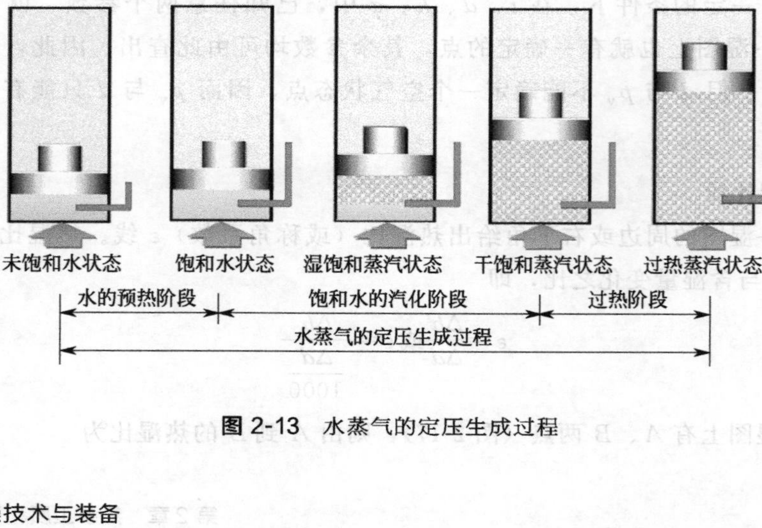

图 2-13　水蒸气的定压生成过程

蒸汽，此时的蒸汽为不饱和蒸汽，具有吸水能力。过热蒸汽直接与被干燥的物质接触，二者之间发生能量交换与水分迁移。在这个过程中，被干燥的物料温度升高，物料中的水分则是通过过热蒸汽带出；过热蒸汽的温度有一定程度的下降，但是，它的温度仍旧大于相应环境下水的沸点温度。因此，物料在这个过程中水分会降低，以达到干燥的效果。

过热度为过热蒸汽的温度与相同压力下饱和蒸汽温度的差。过热度越大，过热蒸汽的状态距离饱和蒸汽的状态越远，过热蒸汽越不饱和，干燥能力越强。过热蒸汽干燥存在一个逆转点，在过热蒸汽干燥中，保证其他条件（如压力、温度等）不变的条件下，过热蒸汽的温度高过一定数值时，过热蒸汽的干燥速率要大于传统的热风干燥速率；但是，如果低于这个数值时，过热蒸汽的干燥速率低于热风干燥的速率，这个温度点被称为逆转点温度。科学界所公认的过热蒸汽的逆转点温度为 160～200℃。

过热蒸汽的饱和度：过热蒸汽是未饱和蒸汽，其饱和度 φ_{gr} 可以表示为

$$\varphi_{gr}=\frac{\rho_{gr}}{\rho_{bh}}=\frac{p_{gr}}{p_{bh}} \tag{2-19}$$

式中，ρ_{gr}、p_{gr} 分别表示过热蒸汽的密度和压力；ρ_{bh}、p_{bh} 分别表示同温度下饱和蒸汽的密度和压力。

过热蒸汽的焓：在常压状态下，过热蒸汽的焓 h_{gr} 可以表示为

$$h_{gr}=h_{gl}+h_{r}+h_{bh-gr} \tag{2-20}$$

式中，h_{gl} 表示单位质量的水由 0℃ 到 100℃ 所具有的焓；h_{r} 表示 100℃ 的水完全变成 100℃ 的干饱和蒸汽所具有的焓，即水的汽化潜热；h_{bh-gr} 表示 100℃ 的干饱和蒸汽变成某一温度的过热蒸汽所具有的焓。

参考文献

[1] 顾炼百．木材加工工艺学［M］．第 2 版．北京：中国林业出版社，2011.

[2] 赵荣义．空气调节［M］．第 4 版．北京：中国建筑工业出版社，2009.

[3] 沈维道．工程热力学［M］．第 4 版．北京：高等教育出版社，2007.

[4] 朱政贤．木材干燥［M］．第 2 版．北京：中国林业出版社，1992.

第3章

干燥过程的传热传质

干燥过程的发生，实质是待干物料中的水分在温度场和湿度场协同作用下的传热与传质过程，这个过程与物料本身的特性、干燥介质的状态、物料在干燥器中的运动情况等因素息息相关。明晰物料干燥过程中的传热传质过程，是设计干燥系统的先决条件，也是降低干燥能耗、提升干燥品质的基础条件。

热泵干燥属于中低温区的对流干燥技术，尤其适用于食品、医药、种子、粮食、木材等热敏性多孔介质的干燥过程；利用热空气流动完成物料的升温和水分迁移。本章主要从多孔介质的特征入手，介绍多孔物料的传热传质机理与干燥理论模型和热质计算过程。

3.1 多孔介质的基本特征

3.1.1 多孔介质的水分存在状态

（1）结合水和非结合水

根据水分除去的难易程度，物料中的水分可以分为结合水和非结合水。

1）结合水

结合水主要是指物化结合的水分和机械混合的毛细管水分，又称残留水。结合水与物料的结合力强，它产生的饱和蒸汽压低于同温度下平直液面纯水的饱和蒸汽压，使水蒸气扩散的推动力降低，因此比较难以除去。根据水分与物料结合形式以及能力的不同，结合水又分为物理化学结合水、化学结合水，其中物理化学、化学结合水是干燥技术较难除去的水分。

2）非结合水

孔隙内易于流动的那部分水分称为非结合水，又称自由水，包括物料表面的润湿水分和空隙水分。非结合水产生的饱和蒸汽压等于同温度下平直液面纯水的饱和蒸汽压，因此比较容易除去。非结合水主要以液态水扩散或渗流的方式排出，而结合水只能以蒸汽形式排出，但有的自由水也可以蒸汽的形式排出。非结合水主要以机械方式结合，其结合力较弱。

（2）机械结合水、物理化学结合水和化学结合水

根据物料内部孔隙半径的大小，物料中的水分又可以分为机械结合水、物理化学结合水和化学结合水三类。

1）机械结合水

机械结合水包括存在于物料空隙或表面的游离水分、润湿水分和大毛细管（平均半径 $r>10^{-7}$m）内的自由水分。此类水分与物料的结合力较弱或自由分散于物料表面，在干燥过程中易于除去，有些物料如污泥中的此类水分也可借助机械脱水。

2）物理化学结合水

物理化学结合水是以一定的物理化学结合力与物料结合起来的水分。属于此类水分的有吸附水分、小毛细管（$r<10^{-7}$m）内的渗透水分和结构水分等。其中，吸附水分是物料内表面靠分子间力吸附结合的水分，与物料的结合最牢固，这种水分只有变成蒸汽后，才能从物料中排出。毛细渗透水分是由物料组织壁内外溶解物浓度差形成的渗透压作用而结合的水，从而引起水分的渗透扩散，由高浓度向低浓度扩散。结构水分是在胶体形成过程中将水分结合在物料组织内部形成的，它可以通过蒸发、外压或组织的破坏而被排除。物理化学结合水与物料结合得比较稳定，且有较强的结合力，较难除去。所以，除去或部分除去此类水分是物料干燥的主要任务之一。

3）化学结合水

化学结合水与物料的结合有准确的数量或比例关系，物料中的结晶水就是这种结合水。此类水分结合得非常牢固，一般常温干燥过程难以除去。若要除去此种化合物的结晶水，必须在较高的温度下加热，才能实现。因此，一般在干燥中不必考虑。

（3）自由水分和平衡水分

根据水分能否用干燥方法去除分为自由水分和平衡水分。

1）自由水分

自由水分是通过物料与一定温度、湿度的湿空气充分接触能被干燥除去的部分。

2）平衡水分

在一定条件下，物料表面的水蒸气分压与干燥介质的水蒸气分压达到相等状态时两者水分交换达到动态平衡；此时物料所含的水分即为平衡水分，平衡水分表示物料在一定空气状态下干燥的极限。影响平衡水分的因素较多，其中温度、空气的相对湿度和物料的种类是主要因素。随着温度升高，物料的平衡水分将下降；在一定温度下，物料的平衡水分随空气的相对湿度下降而下降；在相同温度和湿含量的空气中，脂肪含量高的物料平衡水分比淀粉含量高的物料平衡

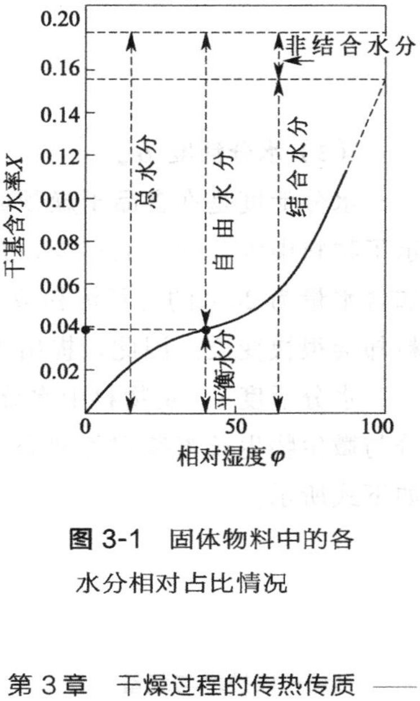

图 3-1　固体物料中的各水分相对占比情况

水分要小。

固体物料中的各种水分相对占比情况如图 3-1 所示。

干燥过程的发生和物料在环境中的吸湿过程与物料表面与干燥介质的水蒸气分压力有关。以湿空气作为干燥介质为例，当物料表面的水蒸气分压力大于湿空气的水蒸气分压力时，水分从物料向湿空气中传递，物料含水量 X 不断减少，此即为干燥过程；当物料表面的水蒸气分压力小于湿空气的水蒸气分压力时，水分从湿空气向物料中传递，物料含水量 X 不断增加，此即为吸湿过程；当物料表面的水蒸气分压力等于湿空气的水蒸气分压力时，物料与湿空气之间的水分处于动态平衡的状态，可以认为物料含水率 X 不变，一般认为干燥的终点即为这个阶段。

3.1.2 多孔介质的干燥特性参数

（1）含水率

物料中的含水率有两种表示方法，即干基含水率 X 和湿基含水率 ω。

干基含水率：湿物料中水分的质量与绝对干料质量之比，称为湿物料的干基含水率。

$$X=\frac{m_{\mathrm{w}}}{m_{\mathrm{d}}} \tag{3-1a}$$

湿基含水率：湿物料中所含水分的质量与湿物料质量之比，称为湿物料的湿基含水率。

$$\omega=\frac{m_{\mathrm{w}}}{m_{\mathrm{d}}+m_{\mathrm{w}}} \tag{3-1b}$$

式中，X 为干基含水率，%（干基）；ω 为湿基含水率，%（湿基）；m_{w} 为物料中的水分质量，kg；m_{d} 为物料中的绝干质量，kg。

干基含水率与湿基含水率之间可按下式转换。

$$X=\frac{\omega}{1-\omega} \tag{3-1c}$$

$$\omega=\frac{X}{1+X} \tag{3-1d}$$

（2）水分活度 α_{w}

水分活度是在食品干燥领域提出来的概念。由于干基含水率和湿基含水率都只是表示了物料中水分含量的多少，并不能反映出到底多大含水量才能使食品的保存时间更长，如含水量为 20%的土豆淀粉或者含水量为 14%的小麦都是稳定的，然而含水量 12%的奶粉却会很快变质。因此，提出了水分活度的概念。

水分活度 α_{w} 是物料中水分的热力学能量状态高低的标志，它直接揭示了食品中的水分与微生物生长繁殖和各种酶反应等的活动性程度。在一定的温度和压力下，水分活度如下式所示。

$$\alpha_{\mathrm{w}}=\frac{p}{p_0} \tag{3-2}$$

式中，α_w 为水分活度；p 为一定温度下，湿物料表面附近的水蒸气压力，Pa；p_0 为同温度下，平直液面纯水的饱和蒸汽压，Pa。

α_w 的大小与食品中的含水量、所含各种溶质的类型和浓度、食品的结构和物理性质有关。通常认为，在一定温度和压力下的纯水 α_w 为 1。

（3）平衡含水率 EMC（Equilibrium Moisture Content）

当湿物料与一定温度 t、相对湿度 φ 的空气接触时，物料中水分不断汽化，直到物料表面的水蒸气压力与空气中的水蒸气分压相等为止。这时，物料中的水分与空气中的水分达到平衡，继续延长干燥时间，物料中的水分也不再增减。此时，物料中含有的水分称为平衡水分，或者称为平衡含水率（EMC）。因此，平衡水分是物料在一定的空气状态下可能干燥的最大限度，并随空气状态的变化而变化。

EMC 并不是一个固定不变的量，而是一个随着干燥介质的温湿度、物料水分活度、物料预处理等状态改变而变化的量。陈宣宗等人探究了高温水处理对毛竹平衡含水率的影响，结果表明高温水处理后的毛竹在湿热环境下，纤维素无定形区内的羟基的脱水聚合、半纤维素的热解及其多聚糖上乙酰基的水解，使竹材吸湿性能降低，如图 3-2 所示。EMC 的确定具有重要意义，它可以帮助我们判断干燥过程的最终状态，从而结束干燥过程。

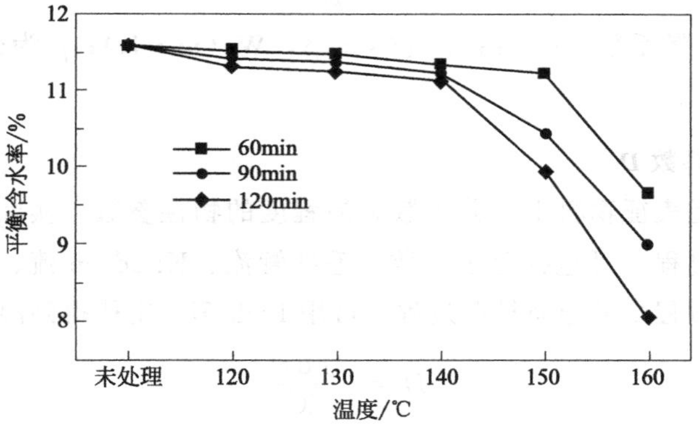

图 3-2 高温水热处理对竹材平衡含水率的影响

（4）比热容 c

在一定过程中，单位质量的物质升高单位温度所需要的热量，称为比热容，单位为 kJ/(kg·K)。在这个过程中，若物质的体积不变，则可得比定容热容；若压力不变，则可得比定压热容。通常情况下，压力变化对物料的影响较小，因此常选择湿物料的比定压热容表示湿物料的比热容：

$$c=\frac{c_s(100-\omega)+c_w\omega}{100}=c_s+\frac{c_w-c_s}{100}\omega \tag{3-3}$$

式中，c 为湿物料的比热容，kJ/(kg·℃)；c_s 为绝干物料的比热容，kJ/(kg·℃)；c_w 为水的比热容，kJ/(kg·℃)；ω 为湿基含水率，%（湿基）。

(5) 热导率 k

热导率，又称导热系数，是表征干燥过程中物料传递热量能力的重要热物性参数。对于均质物料，热导率可由傅里叶定律导出。

$$k=\frac{Q}{A\Delta T \over \Delta x} \tag{3-4}$$

式中，Q 为湿物料干燥需要的热量，W；k 为热导率，W/(m·℃)；A 为物料干燥的表面积，m^2；ΔT 为物料两侧的温度差，K；Δx 为物料的厚度，m。

对于均质材料来说，热导率与温度和组分有关；对于非均质材料来说，热导率不仅与温度和组分有关，还与结构、密度、成分、方向等因素有关，如多孔介质的热导率与含水率、孔隙和骨架结构等密切相关。式(3-4)适用于各向同性的多孔介质；对于各向异性介质，热导率为张量。由于液态水分和气体导热性质的巨大差异，多孔介质的孔隙饱和度对其热导率有巨大影响。

(6) 热扩散系数 α

热扩散系数，即热扩散率，是表征干燥过程中传递温度变化能力的重要热物性参数。α 越高，物料加热或冷却进行得就越快，可通过下式得到。

$$\alpha=\frac{k}{\rho c} \tag{3-5}$$

式中，α 为热扩散系数，m^2/s；k 为热导率，W/(m·K)；ρ 为密度，kg/m^3；c 为比热容，J/(kg·K)。

(7) 湿分扩散系数 D

湿分扩散系数是表征物料中水分扩散难易程度的物性参数。实际上，物料中的湿分扩散是一个复杂的过程，可包括分子扩散、毛细管流、Knudsen 流、吸水动力学和表面扩散等。对于干燥过程中的稳态扩散过程，可用 Fick 第一定律得到湿分扩散系数。

$$D=-\frac{J\,\mathrm{d}x}{\mathrm{d}C} \tag{3-6}$$

式中，D 为湿分扩散系数，m^2/s；J 为扩散通量，kg/(m^2·s)；$\mathrm{d}C$ 为水分的浓度差，kg/m^3；$\mathrm{d}x$ 为物料的厚度，m。

3.2 干燥动力学理论与模型

3.2.1 多孔介质中的水分迁移与蒸发

对于热泵干燥技术来说，传热过程通常是物料与干热空气的对流换热过程，主要有两个阶段：一是由热空气将热能传递到物料表面，二是热量从物料表面传递到物料内部。传质过程也包括两个阶段：一是物料表面的水蒸气压力与空气中的水蒸气压力之差，导致物料表面的水分进入到空气中；二是物料内部的传质情况，但内部的传质情况比较复杂，最开始的传质动力来自于液态水分的扩散，随着干燥过程的进行，蒸发界面向内部逐渐后移，传质动力主要是水蒸气压差和毛细管压差。

概括来说，多孔介质干燥过程中，存在5种水分迁移机理：①湿分（液体或蒸汽）在浓度梯度作用下的扩散；②由毛细压力（表面张力）引起的液体在毛细管内的流动；③在压力梯度作用下，多孔介质孔隙中的湿分渗透；④湿分在孔隙中的蒸发与冷凝迁移；⑤由温度梯度而引起的湿分热扩散。

在上述5种基本的湿分迁移机理中，热扩散迁移是传热传质过程中的一项交叉效应，与其他几种迁移相比要小得多，在通常的干燥过程中热扩散迁移可以忽略不计。其他4种迁移机理在不同的干燥工况中扮演不同的角色。

理想条件下，物料干燥的干燥过程包括预热干燥、恒速干燥、降速干燥三个阶段。在Luikov、Szentgyorgyi和Molnar以及Przesmycki和Strumillo等人的研究基础之上，Chen和Pei考虑到吸湿性多孔介质骨架中吸附水也可以移动的实际，以及物料表面对流传热和传质系数随物料表面水分含量变化的事实，建立了能够涵盖非吸湿性和吸湿性多孔介质干燥过程的后退蒸发前沿理论，较完善地解释了干燥过程中的三个阶段。

该理论认为，多孔介质干燥过程中内部存在一个由外向内不断后退的蒸发前沿。如图3-3所示，在干燥初始阶段，若介质接近于饱和，则自由水（不考虑溶质）充满孔隙，物料表面形成连续的液膜。此时，多孔介质内部湿分的运动主要为液态连续流体的毛细流。随着干燥继续进行，介质中的水分持续减少，外界空气将侵入多孔介质孔隙中，形成液相和气相均为连续相的状态；此时气体的连续运动成为可能，例如蒸汽的连续扩散。这时候，内部水分向表面的迁移供给量与表面的水分蒸发量处于平衡状态，表面蒸发得以稳定持续地进行，物料温度逐渐升高，干燥速率恒定，物料处于恒速干燥阶段。

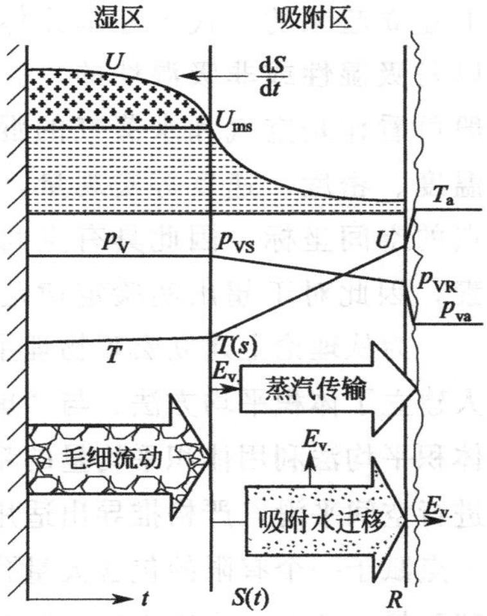

图3-3 后退蒸发前沿示意图

随着干燥的进一步进行，表面水分不断蒸发，当表面饱和度小于某一临界值SC（对应临界含水率X_c）时，表面水层将不再保持其连续性，连续的液膜层将变成为一块块不连续的湿区，表面的传质系数降低，蒸发减弱，干燥速率下降，物料进入降速干燥阶段。降速段开始时，介质的表面及内部温度维持恒定，表面水分蒸发依然存在，属于第一降速阶段。此时表面的对流传热和传质系数将是表面水分含量的函数。

当表面含水率到达最大吸湿含水率X_{ms}（孔隙饱和度$S=0$）时，不再有自由水存在，介质表面的温度将快速上升，表明第二降速段开始；这期间通常出现后退的蒸发前沿，将介质分为湿区和吸附区两个区域。蒸发前沿以内，物料为湿区，即孔隙中存在自由水，且湿分传递的主要机制是毛细流。蒸发前沿以外，不存在自由水，所有的水以吸附水或束缚水的状态存在，且湿分传递的主要机制为束缚水的运动和蒸汽传递。蒸发发生于蒸发前沿以及整个吸附区，同时蒸汽穿过蒸发区到达物料表面。

3.2.2 基本理论与模型

物料在干燥过程中多为非饱和多孔介质，构成气、液、固三相介质，因此物料内部的热质迁移方式可能多种并存，迁移驱动力也有多种。人们相继提出了多种干燥机理和模型，这些模型对于理解和描述干燥过程具有重要的作用。

（1）干燥理论简介

物料的干燥模型主要关注湿分如何通过孔隙传递到外表面的问题。由于多孔介质孔隙和骨架在空间中并非处处连续，宏观质点包含大量孔隙，因此宏观连续变化过程实际上是孔隙尺度过程的表现。类似于连续介质力中的微元体，对多孔介质进行描述时，常在多孔介质内部引入包含有足够数量孔隙和骨架的“虚拟质点”，将多孔介质假设为空间上处处被虚拟质点占据的“虚拟连续介质”。虚拟质点也称为代表性单元体，它的尺寸比单个孔隙的尺寸大得多，但与所考虑的研究范围相比又足够小，因此可近似看成一个点。迄今为止，大多数多孔介质干燥模型，都是在此假设上建立起来的。代表性单元体中存在着骨架和孔隙，孔隙中为气液两相流。骨架可以是吸湿性或非吸湿性的，孔隙中的液态水分可以为纯水，也可以是溶液，气相一般可看作是空气和水蒸气的混合物。多孔介质物料参数，即含水率、饱和度、各相温度、密度、速度等宏观量，由代表性单元体对应状态参量定义，且对应于虚拟质点的空间坐标，因此具有空间分布性质。但虚拟连续介质由于不考虑孔隙结构等因素，因此对于超出实验定律范围的干燥过程不太适用。

为从理论上建立宏观物理量与孔隙量之间的数量关系，20 世纪 70 年代 Whitaker 等人建立了体积平均方法。与“虚拟连续介质”假设模型仅利用代表性单元体的概念不同，体积平均法利用体积平均量的精确概念，将适用于多孔介质特定相的已知连续介质模型进行空间平滑，严格推导出适用于多孔介质每一处的宏观输运模型：①在介质空间内每一点赋予一个有限的包含大量孔隙的体积（各体积可重合），用该体积的体积平均量作为宏观量；②在单元体内每一相建立输运方程，给定边界条件；③在单元体上，对每一相方程进行积分，应用体积平均定理，并进行尺度和数量级分析，最终获得宏观输运方程。体积平均法在多孔介质热质传递研究中有大量的应用，干燥过程是其中之一，且相比于其他过程更为复杂。

此外，考虑实际多孔介质孔隙的离散性、通道的方向性和不同通过性以及孔隙几何和拓扑结构分布的不均匀性，利用数值计算的方法，建立起“孔道网络模型”；用规则几何元件（孔和喉）组成的孔道网络（虚拟多孔介质）来代表结构复杂的真实多孔介质孔隙，建立由离散代数方程组描述的规则几何元件网络中的输运规律。孔道网络方法不需要宏观本构关系作为推理前提，也没有尺度分解（孔隙和介质尺度分解）的要求，而是直接在孔道中进行微、细观过程分析，将研究对象所涉的几何、物理特征直接考虑在模型中，所建模型更接近传递过程的物理机制，避免过多近似假设，更有利于考察与研究真实过程。

（2）干燥模型简介

大多数的干燥机理模型都是连续介质模型。由于干燥过程中，多孔介质为非饱和的，物料内部的热质迁移方式可能多种并存，迁移驱动力也有多种，因此人们相继提出了多种多孔介质的热质传递模型，如只考虑湿分梯度驱动的集总参数模型和单场扩散模型（Lewis，1921；Sherwood，1929）；湿分梯度和温度梯度驱动的 Philip 与 De Vries 双场模型（Philip & De Vries，1957）；湿分梯度、温度梯度和压力梯度驱动的 Luikov 三场模型（Luikov，1975）等。

最基本的理论模型就是只考虑湿分扩散的扩散方程。在假定湿物料均匀且各向同性、湿分在物料内的流动阻力分布均匀、扩散系数 D 与局部湿分含量无关、物料体积收缩可以忽略的条件下，可将非克第二定律简化为

$$\frac{\partial X}{\partial \tau}=D\frac{\partial^2 X}{\partial x^2} \tag{3-7}$$

式中，D 为扩散系数，m^2/s；x 为扩散距离，m。

对于无限大平板（薄片层物料）的初始湿分分布均匀、质量传递关于中心对称、样品表面含湿量瞬间与周围干燥介质达到平衡状态，则其初始和边界条件可写成

$$\tau=0, -L<x<L, X=X_0$$

$$\tau>0,\ x=0, \frac{\partial X}{\partial x}=0$$

$$\tau>0,\ x=\pm L, X=X_e$$

由此边界条件并化简后可得式(3-8)。

$$M_R=\frac{X-X_e}{X_0-X_e}=\frac{8}{\pi^2}\exp\frac{-\pi^2 D\tau}{4L^2} \tag{3-8}$$

此即为薄层干燥的理论方程，其中扩散系数可由式(3-9) 确定。

$$D=D_0\exp\frac{-E}{RT} \tag{3-9}$$

式中，M_R 为湿分比；D_0 为指前因子，m^2/s；E 为湿分的扩散活化能，kJ/mol；R 为理想气体常数，J/(mol·K)；T 为干燥介质的绝对温度，K。

湿分比 M_R 定义为某时刻待除去的自由湿分量与初始总自由湿分量之比，是一个无量纲湿含量。由于平衡干基含湿量 X_e 难以确定，因此通常用干燥产品的终了干基含水率 X_f 代替。此外，相对于 X 和 X_0 而言，X_e 可以忽略，所以 M_R 在实际应用中可以表示成式(3-10)。

$$M_R=\frac{X-X_e}{X_0-X_e}=\frac{X-X_f}{X_0-X_f}=\frac{X}{X_0} \tag{3-10}$$

绝大多数的干燥模型，如 Lewis 模型、Page 模型、Henderson and Pabis 模型等均是从非克第二定律推导或修正而来的，其他的水分迁移理论模型可参考表 3-1。

表 3-1 水分迁移理论模型

类型	名称	模型方程
只考虑湿分扩散	液态扩散模型	$\frac{\partial X}{\partial \tau}=\nabla(D\,\nabla X)$
考虑湿分梯度和温度梯度	Philip 和 De Veries 模型	$\frac{\partial X}{\partial \tau}=\nabla(D_T\,\nabla T)+\nabla(D_w\,\nabla X)+\frac{\partial u}{\partial z}$ $\rho c\,\frac{\partial T}{\partial \tau}=\nabla(K\,\nabla T)+L_v\,\nabla(D_v\,\nabla X)$
考虑湿分梯度、温度梯度和压力梯度	Luikov 模型	$\frac{\partial T}{\partial \tau}=K_{11}\,\nabla^2 T+K_{12}\,\nabla^2 X+K_{13}\,\nabla^2 P$ $\frac{\partial \theta}{\partial \tau}=K_{21}\,\nabla^2 T+K_{22}\,\nabla^2 X+K_{23}\,\nabla^2 P$ $\frac{\partial P}{\partial \tau}=K_{31}\,\nabla^2 T+K_{32}\,\nabla^2 X+K_{33}\,\nabla^2 P$

实际上，在干燥技术的工程应用中，主要是以扩散理论及其半经验、经验得来的薄层干燥模型为主。下面将对薄层干燥模型进行一个较为详细的介绍。

3.2.3 薄层干燥

薄层干燥是指 20mm 以下的物料层表面完全暴露在相同的环境条件下进行的干燥过程，主要包括一些半理论方程、半经验方程和经验方程，如表 3-2 所示。

表 3-2 薄层干燥动力学模型

方程类型	模型名称	模型方程
		半理论方程
Henderson	单项扩散模型	$M_R=a\exp(-k\tau)$
Sharaf-Eldeen	两项扩散模型	$M_R=a_1\exp(-k_1\tau)+a_2\exp(-k_2\tau)$
Karathanos	三项扩散模型	$M_R=a_1\exp(-k_1\tau)+a_2\exp(-k_2\tau)+a_3\exp(-k_3\tau)$
		半经验方程
Lewis	Lewis 模型	$M_R=\exp(-k\tau)$
Page	Page 模型	$M_R=\exp(-k\tau^n)$
Overhults	修正 Page 模型(Ⅰ)	$M_R=\exp[-(k\tau)^n]$
Wang	修正 Page 模型(Ⅱ)	$M_R=a\exp(-k\tau^n)$
Midilli-Kucuk	Midilli 模型	$M_R=a\exp(-k\tau^n)+b\tau$
		经验方程
Thompson		$\tau=a\ln M_R+b(\ln M_R)^2$
Wang		$M_R=1+a\tau+b\tau^2$

1921 年，Lewis 引入扩散理论来描述固体物料干燥过程中的水分传输规律。假设降速段干燥过程中薄片状物料内部水分线性分布，水分扩散速率与斜率成正比，则简化式(3-8) 可获得类似于牛顿冷却定律的 Lewis 模型。

$$M_R=\frac{X-X_f}{X_0-X_f}=\exp(-k\tau) \tag{3-11}$$

式中，k 为干燥动力学常数，由物料特性和干燥条件共同决定；X_f 为给定干燥条件下的物料平衡含水率。

Lewis 模型只有在物料较薄且恒定条件干燥等特殊条下才近似成立；1949 年，Page 对 Lewis 进行了修正，得到了 Page 模型。

$$M_R = \frac{X - X_f}{X_0 - X_f} = \exp(-k\tau^n) \tag{3-12}$$

式中，k 和 n 是与干燥介质有关的经验常数。

作为目前应用最为广泛的干燥动力学模型，Page 模型在针对谷物、玉米、花生、油菜籽、纸张、污泥等厚度较薄的物料时均有良好的匹配度。刘凯、Xiao Hovey 等人在针对不同送风温度下、不同厚度造纸污泥干燥过程的研究中表明，Page 及其修正模型与造纸污泥干燥过程的拟合度较好。宋树杰等利用微波真空干燥技术研究了熟化薯片的干燥动力学特性，其中选取了两组不同微波功率时的实验数据对模型的准确度进行检验，结果表明 Page 模型的预测值与实测值具有较高的拟合度。胡自成等采用双蒸发器常闭式热泵干燥技术在对海带结干燥过程中水分比变化规律的研究中，对 Page 模型的预测值和实验数据对比如图 3-4 所示，数据基本吻合。

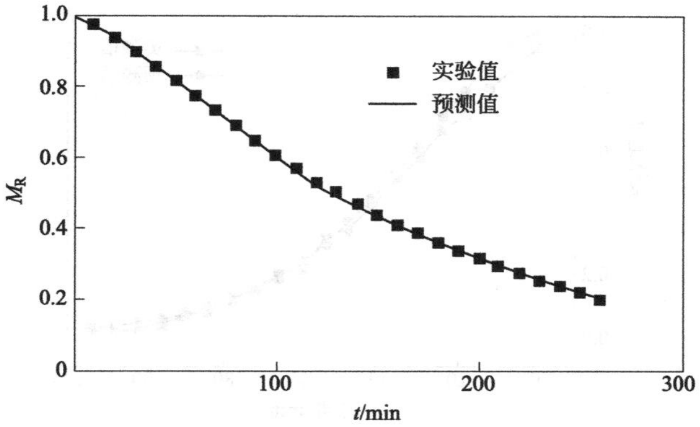

图 3-4 海带结热泵干燥 Page 模型与实验值比较

此外，还有 Henderson 模型、Midilli 模型等基于 Lewis 模型和 Page 模型变形而来的数学模型，这些半经验模型或经验模型形式简单，在大多数情况下都有较好的预测结果，能满足很多实际需求，所以一直以来都得到了广泛的应用，特别在食品与粮食干燥领域应用得更是广泛。

近些年来，国内外学者提出了将 Weibull 概率分布函数运用于干燥动力学领域中。Weibull 函数适用性广、覆盖性强，广泛应用于材料、医学和热力学分析等领域。其在干燥过程中的表达式可表达为

$$M_R = \exp\left[-\left(\frac{\tau}{\alpha}\right)^{\beta}\right] \tag{3-13}$$

式中，τ 为干燥时间，min；α 为尺度参数，min；β 为形状参数。

α 表示为干燥速率常数，与物料厚度和热风温湿度有关，其数值约等于脱去整个物

料 63 %的水分所需要的时间；β 是一个无量纲数，其数值与物料的种类、状态和物料干燥速率、水分的迁移机制有关。

宋镇等人在杏鲍菇热泵干燥过程中利用 Weibull 函数分析理化性质，研究了不同温度（40℃、50℃、60℃）、不同切片厚度（ 4mm、7mm、10mm）对杏鲍菇热泵干燥动力学、体积收缩率、复水动力学、干制品色泽和氨基酸含量的影响。结果表明，Weibull 函数匹配度较高，尺度参数 α 随温度升高而减小，随切片厚度增加而增大，形状参数 β 均小于 1。李亚丽等人在对双孢菇热泵干燥特性的研究中，利用 Weibull 函数对双孢菇热泵干燥过程中的水分扩散机制进行分析，将其水分比随时间变化的曲线进行拟合，其拟合函数决定系数 R^2 均在 0.99 以上，离差平方和 x^2 均在 10^{-4} 水平，拟合较好。尹慧敏等人在对马铃薯丁薄层热风干燥的过程中，实验值与模型预测值的一致性较好，平均相对误差 14.36%，主要是在低含水率时误差较大。薛广等人在超声渗透罗非鱼真空微波干燥中，在物料厚度 7mm、微波功率 396W 和真空度 0.055MPa 的条件下采用 Weibull 函数进行分析，数据拟合情况良好，如图 3-5 所示。

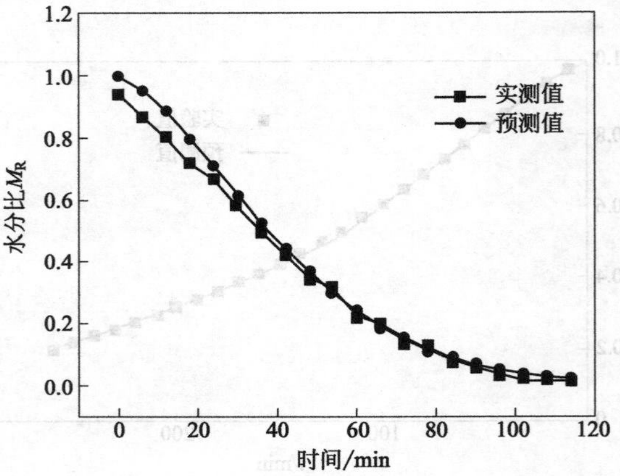

图 3-5 Weibull 模型预测值与实测值水分比 M_R 的对比

干燥速率是表征干燥动力学的重要参数，其影响因素主要从外部（空气）和内部（物料内部）两个方面阐释。在外部环境方面，主要有以下几个因素：①空气温度：提高空气温度，能增强物料内水分的汽化强度，还能降低物料内部溶液的黏度，更有利于水分向表面扩散，但温度的提升应以不损害物料品质为原则；②空气相对湿度：空气湿度越低，水蒸气分压力越低，物料界面层与空气间的蒸汽压差越大，干燥过程推动力越大；③空气流速：提高空气流速有利于加强传热传质过程，有效地强化干燥过程；④空气与物料的接触面积：接触面积越大，换热情况越好，干燥速率越快。在内部环境方面，主要有以下几个因素：①物料内部特性：包括物料的成分、结构、含水率、热导率、水分结合方式等，不同的物料具有不同的干燥特性，同一种物料在不同的干燥阶段也会表现出不同的干燥特性；②物料的尺寸与堆叠方式：物料的直径越小或料层越薄可以使气-固间接触面积增加，同时，减少了物料内部扩散的距离，从而缩短了干燥时间。

某物料的干燥速率表示为单位时间脱除的湿分量。

$$v=-\frac{G_c}{A}\times\frac{dX}{d\tau} \quad (3\text{-}14)$$

式中，v 为干燥速率，kg/(m^2 · s)；G_c 为绝干物料的质量，kg；A 为空气与物料的接触面积，m^2；X 为干基含水率；τ 为干燥时间，s。

根据干燥速率，通常可以将干燥过程分为三个阶段，即预热干燥阶段、恒速干燥阶段和降速干燥阶段。根据不同干燥阶段含水率随时间的变化绘制出干燥特性曲线，如图 3-6 所示。

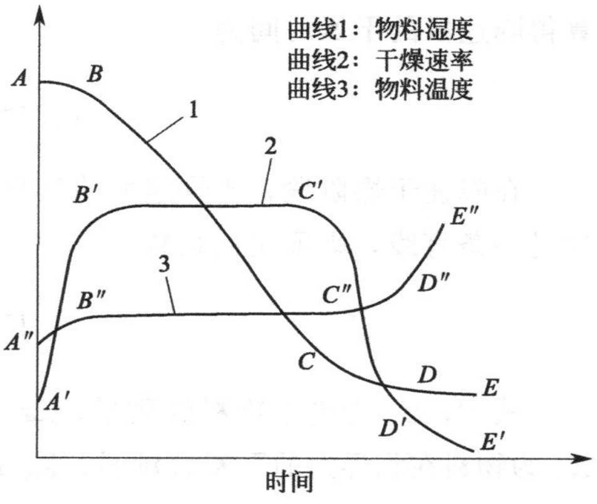

图 3-6 干燥特性曲线

（1）预热干燥阶段（*A*—*B*）

该阶段一共有两个目的：一方面，湿物料吸收干燥介质中的热量使其自身的温度升高（$A\rightarrow B$）；另一方面干燥介质流过物料表面，带走湿物料表面的水分。到达 B 点时，热量的转移和水分蒸发均保持一定。预热阶段对于干燥过程来说十分重要，对于木材等厚物料，预热阶段需要将物料完全热透且保持受热均匀。

（2）恒速干燥阶段（*B*—*C*）

恒速干燥阶段，物料内部的水分从内部扩散到物料表面的速率和物料表面水分蒸发的速率相等，物料表面的温度基本保持不变；干燥介质的温度、相对湿度和气流速度保持不变，含水率降低的速度也保持不变。在该阶段，物料的含水率直线下降，其斜率与干燥介质的温湿度有关。在干燥过程的预热阶段和恒速阶段，水分的蒸发在物料的表面上进行。

假设物料在干燥之前的干基含湿量 X_1 大于临界干基含湿量 X_c，则可计算得恒速段的干燥时间为

$$\tau_1=\frac{G_c}{A}\times\frac{X_1-X_c}{v_{恒}} \quad (3\text{-}15)$$

（3）降速干燥阶段（*C*—*D*—*E*）

该阶段又详细地分为两个阶段。在降速第一阶段（$C\rightarrow D$），水分蒸发过程同时在物料内部和表面进行，整个含湿介质可以分成蒸发区和湿区两部分。由于经历过前两个阶段后，物料自身的结构已经发生了变化，因此，水分的内部扩散速率低于表面蒸发速率，表面含水率比内部低。在降速第二阶段（$D\rightarrow E$），此时蒸发过程全部在物料内部进行，整个含湿物料可分为干区、蒸发区和湿区三个部分，水分在湿区以液态水的形式迁移至蒸发区后被蒸发，在蒸发区产生的蒸汽以扩散的方式通过干区进入干燥介质中。对于难干物料而言，大部分干燥都是在减速阶段完成的。从恒速干燥阶段转为降速干燥阶段时的含水率，称为临界含水率（C 点）。

假设物料在干燥之后的干基含湿量 $X_2(X_2>X^*)$ 小于临界干基含湿量 X_c，则可计算得降速段的干燥时间为

$$\tau_2=\frac{G_c}{AK_x}\ln\frac{X_c-X^*}{X_2-X^*} \tag{3-16}$$

在降速干燥阶段，干燥速率的变化是不确定的，但在实际计算过程中可以近似地看作是一条直线，则取比例系数

$$K_x=\frac{v_{恒}}{X_c-X^*} \tag{3-17}$$

式中，G_c 为绝干物料的质量，kg；A 为干燥介质与被干物料的间接接触面积，m^2；X_c 为物料在临界处的干基含湿量，kg/kg；X_2 为物料在干燥之后的干基含湿量，kg/kg；X^* 为物料平衡干基含湿量，kg/kg；$v_{恒}$ 为物料干燥速率，kg/s；K_x 为比例系数。

忽略掉预热干燥段，则整个干燥过程的干燥时间 $\tau=\tau_1+\tau_2$。

需要说明的是，干燥速率的提升要视被干物料以及干燥阶段的具体情况而定，不能一味地加快干燥速率。如木材和瓷器等物料，干燥速率太快，物料内部到表面会产生很大的湿度梯度和过度收缩，这会在物料内部造成较大的应力，致使物料产生龟裂或弯曲等干燥缺陷。对于干燥的最终状态而言，通常这个点的温度 t_2 和相对湿度 φ_2 是需要设计或者测定出来的，沿着等焓线（h_1）和等温线（t_2）或等相对湿度线（φ_2）的交点即可确定出来理论上的干燥最终状态点（2^0 点，见下文图 3-8）。当然在实际的干燥过程中，焓值实际是降低的，需要在 h-d 上找到实际的最终状态点。

3.3 干燥器衡算

干燥器衡算包括质量衡算和热量衡算，得到湿物料中的水分蒸发量、空气用量和所需热量等信息，再依此进行热泵干燥系统的设计、设备选型、修正等过程。下面以图 3-7 中热风对流干燥过程为例，对整个干燥过程的负荷计算进行介绍。

在计算的过程中，通常需要知道以下参数。

① 被干物料：进料量 G_1、干燥箱入口含水率（湿基）ω_1、湿物料的进口温度 t_{m1}，干燥后的产品质量 G_2、干燥箱出口含水率（湿基）ω_2、出口温度 t_{m2}；

② 干燥介质：加热前的温度 t_0、焓值 h_0、含湿量 d_0，加热后的温度 t_1、焓值 h_1、含湿量 d_1，除湿后的温度 t_2、焓值 h_2、含湿量 d_2。

对于干燥系统，整个干燥过程可看作两个热力学过程。干燥介质的升温过程可看作是等湿增焓过程，即 $d_1=d_0$；理想的干燥过程可以看作是干燥介质的等焓增湿过程，即 $h_2=h_1$。当然，在实际的干燥过程中，焓值是会有损失的。工程中干燥介质通常采用的是环境空气，这是因为环境空气的性质相对稳定，且容易获得、造价低廉。从环境中获得的空气都需要经过等湿增焓过程加热，这个过程一般是通过热泵、电加热、蒸汽换热等外界补热的方式完成的。

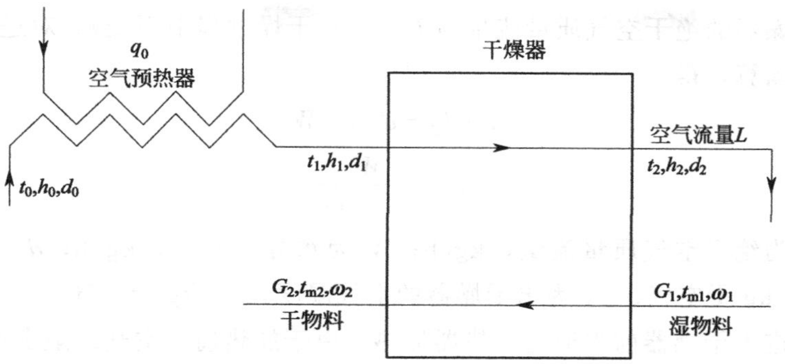

图 3-7　热风干燥过程计算示意图

3.3.1　物料衡算

（1）水分蒸发量

对干燥器做总物料衡算，可得

$$G_1=G_2+W \tag{3-18a}$$

如果在干燥过程中，由于飞溅或损耗等行为导致部分干物料产生损耗，则有

$$G_1=\frac{G_2}{\zeta}\times\frac{1-\omega_2}{1-\omega_1} \tag{3-18b}$$

式中，ζ 为物料保持率，在干燥成件物料时 ζ 接近 1。

对绝对干物料做物料衡算，可得

$$G_c=G_2\frac{100-\omega_2}{100}=G_1\frac{100-\omega_1}{100} \tag{3-19}$$

由式(3-18a) 和式 (3-18b) 可得

$$W=G_2\frac{\omega_1-\omega_2}{100-\omega_1}=G_1\frac{\omega_1-\omega_2}{100-\omega_2} \tag{3-20a}$$

式中，W 为水分蒸发量，kg/h；G_1 为进入干燥器的湿物料质量，kg/h；G_2 为离开干燥器的产品质量，kg/h；ω_1 为湿物料的初始含水率，%（湿基）；ω_2 为湿物料的终止含水率，%（湿基）。

除上述过程以外，还可以通过干基含湿量进行计算，干基含水率与湿基含水率之间可按下式转换。

$$X=\frac{\omega}{1-\omega} \tag{3-20b}$$

则可得水分蒸发量

$$W=G_c(X_1-X_2) \tag{3-21}$$

式中，W 为水分蒸发量，kg/h；G_c 为湿物料中绝对干物料的质量，kg/h；X_1 为湿物料的初始含水率，%（干基）；X_2 为湿物料的终止含水率，%（干基）。

（2）干燥空气用量

设通过干燥器的绝干空气质量流量为 L（L 在干燥过程中不变）。对进出干燥器的空气中的水分做衡算，得

$$L(d_2-d_1)=W \tag{3-22a}$$

或

$$L=\frac{W}{d_2-d_1} \tag{3-22b}$$

式中，L 为绝干空气质量流量，kg/h；W 为水分蒸发量，kg/h；d_2 为进干燥器的空气湿度，kg/kg 干空气；d_1 为出干燥器的空气湿度，kg/kg 干空气。

如果空气进入干燥器前先通过预热器加热，由于加热前后空气的湿度不变，以 d_0 表示进入预热期时的空气湿度，则有

$$l=\frac{L}{W}=\frac{1}{d_2-d_1}=\frac{1}{d_2-d_0} \tag{3-22c}$$

式中，l 称为单位空气消耗量，表示从湿物料中蒸发 1kg 水分所需要的干空气量。由式(3-22c) 可知，单位空气消耗量只与空气的始末含湿量有关，与干燥过程所经历的途径无关。

3.3.2 热量衡算

通过干燥器的热量衡算可以确定干燥过程的热能消耗量及热能的分配。由热力学第一定律可知，系统自身的内能增量等于进入系统的热量与离开系统的热量差值。在干燥系统中，干燥所需的热量等于干燥介质和物料进口热量与干燥介质和物料的出口热量以及设备热损耗的差值，此即为系统外需要补充的热量。

（1）进入干燥系统的热量

① 进入系统的干燥介质携带的热量

$$q_1=lh_0 \tag{3-23}$$

式中，q_1 为单位空气进入系统的热量，kJ/kg；l 为单位空气消耗量；h_0 为单位空气进入干燥系统的焓值，kJ/kg。

② 单位被干物料带入的热量

$$q_{m1}=c_w t_{m1}+\frac{G_2}{W}c_m t_{m2} \tag{3-24}$$

式中，q_{m1} 为被干物料进入干燥系统的热量，kJ/kg；c_w 为水的比热容，kJ/(kg・℃)；c_m 为干物料的比热容，kJ/(kg・℃)；t_{m1} 为物料进入干燥系统的温度,℃；t_{m2} 为物料离开干燥系统的温度,℃；W 为水分蒸发量，kg/h；G_2 为被干物料离开干燥器的物料质量，kg/h。

（2）离开干燥系统的热量

① 干燥介质离开系统的热量

$$q_2=lh_2 \tag{3-25}$$

式中，q_2 为干燥介质离开系统的热量，kJ/kg；l 为单位空气消耗量；h_2 为干燥介质离开干燥系统的焓值，kJ/kg。

② 被干物料离开干燥系统的热量

$$q_{m2}=\frac{G_2}{W}c_m t_{m2} \tag{3-26}$$

式中，q_{m2} 为被干物料离开干燥系统的热量，kJ/kg；G_2 为被干物料离开干燥器的物料质量，kg/h；W 为水分蒸发量，kg/h；c_m 为干物料的比热容，kJ/(kg·℃)；t_{m2} 为物料离开干燥系统的温度,℃。

（3）干燥过程的热损耗

① 干燥设备吸收的热量

$$q_e=\frac{G_e}{W}c_e(t_{e2}-t_{e1}) \tag{3-27}$$

式中，q_e 为干燥设备吸收的热量，kJ/kg；G_e 为干燥设备的质量，kg/h；W 为水分蒸发量，kg/h；c_e 为干燥设备的平均比热容，kJ/(kg·℃)；t_{e1} 为干燥开始前干燥设备的温度,℃；t_{e2} 为干燥结束后干燥设备的温度,℃。

② 干燥设备表面向环境的散热量

$$q_f=3.6\frac{kF\Delta t}{W} \tag{3-28}$$

式中，q_f 为干燥设备表面向环境的散热量，kJ/kg；k 为干燥设备表面与环境之间的传热系数，W/(m^2·℃)；F 为干燥设备的外表面积，m^2；Δt 为干燥设备表面与环境的温度差,℃；W 为水分蒸发量，kg/h。

则可得干燥设备的热损耗

$$q_L=q_e+q_f \tag{3-29}$$

式(3-27) 和式(3-28) 在实际的工程计算中难以计算，所以设备的热损耗通常用供给总热量的 5%～10%估算，小设备取大值，大设备取小值。

③ 物料升温需要的热量

$$q_M=\frac{G_2c_m(t_{m2}-t_{m1})}{W} \tag{3-30}$$

式中，q_M 为物料升温需要的热量，kJ/kg；G_2 为被干物料离开干燥器的物料质量，kg/h；c_m 为干物料的比热容，kJ/(kg·℃)；t_{m1} 为物料进入干燥系统的温度,℃；t_{m2} 为物料离开干燥系统的温度,℃；W 为水分蒸发量，kg/h。

取$\sum q=q_M+q_L$，并根据能量守恒原理，热量的收支之间是平衡的，可得

$$q_1+q_{m1}+q_0=q_2+q_{m2}+\sum q \tag{3-31a}$$

于是可推导得

$$q_0=q_2-q_1+q_{m2}-q_{m1}+\Sigma q=\frac{h_2-h_0}{d_2-d_0}-c_w t_{m1}+\sum q \tag{3-31b}$$

即

$$\frac{h_2-h_0}{d_2-d_0}=c_w t_{m1}-\sum q \tag{3-31c}$$

则，整个干燥系统需要的热量为

$$Q=q_0W \tag{3-32}$$

式中，Q 为干燥系统需要的总热量，kJ/h；q_0 为干燥 1kg 水需要的热量，kJ/kg；W 为水分蒸发量，kg/h。

考虑到在工程设计和实际干燥过程中，很多热损失没办法通过测量得出，因此也可以通过以下公式进行简略计算。假设水的汽化潜热为 r_w，则可得

$$Q_w = W r_w \tag{3-33}$$

式中，Q_w 为水分蒸发吸收的热量，kJ/h；W 为水分蒸发量，kg/h；r_w 为水的汽化潜热，kJ/kg。

④ 湿物料温升吸收的热量

$$Q_s = cm(t_{m2} - t_{m1}) \tag{3-34}$$

式中，Q_s 为湿物料温升吸收的热量，kJ/h；c 为被干物料的比热容，kJ/(kg·℃)；m 为被干物料的质量流量，kg/h；t_{m2} 为被干物料离开干燥系统的温度，℃；t_{m1} 为被干物料进入干燥系统的温度，℃。

考虑到干燥过程中存在热损失，则干燥过程中需要获得的总热量为

$$Q = \lambda(Q_w + Q_s) \tag{3-35}$$

式中，λ 通常取 1.1～1.5。

⑤ 干燥器热效率　干燥器的热效率一般指，干燥过程中蒸发水分的所耗热量与向加热器加入的总热量之比。

$$\eta = \frac{W r_w}{Q} = \frac{r_w}{q} = \frac{r_w}{l(h_1 - h_0)} \tag{3-36}$$

η 一般都是小于 1 的，原因是进入干燥器的总热量除了用于干燥物料时汽化水分所需的热量外，还将消耗于干物料被加热所需的热量、物料中水分被加热到蒸发温度所需的热量以及干燥器的散热损失等。提高干燥器的热效率可从以下 4 个方面考虑：a. 使离开干燥器的空气温度降低，湿度增加（注意吸湿性物料）；b. 提高热空气进口温度（注意热敏性物料）；c. 废气回收，利用其预热冷空气或冷物料，用新鲜空气作干燥介质时，热效率为 30%～60%，用部分废气循环时，热效率可达 50%～75%；d. 注意干燥设备和管路的保温隔热，减少干燥系统的热损失。

3.3.3 干燥过程中空气状态的确定与图解法

焓-湿图是将湿空气的各种参数用图线的形式表示出来的一种图表，用焓-湿图确定各状态点的湿空气参数并连线，可以比较直观地看出来干燥过程中的温、湿度及能量变化。通常我们利用图解法可以求解出干燥的最终状态点，如图 3-8 所示。

通常在干燥过程中，干燥介质被加热前的状态参数（t_0、d_0）和加热后的状态参数（t_1、d_1）是已知的。图 3-8 所示的 0—1 过程即表示干燥介质的加热过程，这是一个等湿增焓过程，通过 0 点和 1 点的温、湿度，可以确定下来 0 点和 1 点的焓值 h_0 和 h_1，此时干燥介质获得了足够的热量后进入到干燥系统中，对湿物料进行干燥；理想的湿物料干燥过程对于干燥介质而言是一个等焓增湿过程，即图中的 1—2^0 过程。

对于干燥的最终状态而言，通常这个点的温度 t_2 和相对湿度 φ_2 是需要设计或者测

定出来的，沿着等焓线（h_1）和等温线（t_2）或等相对湿度线（φ_2）的交点即可确定出来理论上的干燥最终状态点（2^0 点）。当然在实际的干燥过程中，焓值实际是降低的，需要在 h-d 上找到实际的最终状态点。

在 h-d 图上，空气在干燥器进出口的函数关系是一条直线，斜率不变，由式(3-31c) 令直线斜率

$$m=\frac{h_2-h_0}{d_2-d_0}=c_w t_{m1}-\sum q=\frac{h-h_1}{d-d_1} \quad (3\text{-}37)$$

在合理范围内任取一个合适的含湿量值 $d=d_2'$，将 d_2' 代入到式(3-37) 可得到对应的焓值 $h=h_2'$；由 d_2' 和 h_2' 可在焓-湿图上确定点 $2'$，连接 1 点和 $2'$ 点与等温线 t_2 或等相对湿度线 φ_2 的交点即为实际干燥过程的终点（2 点）。确定下来各个点的状态参数即可进行后面的负荷计算。

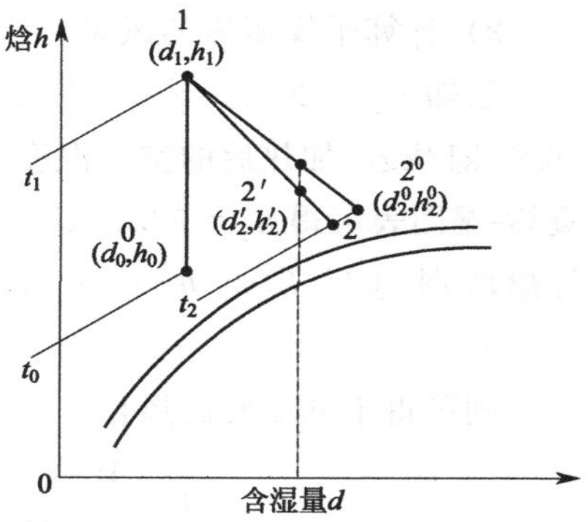

图 3-8　h-d 图解法

3.3.4　计算算例

（1）污泥干燥

污泥干燥是处理污泥的必要手段之一，干燥后的污泥性质相对稳定，可以用作肥料、建材等。某工厂利用热风处理污泥废料，其中热风利用蒸汽锅炉加热，试分析基于蒸汽锅炉的年运行成本。设计参数如下：

① 污泥处理量 100kg/h，初始含水率 $\omega_1=80\%$，目标含水率 $\omega_2=20\%$，初始温度 20℃，干燥后的温度 45℃，比热容 $c_p=3.7\text{kJ}/(\text{kg}\cdot℃)$；

② 干燥介质取自环境空气，$t_0=20℃$，$\varphi_0=70\%$，空气离开干燥箱的温度 $t_2=40℃$；

③ 常压下水的汽化潜热 $r_{w1}=2257.6\text{kJ/kg}$，0.2MPa 水的汽化潜热 $r_{w1}=2201.7\text{kJ/kg}$；

④ 干燥箱中的热风温度 $t_1=65℃$；

⑤ 天然气价格 3.2 元/m^3，电价 0.7364 元/(kW · h)；

⑥ 系统设备运行 24h，每年运行 300d。

计算如下：

1）计算水分蒸发量

$$W=G_1\frac{\omega_1-\omega_2}{100\%-\omega_2}=100\text{kg/h}\times\frac{80\%-20\%}{100\%-20\%}=75.00\text{kg/h}$$

2）计算污泥干燥所需的热量

每小时污泥中的水分蒸发需要的热量

$$Q_{w1}=Wr_{w1}=75\text{kg/h}\times2257.6\text{kJ/kg}=169320\text{kJ/h}=47.03\text{kW}$$

污泥温升 $\Delta t_1=45-20=25$（℃），则每小时污泥升温需要的热量

$$Q_{油}=c_p m\Delta t_1=3.7\text{kJ}/(\text{kg}\cdot℃)\times100\text{kg/h}\times25℃=9250.00\text{kJ/h}=2.57\text{kW}$$

故污泥干燥所需的总热量 $Q=Q_{w1}+Q_{油}=47.03kW+2.57kW=49.60kW$

3）计算干燥所需的风量

已知 $t_0=20℃$，$\varphi_0=70\%$，查焓-湿图表可得 $d_0=10.21kg/kg$ 干空气，$h_0=46.05kJ/kg$；加热后的空气温度 $t_1=65℃$，等湿增焓过程 $d_1=d_0=10.21kg/kg$ 干空气，查焓-湿图表可得 $h_1=92.16kJ/kg$，$\varphi_1=6.01\%$；干燥介质离开干燥箱的温度 $t_2=40℃$，等焓增湿过程 $h_2=h_1=92.16kJ/kg$，查焓-湿图表可得 $d_2=19.93kg/kg$ 干空气，$\varphi_2=42.61\%$。

则可得干燥需要的风量

$$L=\frac{W\times1000}{d_2-d_1}=\frac{75kg/h\times1000}{19.93-10.21}=7716.05kg/h$$

换算成体积流量（此时空气密度 $\rho=1.039kg/m^3$）

$$V=\frac{L}{\rho}=\frac{7716.05kg/h}{1.039kg/m^3}=7426.42m^3/h$$

4）计算蒸汽换热系统的热负荷

考虑到热损失，则可得蒸汽换热系统的热负荷

$$Q_{蒸}=1.2Q=1.2\times49.6kW=59.52kW$$

天然气热量取 $8500kcal/m^3$，约等于 $35615kJ/m^3$，则可得天然气的流量

$$V_{天然气}=\frac{Q_{蒸}}{q_{天然气}}=\frac{59.52\times3600kJ}{35615kJ/m^3}=6.01m^3$$

5）年运行成本

蒸汽系统年运行成本：6.01×3.2×24×300=13.847（万元）。

（2）热风对流干燥

利用热风对流干燥对某物料进行干燥。常压下，热风温度为80℃，相对湿度为10%，热风以1.5m/s的流速平行流过物料表面，与物料的接触面积为 $3m^2$。物料在该热风条件下从含水率80%干燥至含水率15%，试求恒速干燥阶段的干燥速率以及干燥到目标状态的时间。在此热风条件下，再对终了的产品进行干燥，干燥到含水率10%还需要多长时间。

已知此干燥条件下物料的临界含水率 $\omega_c=30\%$，平衡含水率 $\omega^*=5\%$，待干物料的质量为1.5kg。

1）计算干基含湿量

$$X_1=\frac{\omega_1}{1-\omega_1}=\frac{0.8}{1-0.8}=4$$

同理可得 $X_2=0.18$，$X_c=0.43$，$X_3=0.11$，$X^*=0.05$。

2）计算干燥速率

$t_{air}=80℃$，$\varphi_{air}=10\%$，查焓-湿图及空气参数表可得，湿球温度 $t_w=37.24℃$，密度 $\rho=0.987kg/m^3$，汽化潜热 $r_w=2257.6kJ/kg$，则可得：

空气的质量流速：$G_{air}=\rho v_{air}=0.987kg/m^3\times1.5m/s=1.48kg/(m^2\cdot s)$

给热系数：$\alpha = 0.0143G_{air}^{0.8} = 0.0143 \times 1.48^{0.8}\text{kg/(m}^2\cdot\text{s)} = 0.02\text{kW/(m}^2\cdot℃)$

则可计算得恒速干燥速率：$v_{恒} = \dfrac{\alpha}{r_w}(t - t_w) = \dfrac{0.02}{2257.6} \times (80 - 37.24) = 3.79 \times 10^{-4}\text{kg/(m}^2\cdot\text{s)}$

3）计算干燥时间

物料的绝干质量：$G_c = G_1 \dfrac{100 - \omega_1}{100} = 1.5\text{kg} \times \dfrac{100 - 80}{100} = 0.3\text{kg}$

恒速干燥时间：$\tau_1 = \dfrac{G_c}{A} \times \dfrac{X_1 - X_c}{v_{恒}} = \dfrac{0.3\text{kg}}{3\text{m}^2} \times \dfrac{4 - 0.43}{3.79 \times 10^{-4}\text{kg/(m}^2\cdot\text{s)}} = 941.95\text{s} = 0.26\text{h}$

降速干燥时间：$K_x = \dfrac{v_{恒}}{X_c - X^*} = \dfrac{3.79 \times 10^{-4}\text{kg/(m}^2\cdot\text{s)}}{0.43 - 0.05} = 9.97 \times 10^{-4}\text{kg/(m}^2\cdot\text{s)}$

$$\tau_2 = \frac{G_c}{AK_x}\ln\frac{X_c - X^*}{X_2 - X^*} = \frac{0.3\text{kg}}{3\text{m}^2 \times 9.97 \times 10^{-4}\text{kg/(m}^2\cdot\text{s)}} \times \ln\frac{0.43 - 0.05}{0.18 - 0.05}$$
$$= 107.59\text{s} = 0.03\text{h}$$

则总干燥时间：$\tau = \tau_1 + \tau_2 = 0.26\text{h} + 0.03\text{h} = 0.29\text{h}$

4）计算再干燥到10%的时间

$$\frac{\tau_3}{\tau_2} = \frac{\ln\dfrac{X_c - X^*}{X_3 - X^*}}{\ln\dfrac{X_c - X^*}{X_2 - X^*}} = \frac{1.85}{1.07} = 1.73$$

则 $\tau_3 = 1.73\tau_2 = 1.73 \times 0.03\text{h} = 0.05\text{h}$

参考文献

[1] 伊松林，张璧光．太阳能及热泵干燥技术［M］．北京：化学工业出版社，2011.

[2] 杨世铭，陶文铨．传热学［M］．4版．北京：高等教育出版社，2006.

[3] 朱文学，等．食品干燥原理与技术［M］．北京：科学出版社，2009.

[4] 陈敏恒，丛德滋，方图南，等．化工原理:下册［M］.4版．北京：化学工业出版社，2015.

[5] 沈维道，童钧耕．工程热力学［M］．4版．北京：高等教育出版社，2007.

[6] 于才渊，王宝和，王喜忠．干燥装置设计手册［M］．北京：化学工业出版社，2005.

[7] 赵荣义，范存养，薛殿华，等．空气调节［M］.4版．北京：中国建筑工业出版社，2019.

[8] 刘伟，范爱武，黄晓明．多孔介质传热传质理论与应用［M］．北京：科学出版社，2006.

[9] 孔祥言．高等渗流力学［M］．2版．合肥：中国科学技术大学出版社，2010.

[10] 林宗涵．热力学与统计物理学［M］．2版．北京：北京大学出版社，2017.

[11] 秦耀东．土壤物理学［M］．北京：高等教育出版社，2003.

[12] 威尔特，威克斯，威尔逊，等．动量、热量和质量传递原理［M］．马紫峰，吴卫生，译．北京：化学工业出版社，2005.

[13] 俞昌铭，等．多孔材料传热传质及其数值分析［M］．北京：清华大学出版社，2011.

[14] 孙宇飞．颗粒型非饱和含湿多孔介质热湿传递机理研究［D］．济南:山东建筑大学，2019.

[15] 蔡正燕．含湿多孔介质热湿传递机理实验研究及数值模拟分析［D］．济南:山东建筑大学，2017.

[16] 李朋刚．热泵污泥干燥系统设计及特性研究［D］．哈尔滨:哈尔滨工业大学，2018.
[17] 张振涛．两级压缩高温热泵干燥木材的研究［D］．南京:南京林业大学，2008.
[18] 魏娟．热泵干燥特性研究及在农产品干燥中的应用［D］．北京:中国科学院大学，2014.
[19] 吕君．热泵干燥系统性能优化的理论分析及热泵烤烟技术的应用研究［D］．北京:中国科学院大学，2012.
[20] 李伟钊．低温环境下大型玉米热泵干燥系统研究［D］．焦作:河南理工大学，2017.
[21] 聂林林．香菇热泵除湿干燥技术的研究［D］．郑州:河南工业大学，2015.
[22] 陈伟．多尺度模拟研究功能化多孔材料的气体吸附分离性能［D］．北京:中国科学院大学，2019.
[23] 年显勃．湍流横掠多孔介质的传输机理及交界面滑移规律研究［D］．济南:山东大学，2019.
[24] 江润东．多孔介质热-电-力-扩散耦合理论及应用［D］．哈尔滨：哈尔滨工程大学，2018.
[25] 张宇．仓储内生物质多孔介质呼吸过程热湿耦合特性研究［D］．南京：南京理工大学，2018.
[26] 孟旭辉．多孔介质中溶解/吸附过程对渗流影响的机理研究［D］．武汉：华中科技大学，2017.
[27] 胡洋．基于 LBM 的复杂边界和多孔介质流动和传热问题的数值方法研究［D］．北京：北京交通大学，2017.
[28] 陈永利，曹立勇，何威，等．分形多孔介质的孔隙特性对气体扩散的影响［J］．化工学报，2011，62（11）:3024-3029.
[29] 于凯，王维，潘艳秋，等．初始非饱和多孔物料对冷冻干燥过程的影响［J］．化工学报，2013，64（09）:3110-3116.
[30] 王维，陈墨，王威，等．初始非饱和多孔物料对冷冻干燥影响理论分析［J］．大连理工大学学报，2014，54（01）:6-12.
[31] 赵延强，王维，潘艳秋，等．具有初始孔隙的多孔物料冷冻干燥［J］．化工学报，2015，66（02）:504-511.
[32] 张朔，王维，李强强，等．具有预制孔隙的维生素 C 水溶液微波冷冻干燥［J］．化工学报，2019，70（06）:2129-2138，2410.
[33] 俞镇慌，丁国沪．非织造纤维类多孔介质的毛细作用对蒸发的影响［J］．产业用纺织品，2004（03）:13-18.
[34] 郑龙金，何雁，张俊鸿，等．黄芩饮片等温吸附与解吸曲线及热力学性质研究［J］．中国中药杂志，2016，41（05）:830-837.
[35] 刘珈羽，方皓，栗圣榕，等．枸杞子贮藏中平衡含水率变化规律及等温吸附曲线研究［J］．食品科技，2018，43（01）:43-49.
[36] 王宝和．干燥动力学研究综述［J］．干燥技术与设备，2009，7（02）:51-56.
[37] 陈才华，廖传华．多孔介质干燥过程的水分蒸发强度计算［J］．机电信息，2006（23）:28-31.
[38] 张浙，杨世铭．多孔介质对流干燥机理及其模型［J］．化工学报，1997（01）:52-59.
[39] 刘相东，杨彬彬．多孔介质干燥理论的回顾与展望［J］．中国农业大学学报，2005（04）:81-92.
[40] 余冰妍，邓力，程芬，等．基于多孔介质热/质传递理论的流体-颗粒食品热处理数值模拟研究进展［J］．食品与机械，2019，35（08）:209-215.
[41] 牟新竹，陈振乾．多尺度分形多孔介质气体有效扩散系数的数学模型［J］．东南大学学报（自然科学版），2019，49（03）:520-526.
[42] 李滔，李闽，荆雪琪，等．孔隙尺度各向异性与孔隙分布非均质性对多孔介质渗透率的影响机理［J］．石油勘探与开发，2019，46（03）:569-579.
[43] 汤一村，闵敬春，顾令东．考虑吸附效应的多孔介质热风干燥研究［J］．工程热物理学报，2018，39（06）:1333-1338.
[44] 杨伟，赵柄翔，曹明，等．孔隙率阶梯分布多孔介质内传热及流动性［J］．辽宁工程技术大学学报（自然科学版），2016，35（01）:48-53.
[45] 孔令波，杨兴，董继先，等．造纸污泥薄层干燥模型的研究进展［J/OL］．中国造纸:1-6［2019-12-11］．http://kns.cnki.net/kcms/detail/11.1967.TS.20191125.1442.006.html.
[46] 宋树杰，张舒晴，姚谦卓，等．熟化甘薯片微波真空干燥特性及其动力学［J］．真空科学与技术学报，2019，39（10）:857-863.

[47] 陈宣宗，牛帅红，姜年春，等．高温水热处理对毛竹材颜色和平衡含水率的影响［J］．安徽农业大学学报，2019，46（5）：815-819.

[48] 胡自成，秦浩，鲍全，等．海带结热泵干燥特性及数学模型研究［J］．江苏大学学报（自然科学版），2019，40（06）:649-654.

[49] 薛广，李敏，关志强．基于 Weibull 函数的超声渗透罗非鱼片真空微波干燥模拟［J/OL］．食品与发酵工业:1-13［2019-12-17］. https://doi-org-443. wv. tipc. cn/10. 13995/j. cnki. 11-1802/ts. 021400.

[50] 宋镇，姬长英，张波．基于 Weibull 分布函数的杏鲍菇干燥过程模拟及理化性质分析［J］．食品与发酵工业，2019，45（08）:71-78.

[51] 李亚丽，张明玉．基于 Weibull 分布函数的双孢菇热泵干燥特性研究［J］．食品工业科技，2019，40（02）:63-69.

[52] 尹慧敏，聂宇燕，沈瑾，等．基于 Weibull 分布函数的马铃薯丁薄层热风干燥特性［J］．农业工程学报，2016，32（17）:252-258.

[53] Crapiste G H, Whitakers, Rotstein E. Drying of cellular material—I. A mass transfer theory [J]. Chemical Engineering Science, 1988, 43 (11): 2919-2928.

[54] Erbay Z, Icier F. A Review of Thin Layer Drying of Foods: Theory, Modeling, and Experimental Results [J]. Critical Reviews in Food Science and Nutrition, 2010, 50 (5): 441-464.

[55] Lewis W K. The Rate of Drying of Solid Materials [J]. Journal of Industrial & Engineering Chemistry, 1921, 13 (5):427-432.

[56] Pandey R N, Srivastava S K, Mikhailov M D. Solutions of Luikov equations of heat and mass transfer in capillary porous bodies through matrix calculus: a new approach [J]. International Journal of Heat and Mass Transfer, 1999, 42 (14):2649-2660.

[57] Luikov A V. Systems of differential equations of heat and mass transfer in capillary-porous bodies [J]. International Journal of Heat & Mass Transfer, 1975, 18 (1):1-14.

[58] Nissan A H, Kaye W G, Bell J R. Mechanism of drying thick porous bodies during the falling rate period: I. The pseudo-wet-bulb temperature [J]. Aiche Journal, 1959, 5 (1):103-110.

[59] Peishi C, Pei D C T. A mathematical model of drying processes [J]. International Journal of Heat and Mass Transfer, 1989, 32 (2):297-310.

[60] Philip J R, De Vries. Moisture movement in porous materials under temperature gradients [J]. Eos, Transactions American Geophysical Union, 1957, 38 (2):222-232.

[61] Yang Xu, Liang Yingjie, Chen Wen. Anomalous imbibition of non-Newtonian fluids in porous media [J]. Chemical Engineering Science, 2020, 211.

[62] Goyeneche M, Bruneau D M, Lasseux D, et al. On a pore-scale film flow approach to describe moisture transfer in a hygroscopic porous medium [J]. Chemical Engineering Journal, 2002, 86 (1).

[63] Higuera F J. Conjugate natural convection heat transfer between two porous media separated by a horizontal wall [J]. International Journal of Heat and Mass Transfer, 1997, 40 (13).

[64] Raphael Schulz. Degenerate equations for flow and transport in clogging porous media [J]. Journal of Mathematical Analysis and Applications, 2020, 483 (2).

[65] Rana M A, Latif A. Three-dimensional free convective flow of a second-grade fluid through a porous medium with periodic permeability and heat transfer [J]. Boundary Value Problems, 2019 (1):1-19.

[66] Zeeshan Asghar, Nasir Ali, Raheel Ahmed, et al. A mathematical framework for peristaltic flow analysis of non-Newtonian Sisko fluid in an undulating porous curved channel with heat and mass transfer effects [J]. Computer Methods and Programs in Biomedicine, 2019, 182.

[67] Shuang Cindy Cao, Jongwon Jung, Mileva Radonjic. Application of microfluidic pore models for flow, transport, and reaction in geological porous media: from a single test bed to multifunction real-

time analysis tool [J]. Microsystem Technologies, 2019, 25 (11):4035-4052.

[68] Jean-Louis Auriault. Comments on the Paper "Theory and Applications of Macroscale Models in Porous Media" by Ilenia Battiato et al [J]. Transport in Porous Media, 2019, 130 (2):611-612.

[69] Alberto Beltrán, Dante Hernández-Díaz, Oscar Chávez, et al. Experimental study of the effect of wettability on the relative permeability for air-water flow through porous media [J]. International Journal of Multiphase Flow, 2019, 120.

[70] Yasnou V, Mialdun A, Melnikov D, et al. Role of a layer of porous medium in the thermodiffusion dynamics of a liquid mixture [J]. International Journal of Heat and Mass Transfer, 2019, 143.

[71] Haliza Rosali, Anuar Ishak, Ioan Pop. Micropolar fluid flow towards a stretching/shrinking sheet in a porous medium with suction [J]. International Communications in Heat and Mass Transfer, 2012, 39 (6).

[72] Eloukabi H, Sghaier N, Ben Nasrallah S, et al. Experimental study of the effect of sodium chloride on drying of porous media: The crusty-patchy efflorescence transition [J]. International Journal of Heat and Mass Transfer, 2013, 56 (1-2).

[73] Khomgris Chaiyo, Phadungsak Rattanadecho. Numerical analysis of heat-mass transport and pressure buildup of unsaturated porous medium in a rectangular waveguide subjected to a combined microwave and vacuum system [J]. International Journal of Heat and Mass Transfer, 2013, 65.

[74] Cass T Miller, William G Gray. Thermodynamically constrained averaging theory approach for modeling flow and transport phenomena in porous medium systems: 2. Foundation [J]. Advances in Water Resources, 2004, 28 (2).

[75] Wu Rui, Abdolreza Kharaghani, Evangelos Tsotsas. Capillary valve effect during slow drying of porous media [J]. International Journal of Heat and Mass Transfer, 2016, 94.

第4章 热泵干燥技术

4.1 热泵干燥的热力学分析

4.1.1 热泵干燥的热力学原理

热泵是以消耗少量高品质能或高温热能为代价将从自然环境或其他低品位热源吸取的热量与所输入能量一起转化为比输入能量更多的输出热能，并且将低品位热能转化为高品位热能的装置。热泵干燥是一种接近自然的、温和的干燥，适用于大部分农牧林渔产品、化学品、药材、污泥、禽畜粪便等含湿物料的干燥。因此，在干燥技术领域，应用热泵干燥技术可有效提升能源利用效率、保护环境、减少温室效应和防止臭氧层破坏等。

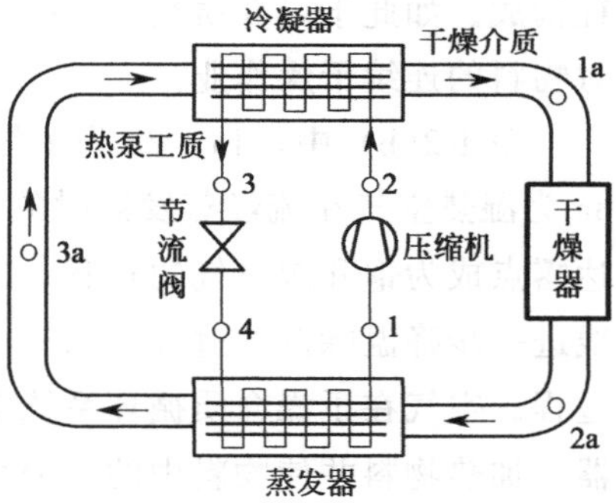

图 4-1 封闭式热泵干燥系统示意

一种典型的基于蒸汽压缩式热泵的基本型封闭式热泵干燥装置的工艺流程如图 4-1 所示。热泵干燥系统包括热泵系统和干燥介质循环系统两个子系统，主要由干燥室、循环风机、蒸发器、压缩机、冷凝器、节流阀构成。热泵子系统主要由蒸发器、压缩机、冷凝器、节流阀等组成。热泵工质理想循环过程的压焓曲线如图 4-2(a) 所示。从节流阀流出的气液两相热泵工质进入蒸发器，并吸收干燥介质湿空气中的显热与水蒸气的潜热和显热，蒸发变为气态（4—1，等压吸热）；低温低压的气态工质进入压缩机进行等熵压缩（1—2，等熵压缩）；从压缩机流出的高温高压气态工质进入冷凝器并向空气释放热量，冷凝变为液态工质（2—3，等压放热）；液态工质经节流阀等焓绝热节流转变为气液混合的工质（3—4，等焓膨胀）。

干燥室、循环风机、蒸发器和冷凝器空气侧构成干燥介质循环系统。在干燥除湿循环系统中，高温低湿的干燥介质空气在干燥室与物料接触后，带走物料水分成为高温高湿空气进入蒸发器，在蒸发器内将热量传递给两相热泵工质，起到低品位热量回收的目的。蒸发器的表面温度降到露点温度以下，将高温高湿空气中的水蒸气冷凝脱湿变成低

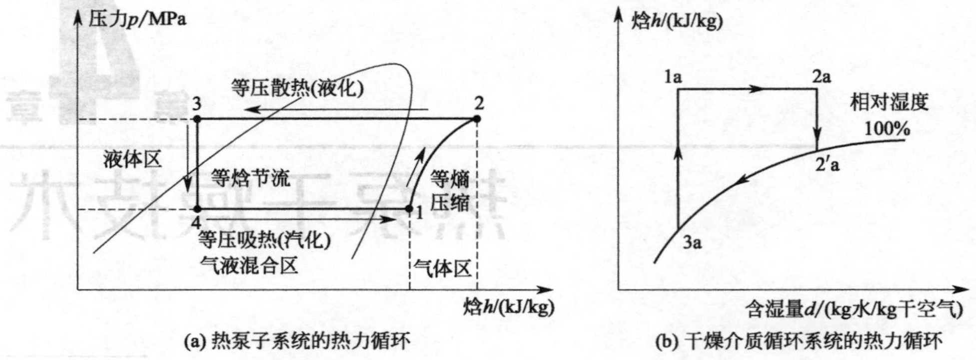

图 4-2 闭式热泵干燥系统的热力循环

温低湿空气，所脱出的水分以冷凝水的形式从热泵蒸发器中排出，达到除湿的效果；低温低湿空气进入冷凝器并吸收来自高温高压工质的冷凝热后成为高温低湿空气，然后再进入到干燥室进行干燥。空气在干燥介质循环系统中状态变化的焓-湿图如图 4-2(b) 所示。图中等焓线画成水平线，相对湿度 100％线称饱和湿空气线，干燥介质循环由 1a—2a 干热空气在干燥室内的等焓绝热吸湿过程（忽略干燥室的热损失）、2a—2′a 等湿冷却过程、2′a—3a 饱和湿空气再降温除湿过程与 3a—1a 干冷空气等湿加热过程四个热力过程构成。如此干燥介质空气不断将物料中的水分吸收并通过蒸发器冷凝除湿，从而实现对物料的连续干燥作业。

图 4-2(b) 中，1a—2a 为干热空气在干燥器中绝热等焓吸收湿物料水分的过程；2a—3a 为湿热空气在流经蒸发器时的水分凝结除湿过程，其中 2a—2′a 是湿空气等湿降温到达露点成为饱和湿空气的过程，2′a—3a 是饱和湿空气在蒸发器表面沿焓-湿图饱和露点线进一步降温除湿的过程；3a—1a 是冷却除湿后的冷干空气在流经冷凝器时的等湿加热过程。空气在干燥介质循环系统中的具体工作过程为：热干空气（状态点 1a）进入干燥器，加热物料并使物料中的水分变成蒸汽进入空气中，空气自身绝热等焓降温增湿，出干燥器时变成湿热空气（当忽略干燥器及干燥过程的热损失时，该过程中进干燥器前的热干空气的焓约等于出干燥器的温湿空气的焓）；出干燥器的温湿空气（状态点 2a）进入蒸发器，在蒸发器中首先被等湿冷却至饱和湿空气 2′a 状态，再沿饱和湿空气线［图 4-2(b) 中相对湿度 100％线］进一步被降温，空气中的水蒸气不断凝结为液态水析出并除去，直至变为 3a 点温度较低、含湿量极少的冷干空气状态（当空气被冷却到 0℃时，含湿量仅约为 4g 水蒸气/kg 干空气），然后进入冷凝器；在冷凝器中，冷干空气被加热为满足干燥要求的热干空气，再进入干燥器开始下一次干燥介质循环。如此干燥介质空气在干燥器中不断把湿物料中的水分汽化带走，在蒸发器中不断把水蒸气凝结排出，从而实现对湿物料的连续干燥。

由热泵干燥系统的工作过程可知，闭式热泵干燥系统中加热干燥介质的热量主要来自回收干燥器排出的温湿空气中所含的显热［图 4-2(b) 中 2a—2′a 段］和潜热［图 4-2(b) 中 2′a—3a 段］，需要用户输入的能量只有热泵压缩机的耗能（以及风机等辅助器件的少量耗能)。与通常直接用电加热或燃料燃烧来获得干燥所需热能的常规干燥系统相比，热泵干燥系统具有明显的节能优势。应用实践表明，其节能幅度一般在30%以上，综合干燥成本可降低10%～30%。

4.1.2 热泵干燥系统的热力学第一定律分析

(1) 热泵干燥装置的热效率 η_t

热泵干燥装置的热效率 η_t 是干燥过程中物料内水分汽化所需的热量 Q_{de} 与提供给物料的总热量 Q_t 之比。

$$\eta_t=\frac{Q_{de}}{Q_t} \tag{4-1}$$

式中，Q_{de} 为物料中水分汽化所需的热量，kW；Q_t 为热源提供的热量，kW。

(2) 热泵干燥装置的能源效率 η_e

热泵干燥装置的能源效率 η_e 是为脱去水分所需的能量 Q_{de} 与供给干燥装置的总能量 E_t 之比。

$$\eta_e=\frac{Q_{de}}{E_t} \tag{4-2}$$

式中，E_t 是提供给干燥装置的总能量，kW。通常，E_t 为热源提供的热量 Q_t 与风机等辅助装置的功率消耗之和。

(3) 热泵性能系数 COP

热泵干燥装置的性能系数 COP 是热泵产生的热量 Q_c 与其耗费的能量 W_{tot} 之比。

$$\mathrm{COP}=\frac{\eta T_1}{T_1-T_2}=\frac{Q_c}{W_{tot}}=\frac{Q_e}{W_{tot}}+1 \tag{4-3}$$

式中，COP 为热泵性能系数；Q_c 为热泵的制热量，kW；Q_e为热泵的制冷量，kW；W_{tot} 为热泵消耗的能量，kW；T_1 为制冷工质的冷凝温度，K；T_2 为制冷工质的蒸发温度，K；η 为热泵干燥机的总效率，一般在0.45～0.75之间。

(4) 热泵干燥系统的单位除湿能耗比 SMER

热泵干燥装置的单位除湿能耗比 SMER 表示消耗单位能量所除去物料中的水分量，即物料中的水分去除量与热泵干燥装置消耗的能量之比。

$$\mathrm{SMER}=\frac{M_{ed}}{W_{tot}\tau} \tag{4-4}$$

式中，SMER 为单位除湿能耗比，kg/(kW·h)；M_{ed} 为从物料中除去的水分的质量，kg；τ 为干燥时间，h；W_{tot} 为总耗能功率，kW。

4.1.3 热泵干燥系统的热力学第二定律分析

热力学第二定律不仅可以判断过程发展的方向、能量的品位，而且还可以用来分析系统内部的各种损失。一个实际的过程或循环，总是存在各种不可逆过程，热泵干燥系统也不例外。从分析循环损失着手，就可以知道一个实际循环偏离理想可逆循环的程度、循环各部分损失的大小，从而可以更明确地指明提高循环经济性的途径。

（1）热泵系统的熵分析

压缩过程的熵损失：

$$W_{comp}=m_r T_0(s_2-s_1) \tag{4-5}$$

式中，T_0 是环境温度，一般取 298.15K。

冷凝过程中的熵损失：

$$W_{cn}=T_0[m_r(s_3-s_2)+m_{wa,1a}(s_{1a}-s_{2a})+m_{w,cn}(s_{out,w}-s_{in,w})] \tag{4-6}$$

蒸发过程中的熵损失：

$$W_{ev}=T_0[m_r(s_1-s_4)+m_{wa,3a}s_{3a}-m_{wa,2a}s_{2a}+m_d s_d] \tag{4-7}$$

节流过程中的熵损失：

$$W_{exp}=m_r T_0(s_4-s_3) \tag{4-8}$$

热泵各部分熵损失之和：

$$\sum W_i=W_{comp}+W_{cn}+W_{ev}+W_{exp} \tag{4-9}$$

（2）热泵系统的烟分析

当系统由任一状态可逆地转变到与环境状态相平衡时，能够最大程度转变为有用功的能量称为烟，而不能够转变为有用功的另外一部分能量则称为烟损。烟分析的结论是在品质相同的前提下对能量进行研究而得到的，因此烟分析比能量分析更加科学合理、更加切合实际。烟分析不仅考虑输入与输出的能量可用能性，同时将过程中由不可逆因素造成的能量损失加在考虑范畴之内，能够全面深刻地揭示干燥过程中能量损耗的去向。

$$\sum E_{in}=\sum E_{out}+\sum E_{loss} \tag{4-10}$$

式中，$\sum E_{in}$ 为输入系统的烟，kW；$\sum E_{out}$ 为输出系统的烟，kW；$\sum E_{loss}$ 为系统烟损，kW。

热泵干燥系统中各部件的烟损方程如下。

压缩机的烟损：

$$\Delta E_{comp}=E_1-E_2+P_{el} \tag{4-11}$$

冷凝器的烟损：

$$\Delta E_{cn}=E_2+E_{3a}-E_{1a}-E_3+E_{in,w}-E_{out,w} \tag{4-12}$$

节流阀的烟损：

$$\Delta E_{exp}=E_3-E_4 \tag{4-13}$$

蒸发器的烟损：

$$\Delta E_{ev}=E_{2a}+E_4-E_{3a}-E_1-E_d \tag{4-14}$$

热泵干燥系统的总烟损：

$$\Delta E_{loss}=\Delta E_{comp}+\Delta E_{cn}+\Delta E_{exp}+E_{ev} \tag{4-15}$$

封闭系统从初始状态可逆地转变到与环境状态相平衡时，能够输出的最大有用功就称作封闭系统的热力学烟。

$$E_i = m_i e_i \tag{4-16}$$

$$e_i = (h_i - h_0) - T_0 (s_i - s_0) \tag{4-17}$$

式中，m_i 为工质或湿空气的流量，kg/s；e_i 为比㶲，kJ/kg；h_i 为工质或湿空气的焓值，kJ/kg；h_0 为基准状态工质或空气的焓值，kJ/kg；s_i 为工质或湿空气的熵值，kJ/(kg·K)；s_0 为基准状态工质或水的熵值，kJ/(kg·K)。

4.1.4 热泵干燥系统的分类

根据干燥作业的连续性可分为连续性热泵干燥装置和间歇性热泵干燥装置。在连续性热泵干燥装置中，被干燥物料持续不断地被送进干燥室中；间歇性热泵干燥装置中，被干燥物料根据干燥室内温度、湿度等参数的变化间歇性地被送到干燥室中。根据干燥介质的循环方式可分为开式、闭式和半开式。根据干燥介质与湿物料的接触方式分为直接式热泵干燥装置和间接式热泵干燥装置。热泵工质直接与物料接触，即热泵工质本身就是干燥介质，既参与热泵循环又参与干燥循环，定义为直接式热泵干燥装置；热泵工质与干燥介质分别独立工作，互不干扰地参与各自的循环过程，定义为间接式热泵干燥装置。一般按照实际工程中的经验将供风温度低于40℃的称为低温干燥热泵装置，50～70℃称为中温热泵干燥装置，高于70℃称为高温热泵干燥装置。以前我国自主生产的热泵干燥装置主要都是中温型热泵干燥装置，供风温度一般低于60℃；近十年来，随着热泵烘烤、枸杞烘干、乌金枣烘焙、冻结玉米干燥、布草烘干等高温干燥的需求，供风温度要求越来越高，80℃左右的供风温度越来越常见，对热泵干燥技术的发展与高温热泵专用压缩机的要求也提出了许多新的挑战。根据低品位热源不同，可以将热泵分为空气源热泵、除湿热泵、水源热泵、土壤源热泵、干燥介质或排湿废气直接压缩式热泵等。其中以空气源与除湿结合的干燥用热泵最为常见。根据热泵的工作原理可以分为蒸汽压缩式热泵、吸收式热泵、电子式热泵、化学热泵四大类。其中以蒸汽压缩式热泵和吸收式热泵市场化程度最高。蒸汽压缩式热泵以压缩机为动力元件驱动热泵工质循环。吸收式热泵以热能为动力，利用溶液工质对的吸收与解吸再生特性实现将热量从低温热源向高温热源输送。因此我们重点介绍开式、闭式和半开式蒸汽压缩式热泵干燥系统。

（1）开式热泵干燥系统

开式热泵干燥系统中，进入干燥器的干燥介质（开式热泵干燥系统的干燥介质一般为空气）全部来自环境，在干燥器内干燥物料后排出的废气也全部排入环境。典型的开式热泵干燥系统如图4-3所示。根据物料干燥要求和环境情况的不同，开式热泵干燥系统可进一步细分为不同的具体结构，如图4-3(a)～(c) 所示。图4-3(a) 所示的开式热泵干燥系统适用于在环境温度下干燥的物料。环境空气进入蒸发器，在蒸发器内空气降温除湿，变为近似饱和、湿含量极低的冷干空气后进入冷凝器；在冷凝器中冷干空气和热泵工质换热升温，变为温度约为环境温度的湿含量极低的热空气，进入干燥器干燥物料，出干燥器的空气直接排入环境。图4-3(b) 所示的开式热泵干燥系统适用于在较高温度下干燥的物料，且干燥器排气温度高于环境温度的场合。环境空气进入冷凝器，在冷凝器内空气被热泵工质加热升温后进入干燥器干燥物料。出干燥器的废气进入蒸发器内，被热泵工质吸收其热量后排入环境。当热泵的制热量、空气流量不同时，空气被冷凝器加热的温升也不同，具体的升温幅度可根据物料的干燥需要进行调节，一般在10～40℃之间。图4-3(c)所示的开式热泵干燥系统适用于可在较高温度下干燥的物料，且干燥器排气温度低于环境温度的场合。环境空气进入冷凝器内，与热泵工质换热，被加热升温，进入干燥器内干燥物料。出干燥器的废气直接排入环境。空气在冷凝器中的升温幅度也可根据物料的干燥需要进行调节，一般在10～40℃之间，但此种热泵干燥系统通常只适用于环境温度较高而相对湿度较小的情况。

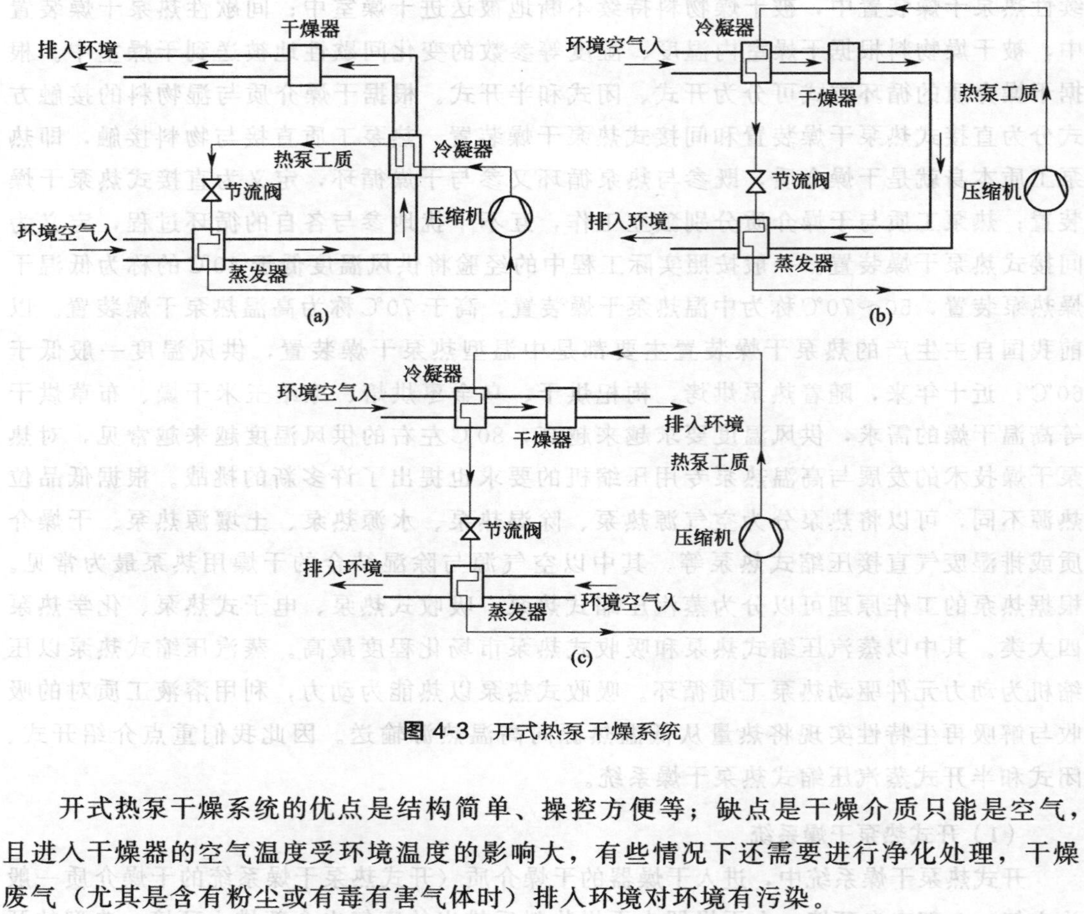

图4-3　开式热泵干燥系统

开式热泵干燥系统的优点是结构简单、操控方便等；缺点是干燥介质只能是空气，且进入干燥器的空气温度受环境温度的影响大，有些情况下还需要进行净化处理，干燥废气（尤其是含有粉尘或有毒有害气体时）排入环境对环境有污染。

（2）半开式热泵干燥系统

在半开式热泵干燥系统中，进入干燥器的干燥介质（半开式热泵干燥系统的干燥介质一般为空气）一部分来自环境，另一部分来自干燥器排出的废气（干燥器排出的废气一部分排入环境，另一部分再循环经热泵处理后进入干燥器）。典型的半开式热泵干燥系统如图4-4所示。图4-4(a)所示的半开式热泵干燥系统，干燥器排气中的一部分直接排入环境；另一部分经过蒸发器降温除湿，并与环境中吸入的补充空气混合后（补充空气量一般与直接排入环境的废气量相同），再经过冷凝器升温，升温后进入干燥器继续干燥物料。图 4-4(b) 所示的半开式热泵干燥系统，干燥排气的循环空气部分分为两路，一路经蒸发器降温除湿后与环境空气混合；另一路则不经蒸发器直接与环境空气混合，三股空气混合后，再经冷凝器升温后进入干燥器干燥物料。图 4-4(c) 所示的半开式热泵干燥系统，干燥排气中的循环空气经蒸发器降温除湿后分为两路，一路与环境空气混合后经由冷凝器加热升温；另一路不经过冷凝器直接与冷凝器加热后的气流混合，之后进入干燥器干燥物料。图 4-4(d) 所示的半开式热泵干燥系统，干燥器排气中的一部分经蒸发器降温除湿后与环境空气混合，再经冷凝器加热升温；另一部分直接与冷凝器加热后的空气混合，然后进入干燥器干燥物料。

除上述四种典型的系统结构外，半开式热泵干燥装置还可根据物料特性采用其他的结构形式。不同结构形式的半开式热泵干燥装置均可以通过改变旁通空气的通道位置和调整旁通空气比例来调节进入干燥器的干燥空气温度和湿含量。

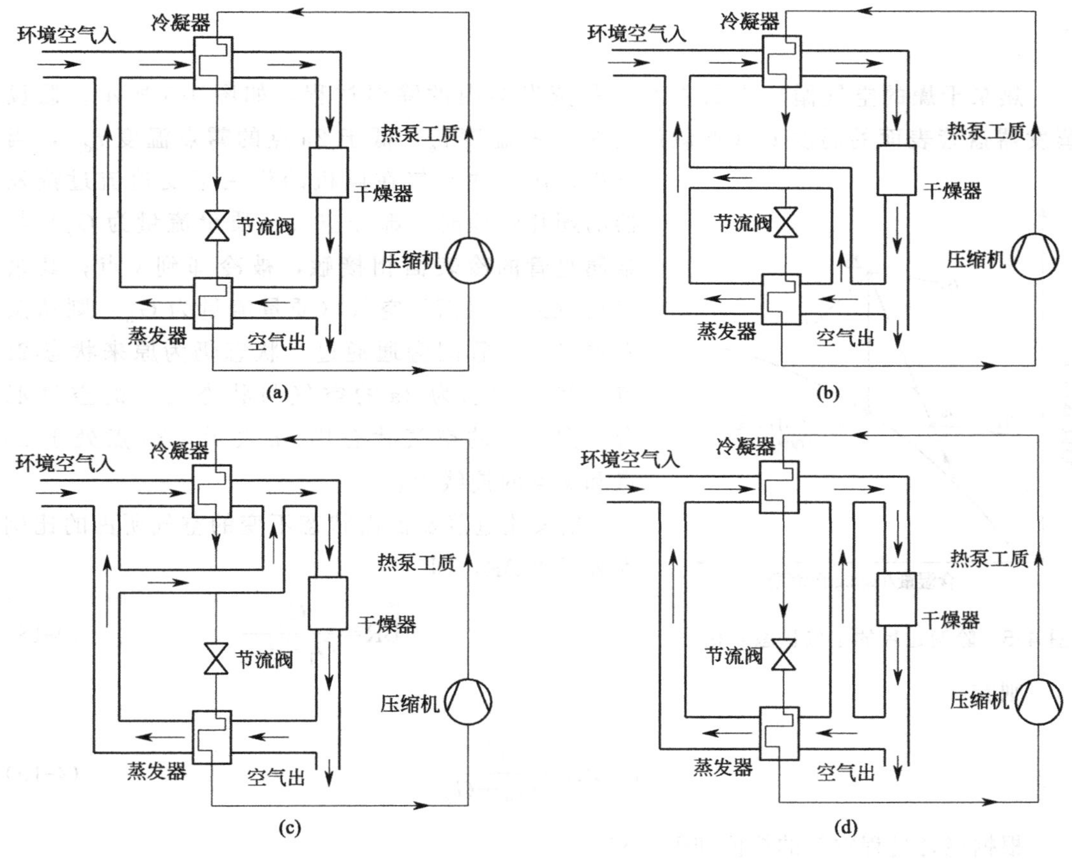

图 4-4 半开式热泵干燥系统

半开式热泵干燥系统对进入干燥器的空气温度、含湿量的调控性优于开式热泵干燥系统，但空气循环通道及调控比较复杂，干燥介质只能是空气，且进入干燥器的空气温度仍在一定程度上受环境温度的制约，有些情况下还需要进行净化处理，部分干燥废气排入环境对环境有污染。

(3) 封闭式热泵干燥系统

在封闭式热泵干燥系统中，干燥介质在完全封闭的循环通道中循环。热泵干燥系统运行时不从环境中引入新鲜空气，也不向环境中排放废气。干燥介质可以是空气，也可以是其他适宜的气体介质。基本型封闭式热泵干燥系统如图 4-1 所示。

封闭式热泵干燥系统可省去进气净化设备，对环境没有废气排放污染，干燥温度不受环境温度的限制，干燥介质选择灵活（可按物料需要选择不同特性的干燥介质或干燥介质混合物，如密度不同、比热容不同的各种介质以及惰性干燥介质等）；然而，为了使封闭式热泵干燥系统的稳定工作温度是物料干燥所需的温度，通常需采用辅助散热装置。尽管如此，这种系统在生产实际中的应用仍然最为广泛。

4.2 热泵干燥系统的性能优化理论分析

热泵干燥的空气循环中最重要的是蒸发器内的除湿过程，如图 4-5 所示。假设蒸发器盘管表面的温度 t_s（近似认为是蒸发温度 t_e）低于 2a 点的露点温度 t_{d2a}，当干燥器出口的空气在风机的作用下受迫流过蒸发器的翅片管簇时，部分空气（质量流量为 G_s）与金属盘管的冷表面相接触，被冷却到 s 点；其余未接触到冷表面的空气（质量流量为 G_b）则从蒸发器盘管的管间旁通通过，状态仍为原来状态 2a 点；然后状态为 2a 的空气与状态为 s 的空气混合，混合后的空气状态用 3a 表示，3a 点处于 2a 点和 s 点的连线上。

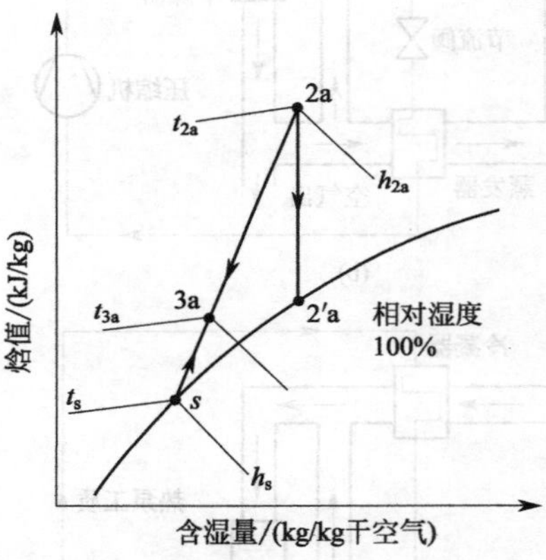

图 4-5 除湿过程的空气状态变化

定义流过蒸发器而状态不变的空气所占的比例为旁通比 BR，即

$$BR=\frac{G_b}{G_b+G_s} \tag{4-18}$$

则有

$$1-BR=\frac{G_s}{G_b+G_s} \tag{4-19}$$

根据混合过程空气的焓值守恒，有

$$G_b h_{2a}+G_s h_s=(G_b+G_s)h_{3a} \tag{4-20}$$

结合式(4-18)～式(4-20)，可得

$$BRh_{2a}+(1-BR)h_s=h_{3a} \tag{4-21}$$

化简为

$$BR=\frac{h_{3a}-h_s}{h_{2a}-h_s}=\frac{d_{3a}-d_s}{d_{2a}-d_s} \tag{4-22}$$

用冷却效率描述湿空气通过蒸发器时其热湿交换进行的程度，计算式为

$$CF=\frac{h_{2a}-h_{3a}}{h_{2a}-h_s} \tag{4-23}$$

由式(4-22) 和式(4-23) 易知

$$CF=1-BR \tag{4-24}$$

冷却效率（或旁通比）是翅片管式蒸发器选型设计的一个重要参数，后文将通过分析导出系统取最大 SMER 时对应的最佳冷却效率，进一步获得系统的最佳运行工况，从而为热泵干燥系统的设计优化提供理论指导。

4.2.1 热泵干燥系统的最佳蒸发温度

为简化分析，将空气在蒸发器内的冷却除湿过程看作是直接从入口状态 2a 点沿 2a—3a 过程线到达出口状态 3a 点。同时为便于在空气焓-湿图上清晰表示这一过程，再次引入上一小节提到的热湿比概念，所以在图 4-5 中有

$$\varepsilon=\frac{h_{2a}-h_{3a}}{d_{2a}-d_{3a}} \tag{4-25}$$

进一步考察 SMER 和 ε 的量纲，可得

$$[SMER]=\frac{kg}{kW \cdot h} \tag{4-26}$$

$$[\varepsilon]=\frac{kJ}{kg}=\frac{kW \cdot s}{kg}=\frac{1}{3600[SMER]} \tag{4-27}$$

所以从干燥性能评价的角度可以将 ε 理解为蒸发器内除去单位质量的水分所消耗的热量，ε 值越小代表除湿效果越好，过程越节能。在焓-湿图上它代表 2a—3a 线的斜率，因此，这条线的斜率越小，过程越节能。

因为 2a 点与 3a 点和 s 点在一条直线上，故

$$\varepsilon=\frac{h_{2a}-h_s}{d_{2a}-d_s} \tag{4-28}$$

从图 4-6 以及式(4-28) 可以看出，蒸发器内空气冷却除湿过程的热湿比 ε 不受 3a 点状态的影响；在 2a 点确定后，当 2a—s 线与饱和相对湿度线（$\varphi=100\%$）相切时，2a—s 线的斜率 ε 最小，切点温度 t_{st} 即为除湿的最佳蒸发温度，即在蒸发器内除去单位质量的水分所消耗的热量最少时对应的蒸发温度。

图 4-7 表示干燥器进口空气的相对湿度 φ_{1a} 等于

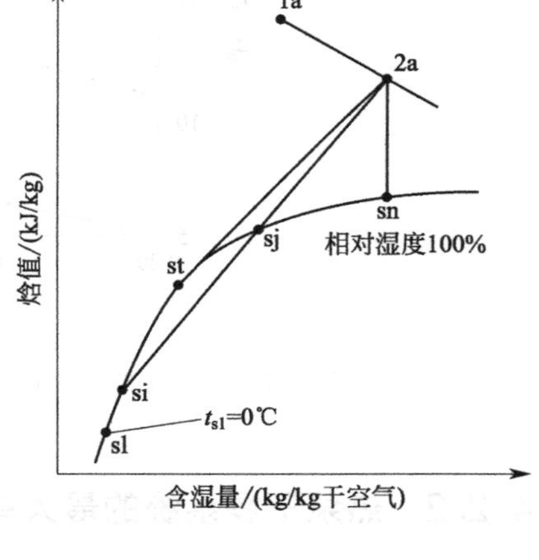

图 4-6 最佳蒸发温度的确定

0.3，在干球温度 t_{d1a} 为40℃、50℃和60℃时干燥器出口空气相对湿度 φ_{2a} 与除湿过程的最佳蒸发温度 t_{st} 之间的关系。从图中可见，干燥器进口空气的状态确定后，出口空气的相对湿度越大，除湿的最佳蒸发温度越高；提高干燥器进口空气的干球温度，最佳蒸发温度也升高。

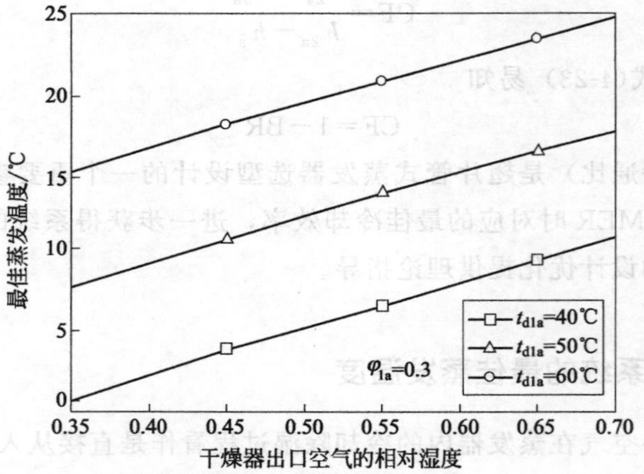

图 4-7 蒸发器除湿过程的最佳蒸发温度和干燥器出口空气相对湿度的关系

图 4-8 为干燥器出口空气的相对湿度 φ_{2a} 等于 0.6，在干球温度 t_{d1a} 为 40℃、50℃和60℃时干燥器进口空气相对湿度 φ_{1a} 与除湿过程的最佳蒸发温度 t_{st} 之间的关系。从图中可见，干燥器出口空气的相对湿度确定后，进口空气的相对湿度越大，最佳蒸发温度越高；进口空气的干球温度越高，最佳蒸发温度也越高。

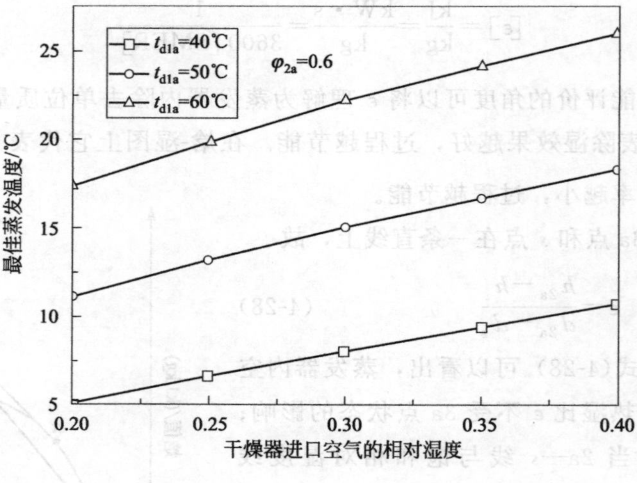

图 4-8 蒸发器除湿过程的最佳蒸发温度和干燥器进口空气相对湿度的关系

4.2.2 热泵干燥系统的最大单位能耗除湿量

从上一节分析得出，当2a点状态确定后，干燥循环的热湿比 ε 与蒸发温度 t_e（$=t_s$）

有关；在最佳蒸发温度 t_{st} 时，对应的 ε 最小，即蒸发器内除去单位质量的水分所消耗的热量最少。但对整个热泵循环而言，当冷凝温度 t_c 一定时，若 t_s 高于 t_{st}，虽然 ε 升高，即 1/ε 下降，但制冷系数（COP−1）增大，所以在［t_s，t_{dp2a}）之间必然存在一个最佳的蒸发温度 t_{sopt} 使系统的 SMER 最大，而 SMER 不仅与 2a 点和 s 点状态参数有关，也与热泵循环的冷凝温度 t_c（受 1a 点干球温度决定）有关。SMER 越大，热泵干燥系统的性能越好。

对除湿率的概念（类似于 SMER）进行说明，除湿率 X_{cop} 的定义如下：

$$X_{cop}=(\text{COP}-1)\frac{1}{\varepsilon}=\frac{h_{2a}-h_{3a}}{W}\times\frac{d_{2a}-d_{3a}}{h_{2a}-h_{3a}}=\frac{d_{2a}-d_{3a}}{W}(\text{g 水/kJ}) \tag{4-29}$$

式中，X_{cop} 为除湿率；W 为压缩机压缩单位质量的制冷剂所消耗的功，kJ/kg。其他变量的物理意义同本文。

对制冷量，有

$$Q_{ev}=q_m(h_2-h_3)=G_a(h_{2a}-h_{3a}) \tag{4-30}$$

式中，q_m 为制冷剂的流量，kg/s；h_2、h_3 分别为蒸发器出口和进口的制冷剂焓值，kJ/kg；G_a 为流过蒸发器空气的流量，kg/s。

所以制冷系数为

$$\text{COP}-1=\frac{Q_{ev}}{q_mW}=\frac{G_a(h_{2a}-h_{3a})}{q_mW} \tag{4-31}$$

比较式(4-29）和式(4-31）可以发现，由于制冷剂流量 q_m 和流过蒸发器空气的流量 G_a 不一定相等，因此式(4-29）中制冷系数（COP−1）的表达式存在疏漏之处。

下面以 R134a 工质为例，研究热泵干燥循环获得最大 SMER 时的最佳蒸发温度以及对应的 SMER 值。假设条件如下：

① 干燥系统内为一个大气压；

② 热泵循环的冷凝温度 t_c 比 1a 点的干球温度 t_{d1a} 高 5℃；

③ 蒸发器盘管表面的温度 t_s 近似等于蒸发温度 t_e；

④ 压缩机指示效率为 75%（指示效率定义为等熵压缩过程的耗功量与实际压缩过程的耗功量之比）；

⑤ 过热度和过冷度取为 5℃；

⑥ 最佳蒸发温度的取值范围：$t_{sopt}\in[0, t_{dp2a}]$。

（1）干燥器出口空气参数对最佳蒸发温度、最大 SMER 和最佳冷却效率的影响

图 4-9 表示干燥器进口空气的相对湿度 φ_{1a} 等于 0.3，在干球温度 t_{d1a} 为 40℃、50℃和 60℃时干燥器出口空气相对湿度 φ_{2a} 与热泵干燥系统的最佳蒸发温度 t_{sopt} 之间的关系。比较图 4-9 和图 4-7 可知，热泵干燥系统的最佳蒸发温度 t_{sopt} 和蒸发器除湿过程的最佳蒸发温度 t_{st} 对于干燥空气状态的变化规律类似，但热泵干燥系统的最佳蒸发温度变化较平稳。由于热泵系统 COP 值的影响，相同条件下热泵干燥系统的最佳蒸发温度比蒸发器除湿过程的最佳蒸发温度高。

图 4-10 表示干燥器进口空气的相对湿度 φ_{1a} 等于 0.3，在干球温度 t_{d1a} 为 40℃、

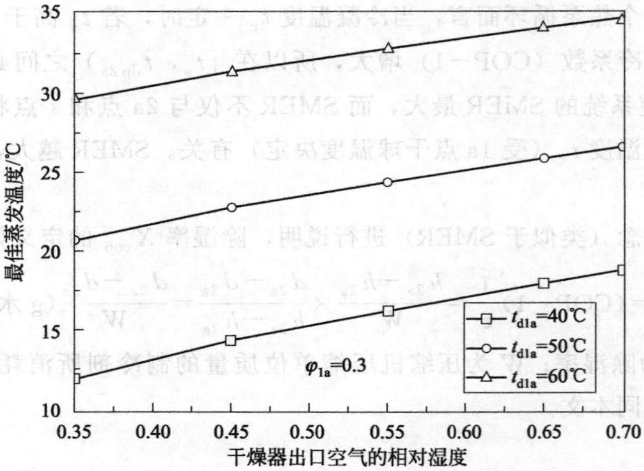

图 4-9　热泵干燥系统的最佳蒸发温度和干燥器出口空气相对湿度的关系

50℃和 60℃时干燥器出口空气相对湿度 φ_{2a} 与系统最大 SMER 的关系。从图中可以看出，干燥器进口空气状态确定后，出口空气的相对湿度越大，最大 SMER 也越高；提高干燥器进口空气的干球温度 t_{d1a}，最大 SMER 也增加。

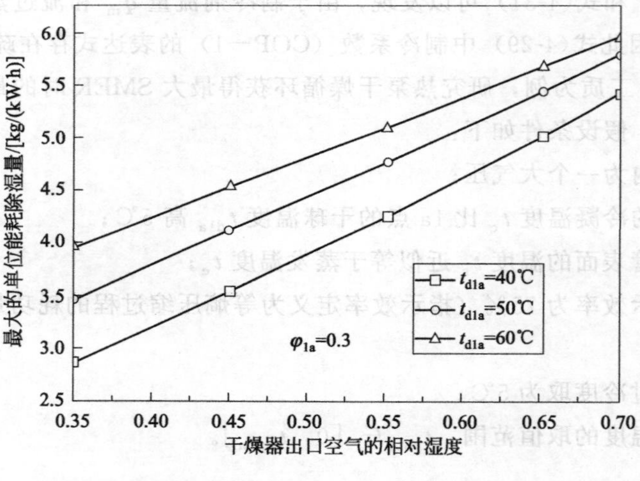

图 4-10　热泵干燥系统的最大 SMER 和干燥器出口空气相对湿度的关系

图 4-11 表示干燥器进口空气的相对湿度 φ_{1a} 等于 0.3，在干球温度 t_{d1a} 为 40℃、50℃和 60℃，系统取最大 SMER 时干燥器出口空气相对湿度 φ_{2a} 与最佳冷却效率 CF_{sopt} 的关系。由图可见，干燥器进口空气的状态确定后，出口空气的相对湿度越大，最佳冷却效率也越高；由式(4-24) 可知，对应的最佳旁通比越低。提高干燥器进口空气的干球温度，最佳冷却效率降低，对应的最佳旁通比增加。

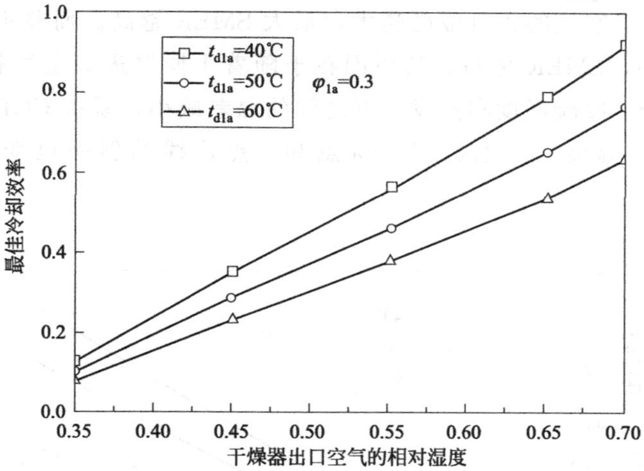

图 4-11 热泵干燥系统的最佳冷却效率和干燥器出口空气相对湿度的关系

（2）干燥器进口空气参数对最佳蒸发温度、最大 SMER 和最佳冷却效率的影响

图 4-12 所示为干燥器出口空气的相对湿度 φ_{2a} 等于 0.6，在干球温度 t_{d1a} 为 40℃、50℃和 60℃时干燥器进口空气相对湿度 φ_{1a} 与热泵干燥系统的最佳蒸发温度 t_{sopt} 的关系。比较图 4-12 和图 4-6 可知，热泵干燥系统的最佳蒸发温度和蒸发器除湿过程的最佳蒸发温度对于干燥空气状态的变化规律类似，但热泵干燥系统的最佳蒸发温度变化幅值较大。由于热泵系统 COP 值的影响，相同条件下热泵干燥系统的最佳蒸发温度比蒸发器除湿过程的最佳蒸发温度高。

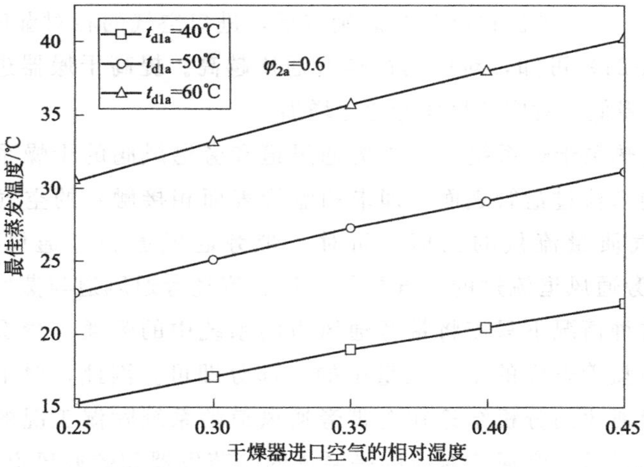

图 4-12 热泵干燥系统的最佳蒸发温度和干燥器进口空气相对湿度的关系

图 4-13 所示为干燥器出口空气的相对湿度 φ_{2a} 等于 0.6，在干球温度 t_{d1a} 为 40℃、50℃和 60℃时干燥器进口空气相对湿度 φ_{1a} 与热泵干燥系统的最大 SMER 之间的关

系。从图中可见，干燥器出口空气的相对湿度确定后，进口空气的温度越高，最大SMER也越高；进口空气的相对湿度越大，最大SMER越高。而并不是一般所认为的空气相对湿度越小，SMER越高。其原因在于随着干燥器进口空气相对湿度的增加，最佳蒸发温度上升，冷凝温度和蒸发温度之间的温差减小，系统COP提高；同时蒸发器出口空气的干球温度 t_{d2a} 也提高，2a点和 s 点连线的斜率也变小。所以系统的SMER增幅较大。

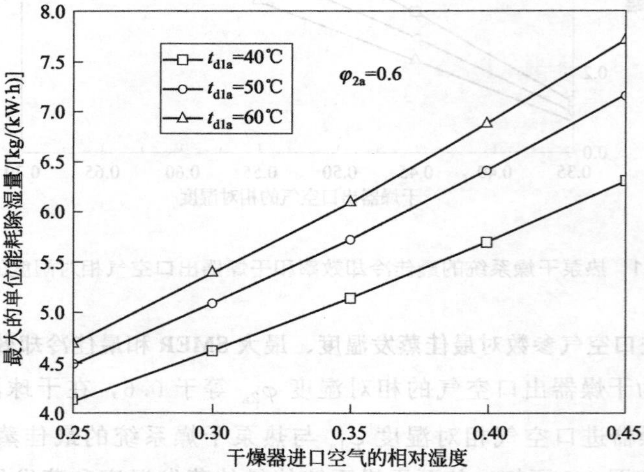

图 4-13　热泵干燥系统的最大 SMER 和干燥器进口空气相对湿度的关系

图4-14表示干燥器出口空气的相对湿度 φ_{2a} 等于0.6，在干球温度 t_{d1a} 为40℃、50℃和60℃，系统取最大SMER时干燥器进口空气相对湿度 φ_{1a} 与最佳冷却效率 CF_{sopt} 的关系。由图可见，干燥器出口空气状态确定后，进口空气的相对湿度越大，最佳冷却效率越低；由式(4-24)可知，对应的最佳旁通比越高。提高干燥器进口空气的干球温度，最佳冷却效率降低，对应的最佳旁通比增加。

前面所介绍的热泵干燥系统是不带旁通风道和旁通风阀的干燥系统，所以旁通比指的是在蒸发器内未流过盘管表面（即未和盘管表面相接触）的空气质量流量和流经蒸发器的所有空气质量流量的比值。而对于带旁通风道和旁通风阀的空气旁通率（BAR）指的是从旁通风道流过的空气质量流量和流经旁通风道与蒸发器的所有空气质量流量的比值。这种情况下只需将带旁通风道的系统中的旁通风量看作是不带旁通风道的系统中未流经盘管表面的空气流量中的一部分即可。因此，对不带旁通风道的热泵干燥系统最佳旁通比的分析结论在对带旁通风道的系统除湿工况的研究中仍具有指导意义，只不过此时最佳旁通比对应的是系统的（蒸发器和旁通风道），而不是指蒸发器的。

带旁通风道的除湿系统如图4-15所示，风量为 G_1、状态点为2a的空气和蒸发器冷表面接触冷却至 s 点；风量为 G_2 的空气则从盘管旁通通过，在蒸发器出口混合成风量为 G_a、状态点为3a的空气；然后和从旁通风道流过的风量为 G_3、状态点为2a的空气第2

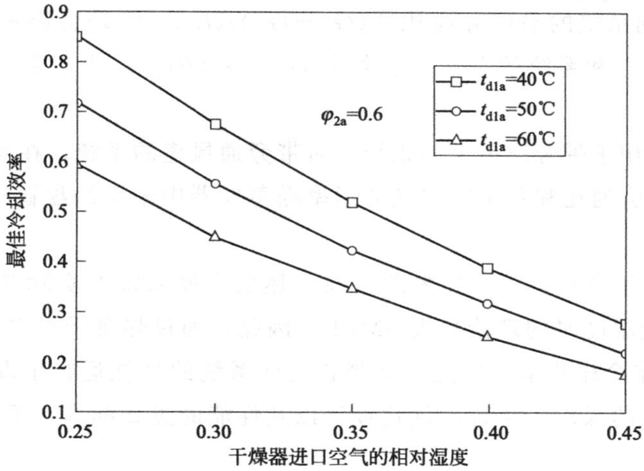

图 4-14 热泵干燥系统的最佳冷却效率和干燥器进口空气相对湿度的关系

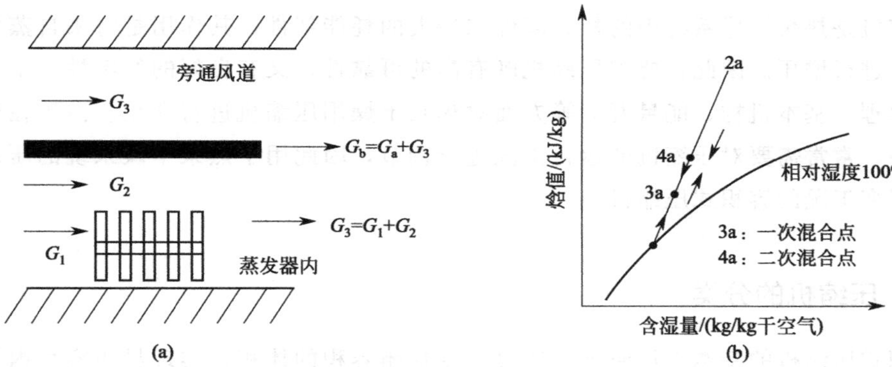

图 4-15 带旁通风道的空气状态变化

次混合成风量为 G_b、状态点为 4a 的空气。所以对带旁通风道的热泵干燥系统，其旁通比为

$$BR=1-\frac{G_1}{G_1+G_2+G_3}=1-\frac{G_1}{G_b} \tag{4-32}$$

假设总空气流量 G_b 为定值且 s 点的温度 t_s 为最佳蒸发温度，则上式中 BR 为最佳旁通比，那么和蒸发器表面接触的最佳流量 G_1 为

$$G_1=(1-BR)G_b \tag{4-33}$$

根据除湿过程中含湿量和焓值守恒，有

$$G_1(d_{2a}-d_s)=G_b(d_{2a}-d_{4a})=G_a(d_{2a}-d_{3a}) \tag{4-34}$$

$$G_1(h_{2a}-h_s)=G_b(h_{2a}-h_{4a})=G_a(h_{2a}-h_{3a}) \tag{4-35}$$

由公式(4-34) 和式(4-35) 的第 1 个等式可确定 4a 点空气（即从旁通风道出口和蒸发器出口混合后的空气）的状态。对公式(4-34) 和式(4-35) 的第 2 个等式而言，

有 G_a、d_{3a} 和 h_{3a} 三个未知量，所以无法确定。因此，G_a 的取值不同（$G_a \in [G_1, G_b]$），不会影响到系统的最佳旁通比 $[(G_b - G_1)/G_b]$，但是会影响到蒸发器的旁通比 $[(G_a - G_1)/G_a]$ 和系统的空气旁通率 $[(G_b - G_a)/G_b]$，进而会对蒸发器的选型设计造成影响。

旁通比仍然适用于带旁通风道的系统。对带旁通风道的系统，在系统旁通比最优的条件下，蒸发器的旁通比和系统的空气旁通率随蒸发器中未流经盘管冷表面空气的质量流量的变化而变化。

总的来说，由于各种不可逆损失的存在，热泵干燥系统的实际 SMER 总是小于相同蒸发温度和冷凝温度时的理论最大 SMER。因此，通过热泵干燥系统最佳蒸发温度、最大 SMER 和最佳冷却效率的研究，预测和设计系统的最佳运行工况，对于实际热泵干燥装置节能途径的探求、系统的优化设计以及性能的提高都具有重要的指导意义。

4.3 热泵干燥用压缩机

压缩机是热泵干燥系统中的核心部件和最大的耗能部件，其作用是将来自蒸发器的低压工质进行增压。因此，要求压缩机既有高的可靠性，又有良好的经济性。本节主要从工作原理、基本机构、能量调节等方面对热泵干燥用压缩机进行介绍。由于在热泵干燥系统中，常常需要对压缩机的运行工况进行调节，因此用于热泵干燥系统的压缩机多为适用于变工况的容积式压缩机。

4.3.1 压缩机的分类

容积式压缩机的基本工作原理是通过改变封闭容积的体积，实现封闭容积内气体工质体积减小、压力升高的目的。压缩机的分类方法有很多，本书采用的分类方法基于压缩机容积变化的规律，将容积式压缩机分为往复式压缩机和回转式压缩机；如图 4-16 所示，其中往复式压缩机主要包括活塞式压缩机、隔膜式压缩机、斜盘式压缩机以及线性压缩机；回转式压缩机主要包括滚动转子式压缩机、涡旋式压缩机、滑片式压缩机、单螺杆式压缩机以及双螺杆式压缩机。

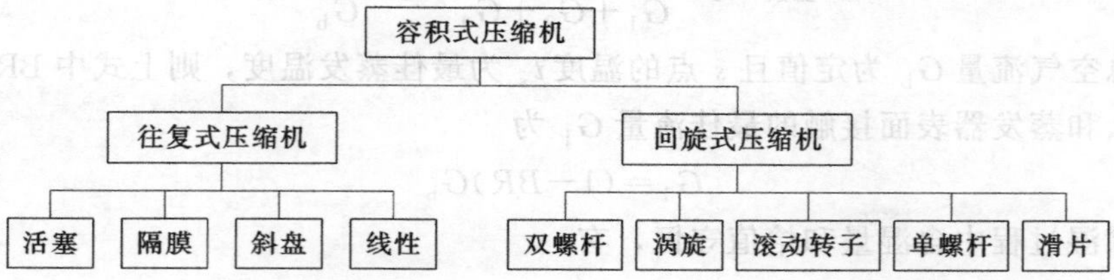

图 4-16　容积式压缩机的分类

往复式压缩机通过驱动机构实现活塞在气缸内的往复直线运动，引起气缸容积的往复变化。其特点在于，由于此类压缩机的吸、排气通道始终与压缩腔相连通，因此必须设置相应的吸、排气阀。

回转式压缩机一般通过转子在气缸内的旋转运动，引起气缸工作容积的周期性变化，从而实现对气缸内工质的压缩。与往复式压缩机不同的是，在回转压缩机工作容积变化的过程中，工作容积的位置也在变化，因此可以通过合理地配置吸气口和排气口的位置，实现压缩机的吸气、压缩及排气过程。一般不需要设置吸、排气阀。

根据排气过程是否存在气阀，还可以将容积式压缩机分为有气阀压缩机与无气阀压缩机，其中无气阀压缩机主要包括涡旋压缩机和螺杆压缩机。在压缩机排气即将开始之前，气缸内的气体压力 p_i 被称为内压缩终了压力。根据涡旋压缩机和螺杆压缩机的工作原理，内压缩终了压力与压缩机自身的内容积比直接相关，因此内压缩终了压力与排气管内的气体压力 p_d（背压）可能并不一致，从而导致压缩机的过压缩（$p_i>p_d$）与欠压缩（$p_i<p_d$），过压缩与欠压缩均造成能量损失。同时，还会伴随着强烈的周期性的排气噪声。

有气阀压缩机主要包括往复式压缩机和滚动转子式压缩机。其特点在于，应用于压缩机的气阀一般为自动阀；所谓自动阀是指气阀阀片的运动状态受其两侧气体压力差的控制，其与压缩机之间没有任何机械的或者运动的直接联系，仅受到压缩机运行工况与气阀本身结构参数的影响。气阀的这种特性提高了压缩机在变工况运行条件下的性能。相对于无阀的回转压缩机，带有气阀的压缩机在非设计工况下不存在欠压缩与过压缩现象，从而提高了压缩机的绝热效率；同时由于气阀的存在，隔断了压缩机的排气腔与工作容积，从而减小了压缩机高压侧向低压侧的泄漏，提高了压缩机的容积效率。根据工作原理，各类压缩机均有其优缺点。

往复压缩机的特点是：适用的压力范围广，无论流量大小都能达到所需要的压力，尤其在 CO_2 压缩机中，优势极为明显。热效率高；适应性较强，即排气量范围较广，且不受压力高低的影响。例如，往复压缩机的单机排气量最大可达 $500m^3/min$，最小可以非常小。但是其转速不高，机体体积较大；结构复杂，存在吸、排气阀，活塞环等易损件；断续性排气，造成较大的气流脉动。

在容积式压缩机的范围内，回转式和往复式相比，有其自身的特点，例如结构简单，大多结构无需吸、排气阀，维修方便，排气平稳而无脉动；结构自身具有较好的动力平衡性能，运动产生的惯性力和惯性力矩可自动平衡或采用加平衡重的方法平衡。但其密封较为困难，泄漏量大，一些结构摩擦较为严重，例如单螺杆压缩机，导致机械效率降低；排气过程存在高频的气流噪声。

除了容积式压缩机，常用的压缩机类型还有速度式压缩机。其基本的工作原理是通过提高气体工质的动能，再将动能转化为压力能，从而实现工质压力的提高。典型的速度式压缩机是离心式压缩机，其特点是：转速高，机器的体积小，重量轻；排气平稳，没有气流脉动；结构简单，维修方便；排气量和排气压力的适应差，最小流量和最高压力不能同时满足；运转状况欠稳定，工作性能随工作条件变化较大；难以实现变工况运转，因此不适合用于热泵干燥系统中。

比较各类压缩机的特点可知，往复式压缩机压力范围广是其他类型压缩机所不能与之相比的优势。回转式压缩机适合在低压、中小流量范围内应用。离心式压缩机一般来说应用于低压、大流量的场合。具体的应用范围如图 4-17 所示。

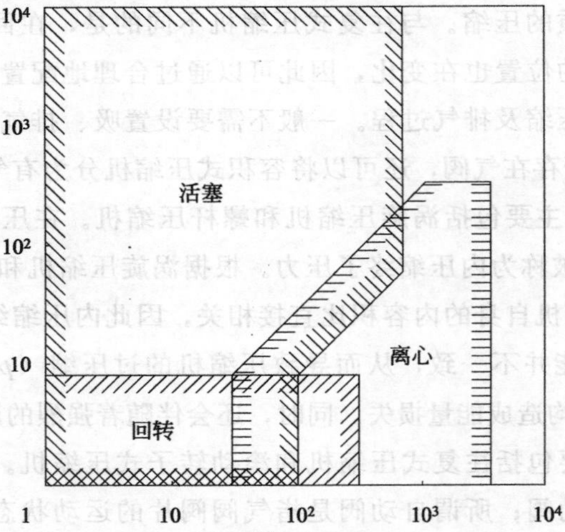

图 4-17 压缩机的应用范围

4.3.2 压缩机的热力学分析

容积式压缩机是蒸汽压缩式制冷机中应用领域最广泛、使用数量最多的压缩机，它们的功率可以从几十瓦到几千千瓦。尽管容积式压缩机的结构形式众多，但究其热力学基础有许多部分是相同的。本节将重点介绍容积式压缩机所涉及的热力学基础。

（1）工作腔与工作容积

工作腔是指压缩机中，直接用来压缩气体的腔室。在往复式压缩机中，工作腔即气缸；在回转式压缩机中，气缸可能有若干个工作腔轮流或者同时工作。工作容积是指工作腔中实际用来处理气体的那部分容积，以往复压缩机为例，设气缸工作容积为活塞所扫过的那部分容积 V_p，如图 4-18 所示，则有：

$$V_p=\frac{\pi}{4}D^2S \tag{4-36}$$

式中，D 为气缸直径，S 为活塞行程。

（2）排量与容积流量

排量为压缩机一转中所形成的总工作容积的大小。对一定的压缩机而言，排量是一个定值，它真正反映了压缩机的大小，故而在热泵干燥用压缩机中，一般采用排量来表示其容量的大小。

容积流量通常被称为排气量或者输气量。压缩机中的容积流量是指在所要求的排气压力下，压缩机单位时间内排出的气体体积；折算到进口状态，也就是第一级进气管处的压力和温度下的体积。容积流量用 q_v 表示。容积流量可以通过乘以对应状态下的密度，换算得到压缩机的质量流量。

理论容积输气量 q_{vt}（或称理论排量），是指压缩机按理论循环工作时，在单位时间内所能供给、按进口处吸气状态换算的气体容积。

$$q_{vt}=inV_p \tag{4-37}$$

式中，i 为气缸个数；n 为压缩机转速，r/min。

压缩机的理论质量输气量

$$q_{mt}=\frac{q_{vt}}{v_1} \tag{4-38}$$

式中，v_1 为压缩机的吸气比体积。

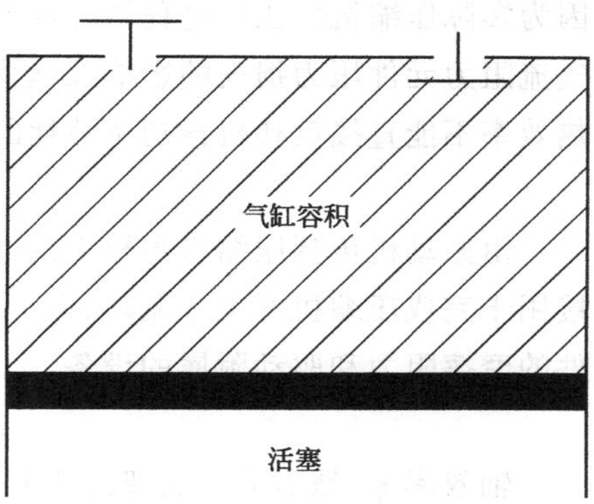

图 4-18　容积式压缩机的工作容积

（3）容积效率

压缩机的理论容积流量为单位时间内所形成的工作容积之和，即等于每转总工作容积或者排量乘以转速。事实上，压缩机实际的容积流量受到压缩机的进气压力、进气温度以及排气压力、冷却条件（高背压或者低背压）等因素的影响。压缩机铭牌上所标注的容积流量，是指在特定的进、排气条件以及冷却条件下所测得的流量，称为公称容积或者额定容积流量。

压缩机实际的容积流量与第一级工作腔的理论容积流量之比，称为压缩机的容积效率。对于多级压缩而言，压缩机各级工作腔的实际排出气体折算到该级进口状态的容积值与该级的工作容积之比，称为该级的容积效率。

压缩机的实际排气量与理论排气量之比称为容积效率 λ，用于衡量容积式压缩机气缸工作容积的有效利用程度。

$$\lambda=\frac{q_{va}}{q_{vt}} \tag{4-39}$$

（4）功率

压缩机的功率是压缩机的重要参数，它直接指导压缩机驱动装置的选择。如果被压缩的气体可以作为理想气体处理，则压缩机的等熵绝热功率 P_{ad} 可按以下公式进行计算。

$$P_{ad}=\frac{\kappa}{\kappa-1}p_s q_v\left[\left(\frac{p_d}{p_s}\right)^{\frac{\kappa-1}{\kappa}}-1\right] \tag{4-40}$$

如果被压缩的气体不能作为理想气体处理，则压缩机的等熵绝热功率还可以通过焓差计算，即

$$P_{ad}=q_m(h_{ds}-h_s) \tag{4-41}$$

压缩机的效率表示压缩机工作的完善程度，是用理想压缩机所需功率和实际压缩机所需功率之比来表示的，由此来衡量压缩机的经济性。等温效率与绝热效率均是评价压缩机利用能量有效性的方法。等温效率是指压缩机理论循环的等温功率与轴功率之比；等温效率可用来评价压缩机轴功率消耗的经济性，它同时反映了压缩机的指示功率损失与机械摩擦功率损失的数值。绝热效率是指压缩机理论循环的绝热功率与轴功率之比；

因为实际压缩机的压缩过程均趋近于绝热过程，所以绝热效率能较好地反映相同级数时，气流阻力元件压力损失的影响及泄漏的影响，但是对于不同级数的压缩机做比较时，绝热效率不能直接反映机器功率消耗的情况，绝热效率 η_{ad} 定义为式(4-42)。

$$\eta_{ad}=P_{ad}/P \tag{4-42}$$

由原动机传到压缩机主轴上的功率称为轴功率 P_e，它的一部分，即指示功率 P_i 直接用于完成压缩机的工作循环；另一部分，即摩擦功率 P_m 用于克服压缩机中各运动部件的摩擦阻力和驱动附属的设备。

$$P_e=P_i+P_m \tag{4-43}$$

轴效率 η_e 是等熵压缩理论功率与轴功率之比，用它可以评定主轴输入功率的利用完善程度，较适用于开启式压缩机。

$$\eta_e=P_{ts}/P_e \tag{4-44}$$

机械效率 η_m 是指示功率和轴功率之比，用它可以评定压缩机摩擦损耗的大小程度。

$$\eta_m=P_i/P_e \tag{4-45}$$

$$\eta_e=\eta_i\eta_m \tag{4-46}$$

输入电动机的功率就是压缩机所消耗的电功率 P_{el}，电效率 η_{el} 是等熵压缩理论功率与电功率之比，它用以评定利用电动机输入功率的完善程度。

$$\eta_{el}=P_{ts}/P_{el} \tag{4-47}$$

对于封闭式制冷压缩机，其电动机转子直接装在压缩机的主轴上，所以电效率对它较为适用。

$$\eta_{el}=\eta_i\eta_m\eta_{m0} \tag{4-48}$$

配用电动机功率：制冷压缩机所需要的轴功率，是随工况的变化而变化的，选配电动机功率时，应考虑到这一因素。如果压缩机本身带有卸载装置，可以空载启动，则电动机的轴功率可按运行工况下的轴功率，再考虑适当裕量（10%～15%）选配。

（5）排气压力与排气温度

压缩机的排气压力是指最终排出压缩机的气体压力。排气压力也被称为“背压”。多级压缩机中，每一级工作腔排出气体的压力称为该级排气压力或者级间压力。

压缩机的排气压力是由热泵系统的运行工况、节流阀开度以及压缩机流量共同决定的。压缩机排气压力的稳定取决于压缩机在该压力下排出的气量与流过节流阀的流量是否平衡。若两者平衡则压力稳定；若两者不平衡则压力改变。当压缩机的排气量大于流过节流阀的流量时，冷凝器内的压力升高，并在达到新的平衡后，在此高压力下平衡；当压缩机的排气量小于流过节流阀的流量时，则冷凝器内的压力降低，并在达到新的平衡后，在此低压力下稳定。因此，压缩机的排气压力并非定值，人们可以通过控制排气量及节流阀开度和系统运行工况来控制。

压缩机的排气温度虽不是主要性能指标，但它对压缩机能否良好运行却是一个很重要的因素。

（6）压力比

压缩机的压力比是指名义排气压力与名义进气压力之比，即名义压力比；压缩机某一级在压缩终了时工作腔中的压力，与进气终了压力之比，称为该级的实际压力比。在回转压缩机中，此比值称为内压力比。在具有固定内容积比的容积式压缩机中，在工作中会发生过压缩和欠压缩的压缩过程。内容积比 ε_V 是指这类压缩机吸气终了的最大容积 V_1 与压缩终了的容积 V_2 的比值，即

$$\varepsilon_V = \frac{V_1}{V_2} \tag{4-49}$$

内压力比 ε_p 是指工作容积内压缩终了压力 p_2 与吸气压力 p_1 的比值。内压力比与外压力比不相等时，会产生附加功损失。

$$\varepsilon_p = \frac{p_2}{p_1} = \left(\frac{V_1}{V_2}\right)^{\kappa} \tag{4-50}$$

当压缩机内压缩终了压力与排气管内气体的压力不相等，即内压力比与外压力比不等时，将产生附加功损失，从而降低压缩机的指示效率，如图 4-19 所示。所以，应力求压缩机的实际运行工况与设计工况相等或接近，以使压缩机获得运行的高效率。

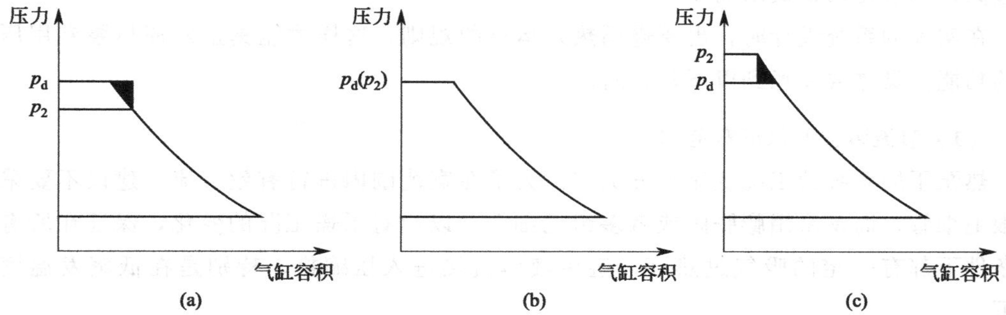

图 4-19　容积式压缩机的过压缩和欠压缩

（7）压缩机的运行特性曲线

压缩机的运行特性是指在规定的工作范围内运行时，压缩机的制冷量和功率随工况变化的关系。由性能曲线可见：当蒸发温度一定时，随着冷凝温度的上升，制冷量减少，而轴功率增大；当冷凝温度一定时，随着蒸发温度的下降，制冷量减少。通过性能曲线，可以较方便地求出制冷压缩机在不同工况下的性能系数 COP，它的数值也是随冷凝温度和蒸发温度而变化的。COP 值是说明制冷压缩机性能的一个不可缺少的主要经济指标。在相同工况下，COP 值越大说明压缩机性能越好。

应注意到，对于半封闭和全封闭压缩机，性能曲线一般是反映蒸发温度与同轴电动机输入电功率之间的关系，这样能比较直观地反映总耗电量，对用户有较实用的参考价值。

4.3.3　热泵干燥用压缩机与制冷压缩机的区别

随着热泵干燥系统的快速兴起，很多压缩机厂家投入热泵专用压缩机的开发。因为

热泵运行模式与空调有很大差异，所以决定了热泵专用压缩机与空调压缩机在设计上具有以下几点差异。

① 空调仅在夏季炎热天气使用频率较高，热泵干燥系统与空调相比，其系统运行时间要远高于空调。要保证压缩机在热泵干燥系统的生命周期里不发生故障，压缩机需要能够承受 20000h 的实际运行，因此，使用热泵专用压缩机是非常必要的。

② 冷凝温度是影响压缩机寿命的主要因素。由于热泵干燥系统的出风温度在 55℃以上，因此压缩机需要运行在冷凝温度较高的区域。在运行相同时间的条件下，热泵中的压缩机所受的综合负荷要远高于空调中的压缩机。

③ 普通空调压缩机在吸气过热度较高时容易发生“电动机过热”，特别是在高压缩比运行时，这恰是热泵专用压缩机需要克服的。相对空调压缩机，热泵专用压缩机需要保证在高出风温度时的可靠性。下面以 R134a 冷媒为例进行说明，热泵专用压缩机需要承受很高的压缩比，最大压比在 10 以上（建议：在 11～13 范围内是安全的），而空调压缩机的最大压比为 5～6。压缩比不可无限提高，过高的压比可能导致压缩机内部局部温度过高，超过压缩机极限而损害压缩机。

在实际的系统设计时，也要遵循热泵运行的规则，这样才能真正发挥热泵专用压缩机的功能。具体要注意到以下几方面。

（1）节流装置要保证宽范围

热泵干燥系统的工况变化十分宽广。为了在宽范围内进行有效节流，建议不要采用单根毛细管，而是采用膨胀阀或者多组毛细管，以应对干燥工况的变化，保证在所有运行条件下都有一定的吸气过热度，避免液体直接进入压缩机，特别是在低蒸发温度工况下。

（2）压缩机底部过热度

压缩机底部过热度在系统设计过程中往往容易被忽略，但却是极为重要的。所谓压缩机底部过热度，其定义为压缩机底部温度与冷凝温度之差。如果该值为零或者小于零，则此时压缩机机壳就成了一个“冷凝器”，冷媒将会在压缩机壳体内逐渐冷凝成液体而沉积在压缩机底部，并被当做“润滑油”泵送到压缩机泵体各滑动副。由于液态冷媒的黏度较低，不具备润滑功能，因此其结果是压缩机泵体的摩擦副全面磨耗，导致发生“咬缸堵转”故障。

压缩机在低蒸发温度下运行时，如果发生“吸气带液”，则进入压缩机内部的液态冷媒会迅速降低压缩机本体的温度，导致压缩机底部温度降低。而热泵由于需要制取较高温度的热风，冷凝温度比较高，因此就这很容易发生压缩机底部温度低于冷凝温度的现象。系统实验表明，当发生有吸气带液时，在制取 55℃热风时，蒸发温度在 5℃左右就会发生底部过热度小于零的现象，蒸发温度越低越严重。

4.3.4 热泵干燥系统中压缩机的选型

热泵干燥系统中压缩机的选型，应该结合干燥过程中热量的需求。一般来说，在进行压缩机选型时，应当以系统需要的最大功率以及最高的干燥温度为基准。假设在图 4-20 所示的热泵系统中，工质为 R134a，蒸发温度为 2℃，干燥温度为 50℃，系统的设计热容量为 25kW，压缩机的进口过热度为 5℃，冷凝器的出口过冷度为 5℃，计算系统所需压缩机的排量。图 4-20 中的各点参数见表 4-1。

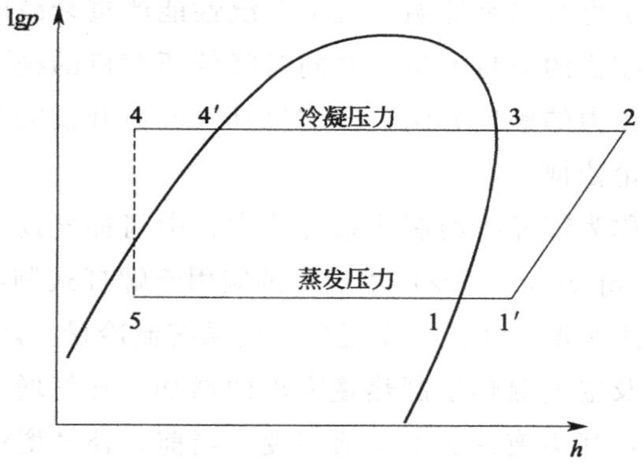

图 4-20 热泵干燥系统的 lg$p$-h 图

表 4-1 热泵干燥系统 log$p$-h 图中各点对应的参数

项目	压力/bar	温度/℃	焓值/(kJ/kg)	密度/(kg/m³)	熵/[kJ/(kg·K)]
1	3.15	2	399.77		
1′	3.15	7	404.27	15.093	1.7421
2	13.18	59.54	434.86		1.7421
3	13.18	50	423.44		
4	13.18	45	263.90		
5	3.15	2	263.90		

注：1bar=10^5Pa。

① 单位质量制冷量 q_0、单位理论功 w_0 的计算。

单位质量制冷量的计算为：$q_0=h_1-h_5=399.77-263.90=135.87$kJ/kg。

单位理论功计算为：$w_0=h_2-h_{1'}=30.59$kJ/kg。

② 制冷剂质量流量 q_m、压缩机理论排量 q_{vt} 的计算。

$q_m=Q_0/q_0=25/135.87=0.184$kg/s。

$q_{vt}=q_m/\rho_1\times60=0.184/15.093\times60=0.732\text{m}^3/\text{min}$。

③ 压缩机实际排量、压缩机指示功、压缩机轴功率、电动机耗功的计算。

根据压缩机类型和压缩机厂家提供的参数选取压缩机的容积效率，此处取 $\lambda=0.75$。压缩机的实际排量为：$q_{va}=q_{vt}/\lambda=0.732/0.75=0.976\text{m}^3/\text{min}$。

取压缩机的绝热效率为 0.8，压缩机的指示功率为：$P_i=q_m w_0/\eta_i/\lambda=0.184\times30.59/0.8/0.75=9.38$kW。

取压缩机的机械效率为 0.93，压缩机的轴功率为：$P_e=P_i/\eta_m=10.09$kW。

取压缩机的电动机效率为 0.95，电动机的耗功为：$P_{mo}=P_e/\eta_{mo}=10.62$kW。

4.4 压缩机的补气增焓结构

4.4.1 补气增焓系统

补气增焓主要是为了克服热泵低温工况下系统性能严重衰减的问题，而其本质则是通过中间补气，增加压缩机的质量流量，并同时降低压缩机的排气温度。本节总结出补气增焓系统中最佳补气压力的确定方法、压缩机补气孔口开设的基本原则，为压缩机补气孔口的设计提供了理论依据。

补气增焓技术又被称为带经济器制冷系统技术、中间补气技术或者气态制冷剂喷射技术（Gas Refrigerant Injection）。该技术最早被应用于螺杆式制冷机组，即带经济器制冷系统技术，其主要作用是增加在低蒸发温度下的系统制冷量。随着人们对于制冷（热）系统能效追求的提高以及空气源热泵制热量需求的增加，补气增焓技术被应用于涡旋压缩机和滚动转子压缩机，其实施方法也灵活多变。当前，补气增焓技术被广泛地应用于空气源热泵领域，其主要目的是为了增加热泵系统的制热量。

目前广泛采用的补气增焓系统主要包括，闪发器系统和过冷器系统。两种系统的主要区别在于，闪发器系统补入压缩机的制冷剂更接近于饱和状态，而过冷器系统补入压缩机的制冷剂往往处于过热状态。下面从系统热力学分析、压缩机补气孔口的开设方法两个方面介绍补气增焓系统。

4.4.2 热力学分析

热力学分析的主要目的是从理论上分析系统的节能潜力与合理性。人们对补气增焓系统进行了大量的热力学分析。如图 4-21 所示，补气增焓系统中压缩机的流量包括流过蒸发器的流量和补气的流量，因此增加了压缩机的质量流量，从而增加了制热量；同时压缩机的排气温度由 1′点变为了 1 点，补气增焓系统降低了压缩机的排气温度。

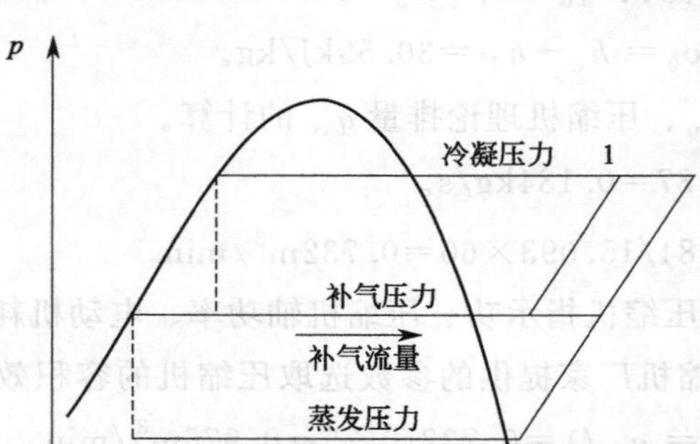

图 4-21 补气增焓系统的压焓图

但是，补气增焓系统不一定能够增加系统的COP，这是因为根据制冷剂的物性，补气增焓系统增加的制热量与增加的压缩机功率之比，不一定大于单级循环的COP。何永宁指出由于制热量及压缩机功耗增加幅度的差异，系统制热COP随相对补气量的变化呈现出先增加后减小的状况。

4.4.3 最优补气压力的确定

虽然在一些极端工况下，人们以增加制热量为目标，中间压力在不超越极限的情况下，越大越好；但是，在多数工况下，人们依然以追求更高的COP为目标。根据对补气增焓系统的热力学分析，图4-22表示不同冷凝温度下，系统制热COP随中间补气压力的变化曲线。

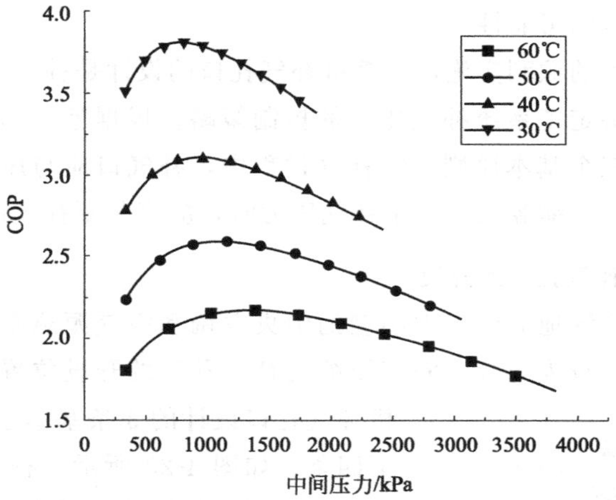

图4-22 系统COP随中间补气压力的变化

随着中间补气压力的增大，系统制热COP均呈现先增大后减小的变化趋势。这是因为，随着中间补气压力的增大，系统制热量及压缩机耗功均增大，且制热量的增加速度大于压缩机耗功的增加速度，此时系统制热COP会增大；但是当补气压力升高至某一值时，系统中间补气作用对制热量的增加量将小于压缩机耗功的增加量，这时系统制热COP会降低。因此，在系统中间补气压力的增大过程中，存在某个值可使系统制热COP达到最大值。同时，从图中还可以看出：随着冷凝温度的升高，系统最大制热COP所对应的中间补气压力值降低。

赵会霞建立了带有闪发器的补气增焓系统的数学模型，并通过迭代求解获得了平衡补气压力；并运用该模型获得了补气增焓系统与单级压缩系统的最佳切换区域。马国远指出补气增焓系统的制热量随相对补气压力几乎呈线性增长的趋势，在其他条件不变时，补气压力变大意味着补气量的增加，计算结果表明增大补气量始终都能使制热量增加。这是因为增大补气量不仅使冷凝器中的制冷剂流量增加，而且也使压缩机的功率消耗增加，这二者均能增大冷凝器的热负荷，相应地机组制热量也就增加了。

何永宁指出在稳定工况、一定补气孔口面积时，补气过程存在一个最优补气压力，使该工况系统制热能效最大；其研究结果表明，最优的相对补气压力处于0.88～0.98之间。

4.4.4 压缩机补气孔口的设计研究

补气增焓技术对压缩机的要求主要是将蒸气制冷剂喷射到压缩机的中间位置。该技术对于压缩机的影响主要为：①在恶劣工况（蒸发温度低于0℃的热泵和冷凝温度高于35℃的空调）下，能够显著提高压缩机的排量，这为冷/热环境气候提供了一种增加热/冷量的方法。其结果是，补气增焓系统的设计点可以被扩展。②通过控制补气量可以改变系统的制冷（热）量，通过避免压缩机的间歇运行，可以节省一定的能量。③补气增焓循环的压缩机排气温度低于常规单级循环的压缩机排放温度，从而提高了压缩机的工作范围，保证了压缩机的可靠性。

为了保证补气过程的顺利实施，压缩机补气孔口的设计是补气增焓系统的关键步骤，补气孔口的位置直接决定了系统补气压力的控制策略。根据笔者的总结研究，补气孔口的开设需要满足以下三个基本原则：①补气过程中，补气口应与压缩腔连通；②补气口不能与吸气口连通；③压缩腔压力高于补气压力时，应当截断补气口与压缩腔。

（1）涡旋压缩机补气孔口的开设

由于涡旋压缩机广泛地应用于中小型的中央空调和空气源热泵，因此人们对涡旋式压缩机补气过程的研究较为充分。涡旋压缩机补气孔口的开设位置首先遵守容积式压缩机补气孔口设计的3条基本原则，此外仍需增加以下四条。如图4-23所示，补气孔口设置于吸气过程完成之后，排气过程开始之前；为了增加补气时间，补气孔口一般设置在吸气过程完成的时刻；孔口的直径应当小于涡旋齿宽，以免气流通过补气孔口从压缩腔向吸气腔泄漏；应当保证两个对称的压缩腔的补气过程同时进行，避免涡旋盘受力不均匀。

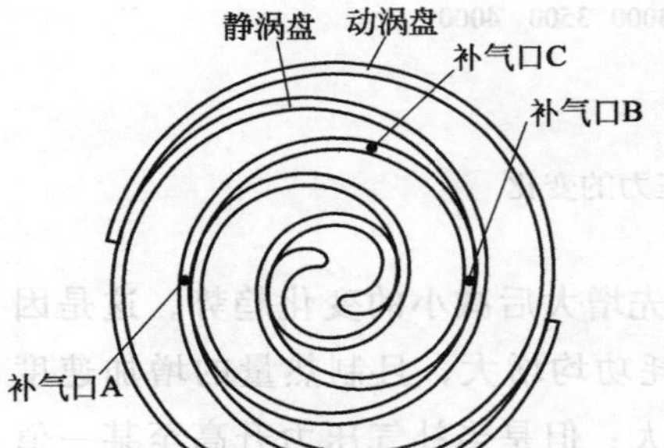

图4-23 涡旋压缩机的补气孔口位置

Wang等通过实验的方法测取了涡旋压缩机的补气过程。结果表明，涡旋压缩机的补气过程影响了大部分内部压缩过程，是一个长期的时变过程，而不是一个瞬时的过程；并且指出补气可以大大提高系统性能，对某一指定的涡旋压缩机有最佳的补气压力。Park等采用一维等熵可压缩流动喷嘴模型模拟压缩机的补气过程，该模型在此后得到广泛的应用。

Jung等建立了非对称涡旋压缩机补气过程的数学模型，并采用该模型研究了单补气孔口和双补气孔口对非对称涡旋压缩机补气效率的影响。研究表明，相对于对称涡旋压缩机，非对称涡旋压缩机的补气量较小，影响了补气增焓系统的能效，并据此提出了双补气孔口的设计思路。Tello-Oquendo等提出了一种补气增焓涡旋压缩机的性能测试方法，其主要特征在于改进了量热实验台，能够独立地控制中间压力和补气过热度。基于测量结果，通过线性表达式将补气质量流量与中间压力相关联，改进了 AHRI 多项式用来预测压缩机输入功率、蒸发器质量流量、喷射质量流量及中间压力，与实验值偏差均小于 5%。

在工程实践中，复杂的计算公式并不适用，人们更倾向于采用简单明了的关联式表征各参数之间的关系。Navarro 等提出了一个简单的相关性公式，以工况条件和中间压力为向变量估计中间质量流率，与实验值对比，有较高的精度。Dardenne 等提出了一个带有补气增焓的变速涡旋压缩机的半经验模型，通过实验验证，该模型的压缩机电功率、制冷剂温度、压气机排气量与实验值的偏差在±5%、±5K 以及±10%。

（2）滚动转子压缩机补气孔口的开设

随着补气增焓技术在涡旋压缩机上广泛应用，人们很自然地将该技术应用于滚动转子压缩机。根据相关的文献，滚动转子压缩机补气孔口的布置方法主要有 3 种形式。

1）补气舌簧阀结构

补气舌簧阀结构如图 4-24 所示。贾庆磊等指出在室外温度高于－15℃时，补气增焓压缩机与单级压缩系统相比，其制热量的增加幅度均大于 12%，并随着室外温度的降低，增加幅度逐渐增大；单缸系统的制热量与 COP 均大于双缸系统，其提升幅度的平均值分别为 2.29%与 1.94%。

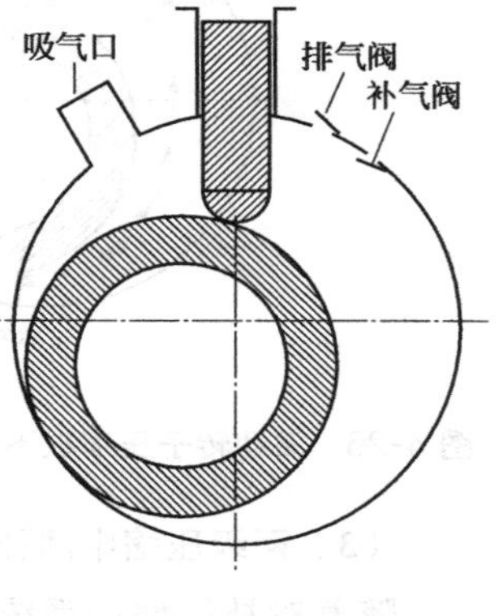

图 4-24 滚动转子压缩机补气舌簧阀结构

2）滑片补气结构

清华大学的 Liu 等与格力公司一起开发了在滑片上对滚动转子压缩机补气的新结构，如图 4-25 所示，其中舌簧阀是其关键部件。该结构克服了传统的补气结构引起回流的缺陷，同时增加了补气口面积。与传统的补气结构相比，这个新结构可使压缩机的制热能力和 COP 分别提高 23.1%～48.9%和 3.2%～8%。

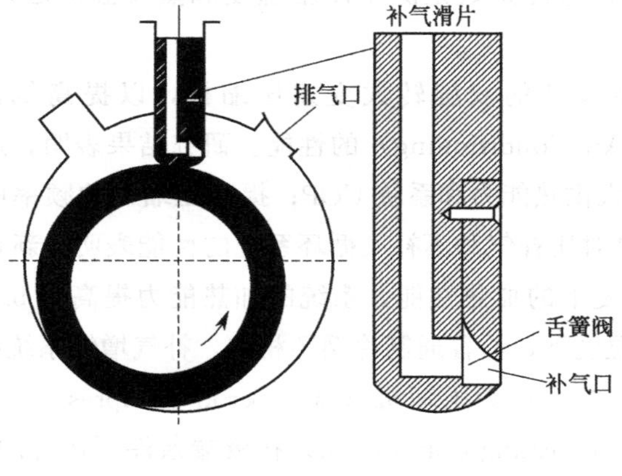

图 4-25 滚动转子压缩机的滑片补气结构

3）端板补气结构

对于端板补气结构，并非气缸内的任何位置都满足三条基本原则。例如，如图 4-26 所示的补气口，补气口在压缩机工作过程中与吸气口相连通，由于补气压力高于吸气压力，补入的气体将回流到吸气管中，这将大大减少注入的制冷剂质量并最终削弱性能改善。因此，这种类型的端板气体注入将不被考虑在未来的研究中。

端板有一区域是满足三条基本原则的，从而避免补气回流到吸入管中，如图 4-27 所示的补气孔口。在吸入结束之前，补气孔口将被滚动活塞覆盖，以避免回流到吸入管。压缩开始后，补气口与压缩腔连通。之后，补气口被滚动活塞覆盖，在某一固定的旋转角度停止补气。该补气停止角度取决于设计工况。在该设计工况下，当滚动活塞旋转到该角度时，压缩腔中的压力正好等于补气压力。

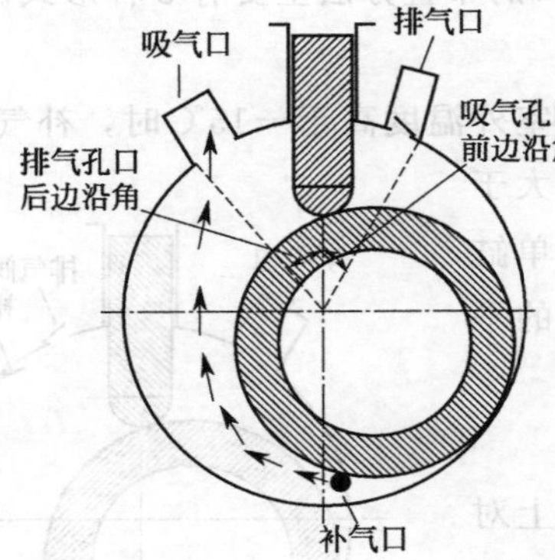

图 4-26　滚动转子压缩机不合理的端板补气结构

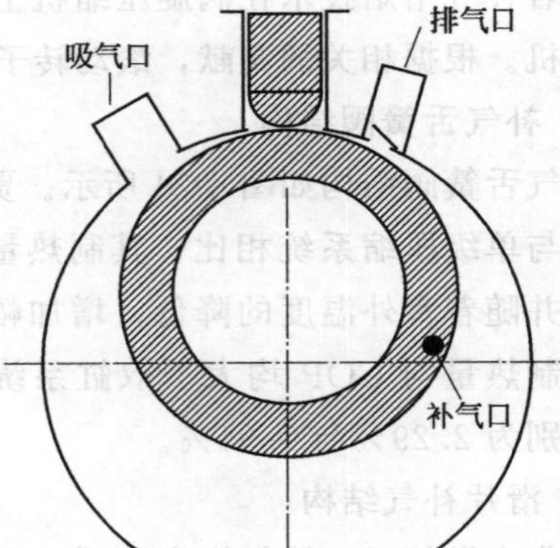

图 4-27　滚动转子压缩机合理的端板补气结构

（3）两级压缩中间补气

随着对补气增焓系统本质的深入理解，人们逐渐开始将两级压缩与补气增焓系统结合起来，从而出现了双级压缩机中间补气系统。Jiang 等分析了六种类型的双级压缩机循环。结果表明，过冷器的过冷系数是除了冷凝温度和蒸发温度之外，影响最佳中间压力的一个关键因素。

Yan 等采用一种新设计的双旋转式变速压缩机，以提高低温工况下热泵空调器（HPAC，Heat Pump Air Conditioning）的性能。研究结果表明，通过优化中间压力可以实现补气增焓循环的最大供热能力和系统 COP；提高压缩机的频率可以有效地提高加热能力，但 COP 降低。通过对比补气和不补气循环系统的性能表明，新设计的压缩机可以改善热泵空调器在低环境温度下的加热性能，系统的加热能力提高了 5.6%～14.4%，COP 提高了 3.5%。在高环境温度下，与普通制冷循环相比，补气增焓系统的 COP 较低。

Tello-Oquendo 等介绍了涡旋压缩机（SC，Scroll Compressor）和双级往复式压缩机（TSRC，Twin Stage Reciprocating Compressor）在极端条件下运行的对比研究。结果表明，SC 在压力比低于 7.5 时较 TSRC 具有更高的效率和 COP。该压缩机可用于在中等温度条件下工作的空调系统和热泵。对于较高的压力比，TSRC 具有更高的效率。这种压缩机更适用于在恶劣气候和低温冷冻系统（低于−20℃）下运行的卫生热水系统。被认为具有巨大前景的 CO_2 热泵，多是采用这种形式。

Pitarch 等从理论上分析了两级压缩中间补气的跨临界二氧化碳热泵循环，指出该循环相对于亚临界制冷循环的 R134a 和单级 CO_2 循环，COP 整体提高 15%。双级压缩循环中，低压级和高压级的容积比是一个关键的参数。Baek 等指出高压级与低压级的气缸容积比可以调节双回转式压缩机中的中间压力，从而直接改变补气流量；并通过实验测试得，在双级压缩循环中，为了达到最大的 COP，最佳的气缸容积比应为 0.7。

（4）螺杆压缩机补气孔口的开设

考虑到螺杆压缩机的结构以及排气孔口大小的限制，螺杆压缩机一般在吸气关闭后就开始补气。补气方式有径向、轴向、轴向与径向并用等三种形式。根据实验情况，这三种方式的补气效果基本相同，其补气口位置与结构尺寸如图 4-28（a）所示。补气口的直径，应根据补气的质量流量与流速求解。在工程实践中，人们更多采用的是如图 4-28（b）所示的在滑阀上开设补气口的方式，向压缩机内补气。

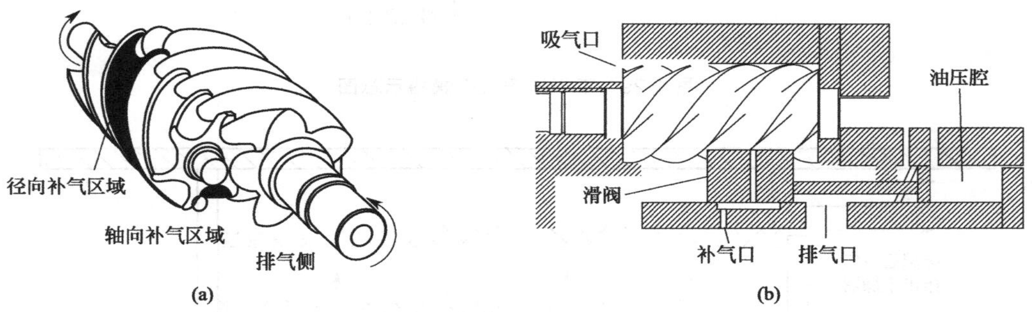

图 4-28　螺杆压缩机补气位置

4.5 干燥器

4.5.1 厢式干燥器

厢式干燥器一直是主流的干燥器，是一种外壁绝热、外形像厢体的干燥器。一般将小型的厢式干燥器称为烤厢，大型的称为烤房或者烘房。

厢式干燥器主要由一个或多个室或格组成，在其中放上装有被干燥物料的盘子。这些物料盘一般放在可移动的盘架或小车上，能够自由移动、进出干燥室。其工作原理是热风通过湿物料的表面，达到干燥的目的。厢式干燥器为常压间歇操作，多采用强制气流的方法，可用于干燥多种不同形态的物料，尤其适用于易碎或相对昂贵的物料；空气流速和温度通常受被干燥物料性质的限制，因此，空气流速常保持在物料最细颗粒的自由降落速度以下。通常吹过盘面的平均气流速度为 1.0～1.5m/s，空气温度范围为 40～100℃，70%～95%的空气循环使用。由于物料在干燥过程中处于静止状态，因此特别适用于不允许破碎的脆性物料。其缺点是间歇操作、干燥时间长、干燥不均匀、人工装卸料、劳动强度大。

按气体流动方式不同，分为平行流式(图 4-29）和穿流式(图 4-30)；根据处理量不同，分为搁板式和小车式等。厢式干燥器的优点是结构简单、制造容易、操作方便、适用范围广。

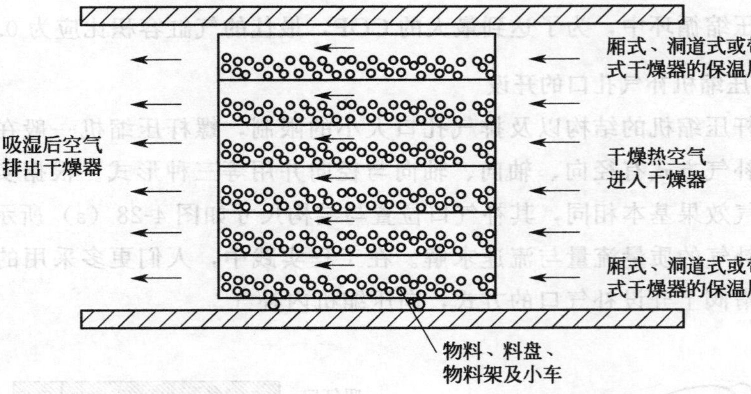

图 4-29 平行流厢式干燥器示意图

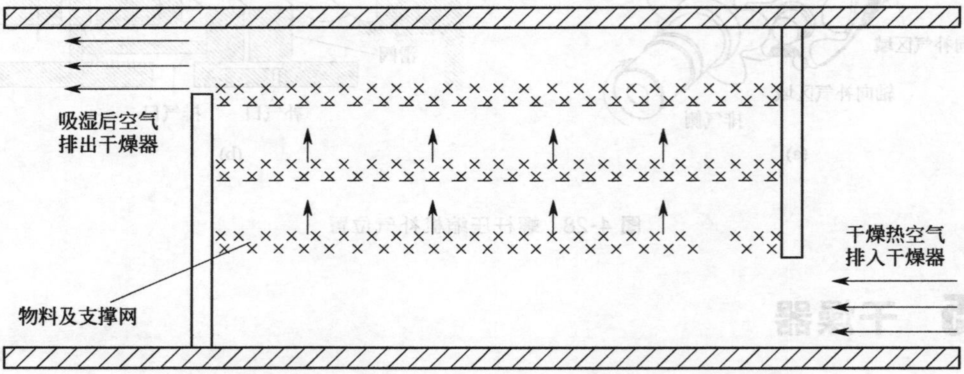

图 4-30 穿流厢式干燥器示意图

水平气流厢式干燥器整体为厢形结构，外壁包以绝热层，以防止热量损失。厢内支架上放有许多长方形料盘，湿物料置于盘中，物料在盘中的堆放厚度一般为 10～50mm；热空气由进风口送入，经加热后由挡板均匀分配，平行掠过盘间料层的表面，对物料进行干燥；热风速度在 0.5～3m/s 之间，通常取 1m/s 左右，实际设计应以尽量提高传热传质系数且又不将物料带出为原则。物料中水分的蒸发强度通常为 0.12～1.5kg（水）/[h·m^2（盘表面积）]，体积传热系数一般为 230～350W/(m·℃)。平行流厢式干燥器适用于染料、颜料等干燥末期易产生粉尘的泥状物料，药品等小处理量、多品种的粉状物料，以及电器元件、树脂等需要程序控制的块状物料，还适于兼有干燥和热处理的场合及除水量少而形状繁多的吸附水物料等。

穿流厢式干燥器的结构与平流式相同，只是将堆放物料的隔板或容器的底盘改为金属筛网或多孔板，可使热风均匀地穿流通过物料层；物料以易使气体穿流的颗粒状、片状、短纤维状为主，泥状物料经过成型做成直径 5～10mm 的圆柱也可以使用。物料层的厚度通常为 10～65mm。通过物料层的风速为 0.6～1.2m/s，物料中水分的蒸发强度约为 2.4kg（水）/[h·m^2（盘表面积）]，体积传热系数一般为 3490～6970 W/(m·℃)。穿流厢式干燥器适宜于干燥通气性好的颗粒状、条状、块状等物料，如颗粒状的谷物、葡萄干、胡椒，经切片加工的洋葱、胡萝卜、蒜、薯类，以及已成型的医药品、染料、汤的调味品等。

厢式干燥器是一种间歇性干燥过程，通常在常压下工作，部分也在真空下工作。其优点在于对物料的适应性强，适用于小规模、多品种、干燥条件变动大的场合。但其最大的缺点是热效率较低，产品质量不易均匀。

4.5.2 带式干燥器

带式干燥器是最常见的一种连续干燥装置，通常是一个长方形干燥室，一般装有进料装置、传送带、空气循环系统和加热系统等，如图 4-31 所示。它将湿物料均匀地置于一层或多层连续运行的带上，使被干物料由进料端向出料端移动，热风在湿物料上吹过带走湿物料的水分。

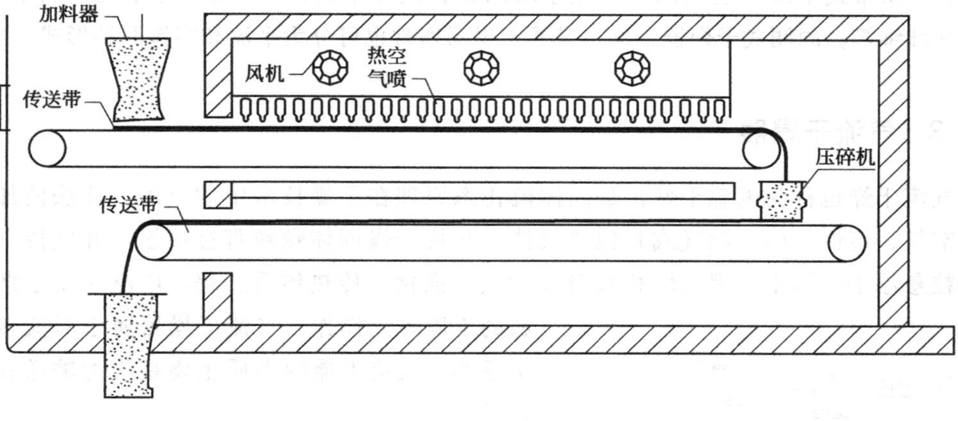

图 4-31 带式干燥器示意图

带式干燥器按带的层数分为单层带型、复合层带型（层数一般为 3～7 层）；按热空气流动方式分为垂直向下、垂直向上或复合式流动；按排气方式分为逆流、并流或单独排气。

传送带多为网状或多孔型。由于被干燥物料的性质不同，传送带可用帆布、橡胶、涂胶布或金属丝网制成。气流与物料成错流，被干燥的物料由提升机送至干燥器最上层的带层上，借助于带的移动，物料不断向前输送并与热空气接触而被干燥。物料在移动过程中从上一层自由洒落于下一层带上，如此反复运动，通过整个干燥器的带层，直至最后到干燥器底部，被干燥的物料从卸料口排出；带宽为1～3m，长为4～50m，干燥时间约为5～120min。

通常在物料的运动方向上分成许多区段，每个区段都可装有风机和加热装置。在不同区段上，气流方向及气体的温度、湿度和速度都可不同。例如，在干燥器最上层的湿料区段中，采用温度高、气流速度大于干燥产品区段的方法，使其传热传质速率高，以达到干燥效率高的目的；中段区域内的温度和相对湿度均不太高，可采用部分气体循环使用的方法；下段产品区域内，采用室温下的空气穿过物料进行冷却，降低出料物温，还可回收部分热量。蒸发的水分则由顶部风机抽走。带式干燥器适用于干燥粒状、块状和纤维状物料，例如中药饮片的干燥。

带式干燥器与其他干燥器相比有以下优点：物料以静止状态堆放在输送带上，翻动少，可保持物料的形状；采用复合通气，可改善干燥的均匀度和提高干燥速率；可以同时连续干燥多种固体物料；根据被干燥物料的不同，传送带的材料选择余地大；带式干燥器操作灵活，可在完全密封的箱体内进行；带式干燥器还可以对物料进行焙烤、烧成或熟化处理操作；带式干燥器结构简单，安装、维修方便。缺点在于：占地面积大；运行时噪声较大；生产能力、热效率均较低。

带式干燥器在工业上应用极广，广泛应用于食品、化纤、皮革、林业、制药和轻工业中，在无机盐及精细化工行业也常有采用。带式干燥器一般用于透气性较好的片状、条状、颗粒状和部分膏状物料的干燥，对于脱水蔬菜、中药饮片等含水率高、热敏性的物料尤为合适。其次带式干燥器还应用于干燥小块的物料及纤维质物料，如糕点、肥皂片、羊毛、棉花和纤维等。同厢式干燥器一样，带式干燥器通常也可分为平流和穿流两种形式。

4.5.3 气流干燥器

气流干燥也称为闪急干燥，是固体流化态原理在干燥技术中的应用。该法使加热介质（空气、惰性气体、燃气或其他热气体）和待干燥固体颗粒直接接触，并使待干燥固体颗粒悬浮于流体中，因而两相接触面积大，强化了传热传质过程，广泛应用于散状物料的干燥单元操作。气流干燥器属于对流传热式干燥类。气流干燥的本质主要是气力输送和传热传质。

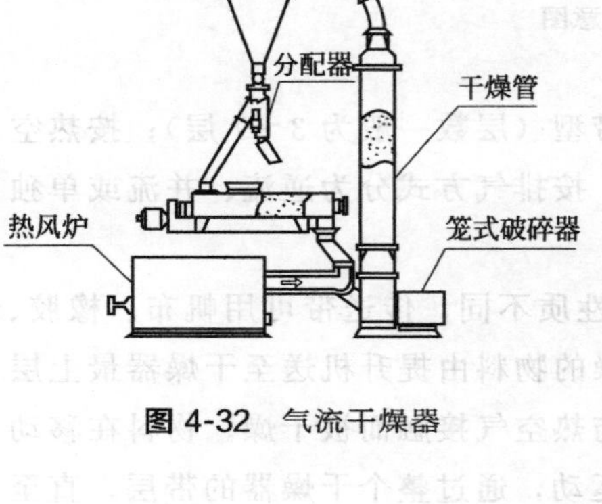

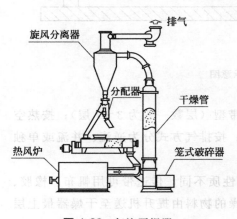

图 4-32 气流干燥器

典型的气流干燥装置如图 4-32 所示，主要由空气加热器、加料器、气流干燥管、旋风分离器、风机等组成。

气流干燥装置可分直接进料的、带有分散器的和带有粉碎机的。另外，还可以分为有返料、热风循环以及并流或环流操作的气流干燥装置。常见的气流干燥器有直管式气流干燥器、脉冲式气流干燥器、旋转闪蒸干燥器、气流旋转干燥器、粉碎气流干燥器等。

气流干燥器与其他干燥器相比，有以下优点：①气固两相间传热传质的表面积大。固体颗粒在气流中高度分散，呈悬浮状态，这样使气固两相之间的传热传质表面积大大增加。②热效率高、干燥时间短、处理量大。气流干燥采用气固两相并流操作，这样可以使用高温的热介质进行干燥，且物料的湿含量越大，干燥介质的温度越高。③气流干燥器的结构简单、紧凑、体积小，生产能力大。气流干燥器的结构简单，在整个气流干燥系统中，除通风机和加料器以外，别无其他转动部件，设备投资费用较少。④干燥强度大。由于物料在气流中高度分散，颗粒的全部表面积即为干燥的有效面积，因此传热传质的强度较大。直管型气流干燥器的体积传热系数一般为 2300～6950W/(m^3 · ℃)，带粉碎机型气流干燥器可达 3470～11700W/(m^3 · ℃)。⑤操作方便。在气流干燥系统中，把干燥、粉碎、筛分、输送等单元过程联合操作，流程简化并易于自动控制。

与此同时，气流干燥器也有以下缺点：①气流干燥系统的流动阻力降较大，一般为 3000～4000Pa，因此必须选用高压或中压通风机，动力消耗较大；②气流干燥所使用的气速高、流量大，因此经常需要选用尺寸大的旋风分离器和袋式除尘器。③气流干燥对于干燥载荷很敏感，固体物料输送量过大时，气流输送就不能正常操作。

气流干燥器一般适用于粉末或颗粒状的物料，其颗粒粒径一般在 0.5～0.7mm 以下，至多不超过 1mm。对于块状、膏糊状及泥状物料，应选用粉碎机和分散器与气流干燥串联的流程。气流干燥仅适用于物料湿分进行表面蒸发的恒速干燥过程。待干燥物料中所含的湿分应以润湿水、孔隙水或较粗管径的毛细管水为主。

4.5.4 流化床干燥器

流化床干燥器是近几十年来发展起来的一种技术，是利用固体流态化原理进行干燥的一种装置。流化床干燥器的干燥过程就是把颗粒状或块状湿物料放在孔板上（又称布风板），热空气从布风板下方穿过，热气流带动物料颗粒悬浮在气流中，并进行充分的水分和热量交换后，气体从容器顶部排出。在干燥器下部底层，离散化的物料颗粒在气态干燥介质中上下翻腾，犹如液体沸腾时的状态，所以流化床干燥器又称为沸腾床干燥器，如图 4-33 所示。

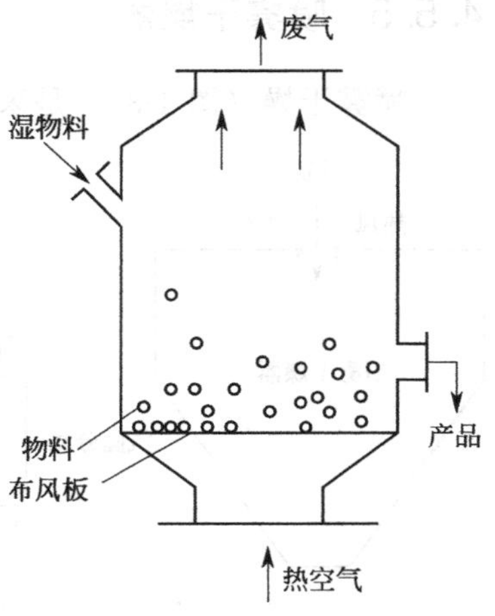

图 4-33　流化床干燥器

在流化床干燥器中，尽管布风板出口射流对流化床的作用距离仅为 0.2～0.3m，但布风板对整个流化床的流化状态具有决定性影响。在干燥过程中，如果布风板设计不合理，气流分布不均匀，造成沟流和死区，就会使流化床不能正常流态化。因此，布风板在保证气流分布均匀和不被堵塞的同时，还要保证直接暴露在高温介质中的布风板要能够补偿由于热膨胀所产生的应力影响。

总体上看，流化床干燥器的主要优点如下：①设备紧凑，物料与干燥介质的接触面积大，搅拌激烈，表面更新机会多，热容量大，热传导效果好，设备利用率高，可实现小规模设备大规模生产；②干燥速度大，物料在设备内停留时间短，适宜于对热敏性物料的干燥；③物料在干燥室内的停留时间可由出料口控制，故容易控制制品的含水率；④装置简单，设备造价低廉，除风机、加料器外，本身无机械装置，保养容易，维修费用低；⑤密封性能好，机械运转部分不直接接触物料，对卫生指标要求较高的食品干燥十分有利。流化床干燥器的缺点：①对被干燥物料的离散尺度有一定的要求，适宜处理粒径 6～30mm 的粉状料，限制了使用范围；②易结块，物料因容易黏结在设备壁面上而不适用；③单层流化床难以保证物料干燥均匀，需设置多层流化，使设备的高度增加。

目前流化床干燥装置，从其结构上看主要分为单层圆筒型、多层圆筒型、卧式流化床、脉冲式流化床、惰性粒子流化床、振动流化床、喷动流化床等。从被干燥的物料来看，可以分为颗粒状物料、膏状物料、悬浮液和溶液等具有流动性的物料。

单层圆筒型流化床干燥器的结构简单、操作容易、检修方便、运转周期长，但干燥后所得产品的含水率不均匀；多层流化床干燥器改善了单层流化床的物料在床层停留时间分布不均匀，干燥后产品湿度不均匀的问题，物料停留时间变短，热利用率提高，在相同条件下设备体积较小；卧式流化床干燥器克服了多层流化床干燥器的结构复杂、床层阻力大、操作不易控制等缺点，气体压降比多层床低，操作稳定性也好，但热效率不及多层床高，主要适用于干燥各种难以干燥的粒状物料和热敏性物料；振动流化床干燥器是在普通流化床干燥器上施加振动而成的。在普通流化床干燥中，物料的流态化完全是靠气流来实现的；而在振动流化床干燥器中，物料的流态化和输送主要是靠振动来实现的。惰性粒子流化床是在普通流化床中放入数量适当的惰性粒子（惰性粒子的尺寸和形状、密度等随物料及操作条件的不同而变化），将溶液、悬浮液、泥浆、糊状物等物料，喷到被热气流流化起来的惰性固体粒子表面上，由热的惰性粒子和热气流共同与物料进行传热传质，将物料干燥，同时进行粉碎；干燥的粉体随气流一同排出干燥器，经分离后得到粉体产品。

4.5.5 喷雾干燥器

喷雾干燥（图 4-34）是采用雾化器将原料液分散为雾滴，并用热气体（空气、氮气或过热水蒸气）直接接触而获得粉粒状产品的一种干燥方法。原料液可以为溶液、乳浊液、悬浮液等，也可以是熔融液或膏状物料。根据需要，干燥产品可以制成粉状、颗粒状、空心球或团粒状等。

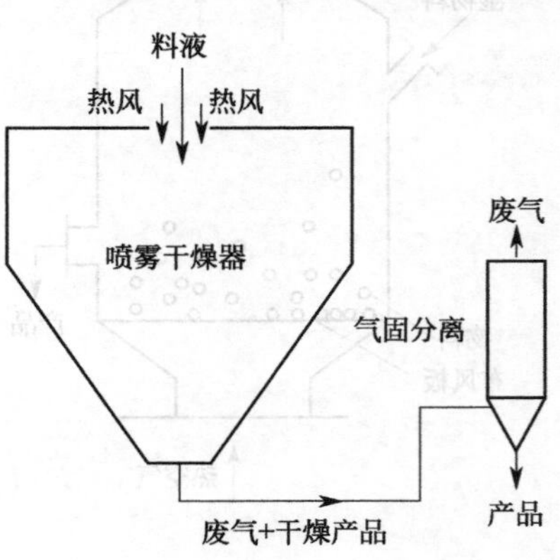

图 4-34　喷雾干燥器

物料的喷雾干燥过程可分为三个基本阶段：料液雾化为雾滴阶段；雾滴和干燥介质的接触、混合及流动，即雾滴的干燥阶段；干燥产品与气体的分离阶段。

将料液分散为雾滴的雾化器是喷雾干燥的关键部件。人们对喷雾干燥器常按照雾化方式进行分类，也就是按照雾化器的结构分类，将其分为离心式喷雾干燥器、压力式喷雾干燥器、气流式喷雾干燥器三种类型。

（1）离心式雾化器

当料液被送到高速旋转的盘上时，料液在高速转盘（圆周速度为 90～160m/s）中受离心力作用，使料液在旋转表面上伸展为薄膜，并以不断增长的速度向盘的边缘运动，离开盘的边缘时，就使液体雾化。

（2）压力式雾化器

压力式喷嘴（也称机械式喷嘴）是喷雾干燥广泛应用的雾化器形式之一。它利用高压泵使液体获得高压（2～20MPa），高压液体通过喷嘴时，将压力能转变为动能而高速喷出，从而分散为雾滴。

（3）气流式雾化器

采用压缩空气或蒸汽以很高的速度（一般为 200～340m/s，也可以达到超声速）从喷嘴喷出，但液体流出的速度不大（一般不超过 2m/s），因此，在二流体之间存在着很大的相对速度，从而产生相当大的摩擦力，使料液雾化。喷雾用压缩空气的压力一般为 0.3～0.7MPa。

喷雾干燥器与一般干燥器相比具有以下优点：①由于雾滴群的表面积很大，因此物料所需的干燥时间很短（以秒计）。②在高温气流中，表面润湿的物料温度不超过干燥介质的湿球温度。由于迅速干燥，最终产品的温度也不高。因此，喷雾干燥器特别适用于热敏性物料。③根据喷雾干燥操作上的灵活性，干燥能力可从每小时数千克到数百吨，可以满足各种产品的质量指标。④简化了干燥流程，在干燥塔内可直接将溶液制成粉末产品。⑤喷雾干燥器容易实现机械化、自动化，减轻粉尘飞扬，改善劳动环境。

与此同时，喷雾干燥器也存在以下缺点：①当空气温度低于 150℃时，容积传热系数较低 [23～116W/(m^3·K)]，所用设备容积大；②对气固混合物的分离要求较高，一般需两级除尘；③热效率不高，一般顺流塔型为 30%～50%，逆流塔型为 50%～75%。

喷雾干燥一般应用于食品工业（包含奶制品、蛋制品、食物和植物油、水果和蔬菜、糖及类似产品等方面）和生物工业（主要包含抗生素和霉素、青霉素等药物和酵母等方面）。

4.5.6 回转圆筒干燥器

回转圆筒干燥器简称转筒干燥器，其主体是一个略带倾斜（也有水平的）并能回转的圆筒体。湿物料通常由其高的一端加入，从低的一端流出。在转筒转动时，物料在转筒内部做翻抛运动，干燥介质可用热空气、烟道气或其他气体；热风由转筒的较低端吹入，由较高端排出，气固两相呈逆流接触。随着圆筒的旋转，物料先被抄板抄起，然后洒下，以改善气固两相的传热、传质过程，提高干燥速率。筒体每旋转一周，物料向出口端移动一定距离，物料前进的距离与洒落的高度和圆筒的倾斜角度有关。

转筒干燥器主要由给料箱、干燥转筒、出料箱、传动装置等四大功能部分组成，其结构示意图如图 4-35 所示。

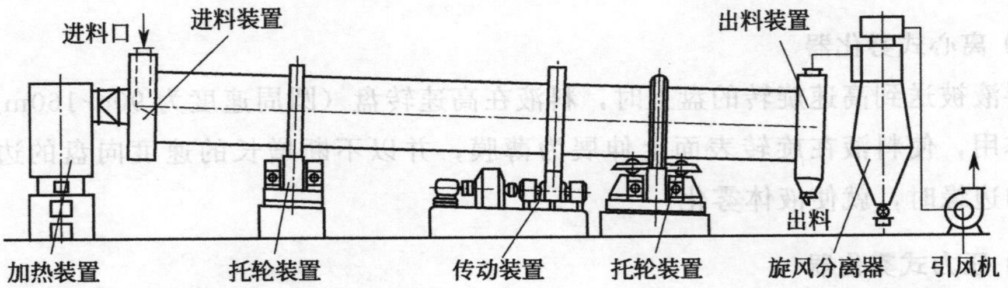

图 4-35　回转圆筒干燥器的结构示意图

转筒干燥器具有以下优点：①机械化程度较高，生产能力大；②可连续操作、结构简单、操作方便、故障少；③干燥介质通过转筒的阻力较小；④运行和维修费用低、适用范围广、清扫容易。其缺点在于：①设备庞大、安装拆卸困难；②装置比较笨重，金属耗材多，传动机构复杂；③维修量较大，设备投资高，占地面积大；④热容量系数小，热效率低，物料在干燥器内的停留时间长，且物料颗粒之间的停留时间差异较大等。

国内现有的转筒干燥器的直径一般为 0.5～3m，长度为 2～27m，长径比为 4～10。气流速度由物料的粒度与密度决定，以物料不随气流飞扬为度，通常气流速度较低。物料在转筒内的装填量约为筒体容积的 8%～13%，物料沿转筒轴向前进的速度为 0.01～0.08m/s，其停留时间一般为 1h 左右。物料的停留时间，可通过调节转筒的转速来改变，以满足产品含水量的要求。

转筒干燥器主要适用于大颗粒、相对密度大的物料干燥，如磷肥、硫铵；有特殊要求的粉状、颗粒状物料的干燥，如发泡剂、酒糟渣、轻质碳酸钙、药渣等；要求低温干燥，且需大批量连续干燥的物料等；处理量大的物料、含水量较高的膏状物料或颗粒状物料。

4.5.7　转鼓干燥器

转鼓干燥器属于传导式干燥器，通过适宜的布膜方法在转动的鼓体外表面上涂布一层物料膜，随着转鼓的旋转，由转鼓内的加热介质通过鼓壁导热将湿物料加热、干燥；到刮刀处，物料干燥到要求的湿含量，并被刮刀刮下，产品通过输送装置送入下一工序进行后处理。湿物料中蒸发出的水分则进入大气。

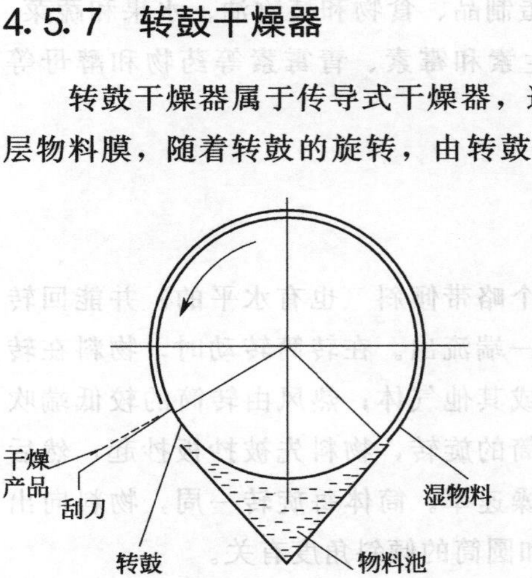

图 4-36　转鼓干燥器

转鼓干燥器主要由转鼓（包括圆柱形的筒体、端盖、端轴及轴承等）、布膜装置（包括料槽、喷溅器或搅拌器及膜厚控制器等）、刮料装置（包括刮刀、支撑架、压力调节器等）、传动装置（包括电动机、减速装置等）、加热介质（水蒸气等）的进气与冷凝液排液装置、产品输送装置等组成，如图 4-36 所示。

转鼓干燥器可用不同的方法进行分类。按转鼓数量，可分为单鼓、双鼓、多鼓；按鼓外环境操作压力，可分为常压操作、真空操作；按转鼓的布膜方式，可分为浸液式、喷溅式、辅辊式等。

转鼓干燥器有以下几个优点：①热效率高，可达70%～80%，蒸发1kg水分所需的热量为3000～3800kJ（喷雾干燥器需3500～5000kJ）；②动力消耗小，约为喷雾干燥器的1/30～1/10；③干燥强度大，一般为30～70kg/(h·m^2)；④干燥时间短，一般为5～30s，可用于热敏性物料的干燥；⑤适用范围广，可用于溶液、悬浮液、乳浊液、溶胶等的干燥（对液相物料，必须有流动和黏附性），对于纸张、纺织物、赛璐珞等带状物料也可采用；⑥操作简单，便于清洗，更换物料品种方便。

其缺点如下：单台传热面积小（一般不超过12m^2），生产能力低（料液处理能力一般为50～2000kg/h）；结构较复杂，加工精度要求较高；产品含水量较高，一般为3%～10%；刮刀易磨损，使用周期短；开式转鼓干燥器的环境污染严重。

4.5.8 塔式干燥器

塔式干燥器又称干燥塔，常用来处理小麦、玉米等日处理量较大的粮食产品。常见的塔式干燥器一般是竖立的箱式机，根据气流流动方式，塔式干燥器有横流、顺流、逆流和混合流几种形式，但工艺流程大都相同，都是采用干燥、缓苏、冷却作业流程。

塔式干燥器工作时，进入到塔内的粮食靠自身的重力从上往下落，在下落的过程中不断与热风进行热量交换，使其水分去除而得到干燥。其处理量大、效率高、降水幅度大，尤其适合在高含水量的粮食玉米中推广。但其问题在于容易存在干燥死角，导致干燥后的产品质量不均。通过优化塔式干燥器的进出气五边形角状盒的结构，在角状盒垂边上开两排或三排百叶窗孔能在一定程度上解决死角问题。如图4-37所示为顺流式塔式干燥器。

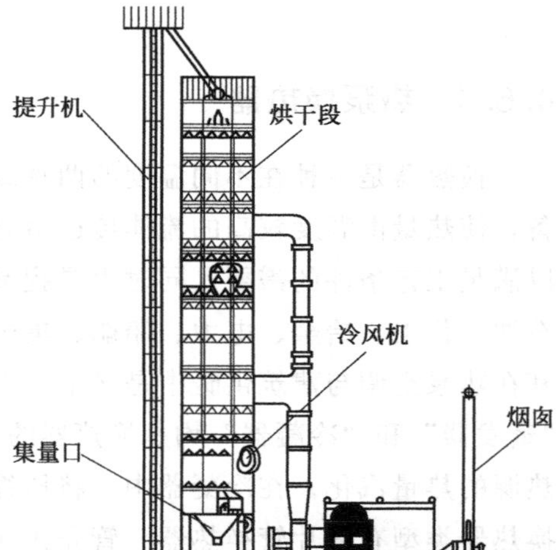

图4-37　顺流式塔式干燥器

4.5.9 桨叶式干燥器

桨叶式干燥器（图4-38）是一种间接加热型搅拌干燥器。不同于转筒干燥器，它有两种基本形式，即低速搅拌型和高速搅拌型。它们的共同特点是在筒体上设置夹套，旋转的轴是中空的，轴上设置空心桨叶并与空心轴连通；这样设计提高了单位体积的传热面积，强化了传热过程，提高了传热效率。

低速搅拌型桨叶干燥器的单位容积传热面积较大，可选用蒸汽、热水或热油提供干燥所需的热量。低速搅拌型桨叶干燥器适用于含细粉较多的粉状物料以及片状或粒度分布广

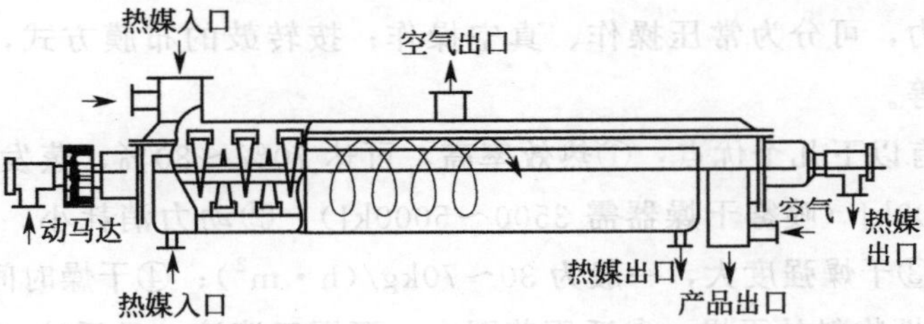

图 4-38　桨叶式干燥器

的粒状物料。低速搅拌型桨叶干燥器的传热系数大［可达 81～349W/(m^2·℃)］、热效率高，能获得干燥均匀的产品，而且此型干燥器所需气体量极少，干燥时间可任意延长，故适合于含有各种有机溶剂的聚乙烯、聚丙烯等物料的干燥，以利于溶剂回收。与低速搅拌型桨叶干燥器不同的是，高速搅拌型桨叶干燥器的搅拌叶片外周速度可达 5～15m/s，传热系数可达 116～465W/(m^2·℃)。

4.6 热泵换热器与节流膨胀装置

4.6.1 热泵换热器

换热器是一种在不同温度的两种或两种以上流体间实现物料之间热量传递的节能设备，使热量由温度较高的流体传递给温度较低的流体，使流体温度达到流程规定的指标，以满足工艺条件的需要，同时也是提高能源利用率的主要设备之一。换热器广泛应用于石油、化工、冶金、电力、船舶、集中供暖、制冷空调、机械、食品、制药等领域，尤其在热泵空调与建筑供暖中是必不可少的零部件。在蒸汽压缩式热泵的“四大部件”中，“蒸发器”和“冷凝器”均是换热器的一种。其中，在蒸发器中，热泵工质液体吸收低温热源的热量汽化；在冷凝器中，将压缩机排出的高压热泵工质蒸气冷凝成液体。常见的换热器类型有翅片管换热器、管壳式换热器、套管式换热器等。

（1）翅片管换热器

翅片管换热器是一种空气与热泵工质进行换热时采用的形式。由于空气侧的表面传热系数远低于热泵工质侧的表面传热系数，所以在空气侧加翅片可大大缩短传热管长，以减小换热器的体积和重量。翅片管的形式主要有绕片管、轧片管和套片管三种。由于套片管具有工艺简单、加工方便和传热系数高等优点，现在已成为制造翅片管换热器的一种主要形式。如图 4-39 所示为翅片管换热器。

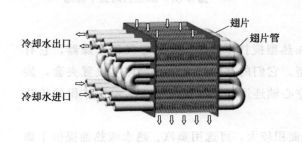

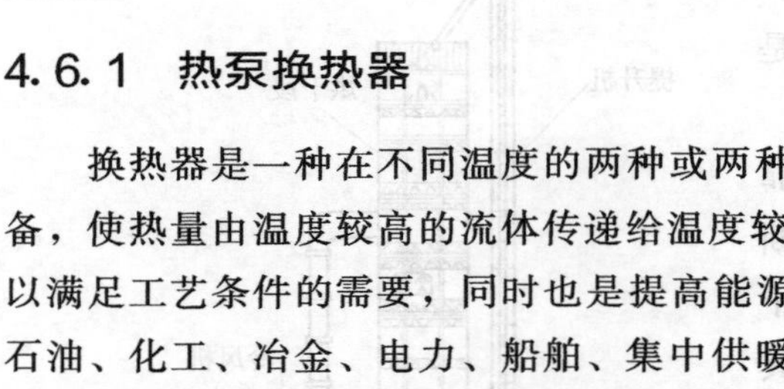

图 4-39　翅片管换热器

翅片管换热器与光管换热器相比，在消耗金属材料相同的情况下具有更大的表面积，从直观看属于第一次强化传热，但实质上换热面积增大的同时带来了传热系数的提高，达到了二次强化传热的目的。其特点就是能有效增加传热面积和增大传热系数，比较容易制造并能保证操作的稳定性。

对于翅片管式换热器母材的基本要求是有较好的钎焊性和成型性、较高的机械强度及良好的耐腐蚀性和导热性。铝及铝合金不仅满足了这些要求，而且具有延展性和抗拉强度随温度的降低而提高的特性，所以在世界各国的紧凑式换热器中，特别是在低温的紧凑式换热器中，已经获得了最为广泛的应用。

翅片管换热器所用的翅片管有内翅片管和外翅片管两种，其中以外翅片管应用较为普遍。外翅片管一般是用机械加工的方法在光管外表面形成一定高度、一定片距、一定厚度的翅片。

在热泵干燥领域，通常以翅片管换热器为主，一部分工况也会用到其他形式的换热器。

（2）管壳式换热器

管壳式换热器如图 4-40 所示。管壳式换热器是目前热力系统中最为常用的换热设备结构形式。管束支撑物是壳程的关键结构，它可使壳程流体产生期望的流动形态，是决定换热器传热和流阻性能的重要因素。不同的壳程流体流动形态，使换热器的传热和流动阻力等性能呈现较大差异。常规的弓形折流板换热器壳程流体横向冲刷换热管时，存在流动阻力大和传热死区大、易振动损坏等缺点；折流板换热器壳程流体纵向流动，流动阻力大为降低。

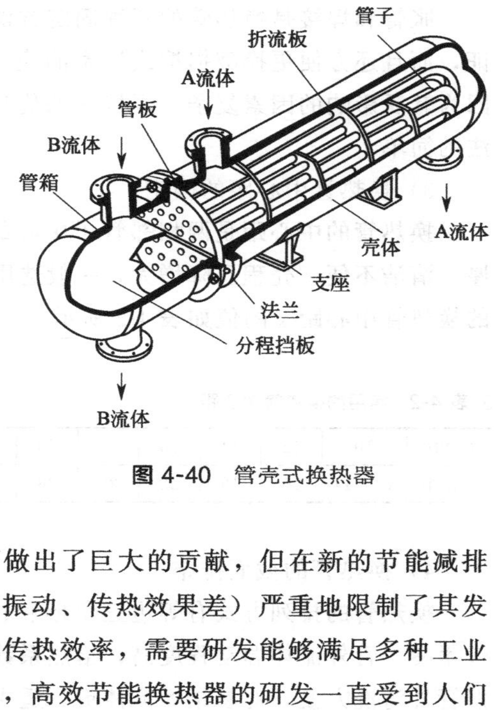

图 4-40　管壳式换热器

管壳式换热器具有一系列的优点，例如应用广泛、结构简单、成本低、易于清洗等，因此在很多领域占据着重要地位。传统的弓形折流板换热器占总量的 70%～80%。弓形折流板换热器固然有其优点，并为产业节能方面做出了巨大的贡献，但在新的节能减排形势下，其缺点（压降大、流动死区、易结垢、振动、传热效果差）严重地限制了其发展和生存的空间。为了节能降耗，提高换热器的传热效率，需要研发能够满足多种工业生产过程要求的高效节能换热器。因此，近年来，高效节能换热器的研发一直受到人们的普遍关注，国内外先后推出了一系列新型高效换热器。

管程强化传热主要有两种方式，一种是改变管子形状或者提高换热面积，如螺旋槽管、旋流管、波纹管、缩放管、螺纹管等；另一种就是增强管内的满流程度，例如，管内设置各种形状的插入物。

根据管式换热器的工作特点，换热器的性能与换热管的管径、固定形式、中心距、截面排列方式密切相关。对于应用于热敏性物质浓缩的低温换热器，正确选择换热管的结构参数尤为重要。

1）热敏性物质浓缩用换热管的尺寸

换热器的传热界面是由换热管束构成的，不同尺寸和形状的换热管对换热器的传热会产生很大影响。小管径换热管的优势在于：相同单位体积的换热面积大，使换热器内部结构的排列更加紧凑，单位传热面积所用的金属材料少，同时传热系数更高。但是，小管径换热管也有其不可避免的缺陷：管内流体阻力大，容易结垢堵塞导致清洗困难，因而小管径换热管一般要求管内走较清洁的流体。大管径换热管则恰好相反，当管内流体的黏性较大、不易清洗时经常考虑使用之。

为了满足允许的压力降，一般推荐选用 19mm 的管子。对于易结垢的物料，为清洗方便，采用外径为 25mm 的管子。对于有气、液两相流的工艺物流，一般选用较大的管径。

无相变换热时，管子较长，传热系数增加。在相同换热面积时，采用长管管程数少，压力降小，每平方米传热面的比价也低。但是，管子过长会增加制造难度，因此，一般选用的管长为 4～6m。对于大面积或无相变的换热器，可以选用 8～9m 的管长。

2）换热管的固定方式

胀管和焊接是换热管的两种固定方法。通过胀管通常能使得其密封性具有良好的保证，而且还方便更换破损抑或堵塞的换热管；但此法的应用不能随便划定范围，主要是因为其受影响的因素复杂。焊接法的优势正是在于其连接稳定又牢固，而且工艺比胀管法的简单。

3）换热管中心距的确定

换热管的中心距是两相邻管子中心的距离。管心距小，设备紧凑，但将引起管板增厚、清洁不便、壳程压降增大，一般选用的范围为（1.25～1.5)d（d 为管外径）。常用的换热管中心距 s 的值如表 4-2 所示。

表 4-2 常用的换热管中心距

d/mm	10	12	14	16	19	20	22	25	30	32	35	38	45	50	55	57
s/mm	13～14	16	19	22	25	26	28	32	38	40	44	48	57	64	70	72

4）换热管的截面排布

换热管的排列方式有等边三角形和正方形两种。与正方形相比，等边三角形排列比较紧凑，管外流体湍动程度高，给热系数大。正方形排列虽然比较松散，给热效果较差，但管外清洗方便，对易结垢流体更为适用。如将正方形排列的管束斜转 45°安装，则可在一定程度上提高给热系数。

5）折流挡板的结构参数分析

安装折流挡板的目的是提高管外给热系数。为取得良好的效果，挡板的形状和间距必须适当。对圆缺型挡板而言，弓形缺口的高度可取为壳体内径的 10%～40%，最常见的是 20%和 25%两种。挡板的间距对壳程的流动亦有重要的影响，一般取挡板间距为壳体内径的 0.2～1.0 倍。我国系列标准中采用的挡板间距为：固定管板式有 100mm、150mm、200mm、300mm、450mm、600mm、700mm 七种；浮头式有 100mm、150m、200m、250mm、300m、350m、450mm（或 480mm）、600mm 八种。

（3）套管式换热器

套管式冷凝器的结构最紧凑，积蓄工质的量也最小。一般由内外两根管子同心套装而成，工质在管间的环形空间里流动，水在内管中流动，通常为逆流式。外管采用无缝钢管或铜管，内管多用铜管，其示意图如图 4-41 所示。

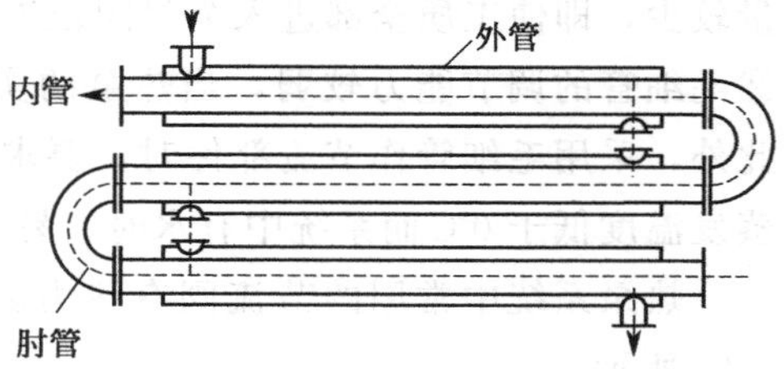

图 4-41　套管式换热器示意图

为强化水侧传热，内管多加工成螺旋形，以加大水在流动时的扰动，提高传热系数。依水的流速不同，套管式换热器的传热系数为 520～1500W/(m^2·K)。

套管式换热器的优点是：①安装时大部分采用标准件，无需要额外加工。看上去结构有些复杂，但是传热面积增减随意。②此类换热器采用纯逆流的设计理念，从而达到高传热效果。同时还通过选取合适的管截面尺寸来调节内外管的流体，这样可以增大传热系数。③为了提高传热效果也可以借鉴板式换热器的工作原理，加配任意形状的翅片。④也可以根据现场的实际情况任意地调整，有利于更方便快捷地安装。缺点是：①检修、清洗和拆卸相比其他换热器来说比较麻烦，在法兰连接处拆卸的地方会容易造成泄漏；②在实际生产中，制造套管式换热器多半考虑材料腐蚀的受限，内管不允许有焊缝，因为焊接会造成元件的热胀冷缩，导致开裂。

4.6.2　节流膨胀装置

节流部件的主要作用是控制热泵工质进入蒸发器的压力、温度和流量，以调控热泵系统的运行工况。理想的节流部件应满足如下要求：①调节性好，主要指标是调节幅度大，温度的控制精度高，反应速度快；②稳定性好，被控温度的波动小，机组不产生振荡；③适应性好，对不同工质和蒸发器均有较好的适应性；④对压缩机的保护性好，在开机、停机及工况调整时，可较好地保证压缩机供气的温度、压力及流量；⑤可回收高压液体所蕴含的能量；⑥价格低，可靠性好。

当前常用的节流部件有毛细管、节流阀（主要有热力膨胀阀和电子膨胀阀）、膨胀机等。毛细管、节流阀不能回收高压液体所蕴含的功，但价格相对低、简单可靠，多用于中小型机组；膨胀机可回收膨胀功，但结构相对复杂，价格较高，目前只限于少量大型装置等。

毛细管一般内径为 0.7～2.5mm，长 0.6～6m，适宜于冷凝压力和蒸发压力较稳定的小型热泵装置。其优点：①由紫铜管拉制而成，结构简单、制造方便、价格低廉。②没有运动部件，本身不易产生故障和泄漏；与冷凝器和蒸发器通常采用焊接连接，连接处不易出现漏点。③具有自补偿的特点，即工质液体在一定压差（冷凝压力和蒸发压力之差）下，流经毛细管的流量是稳定的。当热泵负荷变化导致压差增大时，工质在毛细管内的流量也变大，使压差回复到稳定值，但这种补偿的能力较小。④压缩机停止运转后，系统内的高压侧（冷凝器侧）压力和低压侧（蒸发器侧）压力可迅速得到平衡，再次启动时，压缩机的电动机启动负荷较小，故不必使用启动转矩大的电动机。这一点对半封闭和全封闭式压缩机尤为重要，比较适用于采用开停调节制热量和控制制热温度的热泵。

毛细管的缺点有：①当机组中工质的充注量较多时，需在蒸发器和压缩机之间设置气液分离器，以防止工质液体进入压缩机气缸，避免出现液击（当机组较小、工质充注量较少，即使工质全部进入全封闭压缩机也不致引起液击时，可不必设置气液分离器）。②毛细管的调节能力较弱，当热泵的实际工况点偏离设计点时，热泵的效率就要降低。此外，采用毛细管作节流部件时，要求工质充注量要准确。③当工质中有脏物时，或当蒸发温度低于0℃而系统中有水时，易将毛细管的狭窄部位堵住。

热泵系统中常用的节流阀有热力膨胀阀和电子膨胀阀，其示意图分别如4-42和图4-43所示。

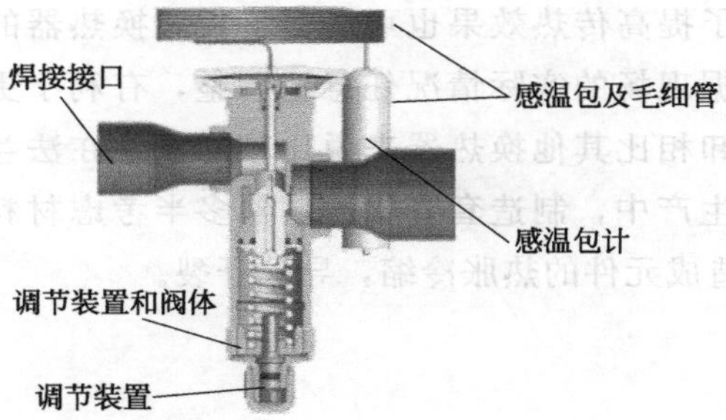

图4-42 热力膨胀阀示意图

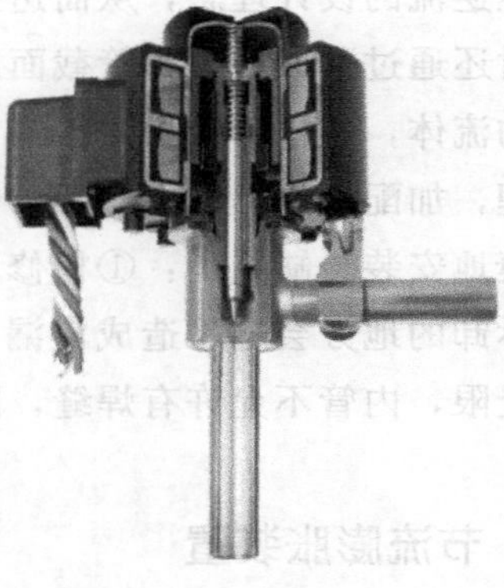

图4-43 电子膨胀阀示意图

热力膨胀阀安装在蒸发器的进口处，由感温包测知蒸发器出口处工质的过热度(用于热力膨胀阀是指低压侧和感温包内蒸气之间的温度差)；对蒸发器来说，最佳的过热度设定值是，当系统运行时热力膨胀阀中感温包的温度变化最小。这一设定值称为MSS点或MSS设定值，其含义为最小稳定信号。该设定值反映了蒸发器的性能和热力膨胀阀的性能，过热度较大时，说明工质流量不足；过热度较小时，说明工质流量过大，并通过调整阀的开度控制工质的流量。热力膨胀阀适宜应用在中小型热泵中。热力膨胀阀主要可分为两种类型：内平衡式热力膨胀阀和外平衡式热力膨胀阀。

尽管热力膨胀阀的调控性能比毛细管有较大的改进，但由于控制信号是通过感温包感受蒸发器出口处工质的过热度变化再由感温介质传到膜片处的，时间滞后较大，控制精度不高，且膜片的变形量有限，因此调节幅度不大。当热泵的制热量大范围调节且控温精度要求较高时，需采用电子膨胀阀。电子膨胀阀是通过电子感温元件测知蒸发器出口处工质过热度的变化的，并通过电动执行机构驱动阀杆运动，具有感温快、调节范围大、阀杆运动规律可智能化（适宜不同工况和工质要求）等优点，但价格也明显高于热力膨胀阀。电子膨胀阀通常可分为电动式和电磁式两大类。热力膨胀阀与电子膨胀阀的区别如表 4-3 所示。

表 4-3 热力膨胀阀与电子膨胀阀的比较

比较的项目	热力膨胀阀	电子膨胀阀
工质与阀的选择因素	感温包充注决定	限制较小
工质流量调节范围	较大	大
流量调节机构	阀开度	阀开度
流量反馈控制的信号	蒸发器出口过热度	蒸发器出口过热度
调节对象	蒸发器	蒸发器
蒸发器过热度控制偏差	较小，但蒸发温度低时大	很小
流量调节特性补偿	困难	可以
过热度调节的过渡过程特性	较好	优
允许负荷变动	较大，但不适合于能量可调节的系统	很大，也适合于能量可调节的系统
流量前馈调节	困难	可以
价格	较低	较高

热泵工质的节流过程是一个等焓过程。高压工质液体的做功能力在节流过程中全部耗散为热能，热损失大，解决这一问题的方法是节流部件常采用膨胀机。膨胀机是将高压液体的压力降低、体积增大并同时对外输出功，但膨胀机适合的工况常为气体膨胀节流，液体因其膨胀过程中体积变化较小，故膨胀工况较难实现。

膨胀机的类别及结构与压缩机类似，主要可分为容积式膨胀机和透平式膨胀机两大类。其原理是利用压缩流体膨胀降压时对外界做功消耗流体的内能进而使流体温度下降并获得能量的。容积式膨胀机中，气体在可变容积中膨胀，通常由曲轴、连杆、活塞、进气阀、排气阀等机械构件组成，主要适用于高压比和小流量的系统。透平式膨胀机利用具有一定压力的高速流体动能的变化传递能量。透平式膨胀机的流量大、结构简单、效率高、运转周期长，适用于大中型深低温设备。

为了保证干燥过程中供热的连续性，在热泵系统出现故障时，干燥过程仍然能够继续，通常会安装辅助加热装置。新风口、排湿口安装电动风阀，可以在 0°～ 90°按所需新风量的大小调节。

为了保护压缩机，防止干燥温度过高和检测制冷剂泄漏，安装压缩机高低压保护器；制冷剂回路中的热力膨胀阀、储液器、气液分离器和干燥过滤器均根据制冷剂流量选取。

4.7 热泵干燥技术标准

4.7.1 空气源热泵密集烤房标准

干燥是农产品加工各单元中耗能最大的环节。我国作为全球第一大烟叶生产国，每年的烟叶烘烤作业需要耗费大量石化能源，不仅为我国的能源利用带来很大的压力，而且能源消耗大、环境污染严重。

传统燃煤烤房利用分散的小型燃煤炉作为热源，无烟尘净化等环保设施，二氧化硫、氮氧化物、烟尘等污染物排放量大。而采用热泵烤房代替传统燃煤烤房对于解决污染问题至关重要。

当前，采用基于节能技术而开发的热泵烘烤烟叶技术与设备来代替传统的燃煤烤房，不仅对减少干燥能耗、解决环境污染、实现碳减排目标以及降低烘烤成本等重大问题具有重要的战略意义，而且对烟叶烘烤提质增效、减工降本、烟农增收和提升综合经济社会效益具有明显作用。

由于烟叶种植中采用烟田轮作来保护土壤肥力，因此热泵烤房虽然节能、环保、运行费用低、烘烤产品质量高，但是一次投入费用较普通煤炉烤房高许多，过短的使用期无法体现其成本优势。因此生产设计一种适应烟田轮作的可移动式、方便烤房运输的空气源热泵移动式密集烤房，具有广阔的市场价值。

企业标准是对国家标准和行业标准的补充，能够提高产品质量，促进技术进步。空气源热泵移动式密集烤房经过多年的研究与产业化示范，技术已经成熟，具备推广使用的基础。制定《空气源热泵移动式密集烤房》《空气源热泵固定式密集烤房》《燃煤密集烤房空气源热泵改造技术要求》《空气源热泵烤房烟叶烘烤技术规程》等标准，统一空气源热泵密集烤房建设标准和规格，对于适应现代烟草农业发展需要、推广应用新技术与新型设备、保证和提高采购设备质量、防止贸易壁垒、加强设备管护、增强经济效益和社会效益、促进技术合作具有重要意义。

空气源热泵密集烤房标准为系列标准，由河南省烟草公司提出，由河南省烟草商业标准化技术委员会归口，由河南省烟草公司、河南佰衡节能技术有限公司、河南农业大学、中国科学院理化技术研究所、河南省科技厅高技术创业服务中心编制。

河南省烟草公司空气源热泵密集烤房标准为系列标准，包含《空气源热泵移动式密集烤房》《空气源热泵固定式密集烤房》《燃煤密集烤房空气源热泵改造技术要求》《空气源热泵密集烤房烟叶烘烤技术规程》

《空气源热泵移动式密集烤房》（Q/HNYC 041—2014）规定了空气源热泵移动式密集烤房的基本结构、烤烟工场建设要求、烤房建造的技术要求、主要设备及关键部件的技术要求、标志、包装、运输、养护等，适用于以空气源热泵为热源的可移动式烤烟密集烤房的建造及配套设备的选购和安装。

与国家烟草专卖局国烟办综《密集烤房技术规范（试行）修订版》（[2009] 418 号文件）相比，空气源热泵密集烤房在技术上有较大的提升和改进；基本特征是热源为高效节能的空气源热泵，墙体和屋顶为环保、保温性能优良的彩钢保温板，采用基于单片机的液晶彩屏烤烟控制系统。

《空气源热泵固定式密集烤房》（Q/HNYC 042—2014）用于采用空气源热泵作为热源、烘烤室为新建砖混结构的固定烤房的建设技术规范。

《燃煤密集烤房空气源热泵改造技术要求》（Q/HNYC 043—2014）规定了对符合 418 号文件要求的燃煤密集烤房进行空气源热泵改造的方法和技术要求。

《空气源热泵密集烤房烟叶烘烤技术规程》（Q/HNYC 044—2014）规定了空气源热泵可移动密集烤房和砖混结构改造的热泵密集烤房的烟叶成熟采收、编（夹）烟、装烟、烘烤、温湿度自控仪操作和烤后回潮及堆放技术。

4.7.2 谷物干燥机标准

《谷物烘干机》（DG/T 017—2019）由农业农村部农业机械化管理司提出，由农业农村部农业机械试验鉴定总站技术归口，由黑龙江农垦农业机械试验鉴定站、农业农村部农业机械试验鉴定总站、四川省农业机械鉴定站、安徽省农业机械试验鉴定站编制。

《谷物烘干机》（DG/T 017—2019）规定了谷物烘干（干燥）机推广鉴定的内容、方法和判定规则，适用于有干燥、缓苏和冷却烘干工艺的干燥玉米、稻谷、小麦的连续式和循环式谷物烘干机（含移动式循环干燥机）及种子干燥机的推广鉴定。

4.7.3 水稻种子烘干脱水技术规程

《水稻种子烘干脱水技术规程》由中华人民共和国农业农村部种业管理司和农产品质量安全监管司提出并归口，由湖南隆平种业有限公司、全国农业技术推广中心、袁隆平农业高科技股份有限公司、湖南农业大学、湖南杂交水稻研究中心、长沙市杂交水稻机械化制种产业技术创新战略联盟、湖南省水稻种子工程技术研究中心、湖南省绥宁县农业农村水利局编制。

《水稻种子烘干脱水技术规程》为实现杂交水稻种子安全、快速、无混杂、低破损、低成本的机械化烘干，从谷物烘干机械选择、热源匹配、烘干工艺流程、种子收割、种子转运、种子初清、烘干机清理、进料、烘干温度设置、种温与水分监控、出料、烘干机保养与维护、烘干安全等方面制订。

改造烤烟房和建设烘干房（床）烘干水稻种子的工艺流程与技术参数参照静态卧（箱）式烘干机的有关规定。

《水稻种子烘干脱水技术规程》规定了常规水稻、杂交水稻恢复系和两系不育系种子烘干的技术要求，适用于南方水稻种子的机械化烘干。

4.7.4 太阳能果蔬干燥设施设计规范

《太阳能果蔬干燥设施设计规范》按照 GB/T 1.1—2009 给出的规则起草，由中华人民共和国农业农村部提出；主要起草单位为农业农村部规划设计研究院、张家口泰华机械厂。

《太阳能果蔬干燥设施设计规范》规定了太阳能果蔬干燥设施设计的术语和定义、总则、选址要求、工艺设计、总体设计、集热器设计、干燥室设计、辅助加热装置设计、智能控制器设计、支架设计和设计质量检查，适用于太阳能果蔬干燥设施的设计。

参考文献

[1] 王超，谭鹤群．我国干燥技术的研究进展及展望[J]. 农机化研究，2009（12）：221-224，227.

[2] 吴本刚．胡萝卜催化式红外干法杀青-红外热风顺序联合干燥技术研究[D]. 镇江：江苏大学，2014.

[3] 张孙现．鲍鱼微波真空干燥的品质特性及机理研究[D]. 福州：福建农林大学，2013.

[4] 伊松林，张璧光．太阳能及热泵干燥技术[M]. 北京：化学工业出版社，2011.

[5] 张昌．热泵技术与应用[M]. 2 版．北京：机械工业出版社，2015.

[6] 张艳来，尹凯丹，龙成树，等．热泵技术在我国农产品干燥中的应用及展望[J]. 农机化研究，2014（5）：1-7.

[7] 刘贵珊，何建国，韩小珍，等．热泵干燥技术的应用现状与发展展望[J]，农业科学研究，2006，27（1）：46-49.

[8] 魏娟，李伟钊，李博，等．热泵绿色优品粮食干燥工艺探讨[J]. 粮食储藏，2018，47（3）：53-56.

[9] 于才渊，王宝和，王喜忠．干燥装置设计手册[M]. 北京：化学工业出版社，2005.

[10] 张振涛，杨鲁伟，董艳华，等．热泵除湿干燥技术应用展望[J]. 节能技术，2014（216）：70-73.

[11] 吕金虎，赵春芳，李金成，等．热泵干燥技术在农副产品加工中的应用分析[J]. 农机化研究，2010（1）：212-217.

[12] 陈东，谢继红．热泵技术及其应用[M]. 北京：化学工业出版社，2007.

[13] 魏娟，杨鲁伟，张振涛，等．塔式玉米除湿热泵连续烘干系统的模拟及应用[J]. 中国农业大学学报，2018，23（04）：114-119.

[14] 李伟钊，盛伟，张振涛，等．热管联合多级串联热泵玉米干燥系统性能试验[J]. 农业工程学报，2018，34（04）：278-284.

[15] 张振涛．两级压缩高温热泵干燥木材的研究[D]. 南京：南京林业大学，2008.

[16] 史婉君，张建君，鬲春利．浅析我国制冷剂标准的发展[J]. 制冷与空调，2016，16（3）：83-87.

[17] 吕君．热泵干燥系统性能优化的理论分析及热泵烤烟技术的应用研究[D]. 北京：中国科学院，2012：96-98.

[18] 陈东，谢继红．热泵干燥装置[M]. 北京：化学工业出版社，2006.

[19] 黄志刚，毛志怀．转筒干燥器的现代及发展趋势[J]. 食品科学，2003，24（8）：185-187.

[20] 牛虎，马训强，邢召亮，等．浅谈流化床干燥器布风板的设计[J]. 化工设计，2002，12（6）：5-7，13.

[21] 邢黎明，赵争胜．流化床干燥器的热能利用分析及节能措施[J]. 中国中药杂志，2012，37（13）：2034-2036.

[22] 程长青．顺逆式循环流玉米低温烘干塔的产品介绍及性能分析[J]. 干燥技术与设备，2014，12（6）：37-42.

[23] 缪道平，吴业正．制冷压缩机[M]. 北京：机械工业出版社，2005.

[24] 邱传惠，张秀平，王汝金，等．活塞式制冷压缩机技术现状及发展趋势[J]. 制冷与空调，2014，14（4）：1-5，10.

[25] 闫清泉．涡旋压缩机发展概述和选型对比分析[J]. 农业装备与车辆工程，2015，53（02）：56-59.

[26] 王学军，葛丽玲，谭佳健．我国离心压缩机的发展历程及未来技术发展方向[J]. 风机技术，2015，57（03）：65-77.

[27] 蒋能照．空调用热泵技术及应用[M]. 北京：机械工业出版社，1997.

[28] 蒋翔，李晓欣，朱冬生．几种翅片管换热器的应用研究[J]. 化工进展，2003（22）：183-186.

[29] 张轮亭，邱丽灿，王臣．管壳式换热器强化传热进展[J]. 当代化工，2014，43（11）：2322-2324，2327.

[30] 赵艳．浅谈套管式换热器的设计与维护[J]. 压缩机技术，2018（03）：37-41.

[31] 张绪坤，胡文伟，张进疆，等．国内外热泵干燥技术的现状与展望[J]. 江西科学，2009，27（4）：629-633.

[32] 周鹏飞，张振涛，章学来，等．热泵干燥过程中低温热泵补热的应用分析[J]. 化工学报，2018，69（5）：2032-2039.

[33] 苑亚，杨鲁伟，张振涛，等．新型热泵干燥系统的研究及试验验证[J]. 流体机械，2018，46（1）：62-68.

[34] 刘涛．高温热泵干燥系统在菊花烘干中的应用研究[D]. 南昌：南昌大学，2015.

[35] 肖雄峰，方状东，李长友．我国粮食干燥机械化装备技术发展研讨[J]. 中国农机化学报，2018，35（5）：97-101，110.

[36] 谢大斌．常规蒸汽一除湿联合干燥木材匹配条件的研究[D]. 北京：北京林业大学，2004.
[37] 李新国．中高温热泵及其用压缩式制冷机的研究[D]. 天津：天津大学，1989.
[38] 赵力．高温热泵在我国的应用及研究进展[J]. 制冷学报，2005（2）：8-13.
[39] 卓存真．国际热泵技术发展动态[J]. 制冷学报，1994，15（1）：52-58.
[40] 中国石化集团上海工程有限公司．化工工艺设计手册：上册[M]. 4版．北京：化学工业出版社，2009.
[41] 赵峰．热泵干燥机控制系统优化及干燥实验研究[D]. 天津：天津大学，2014.
[42] 张绪坤．热泵干燥热力学分析及典型物料干燥性能研究[D]. 北京：中国农业大学，2005.
[43] 杨先亮．热泵干燥系统的理论分析与实验研究[D]. 北京：华北电力大学，2006.
[44] 杨先亮，宋蕾娜，靳光亚．热泵干燥系统的热力学分析[J]，农业机研究，2009（4）：200-203.
[45] 马一太，张嘉辉，马远．热泵干燥系统优化的理论分析[J]，太阳能学报，2000，21（2）：208-213.
[46] 高田秋一．热泵技术的最新发展和进步[J]. 陆震，译．制冷技术，1997（3）：18-28.
[47] 陈东．压缩式中高温热泵低环害循环工质的理论和实验研究[D]. 天津：天津大学，1997.
[48] 赵力．中高温地热热泵循环工质及系统智能调控的研究[D]. 天津：天津大学，2001.
[49] Hepbasli A. A key review on exergetic analysis and assessment of renewable energy resources for a sustainable future[J]. Renewable and Sustainable Energy Reviews，2008，12：593-661.
[50] Neslihan C，Hepbasli A. A review of heat pump drying：Part 1- Systems，models and studies[J]. Energy Conversion and Management，2009，50（9）：2180-2186.
[51] Neslihan C，Hepbasli A. A review of heat pump drying Part 2：Applications and performance assessments[J]. Energy Conversion and Management，2009，50（9）：2187-2199.
[52] Chua K J，Chou S K，Ho J C，et al. Heat pump drying：Recent developments and future trends[J]. Drying Technology，2002，20（8）：1579-1610.
[53] Hodgett D L. Efficient drying using heat pumps[J]. Chemical Engineer，1976，311：510-512.
[54] Barneveld N，Bannister P，Carrington C G. Development of the ECNZ electric heat pump dehumidifier drier pilot-plant[J]. Annual Conference of the Institute of Professional Engineers of New Zealand，1996，2（1）：68-71.
[55] Jia X G，Jolly P，Clements S. Heat pump assisted continuous drying part 2：Simulation results[J]. International Journal of Energy Research，1990，14（7）：771-782.
[56] Clements S，Jia X，Jolly P. Experimental verification of a heat pump assisted continuous dryer simulation model[J]. International Journal of Energy Research，1993，17：19-28.
[57] Klocker K，Schmidt E L，Steimle F. A drying heat pump using carbon dioxide as working fluid[J]. Drying Technology，2002，20（8）：1659-1671.
[58] Saensabai P，Prasertsan S. Effects of component arrangement and ambient and drying conditions on the performance of heat pump dryers[J]. Drying Technology，2003，21（1）：103-127.
[59] Lee K H，Kim O J，Kim J. Performance simulation of a two-cycle heat pump dryer for high-temperature drying[J]. Drying Technology，2010，28（5）：683-689.
[60] Chua K J，Chou S K. A modular approach to study the performance of a two-stage heat pump system for drying[J]. Applied Thermal Engineering，2005，25（8-9）：1363-1379.
[61] Paakkonen K. A combined infrared/heat pump drying technology applied to a rotary dryer[J]. Agricultural and Food Science in Finland，2002，11（3）：209-218.
[62] Hawlader M，Jahangeer K A. Solar heat pump drying and water heating in the tropics[J]. Solar Energy，2006，80（5）：492-499.
[63] Fernandez G S，Hermoso P E，Conde G M. Evaluation at industrial scale of electric-driven heat pump dryers [J]. Holz Roh Werkst，2004，62：261-267.
[64] Fatouh M，Metwally M N，Helah A B，et al. Herbs drying using a heat pump dryer[J]. Energy Conversion

and Management, 2006, 47 (15-16) : 2629-2643.
[65] Shi Q L, Xue C H, Zhao Y, et al. Drying characteristics of horse mackerel (Trachurus japonicus) dried in a heat pump dehumidifier[J]. Journal of Food Engineering, 2008, 84: 12-20.
[66] Yang J, Wang L, Xiang F, et al. Experiment research on grain drying process in the heat pump assisted fluidized beds[J]. Journal of University of Science and Technology Beijing, 2004, 11 (4) : 373-377.
[67] Adapa P K, Schoenau G J. Re-circulating heat pump assisted continuous bed drying and energy analysis[J]. International Journal of Energy Research, 2004, 29 (11) : 961-972.
[68] Pal U S, Khan M K, Mohanty S N. Heat pump drying of green sweet pepper[J]. Drying Technology, 2008, 26 (12): 1584-1590.
[69] Oktay Z, Hepbasli A. Performance evaluation of a heat pump assisted mechanical opener dryer[J]. Energy Conversion and Management, 2003, 44: 1193-1207.
[70] Lee K H, Kim O J. Investigation on drying performance and energy savings of the batch-type heat pump dryer[J]. Drying Technology, 2009, 27 (4) : 565-573.
[71] Soylemez M S. Optimum heat pump in drying systems with waste heat recovery[J]. Journal of Food Engineering, 2006, 74: 292-298.
[72] Teeboonma U, Tiansuwan J, Soponronnarit S. Optimization of heat pump fruit dryers[J]. Journal of Food Engineering, 2003, 59: 369-377.
[73] Minea V. Improvements of high-temperature drying heat pumps[J]. International Journal of Refrigeration, 2010, 33: 180-195.
[74] Honjo, et al. Current status of super heat pump energy accumulation systems[J]. Heat Pumps for Energy Efficiency and Environmental Progress, 1993, 553-561.
[75] Mottal R. Heat pump technology and working fluids[J]. XIXth International Congress of Refrigeration, 1995, 4B: 1334-1341.
[76] Akio Miyara, Shigeru Koyama, Tetsu Fujii. Consideration of the performance of a vapor compression heat pump cycle using non-zeotropic refrigerant mixtures[J]. International Journal of Refrigeration, 1992, 15 (1) : 35-40.
[77] Kazuo Nakatani, Mitsuhiro Ikoma, Koji Arita, et al. Development of high-temperature heat pump using alternative mixtures[J]. National Technical Report, 1989, 35 (6) : 12-16.
[78] Leon Liebenberg, Josua P Meyer. Potential of the zeotropic mixtures R22/R142b in high temperature heat pump water heaters with capacity modulation[J]. ASHARE Transaction, 1998, 104 (1) : 418-429.
[79] W Vance Payne, Piotr A Domanski, Jaroslaw Muller. NISTIR (U. S. A) . 1996, 6330.
[80] Sukumar Devotta, V Rao Pendyala. Thermodynamic screening of some HFCs and HFEs for high-temperature heat pumps as alternative to CFC114[J]. International Journal of Refrigeration, 1994, 17: 338-342.
[81] Li T X, Guo K H, Wang R Z. High temperature hot water heat pump with non-azeotropic refrigerant mixture HCFC-22/HCFC-141b[J]. Energy Conversion and Management, 2002, 43 (15) : 2033-2040.
[82] Wang H, Ma L, Li H. Working fluids for moderate and high temperature heat pumps[J]. Proceedings of the 5th IIR-Gustav Lorentzen Conference on Natural Working Fluids, 2002, 393-399.
[83] Lemmon E W, Mclinden M O, Huber M L. Reference fluid thermodynamic and transport properties (Version 4. 1) . NIST (U. S. A) . 2006.
[84] Xie Y Q, Zhang B G, Chang J M, et al. Development and experiment of multi-functional wood dehumidification dryer[J]. Journal of Beijing Forestry University, 2001, 3 (2): 60-64.
[85] Q/HNYC 041—2014 空气源热泵移动式密集烤房
[86] Q/HNYC 042—2014 空气源热泵固定式密集烤房
[87] Q/HNYC 043—2014 燃煤密集烤房空气源热泵改造技术要求

[88] Q/HNYC 044—2014 空气源热泵密集烤房烟叶烘烤技术规程

[89] DG/T 017—2019 谷物烘干机

[90] 吴业正，李红旗，张华．制冷压缩机[M]. 北京：机械工业出版社，2017.

[91] 邢子文．螺杆压缩机[M]. 北京：机械工业出版社，2003.

[92] 王涛．基于流-固耦合的舌簧阀动力学研究及其在超临界 CO_2 压缩机阀片应力分析中的应用[D]. 西安：西安交通大学，2018.

[93] 林梅，孙嗣莹．活塞式压缩机原理[M]. 北京：机械工业出版社，1987.

[94] 邓定国，束鹏程．回转压缩机[M]. 北京：机械工业出版社，1989.

[95] 祁大同．离心式压缩机原理[M]. 北京：机械工业出版社，2017.

[96] 马国远，李红旗．旋转压缩机[M]. 北京：机械工业出版社，2001.

[97] 刘振全．涡旋式流体机械与涡旋压缩机[M]. 北京：机械工业出版社，2009.

[98] 李连生．涡旋压缩机[M]. 北京：机械工业出版社，1998.

[99] 顾兆林，郁永章，冯诗愚．涡旋压缩机及其它涡旋机械[M]. 1998.

[100] 马国远．制冷压缩机及其应用[M]. 北京：中国建筑工业出版社，2008.

[101] 郁永章．容积式压缩机技术手册[M]. 北京：机械工业出版社，2005.

[102] Jurgen S，Horst K. Efficiency of the indicated process of CO_2 compressors[J]. International Journal of Refrigeration，1998，21（3）：194-201.

[103] Fagerli B. On the feasibility of compressing CO_2 as working fluid in hermetic reciprocating compressors[C]. International Refrigeration and Air Conditioning Conference at Purdue，West Lafayette，USA，1998.

[104] Fagerli B，Kruse H，Caesar R，et al. Theoretical analysis of compressing CO_2 in scroll compressors[J]. Science et Technique du Froid，1998: 249-259.

[105] Süβ J，Kruse H. Efficiency of the indicated process of CO_2-compressors[J]. International Journal of Refrigeration，1998，21（3）：194-201.

[106] Neksa P，Rekstad H，Zakeri G，et al. Commercial heat pumps for water heating and heat recovery[C]. CO_2 Technology in Refrigeration，Heat Pump and Air Conditioning Systems，Mainz，Germany，1999.

[107] Suzai T，Sato A，Tadano M，et al. Development of a carbon dioxide compressor for refrigerators and air conditioners[C]. Conference of the Japan Society of Refrigerating and Air Conditioning Engineers，Tokyo，1999：323-330.

[108] Masaya T，Toshiyuki E，Atsushi O，et al. Development of the CO_2 hermetic compressor[J]. Scienceet Technique du Froid，2001：335-342.

[109] Fukuta M，Radermacher R，Lindsay D，et al. Performance of vane compressor for CO_2 cycle[J]. Science et Technique du Froid，2001：350-357.

[110] Hasegawa H，Ikoma M，Nishiwaki F，et al. Experimental and theoretical study of hermetic CO_2 scroll compressor[J]. Science et Technique du Froid，2001：358-364.

[111] Baumann H，Conzett M. Small oil free piston type compressor for CO_2[C]. International Compressor Engineering Conference at Purdue，West Lafayette，USA，2002.

[112] Parsch W，Rinne F. Status of compressor development for R744 systems[C]. VDA Alternative Refrigerant Winter Meeting，Saalfelden，Austria，2002.

[113] Sasaki M，Koyatsu M，Yoshikawa C，et al. The effectiveness of a refrigeration system using CO_2 as a working fluid in the trans-critical region[J]. ASHRAE Transactions，2002，108：413.

[114] Süβ J. Kompressoren und expansion sorgane f ü r da. ltemittel CO_2[C]. Seminar Stand und An Wendung Nat ü r Licher K. ltemittel，Mainz，Germany，2002.

[115] Yang B，Bradshaw C R，Groll E A. Modeling of a semi-hermetic CO_2 reciprocating compressor including lubrication sub models for piston rings and bearings[J]. International Journal of Refrigeration，2013，36

(7): 1925-1937.

[116] Kus B, Neks. P. Novel partial admission radial compressor for CO_2 applications[J]. International Journal of Refrigeration, 2013, 36 (8): 2065-2078.

[117] 李宪光．工业制冷集成新技术与应用 [M]. 北京：机械工业出版社，2017.

[118] 周邦宁．空调用螺杆式制冷机[M]. 北京：中国建筑工业出版社，2002.

[119] 吴迪，胡斌，王如竹，等．我国空气源热泵供热现状、技术及政策[J]. 制冷技术，2017(5): 1-7.

[120] 陈文俊，闫志恒，卢志敏．空气源热泵系统低温制热量改善途径实验分析[J]. 制冷学报，2009, 30(2): 49-54.

[121] 陈兴虎．经济器型变频补气增焓技术在小型多联机上的应用研究[A]. 中国制冷学会小型制冷机低温生物医学委员会，家电产业技术创新战略联盟，2014.

[122] 贾庆磊，冯利伟，晏刚．带中间补气的滚动转子式压缩系统制热性能的实验研究[J]. 制冷学报，2015(2): 65-70.

[123] 庞卫科，吕连宏，罗宏．适用于我国农村地区的低温空气源热泵采暖技术[J]. 环境工程技术学报，2017, 7(3): 382-387.

[124] 何永宁，杨东方，曹锋，等．补气技术应用于高温热泵的实验研究[J]. 西安交通大学学报，2015, 49(6): 103-108.

[125] 赵会霞．涡旋压缩机闪发器热泵系统的理论分析与实验研究[D]. 北京：北京工业大学，2005.

[126] 马国远，彦启森．涡旋压缩机经济器系统的性能分析[J]. 制冷学报，2003, 24(3): 20-24.

[127] Xu X, Hwang Y, Radermacher R. Refrigerant injection for heat pumping/air conditioning systems: Literature review and challenges discussions[J]. International Journal of Refrigeration, 2011, 34(2): 402-415.

[128] Wang B, Shi W, Han L, et al. Optimization of refrigeration system with gas-injected scroll compressor[J]. International Journal of Refrigeration, 2009, 32(7): 1544-1554.

[129] Wang B, Li X, Shi W, et al. Design of experimental bench and internal pressure measurement of scroll compressor with refrigerant injection[J]. International Journal of Refrigeration, 2007, 30(1): 179-186.

[130] Park Y C, Kim Y, Cho H. Thermodynamic analysis on the performance of a variable speed scroll compressor with refrigerant injection[J]. International Journal of Refrigeration, 2002, 25(8): 1072-1082.

[131] Kim D, Chung H, Jeon Y, et al. Optimization of the injection-port geometries of a vapor injection scroll compressor based on SCOP under various climatic conditions[J]. Energy, 2017, 135.

[132] Jung J, Jeon Y, Lee H, et al. Numerical study of the effects of injection-port design on the heating performance of an R134a heat pump with vapor injection used in electric vehicles[J]. Applied Thermal Engineering, 2017, 127.

[133] Cho I Y, Ko S B, Kim Y. Optimization of injection holes in symmetric and asymmetric scroll compressors with vapor injection[J]. International Journal of Refrigeration, 2012, 35(4): 850-860.

[134] Tello-Oquendo F M, Navarro-Peris E, Gonz á lvez-Maci á J. New characterization methodology for vapor-injection scroll compressors[J]. International Journal of Refrigeration, 2017, 74: 526-537.

[135] Navarro E, Red ó n A, Gonz á lvez-Macia J, et al. Characterization of a vapor injection scroll compressor as a function of low, intermediate and high pressures and temperature conditions[J]. International Journal of Refrigeration, 2013, 36(7): 1821-1829.

[136] Dardenne L, Fraccari E, Maggioni A, et al. Semi-empirical modelling of a variable speed scroll compressor with vapour injection[J]. International Journal of Refrigeration, 2015, 54: 76-87.

[137] Yan G, Jia Q, Bai T. Experimental investigation on vapor injection heat pump with a newly designed twin rotary variable speed compressor for cold regions[J]. International Journal of Refrigeration, 2016, 62: 232-241.

[138] Liu X, Wang B, Shi W, et al. A novel vapor injection structure on the blade of a rotary compressor[J].

Applied Thermal Engineering, 2016, 100: 1219-1228.

[139] Wang B, Liu X, Shi W, et al. An enhanced rotary compressor with gas injection through a novel end-plate injection structure[J]. Applied Thermal Engineering, 2018, 131.

[140] Jiang S, Wang S, Jin X, et al. The role of optimum intermediate pressure in the design of two-stage vapor compression systems: A further investigation[J]. International Journal of Refrigeration, 2016, 70: 57-70.

[141] Tello-Oquendo F M T, Peris E N, Macia J G, et al. Performance of a scroll compressor with vapor-injection and two-stage reciprocating compressor operating under extreme conditions[J]. International Journal of Refrigeration, 2016, 63: 144-156.

[142] Pitarch M, Navarro-Peris E, Gonzalvez J, et al. Analysis and optimisation of different two-stage transcritical carbon dioxide cycles for heating applications[J]. International Journal of Refrigeration, 2016, 70: 235-242.

[143] Baek C, Heo J, Jung J, et al. Effects of the cylinder volume ratio of a twin rotary compressor on the heating performance of a vapor injection CO_2, cycle[J]. Applied Thermal Engineering, 2014, 67 (1-2): 89-96.

第5章

机械蒸汽再压缩（MVR）热泵干燥技术

5.1 MVR热泵干燥技术

5.1.1 MVR热泵干燥技术的原理

机械蒸汽再压缩技术（Mechanical Vapor Recompression，MVR）是一种系统利用机械压缩的方法将蒸发器或干燥器等脱湿设施内产生的蒸汽压缩，使其压力和温度都上升，从而提高蒸汽的品位，再返回脱湿设施，以提高其热能利用率的高效节能技术；充分利用脱湿过程形成的二次蒸汽的冷凝潜热，大大减少了脱湿过程中的新鲜蒸汽用量和冷却水用量，具有高效、节能、低消耗的特点；可广泛应用于废水处理、海水淡化、制碱、发酵、食品加工、医药化工等领域。由于充分利用了压缩后高品位蒸汽的冷凝潜热，因此MVR热泵脱湿系统的COP可达25～30。

MVR热泵蒸发、浓缩、干燥等脱湿系统的原理如图5-1所示。湿物料进入脱湿设施被加热，湿物料中的部分水分汽化变成二次蒸汽，脱水后的低湿物料从脱湿设施中排出；蒸发产生的二次蒸汽经压缩机升温升压后，返回脱湿设施，与湿物料进行热交换；蒸汽冷凝后的冷凝水从蒸发器或干燥器中排出，避免直接排放造成的能源浪费，相比传统脱湿操作方法更为节能。系统运行稳定后只有压缩机耗电，不需要外界再供给新鲜蒸汽，而且压缩机耗能比锅炉耗能少得多，因此MVR热泵脱湿系统具有明显的节能效果。此外，该系统还具有占地面积小、操作温度低、不易结垢等特点。

5.1.2 MVR热泵干燥系统的热力学分析

MVR热泵系统的热力学状态变化如图5-2所示。进料中的水（状态点1）预热到蒸发温度（状态点2），在干燥器内吸热汽化，产生二次蒸汽（状态点3）。二次蒸汽经多变压缩后变为高温高压蒸汽（状态点4′），而经理论等熵压缩后蒸汽变为过滤蒸汽（状态点

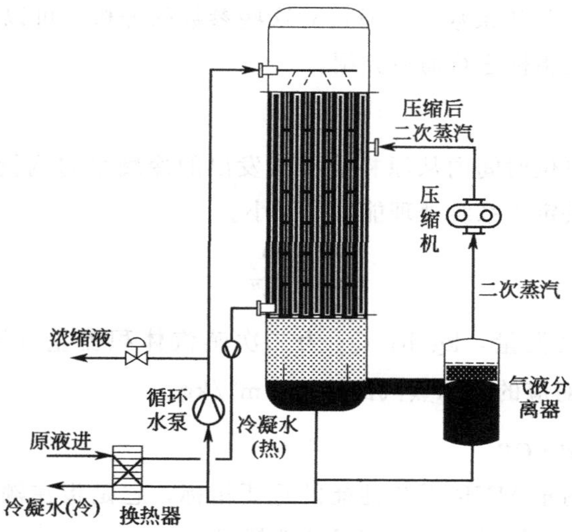

图 5-1 MVR 热泵系统的原理图

为 4)。为强化干燥器中的传热传质，需要消除过热度，使过热蒸汽变为饱和蒸汽（状态点 5)。在蒸发器内饱和蒸汽沿直线 5—6 等温冷凝放热后，变为该压力下的冷凝水（状态点 6）或微过冷水（状态点 6′)。蒸发温度（直线 2—3）和蒸汽冷凝温度（直线 5—6）的差值称为压缩机的饱和温升，是设计 MVR 热泵过程的核心参数，直接影响系统的性能和能耗。

由于 MVR 能够充分利用二次蒸汽潜热，高效节能，因此近几年越来越多的人开始探索该技术在干燥领域的应用，并且提出了一些应用方案。MVR 热泵干燥器的原理如图 5-3 所示。湿物料经预热器加热后，进入干燥器加热，产生含有大量潜热的二次蒸汽。干燥所需要的热量基本上由蒸发出来的二次蒸汽经压缩机增焓压缩后的高温蒸汽提供，使高效的热回收成为可能。MVR 热泵技术节能的核心是将二次蒸汽的热焓通过提升其温度作为热源替代新鲜蒸汽，并外加一部分压缩机做功从而实现循环干燥。

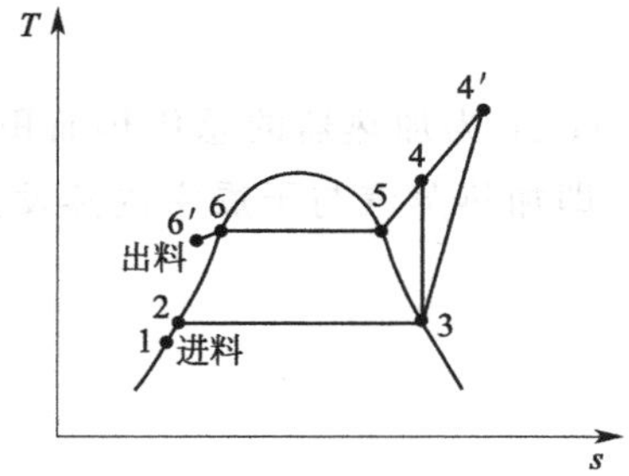

图 5-2 MVR 热泵系统的热力学状态变化

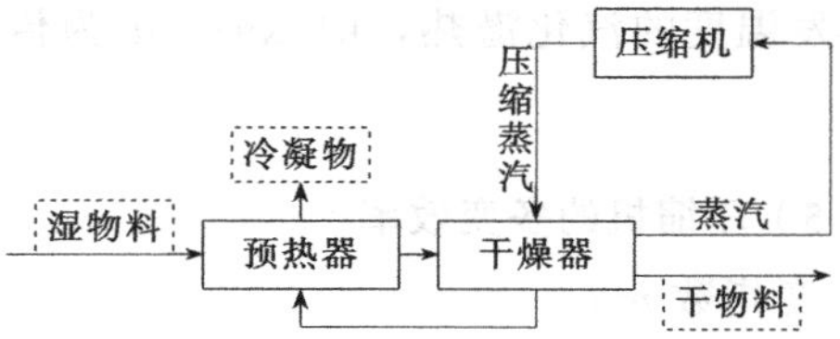

图 5-3 MVR 热泵干燥器的原理

5.1.3 MVR 热泵干燥系统的性能评价指标

MVR 热泵系统中，评价系统性能好坏的指标包括蒸发量、制热性能系数 COP、单位能耗蒸发量 SMER、传热系数等，通过对这些参数的分析，可以了解热泵系统性能的好坏。下面对这些性能指标进行简单介绍。

（1） 系统蒸发量

系统蒸发量是指单位时间内从原料液中蒸发出的冷凝水的流量，是 MVR 系统较为关键的一个参数，它决定了系统处理能力的大小。

$$Q=\frac{Q_v}{v''} \tag{5-1}$$

式中，Q 为系统蒸发量，kg/h；Q_v 为二次蒸汽体积流量（即压缩机吸气流量），m^3/h；v''为吸气温度对应的饱和蒸汽比体积，m^3/kg。

（2）制热性能系数 COP

制热性能系数是衡量 MVR 系统性能的重要指标，它是指在额定的工况下，获得的热量与消耗功率之比，系数越大，系统经济性越好。

$$COP=\frac{Qr''}{3600P} \tag{5-2}$$

式中，r''为加热器壳程加热蒸汽的冷凝潜热，kJ/kg；P 为系统总功耗，kW。

（3）单位能耗蒸发量 SMER

消耗单位能量从物料中去除的水分的质量称为单位能耗蒸发量，其计算公式如式(5-3)。

$$SMER=\frac{Q}{P} \tag{5-3}$$

（4）系统加热器的总传热系数

传热系数是度量传热过程强烈程度的标尺，它在数值上等于冷热流体之间温差为1℃、传热面积为 $1m^2$ 时热流量的值。加热器的传热系数越大，传热效果越好，在传递相同热量的情况下所需加热器的加热面积越小，系统初投资也越低。

$$K=\frac{Qr}{3600A\Delta t} \tag{5-4}$$

式中，K 为加热器的总传热系数，W/(m^2·℃)；A 为加热器的总传热面积，m^2；r 为蒸发温度的汽化潜热，kJ/kg；Δt 为传热温差（即加热蒸汽与干燥室内蒸发温度之差)，℃。

（5）压缩机的多变效率

多变指数 m：

$$m=\frac{1}{1-\dfrac{\lg(T_2/T_1)}{\lg(p_2/p_1)}} \tag{5-5}$$

式中，T_1 为压缩机的吸气温度，℃；T_2 为压缩机的排气温度，℃；p_1 为压缩机的吸气压力，MPa；p_2 为压缩机的排气压力，MPa。

多变效率 η：

$$\eta = \frac{m(k-1)}{k(m-1)} \tag{5-6}$$

式中，k 是气体绝热指数，饱和水蒸气为 1.14。

5.2 MVR 热泵干燥系统的构成

5.2.1 MVR 热泵干燥系统的工艺

由图 5-1 和图 5-3 可知，MVR 脱湿系统的主要设备包括预热器、蒸汽压缩机、气液分离器和干燥器等。①进入预热器的待干物料一般为常温，并经预热器预热；预热至一定温度后，继续加热发生汽化，逐渐进行脱湿干燥。②蒸汽压缩机的转速通常为 980～1450r/min，为了提高系统内的二次蒸汽热焓，由它压缩二次蒸汽，持续向系统提供蒸汽。压缩机有离心式压缩机、罗茨式压缩机以及螺杆压缩机三种，离心式压缩机属于叶片式风机，适合蒸发量较大但物料沸点升高不大的情况；罗茨式压缩机属于容积式风机，适用于蒸发量较小但沸点升高较大的情况；螺杆压缩机属于回转式压缩机，适用于蒸发量小沸点升高较大的场合。③气液分离器主要用于将干燥室出来的二次蒸汽，夹带的液体和微固体等进行分离，以防止对压缩机造成严重损坏。④经换热后的湿物料通过进料装置输送至干燥器内，在保证高效传热和合理的干燥设备投资费用的同时，需要选择较低的加热温差，以便减少蒸汽压缩机的投资费用以及运行能耗，使得系统更加高效节能。此外，干燥器的形式需要根据湿物料的特性进行相应选择。

5.2.2 MVR 热泵干燥系统用压缩机

压缩机是用来压缩气体，从而提高气体压力的机械。压缩机是 MVR 系统的核心，常用的 MVR 压缩机有罗茨式压缩机、离心式压缩机和螺杆式压缩机。罗茨式压缩机和螺杆式压缩机可用于小流量的系统。离心式压缩机一般用于流量较大、压缩比低的系统。对不同压缩机，具体介绍如下。

（1）螺杆式压缩机

螺杆式压缩机分为单螺杆式压缩机及双螺杆式压缩机。双螺杆式压缩机简称螺杆压缩机，由两个转子组成，而单螺杆式压缩机由一个转子和两个星轮组成。

螺杆式压缩机的优点：

① 可靠性高。螺杆压缩机的零部件少，没有易损件，因而它运转可靠、寿命长，大修间隔期可达 40000～80000h。

② 操作维护方便。螺杆压缩机的自动化程度高，操作人员不必经过长时间的专业培训，可实现无人值守运转。

③ 动力平衡好。螺杆压缩机没有不平衡惯性力，机器可平稳地高速工作，可实现无基础运转，特别适合作移动式压缩机；体积小、重量轻、占地面积少。

④ 适应性强。螺杆压缩机具有强制输气的特点，容积流量几乎不受排气压力的影响，在宽阔的范围内能保持较高的效率；在压缩机结构不作任何改变的情况下，适用于多种工况。

双螺杆压缩机由一对具有齿槽和凸齿的阴、阳螺杆转子以及机壳组成。进气、排气口在机壳两端呈对角线布置。机器运行时，气体从进气口吸入两个螺杆与机壳之间的空间，然后随着转子旋转形成V形的密封压缩腔，压缩后的气体由排气口排出。

双螺杆式压缩机包括干式和湿式两种。干式在工作腔内只有压缩气体，没有润滑油，机壳一般采用冷却水套，两螺杆由设在轴端的同步齿轮传动。湿式工作腔内需要喷入润滑油或被压缩介质的液体，或者喷入纯净水进行冷却。若喷入润滑油，则两螺杆可以依靠自身的啮合副传动；当喷入不具有润滑性能的液体时，仍需要应用同步齿轮。干式螺杆压缩机适用于压缩不允许有污染的压缩气体；湿式主要用于一般动力用空气压缩机与制冷压缩机。

螺杆压缩机的缺点：气体周期性高速通过进、排气孔以及通过缝隙泄漏等原因，使其运行过程中噪声大；转子的空间曲面加工精度要求较高。

单螺杆压缩机属于回转式压缩机，可以实现湿压缩，这为实现蒸汽的湿压缩提供了可能，且其具有一系列优点，可以应用于MVR系统的水蒸气压缩。单螺杆压缩机具有一个螺杆，它的螺槽同时与几个星轮啮合。螺杆和星轮按照其外形，均可分为圆柱或圆锥型（C型）和平面型（P型）。由此构成了四种单螺杆压缩机，其中，最为常用的是CP型，基本结构如图5-4所示。CP型单螺杆压缩机由机壳、一个螺杆和两个对称分布于转子两边的平面星轮组成，星轮和转子的啮合副为球面蜗杆副。标准型的单螺杆压缩机螺杆螺槽为6，星轮齿数为11，互为质数。星轮将螺杆分割成上下两个空间，与机壳组成压缩腔。一般机壳上还开有喷液孔，喷入液体对压缩机进行冷却、密封和润滑。

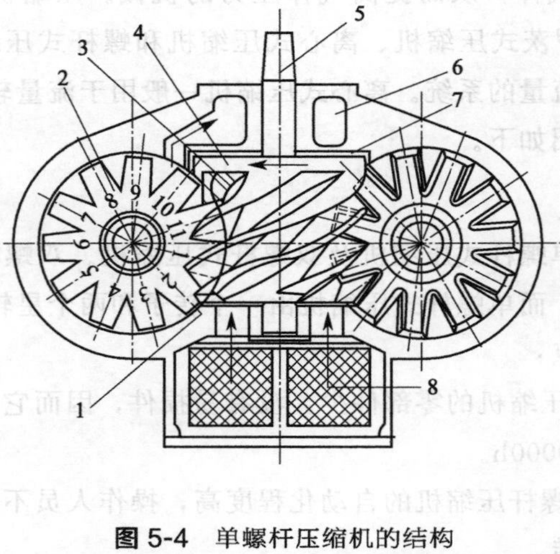

图5-4 单螺杆压缩机的结构

1—机壳；2—星轮；3—排气口；4—螺杆；5—主轴；6—排气腔；7—气缸；8—进气口

经过多年的发展，单螺杆压缩机在 1～60 m^3/min 流量和小于等于 2 MPa 压力范围内得到了广泛的应用，其与双螺杆压缩机等其他类型压缩机相比具有单机容量大、效率高、长寿命等优点，如表 5-1 所示。

⊡ 表 5-1　单螺杆与双螺杆压缩机的比较（摘自美国芝加哥风动工具公司资料）

比较项目	单螺杆压缩机	双螺杆压缩机
力平衡性	作用力完全平衡，轴承各部件寿命长，机器寿命长	作用力不平衡，轴承与啮合副的寿命受到影响
噪声水平	运行较安静	比单螺杆高 10～15dB(A)
维修性	可现场维护	需要熟练工人或制造厂维修
运行温度	运行温度较低，油温较低，零件寿命长	比单螺杆压缩机高 16℃
传动方式	直接传动，无齿轮的维修及故障	需要排除齿轮故障，存在两轮传动功率损失
摩擦情况	摩擦力小，效率高，运行费用低	运行效率较高，运行费用较高

（2）离心式压缩机

图 5-5 为离心式蒸汽压缩机的外形结构。离心压缩机主要由叶轮（位于蜗壳内）、蜗壳、齿轮箱、驱动电动机、油箱、控制系统（图 5-5 中未给出）等部件组成。在压缩机启动工作时，电动机首先将轴功传递给变速箱内的低速轴，低速轴通过齿轮联动高速轴和叶轮高速转动，对气体入口吸入的水蒸气做功，提高其温度和压力后由气体出口排出。

由于离心压缩机的工作介质是高温水蒸气，因此对于叶轮、蜗壳等直接与水蒸气接触的零部件材质的选择和防锈、防腐问题需要着重考虑。根据目前的科研成果来看，一是可以通过特殊的抗腐蚀、抗氧化工艺加工关键零部位，二是可以在普通材料的表面进行特殊化处理来解决这个问题。离心式蒸汽压缩机的典型特点如下：气量大，适用于处理量较大的场合；转子转速较高，供气均匀；采用蒸汽密封，消除了气体带油的缺点。

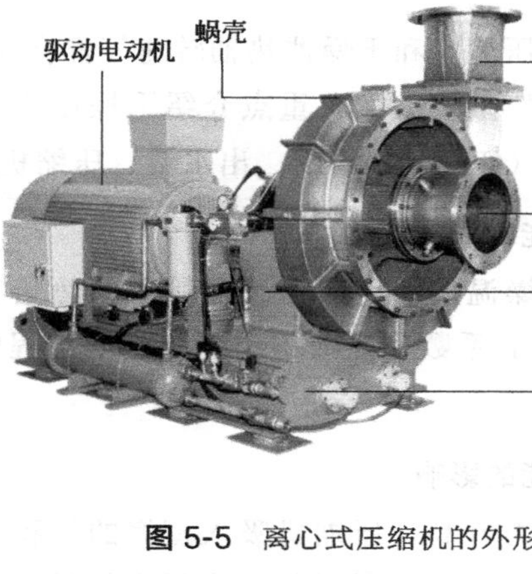

图 5-5　离心式压缩机的外形结构

（3）罗茨式压缩机

罗茨式压缩机具有双转子，两个转子的轴线相互平行。转子由叶轮与轴组合而成。转子之间、转子与壳体之间有微小的间隙，避免相互之间的摩擦。原动机通过一对同步齿轮驱动两个转子作方向相反的旋转运动。转子的凹槽与机壳形成工作腔，气体自机壳一侧吸入，由另一侧排出，如图 5-6 所示。罗茨式压缩机属于容积式，在一定转速下，流量一定，受压力的影响较小。由于罗茨式压缩机不存在气阀，因此对液滴、粉尘颗粒不敏感。其工作时无润滑油，不会对蒸汽造成污染。与离心式压缩机相比，其饱和温升相对较高。

图 5-6　罗茨式压缩机及其内部结构

罗茨式蒸汽压缩机的优点：结构简单、操作方便、维修周期长。缺点：无内压缩功，理论上比那些有内压缩功的压缩机耗功多；由于间隙的存在，运行过程中存在高压侧向低压侧泄漏的现象，随着压力或者压缩比的增大而增大，因而也限制了罗茨式压缩机向高压缩比方向的发展。

目前，国内 MVR 离心式蒸汽压缩机的典型厂家有陕西鼓风机厂、沈阳鼓风机厂、金通灵、重庆江增等；国内 MVR 罗茨式蒸汽压缩机的典型厂家有章丘鼓风机厂、长沙鼓风机厂、宜兴富曦机械厂、江苏乐科节能等。

5.2.3　MVR 热泵干燥系统的性能影响因素

干燥温差、干燥压力、压缩机压缩比和干燥器热轴转速等都会对干燥性能产生影响。本文以一套离心压缩机驱动的 MVR 系统为例，重点介绍干燥压力、压缩比和干燥器热轴转速对 MVR 热泵干燥系统性能（COP、SMER、出水量、压缩机功率）的影响。

（1）干燥温差对 MVR 热泵性能的影响

在 MVR 热泵干燥过程中，干燥温度一定时，干燥所需的热量基本不变；加热温差增大会造成压缩机的功率增大，COP 系数逐渐减小。因此干燥过程中，可以适当减小干燥温差来增强 MVR 热泵的性能。

（2）干燥压力对 MVR 热泵性能的影响

压缩机压缩比一定时，蒸发压力升高，压缩机吸入蒸汽的体积流量不变；由于蒸汽的密度增加，单位时间内压缩的蒸汽质量流量增加，冷凝换热量增加，同时维持系统运行的动功耗也增大。当其增加幅度大于电功耗的增加幅度时，系统的 COP 和 SMER 增大；当其增加幅度小于电功耗的增加幅度时，系统的 COP 和 SMER 减小。

（3）压缩比对 MVR 热泵性能的影响

干燥压力一定时，压缩机的压缩比越大，压缩机排气的压力越大，对应的饱和蒸汽温度升高，传热温差增大，蒸汽冷凝换热量也随之增加，压缩机耗电功率增加。存在最优压缩比，当压缩比小于最优压缩比时，随着压缩比的增加，换热量的增加幅度大于电功耗的增加幅度，COP 和 SMER 呈增大趋势；当压缩比大于最优压缩比时，随着压缩比的增加，换热量的增加幅度小于电功耗的增加幅度，COP 和 SMER 呈减小趋势。为保证干燥系统的能效，压缩机的压比不宜超过最优压缩比。

5.3 MVR 热泵系统的性能和经济性分析

张华博对常规的干燥工艺和 MVR 干燥工艺进行了经济性分析，分别对比分析了常规干燥工艺和干燥温度为 85℃的 MVR 干燥工艺。如图 5-7 所示，湿物料从盘式干燥器顶部加入，通过加热盘加热，产生含有少量粉尘颗粒、不凝气等杂质的废热蒸汽。废热蒸汽经过洗涤、压缩、除过热后通入干燥器上层加热盘，加热物料。需要补充部分新鲜蒸汽，从下层盘通入。

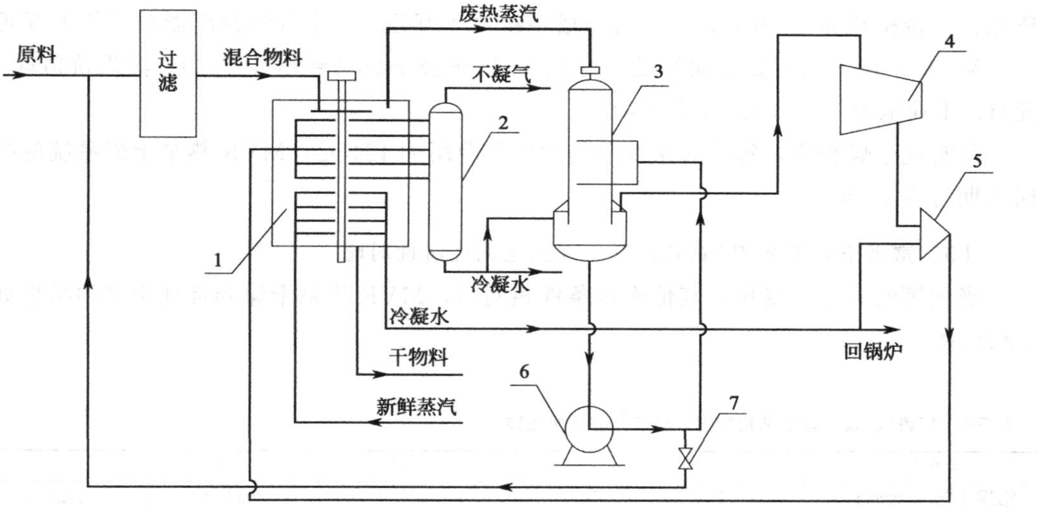

图 5-7 MVR 热泵干燥的流程

1—盘式干燥器；2—气液分离器；3—洗涤塔；4—压缩机；

5—除过热器；6—循环泵；7—洗涤水排放阀门

两种工艺采用相同的进料、出料、新鲜蒸汽，具体工况如下。以含水率 ω_1 为 50%（不包括结晶水则为 36%）的饲钙（$CaHPO_4 \cdot 2H_2O$）物料为例进行分析，质量流量 q_{m1} 为 2100kg/h，加料温度 t_1 为 20℃，干燥后的含水率 ω_2 为 25%（不包括结晶水则为 4%），质量流量 q_{m2} 为 1400kg/h。饲钙的比热容 C_s=0.72kJ/(kg·℃)。新鲜蒸汽的压力为 0.3MPa，冷凝温度为 133.6℃，冷凝潜热为 2163.7kJ/kg。

（1）常规干燥工艺的计算

常规工艺的排料温度为 80℃，干燥所需的热量为 1.93×10^6kJ/h，理论蒸汽消耗量为 892kJ/h。取传热系数 K=0.11kW/(m^2·℃)；算数平均温差 Δt_c=79.9℃；干燥器

面积 $A_c = 60.9\text{m}^2$，选用一台干燥面积为 80m^2 的盘式连续干燥器，价格约为 80 万元，每台电动机的功率约为 11kW。

（2）MVR 干燥工艺的计算

MVR 干燥工艺中，盘式干燥器排气的粉尘浓度取 1g/m^3，废水排放浓度取 10g/kg。压缩蒸汽压力为 0.1156MPa，冷凝温度为 103.6℃。干燥温度为 85℃。洗涤塔高两米，喷水速度 20m/s。压缩机的总效率取 0.7，泵的效率取 0.75。

通入洗涤塔的冷凝水为 204.7kg/h，压缩蒸汽放热为 $1.68\times10^6\text{kg/h}$，质量流量为 749kg/h；生蒸汽放热为 $2.58\times10^5\text{kg/h}$，质量流量为 119kg/h。压缩机的总功率为 45.8kW，泵的功率为 1.3kW。

压缩蒸汽加热阶段，算术平均温差 $\Delta t_{m1} = 44.39℃$，干燥器面积 $A_{m1} = 89.7\text{m}^2$；生蒸汽加热阶段，算数平均温差 $\Delta t_{m2} = 48.6℃$，干燥器面积 $A_{m2} = 13.4\text{m}^2$。总加热面积 $A_m = A_{m1} + A_{m2} = 103.1\ (\text{m}^2)$，选用一台干燥面积为 132m^2 的盘式连续干燥器，价格约为 140 万元，每台电动机的功率约为 15kW；选用一台流量为 750kg/h 的 MVR 罗茨式压缩机，价格约为 18 万元；一个洗涤塔系统约 4 万元；一个气液分离器系统约 1 万元。

MVR 干燥工艺主要增加的投资为 140－80＋18＋4＋1＝83（万元）。蒸汽价格取 200 元/t，工业电价为 0.6 元/(kW·h)。

与常规干燥相比，每小时主要节约的操作费用为 124 元，MVR 热泵干燥系统的投资回收期为 0.93 年。

（3）常规干燥工艺和 MVR 热泵干燥工艺的经济性对比

当饲钙的含水率变化，其他干燥条件相同时，MVR 热泵干燥和常规干燥的结果如表 5-2 所示。

表 5-2　MVR 热泵干燥工艺和常规干燥工艺的结果比较

含水率	0.4	0.45	0.5	0.55	0.6
常规工艺/(kg/h)	641.5	765.7	890.0	1014.2	1138.4
MVR 工艺/(kg/h)	103.0	111.3	119.2	124.1	134.9
节约蒸汽/%	83.9	85.5	86.6	87.5	88.2
节约运行成本/(元/t)	41	50	59	69	78

在表 5-2 中，随着物料含水率增加，常规干燥工艺与 MVR 热泵干燥工艺的蒸汽消耗量均增加；与常规干燥工艺相比，MVR 热泵干燥工艺节约蒸汽的效率随着物料含水率的增加而增加，说明物料含水率越高，MVR 热泵干燥工艺节约的蒸汽越多，但含水率大，同时压缩机的耗功也会增加；加料量相同，设备投入基本相同，通过计算节约运行成本变化的情况，表明物料的含水率越高，MVR 热泵干燥工艺的经济性越好。

参考文献

[1] Martin Fehlau, Specht E. Optimization of Vapor Compression for Cost Savings in Drying Processes[J].

Chemical Engineering & Technology, 2000, 23 (10) :901-908.
[2] Toshiyuki Hino. Possibility of VRC Dehydration for Energy Production from Wet Biomass[J]. Journal of the Japan Institute of Energy,2005,84 (4) :353-358.
[3] 杨鲁伟,等．一种固体物料干燥方法及系统:CN102080922A[P]. 2009-11-30.
[4] Yasuki Kansha, Naoki Tsuru, Kazuyoshi Sato, et al. Self-heat recuperation technology for energy saving in chemical processes[J]. Industrial & Engineering Chemistry Research,2009,48 (16) :7682-7686.
[5] 戴群特,杨鲁伟,张振涛,等．蒸汽再压缩热泵系统用于固体干燥节能分析[J]. 节能技术, 2011,29 (4) :353-356.
[6] Muhammad Aziz, Chihiro Fushimi, Yasuki Kansha. Innovative Energy-Efficient Biomass Drying Based on Self-Heat Recuperation Technology[J]. Chemical Engineering & Technology,2011,34 (34) :1095-1103.
[7] Chihiro Fushimi, Yasuki Kansha, Muhammad Aziz. Novel Drying Process Based on Self-Heat Recuperation Technology[J]. Drying Technology,2011,29 (1) :105-110.
[8] Muhammad Aziza, Yasuki Kanshab, Atsushi Tsutsumib. Self-heat recuperative fluidized bed drying of brown coal[J]. Chemical Engineering & Processing,2011,50 (9) :944-951.
[9] 杨鲁伟,等．机械蒸汽再压缩热泵 MVR 污泥干化系统:CN103708697A[P]. 2012-09-28.
[10] Muhammad Aziz, Takuya Oda, Takao Kashiwagi. Energy-Efficient Low Rank Coal Drying Based on Enhanced Vapor Recompression Technology[J]. Drying Technology,2014,32 (13) :1621-1631.
[11] 周雷,韩东,何纬峰,等．基于蒸汽再压缩技术的低温干燥系统设计与节能分析[J]. 节能技术, 2014, 32 (1) : 60-64.
[12] Chihiro Fushimi, Keisuke Fukui. Simplification and Energy Saving of Drying Process Based on Self-Heat Recuperation Technology[J]. Drying Technology, 2014, 32 (6) :667-678.
[13] 夏磊,程榕,郑燕萍．MVR 技术用于空心桨叶干燥机干燥污泥恒速段实验研究[J]. 化工时刊, 2015, 29 (3) : 14-17.
[14] 郑玲玲,程榕,郑燕萍,等．MVR 空心桨叶干燥污泥的特性及动力学[J]. 化工进展, 2016, 35 (S1) :53-57.
[15] Liu Yuping, Hiroaki Ohara. Energy-efficient fluidized bed drying of low-rank coal[J]. Fuel Processing Technology, 2017, 155:200-208.
[16] Tadeusz Kudra, Arun S Mujumdar. Advanced Drying Technologies. 2nd ed. CRC Press:Boca Raton. FL. 2009.
[17] Arun S Mujumdar. Handbook of Industrial Drying. 4th ed. CRC Press:Boca Raton. FL. 2015.
[18] 潘永康,王喜忠,刘相东．现代干燥技术[M]. 北京:化学工业出版社, 2007.
[19] Mujumdar A S. Industrial drying: Innovation, situation and developing needs[J]. Drying technology and equipment, 2007, 4 (2) :60-69.
[20] Mujumdar A S. Drying technologies in the future[J]. Drying technology, 1999, 9 (2) :325-347.
[21] 潘永康．中国现代干燥技术发展概况[J]. 通用机械, 2005 (8): 42-43.
[22] Ziz M, Fushimi C, Kansha Y, et al. Innovative Energy-efficient Biomass Drying Based on Self-heat Recuperation Technology[J]. Chemical Engineering & Technology, 2011, 34 (7) :1095-1103.
[23] 刘广文．我国干燥设备的技术现状和未来趋势[C]. 第十届全国干燥会议论文集,2005.
[24] 伍沅．干燥技术的进展和应用[J]. 化学工程, 1995 (3): 47-56.
[25] 刘登瀛,曹崇文．探索我国干燥技术的新型发展道路[C]. 第十届全国干燥大会论文集,2005.
[26] 崔荣国,刘树臣,等．我国能源消费现状与趋势[J]. 国土资源报, 2008 (5) :49-53.
[27] 张璧光,常建民．21 世纪我国木材干燥技术发展趋势的探讨[J]. 林业科技开发,2000,14 (1) :46.
[28] 史美锋．医药工业干燥技术发展历程[J]. 通用机械,2005 (8): 34-37.
[29] 曹恒武．干燥技术及其工业应用[M]. 北京: 中国石化出版社,2004.
[30] R Tugrul Ogulata. Utilization of waste-heat recovery in textile drying[J]. Applied Energy, 2004 (79) : 41-49.
[31] Djaeni M, Bartels P, Sanders J, et al. Multistage Zeolite Drying for Energy-efficient Drying [J]. Drying

Technology，2007（25）:1063-1077.

[32] 李红，伍联营，等．多效干燥过程的排产调度优化[J]. 化工学报，2012（7）：2136-2142.

[33] Hugget A，Sébastian P，Nadeau J P. Global Optimization of a Dryer By Using Neural Networks and Genetic Algorithms [J]. Aiche Journal，1999（45）:1227-1238.

[34] 戴晋，陈和立，刘曦，等．热泵自然干燥[J]. 化学工程与装备，2011（7）：157-160.

[35] 陈东，谢继红．热泵干燥装置[M]. 北京：化学工业出版社，2006.

[36] 刘福昶，等．蒸发节能技术——机械蒸汽再压缩蒸发[J]. 节能，1985（5）：30-33.

[37] 黄成．机械压缩式热泵制盐工艺简述[J]. 盐业与化工，2010（4）：42-44.

[38] 庞卫科，林文野，戴群特，等．机械蒸汽再压缩热泵技术研究进展[J]. 节能技术，2012（4）：312-315.

[39] Alexander K，Donohue B，Feese T，et al. Failure analysis of an MVR （mechanical vapor recompressor）Impeller[J]. Engineering Failure Analysis，2010，17（6）:1345-1358.

[40] Lessard A. Mechanical vapor recompression （MVR） applied to acid rinse-water recovery[J]. Wire journal international，2003，36（7）:88-91.

[41] Tuan C，Cheng Y，Yeh Y，et al. Performance assessment of a combined vacuum evaporator-Mechanical vapor re-compression technology to recover boilerblow down wastewater and heat[J]. Sustain Environ Res，2013，23（2）:139-129.

[42] Weimer L D，Fosberg T M，Musil L A. Maximizing water recovery/reuse via mechanical vapor-recompression （MVR） evaporation[J]. Environmental Progress，1983,2（4）:246-250.

第6章

多源热泵干燥技术

热泵是一种利用高位能使热量从低温热源流向高温热源的节能装置。它可以把不能直接利用的低温热源（如空气、土壤、水中所含的热能、太阳能、工业废热等）转换为可以利用的高温热能，从而达到节约部分一次能源（例如煤、燃气、石油等）的目的。根据低温热源的不同，热泵可以分为空气源热泵、水源热泵、地源热泵以及太阳能热泵等。本章将介绍基于多源热泵的热泵干燥技术的工作原理、系统构成与应用、研究进展和发展方向等。

6.1 空气源热泵干燥技术

6.1.1 空气源热泵干燥的工作原理

空气源压缩式热泵技术以空气作为低温热源，具有节约能源、产品质量高和干燥条件可调节范围宽等优点。空气源压缩式热泵干燥系统利用逆卡诺循环原理，消耗少量的电能驱动热泵压缩机，通过热泵流动工质，在蒸发器、压缩机、冷凝器节流部件等部件中的气液两相热力循环过程收集空气中的低温热量，将其增焓成为高温热量，用于物料干燥。一般情况下，循环干燥介质空气经过热泵系统的冷凝器，吸收热量被加热变为高温低湿空气，进入干燥室内加热被干燥物料并吸收待干物料水分使其水分降低；吸收物料水分后的湿空气再经热泵系统的蒸发器降温除湿，成为低温低湿空气；低温低湿空气经热泵系统冷凝器加热，成为高温低湿干燥介质进入干燥器完成干燥介质循环，实现物料的连续干燥。具体工作原理等可参考本书第 4 章第 4.1 节。

6.1.2 空气源热泵干燥的分类

空气源热泵干燥装置可根据物料特性具有不同的流程和结构，一般可分为开式、半开式和闭式，已在本书第 4.1 节做过介绍，本章将介绍基于热源数量的另一种分类方式。

（1）单热源热泵干燥系统

单热源热泵干燥系统如图 6-1 所示。干燥装置主要回收排气经降温脱湿时放出的热量，当干燥室内的排气无需脱湿时，若要提升干燥室进风温度，则一般需要安装辅助加热器，导致系统能耗升高。

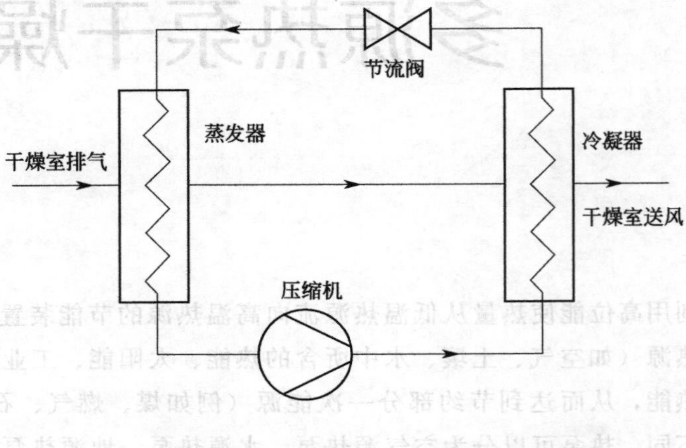

图 6-1　单热源热泵干燥系统

（2）双热源热泵干燥系统

双热源热泵干燥系统如图 6-2 所示。与单热源热泵干燥系统相比，系统内增加热泵蒸发器和节流阀，当干燥室的排气需要降温除湿时，排气则经过除湿蒸发器，其工作循环过程与单热源热泵干燥系统相同；当干燥室的进风需要较大升温时，则启动热泵系统，外界环境空气经由热泵蒸发器与热泵工质换热，提高系统的制热能力，加热进入干燥室内的气体，达到升温目的。

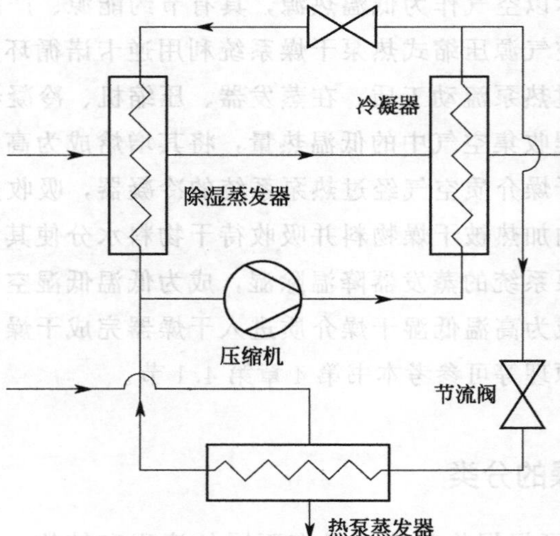

图 6-2　双热源热泵干燥系统

6.1.3 空气源热泵干燥的应用和展望

空气源热泵干燥系统适用于农产品、中药、食品、木材等诸多领域，具有能耗低、排放少、干燥品质高等一系列优点，受到了人们的广泛重视，得到了迅速发展。空气源热泵干燥系统除了具有热泵本身所固有的特点，更兼有其自身的优点：

① 在热泵干燥过程中，根据不同物料的特性和干燥工艺，调节循环空气的温湿度和风量。

② 干燥条件可调节范围宽。空气源热泵干燥的温度调节范围在－20～100℃（加辅助加热装置），相对湿度调节范围在15%～80%，较宽的调节范围使空气源热泵干燥技术适合于多种物料的干燥加工。

热泵干燥过程的中后期，物料含水量下降，干燥速度变慢，干燥时间延长，能耗增加，快速升温困难。热泵的性能系数与热泵的蒸发温度和冷凝温度有关，虽然提高热泵的冷凝温度可以获得较高的干燥温度，但同时会影响热泵的性能系数和供热量，对一些干燥温度要求比较高的物料来说，干燥节能效果欠佳。热泵干燥系统经常采用空气闭式循环，压缩机始终处于高温高湿状态，对压缩机的性能及可靠性提出严格要求；热泵干燥系统的压缩机、蒸发器、冷凝器、节流装置等均要求定期维护和检修，制冷工质需及时补充或更换；同蒸汽锅炉为热源的干燥相比，干燥规模相对较小。目前，中科院理化所在河南烟草局科技项目支持下开发的时空协同连续隧道式热泵烤房，总的烘烤面积在2000m^2以上。设备投资较大，热泵干燥系统的投资约为传统燃煤干燥设备的2倍以上。

因此，对空气源热泵未来的发展趋势提出以下几点。

① 与热泵干燥系统相匹配的热泵工质的适配性研究，以适应热泵工作的特殊性。

② 研究开发热泵干燥专用压缩机，解决压缩机过热问题。

③ 不同物料干燥工艺的研究，合理匹配的干燥工艺可以取得事半功倍的效果。

④ 提高热泵系统的自动化控制水平，减少或排除人为因素的干扰，使干燥过程更合理、干燥质量更好。

⑤ 新型热泵的研究。如CO_2跨临界循环高温热泵的开发、不同干燥工艺或物料种类专用热泵的开发以及热泵性能的优化改进研究等。

⑥ 联合干燥技术的应用。在物料干燥的中后期选用其他的干燥方式（如太阳能、热风干燥），从而在物料的整个干燥过程中既提高了效率，缩短了干燥时间，又达到高效节能的目的。

⑦ 采用复合干燥介质。在干燥室内适当降低氧气的浓度，增加氮气或二氧化碳的含量，抑制酶的活性，进一步提高产品的品质。另外，把干燥介质中的氧气、氮气、二氧化碳按照一定的配比加入到干燥室中，作为干燥介质循环使用，会有更好的节能和干燥效果。

⑧ 相变材料的合理利用。针对不同干燥物料本身固有的品质特性，于适当的干燥阶段在干燥室放置相变材料，既可以保持一定的干燥除湿速度，又能节约能耗。

⑨ 其他相关技术在热泵中应用的适配型研究。如变频技术、太阳能技术等应与空气

源热泵技术有机结合、合理匹配，使整个干燥系统安全、稳定运行。

6.2 太阳能热泵技术

面对日益严峻的环境污染问题和能源短缺问题，基于全球可持续性发展及环境保护战略，各类清洁能源及可再生能源的应用成为全球发展潮流；太阳能是一种应用性较强的无碳、清洁的可再生能源，对其进行收集和利用的研究已经非常广泛。太阳能干燥是通过太阳能加热的热风对各种形态的农产品如果蔬、中药材等进行干燥，使用太阳能作为干燥过程中的热源供给具有清洁卫生、节能环保、成本低廉等优势。太阳能在干燥作业中的有效利用具有十分广阔的发展前景。

我国的太阳能资源非常丰富，理论储量达每年 17000×10^8tce。我国地处北半球，南北距离和东西距离都在 5000km 以上；大多数地区的年平均日辐射量在 $4kW\cdot h/m^2$ 以上，西藏的日辐射量最高，达 $7kW\cdot h/m^2$；年日照时数大于 2000h，太阳能资源开发利用的潜力非常广阔。2017 年，我国陆地表面、平均水平面总辐射的年辐照量为 $1488.5kW\cdot h/m^2$，2016 年为 $1478.2kW\cdot h/m^2$，2015 年为 $1476.1kW\cdot h/m^2$，2015 年达到 2004 年以来的最低值，2014 年为 $1492.6kW\cdot h/m^2$。2007～2016 年的 10 年中，全国陆地表面、平均水平面总辐射的年辐照量平均值为 $1492.56kW\cdot h/m^2$。可以看出，近 10 年来，每年全国陆地表面、平均水平面总辐射的年辐照量在平均值上下微量浮动，变化极小。

表 6-1 展示了我国的太阳能资源丰富程度及地域分布。我国的太阳能资源在总体上呈现的特征是，资源丰富地区是高原和少雨干燥的地区，资源不丰富地区是平原和多雨高湿地区。三北地区最为丰富，尤其集中在新疆、西藏、青海、甘肃和内蒙古 5 个地区，东中部资源丰富程度较低。

表 6-1　我国的太阳能资源丰富程度及地域分布（中国风能太阳能资源年景公报）

资源丰富程度	地域分布
太阳能资源最丰富 $>1750kW\cdot h/m^2$	东北西部、华北北部、西北和西南大部年水平面总辐射量超过 $1400kW\cdot h/m^2$；其中新疆东部、西藏中西部、青海大部、甘肃西部、内蒙古西部年水平面总辐射量超过 $1750kW\cdot h/m^2$
太阳能资源很丰富 $1400\sim1750kW\cdot h/m^2$	新疆大部，内蒙古大部，甘肃中东部，宁夏、陕西、山西、河北北部，青海东部、南部，西藏东部，四川西部，云南大部及海南等地年水平面总辐射量为 $1400\sim1750kW\cdot h/m^2$
太阳能资源丰富 $1050\sim1400kW\cdot h/m^2$	东北大部、华北南部、黄淮、江淮、江汉、江南及华南大部年水平面总辐射量为 $1050\sim1400kW\cdot h/m^2$
太阳能资源一般 $<1050kW\cdot h/m^2$	四川东部、重庆、贵州中东部、湖南及湖北西部地区年水平面总辐射量不足 $1050kW\cdot h/m^2$

我国太阳能干燥的应用研究起步较晚，20 世纪 80 年代以前，国内只有 4 座太阳能干燥器，采光总面积仅 $183m^2$。大规模的工作是在 1975 年以后才逐渐展开的，温室型太阳

能干燥发展较快，由于这种干燥的容量较小、结构简单、造价低廉，在山西、河南、河北、北京、广东等地的农村很快发展起来。20世纪80年代中期，我国已有70余座太阳能干燥装置，采光面积超过5000m^2。尤其是在山西省，建成了10多座这种类型的干燥器，面积超过1000m^2，用于干燥红枣、黄花菜、棉花等物料。2015年，中科院理化所、河南佰衡节能科技股份公司在河南烟草科技项目支持下开发的时空协同连续隧道式热泵烤房，上层的太阳能集热系统面积接近2500 m^2 左右。

太阳能热利用领域中的低温热利用所能实现的温度为40～55℃，恰好符合某些农副产品或食品要求的干燥温度；而对于干燥温度为80～200℃的高温干燥物料，太阳能可以对其进行预干。太阳能热风干燥利用太阳能集热器收集热量，对通常为空气的干燥介质进行加热，经风机送入干燥室，对其中的物料进行干燥。但是太阳能干燥易受季节、地理和昼夜等规律性变化的影响，此外阴雨天气等随机因素的制约，也给太阳能干燥技术的推广带来了困难。为了解决太阳能干燥受外界因素限制的问题，需要将太阳能与其他干燥方式相结合。作为一种节能的干燥技术，热泵干燥是从低温热源中吸收热量，对空气加热后进行物料干燥的。因此，将太阳能与热泵联合组成一种新的干燥方式，既能克服太阳能不稳定的缺陷，又能满足农副产品低温干燥的需要。

6.2.1 太阳能热泵干燥的工作原理

太阳能热泵联合干燥装置（SAHP）是由太阳能干燥装置和热泵干燥装置联合优化组合而成的。其中太阳能干燥系统包括太阳能集热器、循环风机、干燥室等，部分系统中还加入了储热罐或集热水箱等装置。太阳能热泵与普通热泵最大的区别是在蒸发器处加上一个平板太阳能集热器，而工质工作的原理和热泵的完全一致。自从空气源热泵、水源热泵和地热源热泵先后出现并研究比较深入，之后许多学者开始研究太阳能热泵。由于太阳能资源比较丰富并且是清洁能源，因此太阳能热泵在应用方面开始备受关注。

太阳能热泵干燥装置可按多种方式分类：按照空气流动方式，可分为自然流动式和强制对流式，其中强制对流式又分为温室强制对流干燥、温室集热器型和隧道式太阳能干燥；根据阳光是否直射到物料上，可分为温室型、集热器型和集热器-温室型干燥装置，还有与常规能源相结合的方式，大型太阳能干燥装置多数为集热器型，大都与常规能源结合以保持干燥过程的连续性；根据热泵系统的蒸发器与太阳能集热器的组合形式，可分为直接膨胀式和间接膨胀式太阳能干燥，在间接膨胀式系统中，根据太阳能系统和热泵系统工作运行的方式，又分为串联式、并联式和混联式。本文将在下一节根据热泵系统的蒸发器与太阳能集热器的组合形式对太阳能热泵干燥系统的分类进行介绍。

6.2.2 直接膨胀式太阳能热泵联合干燥系统

直接膨胀式太阳能热泵联合干燥系统（DX-SAHP）就是将太阳能的集热器和热泵系

统的蒸发器组成太阳能集热蒸发器，在热泵蒸发器的表面喷涂光谱选择性涂层，热泵工质直接在集热蒸发器中吸收太阳辐射能膨胀升温，如图 6-3 所示。热泵系统主要由四部分组成，分别是蒸发器、压缩机、冷凝器以及节流设备。在 DX-SAHP 系统中，蒸发器为集热/蒸发器。热泵工质直接流经集热/蒸发器，吸收太阳能或环境中的热能，热泵工质蒸发吸热。之后热泵工质进入压缩机，经过压缩成为高温高压气体，然后进入冷凝器冷凝放热，放出的热量可以用来制热或制取热水。该液体流经毛细管等节流设备，成为低温低压的液体，再次进入集热/蒸发器吸热，形成一个循环。直膨式太阳能热泵干燥系统以太阳辐射能为主要低温热源，以自然对流的空气能作为辅助的低温热源，为干燥系统提供热量。

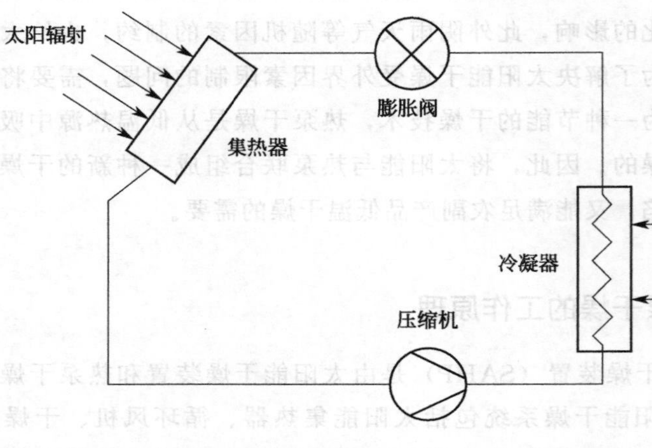

图 6-3　直接膨胀式太阳能热泵联合干燥系统

直接膨胀式太阳能热泵系统的结构有分体式和整体式两种。所谓分体式，是指将太阳能集热/蒸发器单独布置，与其他部件通过制冷管路连接。因其布置灵活，为大多数实验系统采用。整体式就是将热泵各部件集成为一个整体，结构紧凑。

直接膨胀式太阳能热泵系统的蒸发器为集热/蒸发器，与其他热泵和太阳能热利用系统相比，可以直接吸收太阳能作为热源，提高系统效率，节约能源。太阳能热水器、间接膨胀式太阳能热泵等太阳能热利用系统所用的集热器中，通常使用水作为介质循环吸热。而在直接膨胀式太阳能热泵系统中，集热/蒸发器中使用热泵工质作为工作介质，在吸热过程中为两相，集热效率比水更高，同时减少了系统部件，从而降低成本，更具经济优势。

太阳能热水器、间接膨胀式太阳能热泵等太阳能热利用系统的蒸发器运行温度高于环境温度，对环境有热损，在无太阳辐照时无法正常运行。而直接膨胀式太阳能热泵系统的蒸发器运行温度远低于太阳能热水器、间接膨胀式太阳能热泵等太阳能热利用系统的蒸发器运行温度甚至低于环境温度，可以用周围环境作为热源，因此在无太阳辐照时也可以使用。

（1）性能分析

在分析 DX-SAHP 系统的热性能时，需要分析系统的蒸发换热功率 Q_{evap}、冷凝换热功率 Q_{comp}（也就是制热量）、消耗功率以及性能系数 COP。其中系统的消耗功率可由功率计直接测量，其他参数根据质量守恒定律和能量守恒定律推理出的公式计算。

质量守恒公式为：

$$\sum m_{in}=\sum m_{out} \tag{6-1}$$

能量守恒公式为：

$$Q+m_{in}h_{in}=W+m_{out}h_{out} \tag{6-2}$$

式中，Q 是输入热量功率，W；W 是输出做功功率，W；h_{in} 和 h_{out} 分别是进出口热泵工质的焓值，J/kg。

对 DX-SAHP 系统应用以上公式，

$$Q_{evap}=Q_{cond}-W_{in}\eta_{comp} \tag{6-3}$$

式中，W_{in} 是系统的压缩机消耗功率，W；η_{comp} 是压缩机效率，为 0.75。

系统的冷凝换热功率根据焓差法计算，所用公式为：

$$Q_{cond}=m_a(h_{in\text{-}a}-h_{out\text{-}a})/[V_n(1+D_n)] \tag{6-4}$$

式中，m_a 是空气体积流量，m^3/h；$h_{in\text{-}a}$ 和 $h_{out\text{-}a}$ 分别是室内换热器进出口空气的焓值，J/kg；V_n 是风洞喷嘴处空气的比体积，m^3/h；D_n 是风洞喷嘴处空气的含湿量，kg/kg 干空气。

性能系数是衡量热泵系统热性能的重要参数，COP 由以下公式计算。

$$COP=Q_{cond}/(W_{in}+W_{fan}) \tag{6-5}$$

式中，W_{fan} 是室内换热器中风扇的功率。

（2）系统模型

对热泵工质应用质量守恒和动量守恒可得：

$$\frac{\partial\rho}{\partial t}+\frac{\partial m}{\partial x}=0 \tag{6-6}$$

$$\frac{\partial m}{\partial t}+\frac{\partial(m^2/\rho)}{\partial t}=\frac{\partial\rho}{\partial x}-\left(\frac{\partial\rho}{\partial x}\right)_{fric} \tag{6-7}$$

式中，$\left(\frac{\partial\rho}{\partial x}\right)_{fric}$ 代表热泵工质的摩擦压降。

对于室内机中铜管管壁的换热，包括管壁的热传导、管壁与热泵工质的换热以及管壁与空气的换热。因此管壁的换热方程为：

$$\rho_f c_f\frac{\partial T_f}{\partial t}=k_f\frac{\partial^2 T_f}{\partial x^2}+\frac{1}{A_f}[\pi D_{f,i}\alpha_{ref}(T_{ref}-T_f)+\pi D_{f,a}\alpha_a(T_a-T_f)] \tag{6-8}$$

式中，k_f 是铜管管壁的热导率，W/(m·K)；A_f 是铜管管壁的换热面积，m^2；$D_{f,i}$ 是铜管的内直径，m；$D_{f,a}$ 是铜管的外直径，m；α_{ref} 是铜管与热泵工质之间的换热系数，$W/(m^2 \cdot K)$；α_a是铜管与空气之间的换热系数，$W/(m^2 \cdot K)$；T_f 是铜管管壁的温度，K；T_{ref} 是热泵工质的温度，K；T_a 是空气的温度，K。

公式(6-8) 中的铜管与热泵工质之间的换热系数可以用如下公式计算。

对于单相区：
$$\alpha_{ref}=0.023Re^{0.8}Pr^{0.3}\left(\frac{k_1}{D_{f,i}}\right) \tag{6-9}$$

对于两相区：
$$\alpha_{ref}=\alpha_1\left[(1-x)^{0.8}+\frac{3.8x^{0.76}(1-x)^{0.04}}{Pr^{0.38}}\right] \tag{6-10}$$

式中，k_1 是液相热泵工质的热导率，$W/(m \cdot K)$；α_1 是液相热泵工质的换热系数，$W/(m^2 \cdot K)$；x 是两相热泵工质的干度。

铜管管壁与空气之间的换热系数可用下式计算。

$$\alpha_a=0.982Re^{0.424}\left(\frac{k_a}{d_3}\right)\left(\frac{S_1}{d_3}\right)^{-0.0887}\left(\frac{NS_2}{d_3}\right)^{-0.159} \tag{6-11}$$

式中，S_1 是翅片间距，m；d_3 是翅片的底部直径，m；N 是管排数；S_2 是沿着空气流动方向的管间距，m。

毛细管是 DX-SAHP 系统中的节流部件。节流过程可以看作等焓过程，即出口热泵工质的焓值等于入口热泵工质的焓值。

$$h_{cap,o}=h_{cap,i} \tag{6-12}$$

毛细管热泵工质流量的经验拟合公式如下所示。

$$m_{cap}=C_1D_{cap,i}^{C_2}L_{cap}^{C_3}T_{cap}^{C_4}10^{C_5\Delta T_{cap}} \tag{6-13}$$

式中，$D_{cap,i}$ 是毛细管的内径，m；L_{cap} 是毛细管的长度，m；T_{cap} 是毛细管入口热泵工质的温度，等于冷凝器出口的温度，K；$C_1 \sim C_5$ 是拟合的常数，其数值分别是：$C_1=0.249029$，$C_2=20543633$，$C_3=-0.42753$，$C_4=0.746108$，$C_5=0.013922$。

考虑吸热板表面的换热，可以看出有两种换热结构。一种是直接与下方铜管接触的表面，另一种是不与铜管直接接触的表面。

对于第一种换热结构，表面的换热包括吸热板的热传导、吸热板与热泵工质的换热、吸热板与环境的对流换热、吸热板与环境的辐射换热、吸收的太阳辐照以及与空气的换热。应用热力学公式可得换热方程：

$$\rho_p c_p\frac{\partial T_p}{\partial t}=k_p\left(\frac{\partial^2 T_p}{\partial x^2}+\frac{\partial^2 T_p}{\partial y^2}\right)+\frac{1}{d_p}\left[\frac{(T_{ref}-T_p)}{\dfrac{1}{\alpha_{ref}}+\dfrac{\delta_t}{k_t}}+h_{p,e}(T_e-T_p)+I\alpha+Q_a\right] \tag{6-14}$$

对于第二种换热结构，由于不直接与铜管接触，因此换热中不包括与热泵工质的换热项。其换热方程为：

$$\rho_p c_p\frac{\partial T_p}{\partial t}=k_p\left(\frac{\partial^2 T_p}{\partial x^2}+\frac{\partial^2 T_p}{\partial y^2}\right)+\frac{1}{d_p}[h_{p,e}(T_e-T_p)+I\alpha+Q_a] \tag{6-15}$$

式中，d_p、ρ_p 和 c_p 分别是吸热板的厚度（m）、密度（kg/m^3）与和比热容 [J/

(kg/K)]；k_p 和 k_t 分别是吸热板和铜管的热导率，W/(m^2·K)；δ_t 是铜管厚度，m；α_{ref} 是吸热板下面的铜管与热泵工质之间的换热系数，W/(m·K)；$h_{p,e}$ 是吸热板与周围环境之间的等效辐射换热系数，W/(m^2·K)；α 是吸热板对太阳辐照的吸收率。

（3）系统热力学分析方法

DX-SAHP 系统的集热/蒸发器蒸发热功率：

$$Q_{evap}=m_{ref}(h_{evap,o}-h_{evap,i}) \tag{6-16}$$

制热量也就是冷凝器的冷凝换热功率，用下面公式计算：

$$Q_{con}=m_{ref}(h_{con,i}-h_{con,o}) \tag{6-17}$$

系统的性能系数 COP 是衡量热泵性能的重要指标：

$$\mathrm{COP}=Q_{con}/W \tag{6-18}$$

为了有效并直观地比较模拟结果和实验结果，验证模拟结果的正确性，需要根据式(6-19) 计算均方根误差。

$$\mathrm{RMSD}=\sqrt{\frac{\sum[(X_{sim,i}-X_{exp,i})/X_{exp,i}]^2}{n}} \tag{6-19}$$

6.2.3 间接膨胀式太阳能热泵干燥系统

太阳能集热器与热泵蒸发器完全分开的太阳能热泵系统，称为间接式太阳能热泵系统。在间接膨胀式太阳能热泵中，根据太阳能给热泵蒸发器供热的方式不同，可以分为串联式、并联式和混合式三种。

（1）串联式间接膨胀太阳能热泵干燥系统

串联式间接膨胀太阳能热泵联合干燥系统是由太阳能集热系统和一个水源热泵系统组合而成的，如图 6-4 所示。水在太阳能集热器中吸收太阳辐射能后温度升高，被泵入到集热水箱中储存，作为热泵系统的低温热源。热泵系统的热泵工质在集热水箱中吸收热量，经压缩机压缩后变为高温高压气体进入到冷凝器中，与室外的空气进行换热；被加热的空气通入干燥室用于干燥，温度降低的工质重新返回蒸发器吸热。

串联式太阳能热泵系统中太阳能集热器吸收的太阳能不是直接用来向室内供暖的，而是供给热泵蒸发器，以达到提升蒸发器侧热源温度和提高热泵 COP 的目的。故串联式太阳能热泵的设计要点在于太阳能热泵储热器的容量和太阳能集热器的面积，储热器容量和集热器过大或过小都会极大降低太阳能热泵的经济性。一般对于 90m^2 的供热面积，最理想的太阳能集热器面积和储热器容积分别为 30m^2 和 3.5m^3。

（2）并联式间接膨胀太阳能热泵干燥系统

并联式间接膨胀太阳能热泵干燥系统中太阳能系统和热泵系统相对独立工作，其中太阳能作为主要热源，热泵作为辅助热源，如图 6-5 所示。在太阳能充足时，由太阳能

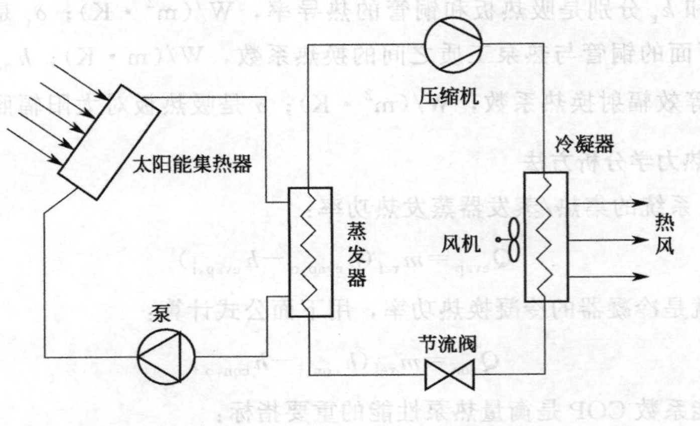

图 6-4　串联式间接膨胀太阳能热泵干燥系统

集热器提供热量对空气进行加热，进入到干燥室中对物料进行干燥。当遇到阴雨天气太阳能辐射较弱或者没有太阳能时，太阳能集热器收集的热量无法满足干燥的需要，启动热泵系统对物料进行干燥。

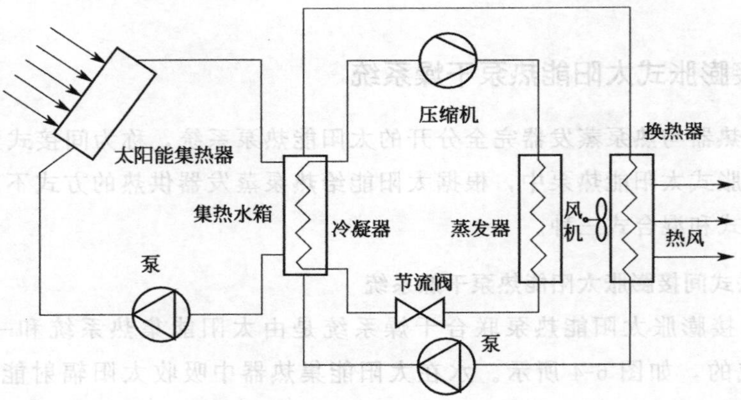

图 6-5　并联式间接膨胀太阳能热泵干燥系统

（3）混联式间接膨胀太阳能热泵干燥系统

如图 6-6 所示，混合式间接膨胀太阳能热泵干燥系统有三种工作模式：第一种在太阳辐射能充足的时候直接由太阳能集热器为系统提供热量；第二种在阴雨天太阳能辐射较弱的时候，太阳能集热器收集的热量不能满足物料干燥的要求，可以采用串联的运行方式，由太阳能辅助热泵为干燥系统提供热量；第三种在没有太阳能辐射的时候，启动空气源热泵，由热泵系统对空气进行加热干燥物料。

混合式太阳能热泵系统的关键部件是蒸发器。太阳能集热器吸收热量储存于储热设备中，要求蒸发器可以根据需要既能从空气中吸收热量，又能从太阳能储热设备中吸收热量。

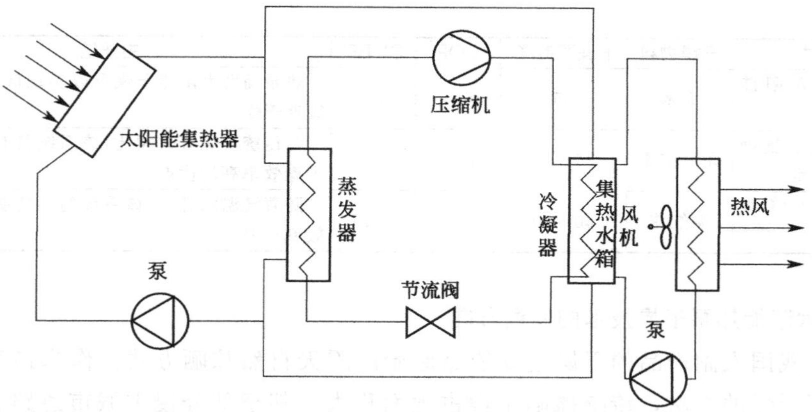

图 6-6　混联式间接膨胀太阳能热泵干燥系统

6.2.4　太阳能热泵干燥技术的应用及展望

（1）太阳能热泵干燥技术的应用

太阳能热泵干燥已在包括农产品（主要是谷物、蔬菜和果品）、木材、药物、烟草、污泥等多个领域得到了广泛应用（表 6-2）。早在 20 世纪 70～80 年代，美、德、英、法等国就在该国和一些发展中国家搭建了不同规模的太阳能干燥试验装置，初期以小型系统为主，也有较大规模的太阳能干燥系统。日本在太阳能农产品干燥技术方面主要是研究稻麦的太阳能干燥技术，其次是大豆、烟叶和牧草的太阳能干燥。目前已研制成功以空气集热器为干燥室屋顶和侧壁，空气集热器采用两层玻璃纤维增强塑料板，两层中间嵌入黑色波纹锌板作为吸热板，并带有集热水箱的太阳能干燥器。太阳能干燥的推广应用大部分在热带和亚热带国家，如南非、乌干达、尼日利亚、巴西、菲律宾、泰国、印度、印度尼西亚、孟加拉等国。

表 6-2　太阳能热泵联合干燥系统的应用

系统形式	干燥物料	干燥温度/℃	COP	SMER	主要结论
并联式太阳能辅助热泵循环加热干燥	谷物	35	4.14	4.31	干燥装置具有能耗低、周期短、均匀性好等特点
串联式太阳能辅助热泵循环加热干燥	谷物	25～40	5.0		该系统适用于高大平房仓中谷物的干燥
	生姜	50		2.5	对比分析了干燥介质分别为空气和氮气的情况，两者差距不大
太阳能与热泵联合干燥	木材	35～50	4.2		联合干燥比热泵干燥节能 11.8%，比太阳能干燥时间缩短了 14.9%
	紫薯	55		1.68	太阳能热泵联合干燥相对其他干燥方式，能耗低、效率高
系统由太阳能和热泵两个可以彼此独立的热循环回路构成	山药	60		1.5	系统可实现精细控制，且干燥品质好、节能环保
并联式太阳能辅助热泵循环加热器	枸杞	45	2.42		连续恒温供热模式下压缩机的工作性能较为稳定，制热系数较高，其中适宜的太阳能辅助热泵蒸发温度为 20～25℃

续表

系统形式	干燥物料	干燥温度/℃	COP	SMER	主要结论
热泵辅助太阳能干燥	大米	35	5.3	3.5	热泵辅助太阳能干燥可以实现低温、高品质、持续性干燥
串联式太阳能辅助热泵循环加热器	印度醋栗	35～50	4.83		与传统干燥方式相比，该系统具有物理品质高、干燥效率高的优点
热泵辅助PV/T太阳能干燥	藏红花	40～60		1.16	随着气温的升高，该系统的能耗明显降低，干燥效率提升

（2）太阳能热泵干燥技术的发展方向

以前，我国农副产品的干燥主要依靠原始的露天自然晾晒方式。作为最简单的利用太阳能进行干燥的方法，传统摊晒干燥占地面积大，甚至部分侵占城市道路，有可能造成交通拥堵等。同时露天晾晒方式直接受光照条件制约，阴雨天气物料被淋湿后极易发生腐烂变质，产生较大的经济损失。而且干燥耗时较长，无法有效隔离杂质，作物极易被混入灰尘、遭受虫蝇污染，直接影响作物品质。

太阳能热泵干燥较自然晾干能较大幅度地缩短干燥时间和提高产品质量。太阳能热泵干燥装置采用专门的干燥室，可避免灰尘、降雨等污染和危害；又由于干燥温度较自然干燥高，因此还具有杀虫灭菌的作用。对于产品质量问题，在过去并不引起人们的关注，这主要是因为在过去不同质量的产品其价位差很小，现在人们对健康很重视，质量高的产品价格会提高，利润自然会增加。

太阳能热泵干燥与采用常规能源的干燥装置相比具有以下优势：可以减少对环境的污染，常规能源如煤、石油等燃烧后的废气和烟尘的排放，造成严重的污染。采用太阳能热泵干燥的工农业产品，在节约化石燃料的同时，又可以缓解环境压力。太阳能热泵干燥的运行费用较低，就投资而言，太阳能与常规能源干燥二者相差不大，但是在系统运行时，采用常规能源的干燥设备其燃料的费用很高，而太阳能热泵干燥除消耗少量电能外，太阳能是免费的。即使太阳能干燥不能完全取代常规能源的干燥，通过二者的有机结合，使太阳能提供的能量占到总能量消耗的较大比例，同样可节约大量的运行费用；对比单一的热泵或太阳能干燥，太阳能热泵联合干燥系统进行物料干燥时的最大制热量及COP有了明显的提高，并且继承了热泵可以进行低温工况运行的特点。

但是太阳能干燥器受限于太阳能的日照时长与天气情况，干燥效果与太阳能辐射量、蒸发温度、空气质量流量等参数密切相关。在没有辅助装置控制，只以太阳能为能量来源时，干燥室内的温度较低、温度浮动大且夜间无法进行干燥，导致间歇性干燥、干燥周期长。另外，不同的农产品对应的干燥工艺不同，仅依靠太阳能很难获得最佳的干燥工艺，并且在年温差较大的地区，很难实现全年高效干燥。

目前，我国在农副产品干燥领域应用的太阳能热泵干燥技术处于应用推广起步阶段，在国家倡导节能减排的大环境下，该技术得到了优先研究开发与推广。就目前研究而言，还有诸多方面需要改进，尤其是在实用性、自动化与工业化等方面。同时，在太阳能干燥系统、太阳能集热与辅热系统结合优化设计、太阳能干燥农副产品的应用及其自动控制系统的优化设计等方面，还需深入研究，从而更好地满足农副产品干燥的现代工业化发展需求。

6.3 其他及多源耦合干燥技术

6.3.1 地源热泵干燥技术

地源热泵（GSHP，Ground Source Heat Pump）把地球的能量转化为有用的能量来加热和冷却，利用地面作为热源加热和散热器的冷却模式运作。在加热模式下，地源热泵从地面吸收热量，用于加热工作流体。地源热泵与地面进行热量交换，即使在较冷的气候条件下也能保持较高的性能。地源热泵（GSHP）系统的研究较多，而利用地源热泵干燥的研究较少。据美国环境保护局（USEPA，United States Environment Protection Agency）估计，与传统的电加热和空调相比，地源热泵可以减少高达72%的能源消耗，与空气源热泵相比可以减少44%的能源消耗。

地源热泵恒湿粮食干燥系统有三个工作循环，分别是系统对地层的吸热循环、蒸汽压缩供热循环、气体干燥粮食的加热吸湿循环；其中系统对地层的吸热循环与蒸汽压缩供热循环属于热泵系统，气体干燥粮食的加热吸湿循环属于干燥系统。

图6-7反映了地源热泵系统从浅层土壤吸热后，通过压缩循环系统将热量输运到干燥室进行粮食干燥，同时对干燥气体的湿度进行控制的循环过程。在系统对地层的吸热循环过程中，通过铺设在浅层土壤中的埋地换热管，传热介质通过定压吸热过程1′—4′，吸收土壤+水源的热量；然后通过蒸发器定压放热过程4′—1′，热量被输运到压缩循环系统中。经过地源吸热后，4′位置工质的焓值增大；通过蒸发器向蒸汽压缩供热循环放热后，1′处工质的焓值降低；1′与4′位置工质的焓值之差，即为从浅层土壤吸收的总热量。蒸汽压缩供热循环系统主要由压缩机、冷凝器、节流阀和蒸发器组成。

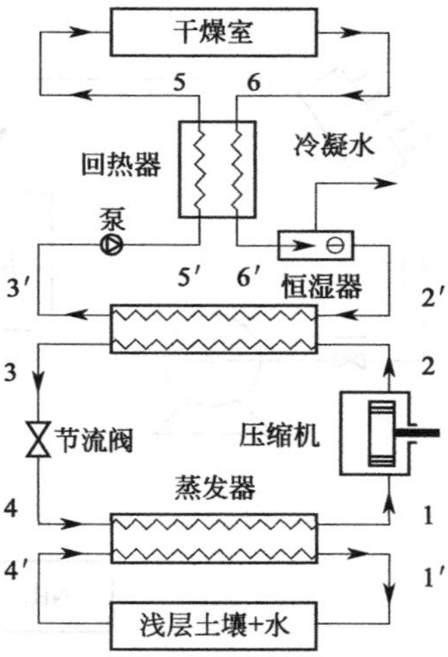

图6-7 地源热泵粮食干燥系统的工作原理图

循环系统中的冷凝剂属于传热介质，通过冷凝剂在循环过程中的相变进行热量传递。进入压缩机前，传热介质状态为干饱和蒸汽1，通过压缩机的升压升温过程1—2，传热介质受压后温度和压力均有提高，成为过热蒸汽2；介质进入冷凝器通过定压定温过程2—3向气体干燥循环系统放热，温度和压力均显著下降，凝结为饱和液体3；从冷凝器出来的饱和液体，经过节流阀绝热节流降压之后，虽然阀前后介质的焓值相等，但由于经过降压降温过程3—4，液态介质部分汽化，成为湿饱和蒸汽4，湿饱和蒸汽由饱和液与干饱和蒸汽组成；经过蒸发器定压蒸发吸热过程4—1后，吸收浅地层的热量，达到干饱和蒸汽状态1。

气体干燥粮食的放热吸湿循环中，设置了回热器和恒湿器；通过冷凝器换热，3′处的热空气温度可达80℃，超过粮食干燥的安全温度。高温干燥不但使粮食颗粒易断裂和变色增加，而且使磨粉性、出油率、焙烤质量和发芽率下降。因此需要将热空气通入回热器，进行定压放热以调节温度。为了保证干燥后粮食的品质，干燥温度应保持在50℃

左右为宜。为了防止初期干燥速率过快，导致颗粒表面产生应力裂纹扩展，发生“爆腰”等热损伤，需要将干燥时进口热风的相对湿度控制在5%～6%范围内。回热器是系统节能的一个组成部分，它不但可以将进入干燥室的热空气温度降低到安全范围，还可以将多余的热量传递给进入冷凝器3′处的尾气，提高进出冷凝器介质的平均温度，进一步提高换热效率。如何保证干燥过程中稻谷等粮食不至于因在脱水过程中品质下降，通过调解干燥气体的相对湿度可解决该问题。恒湿器的作用是排出干燥粮食中尾气的水分，但适当保留一定的水分，避免粮食颗粒因干燥速度过快导致品质下降。

6.3.2 太阳能辅助干燥化学热泵系统

太阳能辅助干燥化学热泵系统（SACHPD，Solar Assisted Chemical Heat Pump Drying System）原理如图6-8所示。该系统由太阳能集热器（真空管式）、储水箱、化学热泵机组和干燥室四部分组成。在这套系统中有如下化学反应：

$$CaCl_2 \cdot 2NH_3 + 6NH_3 \longrightarrow CaCl_2 \cdot 8NH_3 + \Delta H_r \quad (6\text{-}20)$$

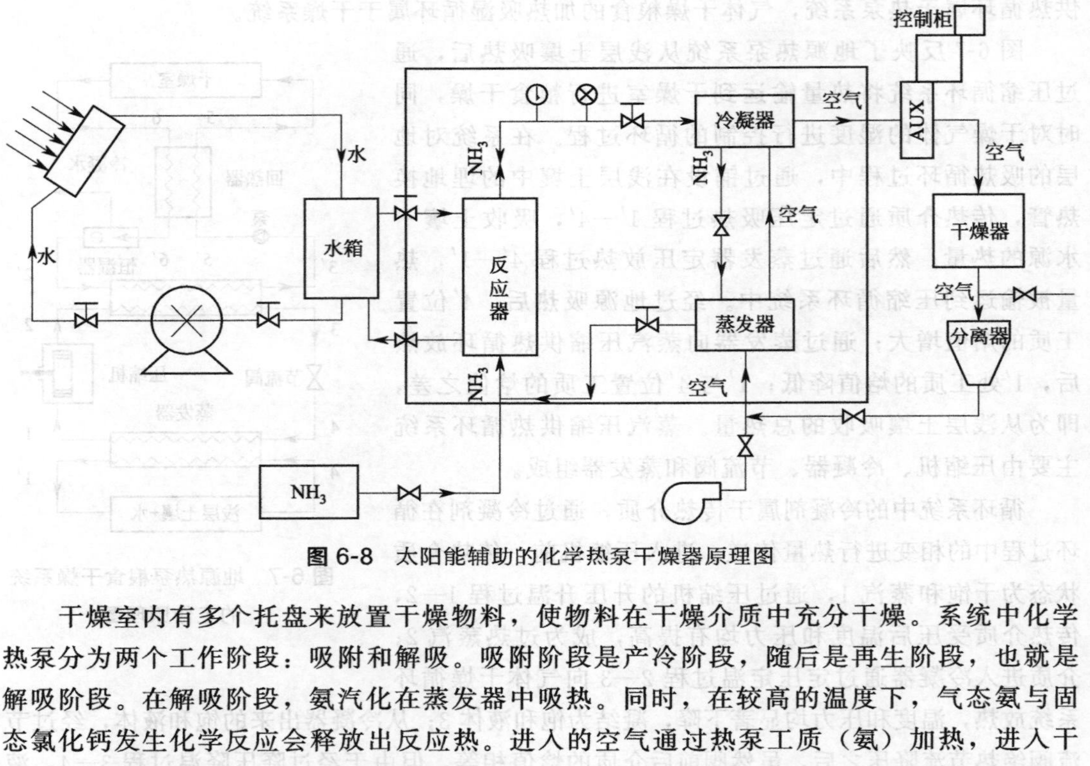

图6-8 太阳能辅助的化学热泵干燥器原理图

干燥室内有多个托盘来放置干燥物料，使物料在干燥介质中充分干燥。系统中化学热泵分为两个工作阶段：吸附和解吸。吸附阶段是产冷阶段，随后是再生阶段，也就是解吸阶段。在解吸阶段，氨汽化在蒸发器中吸热。同时，在较高的温度下，气态氨与固态氯化钙发生化学反应会释放出反应热。进入的空气通过热泵工质（氨）加热，进入干燥机入口对物料进行干燥。干燥过程结束后，部分离开干燥室的湿气流通过蒸发器转移，在蒸发器中进行冷却，把热量传递给热泵工质（氨）时进行除湿。冷却后的干空气通过冷凝器，再由热泵工质加热，进入干燥室开始下一个循环。

6.3.3 二次回热式空气源热泵与太阳能联合干燥系统

二次回热式空气源热泵与太阳能联合干燥系统的结构如图6-9所示。该系统主要包括太阳能干燥子系统和热泵干燥子系统两大部分。太阳能干燥子系统由太阳能集热器、集热器辅助送风风机、集热器送风风机等组成。热泵干燥子系统由蒸发器、压缩机、冷凝器、热泵送风风机等组成。物料架放置于干燥室内。

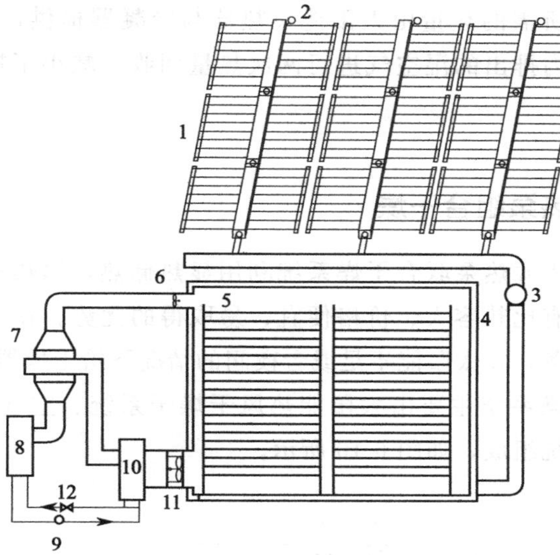

图 6-9 二次回热式空气源热泵与太阳能联合干燥系统

1—太阳能集热器；2—集热器辅助送风风机；3—集热器送风风机；4—干燥器；5—物料架；6—排湿风机；7—空气换热芯体；8—热泵蒸发器；9—压缩机；10—热泵冷凝器；11—热泵送风风机；12—节流阀

根据设计思路，联合干燥系统的运行模式包括单独太阳能干燥模式、单独热泵干燥模式、太阳能与热泵联合干燥模式。系统运行单独太阳能干燥模式时，空气经集热器辅助送风风机被送入太阳能集热器中进行加热。在集热器送风风机的作用下，热空气进入干燥室内并与物料进行热交换。与物料换热后的湿空气，在排湿风机的作用下，释放于环境中。系统在该模式下工作，湿空气虽经过空气换热芯体、热泵蒸发器，但由于没有启动热泵、热泵送风风机，在空气换热芯体内未输入外界的新空气，系统并未利用回收的余热，因此相当于系统直接将湿空气的热量送入大气中。在设计时，考虑系统若在该模式下进行湿空气的余热回收，必须启动热泵送风风机，湿空气与外界的新空气在空气换热芯体内完成热交换，因换热后的新空气低于直接经太阳能集热器加热的空气温度，则两者进入干燥室内混合后，干燥室内空气的温度低于空气单独由太阳能集热器加热后被送入干燥室内的温度。故设计系统在单独太阳能干燥模式下工作时，未涉及湿空气的余热回收。

系统运行单独热泵干燥模式时，开始以周围的环境空气作为热泵工作的低温热源，蒸发器内的热泵工质吸收环境中空气的热量由液态变为气态；气态的热泵工质被吸入压缩机内经等熵压缩后，进入冷凝器并向冷凝器附近的空气释放热量；开启热泵送风风机，加热后的空气被送入干燥室内与物料发生热交换，放热后的液态热泵工质经膨胀阀降压后进入蒸发器开始下一次循环。当干燥室内的湿度大于用户根据物料干燥过程所设定的湿度时，开启排湿风机，与物料发生热交换的湿空气通过排湿风道，被送入空气换热芯体、热泵蒸发器进行二次换热除湿后，干冷空气释放于环境中。与此同时，外界新空气通过空气换热芯体、冷凝器进行二次加热后，在热泵送风风机的作用下，热空气进入干燥室内。

系统运行太阳能与热泵联合干燥模式时，可等效为单独的太阳能干燥模式加上单独的热泵干燥模式。干燥所需的热量由太阳能集热器与冷凝器提供，同时空气换热芯体、热泵蒸发器对从干燥室内排出的湿空气进行两次热量回收，减小了排热损失，提高了能量利用效率。

6.3.4 太阳能水源热泵组合干燥

本章介绍的太阳能水源热泵联合干燥系统利用显热储热，储热物质为水。相对于其他储热物质来说，水具有比热容大、价格便宜、易取得的优势。在使用太阳能干燥的同时，结合了热泵干燥设备，在太阳能不足或者夜间的情况下给干燥器提供辅助热源。

太阳能水源热泵干燥系统主要由太阳能热风干燥子系统、空气源热泵干燥子系统、水源热泵干燥系统子系统组成，如图 6-10 所示。

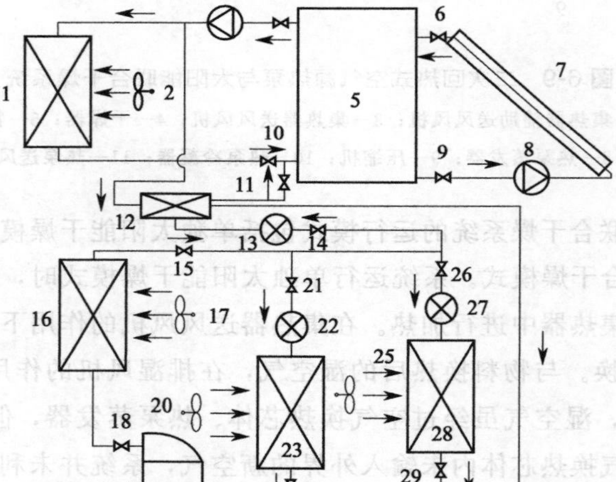

图 6-10　太阳能水源热泵组合装置

1—热水加热盘管；2，17，20，25—风机；3，8—循环水泵；4，6，9～11，14，21，26—电磁阀；5—蓄热水箱；7—太阳能集热器；12—板式换热器；13，22，27—电子膨胀阀；15，18，24，29—截止阀；16—冷凝器；19—压缩机；23—除湿蒸发器；28—热泵蒸发器

按照机组的工作情况，系统主要分为两种模式：①太阳能干燥模式；②热泵干燥模式。其中，热泵干燥模式又可以分为水源热泵干燥模式和除湿干燥模式；还有一套除湿控制系统，太阳能供热模式和水源供热模式还有高温储液水箱和低温储液水箱选择控制。

太阳能热风干燥子系统由太阳能集热器、散热风机、管路、水泵、储热水箱等组成。太阳能集热器采用竖置联集管式集热器，可根据供热量和场地要求单独或联合使用。集热器与储热水箱相连，当集热器中的水温高于储热水箱中的水温 7℃时，电池阀打开，同时水泵打开，进行循环，完成储热；当水温在合适的温度时，通过水泵，热水可经管道流入干燥室内，通过散热器，对干燥器加热，实现干燥器升温。

除湿干燥子系统由压缩机、除湿蒸发器、蒸发器、冷凝器、膨胀阀等组成，其中蒸发器包括热泵蒸发器和除湿蒸发器。除湿蒸发器可以利用干燥室中湿空气的冷凝过程，回收热量的同时排出水分；蒸发器可以收集环境中的热量，利用风机，通过冷凝器将热量传给空气，对干燥器进行加热。

水源热泵干燥子系统由热泵、储热水箱、管路、水泵等组成。储热水箱中的热水流经板式换热器，与热泵制冷工质换热，相比直接从空气中取热，提高制冷工质的温度，提升干燥系统的干燥温度和性能。实际运行时，可以根据天气和干燥阶段不同，分别使用不同的干燥模式达到节能和提高干燥速率的要求。

太阳能干燥不稳定，不同天气下日辐射积累量差异很大。单纯依靠太阳能而不添加辅助加热设备很难保证干燥基准，干燥周期长，节能率为 86.7%。水源热泵模式下，不同含水率，节能率差别很大；高含水率下，节能效果显著，随着含水率的降低，节能率下降。使用水源热泵辅助太阳能热泵，最终有效提高了干燥稳定性。

6.3.5 远红外辅助热泵干燥

红外辐射是指波长为 0.76～1000μm 的电磁波，波长范围介于微波和可见光之间；根据波长的不同又分为近红外、中红外和远红外。其中近红外波长小于 2μm，中红外波长为 2～4μm，远红外波长为 4～1000μm。红外辐射是以电磁波的方式产生能量，辐射到物料表面时，根据化学键的性质红外能量以不同的频率通过能级间分子的跃迁而被吸收。物料吸收红外线时只能引起粒子发生加剧运动而几乎不发生化学变化，然后物料温度上升；红外辐射干燥时，由于红外线具有一定的穿透性可在物料内部集聚热量，而物料表面的水分又不断蒸发吸收热量导致物料表面温度降低，因此可形成一定的湿度差和温度差；而这两者又与水分扩散的方向一致，这就加速了水分扩散的过程，即干燥过程。红外辐射具有易于控制、热惯性小、干燥效率高等特点，在农产品加工行业受到越来越多的关注。

19 世纪 30 年代美国福特汽车公司第一次将红外灯用在了油漆的固化上，从此开启了红外加热的时代。近年来由于能源价格有较大变化，红外加热干燥技术在欧洲和美洲国家每年以 10%～12%的需求量快速增长。远红外在日本的使用较早，在欧洲国家使用范围最广，在法国红外理论研究与使用水平最先进。

目前有诸多学者不断尝试将红外辐射干燥技术与其他干燥技术相结合，以获得更好的干燥效果，常用的红外联合干燥技术有红外联合气体射流冲击干燥、微波真空联合中短波红外干燥、热风联合远红外干燥、远红外真空联合干燥等。在热泵干燥的中后期，空气与干燥产品之间的传质系数变小，去除这些水分需要更长的干燥时间和更多的能量消耗。同时干燥室进出口空气的状态变化很小，影响了蒸发器降温除湿的能力，热泵系统运行工况变差。但是使用远红外辐射板，可以发射红外线辐射到产品表面，穿入产品表面 1～3cm 实现内部加热，导致产品分子尤其是水分子共振吸收，其内能显著增加，表现为产品温度升高及所含水分蒸发与扩散，达到干燥的目的。远红外辐射技术实现了辐射源光谱与被加热物体吸收光谱的对应，使产品内外受热均匀，且不需加热介质，可以在缩短干燥时间的同时有效提高能量的利用率和产品的质量。

尽管红外辅助热泵技术已有一定应用，但仍存在不少问题亟待解决。对不同种类的干燥物料，需要准确测量它们的光学特性，如光谱发射率、吸收率、反射率等，这些都是精确设计辐射加热过程所必须考虑的基本要素；不同物料结构和形状各不相同，难以把实验室中得到的某个材料参数应用到所有的生物产品上；在热处理过程中，物料的含水量和物理化学性质将发生变化，各种参数也发生相应的变化，这给加热过程的深入研究带来新的挑战，需要研究大量不同物料的红外加热模型。

远红外热泵干燥技术能在相对低的温度下对产品进行干燥，可以有效解决蛋白质含量较高的物料高温变性的问题，因此在高附加值的物料加工方面具有非常广阔的应用前景。现有的热泵干燥技术仍存在干燥温度过低、干燥剂泄漏影响环境、设备维护要求高等问题，尤其是联合干燥涉及的交叉学科较多，在实际应用中仍存在诸多问题。今后的主要研究方向应是根据物料的干燥热性参数确定最佳工艺，开发模块化、自动化、联合式的干燥系统，广泛应用现代测试技术、传感技术以及自动控制技术实现“精确干燥”，进一步发扬热泵干燥能耗低、成本低和品质高的优点。

6.3.6 化学能热泵干燥技术

化学热泵（CHP）是一种热能管理系统，它可以在不需要外界机械能的条件下，达成蓄热、供热、提高热品味和制冷等多种用途，并且可以同时进行多种功能用途。在工业过程中，干燥、蒸馏、蒸发、冷凝等一定的单元操作会产生大量的焓变，而化学热泵可以有效利用这些焓变。化学热泵可以将干燥机废气、太阳能、地热能等的余热以化学能的形式储存起来，在热需求期将不同温度的能量释放出来。因此，近年来，人们对化学热泵干燥系统进行了很多研究。

广义上讲，化学热泵是指将吸附热、吸收热、反应热等能量储存起来，在需要时再释放出不同温度水平的热能。根据所利用的热能形式的不同，可分为吸附式热泵、吸收式热泵和化学反应式热泵。狭义上，我们通常将化学反应式热泵称为化学热泵，本节所探讨的对象就是指此类热泵。化学热泵以化学能的形式蓄热，具有如下优点：①蓄热密度比吸收式、吸附式热泵大；②热损失极小，长期蓄热可能；③蓄热和放热速度快；④操作温度范围广（利用不同的反应体系）。虽然化学热泵装置比较复杂，而且对反应精密控制困难，但是由于其只使用热能进行操作，不会释放出任何污染性气体，因此从有效利用能源和环境保护的角度上讲具有研究开发的潜力。将化学热泵与热力干燥结合，即化学热泵干燥，可以从干燥器的排出废气中回收热能，并且可以生成加热干燥介质所需的热能，实现环境友好、节能型干燥过程。

化学热泵可以通过吸热反应将热能以化学能的形式储存起来，并通过放热反应在不同的温度水平释放热能以满足热需求。在干燥过程中，通过蓄热和高/低温热释放，化学热泵具有热回收和除湿的潜力。

化学热泵通常分为两类：固态气体热泵和液态气体热泵。固-气化学热泵由反应器（或吸附剂）、蒸发器（或蒸发器）和冷凝器（或冷凝器）组成。液-气系统至少有两个反应器：吸热反应器和放热反应器。这些系统通常还需要其他辅助设备。化学热泵最关键的组成部分是反应器，它是传热传质、化学、吸附和吸收的场所。

（1）液-气式化学热泵

在这种类型中有两个反应：放热反应（高温时）和吸热反应（低温时）。放热反应是一种有用的热，而吸热反应是一种较低温度下的热供应，通过反应物的液相催化剂实现。简单地说，当吸热反应的蒸汽释放在另一个反应器中引起反向反应时，就会发生放热反应，温度升高。

大多数的研究都集中在同时作为反应和工作对反应体系催化剂的材料类型上。通常情况下，一个反应很容易进行；然而，由于可逆反应的化学平衡限制，另一个反应很难进行。图 6-11 为异丙醇/丙酮/氢化学热泵系统（IAH-CHP），恒温反应是异丙醇脱氢，发生在 80～90℃；放热反应是丙酮加氢，发生在 150～210℃。反应方程式如下：

$$(CH_3)_2CHOH^s_{(l)} \longrightarrow (CH_3)_2CO_{(g)} + H^s_{2(g)},\quad \Delta H = 100.4kJ/mol \qquad (6\text{-}21)$$

$$(CH_3)_2CO_{(g)} + H^s_{2(g)} \longrightarrow (CH_3)_2CHOH^s_{(g)},\quad \Delta H = -55.0kJ/mol \qquad (6\text{-}22)$$

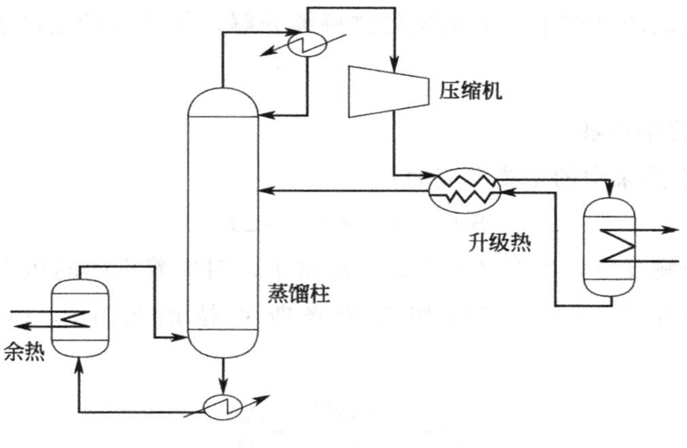

图 6-11 丙醇/丙酮/氢化学热泵系统（IAH-CHP）

氧化镁/水式化学热泵，其吸热反应的温度为 373～423K，反应的蒸汽压为 12.3～46.4kPa。

$$MgO(s) + H_2O(g) \longleftrightarrow Mg(OH)_2(s),\quad \Delta H = -81.02kJ/mol \qquad (6\text{-}23)$$

该类热泵由氧化镁反应器和蓄水池组成，有蓄热和排热两种工作方式。氧化镁/水化学热泵在低热需求时储存化学余热，在高峰负荷时提供热量，有望应用于普通热电联产系统的负荷平衡，如燃气发动机、柴油发动机和燃料电池的热电联产系统。

为了有效提高化学热泵的输出温度，有学者研发了氧化钙/氧化铅和 PbO/CO_2 反应体系。该系统由 CaO 和 PbO 两种模式组成，蓄热方式和放热方式如图 6-12 所示。

在蓄热模式中，CaO 反应器从温度为 T_{d1} 的热源接收热量（Q_{d1}）。随后，碳酸钙脱

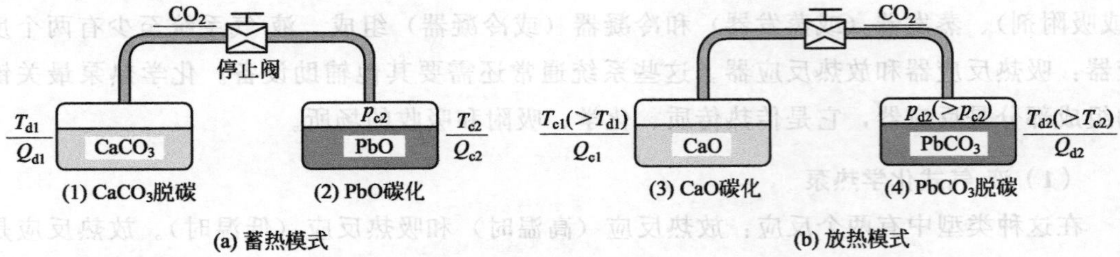

图 6-12 $CaO/PbO/CO_2$ 化学热泵原理图

碳形成 CaO 和 CO_2。在一定压力下，CO_2 与 PbO 在 PbO 反应器中反应（p_{c2}），在 T_{c2} 温度下回收碳化的放热，生成 $PbCO_3$。在供热模式下，$PbCO_3$ 在 PbO 反应器中利用温度高于 T_{c2} 的温度 T_{d2} 进行脱碳。在压力 p_{d2} 下形成的 CO_2 高于 p_{c2}，被引入 CaO 反应器。在反应温度 T_{c1} 高于 T_{d1} 的情况下，由于反应压力较高，氧化石墨烯碳酸化反应继续进行，热量（Q_{c1}）在反应器中放热产生。反应方程式如下：

$$CaO(s)+CO_2(g) \longrightarrow CaCO_3, \quad \Delta H_{298}^0=-178.321kJ/mol \tag{6-24}$$

$$PbO(s)+CO_2 \longrightarrow PbCO_3, \quad \Delta H_{298}^0=-88.27kJ/mol \tag{6-25}$$

在连续的液气联产过程中，金属氢化物持续分解，外热源产生高温，吸热源和蒸发热源提供低温。

（2）固-气式化学热泵

在固-气式化学热泵中的主要反应为：

$$S+nG \longleftrightarrow S'+n\Delta H_r \tag{6-26}$$

其中合成和分解反应发生在两个不同的温度下，对应着不同的压力。固-气反应平衡和液-气平衡都是单变系统，可以用克劳修斯-克拉珀龙方程（Clausius-Clapeyron Equation）来描述：

$$\ln p=\frac{-\Delta H_r}{RT}+\frac{\Delta S}{R} \tag{6-27}$$

在克劳修斯-克拉珀龙图中，它们表示为两条直线。如果已知某些工质对和工作条件(如压力或温度)，则热变压器的热力学循环可以固定在克拉珀龙图中。

固体-气体加热变压器可使用多种工质，根据不同的反应气体主要的工质对如下：有氨系统（碱性盐/氨、碱土金属盐或金属卤化物/氨、硝酸盐和磷酸盐/氨、甲胺/氨）、二氧化硫系统（氧化物/二氧化硫）、水汽系统（氧化/水蒸气，盐/水蒸气）、二氧化碳系统(氧化物/二氧化碳)、氢系统（金属或金属合金/氢）等。最常用的工质对是金属氢化物/氢和氯化物/氨，它们的大气臭氧层消耗潜能值（ODP）和全球变暖潜能（GWP）均为零。

固-气式化学能热泵已经广泛应用于许多领域。美国布莱克本国家实验室（Blackburn National Laboratory）早在几十年前就发现氯化钙/甲醇、氯化镁/水蒸气、氨/氨、金属氢化物/氢系统可以有效利用工业废热和太阳能。此外，热变压器产生的高等级热量可以驱动吸收式和吸附式制冷或热泵系统，从而获得比直接由废热或太阳能驱动的系统更好的性能；另外，当高等级热量的温度高于120℃时，它可以用来生产蒸汽，当高于230℃时，蒸汽甚至可以驱动蒸汽网格产生电力。固-气式变热系统还可以通过分解反应将中等级热量储存在工作对中，必要时通过合成反应重新释放能量，平衡供热与供热之间的时间和空间冲突，提高能源利用效率。

我国的化学能热泵产业在石油化工等行业已经得到广泛推广，但是在干燥行业的应用还很少。对化学热泵辅助对流干燥器的实验研究结果表明，利用环境空气温度在放热阶段进行分批干燥，可用于热风干燥。化学热泵机组可以显著提高热泵的出风温度，并能对空气进行除湿，这个优点很适用干燥这一工艺流程。根据运行压力等级，化学热泵有四种可能的运行模式：蓄热模式、增热模式、制冷模式和升温模式。化学热泵的实际操作压力和温度取决于反应的平衡值——它们由所选系统的热动力学决定。化学能热泵反应体系的特征决定了化学热泵干燥体系的特征，包括反应温度、压力水平、反应活性、反应可逆性、安全性、腐蚀性、成本等因素，因此化学热泵干燥机应用的关键在于选择合适的反应。

参考文献

[1] Daghigh R ,Ruslan M H ,Sulaiman M Y ,et al. Review of solar assisted heat pump drying systems for agricultural and marine products [J].Renewable and Sustainable Energy Reviews, 2010, 14(9): 2564-2579.

[2] Anupam Tiwari , Samit Jain . A Review on Solar Drying of Agricultural Produce [J].Journal of Food, 2016, 7(9): 623-636.

[3] Fadhel M I , Sopian K , Daud W R W , et al. Review on advanced of solar assisted chemical heat pump dryer for agriculture produce [J].Renewable and Sustainable Energy Reviews, 2011, 15(2): 1152-1168.

[4] 白旭升，李保国，朱传辉，等．太阳能热泵联合干燥技术在农副产品中应用与展望 [J].包装与食品机械，2017(3).

[5] 李亚伦，李保国，朱传辉．太阳能热泵干燥技术研究进展 [J].包装与食品机械，2018，36(06)：59-64.

[6] 徐众，浦绍选．太阳能热泵干燥综述 [J].农业工程技术（农产品加工业），2011(12)：37-41.

[7] 王林军，李亚宁，张东，等．太阳能热泵联合干燥系统研究现状 [J].机械设计与制造工程，2019，48(04)：5-9.

[8] 余龙，俞树荣，李春玲．地源热泵供热性能在粮食干燥中的特性研究 [J].中国农机化学报，2014，35(2).

[9] 周鹏飞．木材热泵干燥系统的应用与综合分析 [D].上海：上海海事大学，2018.

[10] 魏娟．热泵干燥特性研究及在农产品干燥中的应用 [D].北京：中国科学院大学，2014.

[11] 张晓康．太阳能-地源热泵耦合供暖系统研究 [D].山东：山东大学，2014.

[12] 赵宗彬，朱斌祥，李金荣，等．空气源热泵干燥技术的研究现状与发展展望 [J].流体机械，2015(6)：76-81.

[13] 卞悦．多功能空气源热泵干燥系统设计与模拟研究 [D].合肥：合肥工业大学，2018.

[14] 张力．太阳能水源热泵组合干燥系统和工艺优化 [D].北京：北京林业大学，2015.

[15] 黄文竹．直接膨胀式太阳能热泵系统的理论和实验研究 [D].安徽：中国科学技术大学，2017.

[16] 阳季春．间接膨胀式太阳能多功能热泵系统的研究 [D].安徽：中国科学技术大学，2007.

[17] Amin Z M , Maswood A I , Hawlader M N A , et al. Desalination With a Solar-Assisted Heat Pump: An Economic Optimization [J].IEEE Systems Journal, 2013, 7(4): 732-741.

[18] 何兆红，黄宏宇，王南南，等. 中低温化学热泵研究进展［J］.化学工程，2015（07）：19-24.
[19] 宋小勇，常志娟，苏树强，等. 远红外辅助热泵干燥装置性能试验［J］.农业机械学报，2012，43（5）：136-141.
[20] Odilio，Alves-Filho. HEAT PUMP DRYERS［M］.13：978-1-4987-1134-0. U. S：Taylor & Francis Group，2015：118-124.
[21] Deng Y，Luo Y，Wang Y，et al. Effect of different drying methods on the myosin structure，amino acid composition，protein digestibility and volatile profile of squid fillets［J］.Food Chemistry，2015，171（14）：168-176.
[22] Shen J，Guo T，Tian Y，et al. Design and experimental study of an air source heat pump for drying with dual modes of single stage and cascade cycle［J］.Applied Thermal Engineering，2018，129：280-289.
[23] Song X，Hu H，Zhang B. Drying characteristics of Chinese Yam（Dioscorea opposita Thunb.）by far-infrared radiation and heat pump［J］.Journal of the Saudi Society of Agricultural Sciences，2018（17）：290-296.
[24] Mustafa Aktas，Ataollah Khanlari，Ali Amini，et al. Performance analysis of heat pump and infrared-heat pump drying of grated carrot using energy-exergy methodology［J］.Energy Conversion and Management，2017，132：327-338.
[25] 王海英. 太阳能热泵系统的热力学分析［C］// 山东省暖通空调制冷 2007 年学术年会论文集. 2007.
[26] 赵宗彬，朱斌祥，李金荣，等. 空气源热泵干燥技术的研究现状与发展展望［J］.流体机械，2015（6）：76-81.
[27] 邹盛欧. 化学热泵的开发与应用［J］.石油化工，1996（04）：294-299.
[28] 张德高，谢焕雄，颜建春，等. 地源热泵稻谷干燥机板翅换热器的设计与试验［J］.农机化研究，2017（7）.
[29] Blackman C，Bales C，Thorin E. Techno-economic Evaluation of Solar-assisted Heating and Cooling Systems with Sorption Module Integrated Solar Collectors［J］.Energy Procedia，2015，70：409-417.
[30] 何兆红，黄宏宇，王南南，等. 中低温化学热泵研究进展［J］.化学工程，2015（07）：19-24.

第7章

热泵干燥系统的控制技术

7.1 热泵干燥的控制系统及其组成

7.1.1 热泵干燥过程的控制系统简介

在建筑空调中，人具有主动性，可以主动对室内环境进行调控。但在物料的干燥过程中，由于物料是完全被动的，被置于一个可调干燥介质状态的控制容积中，因此给定物料的干燥品质取决于控制容积内温度、湿度和成分浓度等干燥介质参数的精准调控。在湿物料的干燥过程中，如果能够按照设定的物料干燥工艺对湿物料的干燥介质参数进行精准调控，就可以在降低干燥能耗、减少污染物排放的同时提高物料的理化指标及感官指标，从而提高农特产品、食品等物料烘干后的商品价值。干燥的操作过程需要按照一定的工艺基准进行。在干燥操作过程中，需要根据物料含水率的变化、物料内部的含水率梯度实时调控干燥介质的参数，保证干燥介质空气有适宜的干湿球温度，以避免物料表面失水过快而硬化，导致水分迁移困难，物料内部的含水率梯度过大，形成较大的拉伸应力，造成物料过度皱缩、表面塌陷甚至开裂，但也要防止排湿不畅导致物料变色发霉。在干燥温度升降的过程中，需要控制干湿球温度的升（降）速度符合干燥工艺要求。热泵干燥控制系统就是把自动控制技术应用于热泵干燥系统中，使热泵干燥系统能够根据物料干燥工艺的要求实时精准地自动调控干燥系统的运行状态参数，保证物料的高品质干燥。

将检测、传感及控制技术结合起来应用于热泵干燥操作，能够实现对热泵干燥操作过程的全自动控制，从而降低操作成本和干燥能耗，提高干燥后产品的品质，同时能够有效减轻工作人员的劳动强度并充分发挥干燥机的生产能力。干燥的基本技术目标是在保证物料干燥品质和价值的同时以最低的能耗和费用达到要求的物料含水率，对于高热敏性物料还需要保证其活性。其中，实时在线监测与过程自动控制是干燥过程中提升干燥效率和保证干燥后产品质量的关键。然而，物料的干燥过程是一个典型的非线性、多变量、大滞后、大惯性、时变性以及参数关联耦合的非稳态传热传质过程，高热敏性物料本身又是一种复杂的生物化学物质，难以建立精确的数学模型。因此，热泵干燥过程自动控制策略的发展就分为基于物料干燥特性的精确模型控制和不依赖被控对象的模糊控制两个方向。

干燥过程的自动控制是确保干燥过程稳定、提升干燥效率和品质，并降低干燥能耗的重要措施，故稳定性、准确性、鲁棒性以及快速响应机制是物料干燥工艺控制器的基本要求。物料干燥过程的控制策略主要包括前馈控制、反馈控制、智能控制和基于模型控制等方法，其中，模型控制是控制过程的发展趋势。随着人们对物料干燥机理与干燥模型研究的不断深入，基于模型控制的干燥控制系统正成为国内外学者研究开发的热点。其主要方向是研究干燥过程中物料内部的热质传递规律，建立能够精确反映干燥过程状态的数学模型，完善干燥过程的自动控制。目前，已有通过神经网络技术建立的复杂的谷物干燥过程的智能模型用来取代传统数学模型，该智能控制系统能逼近真实系统并对其进行有效的控制。模型控制主要包括自适应控制和模型预测控制。自适应控制依据干燥过程中的参数变化和外界干扰来实时调整控制参数，保持干燥系统在最佳的工作状态。模型预测控制是通过过程动态模型来预测参数的未来变化并结合传统的反馈控制实现优化控制的。

融合控制方法的研究是当前热泵干燥过程自动控制技术研究的热点。通过对神经网络与传统控制理论结合的智能控制、模糊变结构控制、自适应模糊控制、模糊预测控制、模糊神经网络控制、专家模糊控制等复合控制策略的研究，分析其在实际干燥系统的控制应用中的可行性；根据物料干燥过程的动态特性，基于单片机控制技术、虚拟仪器技术与PID控制理论，以单片机为控制核心，综合电脑监控模块、数据传感模块以及单片机控制模块设计干燥过程的自动控制系统，实现对物料干燥过程中温度、湿度、风速、运行状况的自动监测和控制功能，达到干燥控制性能指标的最优化。

7.1.2 热泵干燥过程的控制系统组成

一个精确的热泵干燥控制系统主要由热泵干燥装置、数据采集系统和监控系统组成。其中，热泵干燥装置是利用低品位能量的回收增焓与除湿技术实现物料节能脱湿干燥的装置，是整个干燥系统的核心。控制系统根据采集到的干燥箱内以及热泵设备的参数，了解设备的运行情况、干燥介质的状态、物料干燥的程度和部分品质参数，温湿度传感器、压力传感器与流量传感器等传感器实时监测设备运行参数并输入控制器，控制器通过控制算法对电磁阀、热泵压缩机等热行机构进行控制，以完成热泵干燥控制系统的各种功能，并及时调整干燥工艺参数的设置以及报警信息查询等。热泵干燥装置由压缩机、冷凝器、膨胀阀、蒸发器、辅助电加热器、风机以及厢式干燥器等组成，已在第 4 章作了详细介绍，本章不再赘述。

基于控制要求，热泵干燥过程的控制系统采用计算机为上位机、可编程控制器为下位机，通过数据采集和监控系统实现对热泵干燥系统运行过程中各个参数的监测和调控。控制系统的硬件主要包括上位机、下位机、信号采集部分、驱动及执行部分以及数据转换装置，如图 7-1 所示。

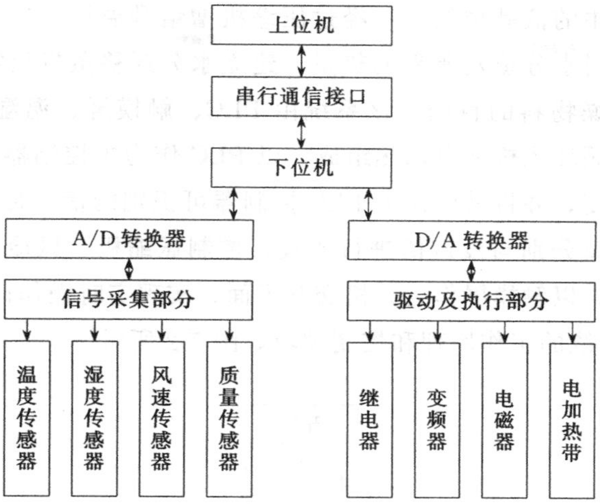

图 7-1 控制系统的硬件构成

控制系统由上位机的监控功能和下位机的自动控制功能组成。上位机的计算机执行管理功能，采用组态软件开发的监控系统作为人机界面，以下位机作为控制对象，对下位机测量的现场数据进行实时记录、处理并存入实时数据库。通过人机界面监控下位机的工作情况，随时调整最佳的干燥参数值。主要功能有数据实时显示、数据归档、干燥参数设定、干燥控制、报警信息查询和显示。

下位机执行现场控制功能，利用编程软件编写的用户程序实现监控系统的数据处理、回路控制和模糊复合控制算法执行等功能，使热泵干燥装置可以按照设定要求自动完成开机、设备控制、故障检测和保护、关机等工作过程。主要的控制对象为现场的各种测量和执行设备，包括各参数信号采集传感器、电磁阀、热泵压缩机等。通常采用 PLC 作为下位机的核心，其具体的原理会在下一节做详细的解释。下位机的控制程序可以由以下程序模块组成。

① 系统变量初始化模块。负责完成系统和通信端口的初始化，如 CPU 的自动检测存储器、检查扩展模块的状态是否正常以及对通信控制参数进行初始化等。

② 模拟量采样处理模块。对不同模拟量的输入端口，通过编程软件系统块设置并选择软件滤波器。其中，滤波值是模拟量设定个数的采样值和平均值。

③ 热泵参数控制模块。根据预先设定的参数控制热泵干燥机，并使其在设定的参数下运行。例如，湿度控制、风机控制、温度控制和辅助电加热等模块。

④ 通信模块。通过计算机软件对通信进行设置，以实现对热泵干燥装置运作的信息传送。

此外，控制系统利用结构化设计思想，将控制模块分成若干功能模块，以细化程序，便于读写。控制系统通常会设计多个程序段，以实现温度控制、湿度控制、模拟量采样滤波处理、系统参数及其初始位标化处理等功能。

7.1.3 典型的热泵干燥 PLC 控制逻辑

热泵干燥 PLC 控制系统是通过蒸发器对来自干燥室的湿热空气进行降温冷凝除湿

的，并回收湿热空气中的低品位能量；经过压缩机增焓升温后，加热蒸发器来的低温低湿空气，提供干燥物料水分蒸发所需的热量，建立水分迁移蒸发所需的基本动力即水蒸气分压力差，达到干燥物料的目的。该系统由PLC、触摸屏、温湿度变送器、压缩机、主风机、风冷风机、循环风机和电加热组成。以PLC作为主控制器，通过温湿度变送器采集实时的温度和湿度，并将其转换为PLC控制器可识别的信号传输到PLC控制器中。将温度和湿度的测量值分别与设定值进行比较，控制压缩机、风冷风机、循环风机和电加热执行相应命令，并以触摸屏作为人机交互界面，实现实时操作以及显示系统的状态。热泵干燥PLC控制系统的工作原理和控制逻辑如图7-2所示。

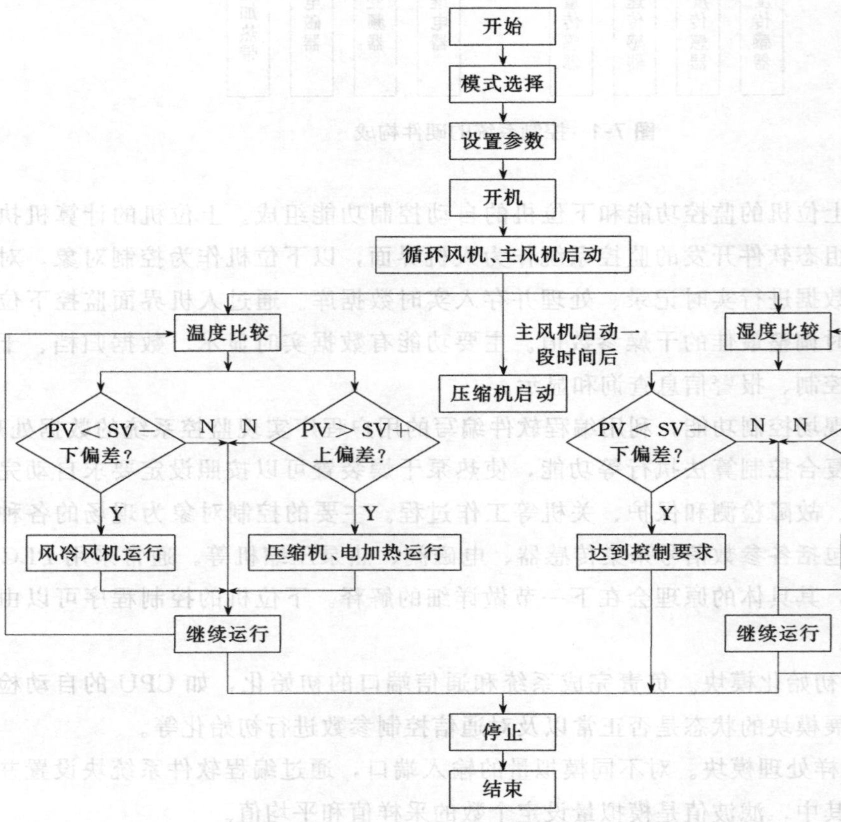

图7-2 热泵干燥PLC控制系统的工作原理

根据不同工艺的要求，热泵干燥PLC控制系统具有“定值”和“曲线”两种运行方式。首先，需要对系统进行模式选择以及设置相应参数；其次，按“开机”键使系统开始运行。根据各设备运行的情况，可通过分别比较温度和湿度的测量值与设定值进行具体的分析。不同情况下各系统运行情况的分析如下：

① 当温度测量值大于设定值加上上偏差时，运行风冷风机，系统降温；

② 当温度测量值小于设定值减去下偏差时，运行压缩机和辅助电加热，系统升温；

③ 当湿度测量值大于设定值加上上偏差时，运行压缩机，系统除湿；

④ 当湿度测量值小于设定值减去下偏差时，达到干燥要求，系统停止。

7.2 热泵干燥系统控制技术的背景技术介绍

7.2.1 数据采集与监控系统

数据采集与监控系统（Supervisory Control and Data Acquisition，SCADA）是以计算机为基础的过程控制与调度自动化系统。它可以对现场的运行设备进行监测与控制，以实现数据采集、处理、设备控制、参数调节以及各类信号报警等各项功能。从工业自动化系统的发展来看，组态技术、总线和通信技术、诊断技术等早已成为系统的核心技术。它应用广泛，可以应用于电力、冶金、石油、化工等领域的数据采集与监测控制以及过程控制等诸多方面。

热泵干燥装置的控制系统能够对其多个位置的温度和湿度进行监控，并利用基于工业组态软件的监控界面实现人机交互。数据采集系统主要由传感器、A/D 和模拟量模块组成，传感器将采集到的温度、湿度、风速等模拟量信号传输到模拟量输入模块并转换成数字信号，随后换算成相应的工程值并储存；上位机和下位机之间，通过通信协议进行通信，服务器将通信中获取的数据，在上位机人机界面上实时显示。数据采集的信息包括干燥室内的进出风温湿度、风机风速、干燥物料的实时重量以及热泵干燥过程中各个设备的工作情况。

监控系统主要具备下位机自动控制和上位机监控功能。下位机的核心程序（如 PLC）进行温湿度控制，并利用变频器控制风机转速来控制干燥介质流量，同时还具备数据处理功能。利用计算机作为人机界面供客户从服务器获取数据，更直观系统地显示系统的运行状况。当温度或湿度超过设定的上、下限值时，可自动产生报警信息，并对温度或湿度进行调控，直至报警解除。通过系统监控主界面上的操作控件，可以方便查看干燥过程中的干燥介质温度实时曲线、湿度实时曲线、重量实时曲线、干燥曲线、干燥速率曲线及报警信息等。

7.2.2 可编程逻辑控制器技术

可编程逻辑控制器（Programmable Logic Controller，PLC）是一种具有微处理器的、用于自动化控制的数字运算控制器，可以随时将控制指令载入内存并进行储存与执行。PLC 由 CPU、指令及数据内存、输入/输出接口、电源、数字模拟转换等功能单元组成。早期的 PLC 只有逻辑控制功能，但随着技术的发展，在传统的顺序控制器的基础上引入了计算机技术、通信技术、自动控制技术和微电子技术的一代新型工业控制系统，目的是取代继电器、记时、计数、执行逻辑等顺序控制功能，建立柔性功能的远程控制系统。目前 PLC 还包括模拟控制、时序控制、多机通信等多种功能，具有通用性强、适应面广、使用方便、可靠性高、抗干扰能力强、编程简单等特点。

在硬件的支持下，PLC 控制系统通过执行反映控制要求的用户程序来完成各种控制任务，其本质也属于计算机控制系统的一种。相较于普通的计算机，其拥有性能更强的工程过程接口，同时编程语言也更适合工程相关的控制需求。PLC控制系统的工作原理是重复运作，具体通过循环工作以及顺序扫描的方式实现。在系统软件的控制下，重复性地对任务目标进行输入采样、用户程序执行和输出刷新三个阶段。完成上述三个阶段称为一个扫描周期。在整个运行期间，PLC的CPU以一定的扫描速度重复执行上述三个阶段。PLC控制系统的运行周期与其工业环境的控制状态有关，其应用也应当按照相对应的出厂配置说明书进行。一般PLC控制系统的输入采样和输出刷新只需1～2s，因此其扫描时间主要由用户程序的运行时间决定。而通常情况下PLC控制系统每秒可以进行数十次的扫描，能够基本适应目前工业控制的需求。

7.2.3 单片机

单片微型计算机（Single-Chip Microcomputer）简称单片机，是把中央处理器、随机存取存储器、只读存储器、输入输出端口、定时/计数器等主要计算机功能部件集成到一块集成电路芯片上的微型计算机，其结构如图7-3所示。随着计算机技术的不断发展，单片机以其体积小、功能强、功耗低、使用灵活、抗干扰能力强、控制功能强等优势，在进行数据采集处理、外部设备输出控制以及作为机电一体化设备核心等方面，都能更好地发挥作用。同时单片机广泛应用于实时控制、自动测试、智能仪器仪表、计算机终端、遥测通信、家用电器等方面，用单片机开发的各种产品快速地进入国民经济的各行各业。

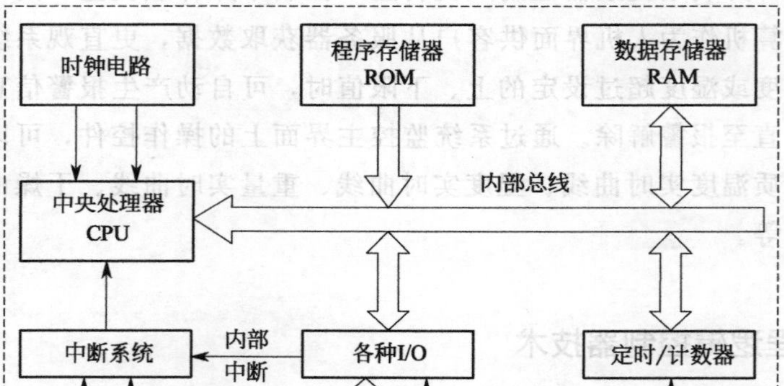

图7-3　单片机结构框图

单片机技术和嵌入式技术也得到越来越广泛的应用，有研究以传统的单片机或者DSP、ARM芯片为主控制器，研发出应用于木材干燥窑的参数测试和控制系统，大大降低了干燥窑控制系统的成本，使干燥系统应用简便，具有高度的实时性、可控性、独立性，并且具有更人性化的人机接口，同时采用独立的驱动系统使系统具有较好的模块性和同步性。

7.2.4 虚拟仪器技术

虚拟仪器技术是第四代控制技术的代表，是仪器技术发展过程中的一场革命性反响，其完美地结合了计算机技术和测量控制技术。软件是其主要的部件，通过软件的开发实现整个控制过程的运行，并准确地完成实际中的各种测量以及控制和采集过程。虚拟仪器的结构如图 7-4 所示。虚拟仪器在具备传统仪器完整功能的基础上，进行更灵活的开发和应用；相比传统仪器更具优越性和便捷性，体现在其低价格、系统开放性、开发维护时间短和费用低、更新周期短、软件与硬件的集成性高等方面。

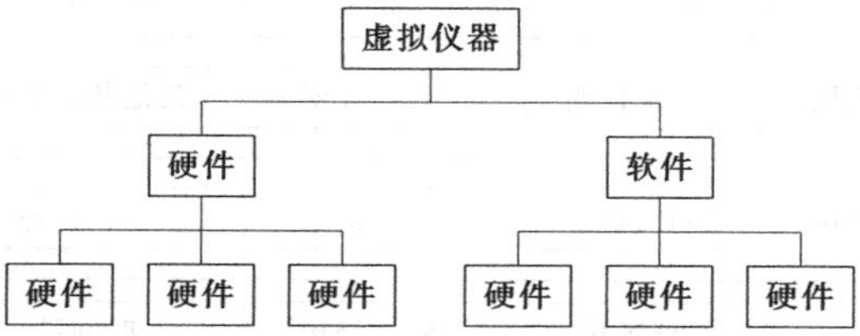

图 7-4 虚拟仪器结构图

7.2.5 工业组态技术

工业组态是指把企业中现场设备、控制器、监控和管理各层信息融为一体的计算机平台。工控组态软件的出现，弥补了 PLC 控制系统无法大量存储数据、无法显示各种实时曲线和历史曲线等的不足。工业组态通常分为管理层、监控层、控制层、设备层四个层次，构成一个分布式的工业网络控制系统。管理层负责实现生产数据的管理、查询和统计；监控层通过对多个控制设备的集中管理以监控生产运行过程；控制层负责实时监测与控制现场工艺过程；设备层把物理信号转换成数字信号或标准的模拟信号。监控组态软件一般位于监控层，对下集中管理控制层，向上连接管理层，是企业生产信息化的重要组成部分。工业组态软件具有数据采集和监控功能，以及组态、开发和开放功能。工业组态软件是伴随着计算机技术、自动化技术、可编程控制器（PLC）技术、总线和通信技术、故障诊断技术、冗余技术和图形显示技术等工业控制技术的突飞猛进而发展起来的。随着个人计算机的普及和开放系统的推广，工业组态软件在工业控制领域不断发展壮大。

7.2.6 区块链技术

区块链是分布式数据存储、点对点传输、共识机制、加密算法等计算机技术的新型应用模式，其具有去中心化、透明性、不可篡改性和匿名性等特征。区块链技术的这些特征来源于其基础构架，如图 7-5 所示。一般而言，区块链包括数据层、网络层、共识层、激励层和合约层五个部分。数据层是区块链使用多种密码学技术（如非对称加密、默克尔树、哈希函数等）创建的数据存储格式，具有保证区块链数据稳定性和可靠性的功能；网络层通过组织区块链底层的点对点网络来实现，同时让交易在网络中快速扩散，来保证交易的正确性能够得到及时的验证；共识层使整个网络中高度分散的每个节点都能快速地就交易数据达成共识，并保证全网记账的一致性；激励层通过提供一定的激励方式，鼓励全网每个节点都参与到区块链中区块的生成及验证工作中，以确保区块链的稳定运作；合约层是一种建立在其他四个部分的基础上提供的用于编写可执行代码的接口，各种基于区块链的应用可以利用该接口进行开发。

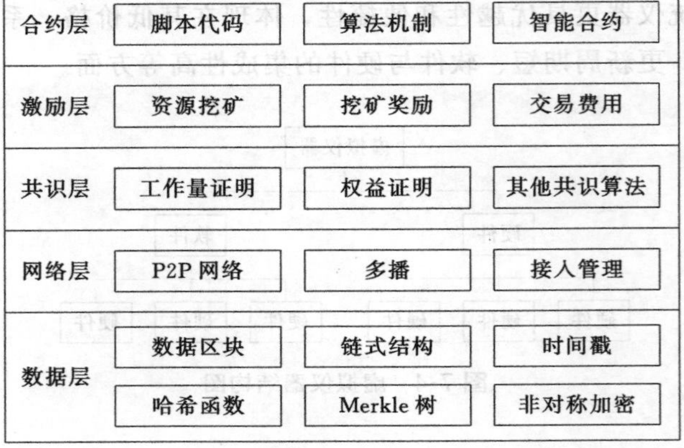

图 7-5 区块链基础构架

中国作为农产品生产和消费大国，农产品的质量安全与加工碳足迹问题一直是各领域关注的重点。如何应用现代化科学技术，建立并完善农产品质量及其加工过程的方法、碳足迹全要素安全溯源体系，以保证农产品的质量安全，体现加工过程的碳排放特性，实现农产品质量安全、加工方法、碳足迹全程可追溯，已成为学界的研究热点。目前，已有不少学者尝试把区块链技术通过区块链层次结构叠加到农产品的运作流程中作为整体架构，以构建农产品质量安全与加工过程的全要素溯源体系。具体而言，根据质量安全与过程溯源体系的功能不同，从上至下分为应用层、数据层、核心层和物理层。首先，以物理层为基础，通过信息采集，将“物”纳入区块链的每个区块中；其次，以核心层为保障，通过智能合约与共识机制保证前端消费者、溯源信息提供者和监管机构三类管理主体的目标兼容；再次，以数据层为重点，避免“信息孤岛”的问题，并通过分布式管理提高溯源的精确度；最后，以应用层为根本，采用 B/S（Browser/Server，浏览器/服务器）技术实现“人物绑定、借物管人”。其中，区块链技术主要应用于核心层和数据层。具体的体系架构如图 7-6 所示。

对于农产品加工环节的质量与过程碳足迹溯源体系，其主要参与角色是加工企业。加工企业在接收农产品的时候获取该农产品信息文档的访问权与维护权。在加工环节中，实现对干燥品质参数、干燥介质状态参数、能源结构参数、碳足迹及干燥装备运行状态等参数的数字化精准管理；建立针对每个干燥系统、每批次加工物料的数据来源数字映射关系，实现农产品加工过程的全要素追溯、精确管理。同时，将加工过程的数据信息和通过第三方检测机构输出的农产品检测信息，同步至区块链。在通过质量安全检测后，对农产品进行包装，并输出产品的包装材料、产地以及生产时间、方法、碳足迹等物理

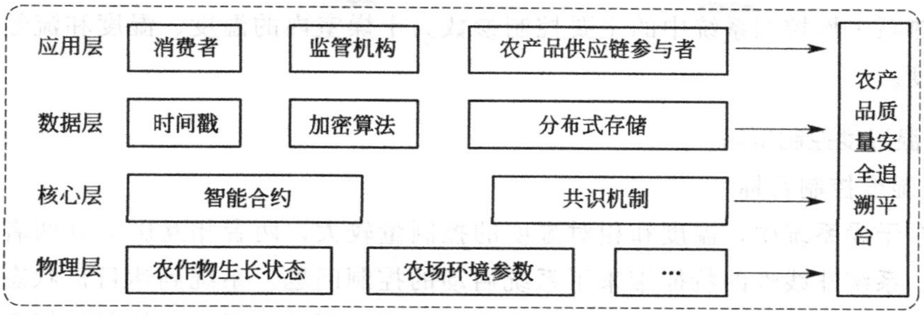

图 7-6　农产品质量安全溯源体系架构

信息，以生成物理标签，为消费者提供查询入口。此时，消费者可以登录其账户，通过二维码或条形码，获得一定权限访问农产品的信息文档。

7.3　热泵干燥的控制策略与理论

7.3.1　热泵干燥过程的控制要求

干燥介质（空气）的温湿度对热泵干燥效率和干燥物料品质都有较大影响。温度高有利于物料干燥，但过高时过热的空气有可能会破坏物料结构，导致其组织液迅速膨胀，破坏细胞壁；并且还会引起有机化合物的焦化、热解和其他生化反应，导致风味物质等高热敏性、高活性物质的损失；典型的如枸杞烘干，工艺控制不好会导致产生油果，降低枸杞销售等级。因此，热泵干燥介质的温度宜保持在物料允许的最高温度范围内，以避免物料发生变色、分解等理化变化。干燥介质湿度低有利于物料干燥，为了提高干燥速率需尽量降低其湿度，但湿度过低会导致物料表面硬化、毛细孔道收缩，反而降低干燥速度，严重时会导致物料皱缩、塌陷、开裂。因此，热泵干燥室中的传热传质过程、进入蒸发器空气的相对湿度、热泵的运行工况、循环空气在热泵中的除湿与在干燥室中的吸湿匹配、热泵干燥装置的热平衡等需求按照干燥工艺要求有效调控是热泵干燥装置能够良好运行的前提。调控要实现的目标包括：第一，干燥室中的物料与干燥介质的传热传质强，物料的干燥质量好；第二，热泵的能源效率高，运行参数平稳，工作安全可靠；第三，热泵系统和干燥介质循环系统的匹配性好。稳定运行时，要实现空气在热泵蒸发器中的除水速率与其在干燥室中的吸水速率相同；热泵冷凝器的制热速率与干燥室物料干燥的吸热速率相同；热泵蒸发器在对空气进行降温除湿的过程中有较高的冷量利用率，即水分凝结所需的冷量与蒸发器的总冷量（近似等于水分凝结所需冷量与空气降温所需冷量之和）之比尽可能大。

7.3.2　热泵干燥的控制策略

在干燥的不同阶段，干燥速率和干燥质量的好坏受多种因素的影响和制约，包括干燥温度、湿度、风速和布料方法。其中温度、湿度和风速是影响干燥过程的主要因素。因此，在热泵干燥控制系统中的主要控制参数为干燥室内的温度、湿度和流经干燥物料的气流速度。

（1）温湿度控制策略

1）温湿度控制目标

在热泵干燥系统中，温度和相对湿度的控制量较大，两者相互影响且两者的变化呈相反趋势。系统非线性的特征带来了系统启动的控制问题。系统到达目标状态需要一个过程，要实现响应的加速，控制系统将会产生超调和振荡。系统的控制目标是，迅速启动、快速到达目标状态并保持该状态。

热泵干燥控制系统中，温湿度控制是一种带反馈的闭环控制。根据温湿度传感器检测现场的实际温湿度值，采用一定的控制算法自动进行修正并控制执行机构的动作，从而实现对温湿度的精确控制。温湿度控制的目标为，将干燥室内的温度控制在目标设定值上，达到要求的精度，同时在温度精确控制的基础上将湿度控制在一个要求精度的范围内。

把温度控制在一个目标设定值上，目的是比较当前的温度值与设定值，调用温度控制模块，控制升、降温电磁阀以控制整个热泵装置的加热管路。通过变频器改变压缩机中电动机的转速，以实现对制冷工质流量的调节，使干燥室内的温度保持在目标设定值上。系统启动的过程中，可以通过使用辅助蒸发器等技术，使热泵冷凝温度尽快接近设定值，以提高响应速度。干燥室内对相对湿度的控制是以温度控制为基础的，在目标温度下将干燥室内的相对湿度控制在一个理想的范围内，使得干燥介质空气具备较强的吸湿能力。通过比较当前的湿度值与设定值，调用湿度控制模块，控制降温电磁阀，从而执行除湿操作。当相对湿度高的湿空气经过蒸发器时会释放热量，从而降低温度。当温度低于露点温度时，所含水分将会凝结成水析出并通过排水管排出机体。

2）温度控制方案

控制系统由输入输出接口装置、控制器、执行机构、控制对象、测量变送器等部分组成，如图 7-7 所示。在热泵干燥系统中，系统的控制对象主要是干燥室，控制变量为干燥室内的温度；执行机构包括风机、主电磁阀、升温电磁阀、降温电磁阀、变频器、辅助电加热器等；控制器包括传统的 PID 控制器、模糊控制器以及 Fuzzy-PID 复合控制器等；输入输出接口装置为 PLC 的模拟量扩展模块；测量变送器为各种传感器，安装在干燥室内。恒温控制的核心为控制器的设计，即控制算法的选择。

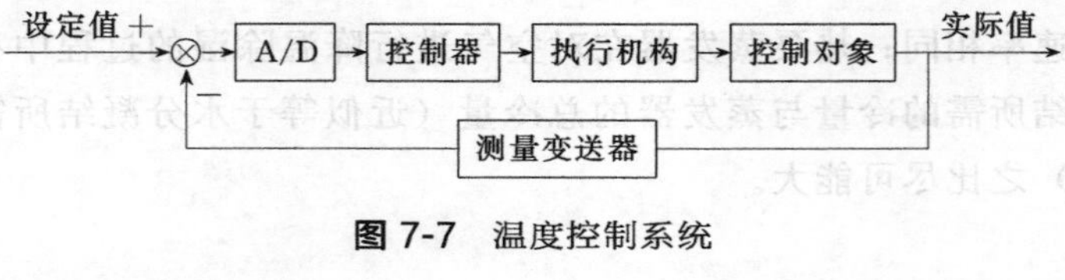

图 7-7 温度控制系统

3）变温干燥技术

变温干燥根据干燥过程中物料内部水分迁移阻力的变化及物料热敏成分对温度的不

系统控制问题。

模糊控制器一般由计算机程序和硬件实现模糊控制算法。计算机可以是单片机、PLC 等各种类型的微机，程序设计语言可以是汇编语言、C 语言等。模糊控制器的结构包含模糊化接口、数据库、规则库、推理机与解模糊接口等，如图 7-10 所示。模糊控制器的输入必须通过模糊化才能用于模糊控制输出的求解，其将输入的实际值转换成一个模糊矢量再进行下一步的模糊推理。模糊控制器输入部分的功能包括：选择输入输出量及其离散论域，模糊语言变量的确定，确定语言值的隶属度函数。

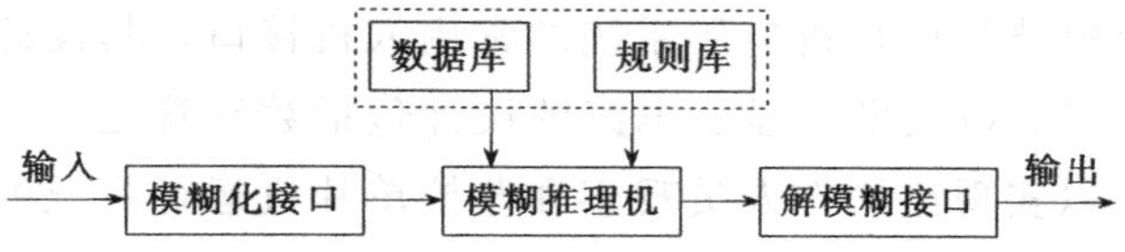

图 7-10 模糊控制器的结构

模糊推理利用数据库和规则库对模糊量进行计算，以求出模糊控制输出值。最基本的模糊推理方法是 Zadeh 近似推理。模糊推理的结果均为模糊值，需要先转化成一个执行机构可以执行的精确量再用于控制对象。此过程称为解模糊过程，相当于模糊空间到清晰空间的一种映射。解模糊的目的是根据模糊推理的结果求得最能反映控制量的真实分布。解模糊的方法包括最大隶属度法、加权平均法等。

模糊控制器作为模糊控制系统最重要的组成部分，其设计不依赖于被控对象的精确数字模型，对被控对象的非线性及时变具有一定的适应能力；对于一般控制问题，其鲁棒性和快速性等均优于传统数字控制器；模糊控制的核心控制规则用自然语言表述，更便于操作人员理解及进行人机对话。但模糊控制也存在控制精度低、自适应能力不高以及容易产生系统振荡现象等问题。

（3）模糊-PID 复合控制

模糊-PID 复合控制（Fuzzy-PID）方法融合了模糊控制技术与常规 PID 控制算法的优点，兼具模糊控制灵活性强和 PID 控制精度高的特点，基本原理如图 7-11 所示。当系统偏差大于设定阈值时，采用模糊控制，加快响应速度；当偏差小于设定阈值时，采用 PID 控制，选取合适的控制参数对控制系统进行修正，以减小系统的稳态误差。对系统偏差阈值的合适选取，能够避免系统出现超调或振荡而导致系统动态性能下降的现象。

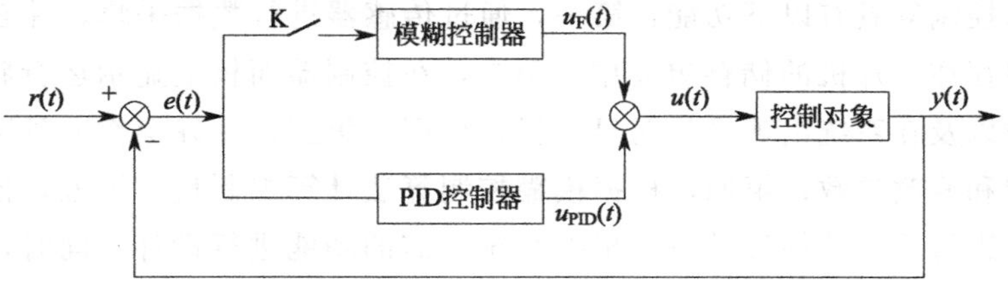

图 7-11 模糊-PID 复合控制的原理图

7.3.4 热泵干燥控制系统的硬件电路设计

图 7-12 是一个基于单片机控制的温度采集与控制系统，该自动控制系统以单片机为控制核心，由输入、输出、按键显示及其他辅助电路构成。干燥箱内各测温点的温度经由温度传感器测量后，经过模数转换电路进行模数转换后传输到 CPU。CPU 将处理后的结果用于控制对象。显示器用于显示干燥箱内的各测温点及设定的温度值。其中，温度检测电路的设计包括测温元件选择、信号输入与放大电路设计。单片机的选择要结合物料干燥设备要完成的功能。模数转换电路的设计包括模数转换芯片的选择、与单片机的接口电路设计。键盘电路是单片机应用系统的常用人机接口，其设计要注意尽量减少对 I/O 端口的占用，节省 I/O 资源。显示电路的设计包括数码管显示器、驱动三极管和若干限流电阻的组合，以实现让操作人员观察和监控单片机运行状况的功能。输出控制电路的设计包括控制进风口大小的方式、单片机 I/O 口信号的输出方式、电动机转速与转向控制等。

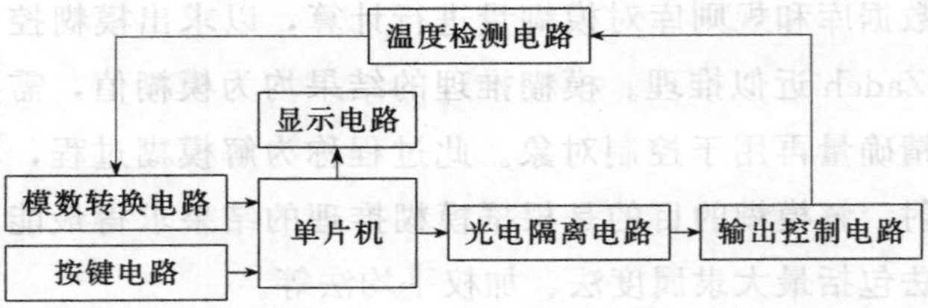

图 7-12 单片机控制系统的结构

7.3.5 热泵干燥控制系统的软件设计

热泵干燥控制系统的软件设计是在系统硬件的基础上，通过分析控制器的功能，从而形成具体的设计方案。软件设计包括系统的总体设计和模块设计。其中，系统的软件总体结构主要包括下位机 PLC 或单片机程序的设计和上位机计算机监控系统的设计两个部分。图 7-13 为基于 PLC 的热泵干燥装置 SCADA 系统软件的总体结构。在控制过程中，下位机 PLC 程序及其扩展模块负责将传感器采集到的现场数据转换为数字信号，并储存到相应的数据区，再与目标设定值进行比较。通过一定的控制算法处理后，运用得出的相应控制信号调控温度和湿度，经由 PPI 通信电缆将数据传送至上位机实现实时显示、存储和报警等功能。

系统中的控制器具有以下功能：第一，通过传感器进行数据采集，并在完成模数转换后将数据储存在单片机的储存单元中；第二，在控制器面板上显示运行状态、实时温度、设定参数以及在系统出现异常时显示错误代码；第三，允许操作人员通过控制器面板设定、查看和修改参数；第四，根据模糊控制算法计算控制量；第五，控制信号的产生与输出。在进行系统软件设计时，根据系统所需的功能进行设计。同时，还要遵循模块化原则，注意模块间的功能应相对独立。另外，同一模块也可以有多个应用之处，有利于提高代码的使用效率。

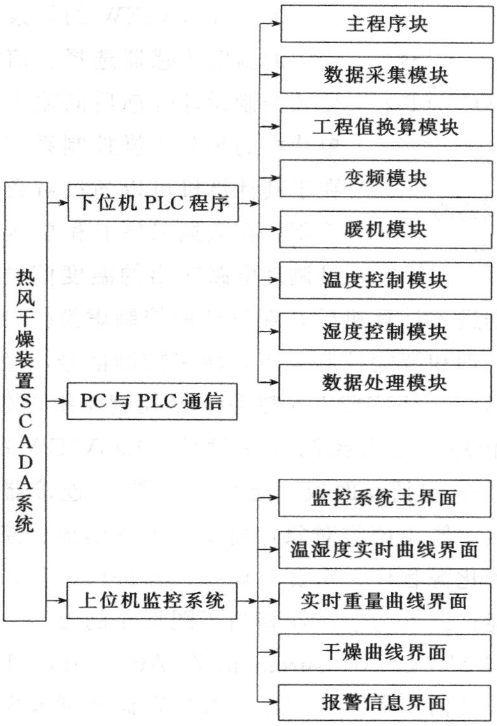

图 7-13 热泵干燥装置 SCADA 系统软件的总体结构

7.3.6 基于虚拟仪器技术的热泵干燥系统设计

为满足现代计算机化管理的形势发展需要，在原来单片机控制的基础上，提高干燥室的微机利用率，目前有研究采用 LabVIEW 软件为开发平台，开发以计算机作为主控制器的干燥控制系统。LabVIEW（Laboratory Virtual Instrument Engineering Workbench）是一种图形化的编程语言，其利用图形化界面进行编程，基本上不需要写程序代码，而是采用流程图，以软件代替硬件，开发速度快，易于构建起数据采集和控制虚拟仪器。与传统的测量和显示仪器相比，LabVIEW 最大的不同在于其核心是软件。传统的测量和显示仪器的性能和参数由厂家决定，而 LabVIEW 可以根据需要随时调整其性能和参数，可产生独立运行的可执行文件。LabVIEW 集成了满足 GPIB、VXI、RS-232 以及 RS-485 协议的硬件及数据采集卡通信功能。同时，它还内置了能够方便使用 TCP/IP、ActiveX 等软件标准的库函数。因此，LabVIEW 是一个面向最终用户的工具，并提供了实现仪器编程和构建数据采集测试系统的便捷途径。LabVIEW 利用计算机强大的处理能力在实现传统仪器所有功能的基础上，还拥有成本低、可方便地搭建各种测试和实验平台等的优点，因而逐渐广泛应用于工农业生产、测控和研发等领域。

采用 LabVIEW 软件平台对物料的干燥过程进行控制，就需在智能化控制器的基础上，编程检测并控制干燥室的物料温度，并在虚拟仪器的主面板上将温度以波形的形式实时显示出来。干燥虚拟仪器系统的结构框图如图 7-14 所示。

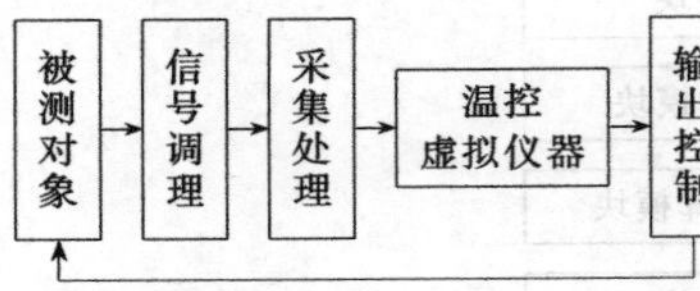

图 7-14 基于虚拟仪器的干燥温控系统框图

基于 LabVIEW 的热泵干燥控制系统的硬件电路中的温度传感器选择、信号调理电路设计、输出变频控制设计等前后向输入输出部分与前述的基于单片机的热泵干燥控制系统的硬件设计相同，区别在于其计算机可以通过对数据采集卡中的部件进行控制，在数据采集卡和总线间实现通信，完成对信号调理电路输出的温度信号的采集、交换数据和输出控制信息。采集的数据进入计算机后，在设计的控制虚拟仪器前面板中，显示实际值和设定值；再通过数据处理和智能控制运算，输出控制信号，经由数据采集卡反馈到变频器，实现实时控制。基于 LabVIEW 的热泵干燥控制系统的软件设计包括 LabVIEW 的应用程序、数据采集程序、输出控制程序设计。LabVIEW 的应用程序即虚拟仪器（Virtual Instrument，VI），包括前面板、流程图和图标/连接器。前面板作为图形用户界面，包括用户输入和显示输出两类对象，提供了工具模板、控制模板和函数模板；流程图提供虚拟仪器的图形化源程序，负责对虚拟仪器进行编程，以控制和操纵定义在前面板上的输入和输出功能；图标与连接器相当于图形化的参数。数据采集程序中的数据采集通道和相关参数根据 MAX（Measurement & Automation Explorer）中的设置采集数据。另外，通常还会设计信号降噪处理以及数据存储和读取模块的子虚拟程序，以减少干扰信号。输出程序基于 PID 控制以控制模板进行设计。

7.4 通信及网络技术

7.4.1 物联网、大数据和云计算简介

数据已经渗透到当今每一个行业和业务职能领域，成为重要的生产因素。随着科学技术的发展，网络大数据被广泛应用，提高了网络数据存数和管理质量，减少了网络数据的处理时间。云计算、大数据和物联网是新一代信息技术的高度集成和综合运用，极大提高了对信息的搜集、整理、分析效率，对传统产业生产要素的优化及结构重整具有积极的促进作用，在医疗、农业、城市建设、管理、能源、环境、通信、电力、零售、交通物流、服务等多个行业得到普遍应用，推动着产业向智能化升级转型。习近平总书记在中共十九大报告中也指出，要“推动互联网、大数据、人工智能和实体经济深度融合”。将这些新兴互联网技术与实体经济相结合，可以加强信息协作，支持分布式管理模式，扩展工程数据来源，挖掘海量数据中蕴藏的价值，支持智慧型决策，具有良好的应用前景。

物联网是通信网和互联网的拓展应用与网络延伸，它利用智能装置与感知技术对物理世界进行感知识别，采集其声、光、热、电、力学、化学、生物、位置等各种需要的信息，并通过网络传输互联，进行计算、处理和知识挖掘，以实现人与物、物与物的信息交互和无缝连接，实现对物理世界进行实时控制、精确管理和科学决策的目的。物联

网具备三大特征：第一，全面感知。利用传感器、无线射频识别以及二维码等技术随时随地获取用户或产品的信息。第二，可靠传送。利用通信网和互联网随时随地进行信息的交互和共享。第三，智能处理。通过云计算和模式识别等智能计算技术，分析与处理海量的信息数据，以实现对数据的智能决策与控制。物联网将传感器和智能处理相结合，并利用云计算、模式识别等智能技术，扩充其应用领域，其关键技术包括识别和感知技术（二维码、RFID、传感器等）、网络与通信技术、数据挖掘与融合技术等。对传感器获得的海量信息进行分析、加工和处理，得出有意义的数据，以适应不同用户的不同需求，并发现新的应用领域和应用模式。通过互联网，把这些众多的传感器组成一个物联网络，所采集到的传感数据，其数据量比单纯的数据增大了数万倍甚至数十万倍，远远突破单一计算机的数据处理能力和存储能力，需要采用大数据技术，对这些数据进行分析，以达到相应的目的。因此，物联网作为云计算技术、大数据技术等通信及网络技术的运作载体，连接了生产与生活的各个领域，为未来真正实现万物互联打下了夯实的基础。

大数据是一种新一代技术和构架，以成本较低，快速的采集、处理和分析技术，从各种超大规模的数据中提取价值。大数据不仅仅是数据的大量化，而且包含快速化、多样化和价值化等多重属性。这些特性是通过与传统的数据管理以及处理技术对比来突显的，并且在不同需求下，其要求的时间处理范围具有差异性。大数据处理的技术体系包括采集、存储、分析挖掘以及可视化等四个部分。大数据需要采用全新的搜索引擎，最大限度挖掘出超大量数据信息，才能实现低投入、信息多、发展快、种类全及真实性的运行。大数据往往可以取代传统意义上的抽样调查；大数据都可以实时获取；大数据往往混合了来自多个数据源的多维度信息；大数据的价值在于数据分析以及在分析基础上的数据挖掘和智能决策。大数据是人工智能的基石，目前的深度学习主要是建立在大数据的基础上，即对大数据进行训练，并从中归纳出可以被计算机运用在类似数据上的知识或规律。

云计算源自分布式计算、并行处理以及网格计算，是一种以数据为中心的数据密集型计算模式，其关键技术包括虚拟化技术、数据存储管理技术与安全技术等。云计算模式具备按需自助服务、广泛的网络访问、资源共享、快速的可伸缩性和可度量的服务等5个基本特征，软件（即服务 SaaS）、平台（即服务 PaaS）与基础设施（即服务 IaaS）等3种服务模式，私有云、社区云、公有云和混合云等4种部署方式。它按使用量付费提供便捷可用的按需网络访问，以进入可配置的计算资源共享池；这些资源包括网络、服务器、应用软件、存储和服务，它们能够被快速提供，且不需要过多地与服务供应商进行交互。简而言之，“云”代表了互联网上服务器集群的资源，只要本地计算机通过互联网发送一个需求信息，就会有成千上万的远程计算机提供本地计算机所需要的资源，并将结果返回到该计算机。基于云计算的数据分析极大地推动了物联网的发展，但如今越来越多的企业将数据处理推向边缘。

云计算、大数据与物联网技术相辅相成、缺一不可，只有将其充分集成才能共同发挥价值。《互联网进化论》一书中提出“互联网的未来功能和结构将与人类大脑高度相似，也将具备互联网虚拟感觉、虚拟运动、虚拟中枢、虚拟记忆神经系统”。物联网对应了互联网的感觉和运动神经系统。云计算是互联网核心硬件层和核心软件层的集合，也是互联网中枢神经系统的萌芽。大数据代表了互联网的信息层（数据海洋），是互联网智慧和意识产生的基础；包括物联网、传统互联网、移动互联网，都在源源不断地向互联网大数据层汇聚数据和接收数据。

7.4.2 农业物联网

农业是物联网技术的重点应用领域之一，也是物联网技术应用需求最迫切、难度最大、集成性特征最明显的领域。积极推进农业物联网的应用发展，对促进农业信息化和农业现代化的融合具有重大意义。2019 年 2 月，中共中央、国务院关于坚持农业农村优先发展做好“三农”工作的若干意见提出，深入推进“互联网+农业”，扩大农业物联网示范应用；推进重要农产品全产业链大数据建设，加强国家数字农业农村系统建设。农业物联网的核心是通过物联网技术实现农产品生产、加工、流通和消费等信息的获取，通过智能农业信息技术实现农业生产的基本要素与农作物栽培管理、畜禽饲养、施肥、植保及农民教育相结合，提升农业生产、管理、交易、物流等环节的智能化程度。物联网技术在农业领域的主要应用有农业资源和环境监控、育种信息化、大田精准作业、设施园艺物联网监控与农产品质量安全追溯等几个方面。以物联网、云计算、大数据等为代表的新一代信息技术逐步应用在农业生产领域的诸多环节，已成为传统农业向绿色农业、智慧农业、精准农业转型升级的新引擎。

在国外，物联网技术在农业上的应用十分广泛。美国在发达的农业网络体系基础上，通过全程全网化的精准农业模式，使用变量施肥喷药、杂草自动识别以及大型喷灌机的精准控制等技术，并实现了规模化和产业化的应用。在日本的农场，开发了农田作物测绘系统、水稻出苗数检测系统、作物叶色检测系统等农用智能系统，并以轻便型智能农机具为主，发展适度规模农场的精确农业。相对于国外的规模化种植，我国的农业种植相对落后，目前正在从传统的个体种植作业向规模化的现代种植农业作业转型。在我国，国家农业信息化工程技术研究中心也研制出地面监测站和遥感技术结合的墒情监测系统，并已经投入到贵阳、黑龙江、河南等地使用。在育种方面，我国主要应用育种专用的田间性状采集设备以及作物性状检测仪器，实现了小群体和个体作物形态、组分、抗倒伏性等参数的快速获取，同时还进行了作物种子形态、品质、穗发芽性状的无损测量等方面的应用。我国利用物联网技术建立了多个以保障农产品质量安全为核心的农业物联网应用示范基地，通过物联网技术将不同基地的农产品监控视频和生产、加工及物流数据汇总到数据平台形成中心数据库，以实现视频监控、产品追溯和综合服务的功能。

在农产品加工环节，物联网技术将进一步渗透到农产品的深加工技术与设备中，使农产品的深加工设备朝着自动化和智能化方向发展。在品质分级阶段，计算机视觉和图像识别技术可用于农产品的品质自动识别和分级方面，如种蛋、谷粒表面裂纹的检测，梨、苹果等农产品表面缺陷和损伤的检测；根据大小、形状和颜色对黄瓜、土豆、苹果、玉米和辣椒等果蔬进行自动分级，从而实现农产品加工过程的自动远程控制，实现降低成本、提高生产效率和产品品质的目标。

目前，物联网在农业上的应用还处于起步阶段，但先进技术带来的效益，将促使农业向智能化、现代化转型。将物联网、云计算、大数据等信息化手段应用到农谷政务管理、科技创新管理、企业服务管理等领域，建设农业科技创新与推广服务云平台、农产品质量安全追溯系统等，让农业更加精确、安全、智能，使其应用到农业更广更深的层面，成为农业新的发展趋势。

7.4.3 云计算在农业上的实际应用

云计算是现代新型科学技术的代表之一，其具有的存储与计算能力被应用到多个领域，为社会发展与人们的基本生活提供了诸多便利，是解决人们实际生产与生活中问题的关键技术。云计算要实际运用到现代农业中，关键在于把技术上的“云端”落实到现实之中。云计算技术结合了其他信息技术并共同应用于现代农业领域中，其应用模式具有跨地域、跨部门、数据量大、服务形式多样化以及服务效用可计算等特征。云计算技术在现代农业领域中的应用主要有以下方面。

（1）农产品的生产过程

云计算在农产品生产过程的应用主要包括三个方面。其一是生产资料信息的提供。随着全球一体化进程加快推进，农业领域也在面临着各类生产资料信息量大、分布广、变化快的问题，传统的信息收集、数据传输、数据存储以及数据处理模式已经无法满足现实的信息应用需要。因此，云计算平台的技术优势在于能够在农业生产的原材料准备阶段通过及时掌握数据变动对农产品的生产、加工、供应等全过程进行科学合理的规划。其二是农产品生产过程的管理。云计算为现代农业高效的自动化管理和检测系统中的数据处理提供了技术支持。例如农业生产实时控制系统，可用于灌溉、耕种、果实收获以及畜牧生产过程的自动控制，同时还能实现农产品加工自动化控制以及农业生产工厂化。其三是农业生产信息的支持服务。主要包括农业专家系统（如水稻病虫害诊治专家系统，小麦、玉米、桑蚕品种选育专家系统和农业气象预报专家系统等）、农业信息远程支援技术（以专家在线、知识库和类似案例分析等形式为农民或涉农单位等提供网络化、远程技术支持服务）、农业装备数字化建模技术（对典型农业装备建立结构、参数和功能模型库，以研究共性零部件和整机虚拟建模技术）、农业装备虚拟设计技术（基于典型的农业装备结构数字化模型，研究其虚拟装配、虚拟样机及虚拟人机工程学设计等技术）。

（2）农产品的流通过程

云计算在农产品流通过程的应用主要包括三个方面。第一，流通中的农产品信息管理。云计算通过大规模的数据中心以及功能强劲的服务器处理大量的农产品物流数据，从而提高信息管理效率。第二，运输车辆的信息管理。目前广泛使用的基于实时GPS信息的车辆实时调度管理系统能够对运输车辆的实时状态进行准确掌握和有效调度。该系统的使用对数据计算能力的要求很高，而云计算平台可以高效地处理系统中的运输工具种类、数量、装载能力、当前位置、运输任务和本身状态等数据，并进行大范围的监测、分析和决策，有利于提高农产品物流运输的效率。第三，流通方向的信息管理。云计算平台的优点是能够对农产品、运输车辆当前的流通方向信息，包括起始点、目标点、中转点信息等实现高效的管理。

（3）农产品的销售过程

云计算在农产品销售过程的应用主要体现在以下两个方面。第一，农产品销售平台的建设。运用云计算的技术优势可以把大量的农产品信息准确、直接地收集起来，随后通过便捷的信息发布渠道向农产品经营企业、农民、消费者等用户传达农产品信息。这一过程有助于消除农产品信息不对称的现象，同时提供一个购销双方可以方便、安全交易的电子平台，一改传统农产品市场交易时所需的大量时间和场地，有力地促进了市场繁荣。第二，农产品市场的分析预警和决策。基于云计算技术的服务平台能够对农产品市场的价格进行实时的信息采集、监测与预测，有利于引导农产品市场的健康运行，同时对稳定农产品价格、搞活农产品流通和保障农产品供求平衡具有重大意义。另外，平台还能够为政府宏观调控及指导农业发展提供决策指导，以及为广大农户及农业经济组织获取农产品价格信息提供一个方便的渠道。

7.4.4 农业大数据

农业大数据是与农业物联网相对应的概念，它是一个数据系统，在开放系统中收集、鉴别、标识数据，并建立数据库，通过参数、模型和算法来组合和优化多维和海量的数据，为生产操作和经营决策提供依据，并实现部分自动化控制和操作，是大数据理论和技术在农业上的应用和实践。农业大数据涉及农业生产、销售物流、行业监管、辅助决策等各环节，是跨行业、跨专业、跨业务的数据分析与挖掘以及数据可视化。随着信息标识、感知和采集技术的不断发展，各种智能传感终端在农业领域得到广泛的应用，尤其是生命数据、环境数据和实体数据都能够被快速精准地获取，使农业数据的来源更加广泛、更新更加迅速、类型更加多样。大数据将极大优化农业生产全链条资源的科学合理配置，因此，大数据技术能够有效地推动现代农业生产向精准化、智慧化发展，有利于我国农业科技水平的提高。同时用大数据挖掘整合需求能够发掘农业领域的深层价值，提升产业品质，实现农业的转型发展。

大数据技术在现代农业领域的一个重要应用是以大数据技术为基础的农业信息服务平台。大数据技术能作为连接各个产业部门的关键枢纽，促进农业的协调发展。通过利用大数据技术整合各种农业信息数据，可形成一个跨产业、跨领域的综合性农业生态系统。其次，大数据技术能够解决传统信息服务缺陷带来的制约，推动农业实现供给侧改革的目标。针对我国目前农业领域中经营规模小、城乡之间的信息化水平差异较大等问题导致的农业发展过程中普遍存在的销售不出、生产不好以及服务困难等现状，采用大数据技术能够实现农业发展中客户端与供应链的对接，减少信息不对称性带来的农产品滞销问题，并形成一个全新的价值体系。

质量控制（QC，Quality Control）是大数据可以展示其价值的另一个领域。生产过程全生命周期农业大数据技术基于目标要求，以数据为核心，挖掘数据价值，通过模型分析和算法预测，构建企业生产管控系统和生产主题数据仓库，制定数据集成规范，优化生产工艺和生产过程管理，实时能耗分析和质量分析，提升产品良品率和产量，降低生产过程能耗，创造更大的效益。生产过程全生命周期农业大数据技术通过数据驱动提高生产力，主要集中在设备生产的智能化、生产线的智能化、企业决策的智能化三个方面。此外，通过捕获和分析传感器生成的信息，企业可以及早发现生产线故障，并采取预防措施。这种数据驱动的方法已经成为增强质量控制的关键推动者和战略成本的削减者。5G 将为农业大数据发展带来重大机遇，特别是传输速度的提升与网络覆盖面的扩大将极大改善农业数据的采集传输，提高数据采集传输速度与效率，降低数据传输成本。基础数据的综合改善将带动农业物联网在农业领域实现更多的应用，催生出更多新的商业模式，为农业发展带来巨大变革与颠覆性变化。

7.4.5 建立农业大数据标准体系

建立适合我国农业产业发展的标准化体系，有助于实现数据资源共享，推动农业生产精准化、智能化发展。一方面，应该构建包含涉农产品、产品交易、资源要素、农业技术和政府管理等内容的数据指标、样本标准、分析模型、采集方法、发布制度等标准体系。另一方面，制定农业部门数据开放、分类目录、指标口径、交换接口、访问接口、数据交易、数据质量、技术产品、安全保密等关键共性标准，构建互联网涉农数据开发利用的标准体系。具体而言，包括以下几个方面。

（1）精准农业可靠决策支持系统

精准农业技术体系的核心是变量决策分析，其根据农田小区作物产量和相关因素以及农田内的空间差异性，实施分布式的处方农作。获取高密度的农田信息后，并根据这些不同角度的农田信息，推出一系列具有可实施性的精准管理措施。目前，专家系统、作物模拟模型和作物生产决策支持系统等传统的生产决策技术取得了一些成果，但效果并不理想。因此，希望能通过大数据处理分析技术，综合作物自身生长发育情况以及作物生长环境中的土壤、气候、生物、栽培措施等数据，同时考虑经济、环境以及可持续发展的目标，以突破专家系统、模拟模型在多结构、高密度数据处理方面的不足，为农业生产决策者提供精准、实时、高效、可靠的辅助决策。

（2）农业数据监测预警系统

农业数据监测预警是对农业生产、消费需求、市场运行、进出口贸易及供需平衡等情况所进行的全产业链的信息采集、数据分析、预测预警与信息发布。其主要任务包括实时监控生产风险、感知市场异常波动、及时应对突发事件、推动管理关口前移等。目前，该监测预警系统已在农产品质量安全、农产品市场、农产品价格、农业病虫草害等领域进行了广泛应用。相信通过大数据智能分析和挖掘技术，能够更好地实现农业数据关联预测、农业信息流监测、农业数据预警多维模拟等，同时大幅度提高农业监测预警的准确性。

（3）天地网一体化农情监测系统

基于遥感-地面-无线传感网的一体化农情信息获取体系利用遥感等信息技术对农业生产情况信息，如作物面积信息、长势信息、产量信息、农业灾害信息、农业资源信息等进行远程监测和综合评价，以辅助农业的生产决策，但海量数据的存储、快速产生、信息提取以及融合应用，为遥感数据分析带来了新的挑战。因此，大数据分析处理技术在解决该问题上便能充分展现其优势。通过对天地网一体化农业监测系统中多源数据的智能融合及分析、定量化反演、网络化集成与共享关键技术的研究，实现全局数据发现与跨学科的数据集成，为农业遥感信息的深入分析提供新的技术支持。

（4）农业生产环境监测与控制系统

农业生产环境监测与控制系统涵盖了农业信息获取、数据融合与智能决策、数据传输与网络通信、自动化控制以及专家系统等，在大田粮食作物生产、设施农业、畜禽水产养殖等方面得到广泛的应用，是一个复杂的大系统。由于传感器技术的不断进步，农业信息的获取范围也日渐广泛。从农作物生长过程中的生理数据、根系发育数据、营养数据、生态数据以及大气、温度、水分、土壤等环境数据，到针对畜禽的生长发育、环境和健康数据以及动物个体行为、群体行为、动物监控状况数据等，农业信息数据要求的数据传输频率越来越快、数据传输密度越来越大、传输精度越来越高、数据综合程度越来越强。因此，运用大数据技术，能够有望解决多源数据融合、数据高效实时处理等方面的难关，对农作物生长过程进行动态的、可视化的分析与管理，并实现畜禽养殖的个性化、集约化、工厂化管理。

7.5 烤烟自动控制系统

热泵烤烟装置将现代检测、传感及控制技术结合起来应用于热泵干燥工艺的控制，提高了热泵干燥装置对干燥介质的控制精确度，实现了干燥质量的在线、智能控制。热泵烤烟工序主要在烤房中完成，实行了自动化，节省了大量人力资源。热泵烤烟装置的运作一般根据三段式烘烤工艺对温湿度的要求，自动进行开、停机，以确保烤房内温湿度处于恒定状态。当烤房内与外界温差较大时，装置能够根据程序设计的要求，进行适当的温度调节，保证了烤房内温度不会过低或过高，避免了烤青和挂灰现象的产生。

7.5.1 半开式热泵烤烟控制系统

半开式热泵烤烟系统为模块化的结构单元技术设计，系统结构如图 7-15 所示。系统主要由由热泵供热系统（压缩机、冷凝器、截止阀、蒸发器、冷凝风机、烤房）、排湿系统、电控系统/测试系统（温湿度传感器等）与显示单元等构成。

热泵干燥装置的控制参数如图 7-16 所示，包括工作压缩机个数，膨胀阀开度，排湿量（新风量），辅助冷凝器加热量，风机转速，干燥室进风口的温度、湿度。

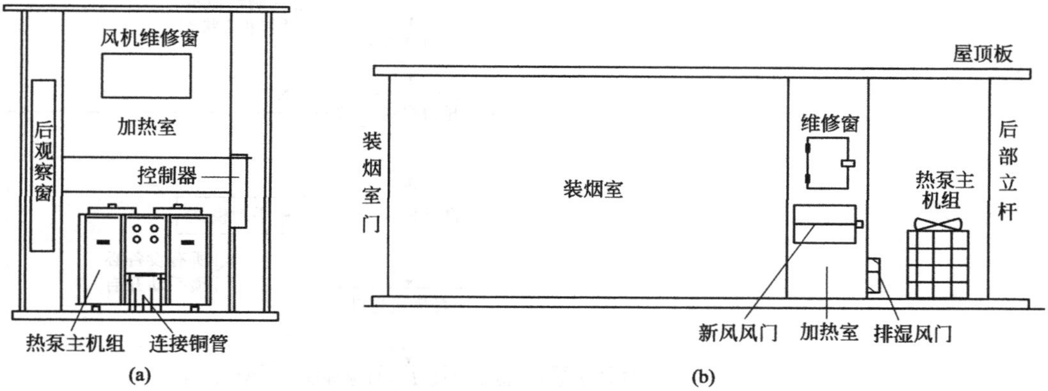

图 7-15　半开式热泵烤烟系统的结构

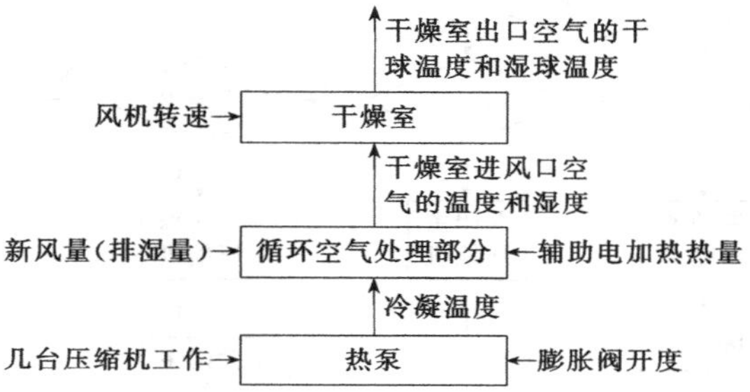

图 7-16　热泵干燥装置的控制框图

(1) 控制逻辑

热泵烤烟控制系统的控制逻辑如图 7-17 所示。压缩机的启停由温度来控制，新风阀和排湿阀的开度则由湿度来控制。当干燥箱内空气的干球温度大于（或小于）工艺要求的目标干球温度时，压缩机将停止（或开启）运行。当干燥箱内空气的湿球温度大于（或小于）工艺要求的目标湿球温度时，则开启（或关闭）排湿阀。

(2) 单机控制

基于上述控制逻辑，应用单片机技术，联合艾默生公司开发了智能化的利用干燥曲线控制干燥工艺的控制器，通过 485 传输信号。如图 7-18 所示，控制面板的标题栏在运行时显示当前系统时间，在操作中则会显示当前界面标题；实时温湿度显示烤房内温湿度传感器所测量的实时温度和湿度；剩余运行时间显示的是当前段的剩余运行时间；运行曲线中显示当前运行的温度曲线，在干燥过程中对当前工作段加粗并闪烁显示；屏幕上方的当前设置点区域显示当前运行时段的设置参数，依次为升温阶段的温升速度、稳温阶段的保持时间、稳温段的温度和湿球温度。图 7-19 为正在按照预先设定的干燥曲线运行的智能控制器面板实物界面。控制器中所示的“风门”在干燥过程中可以根据实际干燥需求手动设定新风阀和排湿阀开度。

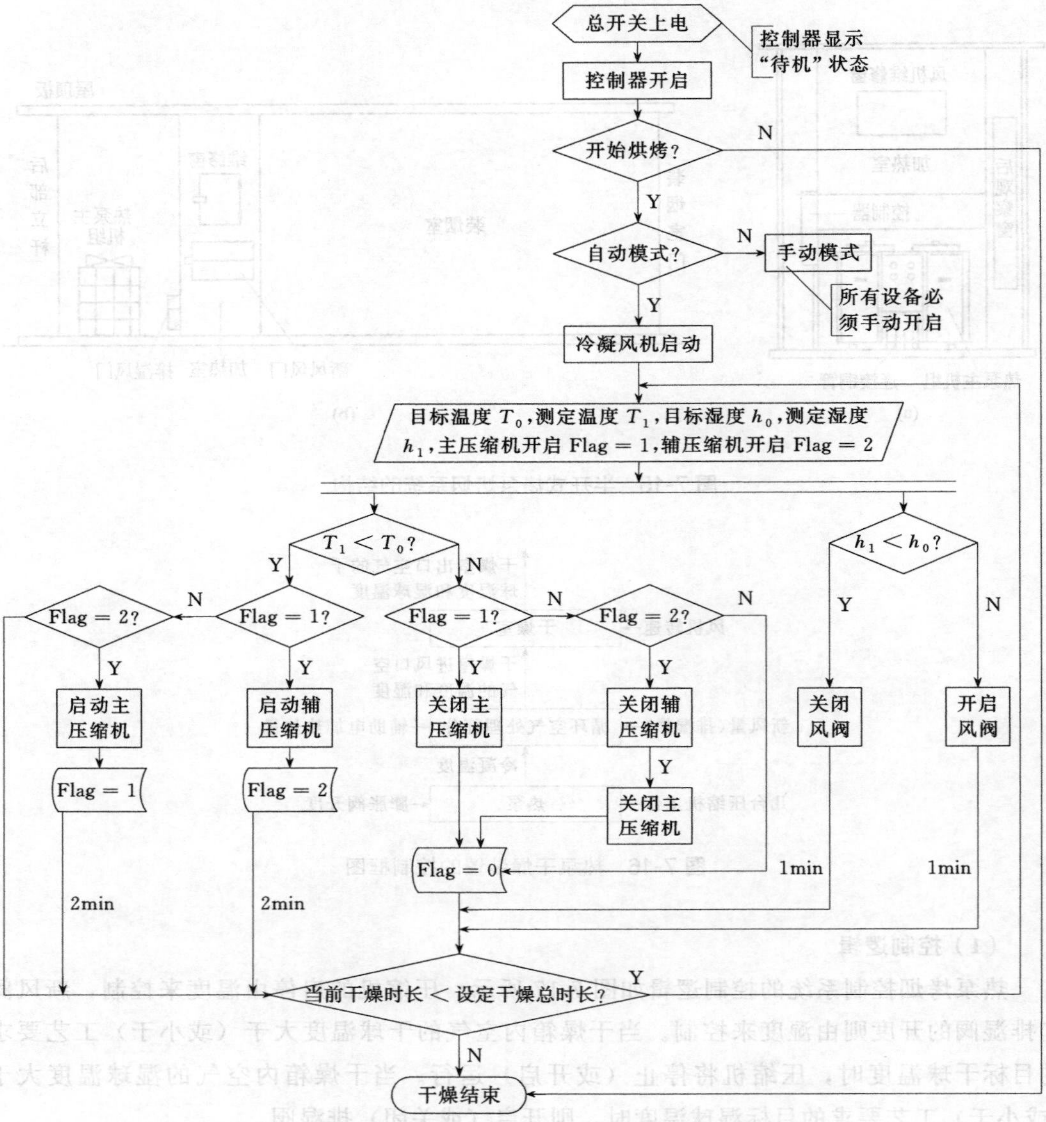

图 7-17　热泵干燥系统的控制逻辑

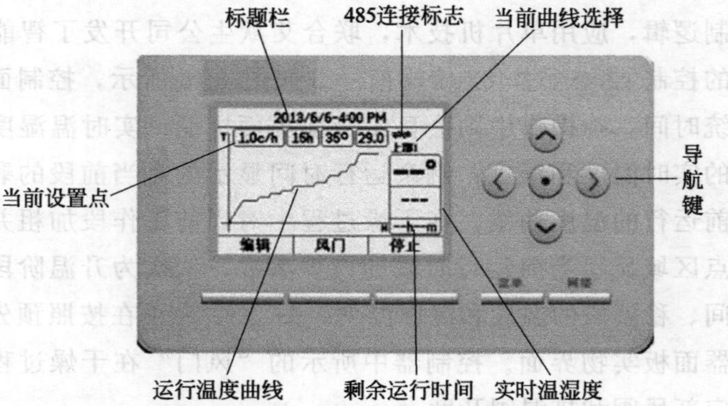

图 7-18　智能控制器面板（由艾默生公司提供）

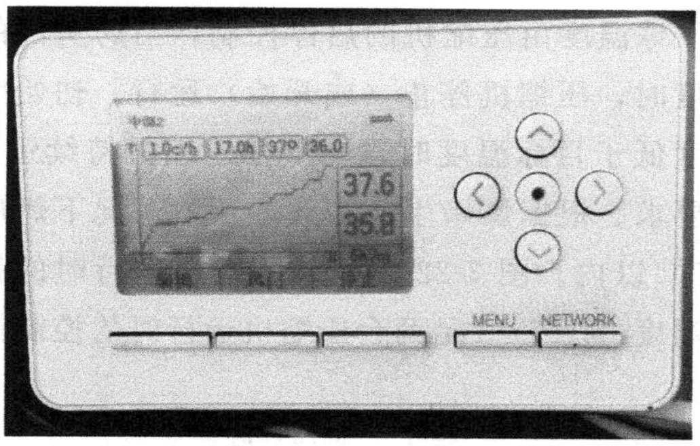

图 7-19 控制面板的实物图

图 7-20 为半开式热泵烤烟系统的运行控制示意图。冷凝器上风机作为烤房内的循环风机，在烤烟过程中一直处于开启状态，因此需要单独控制；蒸发器上风机和压缩机联动运作。

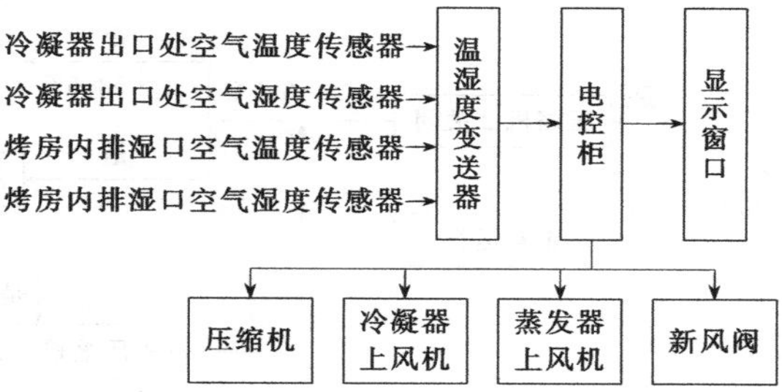

图 7-20 半开式热泵烤烟系统的运行控制

1）热泵烤房干球温度的控制策略

由于烘烤前期烤房所需的热量较小，因此将供热系统设计成两个独立的双热泵系统。图 7-21 为系统的流程图，每套系统主要由 1 台 5hp 的（1hp=735W）定频压缩机、翅片管式蒸发器、翅片管式冷凝器和热力膨胀阀组成。其中冷凝器和循环风机悬挂于烤房内

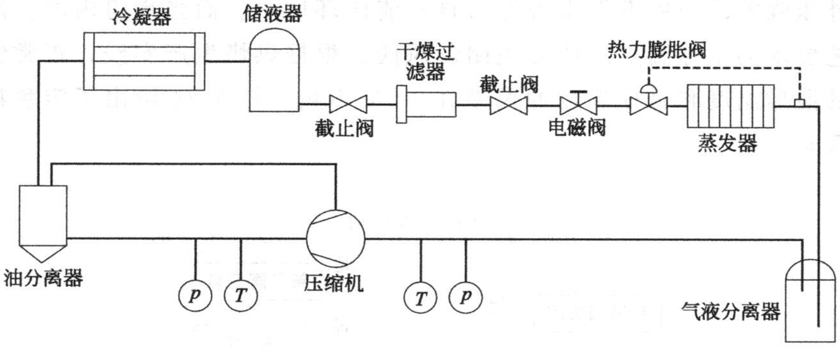

图 7-21 热泵供热系统的流程图

靠近新风口的地方，其他部件组成一个机组位于烤房外靠近排湿口的地方。

热泵烤房中空气的干球温度由压缩机的启停控制，当烤房内的实际温度大于（或小于）工艺要求的目标温度时，压缩机停止（或开始）运行。初始阶段只有1号压缩机工作，当烤房内的实际温度低于目标温度时，在1号压缩机持续运行状态下，2号压缩机再运行，最终满足负荷要求。根据烘烤生产实践，正常情况下烤房内空气的干球温度和目标温度的偏差在±1.5℃以内。图7-22是一台压缩机运行时的控制策略图，给出了烤房在变黄期所需的干球温度。图7-23是两台压缩机运行时的控制策略图。

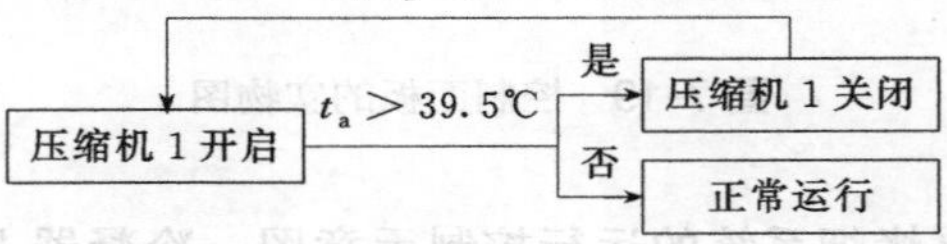

图7-22 一台压缩机运行

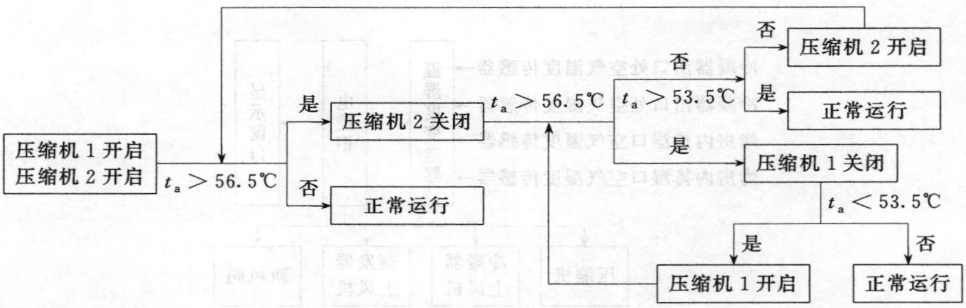

图7-23 两台压缩机运行

2）热泵烤房湿球温度的控制策略

热泵烤房中空气的湿球温度由新风阀开度的调节来控制，当烤房内的实际湿球温度大于工艺要求的湿球温度时，系统通过打开新风阀让环境空气在循环风机的抽吸作用下经新风阀进入烤房内。同时，湿空气在装烟室内与烟叶进行热湿交换，并在烤房内外压强差的作用下经由排湿口自动流向环境中。而当烤房内的实际湿球温度低于工艺要求的湿球温度时便会关闭新风阀。根据烘烤生产实践，正常情况下烤房内空气的湿球温度和目标温度的偏差在±1℃以内。图7-24给出了定色期湿球温度的控制策略。

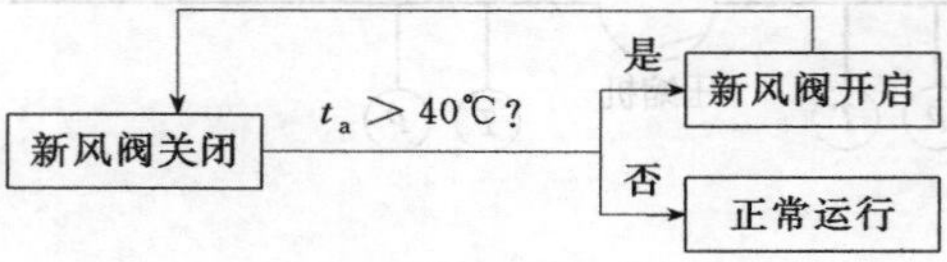

图7-24 热泵烤房湿球温度的控制策略

3）测量系统

一般测量系统的功能包括温度测量、压力测量、风速测量和功率测量。温度测量采用温湿度传感器测量环境空气、蒸发器进出口、冷凝器进出口、烤房内上下棚的中部以及排湿口处空气的温湿度；压力测量采用压力传感器测量两台压缩机的吸排气压力；风速测量采用风速仪对烤房内循环风机的风速进行测量；功率测量对压缩机运行过程中的功率进行测量。

（3）中央监控

用无线传感器，将烤房中的温度信息直接传送到中央控制器，在控制终端上显示出来，保持中央控制器数据与烤房控制器信息数据同步，如图 7-25 所示。目前，已经实现对现有的 30 座烤房同时监控，烘烤人员可以坐在中央控制室对烤房的运行情况进行实时监督，监控的项目有烤房上棚温度、相对湿度和湿球温度，烤房下棚温度、相对湿度和温球温度，烤房内循环风机的运行情况，热泵的运行情况。

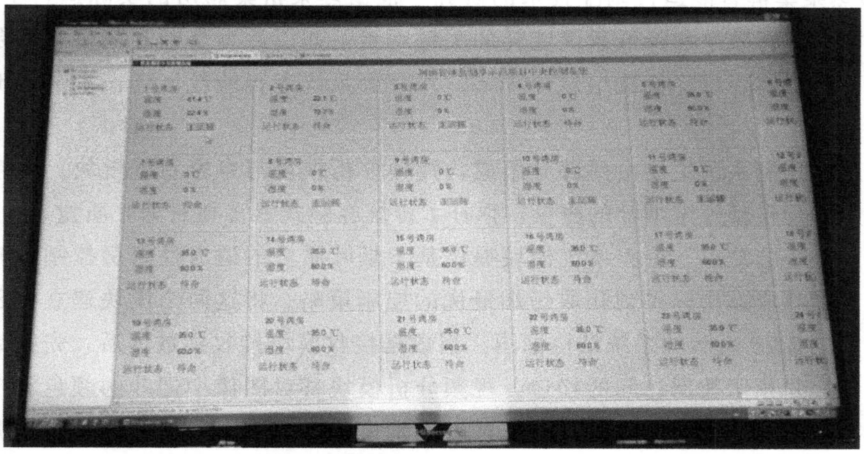

图 7-25　中央控制系统的控制界面

7.5.2　基于视频模式及专家系统的适应性烤房工艺控制技术

烟叶颜色既是判断和确定烤烟田间成熟度的主要依据，又是烘烤操作的重要依据。同时，烟叶成熟度、颜色和色度是评价烤后烟叶外观质量及等级结构的重要指标，与烟叶的品质密切相关。在烘烤过程中，色素的许多降解产物是烟草中重要的香气物质，直接影响烟叶的品质和香气风格。因此，需要对烟叶的颜色和水分进行人为的判断，才能确定合理的温湿度等工艺操作。而这种方法受烟叶品种、气候、栽培措施、部位和烘烤技术员的认知程度等诸多因素影响，导致烘烤操作的随意性较大，不能满足现代烟草农业生产对精准化操作的要求。由于不同生长条件下的烟叶原料质量不同，因此若使用单一固定的烘烤控制工艺会导致过度烘烤或欠烘烤的发生，影响烤烟成品质量。如果能用一种快捷、精准的仪器跟踪烘烤中烟叶的颜色和水分的变化，进而确定合理的工艺操作，就会大大降低烟叶烘烤对人主观意志的依赖。适应性烤房工艺控制技术的研究包括以下几个方面。

① 基于视频信号的烟叶质量自动评定技术研究。目前评定质量的主要方法是由眼观等人为经验性感官对烟叶的颜色、成熟度、烟叶部位、长宽度、残伤及破损度进行判定。该研究通过在进料区安装视频摄像头，由计算机后台运行的识别算法，对连续装烟的烟叶进行自动质量鉴定，并定量地给出烟叶的颜色、成熟度等外观质量指标。主要研究内容包括图像预处理、图像中烟叶部分的检测与自动分割、烟叶的边缘检测与特征提取、对烟叶不同外观指标的自动分类与回归识别。识别结果是量化的外观质量矢量，其值对应上述外观指标的不同品级或类别。

② 基于烟叶质量的适应性烤房控制专家系统研究。通过对上述烤烟质量的外观评定结果进行推理，获取每批次烤烟最优的控制策略，主要对烤房控制策略专家系统进行研发。主要研究内容包括烤房控制策略知识库的建立、基于上述烤烟质量评定结果的推理机语义网络制定以及人机界面的设计及手动介入的人机接口开发。

③ 多热泵集群智能运行调配技术的研究。根据热泵密集烤房的实际运行工况数据，探究提高机组运行效率和降低系统能耗的关键因素，并以此为基础开发多联热泵机组智能运行调配的策略，以降低机组启停频率，并减少系统运行能耗，延长系统关键部件的使用寿命。

烤烟质量控制系统主要由两部分组成，视频分析模块与专家系统模块。视频分析模块基于视频信号自动评定烟叶的质量，弥补了传统经验式感官判断烟叶质量人力资本高、速度慢、规模小的缺点。专家系统模块提供基于烟叶质量的适应性烤房控制策略，并依据图像中的烟叶成熟指标得到获取烤烟最优的控制策略。将这两个模块建立在云服务器上，可得如图 7-26 所示的系统结构框图。当数据接收模块接收到数据后，先把数据存储到云服务器，并预留数据访问的接口。视频分析模块将对图像中烟叶的颜色和褶皱、破损度等进行特征提取，并发送到烟叶成熟度识别模块中。成熟度识别模块将根据人为标定的标准对烟叶自动评定，并将量化的评定结果发送给控制专家模块。控制专家模块将根据烟叶定级适应性地调整烤房控制参数。

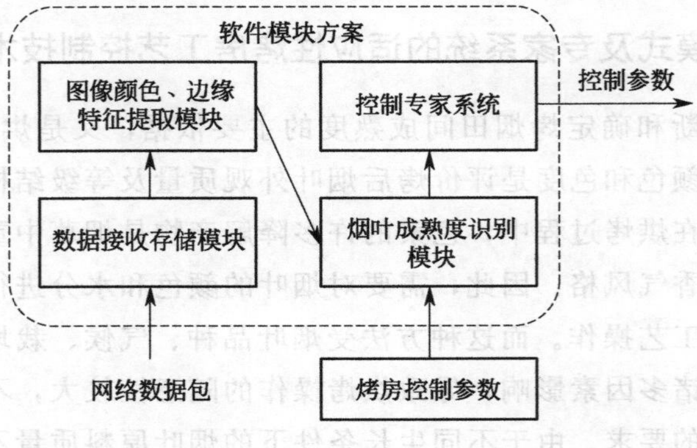

图 7-26　系统的结构框图

烤烟质量控制系统的主要运作流程如图 7-27 所示，包括视频采集（图 7-28）、图像预处理、图像中烟叶部分的检测与自动分割、烟叶的边缘检测与特征提取、对烟叶不同外观指标的自动分类与回归识别。识别结果为量化的外观质量矢量，其中的值对应了上述外观指标的不同品级或类别。

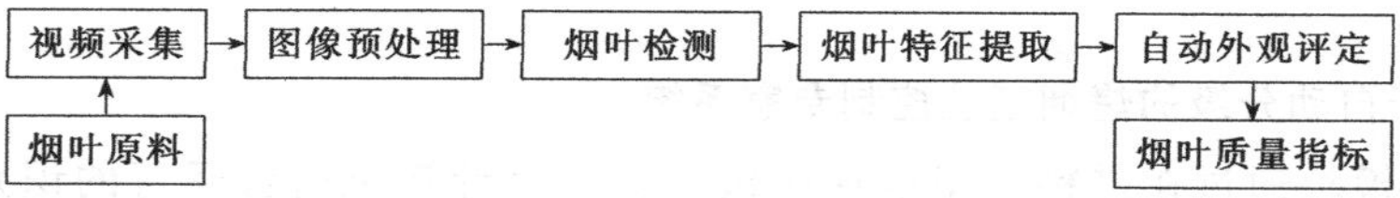

图 7-27　基于视频信号的烟叶质量自动评定技术

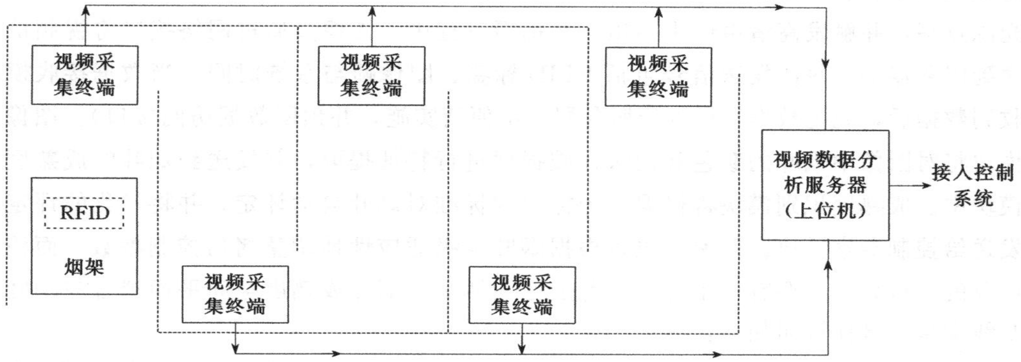

图 7-28　烟叶视频采集示意图

（1）基于视频信号的烟叶质量自动评定技术

在烤制烟叶的过程中烟叶的颜色变化与各个烤制阶段有着密不可分的关系，利用烤烟烟叶在烤制过程中的颜色变化信息是传统烤烟工艺控制的主要判据。对于烤烟烟叶颜色检测系统，将能实际应用到烟叶烘烤生产过程中，对烤烟烟叶的烘烤过程进行全自动、实时地控制，使其生产出的成品达到既定标准。从图像处理的角度可以看出，主要过程分为三个方面，包括从烤烟房的视频中分割出烟叶、对烤烟烟叶进行颜色检测及颜色分层。

烟叶分级是按照烟叶生长的部位特征和颜色，以及与烟叶质量密切相关的外部品级因素进行区分归类的。自 20 世纪末以来，运用图像处理技术提取烟叶图像用于分级的特征与利用模式识别和神经网络等方法进行烟叶分级，已经成为这一领域的重要技术方向；但图像特征包含有成熟度、油分、密度甚至厚度等对烟叶分级有较大影响的因素，因而限制了基于图像进行烟叶分级的效果。光谱不仅可以反映物质的组成还可以反映物质的结构，而且光谱分析检测技术具有无前处理、无污染、方便快捷、无破坏性、分析结果准确可靠等大量优点，因此成为近年来飞速发展的分析检测技术。

通过分别对光谱数据的实时获取方法、光谱类型、范围、采样间隔、数据预处理方法、有用光谱提取方法以及分级方法分析，确定出成本最低、操作简单、具有高吻合率和分级速度的光谱类型、最小范围和最大采样间隔用于指导设计分级系统及其实现，并考虑成本、分级速度和吻合率三个特性，确定最终采用的预处理方法、有用光谱和分级方法。基于光谱的烟叶分级研究技术路线如图7-29所示。

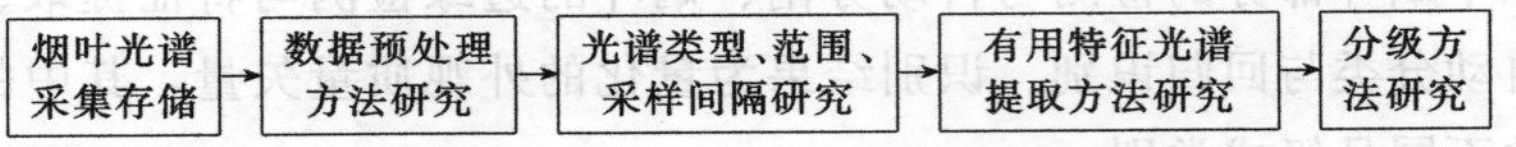

图7-29 基于光谱的烟叶分级研究技术路线

（2）基于自动分级的烤烟工艺控制专家系统

视频分析模块通过在进料区安装视频摄像头以及计算机后台运行的识别算法，对连续装烟的烟叶进行自动质量鉴定，定量地给出烟叶的颜色、成熟度等外观质量指标。当配有RFID的烟架接近视频采集终端时，视频采集终端中RFID的读卡器感应到信号、触发光源点亮，并触发高清摄像头拍摄；在拍摄过程中，摄像头通过网络接口将视频信号发送到服务器端。每次发送信号包括RFID标签、图像帧与系统时间；当数据接收模块接收到数据后，先把数据存储到云服务器（由佰衡实施，并预留数据访问接口）。图像处理模块将对图像中烟叶的颜色和褶皱、破损度进行特征提取，并发送到烟叶的成熟度识别模块中。成熟度识别模块将根据人为标定的标准对烟叶自动评定，并将量化的评定结果发送给控制专家模块。专家模块将根据烟叶定级适应性地调整烤房控制参数。而该模块涉及的分析算法主要有三个部分，色度空间转化、烟叶成熟度空间平面拟合与烟叶色度基线度量。具体说明如下：

① 色度空间转化。即将烟叶图像转化到最具有区分度的色度空间中进行分析。主要的技术有：色度分析、空间转化。

② 烟叶成熟度空间平面拟合。通过对已知烟叶的成熟度进行学习，为估计未知烟叶的成熟度提供基准。主要的技术有：参数估计、高维数据拟合、机器学习。

③ 烟叶色度基线度量。基于色度空间对烟叶的成熟度进行估计，为烤烟工艺提供控制参数。主要的技术有：图像相似度度量、贝叶斯估计。

专家系统模块通过对上述烤烟质量的外观评定结果进行推理，获取每批次烤烟最优的控制策略。主要包括烤房控制策略知识库的建立、基于上述烤烟质量评定结果的推理机语义网络制定、人机界面的设计及手动介入的人机接口开发（图7-30）。专家针对不同的烟叶质量指标提供适应性的控制策略，该策略通过烤房热泵组控制执行，以达到最适合烟叶成长的环境条件。

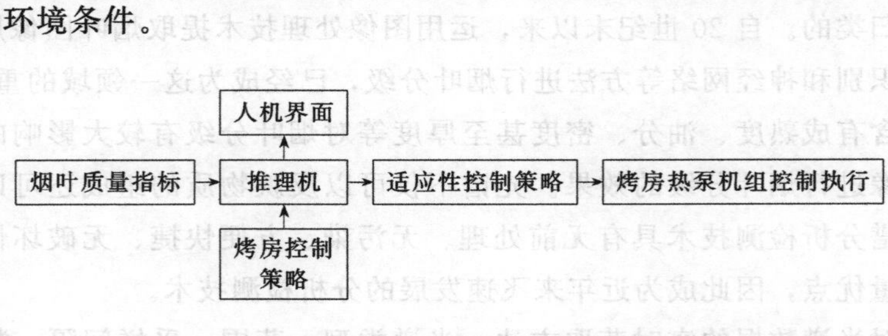

图7-30 基于烟叶质量的适应性烤房控制专家系统

由于不同生长条件下的烟叶原料质量不同，因此对烘烤工艺的要求也各不相同。使用单一固定的烘烤控制工艺会导致过度烘烤或欠烘烤的发生，影响烤烟成品质量。基于自动分级的烤烟工艺控制专家系统旨在对烟叶原料质量进行预先自动判定，适应性地自动调整烤房工艺控制策略，从而提高烤房的生产成品率，整体上提升烤烟质量。

烟叶成长的不同阶段会呈现不同的颜色，通过对这些颜色的分析，可以判定某一烟叶图片处于哪个阶段，根据其颜色判断其成熟的程度并对其加以控制，使其健康成长。为工作人员可以方便地了解烟叶的生长状况，首先通过可视化窗口实时监控摄像头采集到的图片与烟叶各阶段的标准图片对比，绘制拟合出 RGB 平面图，然后分析得出其成熟度与控制指标，并实时监控环境温度与湿度。实时监控摄像头采集到的图片的生长状况，分自动（图 7-31）和手动（图 7-32）两种。这两种方式的区别在于，在自动监控方式下自动检测到新进来的图片，而在手动监控时需要手动添加图片。

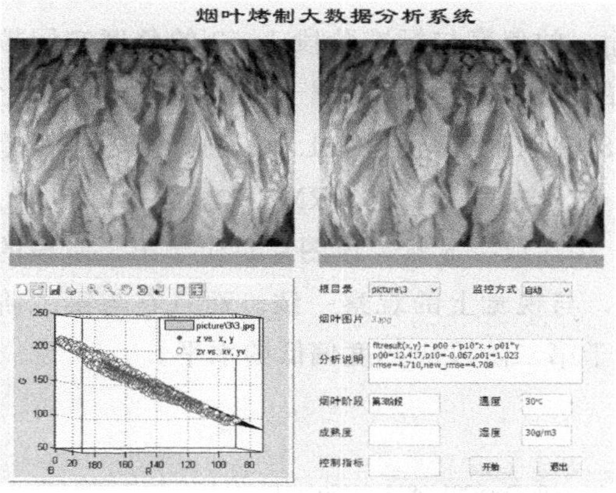

图 7-31　自动监控方式的示意图

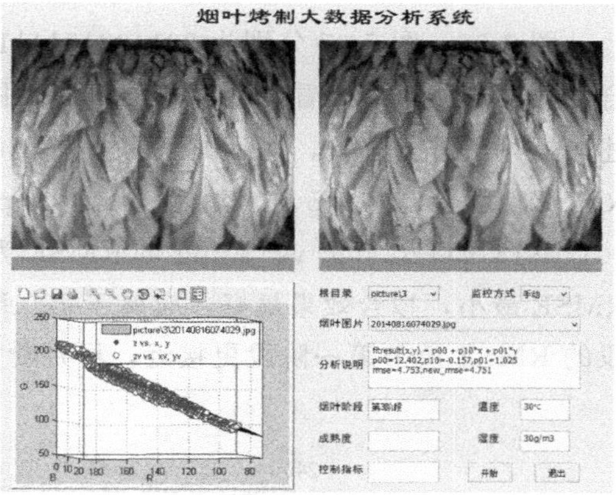

图 7-32　手动监控方式的示意图

图 7-33 为使用 MATLAB 对十个阶段标准烟叶图片对应的色度空间进行平面拟合，可以清楚地看到 10 个阶段对应于 10 个不同的拟合平面。基于这 10 个平面可以对未知图片所属的阶段进行判定。

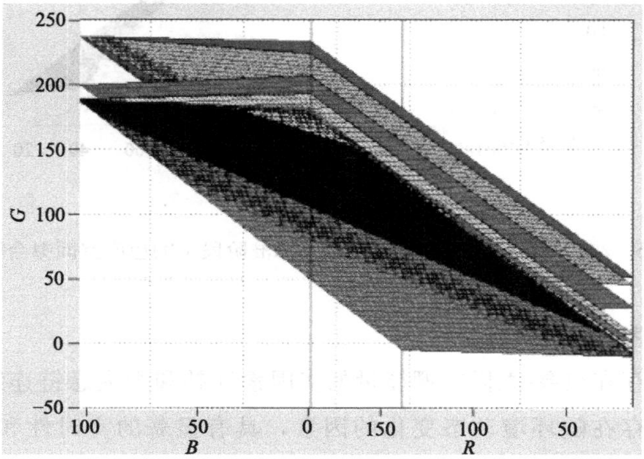

图 7-33　十个阶段标准烟叶图片对应的色度空间拟合平面图

下面以图片 20140815141120. jpg 为例进行分析。图 7-34 为图片 20140815141120. jpg 和与其接近的三个标准阶段的图片对比展示。

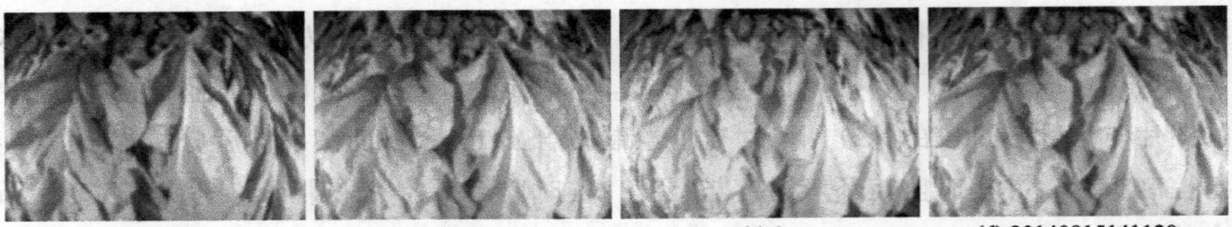

图 7-34　20140815141120. jpg 和 1～3 标准阶段的烟叶对比图

图 7-35～图 7-37 分别为 20140815141120. jpg 的色度与标准阶段 1～3 的色度空间拟合图对比。从直观上看，该图片与第二张图片的颜色最接近，应属于第二阶段；应用上述分析算法进行分析，得到如下的结果：20140815141120. jpg′ vs ′1. jpg′的标准拟合误差 RMSE 为 9. 450975，0140815141120. jpg′ vs ′2. jpg′ 的 RMSE 为 5. 113501，20140815141120. jpg′ vs ′3. jpg′的 RMSE 为 18. 704617。显然，该图片对应于第二阶段的 RMSE 最小，拟合效果最好，应属于第二阶段，与视觉上的观察一致。而且它与第二阶段的 RMSE 值与第一阶段更接近，可判断它属于第二阶段成熟度偏低的水平。

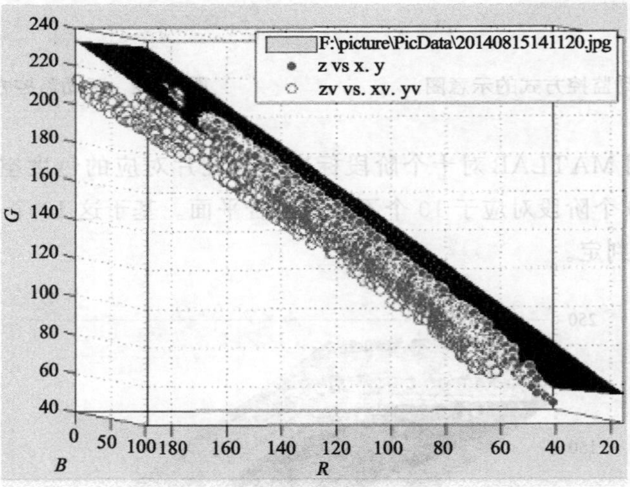

图 7-35　20140815141120. jpg 的色度与标准阶段 1 的色度空间拟合图对比

（3）微分结构控制工艺方法

热泵烤烟系统存在热泵-太阳能棚能量的多因素互补和烟夹悬链连续行进的时间动态特点，因此系统中存在随环境动态变化的因素，具有显著的实时性和不确定性；另外，烟叶组织内部的变化属于复杂的非线性变化过程，所以该烤烟系统的控制过程必须具备一定程度的自适应鲁棒性特点。时空协同式热泵烤房的结构与供能方式的不断改变，对

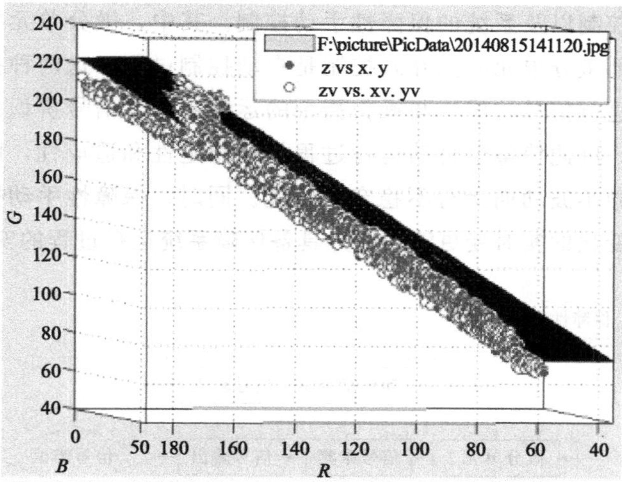

图 7-36 20140815141120.jpg 的色度与标准阶段 2 的色度空间拟合图对比

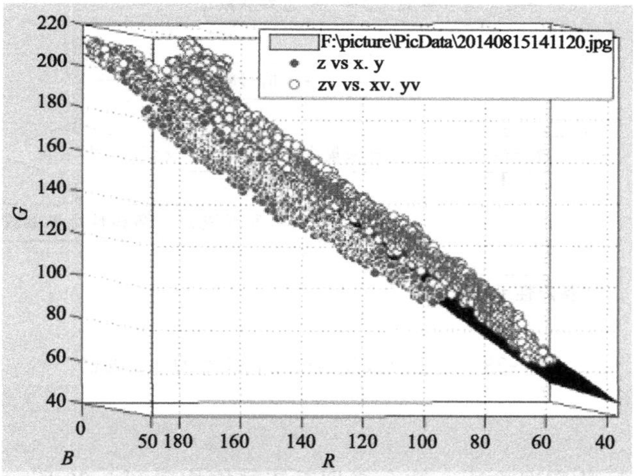

图 7-37 20140815141120.jpg 的色度与标准阶段 3 的色度空间拟合图对比

时空协同式热泵烤房的工艺、空间结构、能源布局的耦合机制的研究，工艺控制的创新策略，全新控制模型和算法的开发，以及能源时空协同式烤房低成本烘烤操作的实现等都有重要的意义。目前的烤房工艺控制技术基于宏观三段和多级点式烘烤工艺，将三段烤烟工艺段细化，并针对每个细分工艺段，基于点式烘烤工艺提出单独的控制策略，以能量回收和梯级利用技术为基础、气流组织为手段来实现工艺控制要求。

1）控制逻辑

为了达到自适应鲁棒性要求，有研究提出了一种“自适应微分结构控制技术实现方法”，其控制逻辑如图 7-38 所示。图 7-38 所示的技术路线包括整体系统、微分单元和系统控制信号的采集与输出输入、保障性手动控制、鲁棒性边界辨识以及动作指令。该技术路线根据控制过程可以分为三个部分：整体系统与局部微分单元的交互式控制、局部微分单元的自适应控制以及系统的保障性手动控制。其中，微分单元的自适应控制系统以及整体系统与局部微分单元的交互式控制是自动控制过程，这两种控制的运行过程基于工艺边界参数而进行信号的辨识与操作指令的运行。由于信号辨识的边界参数基于自适应的鲁棒性特点，因此使整个自动运行过程具备稳定性和适应性，同时避免了在控制过程中由于信号的微小波动而运行不稳定的问题。同时，保障性手动控制拥有保证系统控制过程具备随机变化的实时变更能力，并具备保障系统运行过程的安全性功能。

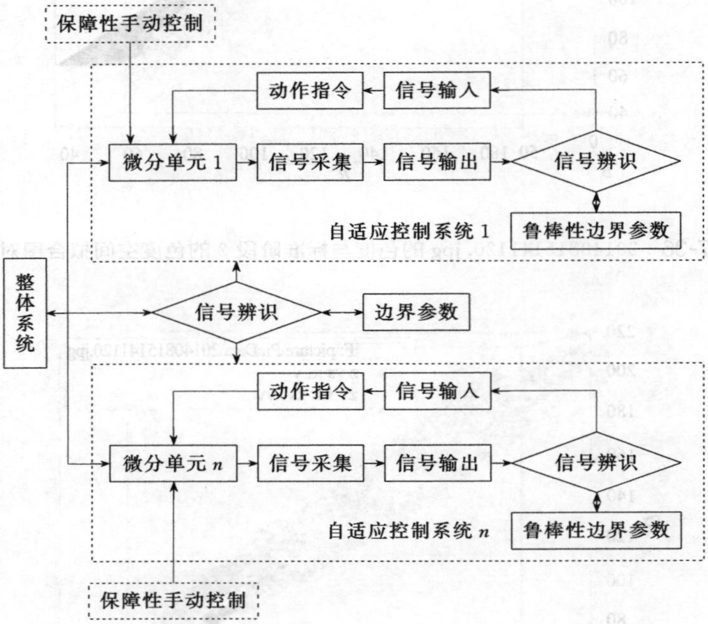

图 7-38 自适应微分结构控制技术的实现方法

2）实施方案

根据图 7-38 所示的实现方法，结合烤烟系统结构构建图 7-39 所示的自适应微分结构控制方案。图 7-39 中包含了烤烟系统的主要控制设备，为了实现自适应微分结构控制的特点，该方案将每个控制设备控制微分化处理，使每个设备具备自适应控制特点；同时，微分单元设备的适应性布局是以整个烤烟系统的结构特点和工艺要求为依据的。具体实施方案为：

① 悬链的自适应控制系统。通过对悬链的驱动指令进行调节，实现烘烤烟叶的运动速度控制。该系统具有烤烟过程时间的柔性化和自适应性特点。

② 热泵系统。具有每个热泵的独立微分单元控制的特点，并基于烤烟过程的变化特点实时调整热泵整体系统的组合方案，从而使静态热泵结构具有动态适应性变化功能。另外，该系统结合太阳能棚的能量利用特点，对空间立体能源结构的方案进行动态调整。

③ 风机与风门控制系统。主要包括循环风的回收利用、排湿风的工艺控制、新风的实时调控、巷道间的能量自适应性调节等功能。该热泵烤烟系统的瞬时流场变化受到风

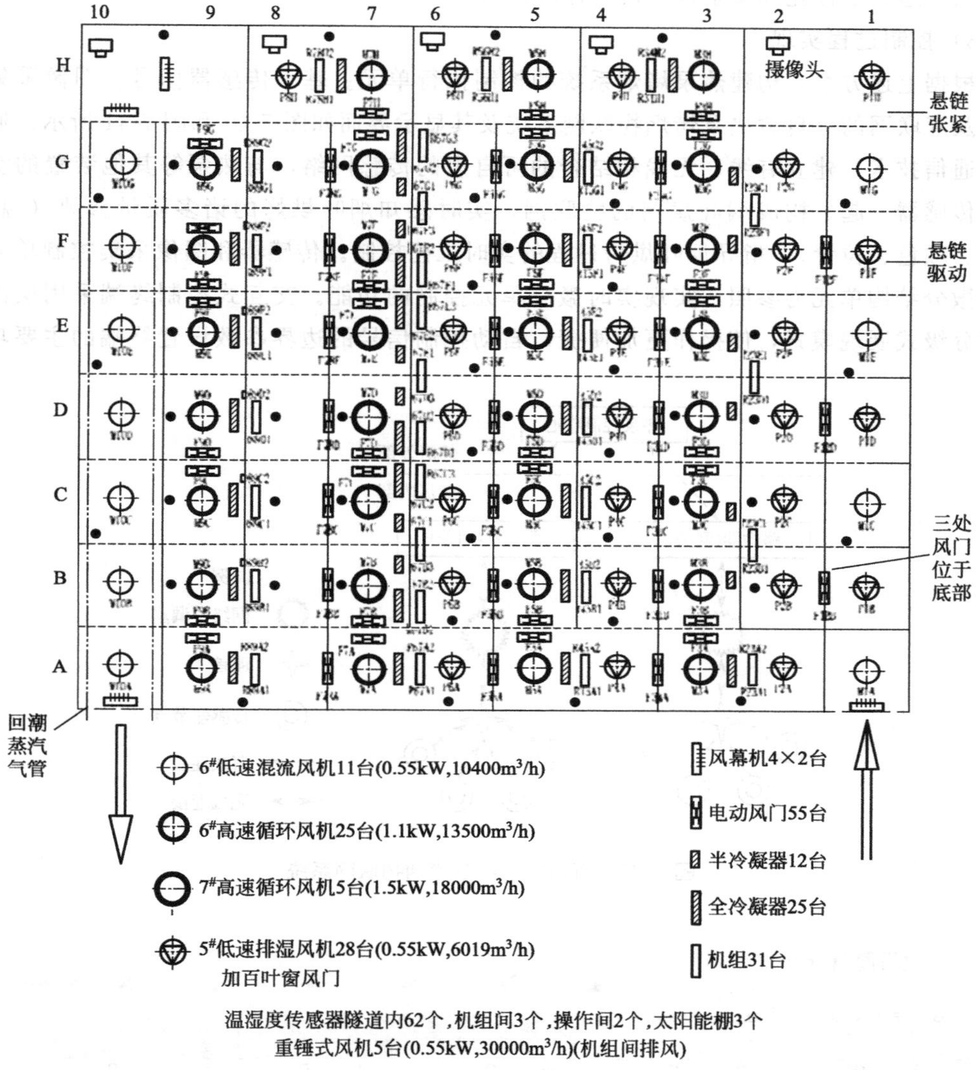

图 7-39 微分结构控制方案

机的运行与风门的开关直接影响。系统通过将每个风机和风门的结构微分化控制与系统互补性信号辨识相结合的控制方式，实现自适应的可靠性运行目标，并获得整体与微分单元的适应性耦合控制作用。

④ 传感器信号采集与图像采集检测系统。该系统作为信息传输与命令判断执行环节，具备微分结构的独立信号运行功能。信号传输通道采用并行控制，以避免出现交叉信号的不稳定性和自适应性柔性化不足的问题。

⑤ 整体控制与微分结构单元的协同控制系统。热泵烤烟系统能够根据上述四个部分的微分单元结构运行情况和信号特征，实现协同控制的目标。

⑥ 手动控制系统。该系统具有随机控制干预功能，其手动模式能够通过信号检测显示终端和边界设置模块进行实时操作，并根据实时信号的状态及时控制运行命令进行修

改，从而达到柔性化和安全性控制的保障作用。

3）控制过程实现

根据上述方案，构建热泵烤烟系统的控制执行单元。基于传感器信号、图像采集检测以及互联网的可自愈热泵烤烟物联网系统及其显示界面如图 7-40 和图 7-41 所示。通过网格通信技术，建立有线、无线相结合的可自愈的传感网络，与热泵等其他装置的空间位置传感器一起，构成烟叶烘烤的物联网，实时感知烟叶烘烤的诸多质量参数（温度、湿度、颜色、位置），指导烟叶烘烤过程的实时工艺控制。传感器和图像采集控制单元以巷道微分结构单元为参照，实现实时微分单元控制的功能。交互式控制终端采用层次与类型分级式展现模式，使操作更加便捷。自动控制信号的边界参数设置终端的主要功能

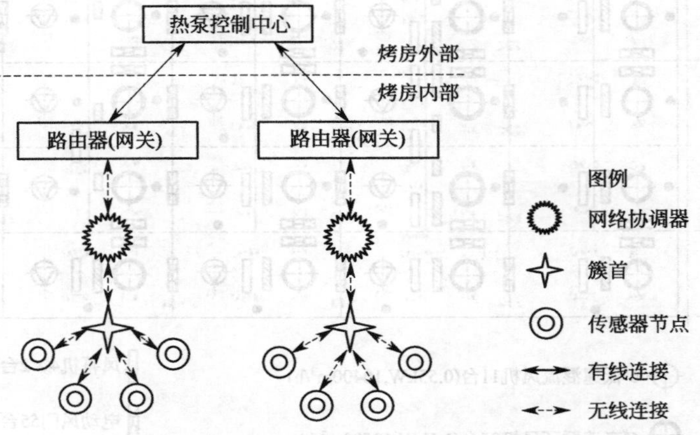

图 7-40　可自愈的热泵烤烟物联网系统

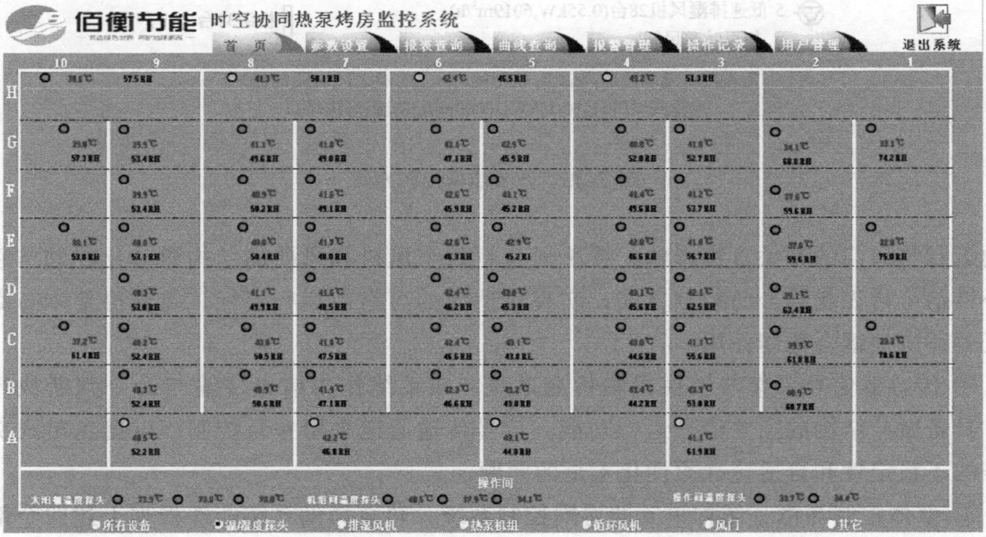

图 7-41　传感器信号采集与图像采集检测系统的实现

包括微分结构单元的边界参数设置和目标参数设置，其中目标参数为信号命令的执行依据。该终端为了保证控制的自适应鲁棒性，会依据信号显示的特点构建适应性的边界参数调节区间，从而增强对控制过程稳定性的适应能力。整体系统的实时终端能够根据该终端更便捷地实现整体系统的实时监测与工艺调整，达到微分结构单元与整体系统运行的交互式操作功能。

7.5.3 基于云计算的自动烤烟控制服务体系及其延伸应用

传统烤烟工艺技术已严重滞后，远远落后于当前的社会发展需求。基于云计算的自动烤烟控制服务体系，综合采用现代传感技术和物联网技术，实时获取烟叶在烘烤过程中的颜色变化、水分变化和内在化学成分变化动态，分析这些动态变化间的关系，建立烟草烘烤过程参数与烟叶核心品质表征参数变化的实时感知体系，累积烟叶烘烤过程控制参数和核心品质表征参数的多维度、高通量数据知识库；通过大数据分析，建立基于核心品质表征参数与烘烤过程参数耦合的多维工艺控制数学模型，开发基于多元参数控制的新型烘烤工艺及精益控制策略，从而提高新型烘烤装备和控制技术的适用性，减少烘烤过程人工干预的非稳定性，提高烟叶品质，降低能耗，达到“提质增效，节能减排，减工降本”的目的。

我国的烟叶种植情况复杂，全国有多达 23 个省种植烤烟，烟草种植分布区域很广。我国不仅是一个烟叶生产大国，也是一个消费大国。单从一个省的角度出发，如何处理烤烟的供需平衡是重中之重，因此如何估计一个省份的烤烟年产量以及烟叶的定价是迫切要解决的问题。在如今这个新消息爆炸的时代，大数据以及云计算的应用已渗透到各行各业。因此，基于云服务体系来进行烤烟年产量评估和烟叶定价也应运而生。

参考文献

[1] 王晓明，寇圆圆．热泵干燥系统温湿度控制实验研究［J］.干燥技术与设备，2014，12（05）：42-46.

[2] 李国昉，毛志怀．粮食干燥过程控制的研究现状与发展方向［J］.粮食与饲料工业，2006（04）：17-18.

[3] 范海亮．基于 PLC 的模糊 PID 复合控制在热泵干燥控制系统中的应用［D］.南京：南京农业大学，2012.

[4] 杨可．除湿热泵的 PLC 控制系统设计［D］.青岛：青岛大学，2016.

[5] 张建锋．热泵干燥装置监控系统的设计与研究［D］.南京：南京农业大学，2008.

[6] 王玉铎．PLC 可编程控制器原理及其在工业上的应用［J］.科技传播，2013，5（19）：205，169.

[7] 王保利．单片机控制技术在谷物干燥中的应用研究［D］.西安：西北农林科技大学，2003.

[8] 李芳，李卓然，赵赫．区块链跨链技术进展研究［J］.软件学报，2019（6）：1649-1660.

[9] 姚斌．基于 LabVIEW 的变温控制系统研制及莲子热风变温干燥试验研究［D］.南昌：南昌航空大学，2016.

[10] 周雄，郑芳．基于区块链技术的农产品质量安全溯源体系构建探究［J］.中共福建省委党校学报，2019（03）：113-117.

[11] 张海红，何建国．脱水蔬菜热泵干燥调控装置的研制［J］.包装与食品机械，2009，27（05）：91-94.

[12] 官平．基于模糊控制技术的蚕茧干燥自动控制系统的研究［D］.重庆：西南大学，2007.

[13] 徐保民，倪旭光．云计算发展态势与关键技术进展［J］.中国科学院院刊，2015，30（02）：170-180.

[14] 彭宇，庞景月，刘大同，等．大数据：内涵、技术体系与展望［J］.电子测量与仪器学报，2015，29（04）：

469-482.
[15] 周明．物联网应用若干关键问题的研究［D］.北京：北京邮电大学，2014.
[16] 李瑾，郭美荣，高亮亮．农业物联网技术应用及创新发展策略［J］.农业工程学报，2015，31（S2）：200-209.
[17] 矫玉勋．云计算技术在现代农业中应用分析及发展策略［D］.长春：吉林大学，2013.
[18] 宋长青，温孚江，李俊清，等．农业大数据研究应用进展与展望［J］.农业与技术，2018，38（22）：153-156.
[19] 王文生，郭雷风．农业大数据及其应用展望［J］.农民科技培训，2016（12）：43-46.
[20] 田中君，肖人源，李巍，等．干燥介质旁通及回热对闭式热泵干燥系统除湿率影响的分析［J］.工业加热，2019，48（02）：31-35.
[21] 田亚军．烟草行业如何应用大数据［A］//中国烟草学会 2016 年度优秀论文汇编-信息化管理主题［C］.北京：中国烟草学会，2016：647-651.
[22] 张涛．云计算环境下烟草物流调度系统设计与实现研究［J］.电子技术与软件工程，2016（14）：68.
[23] 吴耀森，龚丽，刘清化，等．加热型热泵干燥系统温湿度控制能力探讨［J］.食品与机械，2017，33（10）：96-99.
[24] 傅磊，刘甲林．基于 LABVIEW 和 MATLAB/SIMULINK 的控制系统仿真研究［J］.自动化技术与应用，2016，35（03）：142-146.
[25] 郭雷风．面向农业领域的大数据关键技术研究［D］.北京：中国农业科学院，2016.
[26] 高晓阳．甘肃河西大麦麦芽干燥控制系统研究［D］.兰州：甘肃农业大学，2010.
[27] 魏雅鹏．谷物烘干机的模糊控制系统仿真与实现［D］.合肥：安徽农业大学，2004.
[28] 中琛魔方．大数据能为农业做什么？［Z/OL］.［2019-12-02］http：//www.qianjia.com/zhike/html/2019-12/2_16703.html.
[29] 刘光亮，徐茜，徐辰生，等．烟叶生产大数据管理信息系统设计及应用［J］.中国烟草科学，2019，40（02）：95-101.
[30] 高荣，孙忱．基于大数据的烟叶质量评估平台的设计与应用［J］.计算机光盘软件与应用，2014（24）：113-114.
[31] 河南省烟草公司．基于物联网的多能互补时空协同热泵烘烤技术与装备技术报告［R］.郑州：河南省烟草公司，2015.
[32] 魏娟．热泵干燥特性研究及在农产品干燥中的应用［D］.北京：中国科学院大学，2014.
[33] 吕君．热泵干燥系统性能优化的理论分析及热泵烤烟技术的应用研究［D］.北京：中国科学院大学，2012.
[34] 吕君，魏娟，张振涛，等．基于等焓和等温过程的热泵烤烟系统性能的理论分析与比较［J］.农业工程学报，2012（20）：273-279.
[35] 吕君，魏娟，张振涛，等．热泵烤烟系统性能的试验研究［J］.农业工程学报，2012，28（25）：63-67.
[36] 吴超．热泵型保温烤烟房节能性研究［D］.重庆：重庆大学，2015.
[37] 董艳华，魏娟，张振涛，等．热泵节能烤烟房的建造与试验［J］.太阳能，2012（17）：44-46.
[38] 张敬一．郑州院举办“大数据与烟叶生产高质量发展”学术年会［N/OL］.［2019-12-03］http：//www.echinatobacco.com/html/site27/kj1/127529.html.
[39] 贵中烟．贵州中烟开展烟叶质量大数据收集工作［N/OL］.［2019-10-11］https：//www.eastobacco.com/sypd/sydtxw/201910/t20191011_544338.html
[40] 黄佳兵．闭式热泵干燥系统除湿性能与调控技术研究［D］.广州：广州大学，2018.
[41] 孟祥国．稻谷及时干燥工艺、品质研究及干燥机设计［D］.沈阳：东北农业大学，2014.
[42] 卞悦，王铁军，陈小华，等．空气能热泵干燥系统设计与模拟研究［J］.低温与超导，2018，46（10）：94-97.

[43] 刘立果．基于 LabVIEW 的红枣干燥机控制系统的设计与干燥工艺研究［D］．乌鲁木齐：新疆农业大学，2016.
[44] 丁振杰，李玉秋，赵昌友．模糊 PID 在热泵干燥温度控制系统中的应用［J］．兰州文理学院学报（自然科学版），2016，30（02）：53-56，71.
[45] 官平．基于模糊控制技术的蚕茧干燥自动控制系统的研究［D］．成都：西南大学，2007.
[46] 姜滨．木材干燥支持向量机建模与模糊神经网络控制研究［D］．沈阳：东北林业大学，2015.
[47] 赵峰．热泵干燥机控制系统优化及干燥实验研究［D］．天津：天津大学，2014.
[48] 曹肖伟．融合 CAN 总线及模糊控制的生物质干燥系统搭建及分析研究［D］．扬州：扬州大学，2017.
[49] 包亚峰．烟叶烘烤过程中的热湿分析与优化［D］．重庆：重庆大学，2015.
[50] 张建锋．热泵干燥装置监控系统的设计与研究［D］．南京：南京农业大学，2008.

第8章 典型的农林产品热泵干燥

作为农林业大国，我国每年都有大量的农林产品需要采用干燥技术，使其含水量达到有关标准以利于农产品的储藏及再加工。因此，干燥作为农产品加工过程的关键环节，对终产品的品质起着决定性的作用。目前，我国农特产品产地加工存在机械烘干比例低、能耗较高、污染较重、工艺粗放、智能化程度较低、干燥品质较差等诸多问题。随着国家对节能环保的重视及消费者对干燥产品质量要求的不断提高，热泵干燥技术因其具有能耗小、污染小且最接近于自然干燥、干燥过程可控与干燥产品品质高等优点，被广泛应用于农林产品的干燥过程中。在热泵干燥技术基础上构建智能控制绿色节能干燥技术与装备体系，是提升农特产品干燥技术与装备水平的关键手段。

中科院理化技术研究所科研团队主持承担了“十三五”智能农机装备领域国家重点研发计划“农特产品绿色节能干燥技术装备研发 2018YFD0700200”项目、国家科技支撑计划“特色蔬菜产地保质贮藏节能关键技术装备研发与集成示范 2015BAD19B02”、宁夏回族自治区农业的发展项目“枸杞新型制干与保鲜技术研发与示范 ZNNFKJ2015-03”、中国科学院河南成果转移转化中心项目“多功能农特产品热泵干燥技术及产业化”、“移动式烟叶热泵烘烤密集烤房（河南省烟草局重点项目 HYKJ201311）”等十余项国家、省部级及行业科研项目，在此基础上，总结分析了热泵干燥技术在烟草、玉米、挂面、菌类与木材等农林产品中的研究实践成果，重点阐述了热泵干燥工艺与系统设计，分析了热泵干燥能耗、经济性与干燥品质。

8.1 烤烟热泵干燥工艺及装备

烟叶是一种经济作物，烤烟的质量优劣决定着烟农收益；烘烤环境的动态变化与烟叶的生理生化变化关系密切，通过影响酶活性调控烟叶的品质和质量。烟叶烘烤就是在保证烟叶的内在物理特性、化学成分、外观品质、安全性及评级质量的前提下，将含水量80%～90%的新鲜烟叶降至含水量为4%～7%，成为具有一定品质、风格、等级标准干烟叶的过程。烟叶烘干过程中每排除1kg水分，理论上需要消耗热量2559.5～2580.3kJ。

密集烤房的推广应用在促进烤烟生产规模化发展方面发挥了重要作用。但是密集烤房在使用中普遍存在热能利用效率较低的问题，通常烘烤得到 1kg 干烟叶需要消耗标准煤 1.5～2.5kgce（千克标准煤），其中，烘烤烟叶所需热量为燃烧炉燃料发热量的 30%左右，而排湿气流余热损失占燃料发热量的 20%左右。严重时可达 25%以上，排湿能耗较大。因此，密集烤房存在较大的节能潜力，合理地回收利用密集烤房的排湿余热，是提高现有密集烤房热能利用效率的一个重要切入点，对烟叶烘烤的节能降耗具有重要意义。采用热泵技术对排湿热空气进行除湿，再对除湿后的干热空气循环利用，既回收了排湿余热、提高能源利用率，又可实现对烘烤工艺精确的温湿度控制、提升烤烟品质。

烘烤过程包含烟叶的变黄和干燥过程，烟叶厚度小于 0.2mm，具有毛细管多孔结构和多孔组织，其干燥过程是通过多孔组织和毛细管将水分输送至叶面蒸发散失的。烟叶烘烤中如何通过及时、准确地控制温湿度的变化，从而实现对干燥速度的精准调控，是协调烟叶变黄和物质转化的关键。在长期的生产实践和技术发展基础上，对烟叶烘烤过程的生物化学变化及整体质量深入研究后形成了“三段式”烘烤工艺烤烟技术。三段式烘烤工艺将烟叶的烘烤过程分为变黄阶段、定色阶段和干筋阶段，且每个阶段的干球温度又可分为升温控制和稳温控制两个步骤，如图 8-1 所示。在实际烘烤过程中，根据不同地区、不同烟叶品种、不同烘烤阶段对温度和时间做出相应的调整。热泵烤烟也必须遵循该烘烤工艺，为烘烤过程中提供合适的温湿度条件。所以了解和计算各个阶段的失水量是热泵选型的基础。

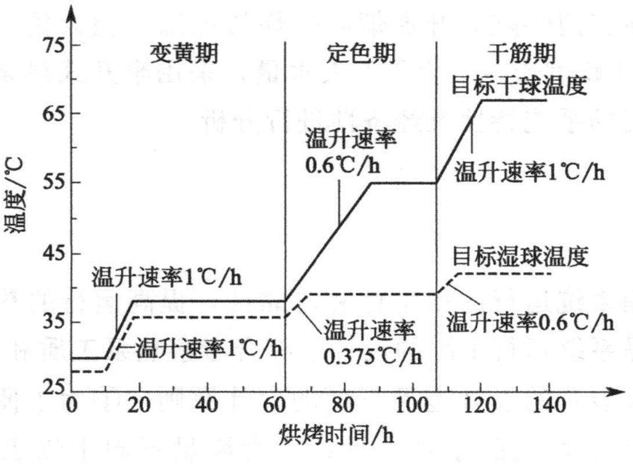

图 8-1 三段式烟叶烘烤工艺曲线

① 变黄期：温度要控制在 38～42℃，干湿球温度差保持在 2～3℃，使烟叶颜色达到 7～8 成黄，叶片发软。完成变黄时温度控制在 40～42℃以下，保持湿球温度在 35～37℃，达到烟叶基本全黄，充分凋萎塌架，主脉发软，确保烟叶转化充分，形成更多的香气基础物质。变黄期烟叶的失水量相当于烤前含水量的 20%。

② 定色期：要根据烟叶素质以适宜的速度升温，并掌握适宜的湿度，确保烟叶彻底变黄和顺利定色；在干球温度 46～48℃、湿球温度 37～38℃时，使烟叶烟筋变黄，达到黄片、黄筋、小卷筒。在干球温度 54～55℃左右时保持湿球温度在 38～40℃，适当拉长

时间，达到叶片全干大卷筒，促使形成更多的致香物质。定色期烟叶的失水量相当于烤前含水量的80%。

③ 干筋期：温度要控制在65～68℃，湿球温度控制在40～43℃，以增进烟叶颜色和色度，同时减少烟叶香气物质的挥发散失。烟叶的含水率约为6.5%。

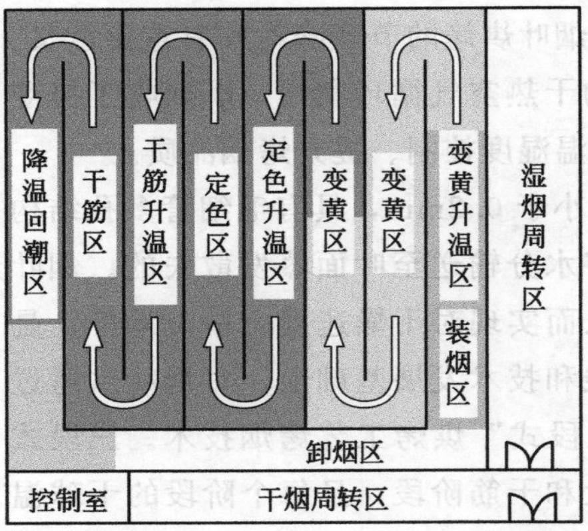

图 8-2　区域静态工艺热泵烤房平面图

中科院理化所科研团队按照理论研究、实验验证、部件研制、中试实验、示范推广的技术路线开展研究工作，开发了动态工艺和区域静态工艺两类热泵烤房。按照三段式烟叶烘烤工艺，如果将整个烘烤工艺过程依照变黄、定色、干筋、回潮功能进行分区，使得不同工艺区段，只对应单一的工艺运行参数，从而将动态工艺参数转换为静态工艺参数，则这类烤房称为区域静态工艺热泵烤房，如图8-2所示。这类烤房适合批次处理量较大的作业，根据烘烤工艺烟叶在烘烤作业中需要进行转移，因此在设计的过程中，需要设定合理的物料运行速度。动态工艺热泵烤房是根据三段式烟叶烘烤工艺设计的，物料为静态分布，按照时间-温度坐标二维体系进行工艺参数的调整，此时烘烤工艺属于动态。这类烤房适合批次处理量小、烤房可移动的作业。

以采用热泵烤房在三门峡陕县开展烟叶烘烤的应用实验为例。其中，新鲜烟叶的装载量为3500kg，通过计算烘烤各个阶段的失水量，采用半开式热泵干燥系统设计动态工艺，并对热泵烤烟过程的系统特性及经济性进行分析。

8.1.1　设计原则

为了保证热泵干燥系统运行的稳定性和可靠性，提高运行的热效率和热风循环的传热传质效率，热泵干燥系统运行工况的设计应综合考察热泵工质和干燥介质的循环状态。用于农产品干燥的热泵装置的设计遵循下面的设计原则：①为了便于安装和机组调试热泵机组与干燥室均采用模块化的结构设计；②为满足不同干燥工艺的要求，干燥介质（空气）的主要参数（温度、速度和湿度）要能一定的范围内进行调节；③为了保证在不同干燥阶段干燥物料对温度和排湿量的要求，干燥系统的新风阀、排湿阀和回风阀必须能够灵活切换；④为热泵系统配备功率可调的备用电加热系统。由于热泵系统制冷回路的零部件较多，在烘烤过程中若出现制冷剂泄漏导致热泵无法正常工作时，必须及时启动电加热，以保证物料的干燥质量不受影响；⑤为了保证不同干燥物料、不同干燥阶段对不同风速的要求，干燥室的空气循环风机采用分挡或变频器进行调节转速。

8.1.2　烟叶烘烤过程中的失水规律

鲜烟的初始含水率为85%～90%（按85%计算），根据烤烟过程中失水量的经验总结，设烘烤结束时烟叶的含水率为6.5%。

假设鲜烟质量为M_1，烘烤结束时的烟叶质量为M_2，由烘烤前后干烟的质量守恒可得：

$$M_1(1-85\%)=M_2(1-6.5\%) \tag{8-1}$$

则烘烤前后的失水量为：

$$M_1-M_2=83.95\%M_1 \tag{8-2}$$

失水量相当于烤前含水量的：

$$\frac{83.95\%M_1}{85\%M_1}=98.8\% \tag{8-3}$$

为讨论方便，定义烟叶的失水百分比速率为每小时内烟叶脱去的水分占鲜烟（烤前）含水量的百分比，用%/h表示。失水速率为鲜烟含水量和失水百分比速率的乘积，用公式表示如下：

$$G_w=0.85M_1\varphi \tag{8-4}$$

式中，G_w为失水速率，kg/h；M_1为鲜烟质量，kg；φ为失水百分比速率，%/h。那么可得每个阶段的平均失水百分比速率和鲜烟量为3500kg时的平均失水速率，如表8-1所示。

表8-1 三段式烤烟工艺对应的平均失水百分比速率和平均失水速率（3500kg鲜烟量）

烤烟阶段	平均失水百分比速率/(%/h)	平均失水速率/(kg/h)
变黄期	(30－0)/(62－0)＝0.48387	14.40
定色期	(80－30)/(108－62)＝1.087	32.34
干筋期	(98.8－80)/(140－108)＝0.5875	17.48

8.1.3 半开式热泵烤烟系统的工作原理

根据三段式烤烟工艺对应的平均失水百分比速率和平均失水速率的分析，干燥系统需要配置两台5hp的压缩机以满足烘烤供热要求。图8-3给出了这种双热泵系统的工作

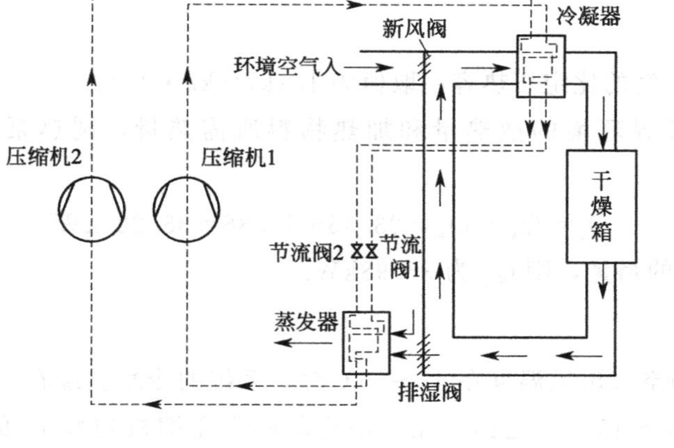

图8-3 半开式热泵干燥系统的工作原理简图

原理，具体如下：将干燥箱内的一部分热湿空气从排湿口排出，在此处与干燥箱外新风混合，被加热的混合空气然后流过蒸发器，以提高蒸发温度。同时另一部分旁通热湿空气与从新风阀进来的新风混合，经冷凝器加热后进入干燥箱进行热湿交换，然后重复循环。

在烘烤过程中通过压缩机的启停控制烤房内空气的干球温度，当干燥箱内空气的干球温度大于（或小于）工艺要求的目标干球温度时，压缩机停止（或开启）运行。通过调节排湿阀的开度对湿球温度进行控制，当干燥箱内空气的湿球温度大于（或小于）工艺要求的目标湿球温度时，开启（或关闭）排湿阀。

8.1.4 热泵烤烟系统主要设备的选型计算

以烘烤过程中排湿量最大、需热量最多时烤房内所需的空气目标温湿度为设计计算基础。热泵系统总的热负荷主要由蒸发烟叶中的水分所需热量、加热空气所需热量、烤房向外界环境的散热量和加热物料所需热量四部分组成。

根据表 8-1 的计算结果，标准密集烤烟系统在最大排湿阶段的失水速率为 32.34kg/h，该最大排湿阶段为图 8-1 中所示的定色期，温度在 48～55℃，水分的平均汽化潜热 r 为 2600kJ/kg。蒸发烟叶中的水分所需热量 Q_w 由公式(8-5）计算得到。

$$Q_w = G_w r = \frac{32.34\text{kg/h} \times 2600\text{kJ/kg}}{3600} = 23.36\text{kW} \tag{8-5}$$

新风质量流量是影响烤房排湿速率的重要参数，烘烤期间大气的平均干球温度 $t_a = 25℃$，相对湿度 $\varphi = 75\%$，在最大排湿阶段排湿空气的温度 $t_w = 55℃$，相对湿度为 38%，新风量 G_d：

$$G_d = \frac{G_w}{d_w - d_a} = \frac{32.34\text{kg/h}}{0.039\text{kg/kg} - 0.014\text{kg/kg}} = 1294\text{kg/h} \tag{8-6}$$

式中，d_a 为新风的含湿量，kg/kg；d_w 为排湿空气的含湿量，kg/kg。

加热空气所需的热量 Q_a：

$$Q_a = c_p G_d (T_w - T_a) = \frac{1.1\text{kJ/(kg·℃)} \times 1294\text{kg/h} \times (55℃ - 25℃)}{3600} = 11.86\text{kW} \tag{8-7}$$

式中，c_p 为空气的比定压热容，取值为 1.1kJ/(kg·℃)。

忽略烤房向外界环境的散热量和加热物料所需热量，则热泵需要提供的总热量 Q_c 为：

$$Q_c = Q_w + Q_a = 23.36 + 11.86 = 35.22(\text{kW}) \tag{8-8}$$

设计中如果取 5%的裕量，则 Q_c 为 36.98kW。

（1）压缩机

机组冷凝侧的空气出风温度在 48～55℃时，系统的冷凝温度在 56～63℃的范围，系统的蒸发温度在 10～15℃的范围；在此温度范围内压缩机功率 W 的最大值为 4.7kW，5hp 压缩机的制热量 Q_c 为 18.5kW。在此温度下单台压缩机无法满足干燥物料所需的热量，并且根据能量调节及考虑到系统故障维修的实际需要，系统选用两台 5hp 压缩机，且设计为完全独立的两个系统是比较合理的方案。同时也符合烟叶烘烤的实际需要，因为在实际的烟叶干燥过程中根据干燥曲线的要求，温度变化范围比较宽，为了更好地适应烤烟过程中温度的变化及装烟量的变化所带来的能量需求变化，需要系统有更好的能量调节。

（2）冷凝器

实际过程中制冷剂侧与空气侧的平均传热温差 Δt_c 取 10℃。冷凝器的结构选择逆流形式，见图 8-4。

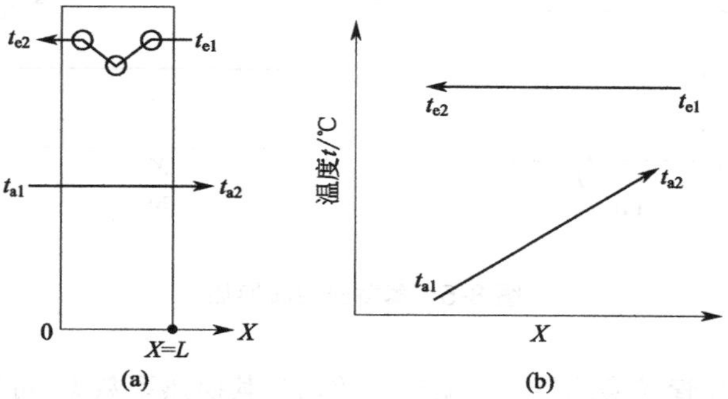

图 8-4　冷凝器逆流换热

冷凝器选用翅片管式换热器，根据经验数据，其换热系数 k_c 可取为 37W/(m^2 · ℃)，则冷凝器的传热面积 A_c 为

$$A_c=\frac{Q_c}{k_c\Delta t_c}=\frac{42000\text{W}}{37\text{W}/(\text{m}^2\cdot ℃)\times 10℃}=113.5\text{m}^2 \tag{8-9}$$

取 10%的裕度，则实际冷凝器的传热面积为 125m^2。据此可设计冷凝器。空气流过冷凝器的流动阻力 Δp_c 为：

$$\begin{aligned}\Delta p_c&=\frac{\rho_a w_y}{2}+0.108\times\frac{b}{D_c}(\rho_a w_{max})^{1.7}\\&=\frac{1.01\text{kg/m}^3\times 3.12\text{m/s}}{2}+0.108\times\frac{88\text{mm}}{3.3\text{mm}}\times(1.01\text{kg/m}^3\times 5.62\text{m/s})^{1.7}\\&=1.58\text{Pa}+55.12\text{Pa}\\&=56.70\text{Pa}\end{aligned} \tag{8-10}$$

式中，ρ_a 为空气流经冷凝器的平均密度，kg/m^3；w_y 为迎面风速，m/s；w_{max} 为空气流过冷凝器肋片最小流动断面的速度，m/s；b 为冷凝器气流方向的肋片长度，mm；D_c 为冷凝器肋片空气通道的当量直径，mm。

（3）蒸发器

根据第 2 章的分析，蒸发温度的变化对压缩机功率的影响微乎其微，蒸发温度对压缩机供热量的影响成正比变化。本实验在河南完成，烤烟的干燥系统应用多在夏秋季节，周围的环境温度通常高于18℃；而设计的半开式烤烟系统的结构特点是烤房排出来的废气废热被直接引至蒸发器与环境空气混合，与蒸发器另一侧的制冷剂换热，促使蒸发器空气侧的进口温度 t_{a1} 进一步升高；这使得制冷剂侧和空气侧的平均传热温差 Δt_e 增大，蒸发器的换热面积减小，如图 8-5 所示。本文取 $\Delta t_e=7℃$。

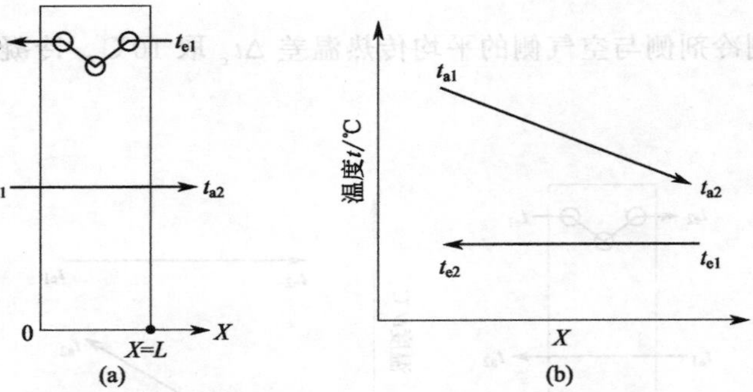

图 8-5　蒸发器逆流换热

蒸发器选用铝翅片管式换热器，根据经验数据，其换热系数 k_e 可取为 45W/(m²·℃)，则蒸发器的传热面积 A_e 为

$$A_e=\frac{Q_e}{k_e\Delta t_e}=\frac{42000\text{W}-2\times4700\text{W}}{45\text{W}/(\text{m}^2\cdot℃)\times7℃}=103\text{m}^2 \tag{8-11}$$

考虑到不利的环境工况，取 10 %的裕度，则实际蒸发器的传热面积为 113m²。据此可选定蒸发器。空气流过蒸发器的流动阻力 Δp_e 为：

$$\Delta p_e=0.1833\times\frac{b}{D_e}(\rho_a w_{max})^{1.7}=0.1833\times\frac{44\text{mm}}{3.31\text{mm}}\times(1.17\text{kg/m}^3\times3.11\text{m/s})^{1.7}=21.90\text{Pa} \tag{8-12}$$

式中，b 为蒸发器气流方向的肋片长度，mm；D_e 为蒸发器肋片空气通道的当量直径，mm；ρ_a 为空气流经蒸发器的平均密度，kg/m³；w_{max} 为空气流过蒸发器肋片最小流动断面的速度，m/s。

（4）循环风机

干燥机系统中风机的耗电量仅小于压缩机，风机性能优良与否，对热泵系统的效率、干燥系统运行成本等均有很大的影响。在热泵干燥的中后期，除湿主要是去除干燥物料中的结合水；这部分结合水占总除湿量的比例很小，然而由于被干燥的物料表面皱缩，干湿界面逐渐向内部退缩，使得空气与干燥物料之间的传质系数变小，水分蒸发速率降低；同时使得烤房进出口的空气状态变化很小，为了降低能耗，可以有效地减小风机的风量；并且由于物料皱缩，空气阻力相应地减小，可以减小风机的风压。因此，在保证干燥质量的前提下，考虑节能降耗，本文选用两挡控制的高温高湿系列轴流风机，参数如表 8-2 所示。

⊡ **表 8-2 循环风机的选型标准及参数**

型号	数量	电压	主轴转速/(r/min)	全压/Pa	风量/(m^3/h)	功率/kW
7# 双速	1 台	380V	1450	230	19720	2.2
			960	150	13560	1.5

（5）其他辅助设备

为保证干燥过程中供热的连续性，在热泵系统出现故障时干燥过程仍然能够继续，安装了功率为 10kW 的两组电加热棒；在新风口、排湿口安装电动风阀，能够在 0～90°范围内调节其开合程度，以满足所需新风量的大小；为了保护压缩机，防止干燥温度过高和便于检测制冷剂泄漏，安装压缩机高低压保护器；制冷剂回路中的热力膨胀阀、储液器、气液分离器和干燥过滤器均根据制冷剂流量选型。

基于模块化单元技术设计了一套半开式热泵烤烟系统，其结构如图 8-6 所示。热空气进入干燥室后以对流的方式接触物料，实现湿热交换，即物料吸收热空气中的热量使水分蒸发，蒸发出的水分再由干燥介质带走。干燥室采用气流下降式对流干燥，具有干燥介质的温度和湿度容易控制的特点，可避免物料发生过热而降低品质。在排湿口加装风阀的目的是使烤房内处于微正压状态，因为烤房安装的检修门、新风口等并非完全密闭，如果不加装风阀，在压缩机工作时，蒸发器上部的风机对排湿口侧的空气有一定的抽力，仍会从排湿口吸出少量热湿空气，对烤烟初始阶段的烘烤工艺产生一定的不利影响。从图 8-6 中可以看出烤房的回风口与排湿口是不直接相通的，当不需要排湿时，安装在烤房外侧的排湿口风阀关闭和新风口风阀关闭，无新风进入，烤房内的热空气通过回风口经过冷凝器循环加热后再与物料进行热湿交换；当需要进行排湿时，通过调节烤房内下部两侧的回风口挡板调节回风口的开度，控制回风量，即调节新风量与回风量的比例。图 8-7 是基于上述热泵烤烟干燥系统所建造的烤烟房。

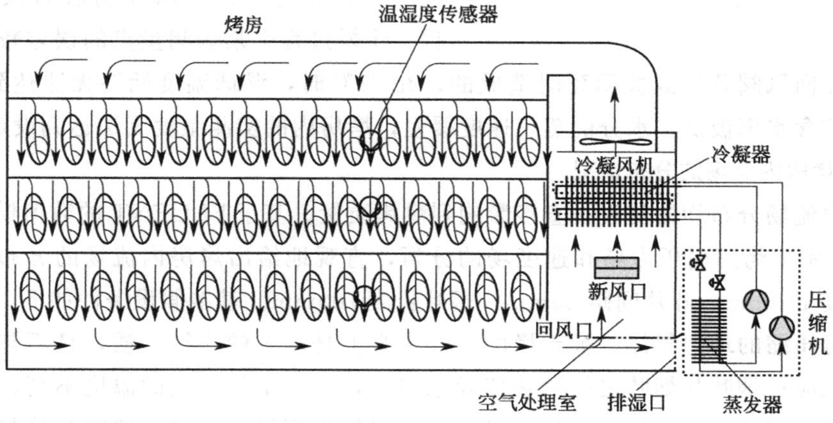

图 8-6 半开式热泵烤烟系统的结构

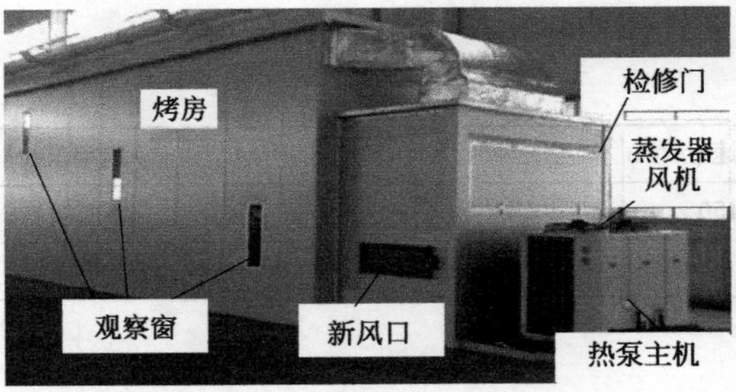

图 8-7 半开式热泵烤烟工厂

8.1.5 热泵干燥系统的性能测试结果

以下实验数据来自三门峡烤烟工厂，选定的热泵烤房开烤时间为 2013 年 9 月 14 日，鲜烟平均含水率为 83%，烟叶品种为秦烟 96，类型为中部烟，分 3 层，用烟夹均匀悬挂，共装 320 夹，3520kg。

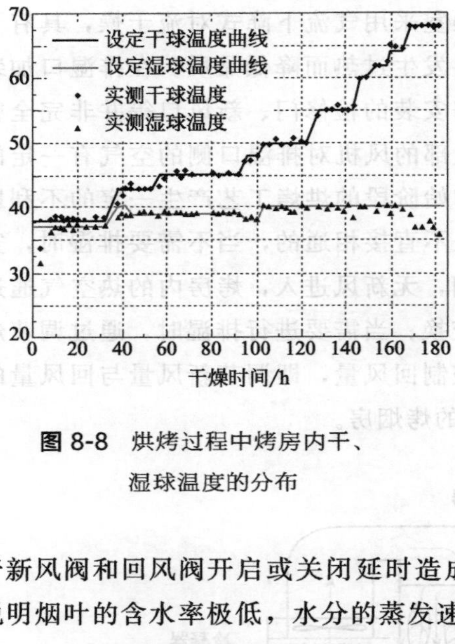

图 8-8 烘烤过程中烤房内干、湿球温度的分布

（1）烤房内温湿度分布

图 8-8 所示的此次烘烤设定的温、湿度范围在遵照三段式工艺的基础上分为了四段，但烘烤结束时，最高温度仍是 68℃。比较实际温、湿度与设定曲线值，整个烘烤过程热泵按照设定的干燥曲线运行。温度的偏移量在±0.8℃，在 68℃之前，湿球温度的偏移量在±0.5℃。图 8-8 所示的设定干、湿球温度曲线是用户预先定义的、从控制器面板输入的数据。干燥过程中某些测量点的误差较大，是由于新风阀和回风阀开启或关闭延时造成的；在 68℃时，湿球温度始终无法达到设定值，说明烟叶的含水率极低，水分的蒸发速度缓慢，烤房内的实测湿度无法达到设定湿度值。

（2）烤房内流场的分布情况

烤房内流场分布均匀与否，直接影响到烘烤质量。基于 FLUENT 的数值模拟，通过对图 8-9 所示的烤房内压力场和速度场的分析，直观地给出烤房内流场的分布情况。其中烟架宽度 110mm，叶片间距 25mm，烟叶长度 700mm。基本假设条件如下：烤房内的空气为不可压缩的理想气体；被干燥的烟叶宏观上是均匀的连续介质，且不与干燥介质发生化学反应；烟叶与烟叶之间的热传导忽略不计；由于热空气的温度不高，因此仅考虑对流换热，不计辐射换热；不计风机和冷凝器的物理尺寸；烤房墙壁为绝热体，其热容量忽略不计。

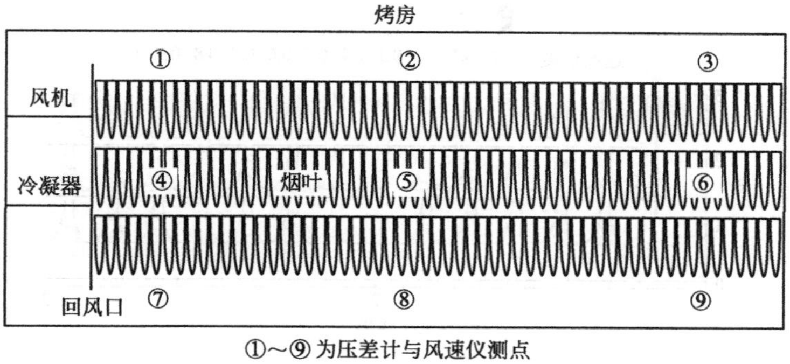

图 8-9　热泵烤房及供热室布置

图 8-10 和图 8-11 为在给定风机压力 230Pa、出口边界条件选为自由流出口的条件下模拟出的烤房内的压力和速度分布情况。强制通风气流下沉式密集烤三层烟叶要求叶间风速达 0.3m/s，图 8-12 所示的模拟结果显示三层烟叶的叶间风速在 0.3～0.6m/s 之间，所选风机能够满足烘烤要求。

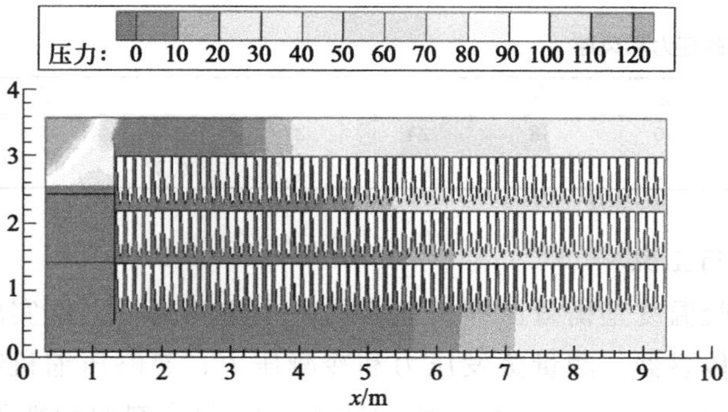

图 8-10　给定风机压力 230Pa 的烤房压力分布云图

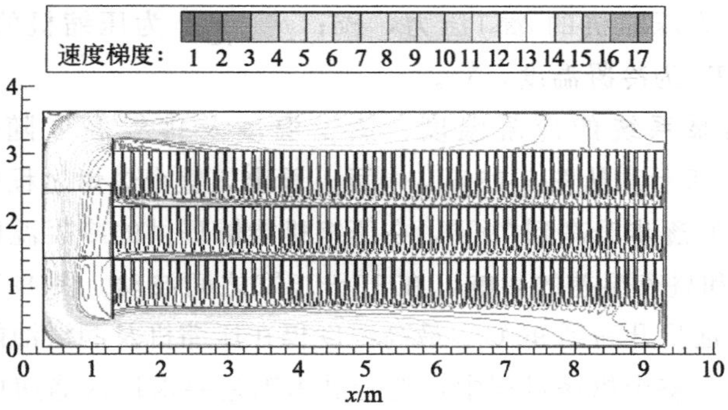

图 8-11　给定风机压力 230Pa 的烤房内风速分布

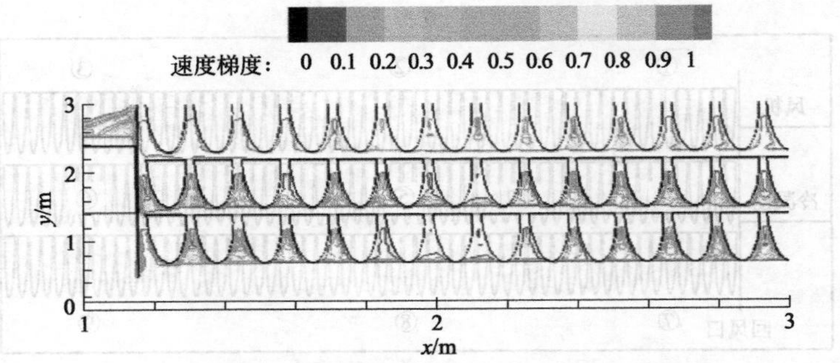

图 8-12　给定风机压力 230Pa 的叶间速度梯度

因为选用的风速仪无法在高于 55℃的温度下长时间工作，而烘烤刚开始阶段烟叶新鲜、叶片较硬、烟架间的间距不均。所以本实验在烘烤进行到第 40h 时利用压差传感器和风速仪对图 8-9 中的九个测试点进行测量，连续测量 30h，取平均值得到表 8-3 的数据。比较烤房内流场模拟的结果与实际测量值，模拟结果基本可以反映在烘烤过程中烤房内空气的压力和速度分布情况。

表 8-3　烤房内测量点的压力和风速

测试点	1	2	3	4	5	6	7	8	9
压力/Pa	28	30	38	24	27	35	17	23	35
风速/(m/s)	13.7	6.0	1.2	0.4	0.3	0.7	9.6	5.2	1.1

（3）压缩机运行工况

蒸发温度和冷凝温度是衡量压缩机能力的一个重要指标。本实验中通过在压缩机的吸排气口安装压力传感器，测量蒸发压力和冷凝压力；忽略压缩机吸气管和排气管的压力降，然后利用式(8-13) 和式(8-14) 所示的 R134a 制冷剂的物性函数，在 EES 软件中求解蒸发温度和冷凝温度。

$$T_e = \mathrm{T\_SAT}(\mathrm{R134a}, p = p_{\mathrm{comp\_in}}) \tag{8-13}$$

$$T_c = \mathrm{T\_SAT}(\mathrm{R134a}, p = p_{\mathrm{comp\_out}}) \tag{8-14}$$

式中，$p_{\mathrm{comp\_in}}$ 为压缩机的入口压力，Pa；$p_{\mathrm{comp\_out}}$ 为压缩机的出口压力，Pa；T_e 为蒸发温度，℃；T_c 为冷凝温度，℃。

烘烤过程中热泵系统的冷凝温度、蒸发温度及排气温度随时间的变化分别如图 8-13(a) 和 (b) 所示。从图 8-13(a) 中可以看出，整个烘烤过程中热泵系统的冷凝温度从开机时刻的 34℃逐步升高到 79℃，在压缩机能够提供的冷凝温度范围内；蒸发温度受环境温度、风速和昼夜温差的影响，在 10～15℃之间波动。图 8-13(b) 显示，压缩机的排气温度从 40℃逐步升高到 96℃，最高温度仍在压缩机及润滑油能够承受的范围内。

如图 8-14 所示，整个烘烤过程中，随着烘烤工艺要求送入烤房内的热空气温度不断升高，压缩机的功率也升高；比较测量值与模拟值，发现实测值的波动较大。这是由于整个烘烤过程中，压缩机是间歇式工作的，在某些干燥段，压缩机启动频繁，压缩机刚启动时功率偏大，而且冷凝温度也随着压缩机的启停有一定的波动。

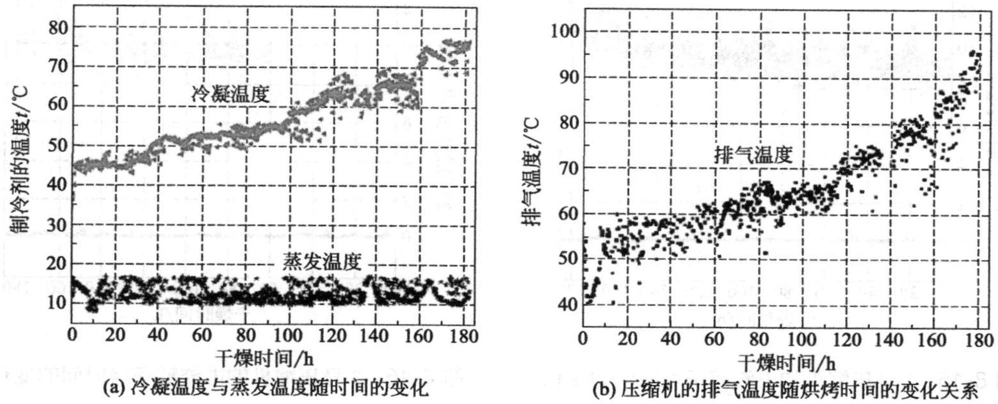

(a) 冷凝温度与蒸发温度随时间的变化

(b) 压缩机的排气温度随烘烤时间的变化关系

图 8-13 烘烤过程中冷凝温度、蒸发温度及排气温度随时间的变化

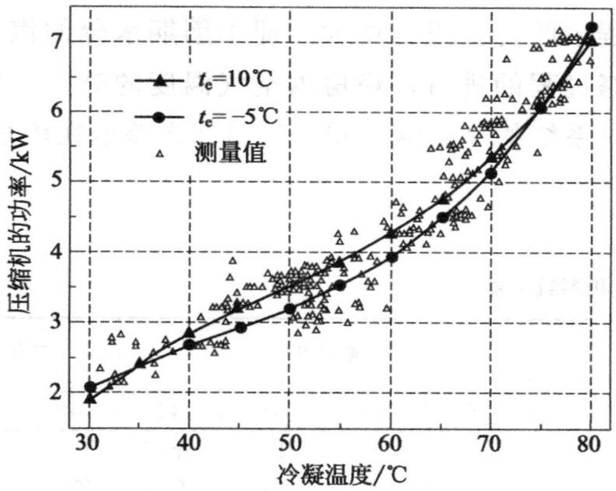

图 8-14 烘烤过程中压缩机的功率随冷凝温度的变化

（4）干燥系统的性能特性

整个干燥实验进行了 181h，两台压缩机间歇工作，实验中安装电流互感器测量压缩机的电流来判断压缩机的工作时长。两台压缩机的电流值如图 8-15 和图 8-16 所示。图中各数据点的时间间隔为 1min，统计电流大于 1A 的点数即为压缩机的运行时长。经实验统计，1 号压缩机的运行时间为 6393min（107h），2 号压缩机的运行时间为 836min（14h）；其中，2 号压缩机工作时，1 号压缩机一定在工作，即两台压缩机同步工作 14h，同时停机 74h。

热泵干燥是通过压缩机的启、停来控制供热量，进而控制烘烤温度的。烘烤过程中选取表 8-4 所示的几个稳温段，来测量压缩机的启停时间和系统性能。只需一台压缩机就可以基本满足变黄期阶段的热负荷要求，在定色期和干筋期，1 号压缩机与 2 号压缩机间歇运行。整个干燥过程的制热量随烘烤时间先增加后减少，这与烘烤工艺要求的热负荷是相吻合的。因为蒸发烟叶中水分的汽化潜热占烤烟所需热负荷的主要部分，定色

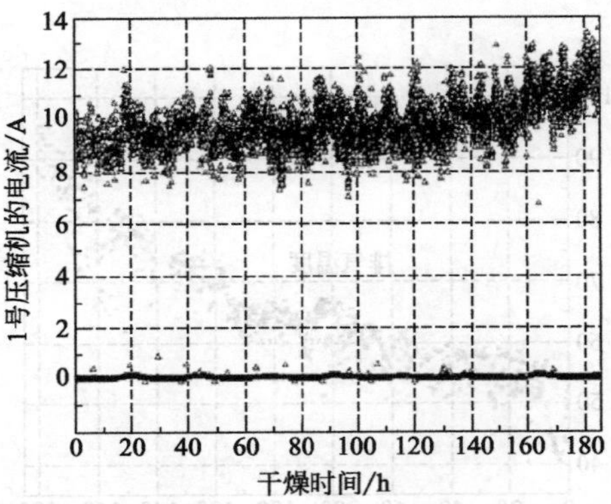

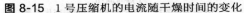

图 8-15　1 号压缩机的电流随干燥时间的变化

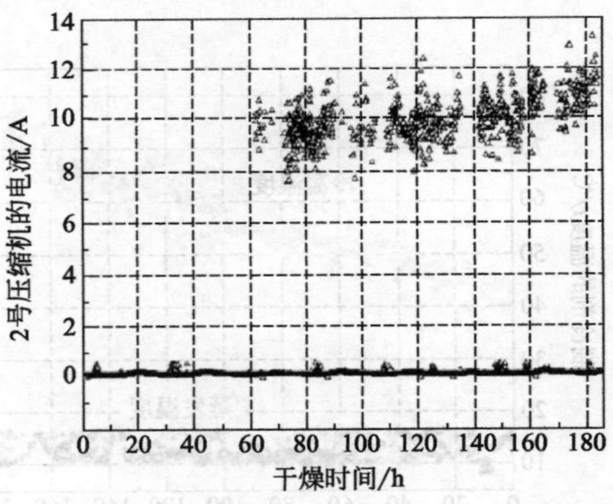

图 8-16　2 号压缩机的电流随干燥时间的变化

期烟叶的脱水速率最大，所以制热量最大；干筋期烟叶的脱水速率最小，但是烟叶中的水为结合水，结合水与烟叶中的物质相结合处于一个较稳定的状态，烟叶此阶段的收缩程度大，水分在扩散过程中的传质阻力增大，即干筋期水分的汽化潜热值最大，所需热量比变黄期大。随着烘烤过程的进行，烤房内空气温度的升高，压缩机的平均运行时间和总功耗不断增加，热泵系统的冷凝温度和蒸发温度之差也在增加，导致系统的 COP 不断降低。

表 8-4　稳温段的压缩机工况和系统性能

工况和性能 \ 烤烟阶段	变黄期				定色期		干筋期	
稳温段的干球温度/℃	35	36	38	42	48	54	60	68
1 号压缩机的开停间隔/min			开:3 停:8	开:7 停:4	开:12 停:5	开:11 停:5	开:8 停:6	开:11 停:11
2 号压缩机的开停间隔/min			停	开:5 停:10	开:12 停:5	开:3 停:13	开:2 停:15	开:2 停:12
主压缩机运行时的平均功率/kW	3.74	3.8	3.93	3.2	4.5	3.21	4.85	5.75
从压缩机运行时的平均功率/kW	0	0	0	0	4.43	4.15	4.8	5.71
两台压缩机的总功率/kW	3.74	3.8	3.93	3.2	8.93	7.36	9.65	11.46
系统的制热量/kW	16.5	16.4	16.2	15.8	30.3	29.1	28.2	26.6
系统的总供热系数 COP	4.41	4.32	4.12	4.94	3.39	3.95	2.92	2.32

8.1.6　干燥产品品质分析

本实验中三门峡陕县烟草分公司把热泵烤房和普通燃煤烤房烘烤的烟叶送到烟叶质检部门进行了检测，结果见表 8-5。热泵烤房烤后的烟叶外观质量在多个方面优于普通密集烤房，尤其在烟叶油分、颜色、色度三个方面明显好于燃煤烤房；外观质量总分分差也较大，其中，中部叶烤后的烟叶外观质量总分分差达到 194 分，上部烟叶烤后的烟叶外观质量总分分差达到 179 分。

⊡ 表 8-5　热泵式与普通密集烤房的烘烤质量对比

处理组	序号	下部叶			中部叶			下部叶			平均值		
		上等烟/%	上中等烟/%	均价/(元/千克)	上等烟/%	上中等烟/%	均价/(元/千克)	上等烟/%	上中等烟/%	均价/(元/千克)	上等烟/%	上中等烟/%	均价/(元/千克)
热泵烤房	1	0	76.2	15.9	76.5	91.4	25.3	52.4	64.4	17.15	42.97	77.33	19.45
	2	1.2	78.4	16.1	56.5	67	19.4	51.6	75.8	18.36	36.43	73.73	17.95
	3	0.8	72.2	15.4	48	62.5	18.4	47	56	13.9	31.93	63.57	15.9
	平均	0.67	75.6	15.8	60.33	73.63	21.03	50.33	65.4	16.47	37.11	71.54	17.77
燃煤烤房	1	0	75.6	14.8	74.5	84.5	23.2	41.5	56	14.7	38.67	72.03	17.57
	2	0.6	75.1	14.9	51	58	17.1	48.2	62.3	16.45	33.27	65.13	16.15
	3	0.9	57.1	13.8	48.3	52.5	16.63	34	46	12.85	27.73	51.87	14.43
	平均	0.5	69.3	14.5	57.93	65	18.98	41.23	54.8	14.67	33.22	63.01	16.05
	对比	0.12	5.83	1.3	2.4	8.63	2.02	9.1	10.6	1.8	3.89	8	1.72

通过表 8-6 中热泵烤房和普通烤房烘烤的上、中、下三个部位烟叶的质量和售价对比，发现热泵烤房烘烤的烟叶上等烟比例高 3.89%、上中等烟比例高 8%、均价高 1.72 元/千克。对不同部位来说，下部叶热泵烘烤后的烟叶均价比燃煤烤房烤后的烟叶均价提高 1.3 元/千克，中部叶均价提高 2.02 元/千克，上部叶均价提高 1.8 元/千克，热泵烤房比普通烤房烤后烟叶的上等烟比例、上中等烟比例和千克均价显著提高。

⊡ 表 8-6　烤烟外观质量鉴定报告

编号	品种	部位	颜色	成熟度	叶片结构	身份	油分	色度	总分
热泵烤房	秦烟 96	中部	350	319	320	320	305	266	1880
燃煤烤房	秦烟 96	中部	277	313	320	320	210	246	1686
分差			73	6	0	0	95	20	194
热泵烤房	秦烟 96	上部	360	318	220	280	263	276	1717
燃煤烤房	秦烟 96	上部	290	320	223	280	205	220	1538
分差			70	−2	−3	0	57	56	179

8.1.7　能耗分析

表 8-7 汇总了 2013 年三门峡热泵烤烟工场部分烤房在烘烤季节的烤房装烟量和能耗。每座热泵烤房的平均装烟量约为 3700kg，平均除湿量为 3054kg/(座·次)，平均耗电量为 925kW·h/(座·次)。热泵系统的 SMER 平均值为 3.4kg 水/(kW·h)，干烟耗电量为 1.47kW·h/kg。

根据表 8-7 的结果，每个热泵烤房完成一次烘烤的平均用电为 925kW·h。而三门峡烤烟工场燃煤烤房的统计数据显示，每完成一次烘烤用平顶山烟煤量约为 1.3t，循环风机的耗电量约为 230kW·h。按照成分折算标煤，平顶山烟煤 1t 等于 0.97tce，而 2011 年供电标准煤耗为 330gce/(kW·h)，热泵烤房与燃煤烤房的能耗与费用见表 8-8。所以，热泵烤房比燃煤烤房节约标煤 1.03tce。在 2013 年煤炭价格较低的情况下，节约烘烤成本 34% [362 元/(座·次)]，得到 1kg 干烟，热泵系统比燃煤系统的烘烤成本低 0.56 元。因此和燃煤烤烟相比，热泵烤烟具有明显的经济效益。

表 8-7　热泵烤烟房的运行使用情况记录

烤房编号	烘烤时间/h	总耗电量/(kW·h)	单位小时耗电量/(kW·h)	干烟耗电量/[(kW·h)/kg]	烟夹数量/个	单位重量/kg	装烟量/kg	干烟量/kg	除湿量/kg	SMER/[kg 水/(kW·h)]	品种	时间
北 1	179	883	4.93	1.22	330	11	3630	726	2904	3.3	秦烟 96 上部	9 月 13 日～9 月 21 日
北 2	175	1216	6.95	1.34	350	13	4550	910	3640	3.0	豫烟 11 下部	9 月 10 日～9 月 17 日
北 5	168	736	4.38	0.96	350	11	3850	770	3080	4.2	秦烟 96 中部	9 月 12 日～9 月 19 日
北 6	210	993	4.73	1.97	320	11	3520	503	3017	3.0	秦烟 96 中部	8 月 26 日～9 月 3 日
	150	720	4.80	1.02	320	11	3520	704	2816	3.9	秦烟 96 上部	9 月 14 日～9 月 20 日
北 7	205	860	4.20	1.71	320	11	3520	503	3017	3.5	秦烟 96 中部	8 月 26 日～9 月 3 日
	181	833	4.60	1.30	320	11	3520	640	2880	3.5	秦烟 96 中部	9 月 14 日～9 月 21 日
北 10	200	903	4.52	1.77	325	11	3575	511	3064	3.4	秦烟 96 下部	8 月 24 日～9 月 2 日
	228	938	4.11	1.22	350	11	3850	770	3080	3.3	秦烟 96 中部	9 月 10 日～9 月 19 日
北 11	200	871	4.36	1.71	325	11	3575	511	3064	3.5	秦烟 96 下部	8 月 24 日～9 月 2 日
	228	840	3.68	1.09	350	11	3850	770	3080	3.7	秦烟 96 中部	9 月 10 日～9 月 19 日
南 5	171	883	5.16	1.15	350	11	3850	770	3080	3.5	秦烟 96 中部	9 月 15 日～9 月 22 日
南 8	213	981	4.61	1.60	390	11	4290	613	3677	3.7	秦烟 96 下部	8 月 29 日～9 月 7 日
	178	1186	6.66	1.63	330	11	3630	726	2904	2.4	秦烟 96 中部	9 月 13 日～9 月 21 日
南 14	172	807	4.69	1.68	305	11	3355	479	2876	3.6	秦烟 96 下部	8 月 14 日～8 月 22 日
	183	1033	5.64	2.05	320	11	3520	503	3017	2.9	秦烟 96 下部	8 月 25 日～9 月 2 日
	209	1032	4.94	1.51	310	11	3410	682	2728	2.6	秦烟 96 中部	9 月 12 日～9 月 20 日
平均	191	925	4.88	1.47	333	11	3707	652	3054	3.4		

表 8-8　单个热泵烤房与燃煤烤房的能耗

烤房类型	燃煤烤房	热泵烤房
用煤量/[t/(座·次)]	1.3	—
用电量/[kW·h/(座·次)]	230	925
折算标煤量/[t/(座·次)]	1.34	0.31
当地煤价/(元/t)	680	—
电价/[元/(kW·h)]	0.75	0.75
用煤成本/[元/(座·次)]	884	—
用电成本/[元/(座·次)]	172.5	694
总成本/[元/(座·次)]	1056	694

本实验所在的河南省烟草系统在2013年共计11万座燃煤烤房。由于烟田轮作等原因，每年实际运行烤房约6.7万座，按照每座烤烟房一年烤七次计算，一年的总能耗见表8-9。若6.7万座燃煤烤房全部替换为热泵烤房，则一年节约的标煤量为48.3×10^4tce，按照较低煤价计算，烘烤成本仍降低1.7亿元。

表8-9 6.7万座热泵烤房与燃煤烤房的能耗

烤房类型	燃煤烤房	热泵烤房
用煤量/$\times10^4$(t/年)	61	—
用电量/$\times10^4$[(kW·h)/a]	10787	43383
折算标煤量/$\times10^4$(t/a)	62.7	14.5
当地煤价/(元/t)	680	—
电价/[元/(kW·h)]	0.75	0.75
用煤成本/(万元/年)	41460	—
用电成本/(万元/年)	8090	32549
总成本/(万元/年)	49527	32549

8.1.8 污染物排放分析

我国的煤烟污染十分严重，由于烤烟季节集中在8～10月三个月，因此燃煤烤房单位时间的污染物排放强度很高。本团队在实验地的烤烟工厂建造了30座热泵烤烟烤房，与燃煤烤房进行污染物排放对比。

燃煤烤房用煤排放物根据华中科技大学煤燃烧国家重点实验室的张军营等学者给出的数据计算。根据元素守恒定律，煤质数据取自表8-10所示的平顶山烟煤，PM2.5与PM10的计算基准数据取自表8-11的平均值。

表8-10 燃烧实验的煤质参数

煤样	元素分析/%					工业分析/%			
	N	C	S	H	O	水分	挥发分	灰分	固定碳
小龙潭褐煤	1.42	49.21	2.47	5.40	13.16	14.60	46.91	13.74	24.74
六盘水烟煤	1.19	62.91	2.09	4.06	2.93	1.09	21.90	25.73	51.28
平顶山烟煤	1.09	67.03	3.84	5.34	2.90	1.05	35.98	18.75	44.22
焦作无烟煤	1.13	77.14	0.52	3.04	1.93	1.89	12.94	14.35	70.82
萍乡无烟煤	1.10	74.54	0.62	3.88	2.05	2.50	6.20	11.90	79.40
西山贫煤	0.90	67.60	1.30	2.70	1.80	6.00	16.60	19.70	52.20

表8-11 一维炉燃烧不同温度下不同煤种PM2.5和PM10排放量的比较

煤种	小龙潭褐煤			六盘水烟煤			平顶山烟煤		
	650℃	800℃	950℃	650℃	800℃	950℃	650℃	800℃	950℃
PM2.5/%	0.85	0.71	1.53	0.56	0.55	0.59	1.91	2.17	2.28
PM10/%	5.12	4.29	6.98	3.88	3.70	2.90	7.21	10.02	12.70
煤种	萍乡无烟煤			焦作无烟煤			西山贫煤		
	650℃	800℃	950℃	650℃	800℃	950℃	650℃	800℃	950℃
PM2.5/%	1.22	0.87	0.85	0.83	0.23	0.44	2.34	0.89	0.77
PM10/%	4.85	3.63	3.46	3.61	1.18	1.56	11.31	6.23	5.73

根据国标 GB 13223—2011 要求电厂锅炉的烟尘浓度降低到 $30mg/m^3$ 以下。浙江省环境检测中心鲁晟等对浙江玉环电厂的监测数据如表 8-12 所示，分析可见，燃煤电厂排除的烟气中，主要成分为 PM2.5。600MW 的机组每小时排放的烟气量通常为 $300\times10^4m^3$，则每小时 PM2.5 和 PM10 的排放量为 0.042t/h、0.044t/h，每度电排放 PM2.5 和 PM10 的量分别为 70.13mg 和 73.13mg。华中科技大学的刘迎晖综合了美国麻省理工学院的研究成果，显示煤级不是一个预测燃烧过程中挥发行为和超细颗粒形成的主要指标，所以玉环电厂的褐煤发电 PM2.5 和 PM10 排放指标可以作为普遍代表计算燃煤发电的排放。

表 8-12　除尘前、后颗粒物的粒径分布情况

分析项目		除尘前			除尘后		
		PM2.5	PM10	TSP	PM2.5	PM10	TSP
1# 机组	质量浓度/(mg/m^3)	3.38×10^2	6.95×10^3	1.44×10^4	12.22	12.80	13.91
	占 PM10 质量分数/%	4.86			95.31		
	占 TSP 质量分数/%	2.35	48.26		87.85	16.45	17.49
3# 机组	质量浓度/(mg/m^3)	6.77×102	5.84×103	1.81×104	15.83	16.45	17.49
	占 PM10 质量分数/%	11.59				96.23	
	占 TSP 质量分数/%	3.74	32.27			90.51	94.10

华北电力大学能源动力与机械工程学院的张辉等指出，目前我国燃煤机组的脱硝率一般在 70%～90%。脱硝率选取 80%作为标准算得燃煤机组脱硝后的 NO_x 排放量如表 8-13 所示。

表 8-13　脱硝后不同机组容量的燃煤机组 NO_x 的评价排放量　mg/(kW·h)

机组容量/MW	烟煤		无烟煤	
	切圆燃烧	墙式燃烧	切圆燃烧	墙式燃烧
200	470.6882	492.18	771.3713	1013.463
300	464.4156	459.4758	603.2982	855.7134
600	341.205	378.6175		753.2491

脱硫 90%后的 SO_2 排放量如表 8-14 所示。

表 8-14　燃煤机组脱硫 90%后的 SO_2 排放量　mg/(kW·h)

机组容量/MW	烟煤	无烟煤
200	823.294	600.364
300	728.98	542.858
600	552.35	397.270

6.7 万座实际运行的燃煤烤房每年的用煤量为 61×10^4t，循环风机的耗电量约为 $10.8\times10^7kW\cdot h$。燃煤排放的 CO_2、SO_2 与 NO_x 按照表 8-10 中平顶山烟煤的成分计算，PM2.5 与 PM10 按照表 8-11 中平顶山烟煤在不同温度下排放的平均值计算。用电产

生的 SO_2 与 NO_x 的计算以 600MW 机组的数据为基础。如果 6.7 万座的燃煤烤房运行，则一年产生的 CO_2、SO_2、NO_x 和 PM2.5 的计算结果如表 8-15 所示。

⊡ 表 8-15　燃煤烤房的污染物排放量

序号	名称	燃煤排放量/×10^4t	用电排放量/×10^4t	污染物排放总量/×10^4t
1	CO_2	145	11.6	156.6
2	SO_2	4.68	0.004	4.684
3	NO_x	0.84	0.004	0.844
4	PM2.5	1.3	0.0008	1.3008
5	PM10	6.1	0.0008	6.1008

根据河南热泵烤烟系统，完成一次烘烤的平均用电量为 925(kW·h)/(座·次)；如果 6.7 万座在运行的燃煤烤房全部转换为热泵烤房，则耗电量为 43.4×10^7(kW·h)，污染物排放量见表 8-16。

⊡ 表 8-16　6.7 万座热泵烤房的污染物排放量

序号	名称	排放量/×10^4t
1	CO_2	46.23
2	SO_2(烟煤)	0.024
	SO_2(无烟煤)	0.018
3	NO_x(烟煤)	0.017
	NO_x(无烟煤)	0.032
4	PM2.5	0.0031
5	PM10	0.0031

注：SO_2 与 NO_x 的计算以 600MW 机组的数据为基础。

如表 8-17 所示，以烟煤数据为基础，比较了热泵烤房与燃煤烤房的污染物排放量。从表 8-17 中可以看出，如果 6.7 万座在运行的燃煤烤房全部转换为热泵烤房，则 CO_2、SO_2、NO_x、PM2.5 与 PM10 的排放量将显著减少，所以热泵烤房的节能减排效果明显。

⊡ 表 8-17　6.7 万座热泵烤房与燃煤烤房的污染物排放量比较

序号	名称	燃煤排放量/×10^4t	热泵用电排放量/×10^4t	热泵减排量/×10^4t	热泵减排率/%
1	CO_2	156.6	46.23	110.37	70.48
2	SO_2(烟煤)	4.684	0.024	4.66	99.49
3	NO_x(烟煤)	0.844	0.017	0.827	97.99
4	PM2.5	1.3008	0.0031	1.2977	99.76
5	PM10	6.1008	0.0031	6.0977	99.95

综上所述，热泵烤烟技术可以精准地实现恒温恒湿控制，升温及时、稳温平稳，为烤房内部创造适宜的温度和湿度条件；能在一定程度上提升烟叶的烘烤质量，尤其在烟

叶油分、色泽、香气等方面好于燃煤烤房，明显提高了上等烟、上中等烟的比例，整体提高了干烟的平均价格。同时，相对于燃煤烤房，热泵烤房可完成一次烘烤，节约80%的人工费用。通过对比燃煤烤房与热泵烤房的污染物排放情况，热泵用电间接产生的CO_2、SO_2、NO_x、PM2.5与PM10的排放量明显低于燃煤烤房，如果对河南省现在运行的燃煤烤房进行合理的改进，则每年仅河南省烤烟季节集中的8～10月三个月，就可以使CO_2的排放量减少110×10^4t，PM2.5降低99.7%。因此热泵烤烟具有显著的经济效益和社会效益，而且随着对雾霾、PM2.5危害的认识，人们对环境保护意识的加强和国家节能减排环保政策的加强，节能减排效果明显的热泵烘烤技术必将应用于大规模的工业化生产。

8.1.9 技术应用

国家烟草局的“十二五”规划把发展现代烟草农业作为未来发展的重要方向。要开发优质、高效、低耗、便捷的现代烟草农业机具装备，发展烟草设施农业工厂化生产设备等，降低烟草农业劳动强度和生产成本，提高烟草农业劳动生产率和经济效益，增加烟农收入，为现代烟草农业规模化、集约化生产提供技术支撑。

随着我国城镇化和现代烟草农业的发展，亟待加强烤烟装备与烟草对象相互作用规律、智能化与自动化技术等优势前沿科学领域的重大科学技术问题研究，引领现代烟草农业高技术持续快速发展，突破高性能先进装备共性和关键技术。以能量回收、梯级循环利用和多能互补为先导的节能技术，以物联网为先导的自动化、智能化技术，提升烤烟装备效能，降低成本，优化烤烟装备，是推动国民经济平稳较快发展、促进农业发展方式转变和实现可持续发展的重要手段。为满足城镇化、集约化基础上的现代烟草农业生产的发展，保证烟叶烘烤质量，减少劳动力需求，降低对高污染燃料和烘烤装备的依赖，提高烟农收入，对现代烟草农业的科技工作者提出了新的挑战。

针对现行原煤散烧密集烤房耗煤量高，CO_2、SO_2、NO_x和烟尘等大气污染物排放量大，烘烤温湿度控制难度大、不精准，影响烟叶烘烤质量以及烘烤操作用工量和劳动强度大等烤烟生产实际问题，本团队通过基于物联网的多能互补时空协同热泵烘烤技术与装备研究，开发了基于时间-温度坐标体系的烘烤工艺时空分布动态工艺和基于空间-温度坐标体系的区段静态工艺的两类四种时空协同移动热泵烤房，分别定义为太阳能热泵烤房、整体移动式热泵烤房、分体拆移式热泵烤房、联体拆移式热泵烤房，四类热泵烤房的装烟室尺寸符合标准密集烤房的要求（标准号按企标和国家局标）。

在此基础上，开发了单套装置服务面积在200～2000亩（1亩$=666.67m^2$）之间的时空协同式热泵烤房。图8-17为河南省南阳市时空协同式烤房的示意图，图8-18为烤烟前后的对比。该烤房可实现连续作业，每天进料70kg鲜叶，其特点为：

① 实现多能互补。利用光热效应来实现光热利用，提高烤烟系统热泵工作区的环境温度，来实现节约能源的目的。

② 实现能量梯级利用。烟叶烘烤是一个温度逐级上升的过程，在传统的基于动态工艺的静态烤房烘烤过程中，高温段排湿会造成热量的浪费，而由于时间的不可逆，不可

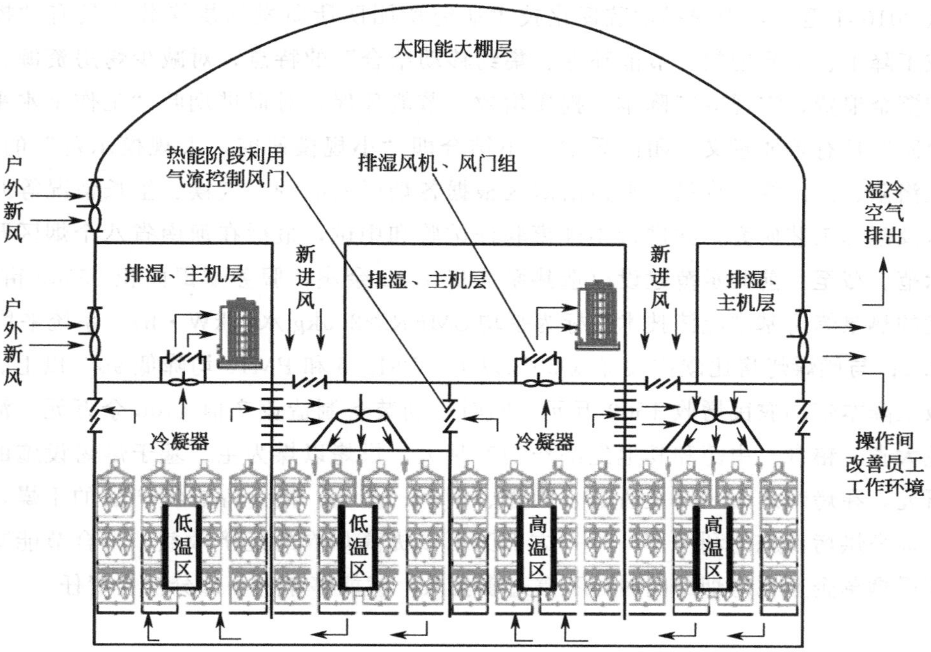

图 8-17　时空协同式热泵烤房的示意图

(a)　　(b)

图 8-18　烤烟前后的对比图

能将高温段排出的热量提供给已经结束的低温段利用。在时空协同式热泵烤房中，应用于静态密集烤房的三段式烘烤工艺已经转换为时空协同的分段静态连续烘烤工艺，不同温区是按照空间分布的，高温区的热量可以传递给同时进行的低温区利用，从而实现能量的节约。通过研究不同分区的风道结构以及气流组织，来实现高温区热量向低温区的流动，达到能量梯级利用的目的；通过研究高效的废热回收利用方式，来实现节约能源的目的。

从 2010 年至今，中国科学院理化技术研究所团队所研发的烘烤装备具有“控制精准、减工降本、提质增效、节能环保、集约移动结合”的特点，对减少烤房资源、土地资源和资金浪费，实现减工降本、提质增效、节能环保，对促进烟叶“工作上水平、质量上台阶”具有重要意义。团队采取大小结合即“小规模研究，大规模示范”的办法，先后在洛阳、三门峡、许昌、平顶山烟区根据各烟区的品种、气候、生长情况等开展关键技术及配套工艺研究，并进行小规模验证试验和中试，最后在河南省八个烟区开展大规模示范。截至目前共示范建设改造热泵烤房 1500 余座，服务烟田面积 35000 亩左右。所开发的热泵烤房基本经济技术指标为平均 SMER＞2.5kg 水/(kW・h)，系统平均 COP 大于 3.0；与燃煤烤房比碳排放降低 50%以上，PM2.5 和 PM10 均降低 90%以上。由于节能减工降本带动农民增收 1500 万元，同时带动装备制造业产值 4400 余万元。河南省是农业大省，粮食、中药和其他经济作物产量大，烘烤以煤为主。基于烘烤设施的多功能化研究，在烤烟之余，开展香菇、大枣、中药、蔬菜、粮食等农特产品的干燥，一方面可以提高烘烤设施的利用率，另一方面又可以提高烟农的经济效益。结合节能减排技术，使得烟草企业在烤烟的同时，不需过多投入，就能够兼顾一部分社会责任。

8.2 木材热泵干燥工艺及装备

木材干燥是保证木制品质量的关键工序，其能耗约占企业加工总能耗的 40%～70%。木材干燥是实现木材高效、节约利用的技术保证，也是木材加工生产节能、降耗潜力最大的工序之一。由于热风干燥过程中，干燥室内的湿度逐渐升高，因此需要定期从排气道排出部分湿热空气，同时从吸气道吸入等量的冷空气。这种开式循环的干燥方式，其换气热损失很大，一次能源利用率仅 30%左右。热泵干燥作为一种新型的干燥方式具有高效节能、成本较低、不污染环境等优点，能对干燥介质的温度、湿度、气流速度进行准确独立的控制，并且干燥质量也好。

随着热泵干燥技术的发展，使用 R142b 的木材干燥除湿用热泵出风温度已达到高于 70℃的高温。国内有单位将高温工质 HTR01 应用于木材热泵干燥系统，热泵供风温度达到 86℃，最高可达 90℃。如果能进一步提高热泵的干燥温度，以加快干燥速度，提高生产效率，必将扩大热泵的应用范围。另外，热泵作为一种把低品位热能转换为高品位热能的热力转换设备，其自身的应用受外界环境温度及季节的影响较大。因此，如何既节能又能保证干燥系统的工作效率以及适用性，是热泵干燥技术研究的重点和难点。

本部分根据上述两个问题，介绍了张振涛及其团队研制的两级压缩高温热泵干燥装置，可实现更高的工作温度；继而为了克服木材干燥中的不利工况，提高干燥系统的运行可靠性，又开发了低温热泵与干燥热泵耦合的干燥装置，提升热泵干燥的全年可适用性。

8.2.1 两级压缩高温热泵干燥装置及试验分析

（1）两级压缩热泵干燥试验装置

本实例为张振涛等人研制发的双级压缩的木材干燥热泵干燥装置，通过采用浙江省某研究所研制的一种环保制冷剂 245fa，可以实现单双级压缩，达到更高的工作温度，将其应用于广西产马尾松（厚 38mm，长 400mm，初含干基水率为 160%）木材的干燥当中。

两级压缩木材热泵干燥试验装置的原理如图 8-19 所示，由热泵系统、空气循环系统和干燥箱三部分组成。木材干燥的干燥箱内部尺寸为 6100mm×520mm×360mm，热泵系统由两台额定功率分别为 172W 和 116W 的活塞式冰箱压缩机、两个毛细管、两个电子膨胀阀、板式换热器、四个电磁阀、冷凝器和蒸发器组成。另外还配有 400W 的辅助电加热器，以备热泵启动时干燥箱升温之用。风管用镀锌钢板制作，用发泡保温材料保温，回风和旁通风口装有风量调节阀。系统风机的额定功率为 56W，窑内循环风机的功率为 68W。通过不同的电磁阀和电子膨胀阀组合可以分别实现单级或双级运行，或单双级分阶段组合运行。

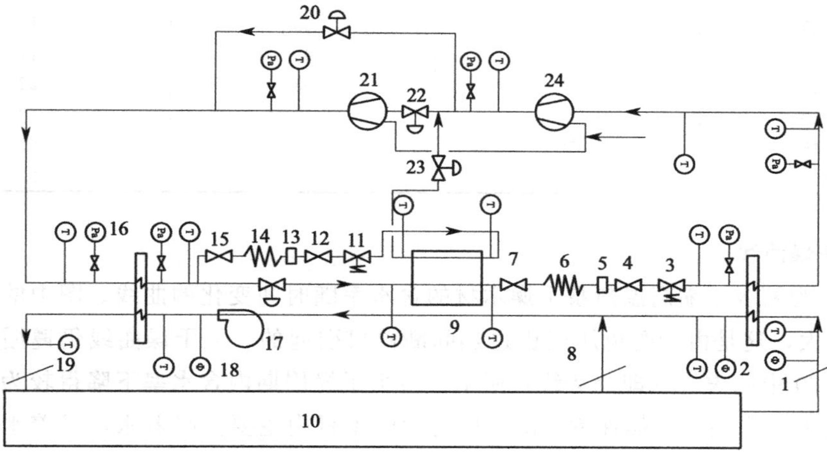

图 8-19 两级压缩木材热泵干燥试验装置的原理

1，8—风量调节阀；2—蒸发器；3，11—电子膨胀阀；4，7，12，15—截止阀；5，13—干燥过滤器；6，14—毛细管；9—板式换热器；10—干燥窑；16—冷凝器；17，20，22，23—电磁阀；18—风机；19—辅助电加热器；21—二级压缩机；24—一级压缩机

当热泵干燥试验装置作单级压缩热泵循环运行时，电磁阀 17、20 打开，电磁阀 22、23 关闭，电子膨胀阀 3 打开，电子膨胀阀 11 关闭，制冷剂经过电磁阀 20、冷凝器、电磁阀 17、板式换热器、毛细管 6、电子膨胀阀 3 进入蒸发器，实现单级压缩热泵干燥循环。

当热泵作双级压缩循环运行时，电磁阀打开 17、22、23，电磁阀 20 关闭，两个电子膨胀阀都打开，并通过电子膨胀阀分别调到一定步数。二级压缩机出口制冷剂经过冷凝器、电磁阀 17、板式换热器、毛细管 6、电子膨胀阀 3 进入蒸发器，实现二级压缩热泵干燥循环。另一路制冷剂在冷凝器后，经过电子膨胀阀 11、板式换热器、电磁阀 23 回到二级压缩机吸气口实现补气增焓循环。

空气循环和风量调节：从干燥窑 10 出来的空气回风经过风量调节阀 1、蒸发器到达风机吸入口；另一路旁通空气经过风量调节阀 8 与前面经过蒸发器除湿后的空气回风在风机吸入口混合，经过冷凝加热器、辅助电加热器回到干燥窑 10，实现空气循环。通过回风和旁通管路上的风量调节阀可以调节回风和旁通风量比。

（2）试材及干燥基准

试材采自广西，板厚 38mm，平均初含水率都高于 130%。经测试本试验中马尾松的基本密度为 0.468g/cm^3。参照《实用木材干燥技术》一书中的除湿干燥高温基准，对本试验采用的马尾松进行修正后见表 8-18。

表 8-18 马尾松的干燥基准

含水率/%	干球温度/℃	湿球温度/℃	温度差/℃
110	65	61	4
110～70	65	61	4
70～60	67	62	5
60～50	70	62	8
50～40	73	62	11
40～35	77	63	14
35～30	81	63	17
30～25	85	63	22
25～20	86	64	22
20～15	86	64	22
<15	95	65	30

（3）干燥曲线

图 8-20 为两级压缩高温热泵干燥木材的含水率随时间变化的曲线。图中的实际干燥曲线波动较大，这是由于避免压缩机过热间断停机引起的。但干燥曲线仍遵循一定的规律，如图 8-20 中的虚线（即趋势线）所示。整个干燥周期内含水率下降得较为平缓。含水率下降至 30%左右，干燥速率下降。因为此时木材内主要为吸着水，吸着水的迁移速度慢，从而影响到木材的干燥速率下降。各含水率阶段的干燥速率如表 8-19 所示。

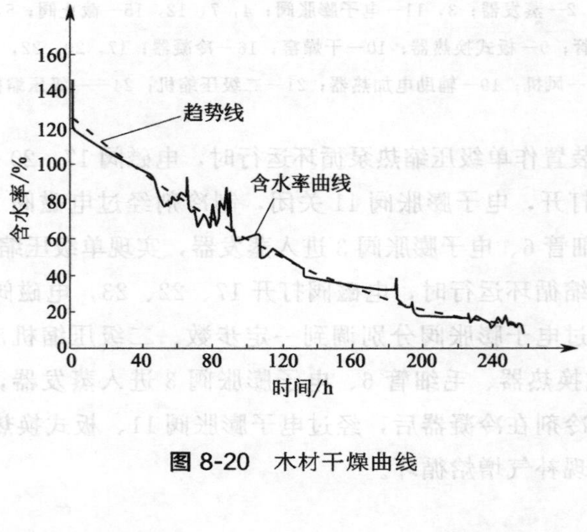

图 8-20 木材干燥曲线

⊡ 表 8-19 各含水率阶段的干燥速率

含水率阶段/%	需时/h	干燥速率/(%/h)
148～90	47	1.23
90～70	24	0.833333
70～40	70	0.428571
40～10	116	0.258621
平均干燥速率		0.689

如图 8-21 所示，干燥箱内的温度随着干燥时间的延长，不断升高。由于干燥箱内的温度是按照干燥基准控制的，因此从该条曲线中可以清楚地了解到各个干燥阶段的温度情况。温度的波动与含水率波动原因一样。干燥后期温度上升缓慢是由于后期的排水量减少，回收的能量少，因而导致干燥室升温缓慢。

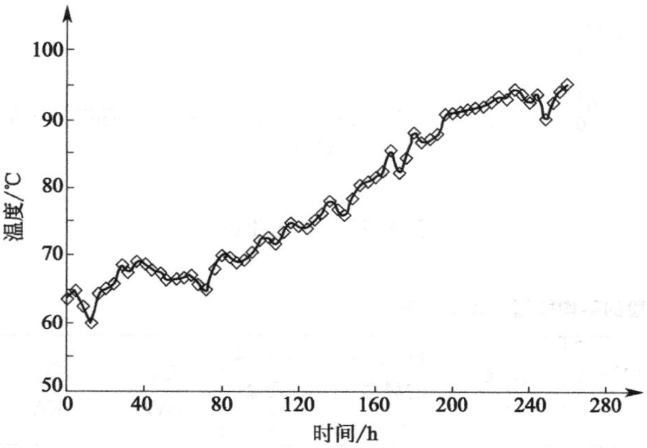

图 8-21 干燥箱内的温度曲线

如图 8-22 所示，箱内的湿度曲线上下波动的比较严重，与含水率曲线波动的原因一样。也可以看出箱内的湿度呈随时间的增加而下降的趋势，符合干燥所需的条件。

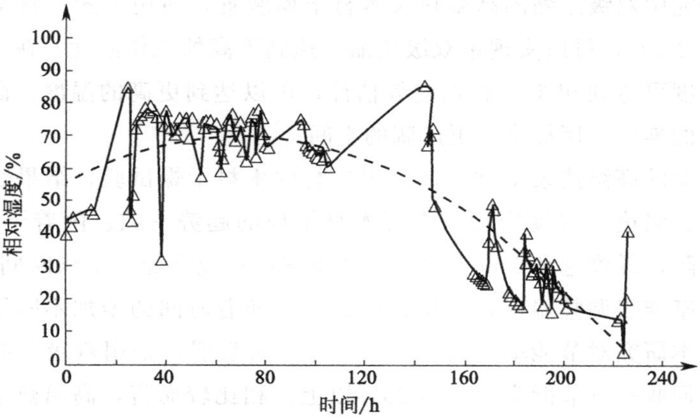

图 8-22 干燥箱内的湿度曲线

图 8-23 为能耗曲线，即每相隔 1h 内所消耗的电能。由于每个时刻的温度、湿度不同，蒸发器与冷凝器的压力不同，除湿机的出水量也不相同，因此消耗的电能也是不一样的。不同含水率阶段的平均能量回收率如表 8-20 所示。但是从图 8-23 上可以看出，消耗的电能在 0.34～0.44kW/h 之间，平均为 0.39kW/h。

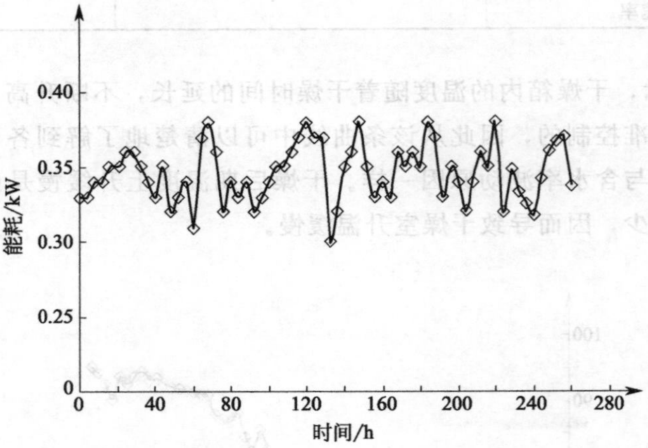

图 8-23　能耗曲线

表 8-20　不同含水率阶段的平均能量回收率（节能率）

含水率阶段/%	平均温度/℃	平均湿度/%	出水量/g	进蒸发器的风温/℃	出蒸发器的风温/℃	Q_1/kW	Q_2/kW	能耗/kW	节能率
148～90	49.8	63.2	344.29	43.62	54.99	0.2296	0.039	0.410	65.41%
90～70	67.5	40	233.49	61.98	66.67	0.1548	0.016	0.390	43.78%
70～40	77.9	18.1	183.92	60.46	65.31	0.1221	0.017	0.385	35.53%
40～10	85	15.2	77.83	61.98	66.67	0.0516	0.016	0.376	17.32%
平均									28.16%

综上，本研究中双级压缩的高温热泵木材干燥装置，使用了浙江省某研究所研制的一种环保制冷剂 245fa，可以实现单双级压缩，达到更高的工作温度。在木材干燥试验中的后期，干燥温度可达到 95℃，根据趋势估计，可以达到更高的温度。因此，为双级压缩热泵干燥装置的推广应用提供了更广阔的空间。

采用双级压缩的高温热泵木材干燥装置进行的木材干燥试验，结果表明，木材干燥过程中的含水率、温度、湿度变化与常规木材干燥的趋势一致。随着干燥时间的增加，木材的含水率下降，纤维饱和点以下时干燥速率减慢；温度随着干燥时间的增加而升高，并且要根据干燥基准表调整温度；干燥箱内的湿度随着时间的增加不断下降，以便木材内水分的蒸发。本研究对节能率（表 8-20）进行分析表明，采用双级压缩热泵来干燥木材，其平均能量回收率（节能率）可达 28%以上。相比较而言，高温热泵干燥的节能率低于中温热泵干燥，但是高温热泵的温度高，干燥速度快。从本试验来看，节能率最高的阶段为含水率 148%～70%时，可达 65.41%；节能率最低的阶段在含水率＜40%的阶段，为 17.32%。整个干燥过程的平均节能率达到了 28.16%。

8.2.2 空气级间耦合的低温与干燥复合的热泵干燥装置

空气级间耦合的低温与干燥复合的热泵干燥装置应用于北京通州的国家木材节约发展中心，设计干燥室 $100m^3$，可装载 $70m^3$ 木材。该装置是基于干燥介质空气耦合的低温补热热泵系统和热泵干燥系统复合运行的干燥技术，通过低温补热热泵来维持主机室温度稳定，提高热泵干燥系统的蒸发温度，从而提高干燥系统的 SMER。系统主要利用主机室，通过空气介质将低温补热热泵子系统单元模块与热泵干燥子系统单元模块进行耦合；其中热泵干燥子系统单元模块的蒸发器从主机室取热，一方面吸收低温补热热泵子系统单元模块输送的热量，另一方面回收排湿废热的热量；从而实现了热泵干燥子系统和低温热泵子系统的耦合关联，提高整个装置的 SMER。

（1）低温补热热泵子系统的作用与结构

由于木材干燥过程中对热量的需求量较大，尤其是当环境温度较低时，干燥热泵从环境中所获取的能量难以维持干燥过程对热量的正常需求，因此不但增加了干燥系统的工作压力，而且还会缩短机组的使用寿命，甚至会造成机组停机影响生产。另外，木材干燥过程中要求的温度较高，尤其是在干燥后期，木材所需要的温度甚至会达到 70～90℃；若此时热泵的蒸发温度过低，干燥系统的压比将会升高，导致压缩机的排气温度过高，系统的运行效率降低。如图 8-24 所示，考虑到两级压缩系统可以在蒸发温度与冷凝温度相差较大的情况下正常工作，且可以有效地降低压缩机的排气温度，保证系统在恶劣工况下的高效运行。由于两级压缩系统的工况调控比较困难，而试验工况变化幅度较大。因此，考虑采用一种通过干燥介质空气耦合的类似复叠热泵系统的拟两级压缩机热泵系统。

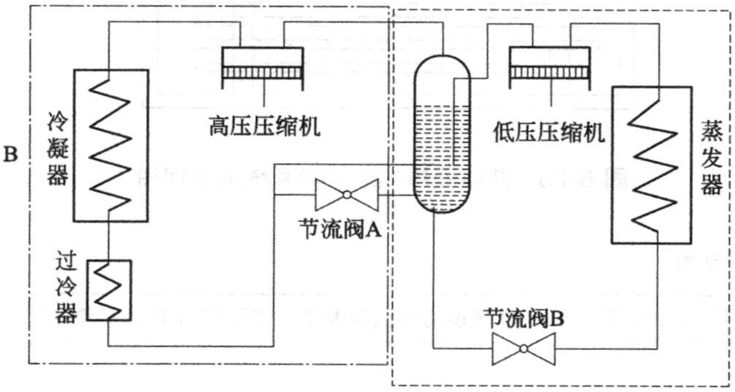

图 8-24 两级压缩系统的原理图

对于传统的单级压缩热泵，相对于高温冷凝侧的热汇温度，低温蒸发侧的热源温度对系统的性能影响更大。因此，系统应用时应尽量设法提高热泵低温蒸发侧热源的温度。对于木材热泵干燥系统，因干燥过程中存在不排湿供热阶段，故主机室的温度下降明显；

如果没有外来的热源补充热量，机组的性能会越来越差，导致机组停机。为了保证机组运行的可靠性，需要考虑通过外界对主机室进行热量补充。为此，对太阳能集热系统、低温热泵供热系统以及相变材料用于室内预热的回收利用情况进行了综合对比分析，分析结果表明太阳能和相变砖的供热对外部环境要求较高，而由双级压缩技术构成的低温热泵补热系统可满足热泵干燥系统持续可靠地运行，故对低温热泵补热系统的实际应用以及性能进行了计算分析。

如图 8-25 所示，空气级间耦合的低温与干燥复合的热泵系统由干燥热泵子系统单元、低温补热热泵子系统单元和干燥介质循环子系统单元三个部分组成。其中干燥热泵子系统单元的主要功能为维持干燥窑干燥循环所需的热量和排湿需求，实现木材干燥；且独立用于木材干燥时，可以在闭式热泵干燥或者除湿干燥系统、半开式热泵干燥系统之间转换，实现木材的高效热泵干燥操作。在环境温度较低、干燥热泵启动困难、效率较低时，低温补热热泵子系统单元启动，通过对主机室补热，提高干燥热泵子系统单元的蒸发温度，以保证干燥热泵子系统单元的正常启动和高效运行。干燥热泵子系统与低温热泵子系统的主要参数见表 8-21。

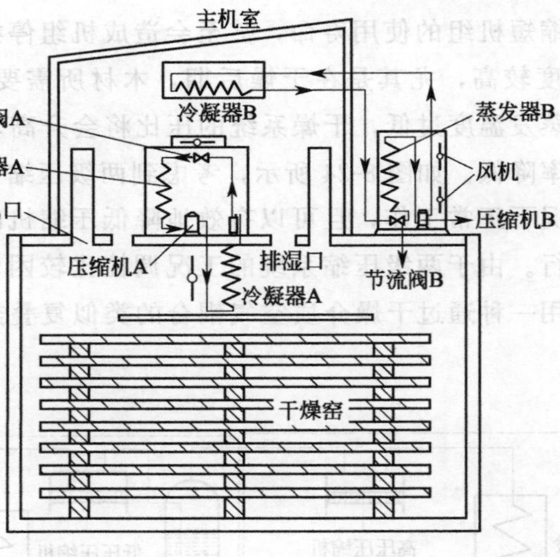

图 8-25　低温补热热泵干燥系统的原理图

表 8-21　热泵的主要参数表

参数	最高工作温度/℃	工作环境的温度范围/℃	额定工况的制热量/℃	机组型号
干燥热泵	80	－10～40	80.0	FWR-20x2/Z1
低温热泵	30	－15～42	16.5	FGR14/D-N4

（2）低温补热热泵子系统的性能分析

为分析低温补热热泵子系统的性能，2016 年 12 月 31 日对该子系统进行了全天 24h 试验性能测试和数据采集。图 8-26 为低温补热热泵的供热温度（即热泵高温热汇温度）为 30℃时，低温补热热泵子系统的制热量变化图。

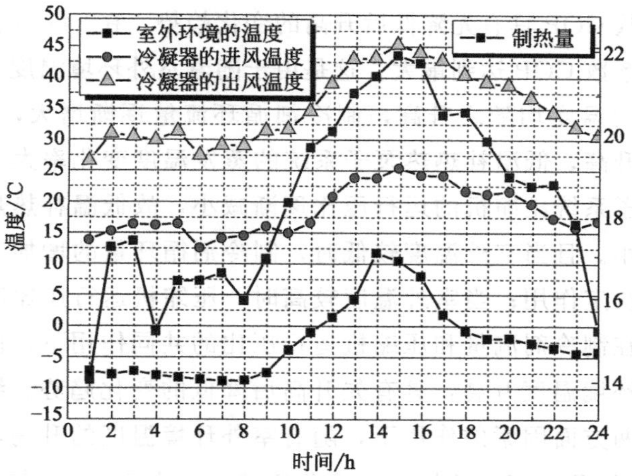

图 8-26 低温补热热泵子系统的制热量随时间的变化图

由图 8-26 可知，随着室外环境温度的升高，低温补热热泵子系统的制热量逐渐增加。在 14:00 时室外温度为 10℃左右，经低温补热热泵子系统冷凝器的进出风温差达到最大值为 17.5℃，制热量为 21.95kW；在 1:00 左右室外温度为−7.2℃，进出风温差最小为 10℃，其制热量最小为 13.97kW。由此可知，室外环境温度对于低温补热热泵子系统的制热量影响较大。故当室外环境温度过低时，为降低运行能耗，可考虑关闭低温补热热泵子系统。

图 8-27 为低温补热热泵子系统全天 24h 的各性能参数变化图。由图 8-27(a) 可知，主机室的温度（即低温补热热泵子系统高温热汇温度）和经低温补热热泵子系统冷凝器换热的出口风温均随着室外环境温度具有先升高后降低的变化趋势，且在 14:00 左右达到最大值；此时低温补热热泵冷凝器的出风口温度为 44.9℃，主机室温度为 25℃，室外温度约为 10℃。

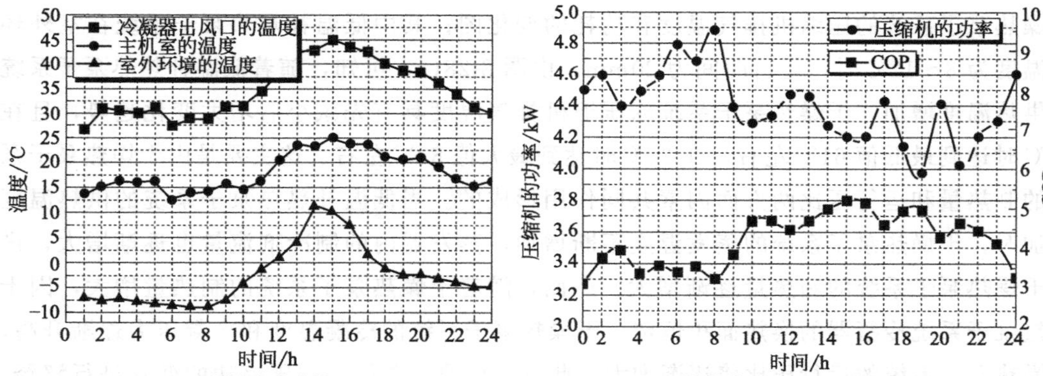

(a) 温度变化曲线　(b) 压缩机的功率与COP的变化曲线

图 8-27 低温补热热泵子系统的性能变化曲线

由图 8-27(b) 可知，随着一天内室外环境温度先上升后降低的变化，低温补热热泵子系统的制热性能系数 COP 具有先降低后升高的变化趋势。在 14:00 左右，低温补热热泵子系统的制热性能系数 COP 达到最大。这是由于随着室外环境温度升高，低温补热热泵子系统的蒸发和冷凝温度均随之升高，制冷剂循环流量逐渐增大，制热量逐渐增大；而随着室外环境温度升高，低温补热热泵子系统的蒸发温度变化率大于冷凝温度的变化率，即低温补热热泵子系统压缩机的运行压比逐渐减小，故低温补热热泵子系统的单位工质压缩功率逐渐减小。且当室外温度较低时，制冷剂循环量的增加对低温补热热泵压缩机功率的影响起到决定作用；当室外温度较高时，压缩机运行压比决定着低温补热热泵压缩机的功率。故在制冷剂流量和压缩机运行压比的共同作用下，低温补热热泵的压缩机输入功率随室外环境温度升高，具有先升高后降低的变化趋势。综上，在制热量增大和压缩机功率减小两方面因素的作用下，随着室外环境温度的升高，低温补热热泵子系统的制热性能系数 COP 具有逐渐增大的变化趋势。故在 14：00 左右时，系统制热量达到最大值。此外，由图可知在室外温度－9～11.4℃的范围内低温热泵 COP 的变化区间在 3.1～5.21 之间，低温补热热泵子系统的整体性能良好；且在室外温度－5℃以上时，系统的 COP 明显改善。

（3）对干燥热泵子系统性能影响的实验测试与分析

对于空气级间耦合的低温与干燥复合的热泵干燥装置，实验过程中分别测试了低温补热热泵子系统的高温冷凝侧热汇温度（即热泵干燥子系统的低温蒸发侧热源温度）为 20℃、22℃、24℃、26℃、28℃、30℃以及关闭低温补热热泵子系统时，热泵干燥子系统中压缩机的排气温度、压缩机的能耗，并计算获得热泵干燥子系统的性能系数 COP、系统的热力完善度。同时测得木材含水下降 1% 的情况下，低温补热热泵子系统不同供热温度（即低温补热热泵子系统高温冷凝侧的热汇温度）时，系统的干燥用时以及干燥能耗。

1）干燥热泵子系统的压缩机排气温度的变化

图 8-28 为低温补热热泵子系统不同供热温度（即低温补热热泵高温热汇温度）时，干燥热泵子系统的压缩机排气温度和功耗的变化图；其中低温补热热泵子系统在室外环境温度为 8～12℃时，运行时间为 20min。由图 8-28(a) 可知，随着低温补热热泵子系统的供热温度增加，干燥热泵子系统的压缩机排气温度具有先减小后增大变化趋势，且在 26℃时达到最低值 61℃左右，在 30℃时达到最大值 83℃左右。这主要是由干燥热泵子系统的制热量和运行压比两方面因素共同作用形成的。当低温补热热泵子系统的供热温度增加时，干燥热泵子系统的蒸发温度不断增加，蒸发器内的制冷剂流量也逐渐增大，进而干燥热泵子系统的制热量逐渐增大。然而，随着干燥热泵子系统的制热量增大，因干燥热泵子系统冷凝器的换热面积恒定，干燥热泵子系统的冷凝温度和冷凝压力逐渐升高，干燥热泵子系统的运行压比将逐渐增大，此方面可通过单位工质压缩功的变化进行解释。由图 8-28(b) 可知，随着低温补热热泵子系统的供热温度增加，干燥热泵子系统的单位制冷剂压缩功具有先降低后升高的变化规律，即干燥热泵子系统的压缩比具有先降低后升高的变化规律。例如，在低温补热热泵子系统的供热温度为 20℃时，当干燥室温度恒

定时，因干燥热泵子系统的蒸发温度较低，干燥热泵子系统的压比较大，干燥热泵子系统的压缩过程偏离等熵压缩过程，损失较大，干燥热泵子系统的压缩机排气温度较高。当低温补热热泵子系统的供热温度由22℃增加至26℃时，随着低温补热热泵子系统的供热温度升高，干燥热泵子系统的蒸发温度逐渐上升，干燥热泵子系统的压缩机排气温度迅速下降；然而随着干燥热泵子系统的蒸发温度上升，干燥热泵子系统的制冷剂循环量和制热量逐渐上升，这将导致干燥热泵子系统的冷凝温度、冷凝压力略有上升，压缩比减小趋势减弱，故干燥热泵子系统的压缩机排气温度降低趋势逐渐变小。当低温补热热泵子系统的供热温度为26℃时，干燥热泵子系统的单位工质压缩功最小，压缩比最小，压缩机排气温度最低。当低温补热热泵子系统的供热温度由26℃增加至30℃时，尽管干燥热泵子系统的蒸发温度升高，减小了干燥热泵子系统的运行压比，但由于干燥热泵子系统的制冷剂循环量不断增大，制热量不断增大，干燥热泵子系统的冷凝温度和冷凝温度不断升高，此方面将造成干燥热泵子系统的运行压比不断升高，其压缩过程偏离等熵压缩过程，损失逐渐增大。故此阶段干燥热泵子系统的单位工质压缩功逐渐增大，压缩机排气温度逐渐升高。

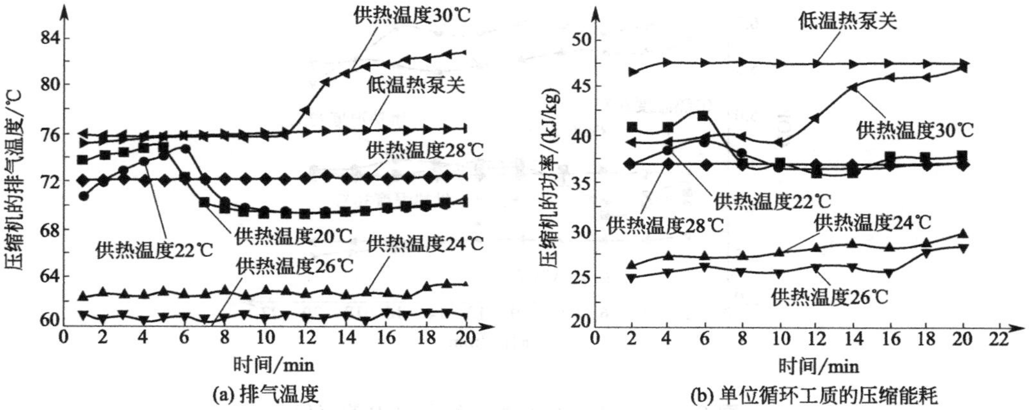

图 8-28 压缩机的排气温度与压缩机能耗

此外，从图8-28还可以看出，干燥热泵子系统的压缩机排气温度基本上维持在60～80℃之间。尽管随着低温补热热泵子系统的供热温度增加，干燥热泵子系统的压缩机排气温度到最后逐渐变大，但是可以看到大部分情况下排气温度都低于关闭低温补热热泵子系统情况下的排气温度。故开启低温补热热泵子系统可以明显地降低干燥热泵子系统的压缩机排气温度。综合分析可知，在实验过程中，主机室的温度约达到26℃时，干燥热泵子系统的压缩机排气温度最低。因此，在满足干燥热泵正常工作的情况下，应该合理地调节低温补热热泵子系统的供热温度，不宜太低也不宜太高，应该根据实际的干燥工况，调节低温补热热泵子系统的运行工况。

2）干燥热泵子系统的制热性能系数COP的变化

图8-29为低温补热热泵子系统在不同供热温度（即低温补热热泵高温热汇温度）时，干燥热泵子系统的压缩机排气温度和功耗的变化图；其中低温补热热泵子系统在室

外环境温度为 8～12℃时，运行时间为 20min。如图 8-29 所示，在不同的低温补热热泵子系统供热温度下，干燥热泵子系统的 COP 值都集中在 3.5～6.25 之间，且随着低温补热热泵子系统的供热温度增加具有先增大后减小的变化规律。在低温补热热泵子系统的供热温度为 20～26℃时，随着供热温度的升高，干燥热泵子系统的蒸发温度升高，相应地蒸发压力也增加，干燥热泵子系统的制冷剂流量增大，制热量升高，尽管压缩机功率也有所增加，但是其增长幅度小于干燥热泵子系统的制热量增长量，故系统的 COP 在整体上是逐渐增加的；在低温补热热泵子系统的供热温度为 28～30℃时，随着低温补热热泵子系统的供热温度升高，干燥热泵子系统的制热量增长幅度小于压缩机功率的增长幅度，故干燥热泵子系统的 COP 逐渐降低。尽管随着低温补热热泵子系统的供热温度增加，干燥热泵子系统的后阶段 COP 逐渐减小，但是相比于关闭低温补热热泵子系统的情况而言，开启低温补热热泵子系统后可提高干燥热泵子系统的制热量，进而提高干燥系统的整体运行效率。

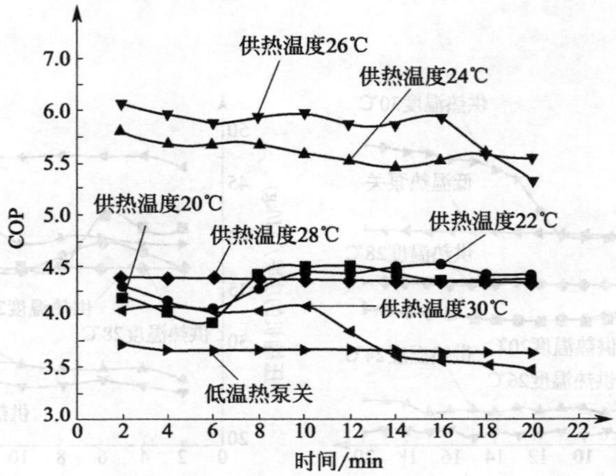

图 8-29　干燥热泵的性能系数 COP 的变化

3）干燥热泵子系统的热力完善度 η

干燥热泵子系统的热力完善度 η 为反映实际循环接近逆卡诺循环的程度，其值恒小于 1。热泵系统中的不可逆因素主要包括冷凝器与蒸发器换热过程中的温差传热，局部阻力造成的不可逆节流以及压缩机中制冷剂的不可逆压缩三部分，其中温差传热造成的不可逆损失最为严重。

图 8-30 为低温补热热泵子系统在不同供热温度（即低温补热热泵的高温热汇温度）时，干燥热泵子系统的热力完善度变化图；其中低温补热热泵子系统在室外环境温度为 8～12℃时，运行时间为 20min，干燥窑（即干燥热泵子系统的高温热汇侧）恒温期间为 45℃，低温补热热泵子系统的供热温度（即主机室或低温补热热泵子系统高温热汇侧的温度）分别为 20℃、22℃、24℃和 26℃。由图 8-30 可知，干燥热泵子系统的热力完善度基本都维持在 0.37～0.43 之间，且随着低温补热热泵子系统的供热温度增加而增加；但是当低温补热热泵子系统的供热温度增加到 28℃和 30℃时，干燥热泵子系统的热力完善

度有所降低，其值维持在 0.35～0.38 之间。相比于有低温补热热泵子系统为主机室补热的情况，关闭低温补热热泵子系统时干燥热泵子系统的热力完善度在大部分时间内是最高的，维持在 0.42 左右，此时主机室的温度基本上维持在 15℃左右。分析可知，随着主机室内温度的不断升高，干燥热泵子系统蒸发器的换热温差逐渐增加；例如低温补热热泵子系统关闭时，干燥热泵蒸发器的换热温差相比于供热温度为 30℃时由 5℃增加到 9℃，从而导致干燥热泵系统循环的不可逆程度逐渐增加。由图 8-31 可知，干燥热泵子系统的实际循环过程 1′—2′—4′—5′—1′相比于理想循环 1—2—3—4—5—1 而言，其压缩机为非等熵压缩，压缩机的输出功率增大；换热器温差传热，并且随着低温补热热泵子系统的供热温度改变，冷凝器与蒸发器的换热温差 Δt_1 与 Δt_2 逐渐变化，故实际循环的热力完善度虽在 20～26℃时小幅度提升，但随着供热温度的增加，在 28～30℃时大幅下降。

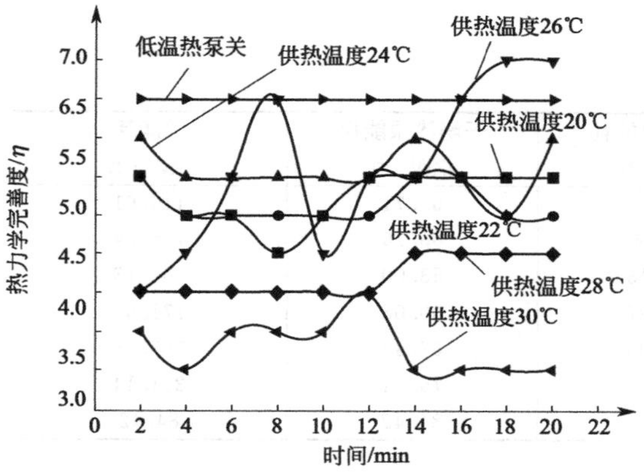

图 8-30　干燥系统的热力完善度变化图

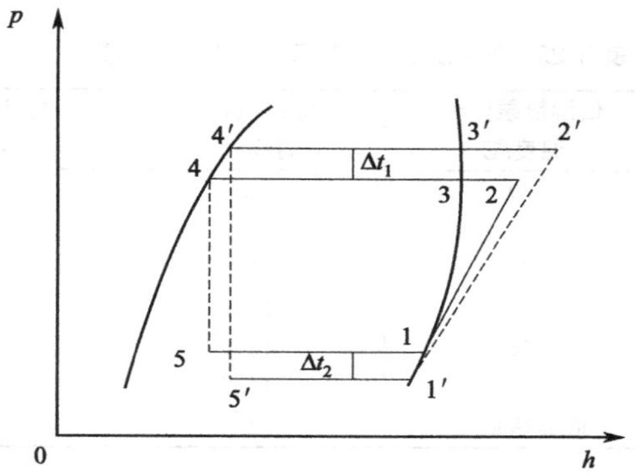

图 8-31　实际与理想的循环 p-h 图

（4）低温补热热泵子系统的供热温度与性能系数 COP 变化的拟合曲线

低温补热热泵子系统为主机室补充热量，提高干燥热泵的运行效率，并且可在干燥窑持续供热期间，改善系统的运行环境，从而保证干燥系统持续可靠地运行。但是，随着主机室供热温度的不断提高，其 COP 值定会随着供热温度的增加而逐渐减小。实验测得在室外温度保持在 8～12℃的环境下，20min 内低温热泵的 COP 平均值与供热温度的函数关系为 $y=6.448-0.069x$。其拟合度 R^2 因子达 0.98，拟合曲线如图 8-32 所示，其预测结果与实际数值的吻合度较高。因此，在可以满足干燥窑正常运行的前提下，尽量降低低温补热热泵子系统的供热温度。

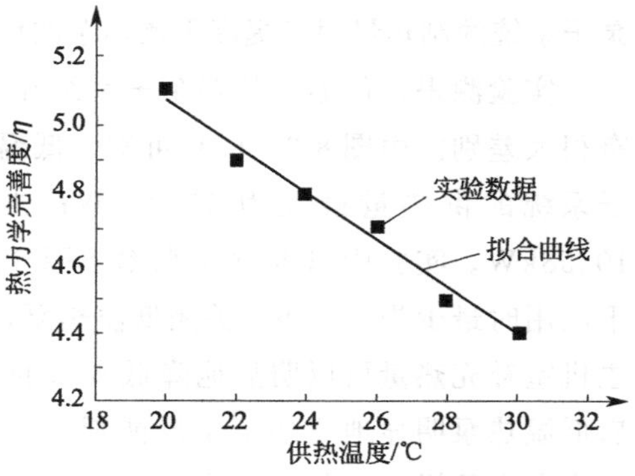

图 8-32　低温热泵的性能系数 COP 拟合曲线

（5）空气级间耦合的低温与干燥复合的热泵干燥系统的运行分析

实验中低温补热热泵子系统每个供热温度的持续时间为24h，室外温度基本维持在2～16℃，且实验期间变化较小。记录的运行时间以及低温热泵与干燥热泵的运行能耗见表8-22。由表8-22可知，在低温补热热泵子系统六种不同的供热温度下，低温补热热泵子系统运行时间随着供热温度的增加而增加。晚上主机室温度多在20℃以下，白天主机室温度多在20～26℃之间。同时，低温补热热泵子系统的能耗随着供热温度的增加也逐渐增加，干燥热泵子系统的能耗随着供热温度的增加具有先降低后升高的变换趋势，且在26℃时达到最低值50.08kW·h，而在30℃时为76.11kW·h，关闭低温补热热泵子系统时的耗能最大为84.42kW·h。综上，对于复合的热泵干燥系统总能耗，整体趋势是随着低温补热热泵子系统的供热温度增加而逐渐增大，且因复合的热泵干燥系统增加了低温补热热泵系统的能耗，故复合的热泵干燥系统总能耗将大于关闭低温补热热泵子系统工况的干燥能耗。

⊡ 表8-22　干燥系统运行时间与能耗数据汇总

低温热泵供热温度/℃	低温热泵运行时间/min	低温热泵能耗/kW·h	干燥热泵能耗/kW·h	总能耗/kW·h
20	435	40.90	69.71	110.61
22	646	57.74	68.10	125.84
24	1130	102.13	53.00	155.13
26	1387	121.87	50.08	171.95
28	1396	129.96	67.49	197.45
30	1427	135.03	76.11	211.14
低温热泵关	0	0.00	84.42	84.42

木材干燥过程中，干燥介质与木材表面对流传热传湿，完成木材的除湿干燥过程。因此，为提高木材的干燥速率，缩短木材的干燥周期，干燥窑内应该及时地进行热量补充。若要提高干燥热泵的制热量，那么必须保证主机室的温度稳定且不能过低，故低温补热热泵子系统的制热量对于提高干燥热泵的供热量以及缩短木材的干燥周期是至关重要的。

实验测得，低温补热热泵子系统在不同的供热温度下，干燥热泵子系统的供热量也有很大差别。由图8-33（a）可知，低温补热热泵子系统的供热温度为26℃时，干燥热泵子系统的供热量最大为15.24kW；当关闭低温补热热泵子系统时，供热量最小为10.58kW。实验中以木材含水率下降1%为计时标准，由图8-33(b）可知，在26℃时，干燥用时最少为10.7h；关闭低温热泵，用时最多为18h。因此，低温补热热泵子系统为主机室补充热量可以明显地降低木材的干燥周期，从而提高整体的干燥效益。考虑到开启低温热泵明显地增加了干燥能耗，所以在选择具体的干燥模式时应该根据木材材种，综合考虑干燥用时与干燥能耗这两个因素。

综上，在干燥窑温度45℃、相对湿度40%的恒温运行工况下，实验中通过对低温补热热泵子系统的供热温度在20℃、22℃、24℃、26℃、28℃、30℃以及关闭低温热泵的七种运行工况进行测试，发现相比于关闭低温补热热泵子系统，开启低温补热热泵子系统时干燥热泵子系统的压缩机排气温度明显降低；低温补热热泵子系统的供热温度26℃

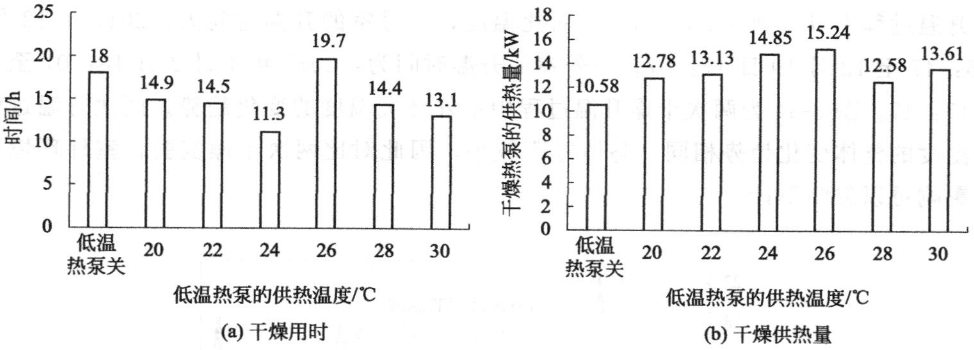

图 8-33 干燥用时与干燥供热量的变化趋势图

时，干燥热泵子系统的压缩机排气温度最低，并且干燥热泵子系统的压缩机耗功量以及COP都在26℃时达到最佳状态。此外，因主机室内温度的升高导致换热器的温差逐渐增加，系统循环的不可逆程度增加，故开启低温补热热泵系统后，干燥热泵子系统的热力完善度普遍低于关闭低温补热热泵子系统时的热力完善度。通过对不同供热温度的低温补热热泵子系统的COP曲线拟合，发现COP值与供热温度之间的关系是线性下降的。因此，应用低温补热热泵子系统时应该根据实际干燥情况选择合理的供热温度，不能为过分增加主机室的温度，将低温补热热泵子系统的供热温度设置过高，进而增加低温补热热泵子系统的能耗。此外，干燥窑恒温干燥期间，因干燥热泵子系统间歇运行，干燥热泵子系统的能耗普遍低于低温补热热泵子系统的能耗；尽管关闭低温补热热泵子系统时复合干燥热泵系统的总能耗最低，但低温补热热泵子系统运行时，干燥热泵子系统的供热量增大，干燥用时少。综合考虑干燥能耗与干燥用时两方面，应用低温补热热泵子系统将有利于提高干燥的整体效益。

（6）不同供热模式对速干木材升温阶段的运行对比

为了验证低温补热热泵子系统对干燥热泵子系统的影响，通过实验对不同低温补热热泵子系统的供热温度对干燥热泵子系统的性能以及干燥效果产生的影响进行了计算与分析；为了测试不同干燥模式对同种木材SPF的干燥效果，分别使用全热泵供热（一号干燥室）和热泵与电加热混合供热（三号干燥室）的两种供热模式。本实验采用两种不同的升温模式，通过对比升温工艺、能耗、升温时间以及含水率来摸索该种木材的最佳升温模式。

1）烘烤前的情况介绍

对于SPF板材，主要是指是云杉-松木-冷杉的英文缩写，是产自加拿大的主要商用软木材树种组合，S是白云杉（*Picea glauca*）、P是黑松（*Pinus contorta*）、F是高山冷杉（*Abies lasiocarpa*）。由于都是软材，因此可以采用较硬的干燥基准。板材厚度30mm，初始含水率18.5%，干燥终了含水率10%。由于初含水率远低于FSP点（纤维饱和点），因此可以采用较高的干燥温度。快速升温到70℃，恒温干燥1～2天。低温补热热泵子系统的供热温度设定为30℃。

2）干燥室的升温阶段对比

升温过程中以升到 69.3℃为终止对比温度，一号室的升温时间为：2017 年 12 月 15 日 16：47 至 12 月 19 日 17：07；三号室的升温时间为：2017 年 1 月 2 日 18：07 至 1 月 4 号 15：47。图 8-34 为两次干燥升温过程中室外环境温度的变化趋势。两次升温过程中室外温度的整体变化趋势相同，整体差距较小，因此对比两次干燥实验，室外环境对干燥的影响可以忽略不计。

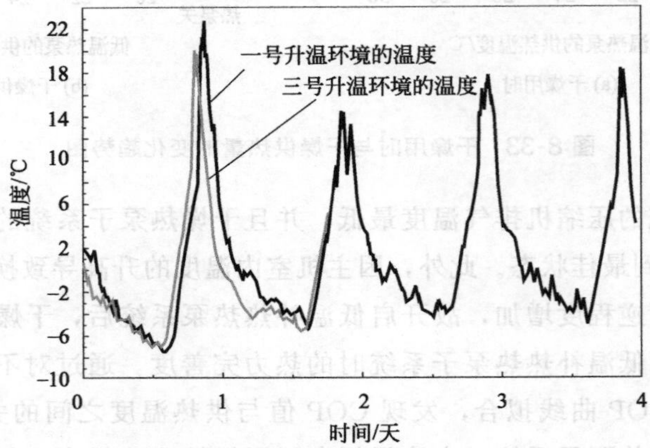

图 8-34 环境温度的变化曲线

① 升温阶段工艺的对比。一号干燥室完全依靠干燥热泵子系统供热。由图 8-35 的工艺曲线可知，工艺温度阶段性地升高 5℃或 15℃不等；从热泵启停情况（1 代表运行，0 代表停机）可知，热泵基本处于持续运行状态。后期为了降低机组的升温压力，系统按照工艺设定温度定值运行一段时间，设定的工艺基准温度最高达到 72℃；此外，从排湿口开关情况（1 代表开启，0 代表关闭）可知，干燥前期湿度设置较高，后期较低，但由于初含水率较低，前期预热升温阶段干燥室基本不排湿。

升温速率按照工艺基准要求范围为 1～5℃/h，选择 2℃/h、3℃/h、5℃/h 三种升温速率做实验，发现 2℃/h 的升温速率完全能够满足一整天的持续升温需求并且干燥热泵子系统的蒸发器不会结霜。5℃/h 的升温速率在白天的运行过程中基本能够满足运行要求，但是晚上设置在主机室的热泵干燥子系统的蒸发器会出现结霜现象，严重时会出现低压报警。因此，5℃/h 不能满足全天的持续升温需求。3℃/h 虽然相对于 5℃/h 要慢，但是基本可以满足全天的持续升温需求，尽管在凌晨左右出现短暂的轻度结霜，但是随着白天主机室温度的升高，霜层很快融化，系统基本不会出现低压报警。因此，综合考虑，热泵干燥子系统的整个升温过程宜采用 2℃/h 的升温速率。

三号干燥室升温的运行模式为干燥热泵子系统与电加热组合应用。由图 8-36 的工艺曲线可知，前期 0～12h 干燥工艺温度采用 1℃/h 的升温速率，由于工艺温度升速缓慢，该阶段没有开启电加热，大部分时间机组只有干燥热泵子系统中一组设备运行；中期 12～39h 主要采用 2℃/h 的升温速率，干燥热泵子系统中两组设备和电加热全部运行，因升温速率较缓，过程中机组和电加热都有间歇运行过程，可以适当缓解机组的运行；

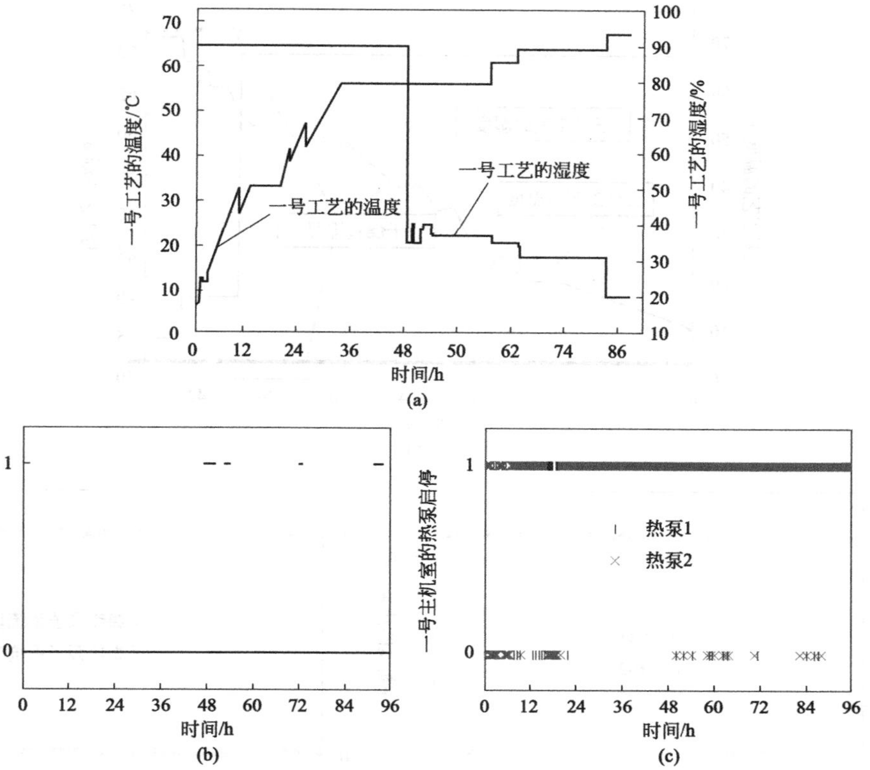

图 8-35 一号干燥室升温的工艺

后期 39～45h 因为干燥室的温度较高，机组的运行环境变好，不设置升温速率，工艺温度每次增加 5℃，该阶段干燥热泵子系统和电加热全部全负荷运行，工艺温度最高达到 70℃。工艺湿度前期考虑木材干燥质量设置较高，后期降低工艺湿度，升温过程中干燥室基本不排湿。由于开启电加热后干燥室的升温较快，该运行模式下，工艺温度与干燥室内的温差不会过大，从而干燥热泵子系统不会在大负荷下持续不间断运行。因此，干燥热泵子系统的主机没有出现像一号升温时严重的结霜现象。

② 干燥室和主机室温度变化的对比。干燥室的升温情况对比如图 8-37 所示。升到相同的温度 69.3℃，开启电加热所用的时间要明显低于完全依靠干燥热泵子系统干燥所需要的时间，显著降低了升温阶段木材干燥所需的时间。因一号干燥室完全采用干燥热泵系统升温，故升温过程中热泵机组相比于热泵与电加热组合应用模式基本上处于全负荷运行状态。由于三号干燥室前期大部分时间干燥热泵子系统只有一组设备运行，因此升温较缓；中期电加热开启后干燥室的温度迅速升高，在 37h 左右时两个干燥室同时达到 50℃；后期因为三号干燥室内热泵和电加热设备基本处于全负荷运行状态，所以，三号干燥室在 12h 内迅速升温到 69.3℃。此外，由图 8-37 可知，一号干燥室的升温过程比较平缓，这对于提高木材的干燥质量有益；三号开启电加热，尽管干燥室的升温较快，但可能导致木材干燥应力过大，可能会出现干裂的缺陷。因此，开启电加热快速升温应该根据材种慎重选择使用。对于本项目的木材，因材质较软且进窑之前含水率已经低于纤维饱和点，故适合快速升温。

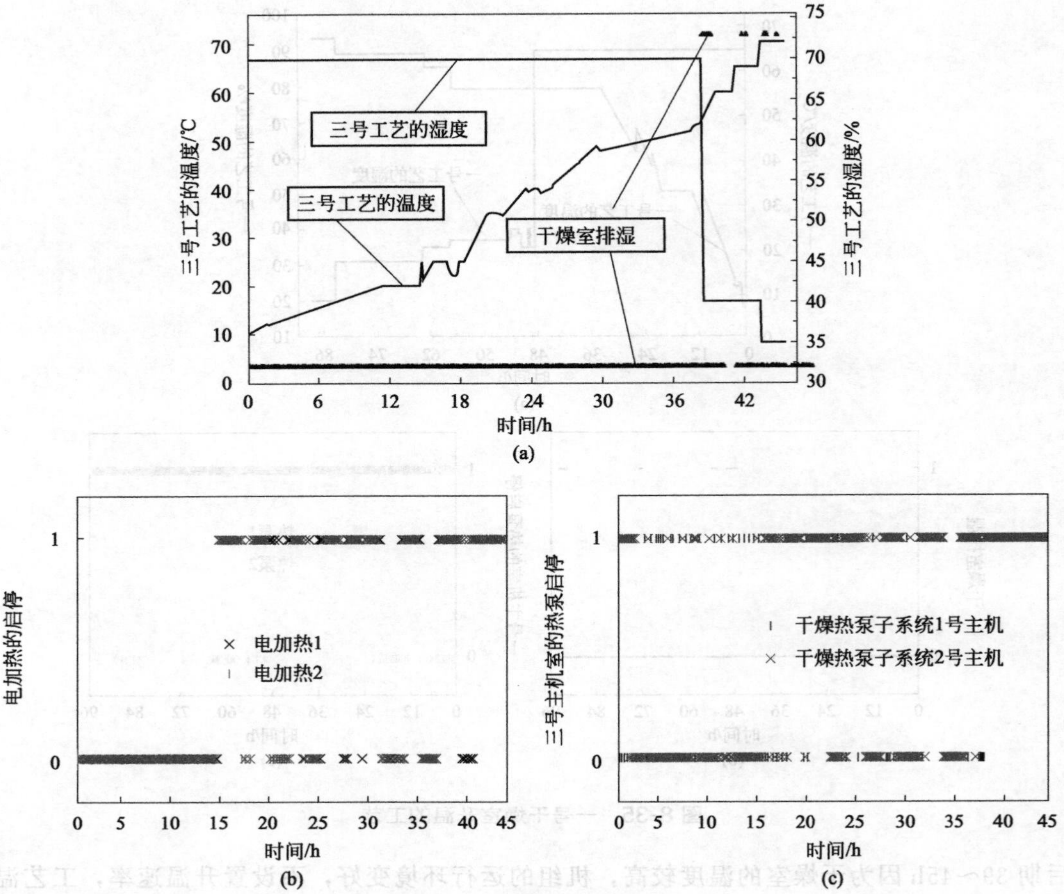

图 8-36　三号干燥室升温的工艺

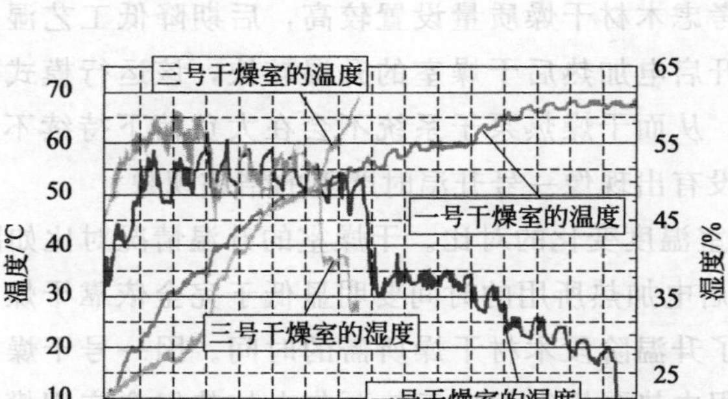

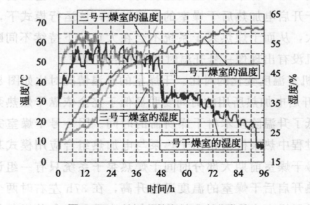

图 8-37　干燥室的温湿度变化曲线

从干燥室湿度的变化情况可以看出，在整个升温过程中干燥室的湿度大部分时间都低于工艺设定的湿度。因此，干燥室很少排湿，且因干燥室排湿较少，干燥热泵子系统在主机室内无法获得足够的热量，进而增大了干燥热泵子系统机组运行的压力。

主机室的温湿度变化对比如图 8-38 所示。在干燥过程中由于干燥室密封不够严密，因此热量会通过各排湿风口进入主机室；这部分热量可以改善机组的工作环境，提高干燥热泵子系统的工作效率。一号主机室的温度和湿度相比于三号而言较稳定，温度基本保持在10～20℃之间，湿度基本处于饱和状态。该状态下如果在主机室的干燥热泵子系统的蒸发器温度过低、温差过大，则机组很容易结霜。故此时低温补热热泵子系统必须全负荷开启进行补热。从三号主机室的温湿度变化情况可以看出，其温度相比于一号高，湿度相比于一号低；这主要是因为三号干燥室开启电加热后，干燥室内的温度升高较快，持续有高品位的热量通过漏热和导热进入主机室，能够维持主机室处于较高的温度。从该角度考虑开启电热后比较有利于提高干燥热泵子系统的工作效率，改善其工作环境，缺点是可能不利于节能。

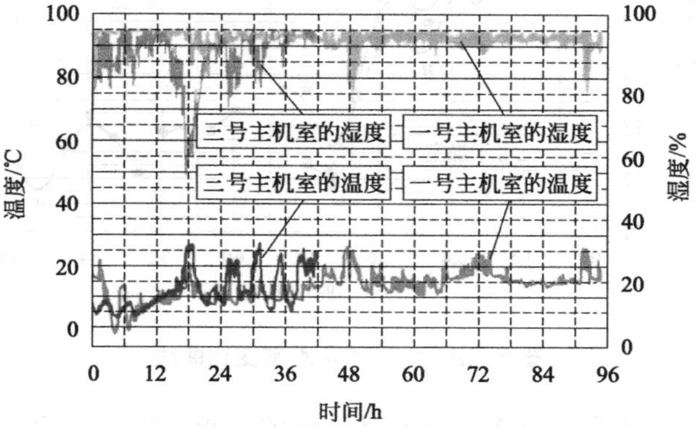

图 8-38 主机室的温湿度变化曲线

③ 升温过程中能耗和升温时间的对比。表 8-23 为一号与三号干燥室升温过程中的能耗与升温时间。在升温时间方面，干燥热泵子系统与电加热组合模式的升温时间明显低于干燥热泵子系统单独的升温模式；在总体能耗方面，一号干燥室升温的能耗大。这是因为干燥热泵子系统的独立升温运行时间较长，且低温补热热泵子系统的补热不足造成系统整体能耗增加。因此，选择干燥热泵子系统与电加热的组合供热模式在室外温度过低时可以起到节能效果。

表 8-23 升温用时与能耗

项目	升温时间/h	升温耗能/kW·h	干燥热泵子系统开启占升温用时的比例/%
一号干燥室	96	1851	91
三号干燥室	48	1100	55

3）木材的含水率变化

由图 8-39 可知，一号和三号的木材初始含水率都在 18.5%左右，该含水率在纤维饱和点之下，木材内的水分以结合水的状态存在；要除去这部分水分要求的干燥温度较高，因此 SPF 板材在干燥时设定的工艺温度比一般的木材高。由于热泵干燥无法在干燥准备阶段对木材进行预热处理，因此升温过程也就是干燥过程。前期由于三号干燥室的温度低于一号，因此三号的含水率下降趋势低于一号的含水率下降趋势。三号干燥室的升温后期由于升温加快且温度高于一号，因此含水率下降趋势比一号快，到 48h 时含水率下降到 12.3%；而一号由于升温时间较长且整体温度较高，因此前期木材的出水量较多，而到升温后期虽然室内的温度升高，但是木材的出水量减少，因此含水率的下降趋势逐渐减缓，到 96h 时木材的含水率下降到 12.1%。从含水率下降的情况可以看出，三号下降到同等水平的含水率用时比一号短。

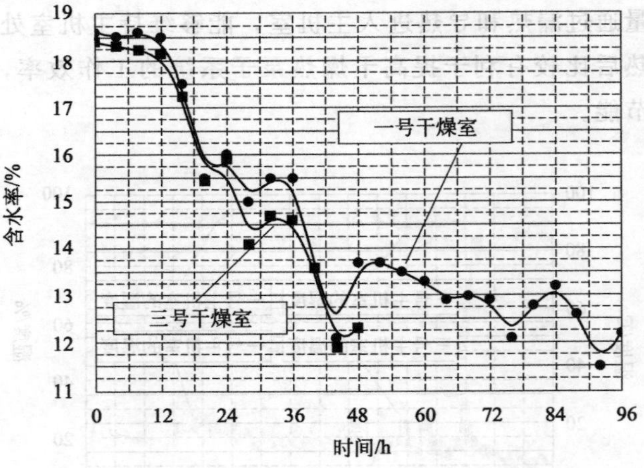

图 8-39　木材的含水率变化曲线

综上所述，热泵干燥系统能够满足木材干燥的要求，安全可靠，能够实现全自动控制，既可以保证干燥质量又可以降低人工运行成本。基于干燥介质空气耦合的热泵干燥与低温热泵补热耦合的木材复合热泵干燥设备，可以明显地改善干燥热泵的运行环境，既节能又能保证干燥系统的工作效率，提高热泵干燥的适用性。

8.2.3　刺猬紫檀材热泵干燥特性及工艺研究

刺猬紫檀（*Pterocarpus erinaceus*）材是密度较大、材质较硬的珍贵木材之一，细胞内含有大量的侵填体，容易使木材内部的水分通道阻塞，因此木材干燥时，厚度上容易出现含水率梯度，从而影响木材的干燥质量。热泵干燥因其显著的节能效果和较高的木材利用率，是木材干燥的主要手段之一，特别适用于商业价值高、干燥难度大的“难干木材”。

本实验以中山市科技计划项目为依托，开展珍贵木材热泵节能干燥关键技术的研究，通过木材干燥过程中水分移动机理和干燥条件与应力变化的研究，开发适合木材的除湿干燥基准，对于降低木材的干燥损耗，提高有限、珍贵木材资源的利用率，具有重要意义。

本研究以刺猬紫檀锯材为对象，采用热泵系统对锯材进行干燥特性分析，重点研究了干燥过程中的干燥曲线、含水率变化、含水率偏差、干燥应力、干缩率等影响干燥质量的因素，并借助 CT 无损扫描技术建立了锯材含水率与 CT 值的数学模型，利用模型直观地表征锯材分层含水率对干燥质量的影响。在此基础上进行干燥等级评定，进而优化刺猬紫檀材的干燥工艺。

（1）热泵实验台的设计原则

为了保证热泵干燥系统的运行稳定性、可靠性和提高运行的热效率与热风循环的传热传质效率，热泵干燥系统的运行工况应综合考察制冷工质和干燥介质的循环状态，以满足不同季节的干燥需要。热泵干燥装置的设计遵循下面的设计原则。

① 为满足不同木材的干燥工艺，干燥介质（空气）的主要参数（温度、速度和湿度）可在一定的范围内进行调节；

② 热泵系统的制冷回路零部件较多，干燥过程中可能会出现制冷剂泄漏导致的热泵无法正常工作问题，为了保证物料的干燥质量不受影响，应该配备功率可调的电加热器备用，在热泵无法正常工作时，及时启动。

（2）主要设备选型

本实验的设计任务是设计一台热泵除湿机，利用除湿机除湿并回收排出水分的能量加热木材。在设备选型计算时，以普通木材干燥为基准，选用新型环保制冷工质HTR01；在单级压缩工况为过冷度4℃、过热度5℃、蒸发温度0℃、冷凝温度80℃，蒸发压力0.602MPa、冷凝压力1.59MPa；设定干燥材积$1m^3$、木材基本密度$0.8g/cm^3$、材厚20mm、木材初含水率60%、终含水率10%、干燥时间90h。

则除湿量为：

$$G_w=\frac{1000\rho_0(\omega_1-\omega_2)E}{Z}\xi=\frac{1000\times0.8g/cm^3\times(60\%-10\%)\times1m^3}{90h}\times80\%=3.6kg/h \tag{8-15}$$

式中，ρ_0为木材的密度，g/cm^3；ω_1、ω_2为木材的初、终含水率；E为材积，m^3；ξ为除湿效率；Z为干燥时间，h。

取热利用效率为60%，水的汽化潜热为2600kJ/kg，则热负荷为：

$$Q_c=mQ_1/\delta=3.6kg/h\times2600kJ/kg/(60\%\times3600)=4.34kW \tag{8-16}$$

式中，m为蒸发水的质量，kg/h；Q_1为水的汽化潜热，kJ/kg；δ为热利用效率。

1）压缩机

根据以上理论循环计算得到热负荷为4.34kW，选1个1hp压缩机，压缩机的功耗为0.82kW。

2）除湿蒸发器

取木材含水率为40%～50%阶段的空气平均参数：$t_1=60℃$、$\varphi_1=80\%$、$d_1=117.89g/kg$、$H_1=368.4kJ/kg$、$t_2=56℃$、$\varphi_2=85\%$、$d_2=108.46g/kg$、$H_2=321.13kJ/kg$；其中，t为温度，℃；φ为相对湿度；d为含湿量，g/kg；H为焓值，kJ/kg；

根据理论循环计算得出通过蒸发器的空气流量G_a为178kg/h，查此状态下的空气参数，空气的比体积为$v=0.99m^3/kg$。

空气流经除湿蒸发器放出的热量为：

$$Q_e=G_a(H_1-H_2)=178kg/h\times(368.4kJ/kg-321.13kJ/kg)=8414.06kJ/h=2.34kW \tag{8-17}$$

取蒸发器的传热系数U为30W/(m^2·℃)，蒸发器的传热温差ΔT=17.9℃，则蒸发器的传热面积为：

$$A_e=\frac{Q_e}{U\Delta T}=\frac{2340\text{W}}{30\text{W}/(\text{m}^2\cdot℃)\times 17.9℃}=4.4\text{m}^2 \quad (8\text{-}18)$$

考虑裕度为1.2，则除湿蒸发器的设计传热面积A_e为：4.4m^2×1.2=5.3m^2。

3）冷凝器

取气流穿过材堆的速度为2m/s，经过材堆的空气通道的有效断面积为1×1×1×(1−30/55)=0.4545(m^2)，总循环风量为3600×2m/s×0.4545m^2×1.2=3930m^3/h，密度取1.1kg/m^3；循环风的质量流量为4323kg/h，则旁通风量为4145kg/h。那么旁通风和除湿后空气混合的空气状态参数如表8-24所示。

表8-24 混合后空气的状态参数

项目 \ 空气状态参数	干球温度/℃	湿球温度/℃	相对湿度/%	含湿量/(g/kg干气)	焓/(kJ/kg)
混合后空气f_a点	59.84	55.5	80.23	115.6	361.9

取冷凝器的传热系数U=30W/(m^2·℃)；采用表8-24的参数经过理论计算可得出冷凝器的传热温差为：ΔT=20.08℃；则冷凝器的传热面积A_c为：

$$A_c=\frac{Q_c}{U\Delta T}=\frac{4340\text{W}}{30\text{W}/(\text{m}^2\cdot℃)\times 20.08℃}=7.2\text{m}^2 \quad (8\text{-}19)$$

考虑1.2的裕度，那么冷凝器的传热面积A_c为7.2×1.2=8.6(m^2)。

4）热泵蒸发器

热泵蒸发器的进出口空气参数（进口为大气环境，取北京年平均温湿度）如表8-25所示。

表8-25 蒸发器的进出口空气参数

项目	干球温度/℃	湿球温度/℃	相对湿度/%	含湿量/(g/kg干气)	焓/(kJ/kg)
蒸发器的进口空气	13	8.55	55	5.154	26.14
蒸发器的出口空气	5	4.3	90	4.910	17.37

根据表8-24的空气参数选取中高温热泵工质HTR01，蒸发温度取0℃，冷凝温度取80℃，过冷度4℃，过热度为5℃。查工质物性见表8-26。

表8-26 工质物性表

项目	温度/℃	压力/MPa	密度/(kg/m^3)	焓/(kJ/kg)	熵/[kJ/(kg·K)]
蒸发压力下的饱和气态点	0	0.16700	9.9590	370.88	1.6600
压缩机进口(过热5℃)	5	0.16700	9.9034	372.20	1.6606
压缩机出口(过热20℃)	90	1.2657	67.214	426.13	1.7145
冷凝器出口(过冷5℃)	65	1.2657	1146.4	278.90	1.2870

制冷剂的质量流量为：

$$m=0.82\text{kW}/(h_1-h_2)=0.82\text{kW}/(426.13\text{kJ/kg}-372.20\text{kJ/kg})=0.0152\text{kg/s} \tag{8-20}$$

式中，h_1、h_2 为表 8-26 中压缩机的进出口焓值，kJ/kg；

根据密度，求得制冷剂在压缩机出口处的体积流量为 0.814m^3/h。根据理论循环计算得到热负荷为 2.24kW，制冷量 Q 为 1.42kW。热泵蒸发器的传热温差 $\Delta T=8.37℃$；取蒸发器的传热系数 $U=30\text{W}/(\text{m}^2\cdot℃)$，则热泵蒸发器的传热面积为：

$$A_c=\frac{Q_c}{U\Delta T}=\frac{1420\text{W}}{30\text{W}/(\text{m}^2\cdot℃)\times 8.37℃}=5.66\text{m}^2 \tag{8-21}$$

考虑裕度为 1.2，则热泵蒸发器的设计传热面积为 5.66×1.2＝6.8m^2。

根据现有设备等因素，实际选型如下：①压缩机为 1hp；②热泵蒸发器为 6.8m^2；③除湿蒸发器为 5.3m^2；④冷凝器为 8.3m^2。

（3）刺猬紫檀材的物理特性

刺猬紫檀材锯解为 600mm×100mm×20mm 的规格，初始含水率为 42.2%，密封备用。表 8-27 为刺猬紫檀材各项物理性能的测试结果，刺猬紫檀材的基本密度为 0.84g/cm^3，气干密度为 0.96g/cm^3；弦向干缩系数为 0.42%，径向干缩系数为 0.32%，体积干缩系数为 0.58%。由于刺猬紫檀材的密度和干缩率较大，因此干燥过程中容易出现干燥缺陷。

表 8-27　各项物理性质的测试结果

统计项目	气干密度/(g/cm³)	基本密度/(g/cm³)	线干缩率/%				体积干缩率/%		干缩系数/%		
			气干		全干						
			径向	弦向	径向	弦向	气干	全干	径向	弦向	体积
n	15	15	15	15	15	15	15	15	15	15	15
X	0.96	0.84	3.47	7.23	5.3	9.2	8.8	10.70	0.32	0.42	0.58
S	0.02	0.03	0.01	0.05	0.14	0.05	0.06	0.19	0.02	0.02	0.01
Y	2.08	3.57	0.28	0.69	2.64	0.54	0.68	1.77	6.25	4.76	1.72

注：n——试样数；X——平均值；S——标准差；Y——变异系数，%。

（4）热泵的干燥基准

根据刺猬紫檀材干燥的基本条件（表 8-28），可以初步拟定板厚 20mm 的刺猬紫檀材的干燥基准（表 8-29）。

表 8-28　干燥初始条件

缺陷名称	级别	初始温度/℃	初期干湿球温度差/℃	末期温度/℃
初期开裂	4	50	2～3	70
截面变形	3	60	3～5	75
内部开裂	3	50	5～7	75

⊡ 表 8-29　20mm 厚刺猬紫檀锯材的初始干燥基准

锯材含水率 MC/%	$t_干$/℃	Δt/℃	φ/℃
50～35	50	2	80
35～30	53	3	79
30～25	58	5	77
25～20	65	8	67
20～15	70	18	39
15 以下	75	30	20

（5）刺猬紫檀锯材干燥过程的特性分析

图 8-40 为初含水率 42.2% 的刺猬紫檀材的干燥曲线。在干燥初期，随着温度的升高，含水率迅速下降；含水率达 30% 左右时，连续 12h 进行中期处理，期间其含水率有回升的迹象；后期随着干燥温度的上升，锯材的含水率缓慢降低，最终趋于平衡；且平均含水率达到 10.24%，整个干燥过程耗时 528h。

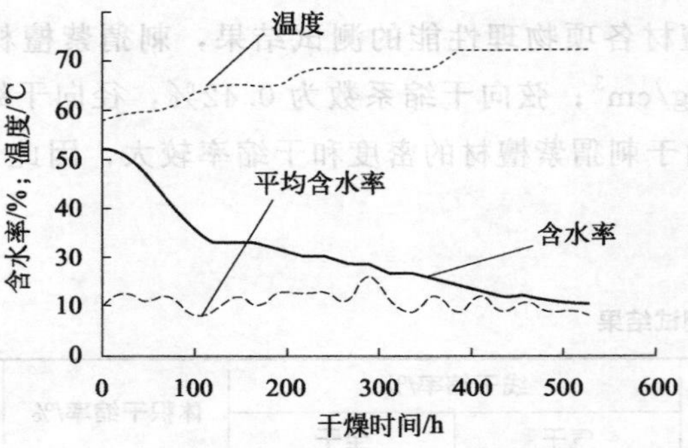

图 8-40　刺猬紫檀材的干燥曲线

表 8-30 是刺猬紫檀材干燥过程中不同含水率对应的 CT 值，将其做线性回归，得到回归方程为：$y=0.1498x+18.907$，$R^2=0.9903$。从回归方程可以看出，CT 值与木材的含水率之间存在很高的线性相关性。

⊡ 表 8-30　含水率与 CT 值

含水率 MC/%	CT 值	含水率 MC/%	CT 值
41.37	147.57	11.54	−53.74
40.75	135.58	11.07	−65.44
37.31	118.13	8.13	−73.00
29.79	83.24	0	−119.40
24.59	56.65		

图 8-41 为刺猬紫檀材干燥过程的应力变化曲线，表明干燥前期存在内应力。当含水率达到 30% 左右时，表层应力逐渐降低并趋于 0，这是干燥过程中对锯材进行中期处理的结果。干燥后期，随着锯材含水率下降到纤维饱和点以下，锯材表面所受的应力逐渐

表现为压应力，原因是锯材内部的水分逐渐向外扩张，并且有逐渐增大的趋势。

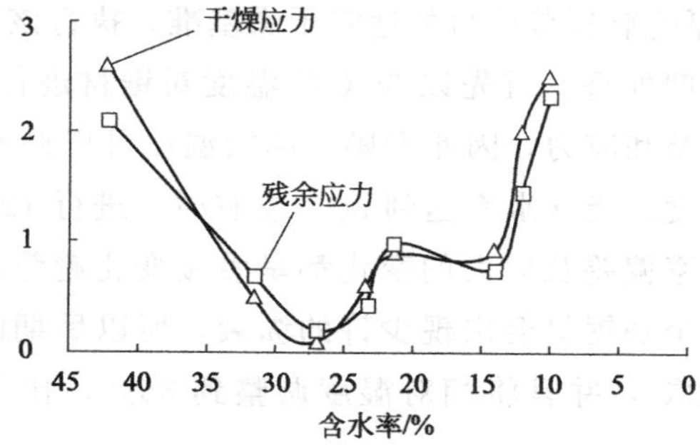

图 8-41 插齿法应力变化规律

图 8-42 表明了干燥过程中的弦向和径向干缩率变化。含水率达到 30%左右时，在锯材厚度方向上开始出现干缩变形；当锯材的含水率降到 30%以下时，宽度方向上才开始出现干缩，此时锯材的干燥应力达到最大；经过中期保温保湿处理后，锯材的干缩率出现减小的趋势，这是因为降低了锯材内部水分的蒸发速度，从而减缓了锯材的干缩。刺猬紫檀材在厚度上的干缩大于宽度，所以，锯材在弦向和径向上的干缩率相差较大。

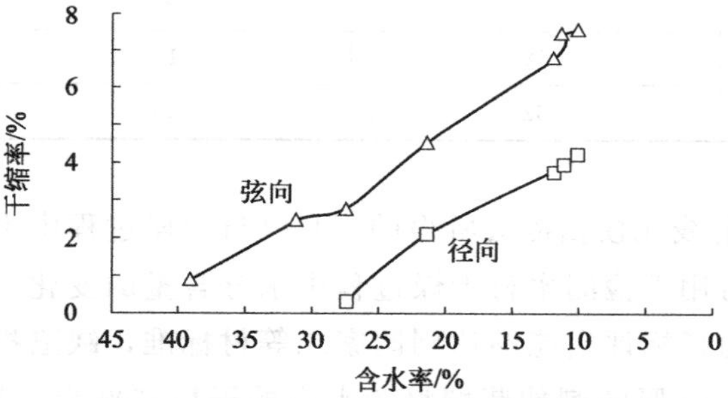

图 8-42 干燥过程中刺猬紫檀试材的干缩率变化

（6）干燥质量的评定及干燥基准的确定

1）干燥质量的评定

由表 8-31、表 8-32 可见，刺猬紫檀材的残余应力、厚度上的含水率偏差和可见干燥缺陷均达到国家一等材标准。而终含水率根据北京当地的平衡含水率及锯材用途，没有达到国家一等材含水率标准的要求。

表 8-31 含水率及应力指标的评定等级

$\overline{MC_Z}$/%	σ	ΔMC_k/%	Y/%	干燥质量等级
10.24	±1.39	2.165	2.33	2 级

注：$\overline{MC_Z}$ 为锯材的平均终含水率，σ 为均方差，ΔMC_k 为锯材厚度含水率偏差，Y 为残余应力指标。

表 8-32 可见缺陷指标的评定等级

顺弯	横弯	翘曲	扭曲	纵裂	内裂	干燥质量等级
无	无	无	无	少许	无	1 级

2）适宜干燥基准的确定

表 8-33 是 20mm 厚的刺猬紫檀材的适宜干燥基准，执行该干燥基准时，需对木材进行预热、中间处理及后期处理。首先以 50℃的温度对锯材进行 3h 预热，由于干燥初期已存在一定的含水率偏差和应力，因此干燥初期的温度可以调整到 48℃，略低于干燥基准所确定的初始干燥温度。当含水率达到 30%左右时，进行 12h 连续保温处理，整个干燥过程中，锯材的含水率偏差及应力的变化都呈缓慢变化趋势，中期的干燥温度和湿度略作调整。干燥后期，个别锯材会出现少许的纵裂，所以后期的干燥温度调整到略微高于中期温度，保持在 62℃，并且将相对湿度调整到 36%，比初始干燥基准的相对湿度高 16%。

表 8-33　20mm 厚的刺猬紫檀锯材的干燥基准

锯材的含水率 MC/%	$t_干$/℃	Δt/℃	φ/℃
50～35	48	2	80
35～30	50	3	79
30～25	55	5	77
25～20	58	8	65
20～15	58	18	45
15 以下	62	30	36

综上所述，以 X 射线无损扫描法所得的 CT 值与干燥过程中木材含水率的变化呈现良好的线性相关性，可用于检测木材干燥过程中水分含量的变化。采用热泵干燥，刺猬紫檀材的含水率及应力指标评定能够达到国家二等材标准，缺陷指标达到国家一等材标准。本研究建立了 20mm 厚的刺猬紫檀材含水率的干燥基准为：初含水率 42.22%，其初始干燥温度确定为 48℃，相对湿度为 85%；干燥后期含水率降到 10%以下时，温度最高升至 62℃。

8.3　玉米热泵干燥工艺及装备

粮食问题是国民经济的头等大事，作为世界上最大的粮食生产和消费国，我国的粮食产量占世界总产量的比例约为 1/4。2018 年中国粮食总产量为 6.5789×10^8t，其中，高水分粮食约占粮食总产量的 20%。收获后的高水分粮食因来不及干燥而未达到安全储存水分所导致的在储存、运输、加工等环节中霉变、发芽变质等的损失达 5%～10%，在南、北方气候异常的年份粮食损失更为严重。因此，减少损失，在我国是一个亟待解决的问题。近年来，由于对粮食干燥认识的提高，粮食干燥技术得到较快普及和应用；但粮食的干燥过程会造成能源消耗，特别是我国粮食产量的基数大，干燥需求多，每年因粮食干燥而造成的能源消耗巨大。每年全国采用机械化烘干粮食所消耗的能源折合标准煤约为 170×10^4 tce，排放大量 CO_2、SO_2 和灰粉固体废弃物。粮食是热敏性物质，随着干燥强度加大，干燥温度提高，机械烘干粮食的品质会发生较大的变化。因此强化对粮食干燥特性的研究，选择和设计合理的干燥工艺及条件，降低粮食干燥成本和污染物排放，确保粮食收获后的干燥品质，减少粮食在储藏和干燥过程中的损耗，以利于安全储藏，是确保国家粮食安全的重要举措。

玉米是世界上最重要的种植作物之一，不仅是重要的粮食作物，为人们提供各种食品，为动物提供饲料，同时还是生产酒精、淀粉等重要的工业原料。2018 年全球玉米产量为 10.4×10^{8}t，占全世界粮食总产量的 35%。2018 年中国玉米产量 2.573×10^{8}t，玉米加工量约 2×10^{8}t，其中 70%用来做饲料，30%进行深加工。玉米是高含水粮食，成熟后的玉米含水率大约在 25%～30%，甚至会达到 35%左右。自然干燥后水分一般在 15%～17%。玉米颗粒仓储的安全含水率为 13%。当玉米采用深加工时，为保证深加工产品的品质和得率，就对玉米干燥后的品质和干燥效率提出了更高要求，甚至要按需干燥。

玉米是难以干燥的粮食品种之一，在于其籽粒大、单位比表面积小、粮粒表皮结构紧密光滑，不利于水分从玉米内部向外部转移。特别是高温干燥时，籽粒表面的水分急速汽化而内部水分不能及时传递出来，籽粒内部压力升高，致使表皮胀裂或籽粒发胀变形。如果干燥介质的温度过高，遇到烘干机内有滞留粮时，会造成粮粒焦煳，出现焦煳籽粒（褐变籽粒），严重时可引起火灾。我国的玉米干燥普遍采用生产能力大、降水幅度快的塔式烘干机。常规的烘干塔，主要使用燃煤烘干，烘干操作干燥介质的进风温度比较高，可达 200℃，经常导致烘干玉米出现煳粮、裂纹、容重降低等不良后果，损坏玉米品质，降低玉米等级。同时，玉米的干燥过程也是一个耗能巨大的过程，尤其是东北的潮粮烘干，全部在冬季完成，潮粮水分冻结成冰，烘干能耗尤其高。目前，东北地区多采用燃煤混流热风塔式干燥机对玉米进行烘干，直接利用煤加热热风，湿热空气直接向烘干塔周围空间排放，热损失大，耗煤量高；各种尺度的颗粒污染物湿空气直接排放到环境大气中，环境污染严重，烘干塔周边都不敢有人居住。

鉴于常规燃煤玉米烘干塔烘干玉米的热效率低、烘干的粮食品质容易降等、来自燃料和空气排湿两方面的多尺度多成分颗粒污染物排放高的现状，从保证玉米品质出发，研究低能耗、低排放的新型玉米烘干技术与装备，开发相应的烘干工艺，对我国的新农村建设与可持续发展都颇有意义。

8.3.1 热管联合多级串联热泵玉米干燥系统设计

在黑龙江省院士办和中科热泵支持下，针对东北地区寒冷环境温度低、冬季潮粮冻结及多段塔式燃煤玉米烘干能量利用率低、颗粒污染物直排的高能耗、高污染问题，围绕优质、高效、低耗、安全、环保、保质减损的玉米干燥目标，结合热泵干燥技术和环路热管技术，设计开发出一种热管联合多级串联热泵玉米干燥系统。如图 8-43 所示，系统主要由热泵机组、热管回热器、玉米烘干塔、风道管路、除尘器、风机、电控柜组成。其中，所设计的具有排湿空气分段收集功能的玉米烘干塔（图 8-44）包括预热段（22～24 层）、干燥段（4～21 层）和冷却段（1～3 层）以及回风室 4 部分。

所设计的系统近似于一个封闭式热泵干燥系统。系统运行过程中，从冷凝器出来的高温干燥空气被送入玉米烘干塔，其在烘干塔内等焓吸收玉米水分后变为湿空气。从玉

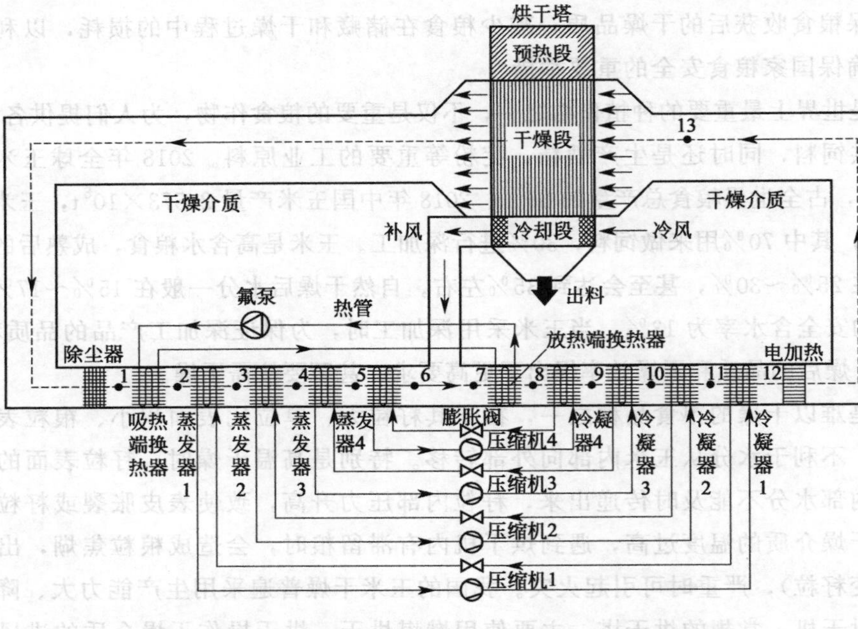

图 8-43　热管联合多级串联热泵玉米干燥系统原理图

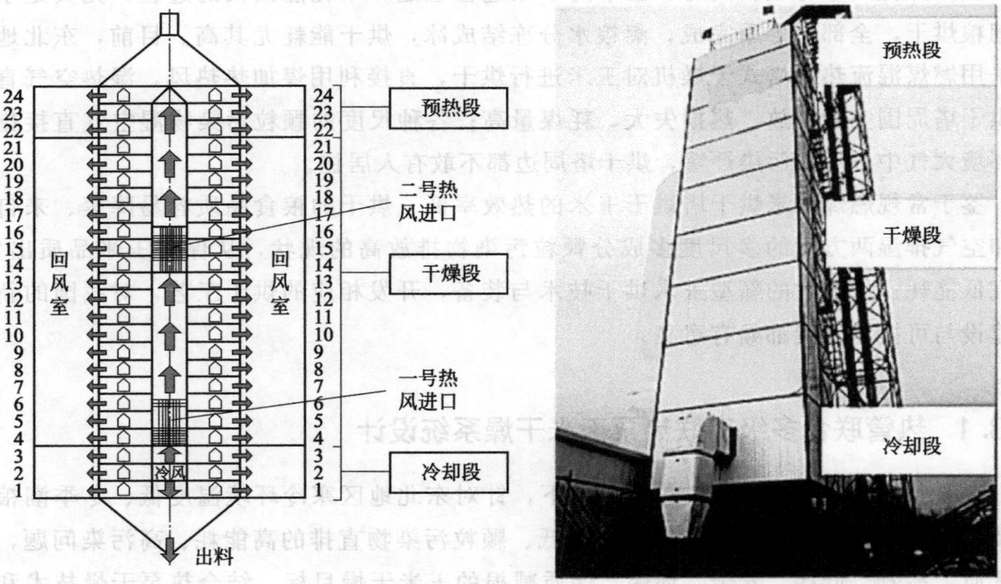

(a) 示意图　　(b) 实物图

图 8-44　玉米烘干塔结构图

米烘干塔干燥段回风室排出的湿空气经除尘器除杂净化后，逐级经过热管吸热端换热器和四级蒸发器，经吸热端换热器和各级蒸发器逐级降温除湿后变为低温干燥的空气；与此同时，各级蒸发器冷凝下来的水分被排出系统。随后，低温干燥的空气与烘干塔冷却段排出的空气混合后逐级通过热管放热端换热器和四级冷凝器，经放热端换热器和各级冷凝器逐级加热后变为高温干燥的空气，并被送入玉米烘干塔。在整个干燥过程中，系统没有废气排放到环境中，并且干燥温度不受环境温度的限制。

大型玉米热泵干燥系统采用四级热泵串联供热的创新形式，与单级热泵供热形式相比，该种供热形式能够减小每级热泵系统蒸发温度和冷凝温度的差值，降低压缩机的压比，从而使热泵系统的性能和效率得到大幅改善。另外，该种形式能够实现玉米干燥过程中对干燥介质（空气）的分级除湿和分级加热，分级除湿能够增加除湿效果，分级加热使空气加热得更加均匀，避免了单级热泵除湿不均、供热不均的问题。

系统中所设计的热管系统的具体流程如图 8-45 所示。该系统主要由吸热端换热器、放热端换热器、氟泵、储液罐、蒸汽管线和液体管线组成，热管内部的工质为 R22。系统运行时，从玉米烘干塔干燥段回风室排出的湿空气经除尘器除杂后流向热管吸热端换热器。当湿空气 W_1 流经吸热端换热器时，换热器内部的工质吸收湿空气中的热量后从状态 1（液态）变为状态 2（气态），与此同时，湿空气 W_1 被降温除湿后变为湿空气 W_2；随后，气态工质 2 沿蒸汽管线由吸热端换热器流至放热端换热器；当第四级蒸发器出口的低温干燥空气 W_3 流经放热端换热器时，换热器内部的工质向空气释放热量后从状态 3（气态）变为状态 4（液态），与此同时，空气 W_3 被加热升温后变为空气 W_4；最后，液态工质 4 在氟泵的驱动力下沿液体管线由放热端再次流回吸热端。这样，通过热管工质在热管内的相变和循环流动，不停地把玉米烘干塔干燥段回风室出口的湿空气热量传递给第四级蒸发器出口的低温干燥空气，从而可以提高系统的效率。

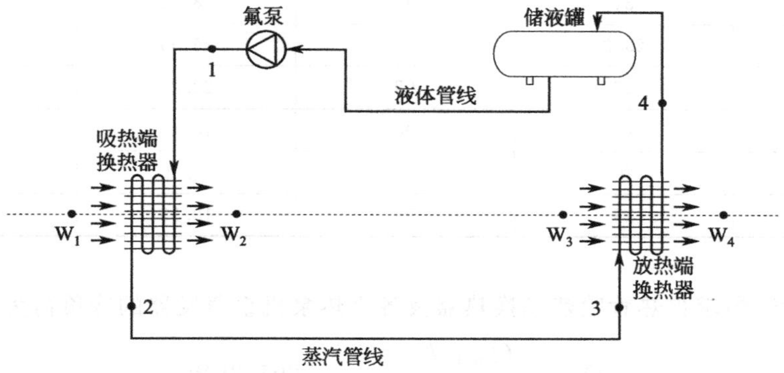

图 8-45 热管系统的流程

假定干燥前玉米的含水率为 34%，干燥终了玉米的含水率为 14%，系统的干燥能力为 10t/h，即每天可以干燥玉米潮粮 240t；设计过程中忽略干燥塔冷却段的补风量对系统的影响，将系统视为闭式热泵干燥循环系统。

（1）除湿负荷与风量计算

经过计算得知，系统的除湿负荷为 $g_w = 2225\text{kg/h}$，即系统每小时的除湿量为 2225kg。

假设热管吸热端换热器（图 8-43）进口点 1 处湿空气的温度 $T_1 = 31℃$、相对湿度

$\varphi_1=97\%$，第四级蒸发器出口点 6 处湿空气的温度为 $T_6=15℃$、相对湿度 $\varphi_6=98\%$，则根据湿空气状态参数表或湿空气状态参数计算软件可以分别求出点 1 和点 6 处对应温度和相对湿度下的含湿量 ω_1 和 ω_6，其中 $\omega_1=28.31\text{g/kg}$、$\omega_6=10.55\text{g/kg}$。根据质量守恒有：

$$Q_{m,1}\omega_1-Q_{m,6}\omega_6=g_w \tag{8-22}$$

$$Q_{m,1}=Q_{m,6} \tag{8-23}$$

式中，$Q_{m,1}$ 和 $Q_{m,6}$ 分别为点 1 处和点 6 处的干空气质量流量，kg/h；ω_1 和 ω_6 分别为点 1 处和点 6 处湿空气中的含湿量，g/kg；g_w 为系统每小时的除湿量，kg/h。

经计算得 $Q_{m,1}=125282\text{kg/h}$，点 1 处的空气密度 $\rho_1=1.13\text{kg/m}^3$，求得 $Q_{v,1}=110523\text{m}^3\text{/h}$，所以系统的风量为 $115023\text{m}^3\text{/h}$。

（2）系统的冷负荷计算

系统的冷负荷主要包括热管吸热端换热器的冷负荷和各级热泵机组蒸发器的冷负荷。假设热管吸热端出口点 2 处湿空气的温度 $T_2=29.3℃$、相对湿度 $Rh_2=98\%$，第一～四级蒸发器出口点 3～6 处湿空气的温度分别为 $T_3=27℃$、$T_4=24℃$、$T_5=20℃$、$T_6=15℃$，相对湿度分别为 $\varphi_3=98\%$、$\varphi_4=98\%$、$\varphi_5=98\%$、$\varphi_6=98\%$，则根据湿空气状态参数表或计算软件得到 1～6 点各点的湿空气状态参数，如表 8-34 所示。

表 8-34　湿空气的状态参数表

位置点	温度/℃	相对湿度/%	含湿量/（g/kg）	比焓/（kJ/kg）
1	31	97	28.31	103.5
2	29.2	98	25.69	95
3	27	98	22.23	84
4	24	98	18.49	71.2
5	20	98	14.4	56.7
6	15	98	10.55	41.2

根据能量守恒求得热管吸热端换热器及各级热泵机组蒸发器的冷负荷为：

$$Q_{e,rg}=\frac{Q_{m,1}(h_1-h_2)}{3600}=295.8\text{kW} \tag{8-24}$$

$$Q_{e,1}=\frac{Q_{m,1}(h_2-h_3)}{3600}=382.8\text{kW} \tag{8-25}$$

$$Q_{e,2}=\frac{Q_{m,1}(h_3-h_4)}{3600}=445.4\text{kW} \tag{8-26}$$

$$Q_{e,3}=\frac{Q_{m,1}(h_4-h_5)}{3600}=504.6\text{kW} \tag{8-27}$$

$$Q_{e,4}=\frac{Q_{m,1}(h_5-h_6)}{3600}=539.4\text{kW} \tag{8-28}$$

则系统总共需要的冷负荷为：

$$Q_{e,all}=Q_{e,rg}+Q_{e,1}+Q_{e,2}+Q_{e,3}+Q_{e,4}=2178\text{kW} \tag{8-29}$$

式中，$Q_{e,rg}$ 为热管吸热端换热器的冷负荷，kW；$Q_{e,1}\sim Q_{e,4}$ 分别为第一～四级热泵机组蒸发器的冷负荷，kW；$Q_{e,all}$ 为干燥系统总共需要的冷负荷，kW；$Q_{m,1}$ 为热管吸热端换热器进口点 1 处的干空气质量流量，kg/h；$h_1\sim h_6$ 为 1～6 点湿空气的比焓，kJ/kg。

（3）热泵干燥系统的主要设备选型计算

在对热泵干燥系统进行选型设计计算时，本文假设每级热泵机组的蒸发温度比其蒸发器出口的风温低 7℃，冷凝温度比其冷凝器出口的风温高 8℃，每级热泵机组的过热度和过冷度均为 5℃，压缩机的指示效率 η 均为 0.8。假设第一级冷凝器出口的风温为 68℃，第二级冷凝器出口的风温为 58℃，第三级冷凝器出口的风温为 46℃，第四级冷凝器出口的风温为 34℃，则热泵干燥系统的主要设备选型设计计算过程如下。

① 压缩机的选型。

第一级热泵机组的工质选用 R134a，根据前边的已知条件可知其蒸发温度为 20℃，冷凝温度为 76℃；按照单级循环过程压焓图和 R134a 的热力性质图计算可得，第一级热泵系统可以选用制冷量为 382.8kW、输入功率为 132.5kW 的压缩机。

第二级热泵机组的工质选用 R134a，根据前边的已知条件可知其蒸发温度为 17℃，冷凝温度为 66℃；计算可得第二级热泵系统可以选用制冷量为 445.4kW、输入功率为 124.3kW 的压缩机。

第三级热泵机组的工质选用 R134a，根据前边的已知条件可知其蒸发温度为 13℃，冷凝温度为 54℃；计算可得第三级热泵系统可以选用制冷量为 504.6kW、输入功率为 110.4kW 的压缩机。

第四级热泵机组的蒸发温度为 8℃，冷凝温度为 42℃，为了防止第四级热泵机组的蒸发器由于蒸发温度过低而结霜，第四级热泵机组的工质选用 R22。经过计算，第四级热泵系统可以选用制冷量为 539.4kW、输入功率为 95.1kW 的压缩机。

② 蒸发器的设计计算。

设定各级蒸发器制冷剂侧与空气侧的平均传热温差Δt_e 均为 7℃，结构均采用逆流形式。各级蒸发器均选用翅片管式换热器，借鉴以前的经验数据，取其换热系数 k_e 为 45W/（m^2·℃），则各级蒸发器的换热面积分别为：

$$A_{e,1}=\frac{Q_{e,1}}{k_e\Delta t_e}=1215\text{m}^2 \tag{8-30}$$

$$A_{e,2}=\frac{Q_{e,2}}{k_e\Delta t_e}=1414\text{m}^2 \tag{8-31}$$

$$A_{e,3}=\frac{Q_{e,3}}{k_e\Delta t_e}=1602\text{m}^2 \tag{8-32}$$

$$A_{e,4}=\frac{Q_{e,4}}{k_e\Delta t_e}=1712\text{m}^2 \tag{8-33}$$

③ 冷凝器的设计计算。

设定各级冷凝器制冷剂侧与空气侧的平均传热温差Δt_c均为8℃，结构均采用逆流形式。各级冷凝器均选用翅片管式换热器，借鉴以前的经验数据，取其换热系数k_c为40W/(m²·℃)，则各级冷凝器的换热面积分别为：

$$A_{c,1}=\frac{Q_{c,1}}{k_c\Delta t_c}=1527.8\text{m}^2 \tag{8-34}$$

$$A_{c,2}=\frac{Q_{c,2}}{k_c\Delta t_c}=1703.1\text{m}^2 \tag{8-35}$$

$$A_{c,3}=\frac{Q_{c,3}}{k_c\Delta t_c}=1854.4\text{m}^2 \tag{8-36}$$

$$A_{c,4}=\frac{Q_{c,4}}{k_c\Delta t_c}=1922.5\text{m}^2 \tag{8-37}$$

④ 热管吸热端及放热端换热器的设计计算。

设定实际过程中热管吸热端及放热端换热器工质侧与空气侧的平均传热温差Δt_{rg}均为7℃，结构均采用逆流形式。换热器均选用翅片管式换热器，取其换热系数k_{erg}为40W/(m²·℃)，则吸热端及放热端换热器的换热面积分别为：

$$A_{erg}=\frac{Q_{erg}}{k_{erg}\Delta t_{rg}}=1056.4\text{m}^2 \tag{8-38}$$

$$A_{crg}=A_{erg}=1056.4\text{m}^2 \tag{8-39}$$

（4）风机的设计选型

选用的送风机用离心式风机2台，其额定功率为75kW，风量为100000m³/h，共有6个风量调节挡，实验过程中可以通过风量调节挡对风量进行调节。选用回风用变频式轴流风机4台，其额定功率为7.5kW，额定风量为46000m³/h，实验过程中可以通过变频调节四个轴流风机调出所需的回风风量。选用冷却用离心式风机1台，其额定功率为30kW，风量为45000m³/h，实验过程中冷却风机也采用变频控制。

为了对干燥塔排出的湿空气进行除杂，避免湿空气中的玉米绒和淀粉对换热器进行脏堵，在热管吸热端换热器之前设计了除尘器。该除尘器由圆形过滤网转盘、吸尘头、吸尘管、离心风机和除尘布袋组成。

8.3.2 热管联合多级串联热泵玉米干燥系统运行测试

本实验于2016年12月26日在黑龙江牡丹江地区进行，实验过程中当地的环境温度白天为－10～－20℃，晚上为－18～－25℃。为了验证热管联合多级串联热泵玉米干燥工艺，将平均含水率为34%的高水分玉米分别用热管联合多级串联热泵玉米干燥装备和多段塔式燃煤玉米干燥塔（每天的湿玉米处理量为78t）进行干燥，干燥后从烘干塔出来的玉米含水率为14%左右。实验记录两种干燥设备的运行参数与玉米含水率，分析干燥过程的能耗、干燥后玉米的品质等因素。

实验开始后，通过提粮机对玉米烘干塔充装玉米，待玉米烘干塔装满（总容重160t）

后开始对系统进行预热。待第四级蒸发器的出口风温超过10℃时，第四级热泵启动；第四级蒸发器的出口风温再次超过10℃时，第三级热泵自动启动；按此程序，依次启动第二级热泵及第一级热泵；等四级热泵全部启动完毕后，电加热自动关闭。随着热泵系统的持续工作，系统的温度不断升高，直到第一级热泵冷凝器的出口风温达到68℃左右且出粮口的玉米含水率为14%时停止预热，系统开始稳定运行。

实验过程中，每隔30min在出料口取3个子样，每个子样的质量为5kg，将子样混合均匀后测量样品的平均含水率，根据出料含水率大小实时调节排粮速度。除尘器每隔20min对除尘网上的玉米绒、糠皮等杂质清除一次，保证回风流动的畅通。输送机和提粮机根据烘干塔储粮段的高、低位感应器信号上粮，保证干燥塔始终满粮。压缩机的吸、排气口处安装温度传感器和压力传感器，各级蒸发器、冷凝器的迎风侧及出风侧布置温湿度传感器，干燥塔的进风口、出风口以及其干燥段和冷却段的回风室布置有温湿度传感器；温湿度、压力数据1s采集1次，耗电量每2h记录1次。

8.3.3 热管系统运行工况

实验过程中，热管内部工质及湿空气的状态变化如图8-46所示。其中图8-46(a)中的进口风温和出口风温分别为中点1和点2处的风温，图8-46(b)中的进口风温和出口风温分别为图8-43中点7和点8处的风温。当湿空气经过吸热端换热器时，温度由30.5℃降为28.2℃；在该过程中换热器表面有水析出，每小时的析水量为313 kg。热管中的液态工质吸收湿空气中的热量并蒸发为气态工质，其温度由20.8℃升为28.2℃。当除湿后的低温干空气经过放热端换热器时，温度由13.3℃升为20.2℃；与此同时，热管内部的气态工质向低温干空气释放热量并液化为液态工质，其温度由25℃降为20℃。热管系统在吸热端吸收湿空气中的显热和大量潜热并在放热端用这部分热量加热除湿后的干空气，节能效果明显。

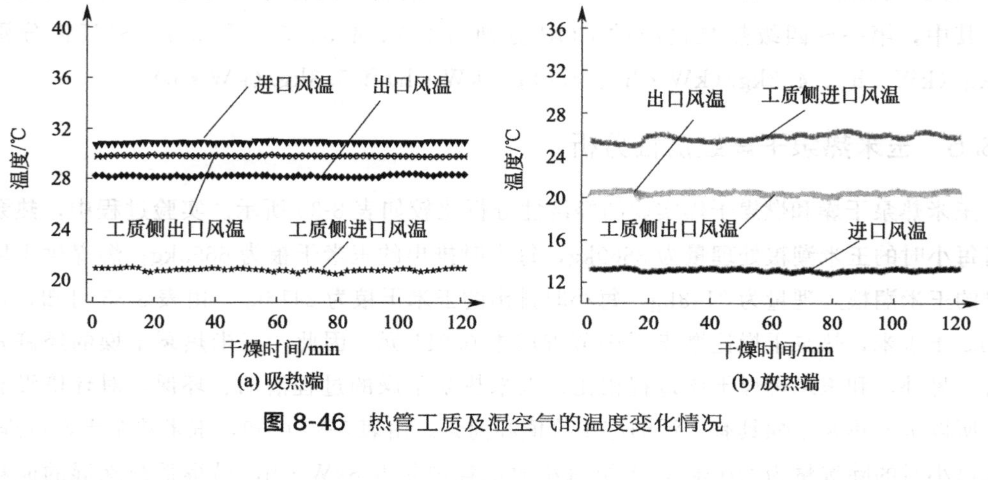

图8-46 热管工质及湿空气的温度变化情况

8.3.4 各级热泵机组运行工况

实验过程中，各级热泵机组的蒸发温度及冷凝温度如图8-47(a)所示；第一～四级机组的蒸发温度分别为 21.1℃、17.2℃、10.5℃和 7℃，冷凝温度分别为 69.1℃、60.3℃、51.6℃和 38.2℃。从中可以看出，从第一级到第四级热泵机组，各级热泵机组的蒸发温度和冷凝温度差值逐渐减小。各级热泵机组的蒸发压力及冷凝压力情况如图 8-47(b) 所示，第一～四级机组的蒸发压力分别为 0.48MPa、0.44MPa、0.32MPa 和 0.52MPa，冷凝压力分别为 1.97MPa、1.59MPa、1.27MPa 和 1.4MPa。从中可以看出第一级机组的压比（压缩机、排气压力与吸气压力之比）最大，第四级机组的压比最小，第一～四级机组的压比逐渐减小。

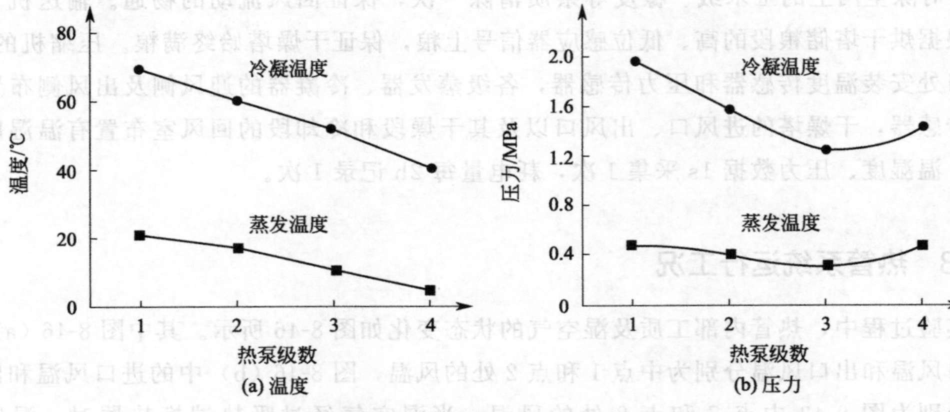

图 8-47 各级热泵机组的运行工况

各级热泵机组的功率如图 8-48(a) 所示，第一级机组的功率最大，第四级机组的功率最小，第一～四级热泵机组的功率分别为 108.6kW、101.5kW、96.1kW 和 84.3kW。各级热泵机组的除水速率如图 8-48 (b) 所示，第一～四级热泵机组的除水速率分别为 369.6kg/h、426.2kg/h、461.9kg/h 和 445.3kg/h，热泵系统每小时的除水量为 1703kg，加上热管吸热端换热器每小时的除水量，系统每小时的总除水量为 2016kg。各级热泵机组的 COP 及 SMER 如图 8-48(c) 所示，第一～四级热泵机组的 COP 及 SMER 均逐渐增大。其中，第一～四级热泵机组的 COP 分别为 3.7、4.3、5.1 和 6.7，SMER 分别为 3.4kg/(kW·h)、4.2kg/(kW·h)、4.8kg/(kW·h)和 5.3kg/(kW·h)。

8.3.5 玉米热泵干燥经济性分析

玉米热泵干燥和燃煤干燥实验的经济性分析比较如表 8-35 所示。实验过程中，热泵烘干塔每小时的玉米潮粮处理量为 8669kg，每小时排出的玉米干粮为 6653kg；燃煤烘干塔每小时的玉米潮粮处理量为 3148kg，每小时排出的玉米干粮为 2416kg。由表 8-35 可知，每得到 1kg 干玉米，热泵干燥比燃煤干燥节省成本 0.011 元。因此，玉米热泵干燥的经济效益显著。另外，和玉米燃煤干燥过程相比，玉米热泵干燥的过程清洁、环保，对环境没有污染，所以玉米热泵干燥具有广泛的应用价值和前景。由表 8-35 可知，玉米热泵干燥过程中，系统每小时的除湿量为 2016kg，系统每小时的耗电量 538kW·h，易得系统除湿的能耗比 SMER 为 3.75kg/(kW·h)；说明系统每消耗 1 度电可以从玉米中除去 3.75kg 的水分，整个实验过程中系统节能明显，干燥成本比玉米燃煤干燥的成本降低 22.4%。

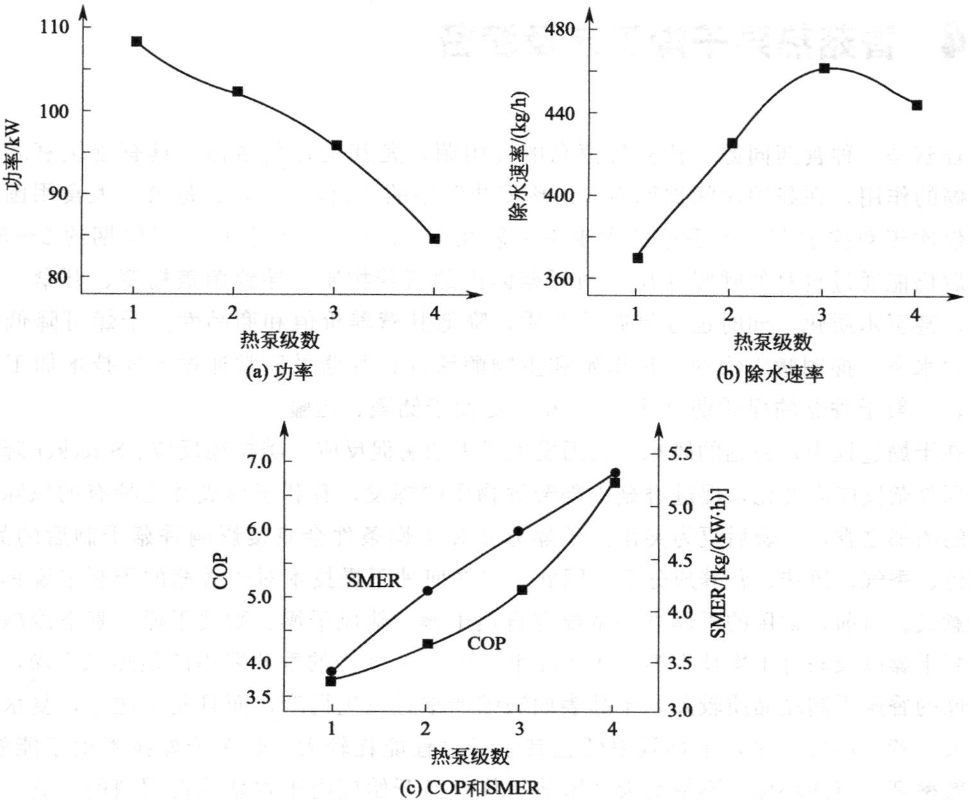

图 8-48　各级热泵机组的性能特性

⊡ 表 8-35　玉米热泵干燥和燃煤干燥的经济性比较

项目	热泵干燥	燃煤干燥
玉米的初含水率/%	34	34
玉米的终含水率/%	14	14
每小时的玉米潮粮处理量/kg	8669	3148
每小时的玉米干粮量/kg	6653	2416
每小时的除水量/kg	2013	732
每小时的用煤量/kg	0	260
每小时的用电量/kW·h	538	32.5
当地煤价/(元/t)	400	400
当地电价/[元/(kW·h)]	0.47	0.47
每小时的用煤成本/元	0	104
每小时的用电成本/元	252.86	15.28
每 1kg 干玉米烘干的成本/元	0.038	0.049

8.4 香菇热泵干燥工艺及装备

香菇是一种食药同源、营养价值高的食用菌，尤其是香菇多糖，具有延缓衰老、防癌抗癌的作用，在我国民间被称为“山珍海味”中的“山珍”。香菇是第二大食用菌，其产量仅次于双孢蘑菇。鲜香菇的含水率一般在85%～95%（湿基），保鲜期约3～5天；其采后仍能通过自身的呼吸作用，消耗菇体内的营养物质，导致菌盖褐变、开伞、水分丧失，甚至木质化；同时也容易腐败变质，降低其营养价值和商品性。干燥可降低食用菌的含水率，抑制微生物的生长繁殖和生物酶活性；香菇采后常通过干燥技术加工成干制品，一般干香菇的保质期可达1～2年，更便于储藏、运输。

在干燥过程中，香菇的风味物质因发生了诸如酶促反应、美拉德反应、Strecker降解等一系列复杂反应而变化，促进香菇内部芳香物质的挥发，有利于形成香菇特有的风味，如香菇的浓郁之香，干燥后更为突出。干燥方式和干燥条件会直接影响香菇干制后的品质，如颜色、香气、风味、营养成分等。因此，选择何种干燥技术对于香菇的干制来说具有重要的意义。目前，常用的干燥方法主要有自然干燥、热风干燥、微波干燥、真空冷冻干燥和热泵干燥以及联合干燥技术等。在实际生产中，约90%的香菇采用的是热风干燥，但热风干燥的香菇干制品品质较差，干品表面皱缩严重且发生褐变，而且复水比小，复水后硬度较大，营养损失过多，干燥效率低且其干燥过程能耗较大。热泵干燥技术由于能效高、干燥效率高、节能环保、不易受天气影响等优点已开始应用于香菇等食用菌的干制，为食用菌产业的发展开创了一条有效的加工途径。

中科院理化所在研究香菇干制过程中的护色技术、品质提升技术与节能环保技术基础上，设计了小型半开式香菇热泵干燥设备。在该设备上对香菇干制工艺及其影响因素进行了系列实验研究和理论分析，积累了丰富的实验数据。在对香菇干制工艺优化和适应市场需求后，课题组进一步设计开发了一种大型的热泵与电能联合的香菇干燥工艺及设备，并应用于河南三门峡的香菇干制。

8.4.1 小型半开式香菇热泵干燥系统及实验研究

（1）小型半开式香菇热泵干燥系统构成与工艺

基于香菇的干燥特性，小型半开式香菇热泵干燥技术采用粗脱水、干燥与后干燥三段干燥工艺。脱水阶段为菌褶上色阶段，温度控制在40℃，粗脱水4～5h。此时因香菇湿度大，应开大进风口和排风口，使湿气尽快排出，温度均匀上升。干燥阶段，子实体水分继续蒸发，且逐渐进入硬化状态，外形趋于固定，干燥程度达80%左右；温度由50℃缓慢均匀上升至55℃，干燥5～6h。此阶段调小进风口和出风口。后干燥阶段也称定型阶段，香菇水分蒸发速度减慢，菇体开始变硬，温度保持在65℃，干燥1～2h，含水量在12%～14%，色泽光滑，干燥过程完成。

（2）小型半开式香菇热泵干燥系统及设计参数

香菇干燥过程中温度在45℃以上，若通风量不够、排湿不畅会造成鲜菇表面细胞组织破坏，阻塞与体内联系的毛细管；也常会发生煮菇现象，菇伞成黑色，菌褶倒伏并成土黄色，干燥制品质量低劣。也不能为了促进表面蒸发加速而过分加大通风量，这样会造成能耗加大，干燥成本上升。为此设计出一种半开式热泵系统，如图 8-49 所示，可以根据不同的排湿、升温需要，开启或关闭新风口、回风口和排湿口，以满足不同的工艺要求。

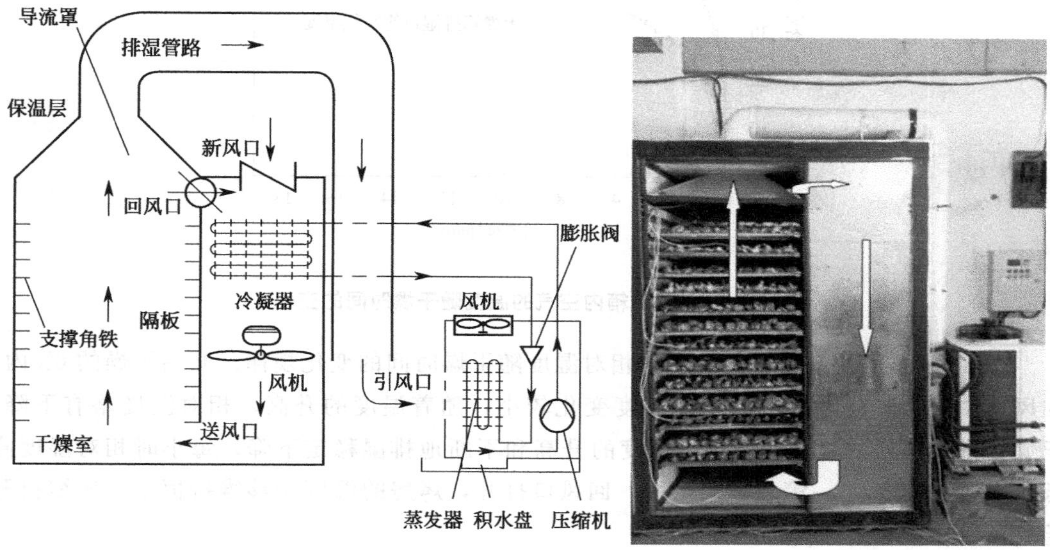

(a) 系统原理图　　(b) 设备实物图

图 8-49　香菇热泵干燥系统的原理图及设备实物图

为了满足香菇干燥工艺所需空气的温湿度条件，热泵实验装置的设计参数见表 8-36。

表 8-36　热泵干燥香菇系统的设计参数

参数	参考值	参数	参考值
鲜菇量 M_1/kg	100	大气环境的压力 p_0/kPa	101.1
鲜菇含水率 ω_1/%	80	压缩机的匹数	5hp
烘烤结束时干菇的含水率 ω_2/%	12	制冷剂的名称	R134a
流经冷凝器的风量 G_t/(kg/h)	5000	制冷剂的蒸发温度 t_e/℃	5
流经蒸发器的风量 G/(kg/h)	3000	制冷剂的过热度 Δt /℃	5.0
烘烤期间的大气平均干球温度 t_{1a}/℃	18	压缩机的排气量 V /(m^3/h)	14.7
烘烤期间的大气平均相对湿度 φ_{1a}/%	78		

（3）干燥箱内空气的温、湿度

干燥箱内空气的温度随干燥时间的变化如图 8-50 所示。在烘烤开始的 6h 内，虽然热泵一直处于工作状态，干燥箱内的温度持续上升，但没有达到设定的 55℃。这是因为烤房内香菇的初始温度低，菇体表面水分含量高，蒸发所需的热量多，为了尽快排湿，进入烤房的热空气与香菇完成一次热湿交换就直接排出，排湿空气带走大量的热量，造成热量损失大。

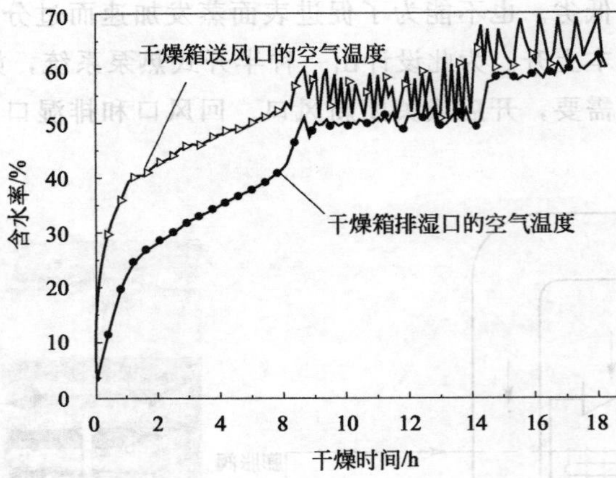

图 8-50　干燥箱内空气的温度随干燥时间的变化

图 8-51 描述了干燥箱内空气的相对湿度随干燥时间的变化规律。开始干燥的 6h 内，回风口关闭。烤房进风口的相对湿度变化较小，随着温度的升高，相对湿度略有下降。干燥箱排湿口处的相对湿度随着温度的升高和不断地排湿稳定下降，每小时相对湿度降低 10%左右。第二、第三干燥阶段，回风口打开，烤房的温度能够维持恒定，压缩机开始间歇工作，相对湿度也出现波动。

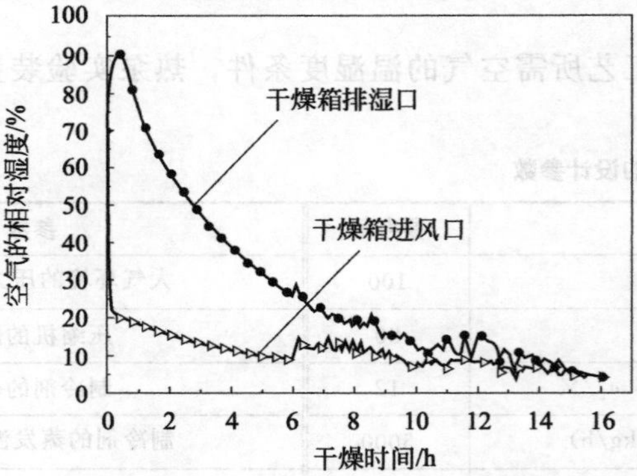

图 8-51　干燥箱内空气的相对湿度随干燥时间的变化

（4）干燥速率

影响干燥速率的主要因素有干燥温度、香菇的厚度、干燥方式和香菇水分的扩散能力等。为了分析干燥速率与干燥时间的关系，干燥速率定义为每小时每千克干物料除去的水分。如图 8-52 所示，在干燥的第一阶段（干燥开始的 6h），大约 65%的水分被蒸发。在这一阶段有一个近似恒速的干燥阶段，干燥速率在 0.29～0.34kg 水/(kg 干物料·h)。进入第二阶段后，干燥速率迅速减小；到 9h，干燥速率降到 0.1kg 水/(kg 干物料·h)。在干燥后期，干燥速率只有 0.01kg 水/(kg 干物料·h)。

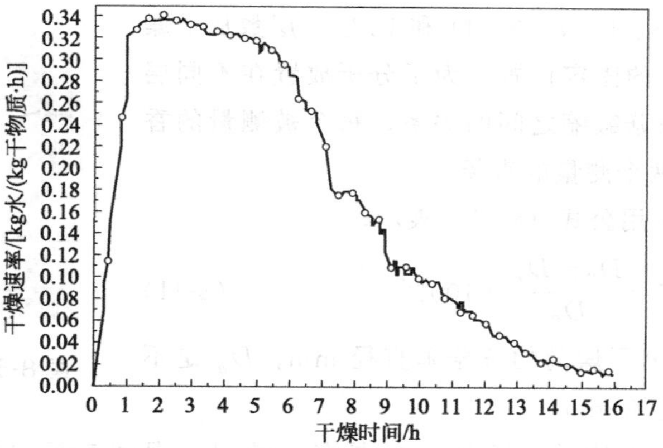

图 8-52 干燥速率随干燥时间的变化

（5）耗电量

干燥系统中的主要用电设备有压缩机、蒸发器风机、冷凝器风机、风阀和控制系统等。图 8-53 为干燥过程中耗电量与干燥时间的关系；干燥过程的总耗电量为 42.5kW·h，其中新风阀和控制系统的指示灯总耗电量为 0.5kW·h。冷凝风机在干燥过程中连续工作，总耗电量为 8kW·h；在干燥过程中压缩机和蒸发器风机同步工作，在进入第二干燥阶段开始间歇工作，整个干燥过程中蒸发器风机的耗电量为 2.5kW·h；压缩机的耗电量为 31.5kW·h。耗电量 W_t 与干燥时间 τ 的关系可以拟合成公式（8-40）表示的线性关系。

$$W_t = 2.76\tau \tag{8-40}$$

式中，τ 为干燥时间，h；W_t 为耗电量，kW·h。

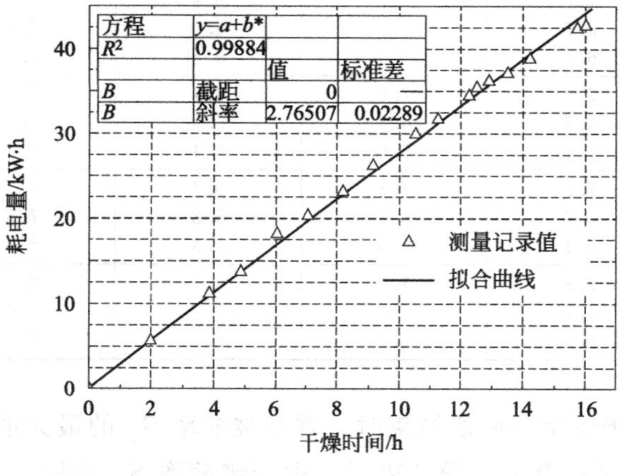

图 8-53 耗电量与干燥时间的关系

实验中装入的鲜菇量为 120kg，干燥结束，得干香菇 29kg，整个干燥过程的除水量为 91kg，耗电量为 42.5kW·h，所以系统的 SMER 为 2.1kg 水/(kW·h)。

（6）干燥过程中香菇伞的皱缩率变化

香菇的菇伞大小也是影响香菇价格的一个主要因素，干燥过程中应该控制香菇的皱缩率。实验中选取了 78mm、67mm 和 61mm 三种直径的香菇，放置在第 1、3、5、7、9、11 和 13 层（层数从干燥箱的下部开始计数）的固定位置。为了分析放置在不同层和不同大小香菇与香菇皱缩之间的关系，每个被测量的香菇按照图 8-54 标记两个测量的直径。

图 8-54 香菇的直径测量点

香菇的皱缩率 S 用公式（8-41）表示。

$$S=\frac{D_0-D_n}{D_0}\times 100\% \qquad (8\text{-}41)$$

式中，D_0 是香菇干燥前的鲜菇伞直径 mm；D_n 是不同干燥阶段的菇伞直径 mm。

实验结果如表 8-37 所示，其中，D_1 是在干燥 6h、温度 55℃（即第一阶段结束时）时测量的香菇直径，D_2 是在干燥结束后测量的香菇直径，S_1 和 S_2 是根据公式（8-41）计算得到的不同干燥阶段对应的香菇皱缩率。

表 8-37 不同干燥阶段和不同层的菇伞直径与皱缩率

层数（从底部开始）	D_0/mm	D_1/mm	D_2/mm	S_1/%	S_2/%
	7.8	7.2	7.0	7.7	10.3
1	6.7	6.2	6.1	7.5	9.0
	6.1	5.7	5.6	6.6	8.2
	7.8	7.3	7.1	6.4	9.0
3	6.7	6.2	6.1	7.4	9.0
	6.1	5.7	5.6	6.6	8.2
	7.8	7.1	6.9	8.9	11.5
5	6.7	6.2	6.0	7.5	10.4
	6.1	5.7	5.5	6.6	9.8
	7.8	7.2	6.9	7.7	11.5
7	6.7	6.2	6.0	7.5	10.4
	6.1	5.6	5.6	8.2	8.2
	7.8	7.2	6.7	7.7	14.1
9	6.7	6.2	5.9	7.4	11.9
	6.1	5.6	5.4	8.2	11.4
	7.8	7.3	6.7	7.7	14.1
11	6.7	6.3	5.8	7.5	13.4
	6.1	5.6	5.3	8.2	13.1
	7.8	7.3	6.7	6.4	14.1
13	6.7	6.3	5.7	6.0	14.9
	6.1	5.7	5.3	6.6	14.8

测量结果显示，干燥第一阶段结束时，香菇皱缩率 S_1 的最大值为 8.9%，最小值为 6.0%，平均值为 7.3%；整个干燥结束时，香菇皱缩率 S_2 的最大值为 14.9%，最小值为 8.2%，平均值为 11.2%。在第一阶段，位于干燥箱下部第 1～8 层的香菇收缩最快，干燥箱上部第 9～13 层收缩较慢。而干燥完成后，最终的收缩率反而是位于上层的较大。鲜菇直径 D_0 较大时，对应的收缩比例也较大，反之亦然。

（7）干燥过程中香菇菌褶的颜色变化

香菇菌褶的颜色作为干香菇评级的一个重要指标，是干燥过程中必须考虑的一个因素。本文采用CIE1976Lab表色体系对干燥过程中香菇菌褶颜色的变化进行定量表征，为热泵干燥香菇的最佳干燥工艺提供理论依据。干燥过程中菌褶的变化见表8-38。在干燥进行到6h、干燥箱温度55℃时，b^*的变化非常明显，接近黄色；在之后的干燥过程中，颜色对温度的变化不再敏感，无明显变化。

表8-38 香菇在不同干燥阶段的颜色变化

项目	L^*	a^*	b^*	c^*	h	ΔE
标准的白色	99.66	−0.73	2.15	2.27	108.75	0
干燥前	94.19	−0.25	2.6	2.11	95.49	5.51
55℃时	97.58	4.05	40.97	41.17	84.35	39.17
干燥完成	98.33	4.37	41.34	41.57	83.97	39.54

通过表8-39所示的ΔE与观察感觉的关系看，温度高于55℃后，$\Delta E>12$NBS（色差单位），一次菌褶干燥前后的颜色变化能够用肉眼明显分辨。

表8-39 ΔE与观察感觉的关系

ΔE	0~0.5	0.5~1.5	1.5~3.0	3.0~6.0	6.0~12.0	12.0以上
感觉差异	极小差异	稍有差异	感觉到差异	较显著差异	很明显的差异	不同颜色

8.4.2 大型热泵-电加热联合互补香菇干燥工艺及设备

基于香菇热泵干燥的工艺和生产周期，必然要解决有效除湿、节能减排、避免结霜、废热高效回收以及保证干燥品质等问题，中国科学院理化技术研究所设计研发了一种大型的热泵与电能联合的香菇干燥工艺及设备，有效地解决了开路式、半开式系统废热利用率较低，低温环境下蒸发器易结霜，闭路式系统热湿平衡的问题。大型热泵与电能联合香菇干燥系统采用热泵干燥与电加热相结合的联合干燥方式，同时对干燥室进行优化。该热泵干燥设备可满足1000kg左右新鲜香菇的干燥，配置为2台热泵机组、2台主风机、2台蒸发风机和2排电加热等附件。热泵干燥的实际装备如图8-55所示。热泵机组的额定功率为11.76kW，额定供热量为32kW，制冷工质为R134a；辅助电加热的额定功率为10kW；主风机的额定功率为2.2kW，额定风量为20500m^3/h。

热泵作为一种节能技术，可以作为烘烤过程的主要供热热源，但是热泵设备的投资成本相对较高，可以加电加热作为辅助热源；在前期热负荷较大的时候热泵与电加热同时开启，在后期则热泵独立供热，这样能减少设备的初始投资成本。因此，本实验过程中使用的烘烤设备采用高温热泵作为主要供热技术以及辅助电加热。其中热泵由两台9hp的压缩机组成一个18hp的热泵机组，额定功率为13.23kW，额定供热量为40kW，制冷工质为R134a；循环风机的额定功率为2×2.2kW，辅助电加热的额定功率为2×10kW。

在2016年12月于河南省三门峡市进行了两次测试，在每车随机取出2盘作为样本，

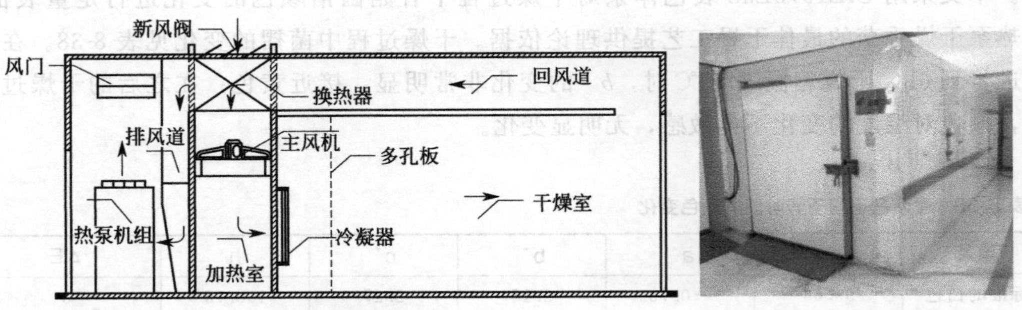

(a) 原理图　　　　(b) 实物图

图 8-55 热泵干燥设备的原理及实物图

测量香菇干燥前后的失水量；对干燥室、主机室、热泵机组、电加热等设备进行实时监测，干燥时间约为 26h。现以第一次结果为例。

（1）干燥室内的温、湿度分布

干燥室内的温、湿度分布如图 8-56 和图 8-57 所示。可以看出热泵干燥系统的预热时间为 1.5h，在较短的时间内干燥室从 10℃达到目标温度 35℃；干燥室的温度按照程序设定值自动实现升温、排湿，使干燥室内的空气工况满足要求，即与设定值一致。干燥室内温湿度的垂直分布、水平分布较为均匀，在干燥加热起始阶段，相对湿度偏差较大；这是由于此时为预热阶段，干燥室内温度较低，空气的相对湿度较高所致；在干燥时间为 12.5h 时，停电 2.5 h，在 12.5～15h 未采集数据。在干燥稳定阶段干燥室内温湿度的水平分布、垂直分布较为均匀，最大温差分别为 4.0℃、3.5℃，最大相对湿度差分别为 8%和 6%。说明热泵的干燥室尺寸设计和主风机型号选择合理，系统的除湿性较优。

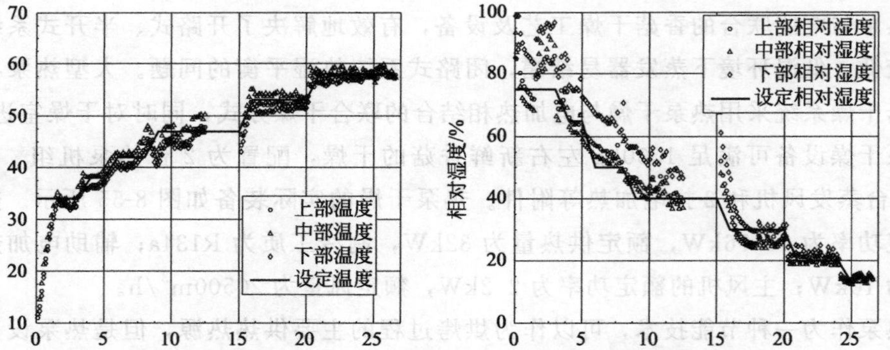

(a) 干燥室的垂直温度分布　　　　(b) 干燥室的垂直相对湿度分布

图 8-56 干燥室的垂直温湿度分布

（2）主机室的温、湿度分布

主机室的温湿度、环境的温湿度随时间的分布如图 8-58 所示。可知主机室的温度显著大于室外环境，在预热结束后，主机室内的温度范围为 10～28℃，环境温度的范围为

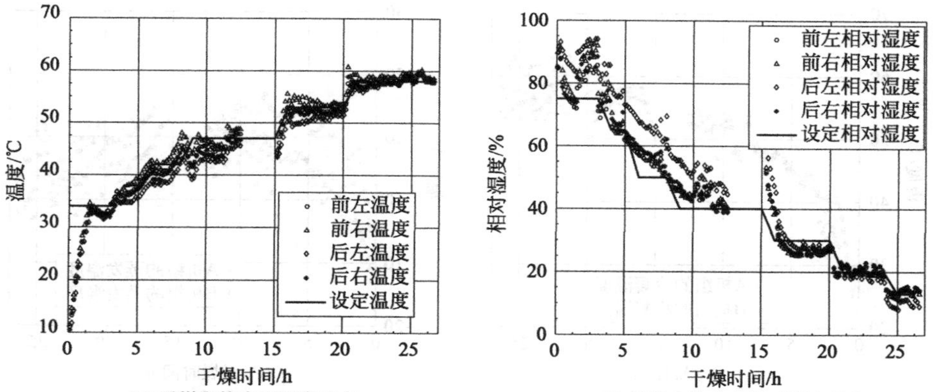

(a) 干燥室的水平温度分布　　(b) 干燥室的水平相对湿度分布

图 8-57 干燥室的水平温湿度分布

－2～12℃，主机室的湿度基本处于饱和状态；相对于室外环境其具有较大的潜热量，使蒸发器进出口的空气温差较小，提高机组的运行稳定性和高效性，使热泵机组维持在较高的运行效率，降低热泵设备的能耗。

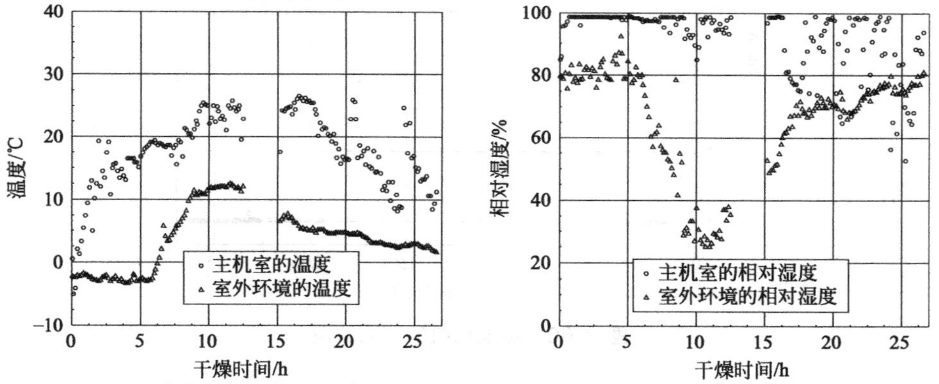

(a) 主机室与环境的温度分布　　(b) 主机室与环境的相对湿度分布

图 8-58 主机室的温、湿度与外界环境的温、湿度

(3) 热泵机组的蒸发温度和冷凝温度分布

热泵机组的冷凝温度、蒸发温度如图 8-59 所示，冷凝温度随干燥时间逐渐升高，蒸发温度的范围在 5～16℃。本次自主设计研发的新型热泵干燥系统，能够很好地实现废热的回收利用，而且可以排除外界极端天气的影响（如低温造成蒸发器结霜），且很好地满足干燥室的除湿要求，热湿平衡稳定，使热泵设备运行稳定、高效。

(4) 热泵机组的开启情况

热泵机组的开启情况如图 8-60 所示。在干燥时间 0～18h，热泵机组基本处于满负荷，在温度 35℃的阶段，热泵处于交替启停的状态，由于干燥室温度较低，物料出水较慢，所需的热负荷较少。在干燥时间 18～26h，热泵机组处于交替启停的状态，热泵机组的工作时间均衡。说明热泵干燥设备的能源配置较为合理，降低投资成本。

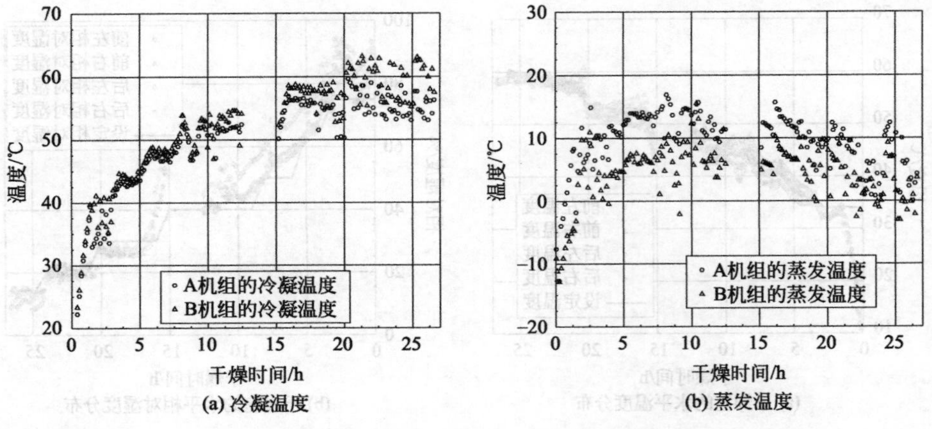

图 8-59 热泵机组的蒸发温度和冷凝温度

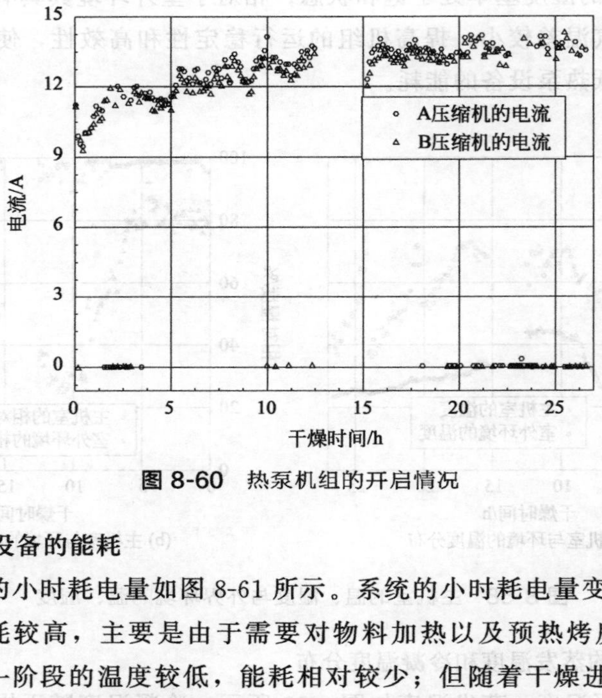

图 8-60 热泵机组的开启情况

（5）热泵干燥设备的能耗

热泵干燥设备的小时耗电量如图 8-61 所示。系统的小时耗电量变化趋势成“N”形，在开始阶段小时能耗较高，主要是由于需要对物料加热以及预热烤房，造成能耗偏高；逐渐降低是由于第一阶段的温度较低，能耗相对较少；但随着干燥进行，干燥室的温度上升，香菇开始除水，系统的小时能耗逐渐增加；增加到一定程度后，香菇的失水率降低，系统的小时能耗逐渐降低。可知电加热主要在开始阶段以及高排湿阶段开启，在干燥后期电加热基本处于关闭状态。香菇热泵干燥的总耗电量为 427kW，电加热的耗电量为 101kW；可以看出电加热的耗电量约占总耗电量的 23.65%，电加热占总能耗的比例较少，降低热泵干燥设备的初投资。

（6）热泵设备的性能分析

香菇热泵干燥的经济性分析如表 8-40 所示。两次实验热泵干燥设备的平均制热系数分为 2.42 与 2.81，单位除湿能耗比分别为 2.02kg 水/(kW·h)和 2.07kg 水/(kW·h)。热泵干燥设备的干燥加工成本稍高于燃煤烤房，约增加了 4.7%，但是减少人工成本，减少污染

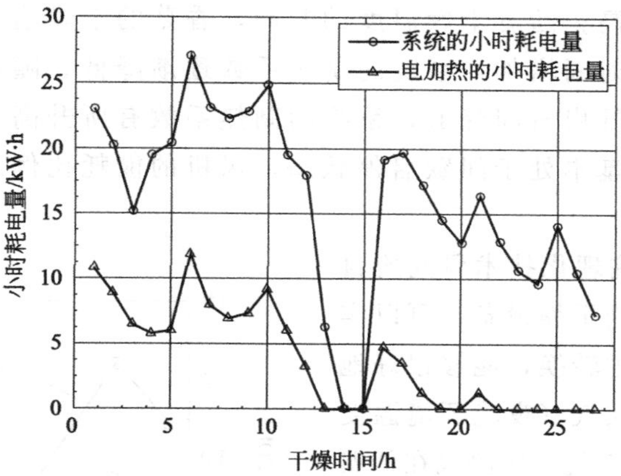

图 8-61 热泵干燥设备的小时耗电量

物排放，提高干燥品质。另一个原因是电价太贵，假如按照电价 0.5 元/（kW·h）计算，热泵干燥设备的干燥加工成本约为 1.27 元/kg 干香菇，燃煤烤房的干燥加工成本约为 1.78 元/kg 干香菇，相对于燃煤烤房，热泵干燥设备的干燥结构成本降低了 28.7%。因此，降低电价可以有效降低热泵干燥的加工成本，这极大地推动了热泵干燥技术的推广。

表 8-40 不同干燥阶段热泵设备的性能分析

参数	第一次实验	第二次实验	燃煤烤房（调研）
鲜香菇/ kg	1031	1042.3	1000
干香菇/ kg	168	165.2	160
干燥时间/ h	24.5	26	—
耗煤量/ t	0	0	0.3
当地煤价/(元/t)	700	700	700
电加热的能耗/(kW·h)	101	67	0
压缩机的能耗/(kW·h)	220	239	0
风机能耗/(kW·h)	106	118	150
总耗电量/(kW·h)	427	424	150
电价/[(kW·h)/元]	0.88	0.88	0.88
除水量/ kg	863	877.1	—
总的加工成本/元	375.76	373.12	342
热泵的平均 COP	2.42	2.81	—
SMER/[kg(水)/(kW·h)]	2.02	2.07	—
加工成本/[元/kg(干香菇)]	2.24	2.26	2.14
干燥品质	优	优	—

热泵干燥设备的制热系数如图 8-62 所示。系统制热系数的变化趋势成“M”形，在预热阶段，能耗需求较高，电加热、热泵全负荷运行，造成系统的制热系数降低；随着干燥进行，在低温干燥阶段热量的需求逐渐降低，电加热的开启时间降低，系

统的制热系数逐渐升高；随着干燥温度的升高，香菇的干燥速率最大，热量的需求增加，电加热的开启时间增加，系统的制热系数逐渐降低；随着干燥进行，热量的需求降低，电加热的开启时间降低，系统的制热系数有所升高；在干燥后期由于热量的需求较少，热泵基本处于间歇启停状态，风机的能耗比例最大，系统的制热系数有所降低。

综上，中国科学院理化技术研究所自主研究设计的大型香菇干燥设备，可以实现半开式和闭路式自主转换，能够很好地适应冬季极端恶劣的天气（夜晚环境温度较低）。相对于半开式系统，闭路式在低温的室外环境中具有巨大的优势，可使热泵干燥设备高效、稳定地运行。本次的实验时间为 12 月，室外环境的温度较低，新型热泵干燥系统进行香菇干燥加工处理，增加蒸发温度，提高压缩机的压缩比，提高热泵的运行效率，降低系统能耗，在冬季低温环境具有显著的优势。

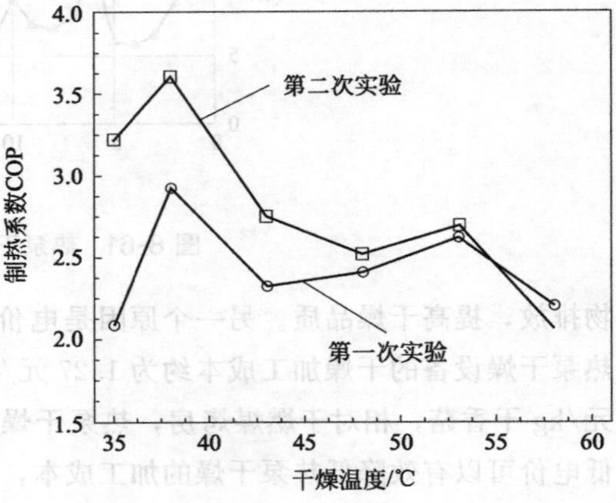

图 8-62　热泵干燥设备的制热系数

根据香菇的热泵加工处理实验结果可以看出，干燥室内的温度均匀，保证干燥品质，提高香菇的经济价值。该热泵干燥设备的制热系数 COP 最大达 3.6，热泵干燥设备的单位能耗除湿量 SMER 最大为 2.07kg 水/(kW・h)，热泵干燥设备的干燥加工成本稍高于燃煤烤房，约增加了 4.7%，但是减少人工成本，减少污染物排放，提高干燥品质。按照电价 0.5 元/(kW・h)计算，相对于燃煤烤房，热泵干燥设备的干燥结构成本降低了 28.7%，降低电价可以有效地降低热泵干燥的加工成本，这极大地推动了热泵干燥技术的推广。

8.4.3　热泵技术在食用菌干燥中的应用前景与发展趋势

热泵技术在香菇干燥中的实验研究和工程应用表明，香菇热泵干燥技术是可行且有效的。在进一步优化香菇热泵干燥的工艺时，应综合考虑香菇特性以及工艺中干燥品质与干燥能耗之间的协调统一。首先，在干燥中后期香菇的含水量下降，内部与表面的水蒸气气压差减小，使得干燥速度变慢。传统的热泵干燥工艺整体需要十几小时，耗时又耗能。对此，引入新型换热元件，例如相变材料、热管等相变传热装置提高干燥介质的传热效率，减少干燥时间和系统能耗；也可以采用多级或联合干燥的工艺，如采用微波或远红外辅助干燥来加快香菇内部水分的内扩散过程，解决干燥中后期时间长的问题。其次，香菇的菌盖和菌柄干燥速率不同，菌柄的干燥时间较长，容易导致菌盖过度干燥易脱落，菌柄易焦煳，影响成品质量；应进一步优化干燥工艺，寻找适宜的包装方式以降低菌盖脱落率。然后，干燥会促进香菇内部的芳香物质挥发，有利于形成香菇特有的风味，但风味物质在干燥过程中的变化规律、特征性风味物质的形成机理及物质间的相互作用还有待于进一步研究。随着联合干燥技术的发展，如何利用各干燥技术的优点构建出有利于形成食用菌独特风味物质的联合干燥技术仍需深入研究。最后，香菇的干燥温度要求较高时，冷凝温度的提高会降低热泵系统的能效比。当冷凝温度达不到要求时，送风前通常采用辅助电加热器进行补偿，这降低了热泵干燥系统的节能优势，而且空气源热泵干燥系统的压缩机始终处于高温高湿状态，运行性能也会受到影响。因此，需要设计和开发热泵干燥的专用压缩机，解决压缩机过热的问题，同时解决干燥温度、冷凝温度和系统性能的平衡问题。

我国是食用菌生产大国，食用菌的种类繁多，组织状态差异较大；不同种类的食用菌干燥工艺并非固定不变的，加强对食用菌干燥特性、干燥动力学以及干燥工艺的研究，开发节能高效的干燥工艺及装备，可进一步提升食药用真菌的干燥效率和品质。随着物质水平的发展，人们对于食用菌的色泽、香味、口感及营养成分的追求会进一步促使食用菌干燥技术的发展。色泽和复水率是评价食用菌品质的重要指标，应着重对食用菌干燥过程中的褐变及品质变化机制进行研究，为干制过程优化控制提供理论依据。高效节能现在已经成为我国食品工业的主要发展趋势之一，开发操作安全、绿色环保、自动化程度高的可再生能源干燥设备及多功能组合式干燥设备是未来的重要发展方向。借助温、湿度传感器和远程控制技术对食用菌干燥过程进行自动化控制，实现在不同气象条件下热泵干燥系统不同工作模式的自动切换以及干燥介质温度、湿度、流速的在线监测和智能控制，改变固有的烘干工艺流程，必将促进我国食用菌干燥产业的持续发展。

8.5 挂面热泵干燥工艺及实例

挂面是以小麦粉为主要原料，添加食用盐、黄原胶等辅料，经加水和面、熟化、压延、切条、干燥等工序加工而成的干面条制品。按照配料不同可分为挂面、鸡蛋挂面、番茄挂面、绿豆挂面等。现有的主要干燥方法为自然干燥和烘房干燥，工艺要求主要为平稳运行、均匀脱水。

本实例针对洛阳偃师市的挂面进行热泵干燥设备的设计及实验，实验时间为 2016 年 12 月 21 日至 2016 年 12 月 24 日。洛阳偃师市属于温带大陆季风性气候，冬季盛行偏北风，寒冷干燥，夏季盛行偏南风，炎热多雨，季风区气候明显。本次热泵烘干设备采用余热回收式热泵系统，其主要利用烘房中的排湿余热作为热泵主机的低位热源，既能保证系统在冬季正常运行，也可提高系统的运行效率。同时为结合原有的烘房条件及挂面烘干工艺要求，热泵干燥系统采用高温热水间接烘干模式。即热泵烘干机以水为传热介质，将水加热后，通入烘房；并通过调节水盘管热水流量和风机转速，对物料进行烘干。

本实验的挂面烘干系统由热泵干燥供热装置和隧道式烘房组成。烘房采用隧道式，需移行 300 m，烘烤时间为 3h，烘干温度为 30～45℃。以冷风定条、保温出汗、升温降潮、降温散热四道工序完成，湿挂面的含水率为 35％～38％，烘干后成品挂面的含水率为 10％～12％。

8.5.1 热泵系统设计

热泵烘干系统分为 A、B 两组，采用联合供热模式，每组系统是以四个 30hp 的压缩机组成的 120hp 的热泵机组，每组的总功率为 105kW，额定制热量为 320kW，辅助电加热的额定功率为 3×10kW。其中 A（B）1 的制冷工质为 R22，A（B）2、A（B）3、A（B）4 的制冷工质为 R134a，如图 8-63 和图 8-64 所示。

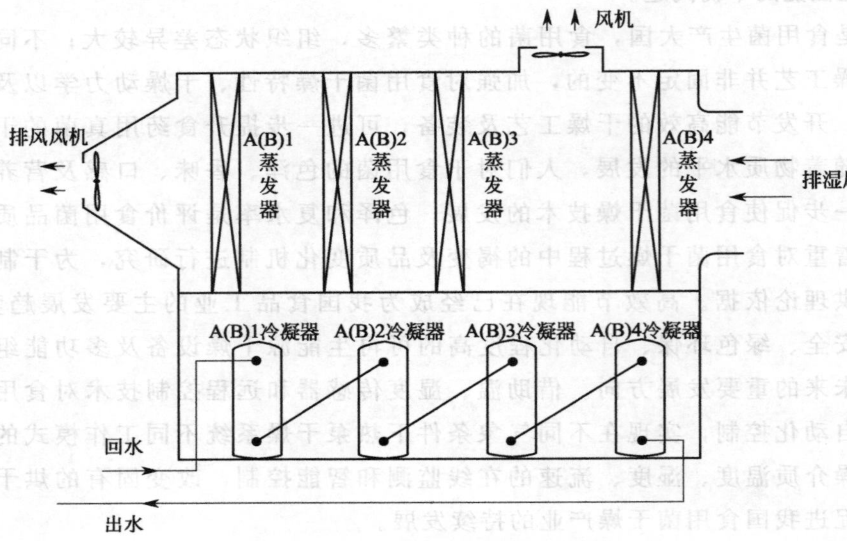

图 8-63　A（B）组热泵干燥系统的示意图

8.5.2 烘房内的温湿度分布

由于 A 组、B 组的热泵系统工作条件相同，因此选取易测量的 B 组热泵系统为测试对象。分别在 B4 蒸发器前、B4～B1 蒸发器后布置一个温湿度探头；并设置 PT100 测量热泵系统的回水温度和出水温度；并在开机状态时定时记录 B1～B4 系统的冷凝温度、蒸发温度、烘房间各区中的温湿度。

在本次实验的烘房中，共分为四区，如图 8-65 所示。按照挂面烘干工艺的要求，一区为冷风定条，保持常温，在 30℃左右的环境下进行。二区为保温出汗，要求控制温度不要太高，湿度低于 80%，使面条处于预热保潮，水分慢慢蒸发。三区是升温降潮阶段，这个阶段要进一步升温，逐步降低相对湿度，进行去湿。四区为降温散热，在这个阶段散发面条的热量，逐步达到接近或略高于室内的常温；同时继续蒸发一小部分水分，达到规定标准的含水量，并使面条内外的水分平衡。各区之间的温度均是通过调节水流量进行调温的，并通过调节隧道上部的风机转速，控制烘干速率。

实际烘干过程中，在挂面进入烘房烘干之前要对烤房进行预热，以达到湿挂面进入烤房后的温度要求。实验过程中，热泵系统于 6：00 开机预热，7：00 时湿挂面从烘房出口进入，开始进行烘干。全程 300m，烘干时间为 3h，且湿挂面的输送量为 14 挂/

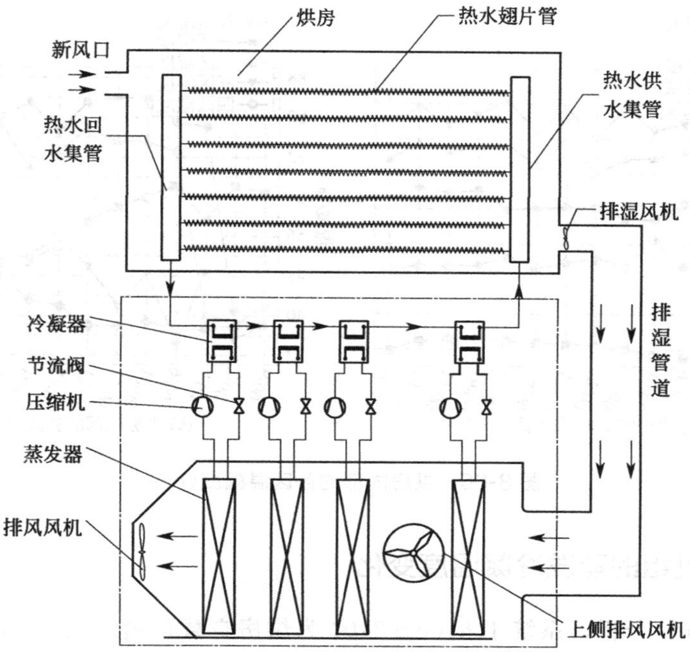

图 8-64 热泵烘干系统的示意图

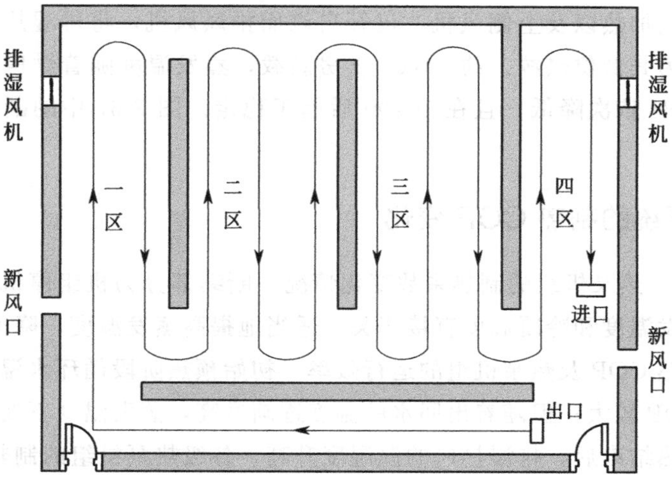

图 8-65 烘房挂面烘烤的路线图

min，每挂挂面的平均净重为 2.7kg。

由图 8-66 可知从早上 7:00 湿挂面进入烘房后，风机开启，烘房中的温度、湿度逐渐上升。可以看出，一区、二区整体相对湿度较大，挂面中的水分主要在一区和二区去除，其热负荷较大。而三区温度最高，用以去除面条中最里部较难出去的水分。四区主要进行降温散热，相对热负荷最小。以实际效果来看，热泵供给热水可以满足烘房面条烘干的要求，取得了良好的效果。

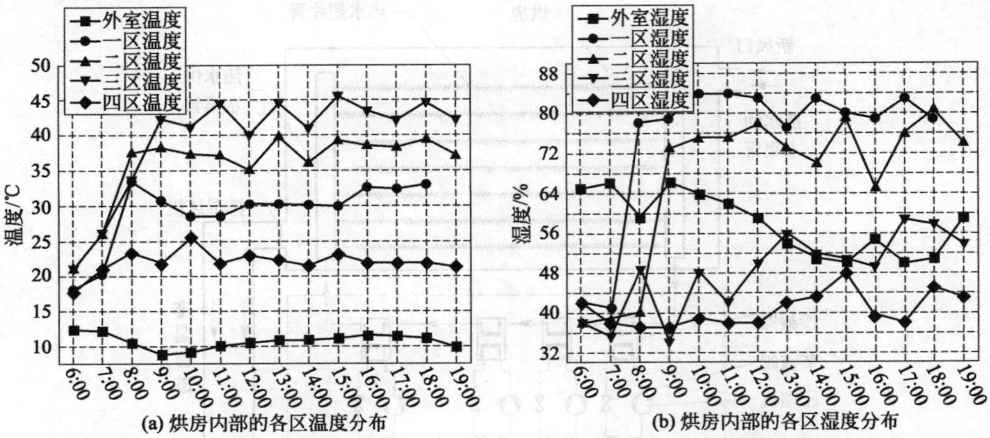

图 8-66 烘房内部的各区温湿度分布

8.5.3 热泵机组的蒸发冷凝温度变化

由图 8-67 进行分析，系统于 6:00～7:00 为烘房空载预热阶段，冷凝温度较低，约为 46℃。随着供热水逐渐升温，冷凝温度逐渐升高，从 7:00 后趋于稳定，此时热泵供需热水的温度已满足烘房的热负荷。蒸发温度在预热阶段为－8℃左右，此时 B3～B1 蒸发器前均开启电辅助加热，并同时开启侧面排风风机和上侧风机。9:00 左右排湿热风达到温度需求，关闭电加热以及上侧风机，仅开启侧面排风风机，将排湿热风依次通过四组热泵蒸发器，作为其低位热源。约 10:00 烘房满载，蒸发温度随着烘房排湿量的增加而逐渐上升，B4～B1 依次降低，且在 10:00 后趋于稳定。图 8-67 中的断续部分为热泵机组的停机阶段。

8.5.4 热泵系统的制热 COP 变化

图 8-68 为单一热泵机组的制热系数变化情况，断续部分为机组停机阶段。热泵机组的制热系数与蒸发温度和冷凝温度直接相关。适当地提高蒸发温度，降低压缩机的压比，能够直接提高制热 COP 及热泵机组的运行效率。初始预热阶段循环水温低，致使冷凝温度较低，制热 COP 较大；但随着出回水的温度逐渐升高，蒸发温度不变，制热系数也随之降低。系统预热结束后，排湿热风的温湿度升高，各级热泵机组的制热 COP 也相应提升。整体看来，各级机组的制热 COP 从 B4～B1 机组逐次降低，B4 的制热 COP 最高能达到 6，B1 的制热 COP 平均也在 4 以上。

8.5.5 热泵机组的出回水温度变化

为满足烘房间断性烘干的需求，系统设置储水罐，夜间烘干设备停止工作时，将热水储存在储水罐中进行保温；同时在烘房热负荷较小时，关闭热泵系统，可充分将储水罐中的热水进行循环利用。由图 8-69 可知，以 12 月 21 日为例，储水罐的出水温度为

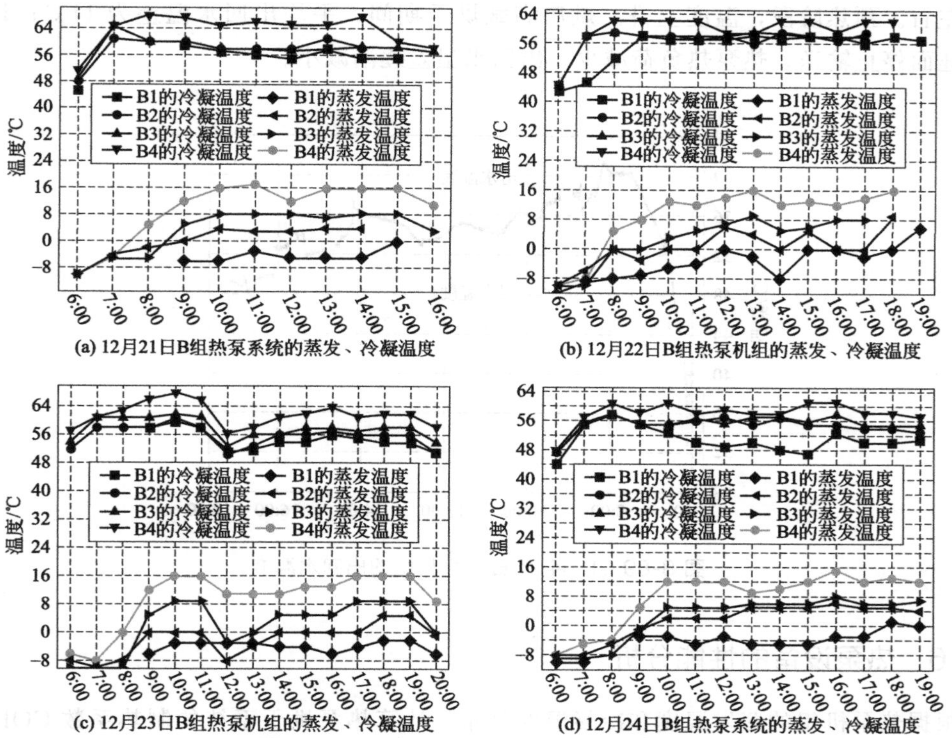

(a) 12月21日B组热泵系统的蒸发、冷凝温度

(b) 12月22日B组热泵机组的蒸发、冷凝温度

(c) 12月23日B组热泵机组的蒸发、冷凝温度

(d) 12月24日B组热泵系统的蒸发、冷凝温度

图 8-67 B组热泵系统的蒸发、冷凝温度

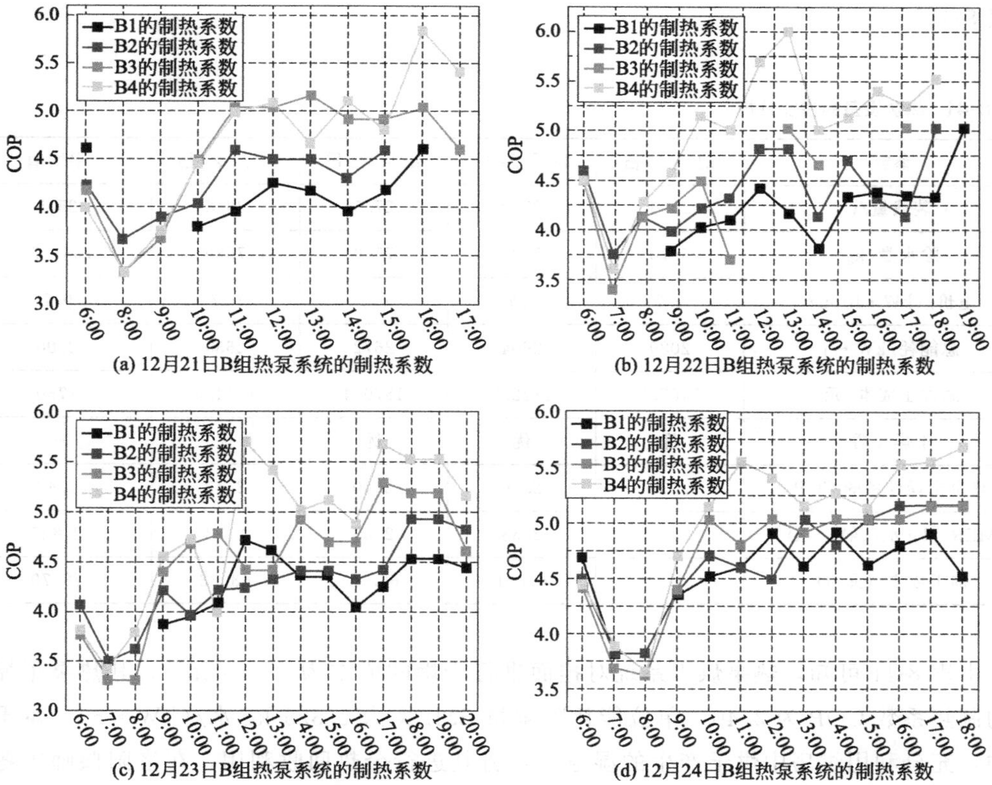

(a) 12月21日B组热泵系统的制热系数

(b) 12月22日B组热泵系统的制热系数

(c) 12月23日B组热泵系统的制热系数

(d) 12月24日B组热泵系统的制热系数

图 8-68 B组热泵系统的制热系数

32℃左右。预热阶段，温度上升。烘房满载烘干期间，平均出回水温差为11℃；19:00时湿挂面停止输送，热泵热负荷减少，出回水温差逐渐减小。

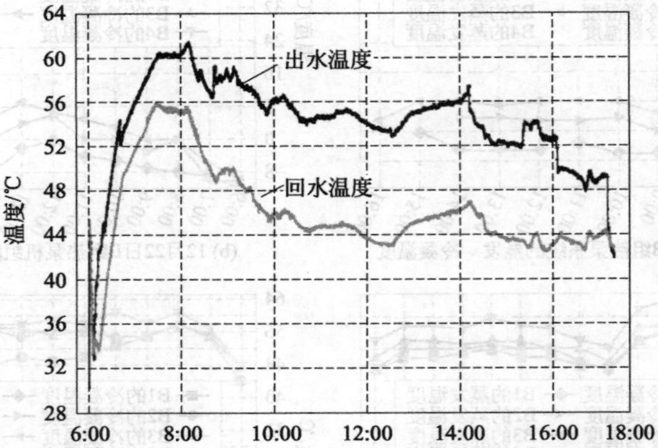

图 8-69 12月21日热泵机组的出回水温度

8.5.6 热泵设备的性能分析

根据热泵机组的蒸发温度和冷凝温度分布，计算热泵烘干系统的制热系数COP，根据物料的除湿情况和热泵的系统能耗得出系统的单位能耗除湿量SMER，具体详情见表8-41。

表 8-41 热泵设备的性能分析

参数	12月21日	12月22日	12月23日	12月24日	平均值
装载量/t	20.5	27.2	27.5	26.8	25.5
除水量/kg	5670	7508	7560	7589	7081.75
电价/(kW·h/元)	0.7	0.7	0.7	0.7	0.7
总能耗/kW·h	2089	2604	2672	2635	2500
总加工成本/元	1462.3	1822.8	1870.4	1844.5	1750
干燥品质	优	优	优	优	—
热泵干燥设备的COP	2.30	2.46	2.40	2.43	2.40
SMER/[kg水/(kW·h)]	2.71	2.88	2.83	2.88	2.825
加工成本/(元/t)	71.33	67.01	68.01	68.82	68.79

由表8-41可知，热泵烘干系统对挂面进行干燥的成本为68.79元/t，其热泵干燥设备的制热系数COP为2.40，单位能耗除湿量SMER为2.825 kg水/(kW·h)。烘干过程中，充分利用烘房中烘干产生的湿空气，将其进行余热回收利用，在洛阳偃师市冬季环境温度相对较低时，依旧可以进行正常高效的工作。传统的热泵烘干设备工作主要利

用室外环境中的空气能，通过热泵将低位热源转变为高位可利用热源。在冬季寒冷的室外环境下，若利用室外环境中的空气能会造成蒸发温度相对较低，压缩机的压比增大，降低机组的运行效率，增加运行能耗。而热泵烘干系统采用余热回收的思想，有效地解决了冬季热泵运行困难的短板，并提高了物料的干燥质量。

综上，本次实验设备采用余热回收式的热泵干燥设备，可很好地应对洛阳偃师市冬季寒冷的天气；相比单一的从室外环境取热，该余热回收式热泵干燥设备的运行更加高效、稳定。本次实验时间为 12 月下旬，正值寒冷冬季，充分证明了系统的可靠性。烘干房采用热水盘管式干燥，更好地保证了烘房内温度的均匀性，温度稳定，保证了干燥品质。本实例设计的热泵干燥设备的制热系数 COP 最大达 2.46，热泵干燥设备的单位能耗除湿量 SMER 最大为 2.88kg 水/(kW・h)。在国家大规模推行煤改电的大政策下，热泵干燥设备的温度控制精度较高，无有害物质排放，不仅保证物料的干燥品质，且不污染物料、运行成本低、节能环保、具有重大的推广价值。

8.6 骏枣热泵干燥工艺及实例

本实例为张振涛团队自主设计研发的新型闭路式热泵干燥系统，独立的主机室设计实现半开式、闭路式运行模式的相互切换，并使主机室的空气处于稳定状态，适用于寒冷、严寒地区的骏枣干燥作业。

8.6.1 热泵干燥系统

新型封闭式热风干燥系统如图 8-70 所示。系统主要由干燥室、加热室、主机室、8hp 的涡旋压缩机（2 台）、翅片管式冷凝器、翅片管式蒸发器、主风机（2 台）、蒸发器风机（2 台）和电控柜等组成。工质采用 R134a 制冷剂，热泵干燥系统的尺寸为 9.60m（L）×3.30m（W）×2.74m（H），干燥室的尺寸为 6.00m（L）×3.20m（W）×2.15m（H），主机室的尺寸为 1.50m（L）×3.30m（W）×2.74m（H），墙体为 50mm 的聚氨酯保温板。主风机的功率为 2.20kW，风量为 20500m^3/h；蒸发器风机的功率为 0.55kW，风量为 7500m^3/h。在主机室两侧的上、下部各设有风门，前侧设有对开门，主机室经两侧风门与外界环境的换气量约为 3000m^3/h。在干燥室前侧设有多孔板，顶部设有回风道，在回风道两侧布置 2 个排风道，在主机室和干燥室之间设有新风道，在干燥室两侧各设有新风口，在新风口、新风道、回风道均设有阀门。

该热泵干燥系统可以实现闭路式和半开式相互切换。半开式的运行模式为主机室两侧风门、主机室门处于开启状态，新风道风阀处于闭合状态，新风阀和排湿道风阀根据排湿要求进行启或闭。闭路式的运行模式为主机室两侧风门、主机室门和新风阀处于闭合状态，新风道风阀和排湿道风阀处于开启状态。由于半开式热泵干燥系统的技术较为成熟，且运行相对简单，因此前期已做大量的研究。本实验侧重研究热泵干燥系统的闭路式系统。如图 8-70 所示，在闭路式系统的干燥过程中，主机室门、两侧的风门和新风

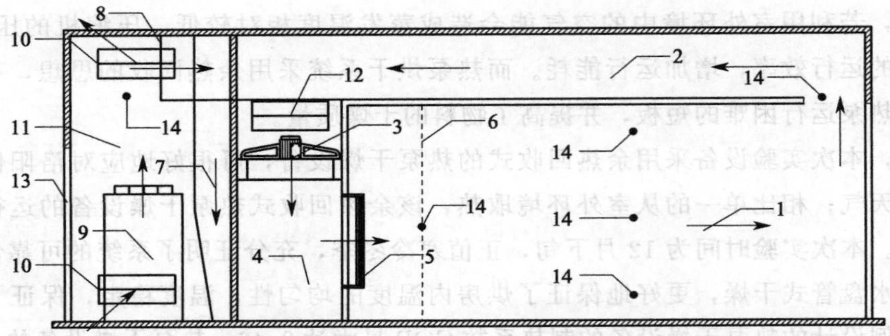

图 8-70 热泵干燥设备

1—干燥室；2—回风道；3—主风机；4—加热室；5—冷凝器和电加热；
6—多孔板；7—排风道；8—新风道；9—热泵机组；10—风门；11—主机室；
12—新风口；13—主机室门；14—温、湿度变送器

阀关闭，干燥室排除废气经回风道一部分进入加热室；另一部分经排湿风道排入主机室，被蒸发器除湿降温后经新风道进入加热室与回风混合，混合气经冷凝器加热后进入干燥室与物料进行热湿交换。该系统可以通过调节主机室两侧风门的启（或闭）实现系统闭路式运行模式的除湿稳定性。

8.6.2　干燥室的温度分布和精确性

该实例为 2016 年 10 月在新疆维吾尔自治区喀什市疏附县对骏枣进行的热泵干燥实验。骏枣的初始含水率为 35%～40%，干燥室的装载量为 12 车，每车 48 托盘。采用闭路循环模式，根据当地工艺，干燥温度设置为 56℃，排风量为定值，进行连续排湿，干燥结束后，干枣的含水率要小于 25%。室外的环境温度范围为 3.8～25.3℃。

实验采用 Angilent 数据采集仪每隔 10s 记录被测点参数，具体的测试点在热泵机组的蒸发器、冷凝器分别布置温度传感器，在主机室、干燥室上、中、下部和外界环境各布置温、湿度传感器，在热泵机组和电加热分别布置交流互感器，利用风速仪测量排风口的风速以及新风阀的风速。在干燥过程中记录 4～6 次压缩机的吸气口和膨胀阀前温度。

干燥室的温度通过压缩机的启停控制，当干燥室的温度大于（或小于）目标温度时，压缩机启动（或停止）运行。在干燥实验前，将系统设置为闭路式运行模式，新风阀、主机室门以及两侧风门处于关闭状态，排风道风阀和新风道风阀处于开启状态。在升温阶段为使干燥室的温度快速达到目标温度，热泵满负荷运行，电加热开启。在稳温阶段，电加热关闭，通过控制压缩机的启停调节干燥室的温度。在干燥过程，系统的散热量小于系统的总功率，可开启主机室两侧的风门进行调控，使主机室与外界热湿交换。

干燥过程中干燥室的空气参数分布如图 8-71 所示。可知升温阶段送风口的温度偏离目标温度较大，约为 6℃。这是由于升温阶段，热泵满负荷运行，电加热开启，系统的温湿度控制探头位于干燥室回风口处。但是在稳温阶段供回风温度与目标温度的最大差

值约为1.83℃（7h）。在干燥2h内，干燥室的温度从35℃加热到目标值56℃。在干燥过程中，干燥室的最大温差约为1.2℃（13h），干燥室的相对湿度最大差值约为3.86%（2h），干燥室的温度分布较均匀。干燥室的实际温度与目标温度的最大差值约为1.66℃（2h），可以看出干燥室的最大温差小于设定温差（±2℃），系统温控的精度在误差范围内。

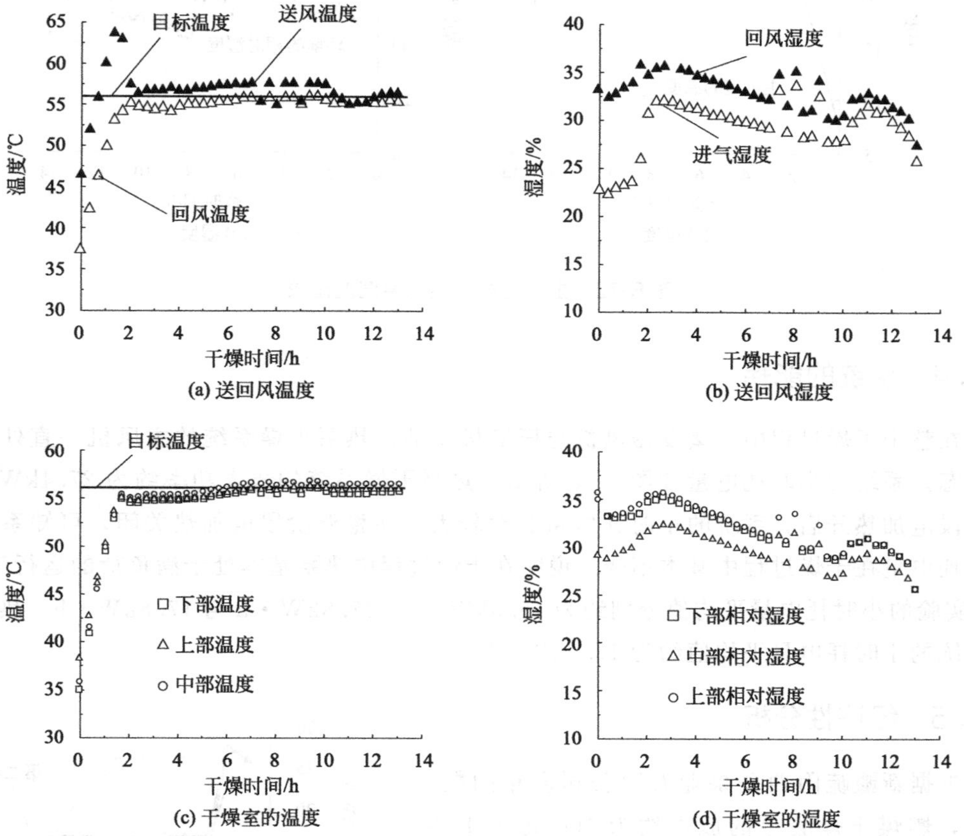

图 8-71 干燥室的空气参数

8.6.3 主机室的温度

在干燥过程，系统处于连续排湿状态，排湿风量约为2200m^3/h。干燥过程中主机室和环境的温湿度如图8-72所示。主机室的空气温度在干燥时间2h达到稳定状态（22℃），随着干燥进行一直维持在约22℃。干燥过程中，主机室的空气湿度处于饱和状态（100%）。在干燥后期（7.2～13.2h），主机室的空气温度上、下波动，主要是由于此阶段1台热泵满负荷运转，另1台间歇工作，且2台压缩机交替间歇工作。

热泵的蒸发器风量（15000m^3/h）显著大于排湿风量（2200m^3/h），使干燥过程中主机室的空气与排风道的空气迅速混合，主机室内空气的温湿度趋于一致。主机室空气（约22℃，100%）的焓值显著大于外界环境（约8℃，50%）的焓值，EES软件得出两者的焓差约为 48.13kJ/kg。相对于室外环境，主机室具有空气参数稳定、温度湿度高、潜热多等优势。说明独立主机室的设计使热泵机组维持在高效、稳定的运行工况。

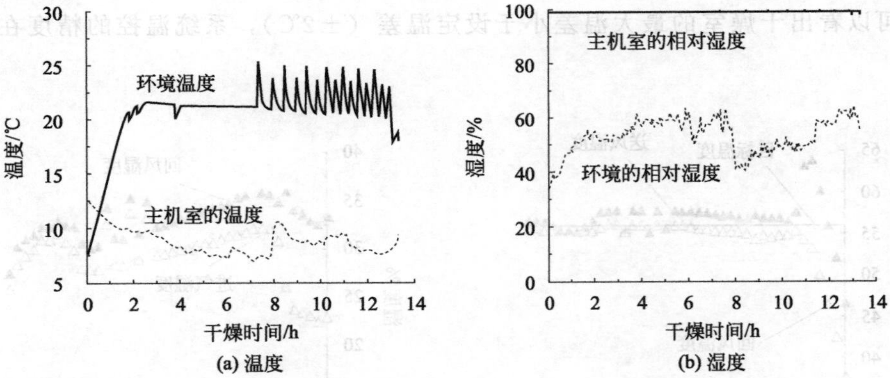

图 8-72　主机室与环境的温湿度比较

8.6.4　系统的能耗

在整个干燥过程中，蒸发器风机与压缩机联动，热泵干燥系统的主风机一直处于运转状态。系统的小时耗电量如图 8-73 所示，热泵干燥系统的最大功率约为 27.4kW。升温阶段电加热开启，系统的小时耗电量相对较大。在稳温阶段电加热关闭，可知系统的小时耗电量在干燥过程中基本不变。说明在干燥过程中热泵基本处于满负荷的运行工况。3 次实验的小时耗电量平均值分别约为 16.8kW·h、17.8kW·h与 17.8kW·h。热泵干燥系统的小时耗电量平均值约为 17.5kW·h。

8.6.5　经济性分析

根据新疆疏附西圣果业有限公司多年的数据统计，燃煤干燥骏枣的成本约为 100 元/t 干枣。从表 8-42 可知三次热泵干燥实验的干燥加工成本分别为 37.2 元/t 干枣，62.2 元/t 干枣、51.3 元/t 干枣，其平均值约为 50.3 元/t 干枣。可知相对于燃煤烤房，干燥得到 1t 干枣，热泵干燥系统的干燥成本降低了 49.7 元。该系统的干燥品质较优，且无污染物排放；热泵干燥系统的经济效益、社会效益显著。

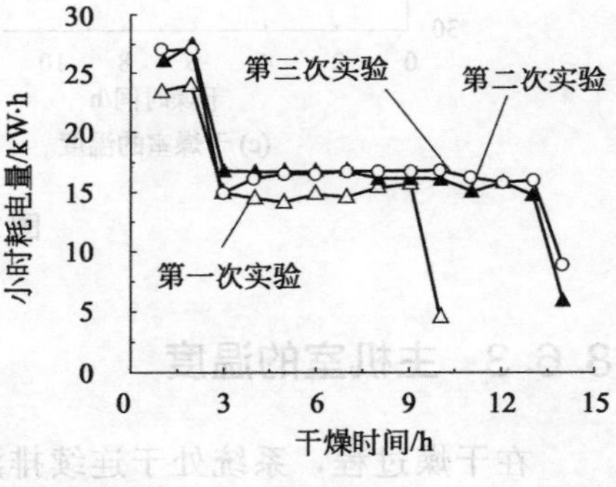

图 8-73　热泵干燥系统的小时耗电量

表 8-42　热泵干燥系统的经济性分析

参数	第一次实验	第二次实验	第三次实验
每盘物料的重量/kg	4.5	4.5	5.3
托盘数量	576	576	576

续表

参数	第一次实验	第二次实验	第三次实验
装载量/kg	2592	2592	3053
干枣重量/kg	2429	2203	2733
除水量/kg	163	389	320
干燥时间/h	9.3	13.2	13.6
压缩机的耗电量/(kW·h)	95.0	154.4	156.5
电加热的耗电量/(kW·h)	20	23	26
风机的耗电量/(kW·h)	40.9	59.4	59.4
总的耗电量/(kW·h)	155.9	236.8	241.9
电价/[元/(kW·h)]	0.58	0.58	0.58
加工成本/(t/元)	90.42	137.34	140.30
得1t干枣的加工成本/元	37.2	62.3	51.3

8.6.6 系统的性能分析

(1) 制热效率的分析

热泵机组(A热泵、B热泵)的运行状况如图8-74所示。在干燥初期(0～7.2h),两台热泵的冷凝温度和蒸发温度处于稳定状态,在此阶段两台热泵处于满负荷状态运转。在干燥后期的7.2～13.2h,两台热泵的冷凝温度和蒸发温度出现波动;且交替出现波动;此阶段1台热泵满负荷运转,另1台间歇工作,且2台压缩机交替间歇工作。在干燥过程中,热泵的冷凝温度(约62℃)和蒸发温度(约13℃)保持恒定。

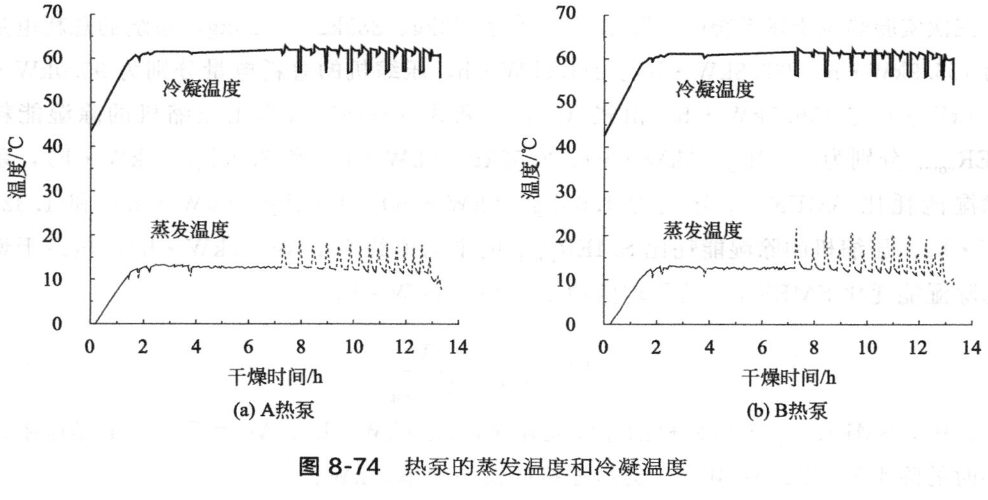

图 8-74 热泵的蒸发温度和冷凝温度

干燥过程中系统的过热度约为3℃,过冷度约为5℃。基于涡旋压缩机运行工况的参数,得出压缩机的等熵效率η约为0.68。根据热泵机组工作的蒸发温度、冷凝温度,热泵系统中制冷剂侧的工况变化1—2—3—4—5—6—1如图8-75所示,压缩机的制热系数

COP_{comp} 如下。

$$COP_{comp}=\frac{h_3-h_4}{h_3-h_2} \tag{8-42}$$

式中，h_2 为压缩机吸气口的焓值，kJ/kg；h_3 为压缩机排气口的焓值，kJ/kg；h_4 为冷凝器的出口焓值，kJ/kg。

基于等熵效率、过冷度和过热度，EES 软件计算出热泵系统中制冷剂的运行工况，得出压缩机的进出口焓差（h_3-h_2）为 42.3kJ/kg，冷凝器的进出口焓差（h_3-h_4）为 158.7kJ/kg，可知压缩机的制热系数 COP_{comp} 为 3.75。三次实验系统的总耗电量分别为 155.9kW·h、236.8kW·h、241.9kW·h，压缩机的总耗电量分别为 95.0kW·h、154.4kW·h、156.5kW·h。由式（8-43）和式（8-44）得出系统三次实验的制热系数 COP_{HPD} 分别为 2.29、2.45 与 2.43。热泵干燥系统的制热系数平均值约为 2.39。

$$COP_{comp}=\frac{Q_c}{W_{comp}} \tag{8-43}$$

式中，COP_{comp} 为压缩机的制热系数；Q_c 为冷凝器的换热量，kW；W_{comp} 为压缩机的输入功率，kW。

$$COP_{HPD}=\frac{Q_c}{W_{tot}} \tag{8-44}$$

式中，COP_{HPD} 为热泵干燥系统的制热系数；Q_c 为冷凝器的换热量，kW；W_{tot} 为热泵干燥系统（包括压缩机、风机）的总输入功率，kW。

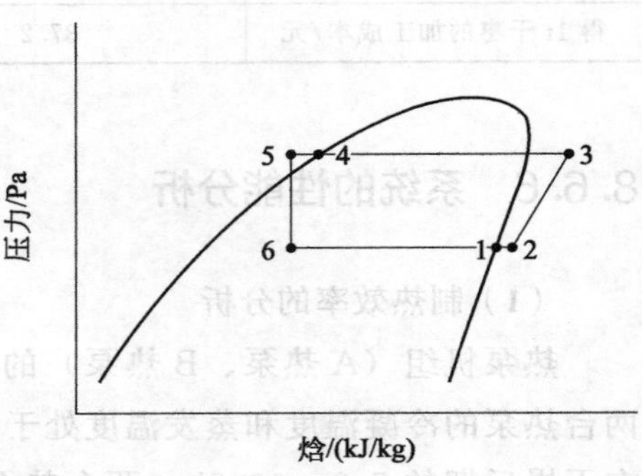

图 8-75 热泵的运行工况

（2）除湿能耗比的分析

三次实验热泵干燥系统的总除水量分别为 163kg、389kg 与 320kg，系统的总耗电量分别为 155.9kW·h、236.8kW·h 与 241.9kW·h，压缩机的总耗电量分别为 95.0kW·h、154.4kW·h 与 156.5kW·h。由式（8-45）和式（8-46）可得出压缩机的除湿能耗比 $SMER_{comp}$ 分别为 1.72kg/（kW·h）、2.52kg/（kW·h）和 2.05kg/（kW·h），系统的除湿能耗比 $SMER_{HPD}$ 分别为 1.05kg/（kW·h）、1.64kg/（kW·h）和 1.32kg/（kW·h）。压缩机的除湿能耗比 $SMER_{comp}$ 的平均值约 2.10kg/（kW·h），热泵干燥系统的除湿能耗比 $SMER_{HPD}$ 的平均值约 1.34kg/（kW·h）。

$$SMER_{comp}=\frac{M}{W_{comp}} \tag{8-45}$$

式中，$SMER_{comp}$ 为压缩机的除湿能耗比，kg/(kW·h)；M 为系统的干燥速率，即每小时的除水量，kg/h；W_{comp} 为压缩机的输入功率，kW。

$$SMER_{HPD}=\frac{M}{W_{tot}} \tag{8-46}$$

式中，$SMER_{HPD}$ 为系统的除湿能耗比，kg/(kW·h)；M 为系统的干燥速率，即每小时的除水量，kg/h；W_{tot} 为热泵干燥系统的总输入功率，kW。

（3）性能分析

$$COP_{HPD}=1+SMER_{HPD}r \tag{8-47}$$

式中，r 为水的汽化潜热，kW·h/kg。

实验的干燥温度为56℃，水的汽化潜热为0.6575kW·h/kg。基于干燥过程中蒸发器的换热量全部为空气中的潜热量，闭路式热泵干燥系统的制热系数 COP_{HPD} 与除湿能耗比 $SMER_{HPD}$ 的关系式（8-47），得出系统的制热系数 COP_{HPD} 和除湿能耗比 $SMER_{HPD}$ 的关系，如图8-76所示。可知在相同的系统除湿能耗比下，系统制热系数的实验值大于理论值。说明干燥过程中蒸发器的换热量一部分为空气中的潜热量，另一部分为空气中的显热量。由式（8-47）得出实际干燥过程中闭路式热泵干燥系统的制热系数 COP_{HPD} 与除湿能耗比 $SMER_{HPD}$ 之间的关系为

$$COP_{HPD}=1+SMER_{HPD}r+\frac{Q_s}{W_{tot}} \tag{8-48}$$

式中，Q_s 为蒸发器换热量中的显热量，kW。

将系统的制热系数和除湿能耗比代入式（8-48），得出三次实验的显热比（降温除湿过程中显热换热量与总换热量的比例）分别为48.09%、28.11%和42.14%，该系统显热比的平均值约为39.45%。可知显热比与系统除湿能耗比成反比，说明系统的除湿能耗比越大，废热回收率越高。

综上，该闭路式热泵干燥系统实现了在7.0～12.9℃低温环境下对骏枣的干燥加工。干燥室的温升速率快，温湿度分布均匀，温度控制精度高；主机室的独特设计提高了系统的运行稳定性。干燥过程中主机室内的空气处于饱和状态（22℃，100%），系统的制热系数 COP_{HPD} 可达2.50，除湿能耗比 $SMER_{HPD}$ 可达1.64kg/(kW·h)，该系统的显热比可达28.11%；在干燥骏枣的过程中，系统的小时最大能耗达27.4kW·h。相对于燃煤烤房，该系统的成本降低49.7%，说明该系统的经济效益和社会效益显著。

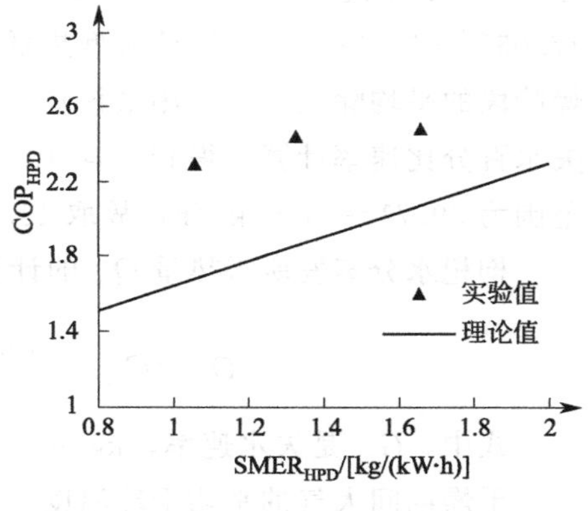

图8-76 COP_{HPD} 和 $SMER_{HPD}$ 的关系

8.7 枸杞热泵干燥工艺及装备

常见的浆果如葡萄、枸杞，其鲜果糖分高，含水率高达80%左右，不宜长期储存，除鲜食、酿酒、制汁外，很大一部分进行干制，然后对干果进行食用、加工及储藏。枸杞在我国宁夏、青海、新疆、甘肃、河北、内蒙古、山西、陕西等地均有分布，常生于山坡、荒地、丘陵地、盐碱地、路旁及村边宅旁。枸杞最著名的产地为宁夏、甘肃和青

海等西部地区。截至2018年底，宁夏全区的枸杞种植面积为100万亩，枸杞干果的总产量为14×10^4t，占全国枸杞总面积的33%，年综合产值130亿元，是宁夏重要的经济支柱产业之一。随着枸杞精深加工和产品多元化的发展，枸杞干制作为枸杞加工重要的环节，对于产后减损和绿色供应有着重要的意义。传统的枸杞干燥方法中，存在干燥参数难以精准控制、产品品质差、污染严重等问题。而微波干燥、真空干燥以及太阳能热风联合干燥等方法，成本过高，难以产业化发展。

本实例以枸杞为例，采用正交实验设计，以升温速率、降湿速率和装载密度为三个因素，以干燥时间、干燥效率、总色差值、总酚、总黄酮、DPPH清除率、铁离子还原能力及总胡萝卜素含量作为考察指标，进行三因素三水平$L_9(3^4)$正交实验，对枸杞的干燥热泵工艺进行优化。枸杞热泵干燥的最佳工艺条件控制为，前期升温速率为3℃/2h，降湿速率为5%/2h，装载量在6.3～8.4kg/m^3之间。在前期优化出枸杞热泵干制工艺的基础上，设计大型热泵干燥室（装载量为1t鲜果），将热泵干制工艺应用于大型热泵干燥室，对枸杞干燥过程中热泵系统的运行状况、枸杞干燥特性、产品品质进行评价和分析，为枸杞热泵干燥的产业化应用提供依据。

8.7.1 热泵干燥系统设计

根据前期小型热泵干燥枸杞的干燥特性研究，从干燥速率和干燥时间来看，后期干燥阶段可分为两段，即快速干燥阶段和慢速干燥阶段；而慢速干燥阶段（即干基含水率在0.5～1.0之间，对应湿基含水率为33.3%～50%）的时间占了总共干燥时长的47.05%～55.56%。在设计大型热泵干燥室（干燥量1000kg枸杞鲜果）时，采用快速干燥阶段的平均除湿量进行热量核算，通过对前期9组正交实验的快速干燥阶段进行平均失水百分比速率计算，得到干燥1000kg鲜枸杞（按含水率80%计算）的平均失水速率范围为39.71～45.60kg/h，故取45.60kg/h，计算方法如下。

枸杞水分蒸发所需热量Q_w的计算公式为：

$$Q_w=G_w r=\frac{45.6\text{kg/h}\times2400\text{kJ/kg}}{3600}=30.4\text{kW} \tag{8-49}$$

式中，G_w是失水速率，kg/h；r是水分的平均汽化潜热，kJ/kg。

干燥期间大气的平均干球温度$t_a=15$℃，相对湿度$\varphi=30\%$；在最大排湿阶段排湿空气的温度取$t_w=45$℃，相对湿度为40%，新风量G_d的计算公式为：

$$G_d=\frac{G_w}{d_w-d_a}=\frac{45.6\text{kg/h}}{0.033\text{kg/kg}-0.002\text{kg/kg}}=1470\text{kg/h} \tag{8-50}$$

式中，d_a是新风的含湿量，kg/kg；d_w是排湿空气的含湿量，kg/kg。

加热空气所需热量Q_a的计算公式为：

$$Q_a=c_p G_d(T_w-T_a)=\frac{1.1\text{kJ/(kg·℃)}\times1470\text{kg/h}\times(50℃-15℃)}{3600}=15.72\text{kW} \tag{8-51}$$

式中，c_p是空气的比定压热容，取1.1 kJ/(kg·K)。

加热物料所需的热量 Q_j 为：

$$Q_j = c_p G_w (T_w - T_a) = \frac{4.2\text{kJ}/(\text{kg}\cdot℃)\times 45.6\text{kg/h}\times(50℃-15℃)}{3600} = 1.86\text{kW} \tag{8-52}$$

维护结构的散热 Q_h，包括聚氨酯维护结构的散热和地面散热，取 3kW，则热泵需要提供的总热量 Q_c 的计算公式为：

$$Q_c = Q_w + Q_a + Q_j = 47.92(\text{kW}) \tag{8-53}$$

此环境温度、烘烤温度下 YW132 压缩机的热量约为 12.5kW，需要 4 台，即两台主机组，具体参数如表 8-43 所示。烤房内布置 3 行 2 列共 6 车；烤房内的风道采用平送风、顶部回风方式，为保证送风均匀性，布置两个循环风机，工程图与实物图如图 8-77 所示。

表 8-43 热泵干燥室选型参数

参数	数值
干燥室内的尺寸	5m×3.2m×2.6m
热泵主机的型号(数量)	FWR-16×2/Z (2 台)
太阳能	可选装太阳能辅助加热系统
烘干房内的最高烘干温度	75℃
热泵主机运行的安静温度范围	10～45℃
额定电压/频率	380V 3N～/50Hz
额定制热量	32kW×2
额定输入功率	13.5kW×2
制冷剂名称/注入量	R134a/4.8kg×4
循环风机的型号(数量)	GKF/7-4 (2 台)
单个循环风机的风量	18000m^3/h
单个循环风机的功率	2.2kW
单个循环风机的全压	230Pa

8.7.2 干燥室干燥工况

本实例枸杞烘烤共用时 32h，烘烤工艺按照前期小型热泵烘干枸杞干燥特性研究所得的最佳工艺，并稍作改进，具体的工艺操作为：干燥前期以每 2h 为一段，在第一个小时以线性速度升高 3℃，然后保持温度 1h；当设定温度到达 52℃后，通过摸料窗对枸杞称重，同时计算含水率；当干基含水率达到 1g/g 时，再继续升高温度，在本次干燥过程当中，52℃恒温段维持了 6h，整个干燥过程经过了 16h；干燥后期以 4h 为一个阶段，在第一个小时使得温度以线性速度升高 4℃，维持 3h，最高温度设定为 64℃（图 8-78）。设定温湿度的工艺参数为：40℃（60%）、43℃（55%）、46℃（50%）、49℃（45%）、52℃（40%）、56℃（35%）、60℃（30%、25%）、62℃（25%、20%）、64℃（15%、10%）。

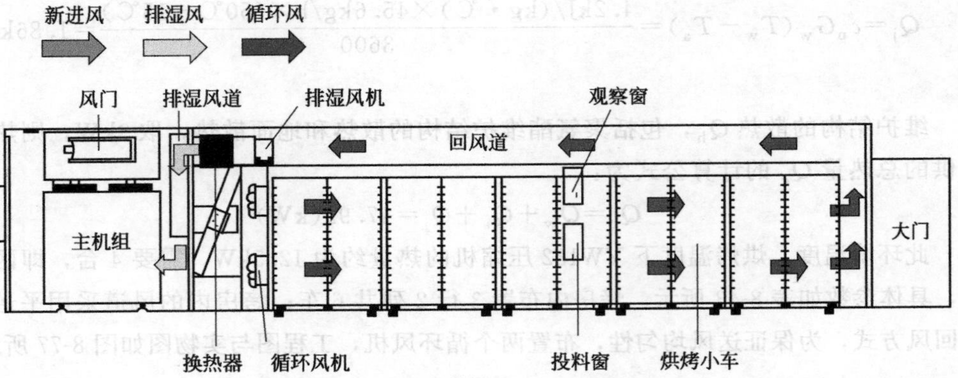

(a) 工程图

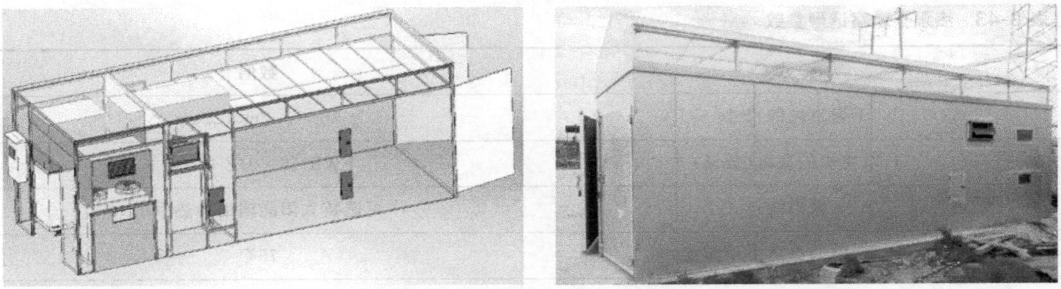

(b) 实物图

图 8-77　热泵烘房的工程图与实物图

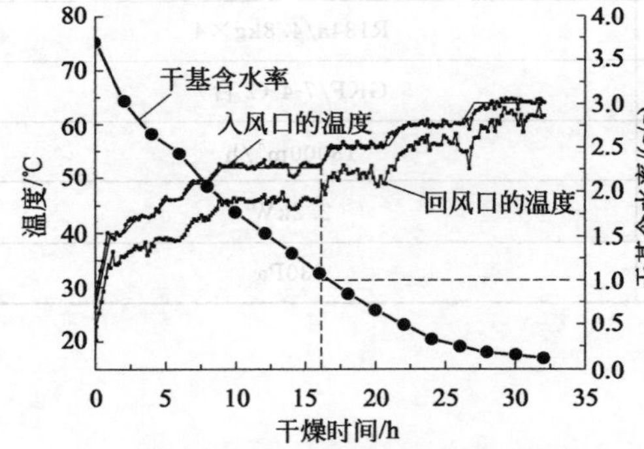

(a) 含水量及烘房内入风口、回风口的温度

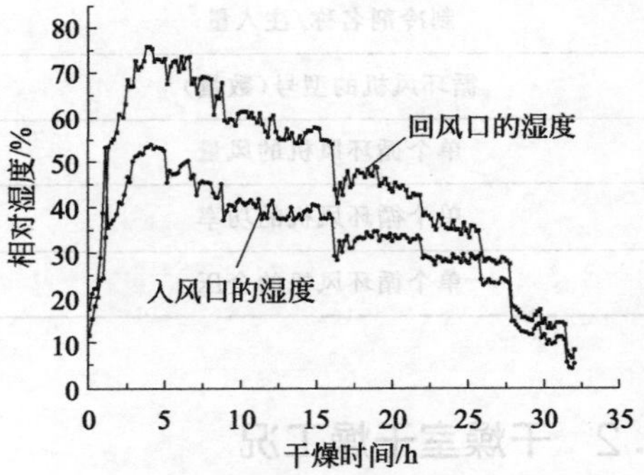

(b) 烘房内入风口、回风口的湿度

图 8-78　烘房内入风口、回风口的温湿度

由图 8-78（a）可以看出，比较实际温度与设定曲线值，整个烘烤过程热泵按照设定的干燥曲线运行，温度的偏移量在±0.8℃，说明温度控制精确；进风口的温度与回风口的温度相差在 5℃以内，当干燥时间大于 16h，即干基含水率小于 1.0 之后，进风口与回风口的温度相差越来越小。由图 8-78(b) 可以看出，与温度变化趋势相一致，随着干燥进行，进风口与回风口的湿度相差越来越小。

8.7.3 系统耗电情况

干燥过程中的主要用电设备为压缩机、蒸发器侧风机和冷凝器侧风机，其中压缩机和蒸发器风机联动，冷凝器侧风机在烘烤过程中一直运转。图 8-79 为热泵干燥系统在烘烤过程中的每小时耗电量及系统总耗电量随烘烤时间的变化关系。耗电量等于间隔为 1h 的电表示数之差，平均耗电量从 4h 之后快速上升，在 8～16h 之间耗电量较大，16h 之后，耗电量降低。这是因为，刚开始时，设定的相对湿度较高，温度较低，所以耗电量较小；而随着温度增高，排湿速率加快，设定湿度降低，系统内部有大量的新风引入，增加了热泵的负荷，系统的耗电量明显增大，最大值达到 16.38kW·h。当干燥时间为 16h 时，此时干基含水量为 1.0，整个干燥过程进入到快速降速干燥阶段，新风引入减少，系统的耗电量相对较低，整个干燥过程的耗电量为 416kW·h。

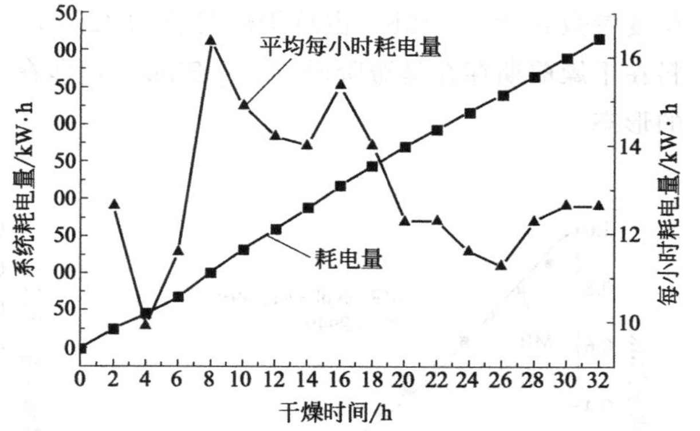

图 8-79 烘房内的耗电情况

8.7.4 压缩机运行工况

干燥过程中蒸发温度、冷凝温度及主机室温度的变化关系如图 8-80 所示。整个烘烤过程中热泵系统的冷凝温度从开机时刻的 29℃逐步升高到 58℃，在压缩机能够提供的冷凝温度范围内。蒸发温度受环境温度、风速和昼夜温差的影响，波动较大，从最开始的−4℃升至 10℃左右，干燥后期又降至 0℃。主机室的温度变化趋势与蒸发温度相同，二者的温差范围在 5～10℃左右。

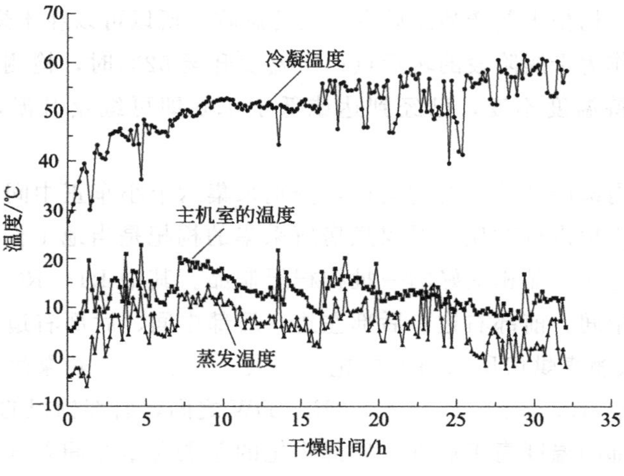

图 8-80 烘房内的冷凝温度、蒸发温度和主机室的温度

8.7.5 枸杞干燥动力学及品质分析

此次烘烤，枸杞干燥至安全水分所用的时间为 32h。如图 8-81（a）所示，对 MR 与干燥时间 t 进行 Weibull 函数拟合，均方根误差 RMSE=8.44×10^{-4}，离差平方和 χ^2 为 0.01266，R^2 为 0.992，说明 Weibull 函数可以较好地模拟二者之间的关系。经过计算，尺度参数 a 为 13.49h，占总干燥时长的 42.16%，形状参数 β 大于 1，为 1.36；说明物料在干燥前期存在延滞阶段（Lag Phase），即在干燥前期出现干燥速率先升高而后降低的形态。

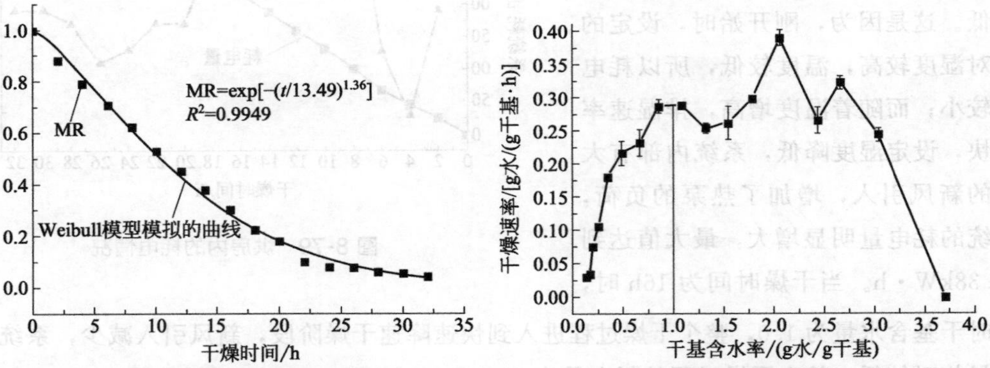

(a) 水分比随干燥时间的变化曲线　　(b) 干燥速率与干基含水量之间的关系

图 8-81　枸杞干燥的动力学曲线

如图 8-81（b）所示，随着干燥的进行，含水率的降低，枸杞干燥可以分为两个阶段，转折点为干基含水率等于 1.0。当干基含水率高于 1.0 时，为快速干燥阶段；当干基含水率低于 1.0 时，为快速降速阶段；当干基含水率为 1.0 时，在本次干燥工艺当中，设定温度由 52℃开始上升至 56℃，这也说明了干燥工艺较为合理。因此，在实际生产实践当中，因为枸杞品种不同、季节不同，其初始含水率不同、含糖量不同，干制工艺的不同，对不同品种的枸杞干制产品品质有很大的影响，所以可以在干燥前期遵循本工艺，并将干基含水 1.0 作为干燥阶段的转折点；当温度升至 52℃时，检测干基含水率，如若高于 1.0 时，则维持温度不变，已经到达或低于 1.0 即可继续升温，最高温度不得高于 64℃。

为了考察烘房内部产品品质的均匀性，分别采集六个小车正中间的枸杞，并与同批次燃煤烘房干的制枸杞进行对比，燃煤烘房所采集的枸杞是当地工作人员凭借感官、经验分级而筛选出的色泽、品相最好的一批枸杞干制品。其中 R1～R6 分别代表热泵烘房内前部左边、前部中间、前部右边、后部左边、后部中间、后部右边和小车正中间所采集的枸杞，M1 代表燃煤烘房所采集的枸杞。如表 8-44 所示，热泵烘房内部枸杞的总酚含量在(5.92±0.3)～(8.12±0.18)mg GAE/g DW之间，后部枸杞的总酚含量显著高于前部，这是因为前部的温度高于后部；后部枸杞的总酚含量之间差异不显著，而前部枸杞的总酚含量之间有显著性差异，这是因为烘房的前部温、湿度相差较大，而后部温湿度分布比较均匀。热泵烘干枸杞的总黄酮含量在(70.99±1.68)～(113.88±0.26)mg

RE/g DW之间，后部枸杞的总黄酮含量显著高于前部，且前部和后部不同位置之间枸杞的总黄酮含量均有差异，这可能是因为总黄酮对温、湿度变化较为敏感。从抗氧化特性来看，热泵烘干枸杞，后部枸杞的DPPH清除率和铁离子还原能力均显著高于前部，且烘房后部枸杞的铁离子还原能力之间没有显著性差异，这说明热泵烘房烘干枸杞前部产品品质有差异，而后部较为均匀。从总胡萝卜素含量来看，热泵烘干的枸杞不同位置之间胡萝卜素含量没有显著差异。与燃煤烘房所采集的枸杞相比，热泵烘房后部烘干的枸杞总酚、总黄酮、DPPH清除率、铁离子还原能力均显著高于燃煤烘房烘干的枸杞，前部烘干的枸杞总酚、总黄酮、DPPH清除率、铁离子还原能力与其相当，且热泵烘房烘干的枸杞总胡萝卜素含量均显著高于燃煤烘房烘干的枸杞。从感官评价总分来看，烘房后部的枸杞之间没有显著性差异，并显著高于前部枸杞和燃煤烘房的枸杞。综合来说，热泵烘房的烘干枸杞整体品质高于燃煤烘房，且相对于燃煤烘房，干制时间缩短了20%，制定工艺合理，可应用于生产实践。

表 8-44 不同位置枸杞总酚、总黄酮、DPPH清除率、FARP等参数与燃煤烘房对比

编号	总酚	总黄酮	DPPH清除率	FARP（铁离子还原能力）	总类胡萝卜素	感官评价总分
R1	6.56±0.08 b	76.93±7.89 a	3.58±0.22 b	6.97±0.06 c	2.55±0.09 b	80.95±4.63 b
R2	5.92±0.31 a	70.99±1.68 a	3.01±0.01 a	5.50±0.01 a	2.77±0.26 b	81.86±3.25 b
R3	7.15±0.34 c	98.91±2.18 bc	3.63±0.11 bc	7.05±0.18 c	2.76±0.02 b	82.37±4.21 b
R4	8.12±0.18 d	97.37±8.40 b	3.80±0.11 bc	7.92±0.45 d	2.61±0.24 b	86.53±5.21 a
R5	7.93±0.07 d	99.03±9.60 bc	3.92±0.01 bc	7.70±0.02 d	2.56±0.16 b	85.76±2.33 a
R6	7.74±0.03 d	113.88±0.26 c	4.07±0.26 c	7.82±0.01 d	2.90±0.22 b	86.92±2.58 a
M1	6.70±0.33 bc	73.37±6.03 a	3.08±0.27 a	5.97±0.07 b	1.61±0.47 a	80.35±3.64 b

注：同一类指标在单因素方差分析多重比较，t 检验；表中不同字母表示有显著差异（$p<0.05$）。总酚、总黄酮、DPPH清除能力、铁离子还原能力、总类胡萝卜素的单位分别为 mg GAE/ g DW、mg RE/g DW、mg Trolox/g DW、mg Vc/g DW、mg/g DW。

8.7.6 热泵烘房能耗分析

中宁县当地企业采用燃煤烘房，每烘干鲜果1000kg，平均需要消耗300kg煤，费用为255元，烘烤核算成本为1.00元/kg干果。

本批次的烘干量为1000kg鲜枸杞，除水量为745kg，得到的干果质量为255kg，系统的总耗电为416kW·h，所以SEMR为1.57kg水/(kW·h)（表8-45）。工业用电按照每度电0.5元计算，总费用为208元，核算烘烤成本为0.81元/kg干果，相对于燃煤烘房成本降低了0.19元/kg干果。

表 8-45 热泵烘房干制枸杞的成本核算

耗电量/kW·h	费用/元	烘烤成本/（元/kg干果）	SMER/[kg水/（kW·h）]
416(276)	208	0.81	1.57(2.36)

注：括号表示不含风机时的数据。

综上所述，本部分设计大型热泵烘房（1000 kg），该系统由热泵供热系统、排湿系统、电控系统组成；供热系统由两个相同的热泵系统（FWR-16×2/Z）组成。实验结果表明，热泵烘烤系统的供热充裕、升温灵敏、智能化自控系统操作简便、温湿度控制精准，能够满足枸杞烘烤工艺的需求；压缩机的蒸发温度、冷凝温度均在压缩机的正常工作范围内。通过对枸杞干燥速率进行分析，发现将干基含水量1.0作为干燥阶段的转折点，比较合理。当温度升至52℃时，检测干基含水量，如若高于1.0，则维持温度不变；已经到达或低于1.0即可继续升温，最高温度不得高于64℃。热泵烘房烘干的枸杞整体品质高于燃煤烘房，且相对于燃煤烘房，干制时间缩短了20%，成本降低了19%；热泵干燥对于枸杞产业的发展具有重要的经济意义和社会效益。

参考文献

[1] 宫长荣，赵振山，陈江华．烤烟三段式烘烤及其配套技术[M]. 北京：科学技术文献出版社，1996.

[2] 宫长荣．烤烟三段式烘烤导论[M]. 北京：科学出版社，2006.

[3] 宫长荣，周义和，杨焕文．烤烟三段式烘烤导论[M]. 北京：科学出版社，2006.

[4] 吕君，魏娟，张振涛，等．热泵烤烟系统性能的试验研究[J]. 农业工程学报，2012，28（s1）：63-67.

[5] 吕君，魏娟，张振涛，等．基于等焓和等温过程的热泵烤烟系统性能的理论分析与比较[J]. 农业工程学报，2012（20）：273-279.

[6] 吕君．热泵干燥系统性能优化的理论分析及热泵烤烟技术的应用研究[D]. 北京：中国科学院大学，2012.

[7] 董艳华，魏娟，张振涛，等．热泵节能烤烟房的建造与试验[J]. 太阳能，2012（17）：44-46.

[8] 魏娟．热泵干燥特性研究及在农产品干燥中的应用[D]. 北京：中国科学院大学，2014.

[9] 许树学，陈东，乔木．热泵干燥装置的结构及应用特性分析[J]. 化工装备技术，2005，26（5）：1-4.

[10] 张慜，成刚．蔬菜热风干燥过程的节能技术[J]. 食品与生物技术学报，2007，26（6）：6-8.

[11] 孙晓军，杜传印，王兆群，等．热泵型烟叶烤房的设计探究[J]. 中国烟草学报，2010，16（1）：31-35.

[12] 马国远，郁永章．全封闭热泵干燥系统冷凝温度对干燥能力的影响[J]. 郑州轻工业学院学报，1993，8（1）：62- 65.

[13] 方明，梁明汉．热泵干燥节能技术研究与经济评价[J]. 化学工程，1988，16（4）：43- 45.

[14] 赵铭钦，宫长荣，汪耀富，等．不同烘烤条件下烟叶失水规律的研究[J]. 河南农业大学学报，1995，29（4）：382-387.

[15] 吴业正，翁文兵，蒋能照，等．小型制冷装置设计指导[M]. 北京：机械工业出版社，2010.

[16] 余建祖．换热器原理与设计[M]. 北京：北京航空航天大学出版社，2006.

[17] 胡庆国．毛豆热风与真空微波联合干燥过程研究[D]. 无锡：江南大学，2006.

[18] 王朝晖，涂颉．干燥过程热质传递的简化模型[J]. 化工学报，1995，46（5）：579-585.

[19] 杨俊红，焦士龙．菜豆种子薄层干燥物料内部水分扩散系数的确定[J]. 工程热物理学报，2001，22（2）：221-224.

[20] 王双凤．太阳能联合热泵整仓粮食静态干燥实验研究[D]. 济南：山东建筑大学，2012.

[21] 亢霞，石天玉，贾然，等．东北地区高水分玉米烘干费用及水分减量扣量标准政策的分析研究[J]. 粮油食品科技，2013，21（26）：104-107.

[22] 郝立群，白岩，董梅．玉米干燥中的能耗[J]. 粮食加工，2005，02：29-31.

[23] 李杰．我国粮食干燥节能减排技术发展现状与展望[J]. 粮食储藏，2011，18（4）：13-16.

[24] 赵力．高温热泵在我国的应用及研究进展[J]. 制冷学报，2005，2：8-13.

[25] Lee K H，Kim O J，Kim J. Performance simulation of a two-cycle heat pump dryer for high-temperature drying[J]. Drying Technology，2010，28（5）：683-689.

[26] 亢霞,石天玉,贾然,等．东北地区高水分玉米烘干费用及水分减量扣量标准政策的分析研究[J]. 粮油食品科技,2013,31（6）: 104-107.
[27] 苑亚,杨鲁伟,张振涛,等．新型热泵干燥系统的研究及试验验证[J]. 流体机械,2018,46 （1）: 62-68.
[28] 李伟钊,盛伟,张振涛,等．热管联合多级串联热泵玉米干燥系统性能试验[J]. 农业工程学报,2018,34（4）: 278-284.
[29] 张振涛．两级压缩高温热泵干燥木材的研究[D]. 南京:南京林业大学,2008.
[30] 周鹏飞,张振涛,章学来,等．热泵干燥过程中低温热泵补热的应用分析[J]. 化工学报,2018,69（5）: 2032-2039.
[31] 吴中华,李文丽,赵丽娟,等．枸杞分段式变温热风干燥特性及干燥品质[J]. 农业工程学报,2015（11）:287-293.
[32] 吴海华,韩清华,杨炳南,等．枸杞热风微波真空组合干燥试验[J]. 农业机械学报,2010（s1）:178-181.
[33] 赵丹丹．枸杞加工特性及热泵干燥系统理论分析与应用研究[D]. 北京:中国农业大学,2016.
[34] 赵丹丹,彭郁,李茉,等．枸杞热泵干燥室系统设计与应用[J]. 农业机械学报,2016,47（s1）:359-365.
[35] 李纯,周巍,夏新奎,等．香菇热泵干燥装置及工艺研究[J]. 信阳农专学报,1998,8（1）: 9-12.
[36] Prasertsan S, Saen-saby P. Heat pump drying of agricultural materials [J]. Drying Technology, 1998, 16（1-2）: 235-250.
[37] Soponronnarit S, Nathakaranakule A, Wetchacama S, et al. Fruit drying using heat pump[J]. RERIC International Energy Journal, 1998, 20: 39-53.
[38] Strommen I. New applications of heat pumps in drying processes [J]. Drying Technology, 1994, 12（4）: 889-901.
[39] 周樟平，潘明冬．香菇的干制与贮藏技术[J]. 浙江食用菌,2009,17（4）:53-54.
[40] 钟桂兴．两种香菇干燥方法的分析比较[J]. 清远职业技术学院学报,2010,3（6）:29-30.
[41] 李生晏,蔡志清,曹雪源,等．枸杞果实的采收制干与贮藏[J]. 甘肃农村科技,1998（4）:34-35.
[42] 岑海堂,姜芝藩．热风干燥枸杞的试验研究[J]. 内蒙古工业大学学报,1999,18（1）:52-56.
[43] 姚黎欣,张增年．枸杞干制温度的微机实时监控系统[J]. 宁夏大学学报，2001,22（4）: 406-408.
[44] 柴京富．枸杞热风干燥特性及最佳工艺的试验研究[D]. 呼和浩特: 内蒙古农业大学,2004.

第9章 污泥热泵干燥资源化技术

9.1 污泥

污泥是污水处理厂处理污水后经机械压滤得到的产物，含水率一般在80%左右，有机干物质的含量特别少，其富集了污水中难以被微生物分解的污染物，通常含有大量的病原体、寄生虫卵、重金属、苯系物等有毒、有害物质，具有产量大、泥质复杂、处置率低等特点。据统计，2018年中国的污泥总产量为5665×10^4t，GEP Research预期到2020年中国的污泥总产量将达到6177×10^4t，预计未来三年年复合增长率为4%左右。住房和城乡建设部的"全国城镇污水处理管理信息系统"数据统计结果显示，2017年底我国已建成城镇污水处理厂5192座。我国城镇的污水处理率从1998年的不足16.2%上升到2017年底的95.0%，但我国普遍存在"重水轻泥"等问题。2015年"水十条"发布后，污泥处理处置市场迎来了发展的新时期，要求当时现有的污泥处理处置设施于2017年完成达标改造，2020年地级市无害化处理率达到90%。污泥在所有的废物处理中属于处理难度比较高的一种，由于污泥来源于不同的工艺而具有不同结构组成的特点，导致在处理处置方法不完善的情况下，会产生大量的二次污染物或遗留污染物。为了避免污泥的二次污染、降低环境压力，污泥经济、高效、快速、无害的处理尤为重要。

要促进污泥的有效利用，在污泥的产出环节就要通过技术手段来降低其产量，减少污泥中有害物质的含量，同时保证其物理、化学及生物性质稳定，这在污水处理厂往往需要对污水、污泥的处理过程采取浓缩、脱水、消化等处理手段来保证，处理流程如图9-1所示。

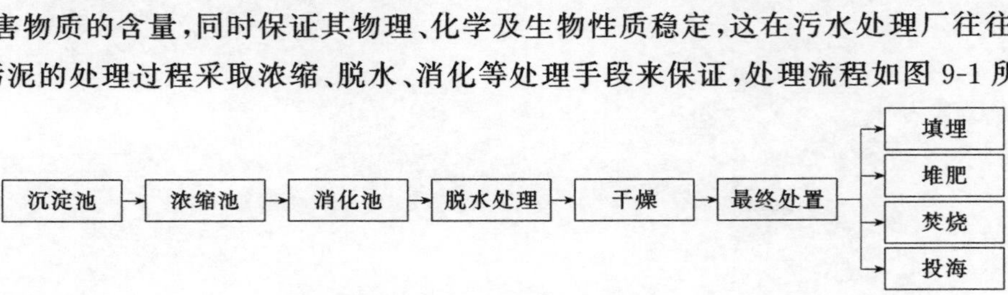

图9-1 一般的污泥处理流程

污泥的含水率很高（二沉污泥99%，初沉污泥97%），体积很大，这对输送和后续处理（如消化）都将造成困难，因此必须进行浓缩。污泥浓缩就是去除污泥中的一部分液体，以增加固体物质的含量，缩小污泥的体积。污泥的含水率由99%降至96%，体积可减小到原来的1/4，但仍然保持其流动性，可用泵输送，降低运输费用。污泥消化利用微生物的代谢作用，使污泥中的有机物质降解和稳定化，减少污泥体积，降低污泥中病原体的数量。当污泥中的挥发性固体（VSS）含量降低到40%以下时，即可认为达到稳定化。污泥消化实现了污泥的减量化、稳定化和无害化。污泥经过浓缩和消化后，尚含水95%～96%。为进一步处理处置，必须对污泥进行脱水处理；污泥的含水率降至80%～85%，体积减少为原来的1/10以下。脱水后的泥块具有固体特性，便于运输和最终处置利用。将脱水污泥的含水率进一步降低到50%～65%以下，称为干化。污泥经过自然干化或机械脱水后，尚有45%～85%的含水率，体积与重量仍然很大，可采用干燥或焚烧进一步脱水干化。经干燥后，污泥的含水率可降低至10%；经焚烧后，污泥的含水率可降至0，有机物得以高温氧化，从而使污泥的体积与重量最大限度地减小，卫生条件大为提高。对于污泥的处置，国内仍较多进行简单的填埋等方法，而能真正发挥污泥作用的资源化处置方法则鲜有采用。结合污泥的成分及性质，其去除水分之外的固体物质在严格控制有毒、有害成分的含量下可作为一种资源。污泥中含有的无机物与有机质是一种良好的有机肥料，在无害化处理后可制成固体颗粒产品加以利用；污泥中含有土质成分，可作为建材原料，与水泥厂协同处置；污泥具有一定的热值，在对其进行干燥之后可作为低品位的辅助燃料同其他高品位的燃料综合利用。

污泥干燥的过程是通过加热方式进行脱水或去除液态物质的过程，是污泥无害化处置和资源化利用的前提和关键工序，能使污泥显著减容，体积减少75%～80%；所得产品稳定、无臭且无病原微生物，但其需要消耗大量能源，能耗费用在一个标准干化系统运行成本中的比例超过80%，如何在经济效益与环境效益间寻求一个动态平衡点是污泥干化技术推广的关键。因此，污泥的节能降耗干化技术是污泥干燥系统研究及改进的重点。污泥的特殊胶体结构加大了污泥脱水干化的难度，国内外学者对此进行了大量的研究，探索出了一系列的技术手段，主要有污泥浓缩技术、污泥脱水技术、污泥深度脱水技术和污泥干化技术。其中，污泥干化技术有污泥太阳能干化技术、污泥热泵干化技术、污泥低温真空脱水干化技术、污泥低温射流干化技术以及烟气余热干化技术等。

9.1.1 污泥的分类

污泥是水处理过程中形成的以有机物为主要成分的泥状物质，容易腐化发臭、颗粒较细、密度较小、含水率高且不易脱水、呈胶状结构。污泥中的有机质、N、P含量很高，重金属含量也很高，同时还含有大量的病原微生物。污泥的种类与来源复杂，常用的污泥分类如表9-1所示。根据污泥来源的不同，可以将污泥分为市政污泥、湖泊污泥和工业污泥。市政污泥含有大量的有机物，易腐败，产生恶臭，相对密度较小，颗粒较细，高温灼烧后减重量相对大；工业污泥则含有较多的铜、铬等重金属离子，有毒有害，同时具有一定的资源化利用价值。

表 9-1 污泥分类

分类原则	具体分类	主要特性
污水的来源特性	生活污水污泥	有机物较高，重金属相对低
	工业废水污泥	受工业性质影响大
污泥的成分及某些性质	有机污泥	颗粒小，密度小，持水能力强，压密脱水困难
	无机污泥	金属化合物多，密度大，易于沉淀、压密和脱水
	亲水性污泥	不易浓缩和脱水
	疏水性污泥	浓缩和脱水性能较好
污泥的不同处理阶段	生污泥或新鲜污泥	未经任何处理的污泥
	浓缩污泥	
	消化污泥	经厌氧消化或好氧稳定的污泥
	脱水污泥	
	干化污泥	
污泥的来源	栅渣	污水中可用筛网或格栅截留的悬浮物质
	沉砂池沉渣	
	浮渣	
	初沉污泥	初次沉淀池中沉淀的物质
	剩余性污泥	污水经活性污泥法处理后沉淀在二次沉淀池中的物质
	腐殖污泥	污水经生物膜法处理后沉淀在干净沉淀中的物质
	化学污泥	用化学法处理后产生的沉淀物

9.1.2 污泥的特性

（1）污泥的成分

污泥的成分与被处理污水的成分和处理工艺有着紧密的关系，但从总体上来看，污泥中的成分比较固定，主要包括了无机组分、有机组分两大类，如图 9-2 所示。污泥中的无机组分包含了有毒重金属、植物养分和无机矿物质，有毒金属可以通过工艺处理而去除，植物养分和无机矿物质都是有益的成分，前者促进植物生长，后者具有不错的热值，所以污泥也是一种潜在的生物肥料及燃料。污泥由于处理污水的成分不同，组分含量也有较大的差异，如生活污水中含有大量的有机物，而工业污水中重金属的含量可能比较高。除此以外，不同的处理工艺和不同阶段污泥的成分也有很大的差别，根据处理阶段的不同，可以将污泥分为沉淀污泥、生物处理污泥等。

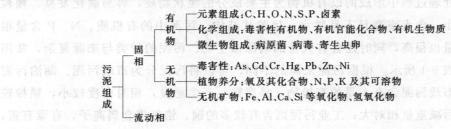

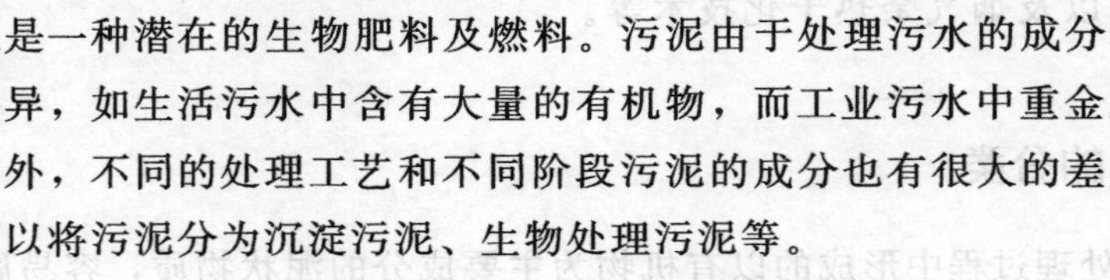

图 9-2 污泥的组分

污泥就自身价值包含了正反两方面的因素，从危害性来说，污泥产生量大，增加了处理的负荷、有毒有害物质的排放，对环境保护形成威胁；就污泥的资源性来说，污泥本身就包含了有益的成分，合理地处理处置以后可以回收再利用，不管是无机物的使用还是有机物的使用，都具有潜在的利用价值。

（2）污泥的微观结构

污泥微观结构的扫描电镜（SEM）观察结果显示，污泥中含有以球状细菌为主要菌类群的表面结构完整的大量细菌，胞外多聚物、有机质、无机盐等分散在细菌的周围，与细菌、真菌等一起构成污水处理厂中肉眼可见的活性污泥。污泥的絮状体结构形成经历细菌增殖、絮状体形成、絮状体聚合和絮体结构形成等四个阶段。大量增殖的细菌逐渐附着于污泥颗粒上并形成菌胶团，污泥逐渐凝聚形成小的絮状体，外观上污泥的颜色由浅灰变为土黄色，最后小的絮状体进一步凝聚形成较大且结构致密的絮状体结构。对于生活污水处理厂的污泥，在微生物类群中球状菌占据主导地位。污水中污染物的降解与去除主要是由污泥中的微生物完成的，更进一步来说，是由占据多数的各类细菌完成的。

污泥干燥过程的微观结构变化如图 9-3 所示。图 9-3（a）是污泥悬浮液滴在 1000 倍光学显微镜下的形貌。可以看出，污泥中存在由丝状菌形成的絮状体结构，絮状体具有明显的骨架，在其周围存在大量自由水分，絮体内部包裹大量空隙水。图 9-3（b）是光学显微镜下污泥薄片干燥的形貌变化照片。可以看出，污泥干燥过程中，伴随着体积的收缩，当泥层薄层均匀平铺时，呈现出龟裂的形貌。由图 9-3（c）可以看出，干污泥明显呈现层状结构并被大量的丝状物交织包裹，这主要是因为污泥中的絮状体结构失水使得污泥内部呈现出层状压缩。综合图 9-3 可以看出，存在于污泥中的复杂网络状结构阻碍了水分的扩散，不利于干燥的进行；均匀薄层在干燥过程中呈现龟裂，对干燥有利。

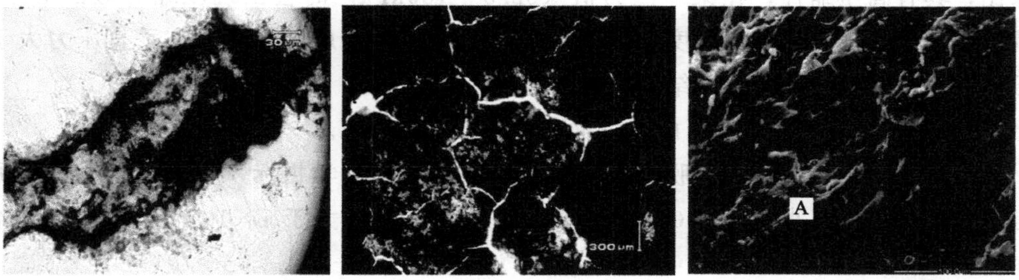

(a) 悬浮液滴的光学显微结构　　(b) 龟裂的光学显微结构　　(c) 干污泥的电子显微结构

图 9-3　污泥干燥过程中的微观形貌变化

污泥的脱水过程是一个动态变化的过程，每一个污泥脱水的阶段，或者通过不同的脱水手段对污泥进行脱水，污泥单个絮团的运动及絮团合并的过程有可能不同，水分的散失方式也可能不同，污泥的微观结构变化也会有所不同。

（3）污泥的水分布

污泥的干化速率与水分的存在形式密切相关。污泥中的水分可分为自由水分、间隙水分、吸附水分与结合水分 4 种，如图 9-4 所示。

① 自由水：与固体颗粒之间无作用力，通过简单的重力沉淀可实现固液分离；

② 间隙水：絮体或生物体结构内部空隙中的水，当絮体或生物体结构被破坏时，空隙水可释放出来；

③ 吸附水：与固体颗粒表面之间通过吸附或黏附结合的水；

④ 结合水：与固体颗粒表面之间通过化学键结合的水，结合水只能通过固体颗粒的热化学破坏得到释放。

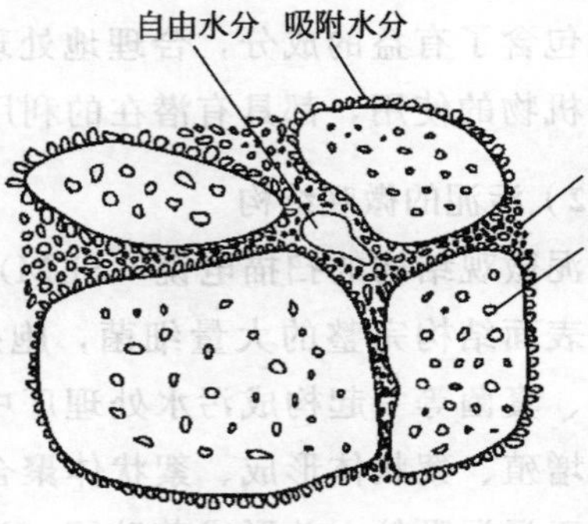

图 9-4　污泥中的水分分布
（Smollen，1986）

污泥中的含水率高于 85%时，污泥呈流态；65%～85%时呈塑态；低于 60%时呈固态。污泥干燥即水分去除的过程，包括表面水汽化和内部水扩散两个过程；其中汽化过程由于污泥表面的水蒸气压高于热空气中的水蒸气分压，导致水分从污泥表面迁移到干燥介质。扩散过程与汽化过程相互关联，污泥表面的水分被蒸发掉，导致其表面湿度低于内部湿度，此时污泥的水分从内部转移到表面。研究发现水分在污泥中有四种存在形式：自由水分、间隙水分、吸附水分以及结合水分，分别反映了水分与污泥固体颗粒结合的情况，对应污泥干燥过程的恒速干燥过程、第一降速干燥过程、第二降速干燥过程等去除的水分以及固体的束缚水分。

（4）力学性能

① 污泥的含水率明显高于一般的土体。

② 污泥的初始孔隙比远高于一般淤泥（$e_0>1.5$）和淤泥质土（$1.5>e_0>1.0$）的孔隙比，具有高压缩性，在某一压力值（62.5～100kPa）时会出现压缩系数的极小值，其颗粒结构相对稳定。抗剪强度和垂直压力的关系明显分成两部分，在垂直压力大于某一压力值时，污泥会出现超固结现象。

③ 结实污泥的抗剪强度、内聚力都明显高于松散污泥。

污泥比阻是用来表征污泥脱水性能的一个很重要的力学指标，可通过污泥比阻测试测得。一般认为比阻小于 1×10^{11} m/kg 的污泥易于脱水，大于 1×10^{11} m/kg 的污泥难以脱水。

（5）污泥的主要危害

污泥的有机物含量高，易腐烂，有强烈的臭味，并且含有寄生虫卵、病原微生物和铜、锌、铬、汞等重金属以及盐类、多氯联苯、二噁英、放射性核素等难降解的有毒有害物质，如不加以妥善处理，任意排放，将会造成二次污染。污泥对环境和人类以及动物健康的危害主要有以下几个方面。

① 病原体污染。由于污泥中含有大量有机物，易分解腐烂，因此带来强烈的恶臭味，伴随带来大量的病原体（病原微生物和寄生虫）。据检测，在新鲜污泥中存在着上千种病原体。这些污泥如任意堆放，就会污染水体与土壤，导致食物链感染，最终给人体

健康带来危害。

② 过量的盐分污染。污泥中由于存在着相当份额的无机物，因此含盐量较高，如不适当地投放到土壤中，会提高土壤的电导率，破坏植物养分平衡，抑制植物养分的吸收，甚至会直接对植物根系带来伤害，而且离子间的拮抗作用会加速有效养分的流失。

③ 过量的氮磷污染。在降雨量较大地区的土质疏松土地上大量施用富含氮、磷等的污泥之后，当有机物分解速度大于植物对氮、磷的吸收速度时，氮、磷等养分就有可能随水流失而进入地表水体造成水体的富营养化；进入地下引起地下水的污染。

④ 有机高聚物污染。污水厂的污泥中还含有不易降解、毒性残留期长、对人体危害大的有机高聚物（如多环芳烃、邻苯二甲酯、二噁英、呋喃、多氯联苯、氯苯、氯酚等），这些有毒有害物质若进入水体与土壤中会严重污染环境。

⑤ 重金属污染。在污水处理过程中，70%～90%的重金属元素通过吸附或沉淀转移到污泥中。重金属的危害在于它不能被微生物分解，且能在生物体内富集（生物累积效应）或形成其他毒性更强的化合物。环境中的重金属将经历地质和生化的双重循环迁移转化，最终通过大气、饮水、食物等渠道为人体所摄取而造成危害。

9.1.3 污泥处理的一般原则

污泥处理处置应遵循的原则如表 9-2 所示。

表 9-2 污泥处理处置应遵循的原则

原则	具体内容
安全环保	污泥中含有病原体、重金属和持久性有机物等有毒有害物质，在进行处理处置时必须达到应有的标准，确保公众健康与环境安全
资源循环利用	资源循环利用的方向之一是土地利用，将污泥中的有机质和营养元素补充到土地，通过厌氧处理等技术回收污泥中的能量。一些使有机质破坏、营养元素流失，或不能实现能量回收的技术都不符合资源循环利用这一原则
节能降耗	一些高能耗尤其是需要消耗大量清洁能源的处理处置技术，应避免采用；一些需要大量的物料消耗，或需要消耗大量的土地资源的处理处置技术，也应慎重采用
稳妥可靠	首先，在处理处置技术选择时应优先采用先进成熟的技术；其次，在规划建设的技术路线中除主要的永久性处理处置方案外，还应有备用处置方案或两条处理处置途径互为备用，还要有临时性、阶段性和永久性三套方案
因地制宜	应综合考虑污泥泥质的特征及未来的变化、当地的土地资源及特征，因地制宜地确定本地区稳妥可靠的污泥处理处置技术路线
经济可行	在编制规划建设方案时，应综合考虑建设投资与运营成本，防止为降低近期的建设投资导致建成后的运行成本过高

注：资料来源于前瞻产业研究院。

国家高度重视污泥的治理工作，《城镇污水处理厂污泥处置　园林绿化用泥质》（GB 23486—2009）要求污泥园林绿化利用时，其含水率应低于 40%；《城镇污水处置厂污泥处置　土地改良用泥质》（GB/T 24600—2009）要求污泥用于土地改良时，其含水率应低于 65%；《城镇污水处理厂污泥处置　混合填埋用泥质》（GB/T 23485—2009）要求用作垃圾填埋场覆盖土的污泥含水率应低于 45%。2015 年 4 月国务院印发的“水十条”正式提出，污水处理设施产生的污泥应进行稳定化、无害化和资源化处理处置。2016年11月，《国务院关于印发"十三五"生态环境保护规划的通知》政策中明确规定，要以城市黑臭水体整治和343个水质需改善控制的单元为重点，强化污水的收集处理与重污染水体的治理；加强城市、县城和重点镇污水处理设施的建设，加快收集管网的建设，对污水处理厂升级改造，全面达到一级A排放标准。住房和城乡建设部发布的《城镇污水处理厂污泥处理 稳定标准》（CJ/T 510—2017）为城镇建设行业的产品标准，自2017年9月1日起实施。2017年11月9日，住房和城乡建设部标准定额司发布的行业标准《城镇污水处理厂污泥处理技术标准（征求意见稿）》中补充了污泥处理的新技术；增加了污泥处置单元技术；根据污泥的处理处置特点，增加了环境管理章节，扩充了安全管理章节。2018年6月，《中共中央国务院关于全面加强生态环境保护坚决打好污染防治攻坚战的意见》要求实施城镇污水处理"提质增效"三年行动，加快补齐城镇的污水收集和处理设施短板，尽快实现污水管网的全覆盖、全收集、全处理。完善污水处理收费政策，各地要按规定尽快将污水处理收费标准调整到位，原则上应补偿到污水处理和污泥处置设施正常运营并合理盈利。在遵循行业发展规则的前提下，污泥的治理也是今后国内环保处理的一个主攻方向。

9.2 污泥干化技术

9.2.1 污泥干化技术的分类

高含水率使污泥容易腐败变质，且增加了污泥后续处理处置的成本，因此污泥的处理与处置首先是围绕干化脱水展开的。污泥经机械脱水后，含水率仍高达70%～85%左右；这部分水分主要是吸附水和结合水，其脱除相对困难，需要使用物理化学或生物处理等方法加以脱除。目前，主要的污泥干化方式有生物干化、石灰干化和热干化。

生物干化是利用生物活动产生的较高温度来蒸发污泥中的水分，同时对污泥中的有机物进行生物降解，最终达到干化污泥的目的。生物干化的特点在于干化所需的热量来自于微生物的好氧发酵活动，温度梯度和水分梯度方向相同，相互无制约，不消耗现有能源且能将含水率降低至更低点。生物干化成本低，但干化速度慢，需要较大的场地且受气候影响较大，不适合大规模的污泥干化。

石灰干化技术，也称碱稳定技术、加钙干化技术，其基本原理是在污泥中添加双组分添加剂，利用自热、消毒、蒸发的作用对污泥进行无害化和减量化处理。在石灰干化过程中可达到以下几个目的：①增加固体物的总量，降低含水率；②反应放出的热量可起到杀菌的作用；③pH的升高起到脱臭和杀菌的作用；④有机物的浓度降低，起到稳定化作用。石灰干化具有安全性高、成本低、干化产品可资源化利用等优点，但并没有进行体积减量，处理效率较低，具有一定的局限性。

热干化是一种利用烟气、尾气或工业余热使污泥中的水分蒸发的深度脱水技术。按污泥与热介质的接触方式，可将热干化分为三类：直接热干化、间接热干化和直接-间接联合式干化。

（1）直接热干化

直接热干化又称作对流干化，其介质可为热风、过热蒸汽或烟气等热源；通过干燥介质与污泥直接接触将热源的热能传递给物料，使物料中的水分汽化，并将汽化后的水分带走。由于污泥与热介质直接接触，因此热介质和干污泥需要分离，排出的废水和尾气需经无害化处理后才能排放。直接加热干化污泥在对流干燥过程中会出现收缩、裂缝和表面硬化现象。对于干燥介质的循环通常采用半闭路式方式，其可以回收从污泥中产生的二次蒸汽，再返回到干燥系统中循环利用，减少了尾气的处理成本，避免资源浪费。转筒式干燥器、喷淋式干燥器、带式干燥器、闪蒸式干燥器和多效蒸发器等都是直接热干化的类型。直接干化适用于全干化工艺处理，对于半干化能耗较高，而且在干燥过程中容易产生粉尘等颗粒，后续的废弃物处理量大。由于对流干燥过程中要对干燥介质进行反复加热、冷凝和洗涤后循环再利用，因此可能会导致系统额外的能耗增加。热泵干燥系统通常采用全封闭式循环，热风在带走了污泥中的水分后又回到热泵机组进行冷却去湿、加热升温，从而可以循环利用；封闭的环境可以有效地避免粉尘、有害气体等对环境产生污染，而其特有的节能优势又比传统的直接干化工艺具有更低的能耗。

（2）间接热干化

间接热干化也称导热干化，利用蒸汽、热油首先加热容器，然后通过容器表面传热给污泥从而蒸发污泥中的水分。污泥在间接干化过程中分别经过糊状、块状和颗粒状几个阶段。目前间接干化的污泥处理设备有转盘式干燥、流化床干燥、浆叶式干燥和立式多层台阶式干燥等。间接热干化时污泥并不与热介质接触，省去了热介质和干污泥的分离过程；热介质的一部分回到原系统中，节约了能源，但其传热效率和干燥速率不如直接热干化。

（3）直接-间接联合式干化

直接-间接联合式干化技术是对流换热和热传导技术的整合。对于上述的两种干燥工艺，在污泥含水率较高时导热干化的传热效率高于对流干化；在干燥后期污泥的含水率下降，出现“胶粘阶段”，此时对流干化的传热效率较高。联合干化是将以上两种或两种以上的干化方式组合起来的技术。对物料进行干燥，最常用的就是利用导热与对流这两种方式的联合干化；利用传导方式将热量通过金属壁传递给物料，使物料中的水分汽化，再通过对流方式将汽化的水分带走。由污泥的干燥原理和干燥特性，发现对于组合式联合干燥，可以明显提高污泥的干燥效率。这种类型的干燥器有涡轮薄层干燥器、Sulzer开发的新型流化床干燥器等。

近年来，随着污泥干燥脱水研究的深入和工业节能战略的转型，出现了一些新型的污泥干化技术，如微波干化、低温真空干化、太阳能干化等，这些技术的出现为污泥的干化提供了新的思路和参考。

9.2.2 污泥干燥的机理

污泥的干燥过程由表面水汽化和内部水扩散两个步骤相互结合、同时并存地完成。干燥过程实质是去除水分的过程，水分的传输伴随着热量的传递，是复杂的传热传质过程。污泥的干燥过程要经过蒸发和扩散两个过程。其中蒸发过程指的是污泥表面水分的汽化。由于污泥表面的水蒸气压高于干燥介质中的水蒸气分压，因此导致水分从污泥表面迁移到干燥介质。扩散过程与汽化密切相关，污泥表面的水分被蒸发掉，其湿度低于污泥内部的湿度。此时，热量产生的推动力将水分从内部转移到表面。

李爱民等对污泥脱水的干燥实验表明，内层水分在扩散力和毛细管力的共同交替作用下向外扩散和迁移。随着干燥外层的逐渐增厚，水分向外扩散和迁移的阻力增大。马俠等的实验表明，干燥过程中不同的污泥有不同的水分析出方式。水分是层层传递的，扩散为主，毛细管力为辅；污水污泥则是内层与外界伴随着外壳的破裂直接进行热传递交换的，以毛细管力为主。薛玲丽等在污泥脱水干燥实验的研究中，提出了传热推动力理论。温度差越大，传热推动力也就越大，越有利于外表面水分的蒸发和内部水分向表面迁移。蒸发与扩散、扩散力与毛细管力、传热传质推动力都离不开质交换和热交换，这两个过程相互结合、同时并存。因此对污泥干燥机理的研究，实际是研究污泥干燥过程中的传热传质现象。

9.2.3 污泥干燥过程的形貌变化

（1）污泥干燥过程的宏观结构变化

污泥夹层干化过程的整个形变过程分为裂缝发展、裂缝收缩与整体收缩三个阶段，见图 9-5。

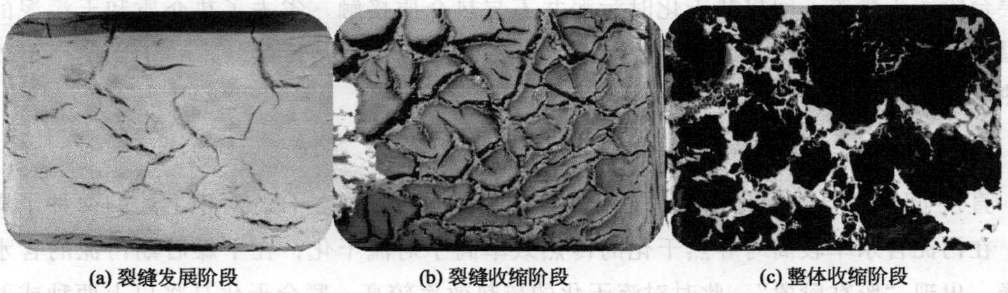

(a) 裂缝发展阶段　(b) 裂缝收缩阶段　(c) 整体收缩阶段

图 9-5　污泥在夹层干化过程中的形貌变化

（2）污泥干燥过程的微观结构变化

光大水务（济南）有限公司采用太阳能-中水热泵污泥干化系统（SHP）对济南市某污水处理厂的脱水污泥进行干化处理，不同干化阶段污泥整体的外观形貌如图 9-6 所示。对于含水率 75%左右的新鲜污泥，其外观颜色整体呈黑黄色且粘接性较好。经过 1～2d 的干化后，污泥的含水率降至 65%左右。此时，粘接性下降，污泥开始呈现块状分布。另外，此时污泥中黑泥的比例明显增多。分析得出，这与污泥在静置干化过程中发生的厌氧消化反应有关。再经过 2～3d 的干化后，污泥干化的程度明显提高，含水率降至

55%以下。此时，污泥表面的干燥程度大幅提高，且颗粒化程度也较高。

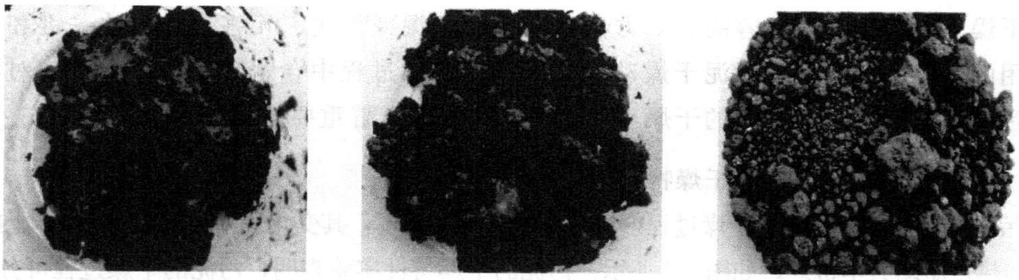

(a) 新鲜污泥含水率75%　(b) 含水率65%　(c) 含水率55%

图 9-6　不同干化阶段污泥的外观形貌

利用数码显微技术对三种污泥的外表水分存在形态进行观察，见图 9-7。经过进一步放大后，可以清晰地看出，随着干化停留时间的延长，污泥的含水率明显降低，表面逐渐变得干燥。

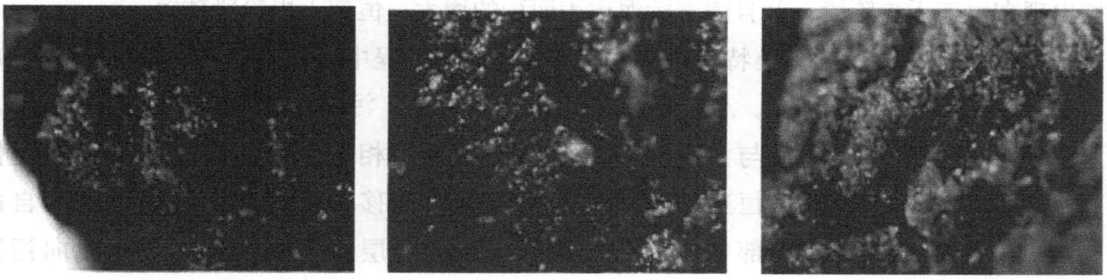

(a) 新鲜污泥的含水率75%　(b) 含水率65%　(c) 含水率55%

图 9-7　不同干化阶段污泥的显微形貌

图 9-8 为通过切片处理后污泥内部孔隙中水分的形态分布。含水率 75%的污泥孔隙中游离的毛细间隙水和与聚合物融在一起的化学结合水相对较多，随着污泥的含水率下降，间隙水分和化学水分均逐渐去除。污泥胞外水分的去除规律为，先是毛细水、间隙水被去除，而后是化学结合水。这是由于聚合物中含有大量的多糖类物质，这些物质所附带的羟基功能团（OH—）均为亲水性物质，与水分结合得较为紧密，导致水分难以去除。

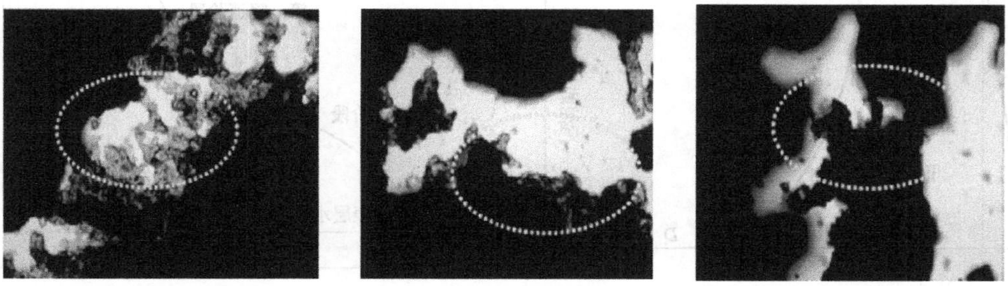

(a) 新鲜污泥的含水率75%　(b) 含水率65%　(c) 含水率55%

图 9-8　不同干化阶段污泥切片处理后孔隙水的形态

9.2.4 污泥干燥动力学

干燥是使污泥急剧减容的有效方法之一，是污泥减量化、无害化处理的关键和资源化利用的前提。准确了解污泥干燥动力学，掌握干燥过程中含水量的变化规律，对科学制定污泥干燥周期、设计新的干燥工艺、降低能耗等有着重要的意义。

（1）污泥的干燥速率与干燥特性曲线

污泥干燥速率的变化是干燥过程中湿分迁移的宏观表现，其变化规律揭示了污泥干燥内部微观的传热传质动力学机理，如图 9-9 所示。污泥的干燥特性实验表明，污泥的干燥过程可分为预干燥阶段、恒速干燥阶段和降速干燥阶段。在预干燥阶段的时间非常短；对于不同温度、不同颗粒的污泥，恒速干燥阶段的长短不同；而降速干燥阶段是干燥过程的主要阶段。在预干燥阶段，存在一个较短的加速干燥阶段。污泥干燥过程中，恒速阶段很短，甚至不存在。在实际研究过程中，由于加速和恒速阶段的短暂存在，对这两个阶段的研究意义有限，因此污泥干燥动力学的研究主要集中在降速干燥阶段上。对饼状、球状和含油污泥的干燥实验表明，污泥干燥过程的各阶段均在污泥失重率为 10%和 65%左右的时间发生，对应的失重率比例为 2∶11∶3；干燥速率最大时均出现在恒速干燥阶段，并且随着污泥比表面积的增大，恒速干燥阶段越短。

图 9-10 为典型的污泥干燥特性曲线。污泥在干化过程中会出现三个阶段，恒速阶段、第一降速阶段、第二降速阶段。*AB* 部分是恒速干燥阶段，污泥中的自由水可自行移动，自由水从内部扩散到表面的速率与污泥表面水分蒸发的速率相等，因此污泥表面的温度保持恒定，污泥的干燥速率也保持恒速，该阶段自由水能快速移到污泥表面被去除。当自由水被干化后，表层热量向污泥内部传递，内部的间隙水和表层水在热量的驱动下，向污泥表面移动。曲线 *BC* 为第一降速阶段，由于干燥环境和污泥自身的结构等因素，使污泥内部水分扩散的速率远低于表面水分蒸发的速率，对于该减速阶段，除去的是污泥内部的间隙水。恒速阶段与第一降速阶段的分界点为“临界点”，其对应的平均湿含量称为临界湿含量。曲线 *CD* 为第二减速阶段，随干燥过程的进行，干燥速率逐渐下降，该阶段除去污泥内部的表层水。在最后阶段，随着干燥速率降至最低，除去化学结合水并达到平衡直到干燥结束；在此干燥阶段污泥的物理形态开始变化，污泥开始收缩，表面出现裂纹。

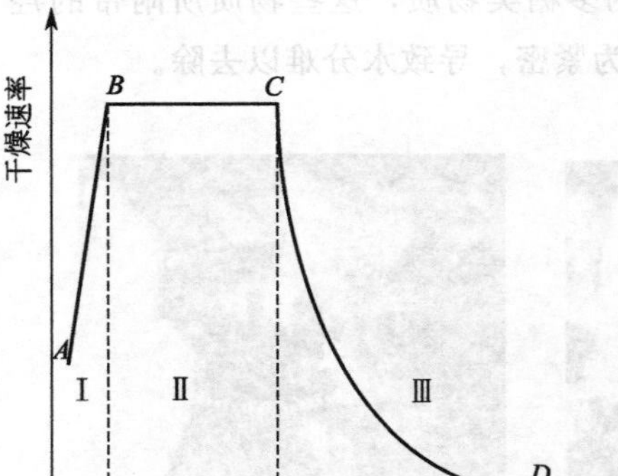

图 9-9 污泥的干燥速率曲线

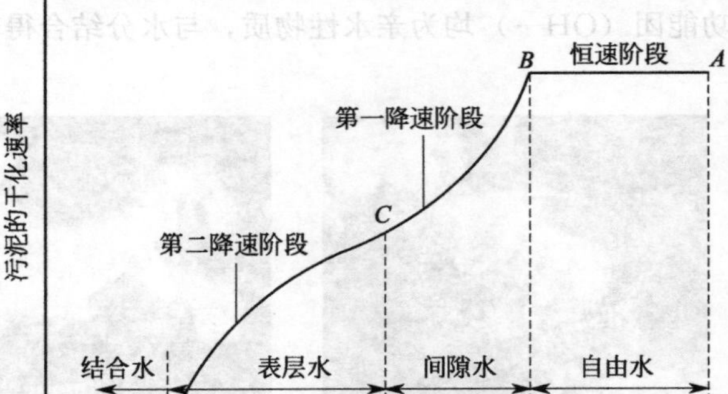

图 9-10 污泥的干燥特性曲线

污泥干燥的过程实质上就是污泥中水分蒸发迁移的过程，对于实际的工程应用来说，减少蒸发及迁移过程的能量耗散是一个至关重要的问题。1kg 含水率为 80%的污泥干化到含水率为 20%的干污泥，需要蒸发 0.75kg 的水分，汽化潜热约为 1692kJ，而实际的干化能耗可能是其 2 倍以上。由此可见，污泥干化是一个高耗能的过程，污泥干燥设备的节能性是一个衡量干燥设备的重要参数。如何有效地利用热能来减少热量的损失是干燥节能的关键所在，而热能的损失主要来自于干燥工艺和热源这两方面，不同的干燥工艺类型和不同性质的热源对热损失的影响不同。

(2)影响干燥速率的因素

污泥干燥所需时间的长短首先取决于干燥速率，即单位时间内在单位面积上从污泥中所能取走（汽化）的水分量。干燥速率通常考虑的因素有：

① 物料的性质和形状。包括物料的化学组成、结构、形状、大小和物料层的堆积方式以及水分的结合形式等。

② 物料的湿度和温度。物料的初始含湿量、终了含湿量及临界含湿量等都影响干燥速率。物料本身的温度也对干燥速率有影响，物料的温度越高，干燥速率越大。

③ 干燥介质的温度和湿度。干燥介质的温度越高，干燥速率越大。但干燥介质的温度究竟多少为宜，则与被干燥物料的质量要求有关。干燥介质的相对湿度对干燥速率也有很大的影响，相对湿度越小，干燥速率则越大。

④ 干燥介质的流动情况。干燥介质的流动速度越大，介质与物料间的传热就越强，物料的干燥速率就越高。

⑤ 干燥介质与物料的接触方式。物料在介质中分布得越均匀，物料与介质的接触面积就越大，从而强化了干燥过程的传热和传质，提高了干燥速率。固体流态化技术在干燥操作中的应用就是一个明显的例子。物料与干燥介质相互之间的运动方向也对干燥速率有较大的影响。

⑥ 干燥器的结构形式。干燥器的结构形式是多种多样的，但都必须要考虑到以上各种因素的影响，以便设计出较为有效的干燥装置。

（3）污泥干燥动力学模型

干燥动力学是对干燥过程进行数值模拟而得出干燥方程。国内外学者对污泥干燥过程的数值模拟进行了大量研究，主要集中在理论公式推导、干燥曲线的回归分析、理论和经验的数学模型 3 个方面，其中以污泥薄层干燥研究最为广泛。薄层干燥模型分为理论与半理论、经验与半经验方程。理论方程由 Fick 定律推导出来，适用于任何干燥条件。由于只考虑湿分传输的内在阻力，需要众多假设条件支撑，推导出的方程也比较复杂，因此误差较大。半理论方程由理论方程简化而来，其形式比较简单。半经验方程将牛顿冷却定律与干燥动力学相结合，只需较少的假设条件，方程精度较高，应用广泛。经验方程则完全忽略了污泥干燥过程的基本原理，由实验数据直接得出湿分比与时间的方程式；精度取决于实验环境，模型中的参数也没有任何物理意义，只能得到有限的干燥特性信息。

大量学者通过 Fick 扩散定律和 Arrhenius 公式，对污泥干燥动力学中的有效扩散系数、活化能等重要参数进行计算，获得了污泥干燥的特性信息及结果。由于污泥的种类繁多、干燥介质不同、形状不一，因此除了引用常见的干燥动力学模型外，还有通过一定的假设条件、实验环境和传热传质机理建立的污泥干燥动力学模型，或直接对污泥干燥的实验数据进行回归拟合得到。郑龙等对污泥在低温低湿条件下的干燥规律进行了研究，表明污泥的低温低湿干燥过程属于水分内部迁移控制，即水分的扩散速率决定干燥速率，并得出污泥的低温低湿干燥过程可用Page模型来描述的结论。张绪坤等探讨了污泥薄层过热蒸汽与热风的干燥特性，评估出Midilli模型能很好地描述污泥薄层过热蒸汽及热风的干燥降速段，计算了有效扩散系数和活化能，结果与实验值基本吻合。姜瑞勋等采用薄层干燥方式对脱水污泥热干燥的研究结果表明，Logarithmic模型最适合用于污泥薄层干燥的分析，80～150℃的有效扩散系数为8.486×10^{-10}～$4.386\times10^{-9}\ m^2/s$，活化能为29.56kJ/mol。华南理工大学的肖汉敏等在80～160℃的污泥条件下，进行了不同干燥温度下、不同污泥饼厚度和不同初始含水率下的等温干燥实验，同时对污泥的干燥动力学模型进行拟合，得出污泥干燥的最佳干燥动力学模型。比较7种干燥模型，其中Page和Modified Page模型比较适合拟合污泥的干燥过程。利用Page模型验证，实验值和拟合值具有很好的一致性。污泥干燥的扩散系数介于$2.03\times10^{-8}\ m^2/s$与$8.25\times10^{-8}\ m^2/s$之间，活化能为24.364 kJ/mol，指前因子为$7.603\times10^{-5}\ m^2/s$。西安建筑科技大学的李斌斌等通过污泥干燥实验，研究了污泥干燥过程中的形貌变化，考察了泥层厚度、温度、风速对污泥干燥特性的影响，并引入薄层干燥模型，采用MATLAB对污泥干燥的动力学过程进行模拟。结果表明，污泥中网络状的絮体结构不利于水分的蒸发；在泥层厚度为0.4mm，将污泥含水百分比20%作为干燥终点时，干燥过程为恒速干燥，能够有效地降低干燥时间；提高温度和风速，可以提高污泥水分的表面蒸发速率，减少干燥时间；Page模型比其他模型更适合本次的污泥干燥分析。应用Fick扩散模型，得到在温度50～70℃、泥层厚度0.4～2.0mm条件下有效扩散系数的变化范围为1.13×10^{-9}～$8.90\times10^{-9}\ m^2/s$，并得到了有效扩散系数随厚度、温度变化的关系式。

（4）污泥干燥动力学理论发展趋势

污泥干燥动力学理论研究方面，可引入突变、混沌、分形理论等非线性动力学理论。马德刚等通过功率谱对污泥的干燥速度曲线进行了分形与混沌特性研究，表明污泥的干燥速率变化具有分形特性，污泥干燥的内部传质具有随机过程，这为建立干燥动力学模型或对污泥干燥传质的模拟增加了一种新的参考，模型或模拟中应该考虑随机过程。同时污泥的种类和干燥温度对干燥速率变化的分形有较大影响，利用Hausdorff维数和整体盒维数计算方法得到了内部传质动力学特性的分形维数，为后续的理论分析提供了强有力的依据。王伟云等对污泥的干燥速率曲线进行了分形特性研究，表明不同直径的柱状污泥干燥速率曲线具有多重分形特性，并且直径越小，多重分形特征越明显。可见，结合这种非线性动力学来研究污泥干燥，可以间接反映污泥干燥过程中内部传热传质的运动特性，这对丰富污泥干燥的理论研究、建立合理的干燥动力学模型以及检验干燥动力学模型的合理性等方面将具有重要意义和实用价值。

热分析动力学是一种新兴的污泥处理技术。利用污泥中有机质的热不稳定性在一定条件下可以受热分解，有效实现污泥的减量化、资源化和无害化。采用热分析动力学技术或联合干燥动力学方程来研究污泥干燥，获得了污泥干燥的机理方程、表观活化能、指前因子、反应级数和干燥速率常数等。热分析动力学技术在污泥干燥动力学中的应用还不是很多，但具有自身的优越性。计算机技术和数据处理软件的应用，为污泥干燥动力学的参数研究提供了便利条件。

9.3 污泥热泵干燥技术

9.3.1 污泥热泵干化技术

（1）污泥热泵干化原理与系统

污泥热泵干燥技术是利用热泵从干燥室排出的高湿热风中吸收部分显热和蒸汽潜热，用来加热空气以自然或强制对流循环的方式与物料进行湿热交换来达到干燥除湿目的方法，是一种绿色的干燥技术。热泵干燥系统可分为开式、半开式、封闭式，详情请参阅第 4 章。污泥热泵干燥系统多采用封闭式系统，在封闭式系统中不从环境中引入新风，也不向环境中排放废气；同时热泵能将干燥过程中排放废气的水蒸气冷凝释放的潜热转化为通过冷凝器的显热，可以避免热湿空气排放造成热量损失和环境污染，通过调节控制热风的温度和湿度，提高物料的干燥质量和达到不同的干燥目的。因此，与传统干燥相比热泵污泥干燥技术具有节约能源、干燥条件可调节范围广、可回收物料中易挥发的成分与自动化程度高等优点。

热泵在干燥过程中，不仅能回收来自干燥室空气中的潜热和显热，还能起到对来自干燥室的空气进行降温除湿的效果；湿度降低之后的干燥空气具有了更高的吸水能力，使得热泵干燥系统的效率得到了提升。对应上述的处理过程，热泵污泥干燥系统的能量来源及分配示意如图 9-11 所示。实际上在热泵污泥干燥系统中，其输入能源主要为压缩机消耗的电能，经热泵循环热量在制冷剂与干燥空气中传递；考虑干燥过程中湿污泥吸热、设备本身的散热，其余的热量则需由散热设备散出系统外。热泵的能效比决定了它节省能源的特性，与普通的电烘干和煤气相比，其节省 60%～70%的能耗成本。热泵烘干机比燃油、烧煤、烧气、电加热及红外线等传统烘干机更节能。

近年来，污泥热泵干燥技术的研究主要集中在污泥干燥规律、干燥模型及系统分析等方面。污泥干燥速率的变化是干燥过程中湿分迁移的宏观表现，其变化规律揭示了污泥干燥内部微观的传热传质动力学机理。熊梦清等研究了热泵干燥系统的能量回收率和能量效率，表明随着热泵工质流量增大，干燥介质冷凝器的出口温度、干燥介质循环率和能量回收率都增大，但能量效率却随之降低；当两者同时在合理的范围内时，热泵干燥系统才能获得节能减排的双重效益。张璧光等研究表明污泥热泵干燥系统的干燥速率主要取决于干燥室内的温度和相对湿度，温度越高、相对湿度越低，干燥速率越大；污泥干燥的供风温度与热泵工质有关，热泵工质的冷凝温度越高，热泵的供风温度就越高，干燥速率也越快。热泵虽然具有显著的节能效益，但热泵在实际的运行中其冷凝温度与蒸发温度通常为同步升高或降低，导致干

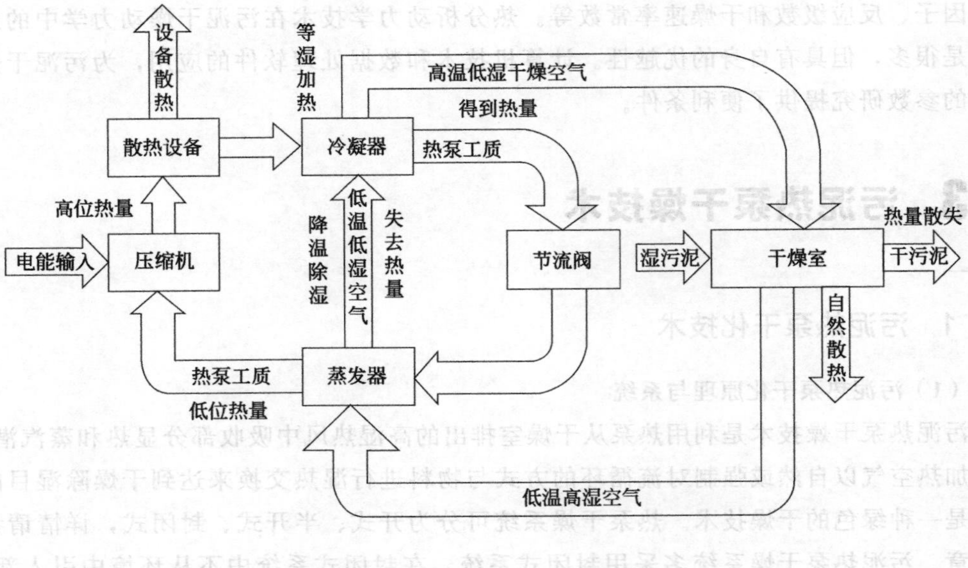

图 9-11 热泵污泥干燥系统的能流图

燥效率低。此外，要使得热泵达到最佳的工作状态，必须对其进行定期的维护保养，这在一定程度上增加了干燥成本。

（2）污泥热泵干化实验

实验用的污泥取自江苏省扬州市某污水处理厂，污泥经过滤脱水后，在混合造粒机中，将 50%的湿污泥（湿基含水率约 80%）与 50%的干污泥（湿基含水率约 20%）混合并制成粒径 2～4mm 的待干污泥，此时污泥的含水率为 46%左右，利用热泵干化技术干化后污泥颗粒的湿基含水率≤20%。

热泵干化系统如图 9-12 所示。系统由热泵循环风机、冷凝器、加热器、风阀、风机、污泥干燥室、蒸发器、压缩机与节流阀等设备部件构成。热泵工质采用环保制冷剂 245fa。热泵压缩机的功率为 172W，电加热器为 400W，热泵循环风机为 56W。干燥箱的内部尺寸为 610mm×520mm×360mm。污泥颗粒放置在多层物料架上，每层污泥的厚度约为 1.5cm。每次干燥的湿污泥在 2～3.5kg 之间。干燥箱的内部设有循环风机，其功率为 68W。

在污泥的热泵干燥过程中，污泥的湿基含水率、干燥箱内空气的温度与相对湿度随时间的变化规律如图 9-13 所示。由图 9-13 可以看出，污泥含水率的变化规律与常规干燥基本相同，而空气温度和相对湿度的变化有些差异，主要表现在污泥含水率为 30%～26%的这一阶段；由于热泵短暂停机，使干燥箱内的相对湿度突然升高，而温度有所降低。图 9-14 显示了污泥的干燥速率随含水率的变化关系。由图 9-14 可以看出，污泥的干燥速率与空气温度的变化规律十分相似，二者的相关性很高（相关系数平方 $R^2=0.8082$）。污泥的湿基含水率在 30%左右时，干燥速率明显下降，随后又逐渐回升。

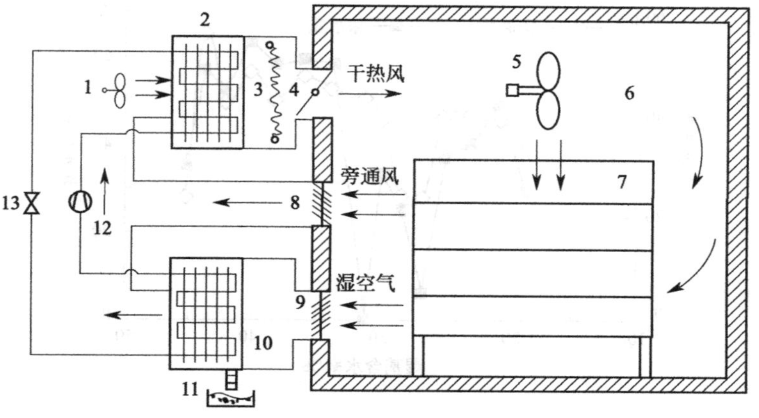

图 9-12 污泥热泵干化系统

1—热泵循环风机；2—冷凝器；3—加热器；4—风阀；5—风机；6—污泥干燥室；

7—污泥架；8，9—阀门；10—蒸发器；11—水杯；12—压缩机；13—节流阀

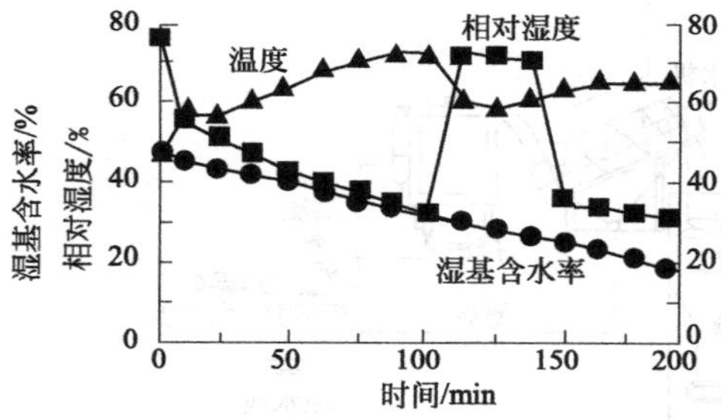

图 9-13 污泥的干化特性曲线

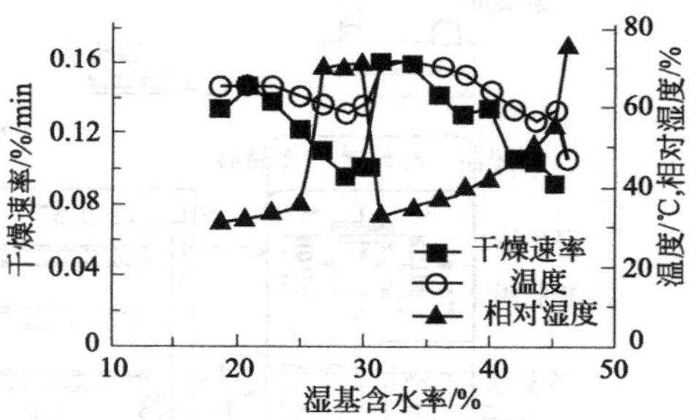

图 9-14 干化速率与温度、相对湿度的关系

图 9-15 为排水量与节能率随湿基含水率的变化关系。从图中可以看出，热泵干燥的能量回收率随排水量的增加而增大，热泵干化污泥的节能效果显著；含水率 46.2%～18.27%的平均能量回收率为 39.35%，最低值为 23.6%，最高值为 48.8%。此外，热泵的能量回收率还与热泵的能耗有关。例如热泵的初始启动阶段，由于能耗较高，此阶段虽然排水量不算小，但能量回收率较低。热泵的干燥速率和节能率有可能通过改善干燥工艺和改进热泵设计而得到进一步提高，需要进一步进行相关的实验研究。

9.3.2 带回热的污泥热泵干化技术

图 9-16 为带回热的热泵低温污泥网带干化系统。工业污水污泥（含水率约 99%）经叠螺脱水机脱水成为含水率 80%～85%或更低的湿泥，然后经成型机挤压为条状污泥，落在热泵低温干化系统中的传送网带上。干化系统经送风机送入温度为 65～80℃的干风，自下而上穿过载有污泥的网带，与污泥进行热质交换；污泥吸热蒸发脱水，脱水后带有大量水汽的热风进入热泵冷凝器进行冷却，排出水分；热量被热泵的冷媒吸收，通

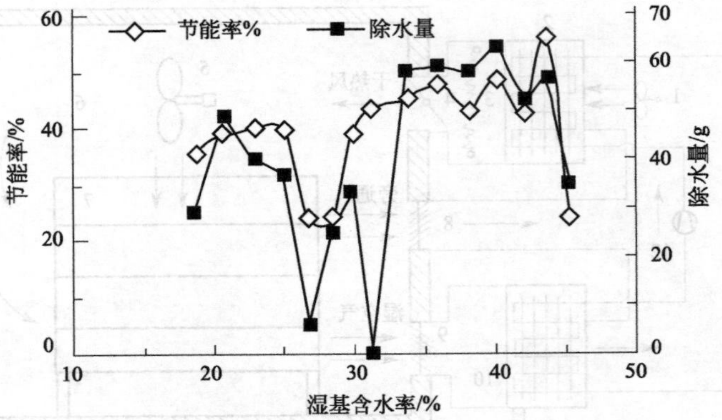

图 9-15 排水量与节能率的关系

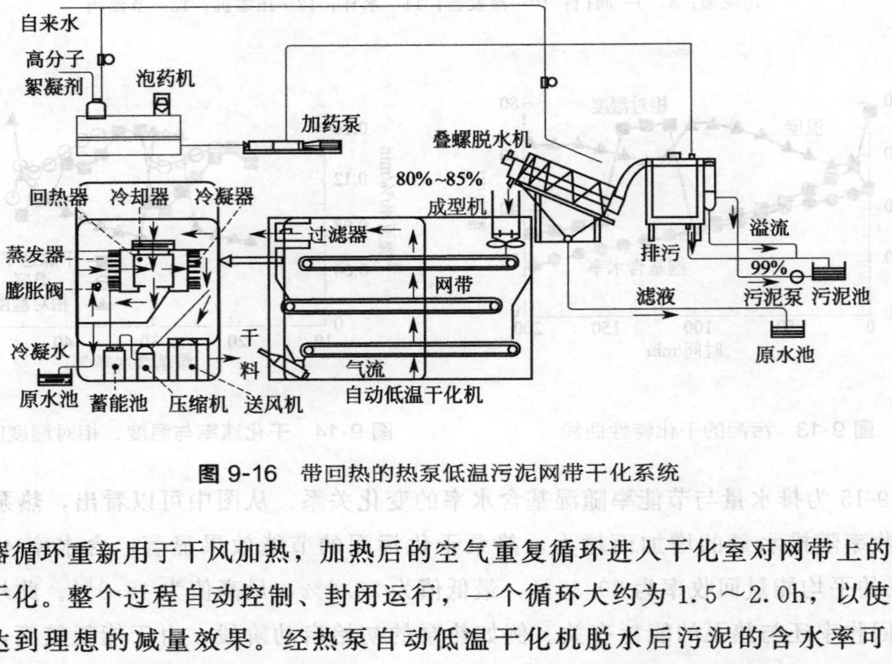

图 9-16 带回热的热泵低温污泥网带干化系统

过回热器循环重新用于干风加热，加热后的空气重复循环进入干化室对网带上的污泥进行脱水干化。整个过程自动控制、封闭运行，一个循环大约为1.5～2.0h，以使湿泥充分脱水达到理想的减量效果。经热泵自动低温干化机脱水后污泥的含水率可以降到10%～30%，污泥总重减少70%以上。热泵低温干化技术的脱水效率显著增加，部分先进产品可以达到3～4kg/(kW·h)。因此，该技术用于干化脱水的耗电量与其他干化技术相比具有突出的节能优势。因为该干化系统自动控制、封闭运行，所以不会产生废气、废水、粉尘等二次污染。其低温干化过程安全，且有利于杀灭有害细菌。

9.3.3 污泥太阳能干化技术

污泥太阳能干化技术将太阳能应用于城市污泥干化，将市政污泥中的水分降低至30%以下，可大幅度减少污泥干化过程对常规能源的依赖，经济高效地实现污泥的稳定化、减量化及资源化。太阳能干化装置的主要目的是通过太阳辐射能量和空气非饱和程度将污泥水蒸发出来，所以可通过以下技术实现：①保证太阳辐射能直接到达污泥表面的辐射量并被吸收转化成热能；②保证通风，使大量非饱和空气在污泥表面上流动，加强对流。由此形成了在集热、翻泥、进料、收料等方面不断改进发展出来的干化工艺。虽然太阳能干化的干化时间较长，但其能耗较低。机械热干化过程的能耗约800～1000kW·h/t水，而太阳能干化过程的电耗不到100kW·h/t水。太阳能干化系统适合太阳能辐射强度常年较大且土地资源充足的地区。在欧洲尤其是法国和德国，该技术得到了应用和推广，如威立雅的Solia工艺、得利满的Helantis工艺、德国University of Hohenheim与Thermo-System Industrie-und Trocknungstechnik GmbH联合报道的运用机器人的TherInosystem工艺等。

太阳能干燥器根据结构形式及运行方式，可以分为温室型、集热型以及两者结合或与其他能源方式联合应用的太阳能干燥器，如集热-温室型光能干燥装置、集热-常规能源联合光能干燥装置、集热-蓄热光能干燥装置、集热-热泵等组合式光能干燥装置。

温室型太阳能干燥器一般采用透光率较好的盖板，太阳光辐射穿过盖板后，一部分直接投射到被干燥物料上，被其吸收转换为热能，使污泥中的水分不断汽化；另一部分则投射到干燥室内壁面上，也被其吸收并转换为热能，用以加热干燥室内的空气，温度逐渐上升，热空气进而将热量传递给物料，使物料中的水分不断汽化，然后通过对流把水汽及时带走，达到干燥物料的目的。污泥在温室内主要存在辐射干化、通过自然循环或通风与污泥堆发酵产热三种干化过程。当温室内的污泥接受外部太阳光线的有效辐射后温度升高，使其内部水分得以向周围空气加速蒸发，从而增加了污泥表面的空气湿度，甚至于达到饱和。将温室内的湿空气排出，使污泥表面的湿度由原先的饱和状态进入非饱和状态，从而促使污泥内部的水分进一步向周围空气蒸发。实验证明，后者污泥干化过程中占据更重要的位置。当污泥中的含水率减至近40%～60%时，污泥中的有机物会在有氧的条件下进行发酵，从而可以观察到污泥堆的内部温度进一步升高，起到加速干化作用，同时也使污泥得到稳定化处理。

为进一步加速污泥中的水分（包括污泥中的自由水分和间隙水分）蒸发，一些温室附属设备也得到了相应的开发和利用，其中包括：①大流量强制通风系统，并附加气体收集和除臭装置，满足大面积温室处理污泥的需要；②半自动化甚至全自动化的翻泥系统，使污泥得到经常性的翻动并混合均一，从而不断翻新蒸发面积，同时也起到供氧作用，避免污泥堆内部出现局部厌氧而释放恶臭气体；③暖气系统，用于减小温室的设计面积，使其适应在不同天气和不同季节条件下干化作业的需求，缩短处理周期。

集热型太阳能干燥器是太阳能空气集热器与干燥室组合而成的干燥装置，这种干燥器利用集热器把空气加热到60～70℃，然后通入干燥室，物料在干燥室内实现对流热质交换过程，达到干燥的目的。装置通常采用高温保温水箱，将白天富余的太阳能储存起来供夜晚使用，太阳能利用率高。

因太阳辐射具有间歇性、能流密度低和不稳定等弊端，太阳能污泥干化技术的应用推广受到了一定限制。太阳能干化装置所需的占地面积及暖房费用与太阳能输入能量有关，在地理气候条件较差的区域，这两个参数将会变得很大。要实现太阳能干化的规模化应用，需要与相变蓄热技术或其他能源技术联合使用，提高太阳能光热利用效率，降低集热系统的占地面积和使用成本，才能保证太阳能干化作业的连续性并提高干化效率。太阳能干化装置还有一个问题，就是可能产生臭味。如果进料污泥呈黏性非颗粒状时，会在暖房内呈现厌氧状态，产生挥发性恶臭，需考虑进行除臭处理。

9.3.4 污泥太阳能热泵干化技术

太阳能热泵干燥装置将太阳能加热干燥运行能源费用低以及热泵干燥装置工作稳定可靠的优点相结合起来，较常规气流干燥在能源消耗和干燥成本方面具有明显优势。太阳能与热泵结合的污泥干燥技术充分利用太阳能集热器在低温时集热效果好、热泵系统在其蒸发温度高时效率高的优点，将太阳能加热系统作为热泵系统的低位能源组成新的太阳能热泵供热系统。这种系统结合方式，能够克服太阳能本身所具有的稀薄性和间歇性，达到节省高位能源和减少环境污染的目的。太阳能-热泵干燥系统一般包括干燥子系统、热泵系统、太阳能系统以及相应的控制系统，通常采用太阳能加热为主，热泵系统加热为辅的干燥方式。太阳能热泵干燥系统以热泵产生的热能和太阳能共同作用，对污泥进行干燥。

（1）污水源太阳热泵污泥干化系统

城市污水携带的热量是城市废热之一，利用污水源热泵回收污水的热能并转换成高品位清洁能源向外供热是城市污水资源化的重要内容。城市污水具有储量大、受气候影响较小、水温适宜且温度变化幅度小、容重高、比热容大、储存的热量较高等特点，如 $1m^3$ 污水的温度降低 1℃可释放出约 1.163kW·h 的热量，远高于 $1m^3$ 干空气的温度降低 1℃可释放出的热量（0.00039kW·h）。污水厂多位于城郊，若利用污水源热泵输出的热量对厂内污泥进行低温干化，则实现了污水废热资源化利用和污泥干化过程节能。将太阳能与污水源热泵集成为污泥干化提供能量，既可保证系统稳定运行，又可进一步降低干燥过程运行的能耗。晴日时，尽可能利用太阳能集热系统满足污泥干化的要求，阴雨天等太阳能辐射条件不好时利用污水源热泵系统满足污泥干化的需要。图 9-17 为一种原生污水源热泵结合太阳能的污泥干化系统。该系统由污泥倾倒车、储料仓、污泥泵送装置、污泥铺摊装置、太阳能温室集热器与太阳能集热补热系统、污水源热泵系统、末端空调水系统、干料收集系统、除臭系统和 PLC 控制系统等组成。

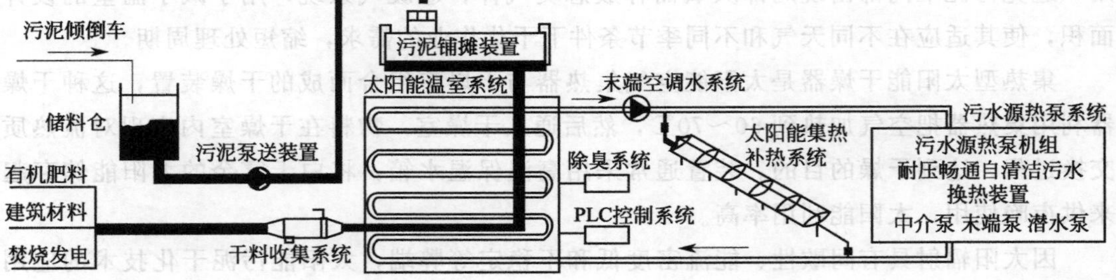

图 9-17 污水源热泵与太阳能结合的污泥干化系统

（2）网带式太阳能高温热泵污泥干燥系统

图 9-18 所示的网带式太阳能高温热泵干燥系统主要由太阳能集热系统、干燥系统、热泵系统和微机监测与控制系统组成，其工作模式可分为太阳能干燥污泥、太阳能和热泵耦合干燥污泥与热泵干燥污泥三种。当夏天阳光充足时，太阳能集热器能使空气温度升至 70℃以上，在这种情况下热泵系统不开动，完全利用太阳能进行干燥，充分节约能源。春秋天时太阳供能不是非常充足，当太阳能集热器的空气温度达不到 70℃时，则启动热泵系统进行联合加热。当冬天太阳能不能提供热风时，则可以单独开启热泵系统，并利用其他余热对污泥进行加热干燥。

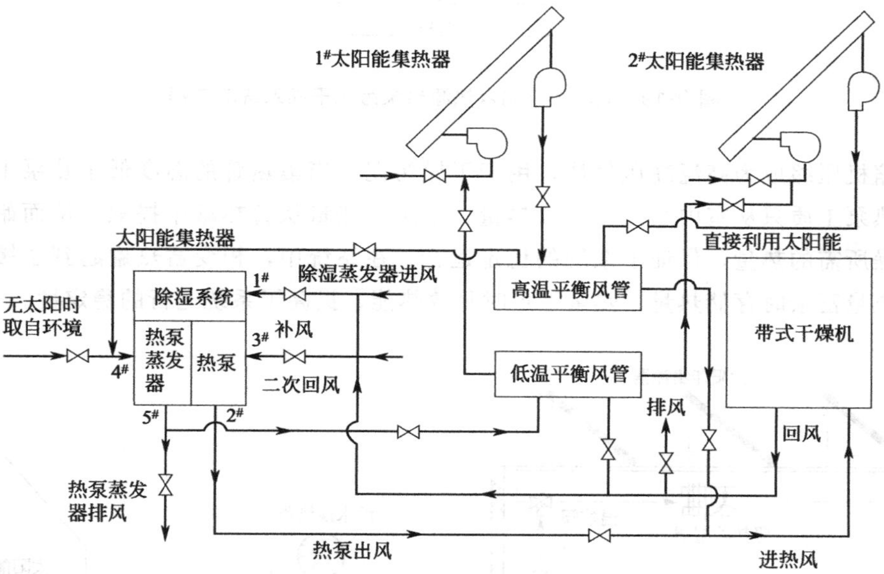

图 9-18 网带式太阳能高温双热源热泵污泥干燥系统

网带式太阳能高温双热源热泵干燥系统的工艺流程如图 9-19 所示。污泥先经脱水机进行机械脱水至含水率 80%左右，再经螺旋输送机送至定量给料机，进行定量给料；通过两套定量给料机和皮带输送机分别将含水率 80%和含水率 20%的污泥送至混合机内，混合得到含水率 50%左右的污泥；然后送至造粒机进行造粒，粒径为 3mm，颗粒必须均匀而坚实，成品率要求＞98%；最后，粒状污泥通过旋转给料阀和布料器将其匀铺在不锈钢网带上；传送带的速度和布泥的厚度可实现自动调整。干燥机内配置了良好的热风循环系统，热风温度高于 80℃。经热风干化后的颗粒污泥其含水率≤20%，然后经旋转阀将其送出厢式干燥机。吸收水分后的湿热气体，经引风机送至除尘装置后送往热泵除湿。

（3）太阳能集热管、热泵以及蓄热装置组合的污泥干化系统

图 9-20 为一种利用太阳能集热管、热泵以及蓄热装置的污泥干化方案。其工作原理为：从节流阀出来的一路低温低压热泵工质经过太阳能集热管，带走集热管中吸收的太阳能热能；另一路热泵工质通过太阳能温室内的蒸发器，将高温潮湿空气降温冷凝，并充分吸收湿气中的潜热；两路热泵工质汇合后进入相变蓄热罐，将多余的热能储存后再

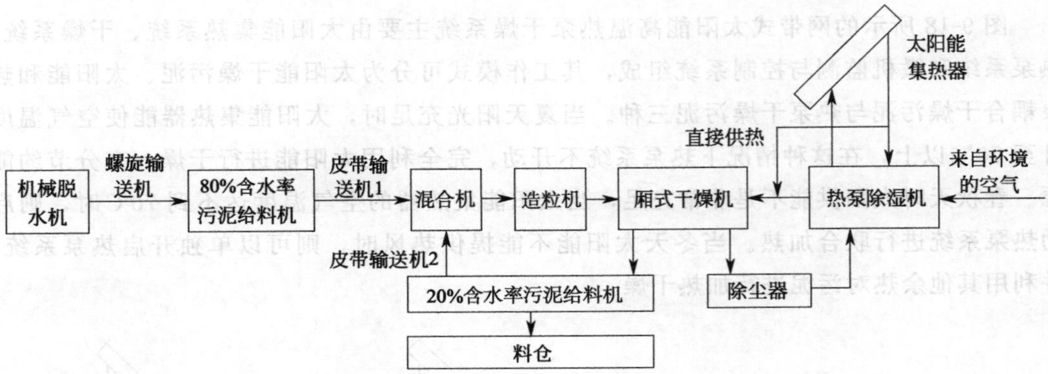

图 9-19　太阳能高温双热源热泵污泥干燥系统的流程

进入压缩机压缩成为高温高压气体，用于干燥污泥。当集热管的温度低于热泵工质的温度时，热泵工质只从室内蒸发器吸收热量，不足的热量从蓄热罐中提取，从而始终维持污泥干燥所需的热量，保证了系统的稳定运行。在系统中，相变蓄热罐起到了缓冲池的作用，热量富余时存储热量，热量不足时释放热能，提高了系统运行的稳定性。

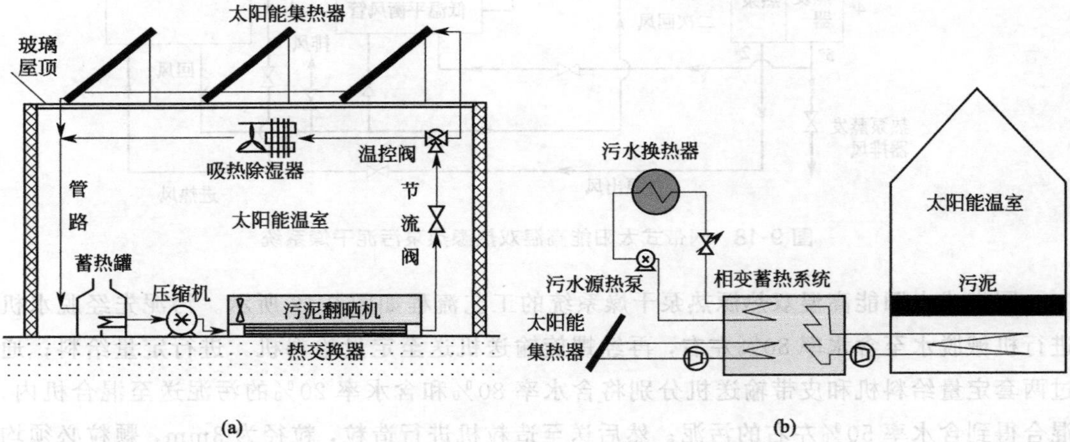

图 9-20　太阳能、热泵、蓄热污泥干化装置及工艺

相变蓄热装置将太阳能集热器收集的热能先蓄积起来，通过内置换热器再将热能传递给用于干燥污泥的循环介质。另外考虑气候条件的不确定性，采用污水源热泵作为补充。在蓄热系统热能不足的情况下，热泵启动往相变蓄热系统蓄热。由于电价在峰时高于谷时，因此热泵只在谷时段启用。该系统能够充分利用太阳能，节约其他能耗。在太阳能不足的情况，不仅可以利用污水的低品位热能，减少一次能耗，又能够利用谷时电价便宜的特点，减少能源费用支出，大幅降低污泥干化的运行费用。

（4）相变储能光伏太阳能热泵干燥系统

图 9-21 为一种相变储能光伏太阳能热泵干燥系统。该相变储能光伏太阳能热泵全新

风干燥装置，实现干燥废气余热回收（尤其是潜热）、新风一级增温和二级增温以及富裕能量的存取。其中一级增温采用干燥废气余热回收，由管翅式蒸发器、压缩机、管翅式冷凝器、储液罐、干燥过滤器和电子膨胀阀等组成；二级增温采用相变储能蓄热，由管翅式冷凝器、压缩机、储液罐、干燥过滤器、电子膨胀阀、相变储能箱等组成。其运行方式为太阳能光伏集热蒸发器产生电能，仅供给直流压缩机，而相变储能压缩机、热回收压缩机和风机由市电供给；循环回路Ⅰ中热回收蒸发器为一级热泵的低温热源，对干燥新风（空气）进行预热；循环回路Ⅱ中相变储能箱为二级热泵的低温热源，用于对干燥新风（空气）进行二级加热，满足连续干燥供热的热量；外部空气经过一、二级冷凝器加热，对干燥室中的物料进行干燥。

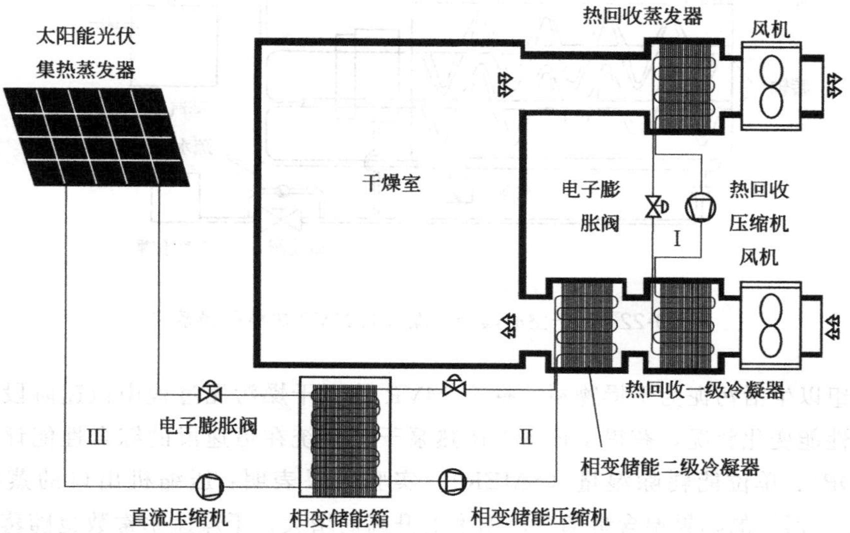

图 9-21　相变储能光伏太阳能热泵干燥装置

该装置实现了太阳能光电与光热利用的合二为一，热泵工质蒸发吸热时大大降低了太阳能电池板的工作温度，有利于光电转换。利用石蜡作为相变储能材料，解决了由于辐照波动导致的系统运行不稳定问题，同时提高二级蒸发温度。太阳能光伏集热蒸发器发电为直流压缩机提供所需的电能，实现储能的零能耗。太阳能光伏光热板与热泵组成的联合干燥系统，其干燥温度可达60℃以上，且温度可控，较宽的调节范围使该系统适用于多种物料稳定、高效、节能的干燥。

9.3.5　MVR 热泵污泥干化技术

为降低干燥过程的能耗，浙江工业大学的程榕教授课题组设计建立了污泥处理量为50kg/h 的基于空心桨叶干燥机的 MVR 热泵干燥系统；如图 9-22 所示，该系统由空心桨叶干燥机、罗茨式蒸汽压缩机、蒸汽发生器、丝网除沫器及相关辅助设备构成。其工艺流程如下：开启压缩机，抽取干燥机内的不凝性气体；关闭冷凝水出口阀和压缩机，将物料通过螺旋进料机送入到干燥机内；开启蒸汽发生器产生蒸汽预热物料，将物料预热到产生蒸汽后，开启压缩机，产生的二次蒸汽经过压缩机压缩升温升压后替代新鲜蒸汽作为热源；当系统稳定运行时，将电加热蒸汽发生器调至最小，同时调节压缩机变频器和排气阀门来调节其前后压力差，维持系统稳定运行。实验过程中，通过放空阀排出不凝性气体。

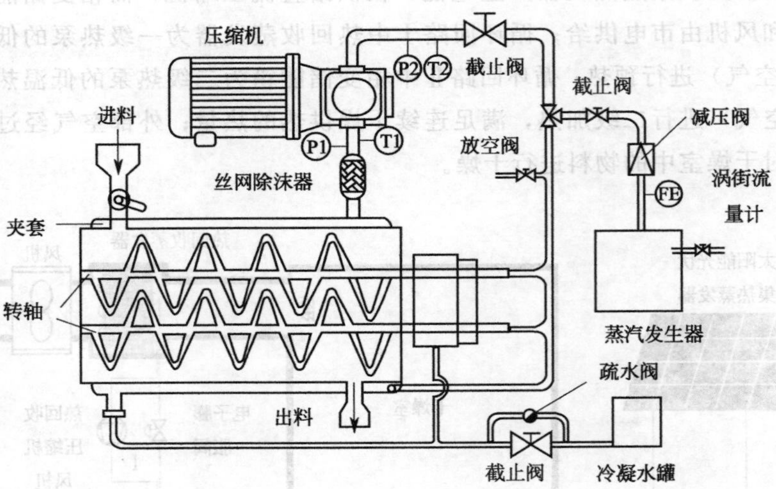

图 9-22 基于空心桨叶干燥机的 MVR 热泵干燥系统

课题组以生活污泥为干燥物料，探究 MVR 热泵干燥污泥过程中恒速阶段不同实验条件下的性能变化状况，获得了该 MVR 热泵干燥系统在恒速段的综合性能评价参数能耗比（COP）、单位能耗除湿量（SMER）。实验结果表明：压缩机出口的蒸汽温度为95～115℃，污泥的临界湿含量随蒸汽温度的升高而增大，干燥速率常数也随蒸汽温度升高而增大；在实验条件范围内，MVR 热泵干燥系统的 COP 为 3.9～5.0，SMER 为5.2～7.7。在污泥干燥的恒速段，降低干燥压力、适当减小压缩比、选择合适的热轴转速均有利于提高系统的运行效率；提出了通过提高压缩机的效率和增强干燥机的传热性能来优化 MVR 热泵干燥系统。

9.3.6 污泥微波干燥技术

微波干燥是将频率为 300～3000MHz 的高频电磁波作用于待干燥污泥，然后污泥中的水分子会在微波电场中剧烈振动，产生摩擦升温促使水分子汽化，具有加热速度快、干燥时间短、清洁卫生等特点。微波干燥技术应用到污泥处理上的研究起步较晚，但也取得了一定的研究成果。苏文湫等将微波干燥技术应用于市政污泥处理，研究结果表明，微波可高效快速地干燥污泥，有效实现污泥的减量化、稳定化；污泥的含水率由 82%降至 30%和 10%时，干燥污泥的能耗分别为 1133kW·h/t 污泥和 1300kW·h/t 污泥。微波法干燥污泥的减量效果明显，处理速度快，但运行成本较高。肖朝伦用微波干燥含水率为 81.97 %的城市脱水污泥，结果表明当污泥的含水率从 81.97%降至 5%时，约有70.7%的污泥吸收能量有效地用于干燥过程；微波干燥比常规加热干燥具有更快的速度，微波干燥过程后期温度过高，伴随着污泥热解。

9.3.7 污泥低温真空脱水干化技术

真空干燥是将物料置于负压下，并适当通过加热达到负压状态下的沸点，或者通过降温使得物料凝固后通过溶点来干燥物料的干燥方式。由于真空干燥设备昂贵，因此目前有关污泥真空干化的研究较少。陈茗等利用小型实验台对污泥在不同真空度和温度下进行了污泥真空干燥实验研究，发现污泥在真空干燥过程中不存在恒定的降速阶段；真空度越大，失水比率曲线的阶梯状越明显。

9.3.8 污泥低温射流干化技术

气体射流冲击是指将气体经过一定形状的喷嘴直接喷射到待干燥物料表面，对物料进行加热干燥的方法。与传统的热风干燥技术相比，气体射流冲击干燥技术具有很高的换热系数，因此干燥效率高，目前广泛应用于农产品干燥。污泥低温射流干化技术在常温下利用音障原理，采用高速风机产生的超高速气流冲击波对污泥进行破碎；污泥和水在粉碎的过程中分离，然后再经过气、液、固三相分离装置进行脱水和固体颗粒的回收。

9.4 污泥太阳能热泵干化技术与应用

9.4.1 温室太阳能热泵污泥干化系统

新型温室太阳能污泥干化（多源热泵干燥）技术将太阳能、污水源热泵、空气源热泵相结合，以太阳能为主要热源，达到节能减排的目的，又通过热泵高效利用和准确控制的特点解决了太阳能的波动和不连续性问题，具有不使用一次能源、无污染，120℃以内的干化温度保持污泥的热值，充分利用污水厂的资源——污水与碳排放强度低等优点。太阳能温室干化系统的工艺流程和平面图分别如图 9-23 和图 9-24 所示。该系统包括温室、翻泥机、辅助热源、通风系统、保温系统等，构成了加热系统和除湿系统两个子系统；其中加热系统包含太阳能温室型干燥室、污水源热泵，除湿系统主要由除湿热泵回收干燥室内湿空气的能量。利用太阳能、热泵干燥技术，提升温室内部的气体温度，扰流风机将上部未饱和的热空气吹到污泥表面，同时打断污泥表面形成的饱和冷空气层，形成混流效应，从而将污泥中的水分吸收带出温室。其工艺流程为：预处理后的污泥，由污泥泵送入温室，在翻泥机的作用下，摊平、抛翻、移动。污泥在太阳能（或辅助热源）的作用下逐渐干化，含湿空气则由定向扰流风机（与水平夹角 45°）形成的循环风带出温室。

（1）温室干燥装置介绍

温室干燥装置为长方形的钢结构装置（图 9-25），以温室形式建造透光大棚，地面为水泥地板结构，底部建有保温层且安有供热管网；温室顶部装有排湿电动风阀，中部装有扰流风机，下部配有廊道式翻泥机，温室底部两侧是进风口，两端是进料口和出料口。温室内部装有温湿度传感器和风速仪，时刻监视污泥状况，根据远程控制器来调节温室内部风阀流量的大小。太阳能干化装置的核心部件为翻泥机，可以沿整个干化车间的宽度前进、后移，并对污泥进行摊铺、翻抛、切割、运输等多种操作。

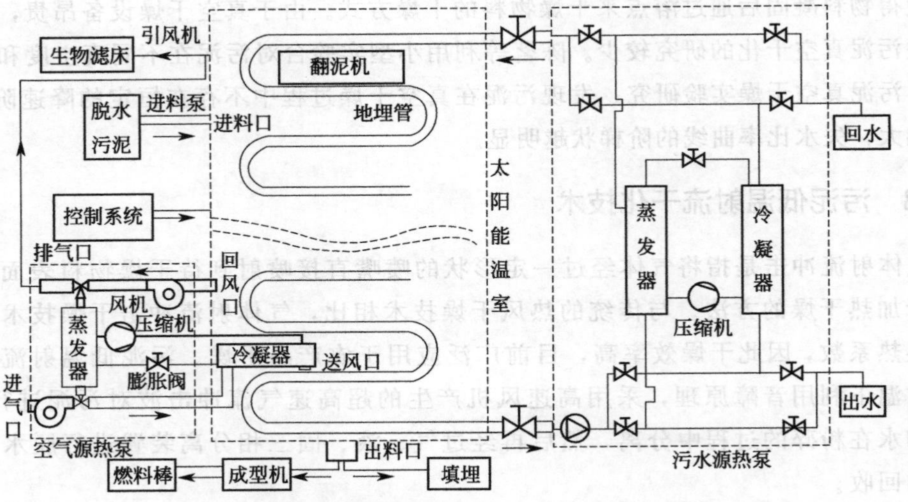

图 9-23 太阳能温室干化系统的工艺流程原理

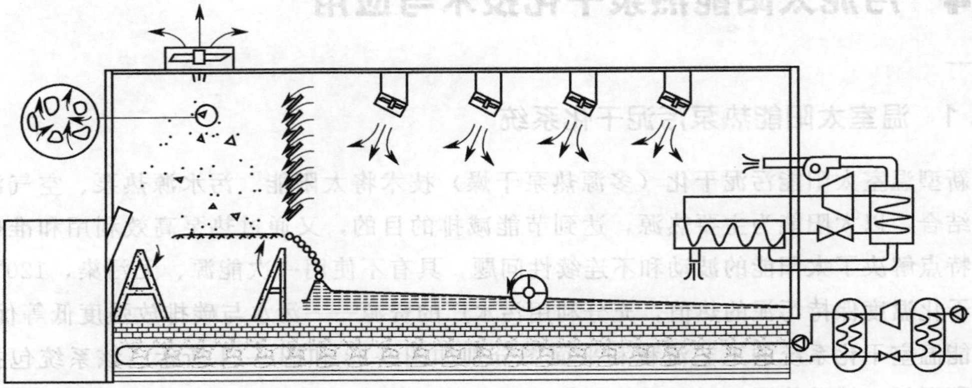

图 9-24 太阳能温室干化系统的构成

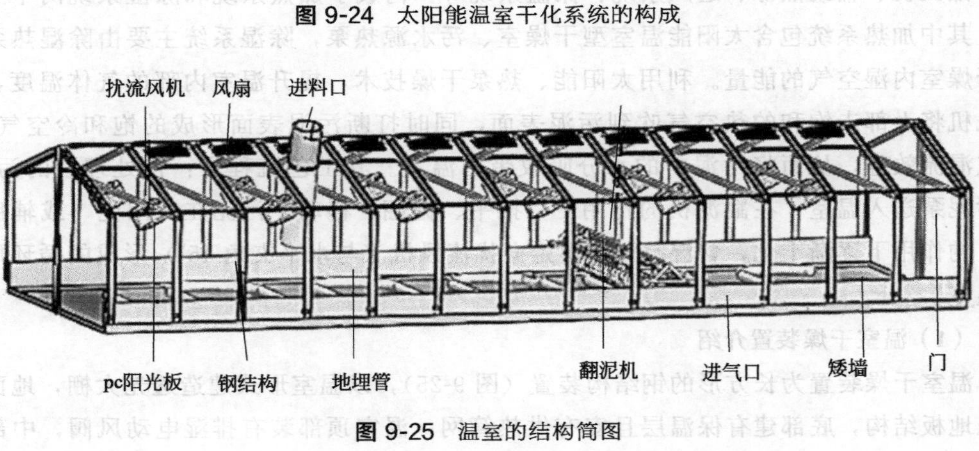

图 9-25 温室的结构简图

（2）系统的主要组成部分

该系统由送料部分、温室部分、翻泥机、辅助热源、土建部分、除臭部分等组成。

1）送料部分

由接料仓、螺旋输送机、污泥泵、管道等组成。刚脱水的污泥由皮带输送机送至接料仓，经螺旋输送机送入污泥泵经管道最终送至温室。整个过程可实现长距离、自动化输送。

2）温室部分

由温室主体、通风部分、保温供暖部分、气象站组成。温室主体采用普通温室结构，顶部和四周装有可控的保温帘。在端墙处，配置阳光塑料板，在车间端面可安装推动移门。室内扰流风机45°定向安装（风向从污泥进口吹向出口），顶部装有排气风阀，可根据室内的温度、湿度、光照强度实现自动开关。

3）翻泥机

全自动翻泥机主要由自行走机架和滚筒组成，是污泥摊铺、翻抛、收料的多功能机器，如图9-26所示。其电动机为变频电动机，能分别控制翻泥机的移动速度及翻抛速度，使污泥均匀翻动，实现水分蒸发及对污泥供氧的作用，避免厌氧菌无氧呼吸而释放有害气体。自行走机架的滚轮采用橡胶轮，增大摩擦系数，能直接在水泥道上行走，不需要铺设钢轨，有效地降低了成本；刀具交替安装在辊筒上，减小前进阻力，降低能耗；刀刃为锯齿形，可以将污泥切割成小块并细化污泥颗粒，增大了干化表面积，有利于污泥中水分的蒸发、供氧等，有效避免了微生物产生的硫化氢、氨气等有害气体。翻泥机的工作方式为，污泥经管道送入温室，翻泥机沿着温室的宽度方向缓慢移动，对污泥进行摊铺、翻抛、运输。每次翻抛的同时将污泥从进料端向出料端移位一步。

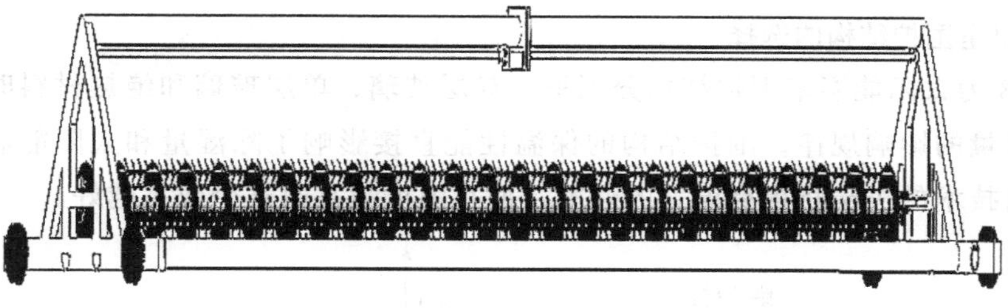

图9-26 全自动翻泥机

4）辅助热源

温室型太阳能污泥干化主要利用太阳能，但受到季节气候的影响常采用辅助热源作为能源补充。本系统采用空气源热泵和污水源热泵为温室提供热能，以提高污泥干化的效率。前者通过空气将热量加入温室中，后者将热量通过温室的地面辐射进入温室。辅助热源整个温室控制部分采用组态软件和PLC控制，能动态保持温室内的温湿度在某一值附近，如图9-27所示。

5）土建部分

地基上下分为结构层、隔热层、防水层，而地埋管则位于结构层和隔热层之间。结

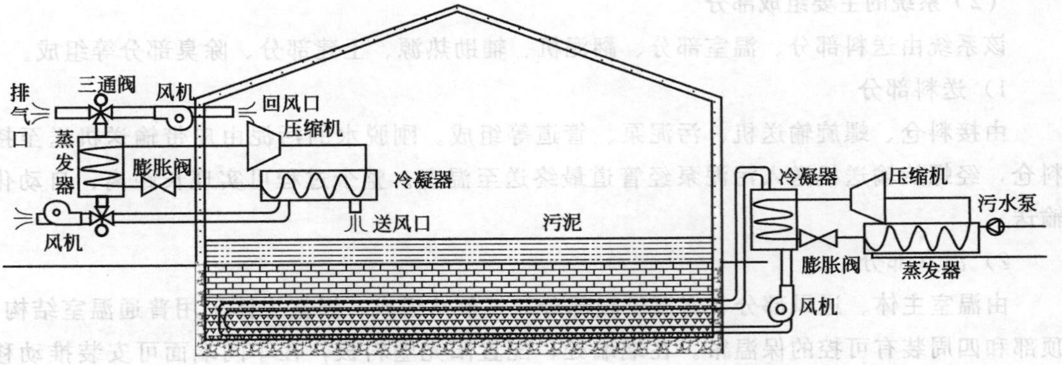

图 9-27 辅助热源干燥系统

构层常用 2mm 厚的不锈钢板铺成；隔热层常用发泡水泥填充，防水层用普通水泥砌成。地理管选用具有良好稳定性、耐腐性、可塑性的聚乙烯（PE）管。其公称压力不得小于 1.5MPa，工作温度在−10～80℃的范围内，水平并联排布，干燥介质采用热水，换热更充分。

6）除臭部分

为了有效控制污泥在干化过程中释放的恶臭气体，本系统采用了生物滤床。其原理是将臭气引入布满微生物的多孔填料，利用微生物将恶臭气体吸附、吸收和降解，最后形成二氧化碳、水等简单无机物。其主要由臭气收集和输送系统、布气系统、加湿系统、排水系统组成，对硫化氢和氨等的去除率均能达到 95%以上。

9.4.2 温室太阳能热泵污泥干化实验探究

（1）温室围护结构的选择

图 9-28 为太阳能温室围护结构分别采用双层玻璃、单层玻璃和绝热材料时对系统除湿量和通风量的影响规律。围护结构的保温性能直接影响了除湿量和太阳能利用率，保温透光材料技术的进步将提高温室的性能，而在温度越高时这个效果越好。

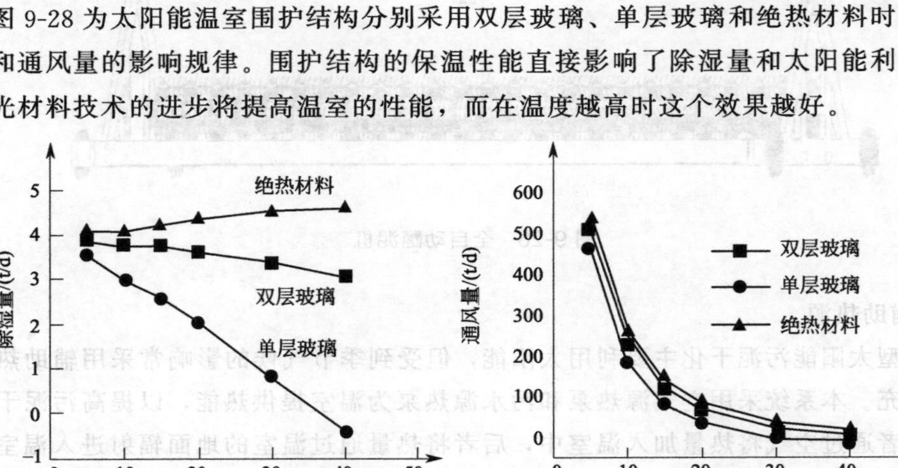

图 9-28 太阳能温室围护结构对除湿量和需要通风量的影响

（2）辐射量的影响

如图 9-29 所示，在辐射量最高月份得到的除湿量远远大于在辐射最少月份的除湿量，其比例在 6 以上，而需要的通风量却相反。辐射充足的月份气温高，空气携带水蒸气的能力强，因此使用很小的通气量即能获得较多的除湿量。

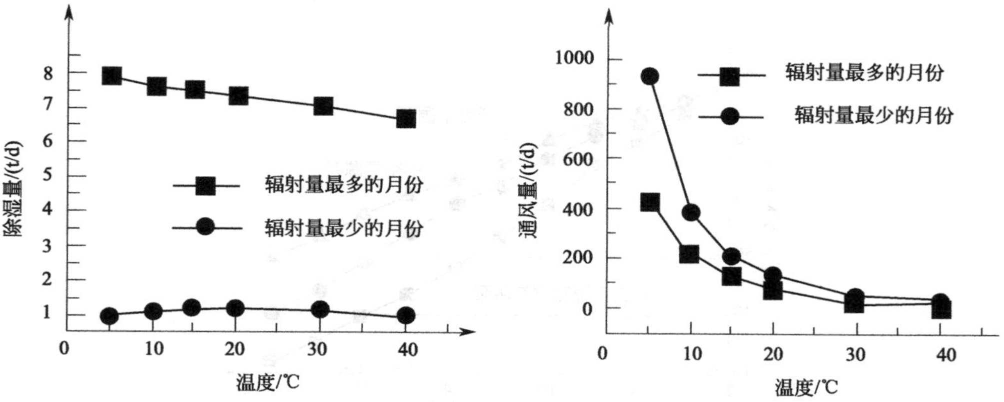

图 9-29　太阳能辐照量对除湿量和需要通风量的影响

（3）翻泥机对系统的影响

翻泥机是系统的核心部件，主要作用是在干化过程中翻抛污泥，促进污泥中的水分蒸发。图 9-30 示出了控制温室为 50℃时，含水率 85% 的初始污泥经过相同干化时间(10h) 污泥干化含水率与翻泥时间间隔的关系。可以看出，翻泥间隔对污泥干化的影响很大，在间隔 30～70min 的范围内，二者呈线性关系。需要注意的是任何温室都有除湿饱和点，超过这个饱和点，与翻泥间隔无关。图 9-31 为单位面积上 30kg 污泥测得的翻泥次数与含湿量变化情况。由图 9-31 可知，抛翻次数越多干化效果并非越好；因为温室干化有个除湿饱和点，越过这这点，与抛翻次数无关。

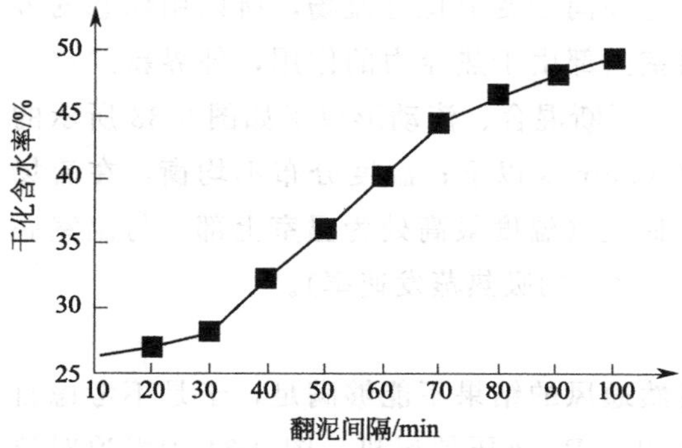

图 9-30　干化含水率与翻泥时间间隔的关系

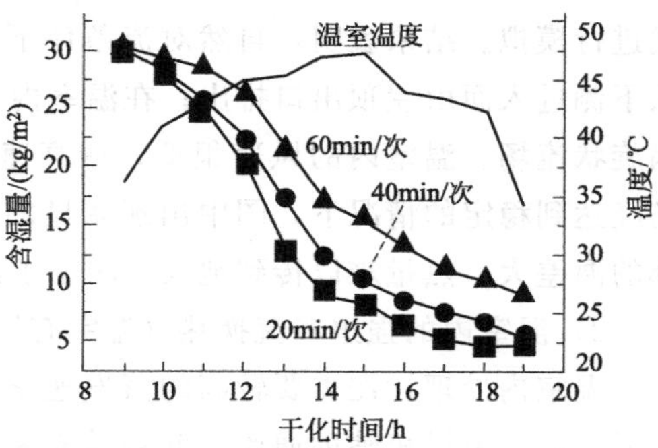

图 9-31　翻泥次数与含湿量的关系

（4）辅助热源对系统的影响

常用的辅助热源有水源热泵系统和空气源热泵系统，水源热泵系统通过地表供热干化污泥，空气源热泵系统则通过加热空气干化污泥。图 9-32 示出了 2012 年冬季分别开启不同辅助热源控制温室为 40℃时测得的污泥干化含水率随时间的变化。可以看出水源热泵系统比空气源热泵系统的污泥干化含水率提高了 11%，使用双系统比使用水源热泵系统提高了 8%。在实际工程中可优先选择空气源热泵系统，水源热泵系统的效果好但其造价高，双系统则操作复杂。

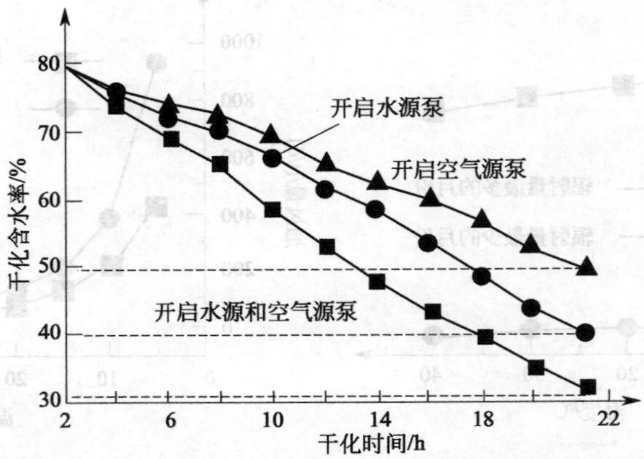

图 9-32　不同热源下污泥干化含水率随时间的变化规律

（5）自然对流与扰流风机对温室内温度的影响

为了研究扰流风机对温室的温度影响，把温室平均分隔为两等部分，一部分开扰流风机，另一部分关闭扰流风机；扰流风机对温室的温度重新排布，使得中部的高温热能向下流动，提高了温室下部的温度，有利于污泥的干化。扰流风机是重要的通风系统，对温室的温度、湿度影响很大。扰流风机安装在温室上部扰乱了温室内部的温度，迫使上部的高温热能向下流动，温室底部的温度提高了 3～5℃，有助于污泥干化。

1）自然对流模拟

自然对流区域的布置为左下为进气口，右上为排气口；右壁为对称边界，即绝热边界。因为是自然通风，温室运行一段时间后总是趋向于变成稳态流场，所以用稳态的方式进行模拟。结果表明，自然对流条件下，温室内部由于热浮力的作用，外界新鲜空气从下侧进入而由屋顶出口排出；在温室内，空气不断混合、流动形成了如图 9-33 所示的涡旋状流场。温室内的风速很低，最高速度在 0.5m/s 以下；温度分布不均衡，在流场已经达到稳定的情况下，图中出现明显的温度梯度（温度最高处为温室上部，与温室底部的温差大，热量难以传到地面，减小了污泥中水分的吸热蒸发速率）。

2）温室内的强迫对流换热（温室有缝隙）

温室内处理污泥需要较高的蒸发速率，自然通风的结果不能够满足，于是不考虑自然通风，加上风机辅助通风。此处首先考虑使用 20Pa 风压的风机。图 9-34 为强迫对流下的温室流场，左边为对称面，温室中设有风机，右上角存在漏气口，右下为自由进出气口，计算时间为 5min。由于计算结果中流场内除了漏气口和地板对称轴处外，温度、湿度差异很小，因此将图 9-34 中的显示范围缩小（漏气口和地板对称轴部位不显示）；温度的最大值与最小值差 4℃，水蒸气的比例差 0.5%。水蒸气分布图表明，温室内的气

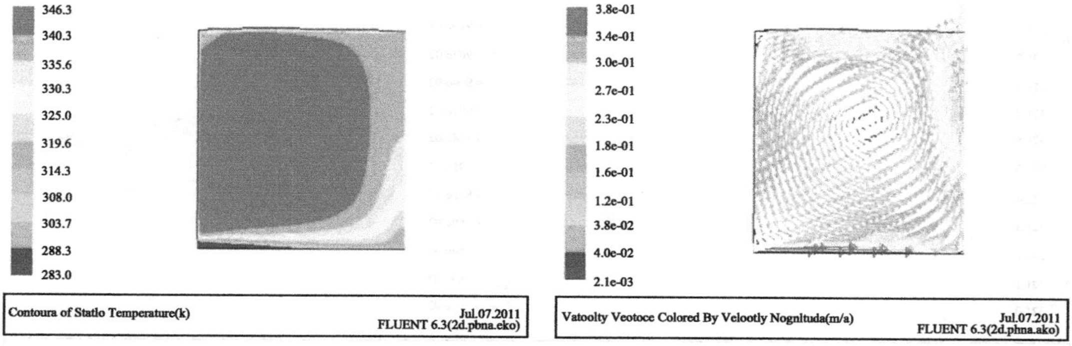

(a)温度分布　　　　(b)速度分布

图 9-33　自然对流时温室内的温度和速度分布

流翻滚剧烈，温室内基本不存在大的含水量梯度，说明加入一个很小的风机之后温室的热质扩散速率大大强化。然而温室内空气的含湿量有不断下降的趋势，原因在于室外低含湿量的空气大量混入降低室内的平均含湿量；虽然这可以起到除湿的目的（湿空气流出），但温度的变化和含湿量是同步的，温室内的温度也在随着气流组织的形成而不断降低，这种情况不利于温室内热量的积累，将降低除湿效率，因此很小的温室安装缝隙将大大降低温室效果。

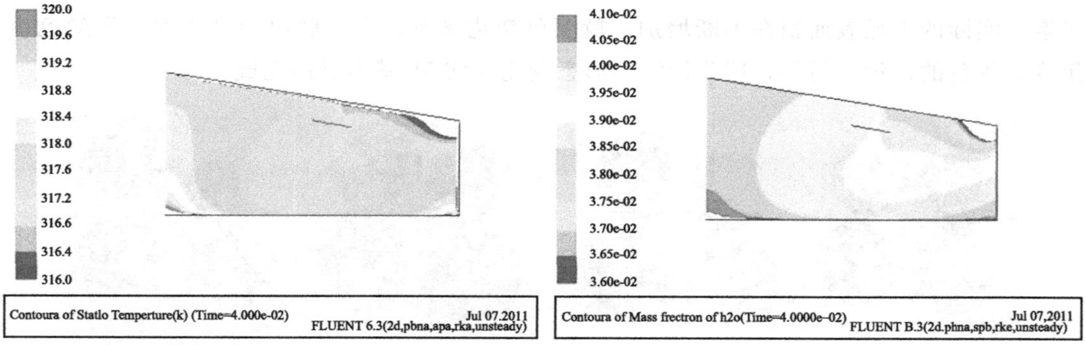

(a)温度分布　　　　(b)水蒸气分布

图 9-34　温室内强迫对流换热（温室有缝隙）时，温室内的温度和水蒸气分布

3）温室内的强迫对流换热（排气阻力较大）

之后对右上的漏气口进行修补并将右下的自由进出气口路径变长增加阻力，经过同样的时间，得到图 9-35 所示的温室内强迫对流换热（排气阻力较大）时，温室内温度和水蒸气的分布云图。从图中可以看出，对漏气口进行修补并将右下的自由进出气口路径变长增加阻力，经过同样的时间，温室内的温湿度均比之前升高，有利于水分扩散蒸发；温室维护结构的散热和进气口空气的流入这两项，随着温度的上升对流场变化起主要作用。

（6）球状污泥干燥过程中的形态变化

图 9-36 为使用低风速干燥箱对直径为 5cm 左右的球状污泥开始干燥之后以间隔为

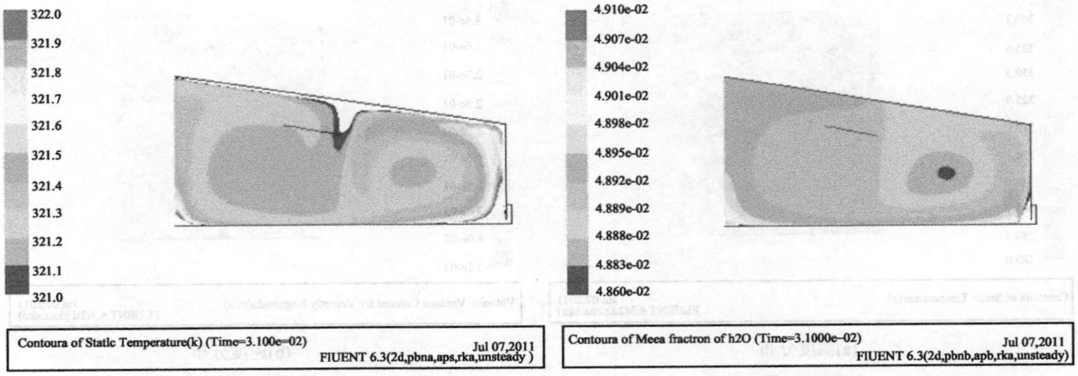

(a)温度分布　　(b)水蒸气分布

图 9-35　不漏气温室内强迫对流换热（排气阻力较大）时，温室内的温度和水蒸气分布

2h 拍摄的形状变化。第一张为尚未进入烘箱内的初始形态，污泥从一开始的紧密形态，经过热风的烘烤，开始慢慢产生细小裂缝；之后裂缝进一步变宽并且不断向污泥球的内部扩散，越来越深；最后仅靠着几处连接点维持球状形态，有着碎裂成若干个小块的趋势。球状污泥在烘干的过程中，水分是从外层向内层一层一层地递进。由于其本身结构干物料之间的连接拉力较小，失水导致质量减少时便裂开，内部水分可以通过裂缝向外扩散，实际的干燥表面积在不断增加。就颜色变化来看，水分脱出的过程即污泥颜色由黑变成褐色的过程。另外，球状污泥的形态变化在前 5h 基本已经完成。

图 9-36　球状污泥干燥过程中的形态变化

（7）污泥球球径对干燥速率的影响规律

图 9-37 所示为干燥温度分别为 50℃和 60℃时污泥干燥速率与直径的关系。污泥的干燥曲线基本均呈现对数曲线的形状，干燥开始时的水分流失最快，随着水分的流失，质量减少的速率越来越低，最终趋近于零。

（8）不同温度下的干燥速率

污泥干燥时不同温度下干燥速率随干化时间的变化规律如图 9-38 所示。从图 9-38 中可以看出，污泥干燥时，其表面接触的空气量和温度均是制约污泥干燥速率的重要因素，在污泥的表面积体积比大时，温度的差异对结果影响较小，这是因为污泥表面的干燥速率很快，水分从内部传递到污泥表面是干燥的主要阻力；而当污泥的表面积体积比小时，温度的差异对结果影响大，原因在于较小的表面积导致了污泥表面的水分挥发阻力相对

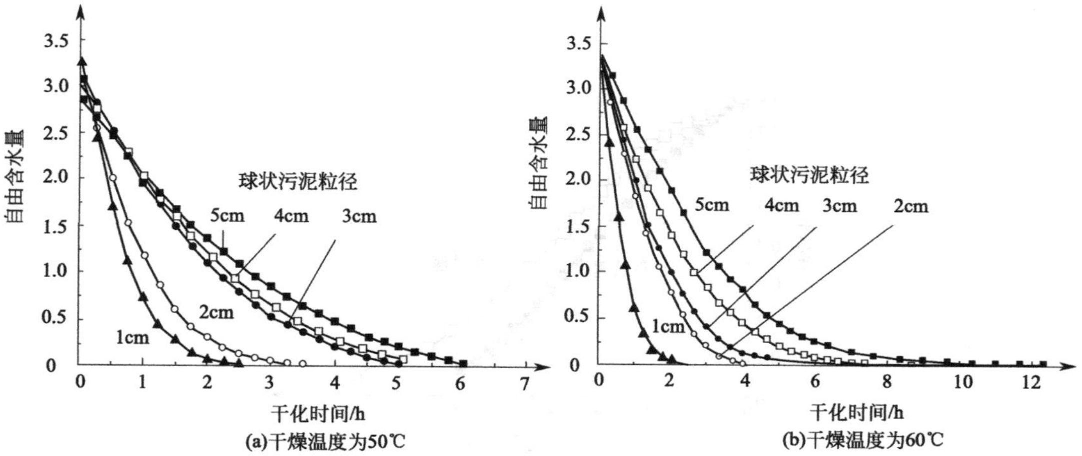

图 9-37 干燥温度分别为 50℃和 60℃时污泥干燥速率与直径的关系

变大，成为制约干燥的主要条件，水分的挥发速率便受表面对流传质推动力的影响，即受温度制约明显。因此，作为翻泥设备和温室控制，在这点上，两者是互补的。翻泥颗粒小、温室温度较低亦可达到较高的速率，而翻泥颗粒大则需高温来维持一定的任务。

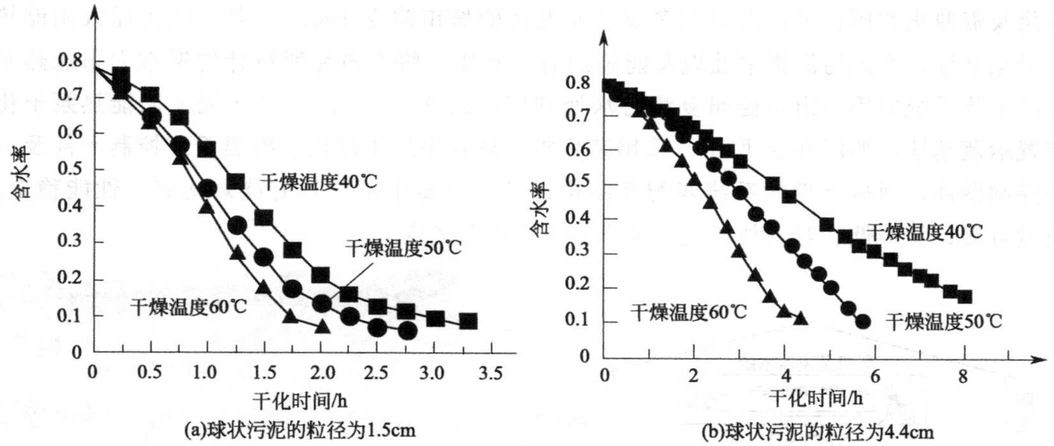

图 9-38 不同温度下的干燥速率

（9）不同风速下的干燥速率

实验选择的直径为 3cm 左右的温度在 50℃的污泥烘干系统，在不同风速下污泥干化含水率随时间的变化如图 9-39 所示。从图 9-39 中看出虽然两台烘箱的风速差距很大，高速的几乎是低速的两倍多，但得到的干燥速率差异并不大；考虑到直径差异给高风速组带来的比较速率的提升，高风速比低风速仅有略微的作用。但考虑到烘箱中的空气基本上一直保持着干燥状态，所以温室中对扰流风机的要求更多在于将温室高温低湿的空气输送到污泥表面而不需要其获得很高的风速来加速水分蒸发，因为这样是不划算的。

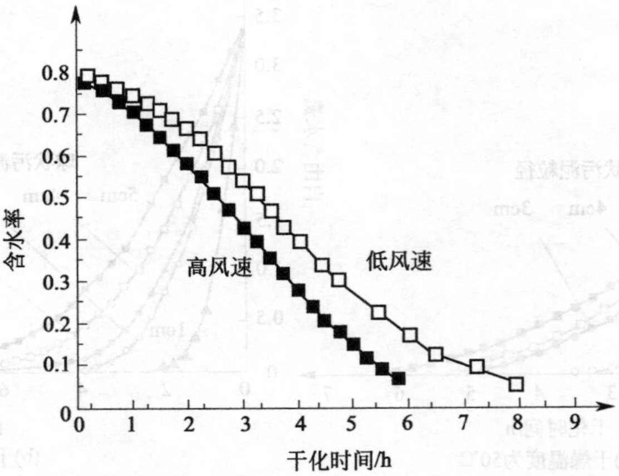

图 9-39　不同风速下污泥干化含水率随时间的变化

9.4.3　温室太阳能热泵污泥干化系统案例

污泥太阳能热泵干化技术可广泛应用于市政污泥及工业污泥的处理，实现污泥的减量化及资源化利用；可在人口较多及工业发达的城市建立 $1000m^2$ 以上的污泥太阳能热泵干化基地，实现污泥集中处理及能量的有效利用。将本研究所设计的温室太阳能热泵污泥干化系统应用于山东德州夏津污水处理厂，建立了 $1500m^2$ 的污泥太阳能热泵干化装置示范基地，如图 9-40 所示。采用高品质、高效率的压缩机、冷媒系统控制元件及电脑控制器件，通过合理的系统匹配及结构设计，使整个系统具有能效比高、性能稳定、质量可靠、噪声低、对室外环境无噪声污染等诸多优点。

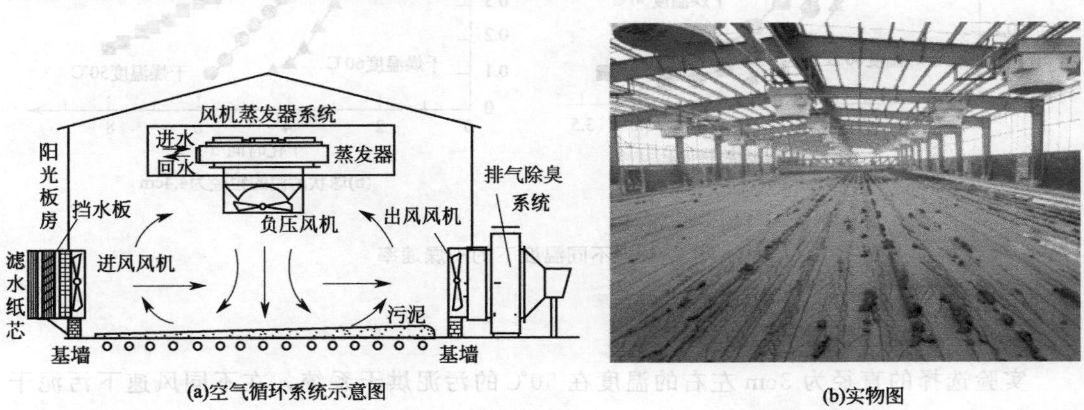

图 9-40　德州夏津污泥太阳能热泵干化示范基地

项目在冬日和夏日运行的能耗分别如表 9-3 和表 9-4 所示。日处理污泥量 30t，全年平均每吨污泥的电耗费用：404177.85 元÷365 天÷30t/d＝36.9 元/t。通过太阳能和热泵联合干燥，极大提高了污泥的干化效率，相比传统的干化工艺，干化能耗降低 40%；干化运营成本 36.9 元/t，SMER 为 12kg 水/(kW・h)。

⊡ 表 9-3　夏津污泥干化运行设备的冬季日电耗估算表

设备名称	额定功率/kW	数量	运转系数	运转时间/h	耗电量/kW · h	备注
布料机驱动减速机	5.5	2	0.8	8	70.4	
料斗螺旋输送机	1.1	2	0.8	4	7.04	
进料螺旋输送机	5.5	1	0.8	4	17.6	
收料螺旋输送机	11	2	0.8	2	35.2	
出料螺旋输送机	5.5	1	0.8	2	8.8	
进出风机	0.75	14	0.8	4	33.6	
顶风机	0.75	33	0.8	20	264	实际营运 22 台
热泵主机	157.4	1	0.9	24	3399.8	春、秋二季需增加 30 天的夜间运营，合 15 天的热泵系统
循环水泵	15	1	0.9	24	324	
中水泵	11	1	0.9	24	237.6	
照明、控制及其他					24	
				总计	4422.04	电费[按 0.575 元/(kW · h)]：4422×0.575＝2542.65(元)
						冬季 135d×2542.65＝343257.75(元)

⊡ 表 9-4　夏津污泥干化运行设备的夏季日电耗估算表

设备名称	额定功率/kW	数量	运转系数	运转时间/h	耗电量/kW · h	备注
布料机驱动减速机	5.5	2	0.8	8	70.4	
料斗螺旋输送机	1.1	2	0.8	4	7.04	
进料螺旋输送机	5.5	1	0.8	4	17.6	
收料螺旋输送机	11	2	0.8	2	35.2	
出料螺旋输送机	5.5	1	0.8	2	8.8	
进出风机	0.75	14	0.8	4	33.6	
顶风机	0.75	33	0.8	20	264	实际营运 22 台
照明、控制及其他					24	
				总计	460.64	电费[按 0.575 元/(kW · h)]：460.64×0.575＝264.87(元)
						夏季 230d×264.87＝60920.1(元)

9.5　热泵低温带式污泥干化技术与应用

9.5.1　用于污泥热泵干化的带式干燥机热力分析

(1) 网带干燥机的设计计算

在热泵污泥干燥研究中所应用的带式干燥机由若干个独立的单元段组成，每一段包括循环风机系统，热泵干燥加热系统，蒸发除湿系统及旁通循环空气与除湿干燥空气混合送风系统、除湿送风系统。如图 9-41 所示，每 2m 即 $4m^2$ 作为一个单元，设置一循环风机及加热器；吸湿后高湿空气的一部分旁通，另一部分去蒸发器冷却除湿，然后再混合等湿加热至要求的温度 70℃；热风经过风机穿过物料吸湿，开始新的循环。根据图中的参数列出等式，进行物料和湿空气的热平衡设计计算。

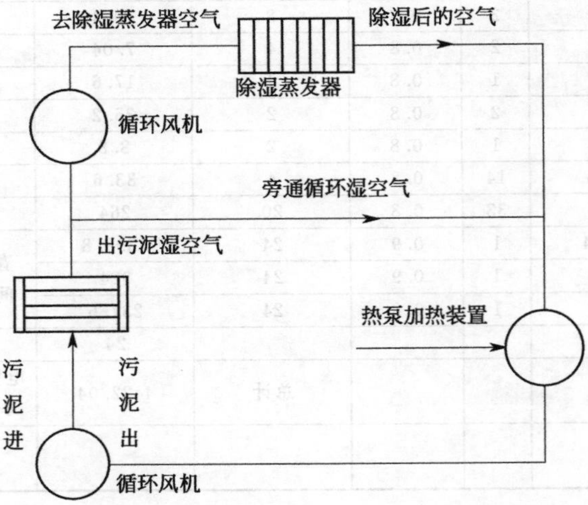

图 9-41　带式干燥机单元循环中的污泥和空气循环

干燥过程中，先把 80%湿基含水率的湿污泥与干燥 20%湿基含水率的干污泥按照 1∶1 的比例混合，得到 50%湿基含水率的污泥，再进行造粒和干燥。因为污泥是多孔介质，干燥终含水率在 20%以上，所以假定干燥过程为恒速阶段，并假定干燥过程是绝热等焓加湿过程。

计算时，单位体积固定层中球形颗粒所具有的表面积为：

$$s=\frac{6(1-\varepsilon)}{d_p}(m^2/m^3) \tag{9-1}$$

式中，s 为单位体积固定层中球形颗粒的表面积，m^2/m^3；ε 为空隙率，无量纲；d_p 为当量直径，m。

给定常压下 35～85℃范围空气饱和湿度的拟合计算公式为：

$$y_s=y_0+A_1e^{(-T/t_1)}+A_2e^{(-T/t_2)} \tag{9-2}$$

式中，$y_0=-0.07947$，$A_1=9.64662\times10^{-5}$，$t_1=-9.73424$，$A_2=0.05493$，$t_2=-49.72932$。

设计产量按每生产天 20%湿基含水量的干污泥 10000kg 计算，每天工作 20h。

$$\begin{aligned} &m_s=m_{swin}(1-X_1)=m_{swout}(1-X_2)\\ &m_{sw0}=m_{swr}\\ &m_{swin}=m_{sw0}+m_{swr}\\ &m_{swout}=m_{swp}+m_{swr}\\ &m_{swr}(1-X_2)+m_{sw0}(1-X_0)=m_{swin}(1-X_1) \end{aligned} \tag{9-3}$$

式中，m_{swin} 为返混后的污泥进料量，kg/h；m_{swout} 为干燥机的污泥量，kg/h；m_{sw0} 为脱水污泥量，kg/h；m_{swp} 为干污泥产量，kg/h；m_{swr} 为返混污泥量，kg/h；

X_1，X_2 为物料的含湿量，kg/kg；X_0 为脱水污泥的含湿量，kg/kg。

给定初始条件为 $m_{swp}=500\text{kg/h}$，$X_0=80\%$，$X_2=20\%$，代入上述各式可得：$X_1=50\%$；$m_{swout}=2500\text{kg/h}$；$m_{sw0}=m_{swr}=2000\text{kg/h}$；$m_{swin}=4000\text{kg/h}$；$m_s=2000\text{kg/h}$。

污泥的比热容取 $C=1.2\text{J/g}$，初始湿基堆密度 $\rho_1=1100\text{kg/m}^3$，湿基堆密度 $\rho_2=1300\text{kg/m}^3$，网带的尺寸 $l\times w\times n=20\text{m}\times2\text{m}\times3\text{m}$，按照干燥时间为 1h，可以计算得网带的速度 $v_b=60\text{m}/60\text{min}=1\text{m/min}$；网带上的初始料层厚度 $c_1=\dfrac{m_{swin}}{60\rho_1 v_b w}=3.03\text{cm}$，$c_2=\dfrac{m_{swout}}{60\rho_2 v_b w}=1.60\text{cm}$。

（2）网带干燥机的特性分析

图 9-42 给出了经过除湿蒸发器脱湿后空气的含湿量对混合后循环空气湿度变化的影响。从图中可以看出，混合后循环空气的湿度随着脱湿空气湿度的提高而提高，而通过物料后的湿度也明显提高。对于热泵除湿干燥系统来说，希望通过物料后的湿度尽可能高。而脱湿空气的高湿度有利于这种条件的形成，便于提高整个热泵除湿系统的单位能耗除湿量，即除湿能耗比 SMER［kg 水/（kW·h）］。由于假设经过除湿蒸发器脱湿后的空气温度在 40℃，因此其含湿量在 50g/kg 时已经达到饱和；实际上如果进风温度提高，含湿量也可以进一步提高。

$$\text{定义空气脱湿比 } \varepsilon=\frac{m_{g1}}{m_{g2}} \tag{9-4}$$

图 9-43 示出了脱湿空气含湿量的变化对脱湿前空气水通量、混合空气水通量、加湿后空气水通量和脱湿空气水通量变化的影响。从图中可以看出，脱湿前进蒸发器的空气中水通量随着脱湿空气含湿量的增加而增加，二者的差值就是除湿量。混合空气的水通量和通过污泥后的空气水通量有相同关系，即二者之差为除湿量。需要注意的是，尽管脱湿空气的含湿量增加有限，为了有效除湿，混合空气和总循环空气中水通量的增加速率却高很多。

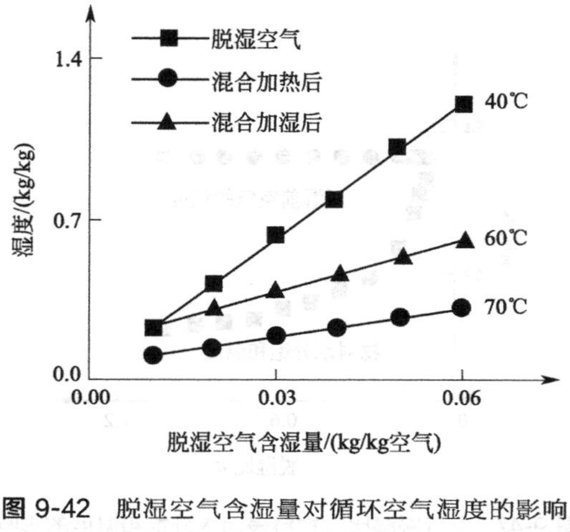

图 9-42 脱湿空气含湿量对循环空气湿度的影响

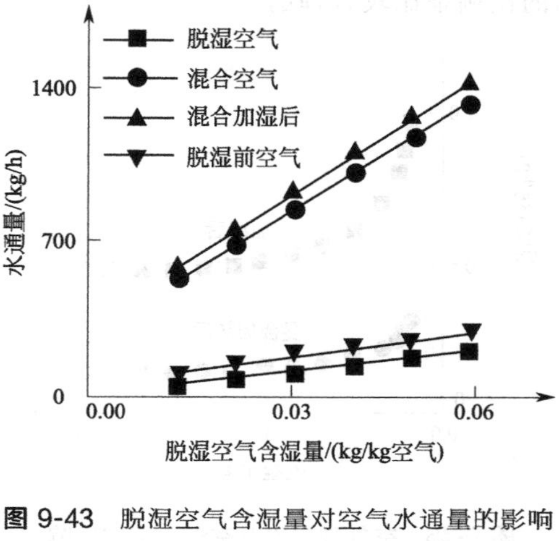

图 9-43 脱湿空气含湿量对空气水通量的影响

图 9-44 为脱湿空气含湿量变化对物料表面水分饱和温度的影响。由于混合空气湿度

的增加，污泥表面水分饱和温度显著增加。这一温度的变化使物料和干燥介质之间的传热温差减小，降低空气与污泥间的换热强度，不利于干燥过程的进行。随脱湿空气含湿量的增加，混合空气的单位质量含湿量和通过物料后的加湿空气的单位质量含湿量相应增加，而且保持同步，即单位质量的含湿量增加是一样的。图 9-45 表明，随着脱湿比的增加，混合空气的水通量不断减小，脱湿前进蒸发器的空气水通量则不断增加。

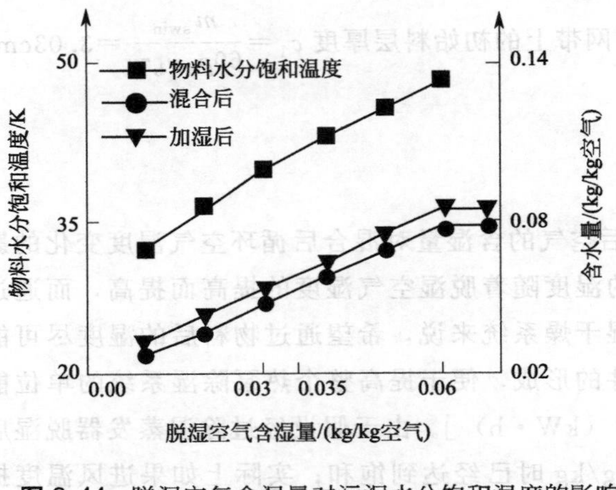

图 9-44　脱湿空气含湿量对污泥水分饱和温度的影响

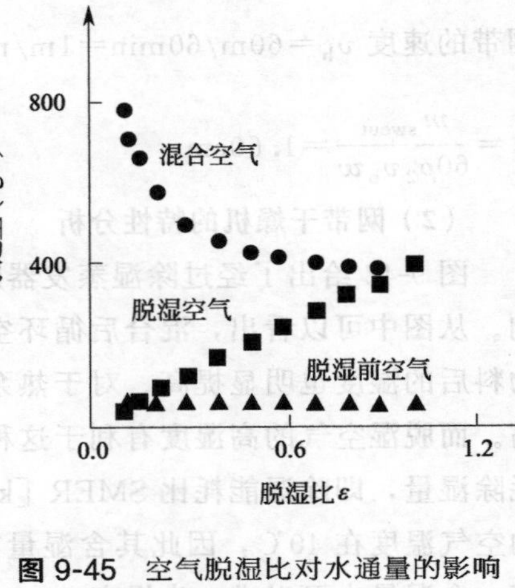

图 9-45　空气脱湿比对水通量的影响

图 9-46 表明，随着脱湿比的增加，混合空气的湿度在减小，穿过污泥层被加湿后的空气湿度也不断减小。从图中可以看出，穿过污泥层后空气的温度降到了 50℃左右，这主要是由传热量的大小决定的；对于热泵除湿干燥的系统，由于需要加湿后的空气湿度较高，这就要求脱湿比不能太大。图 9-47 表明随着空气脱湿比的增加，循环空气对应的物料表面水分饱和温度减小。由于物料饱和温度与循环空气的温度差是换热的动力，因此传热温差要保证在 10～20K，这就要求脱湿比排风和循环风的比例不能太小。从图 9-46 与图 9-47 可以看出，对于实际系统，特别是热泵除湿干燥的系统，这是一个矛盾。只有空气脱湿比合理时，干燥系统才会正常工作。可见，空气脱湿比在 0.2～0.4 之间的比例是比较合理的。

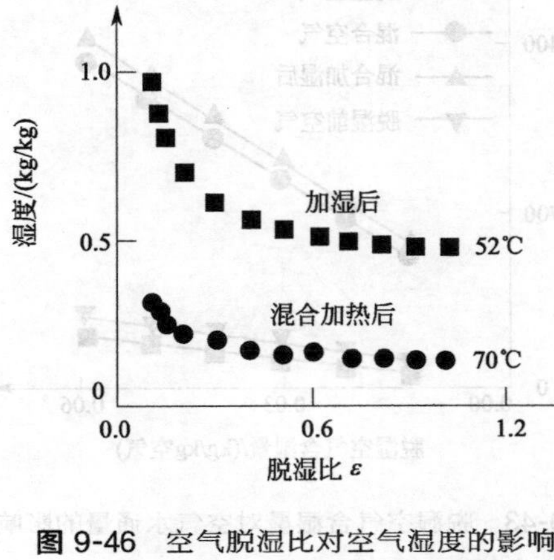

图 9-46　空气脱湿比对空气湿度的影响

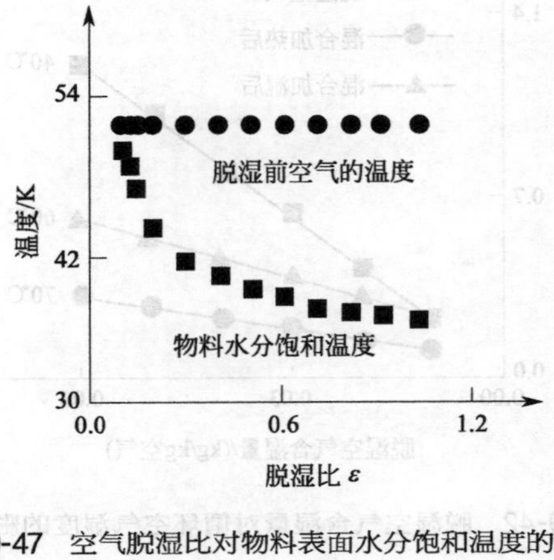

图 9-47　空气脱湿比对物料表面水分饱和温度的影响

9.5.2 湖南长沙某污水处理厂污泥热泵低温带式污泥干化

随着近年来城镇污水处理厂的不断投运，至2017年底，长沙市城镇污水处理厂已建成的总规模达到212.5×10^4t/d，基本达到满负荷运行的状态，随之而来的是污泥量也在逐年增加。当时长沙市的污泥处理、处置已存在较大的缺口（700t/d），2018年底，污泥的处置缺口达到约1100t/d。为落实关于“强力推进环境大治理，坚决打赢蓝天保卫战”的生态目标，长沙市政府批示要求包括该污水厂在内的多座污水厂建设污泥深度脱水设施，加快实施污泥厂内就地脱水处理，因此需要对污泥处置提出新方案。

按照市政府批示要求，需要在该污水处理厂内新建污泥深度脱水工程。本工程的服务范围主要为该污水处理厂现有$36.0\times10^4 m^3$/d处理能力运行产生的污泥，同时，根据实际产泥情况，将雨花污水处理厂和暮云污水处理厂的污泥运至本厂进行处理。根据处理要求污泥的含水率必须满足≤50%方可外运处置，这就要求选择的处理工艺，具有较高的脱水率。

经过勘察评估和污泥检测，选择采用的工艺处理路线如下：该污水处理厂内的污泥在该厂现有的二期污泥脱水间脱水至80%后，经污泥泵输送至新建车间的湿泥料仓；其他污水处理厂的污泥（要求预处理至含水率不高于80%），通过污泥运输车运输至新建车间前的投料平台，倒入湿泥料仓中。湿泥料仓下设置污泥泵，将料仓的污泥输送至热泵低温干化机中进行深度脱水至含水率50%以下，脱水后的污泥通过螺旋输送机、刮板机输送至干泥料仓，再外运至砖厂资源化处置利用。污泥干化冷凝的废水经过排水管道送至该污水处理厂再处理。

该污水处理厂的污泥深度脱水工程，核心设备采用热泵低温带式干化系统，运用污泥干化行业中最先进的回热循环技术（温度梯度利用），将蒸发器降温过程及冷凝器升温过程分多级热泵循环利用，使机组的综合制冷制热COP有效提高，比普通除湿热泵干化机节能40%以上，更适合污泥干化。本项目共设有五条生产线，其中的四条SB-DD43200FSL带式干化线采用密闭式系统设计结合热泵热回收技术和四效冷凝除湿干化技术，综合除湿性能比高达4.2kg水/(kW·h)以上，为大型多模块热泵低温干化机组（图9-48）；污泥处理量为300t/d，含水率由80%降至50%以下（以48%计），去水量为1800kg/h，干燥温度为50～60℃（回风）/65～80℃（送风），除湿能效高，处理过程中无臭气外溢，无需二次增加成本安装昂贵的除臭系统，可直接安装在厂区，进行污泥集中处置；冷凝水可直排，无需二次处理。

9.5.3 佛山某污泥处置中心污泥热泵低温带式污泥干化

位于广东佛山三水区大塘工业园的某污泥集中处置中心污泥干化项目每天将印染废水处理的污泥和城镇生活污水处理厂处理的污泥合计1000t（含水率80%）干化至266t（含水率25%），设计了前端脱水＋低温除湿干化＋焚烧等污泥全链条处理技术中的关键系统，实现污泥处理处置技术的闭环衔接。污泥干化的设备选用10余台蒸汽吸收式热泵带式污泥干化机SBHWHD50000，其中单台设备的日处理湿泥可达80t。共十条干化线，截至2018年年底已经竣工六条线，其余的干化线工程也正在施工中。脱水后的污泥经烘

图 9-48 大型多模块热泵低温干化机组（晟启公司提供）

干后与电煤按约 5%的掺烧比例混合，送热电分厂锅炉进行焚烧。拟建设主体单元包括节能环保的低温干化车间（将含水率 80%的湿污泥干化至含水率 25%的干污泥）、湿污泥暂存间、干污泥罐、污泥输送系统（包括斗式提升机、螺旋输送机、给料机等）。这种组合技术方案，不仅提高了脱水效率，而且更加节省运行成本。污泥干燥机选用回热循环网带式干燥机，运行原理如图 9-49 所示。带式污泥干燥机用不断循环的干燥空气把干燥道内网带上的污泥水分带走，使污泥的体积和重量下降，可以处理滤带、离心、板框等脱水机的污泥；脱水后的污泥被分布在透风的网带上，随网带缓慢的在干燥道内向前移动，不断循环的干燥空气把污泥的水分蒸发。整个干燥过程在密封环境内进行，不会有臭味和粉尘逸出。采用低温干化（80℃）可充分避免污泥中不同类型的有机物挥发、恶臭气体的挥发。热泵选用蒸汽吸收式热泵，不仅可以将冷却水（42℃）的热量加以利用，用来加热干化机内的热循环水（70℃）；而且利用热源蒸汽，可以再次加热热循环水到 90℃，作为干化机的热源使用，从而大大减少设备的蒸汽用量，进一步提升干化设备的运行能效。

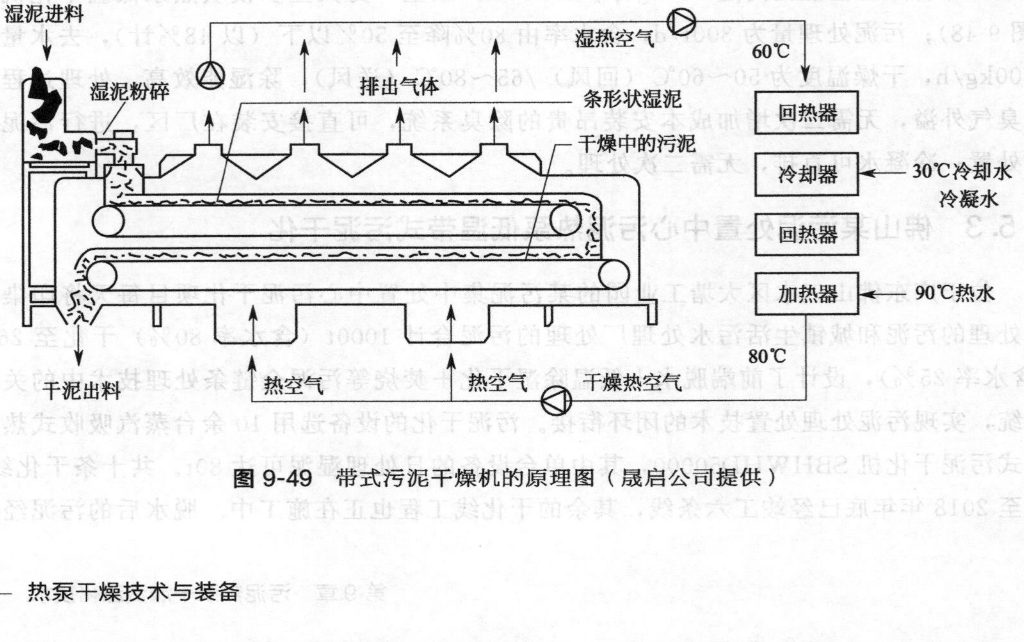

图 9-49 带式污泥干燥机的原理图（晟启公司提供）

参考文献

[1] 北京理工大学 .2018 年全球及中国污泥处理处置行业发展情况 [N/OL]. [2019-10-16]. http://www.sohu.com/a/295256604_100012935.

[2] 马学文. 城市污泥干燥特性及工艺研究 [D]. 杭州: 浙江大学, 2008.

[3] 刘念汝. 城市污泥微波干化及资源化利用研究 [D]. 武汉: 武汉科技大学, 2016.

[4] 刘念汝, 王光华, 李文兵, 等. 城市污泥微波干化及污染物析出特性研究 [J]. 工业安全与环保, 2016, 42 (7): 80-83.

[5] 姜瑞勋. 污泥低温薄层干燥及污染物析出特性研究 [D]. 大连: 大连理工大学, 2008.

[6] 李进平, 李梦谣, 姚雯, 等. 城市污泥微波干化工艺及干化特性研究 [J]. 环境工程学报, 2014, 8 (8): 3433-3436.

[7] 麻红磊. 城市污水污泥热水解特性及污泥高效脱水技术研究 [D]. 杭州: 浙江大学, 2012.

[8] 赵丽君. 干泥返混对污泥微泡扩增及薄层干燥特性的影响 [D]. 长沙: 湖南大学, 2016.

[9] 李斌斌, 范海宏, 任洋明, 等. 城市污泥薄层干燥特性及动力学研究 [J]. 环境工程, 2016 (34): 107.

[10] 郑龙. 污泥低温干燥的实验研究及动力学分析 [D]. 广州: 华南理工大学, 2016.

[11] 郑龙, 伍健东, 周兴求, 等. 低温低湿条件下污泥干燥动力学特性研究 [J]. 安全与环境学报, 2016, 16 (5): 275-279.

[12] 黄友旺. 热风对流干燥过程中城市生活污泥薄层传热传质特性 [D]. 北京: 北京交通大学, 2015.

[13] 王学成. 污泥过热蒸汽薄层干燥及蒸发速度曲线混沌特性研究 [D]. 南昌: 南昌航空大学, 2014.

[14] 殷立宝, 徐齐胜, 彭晓为, 等. 印染污泥薄层干燥动力学分析 [J]. 热力发电, 2015 (4): 62-66.

[15] 唐鑫鑫. 含油污泥低温热解过程实验研究及数值分析 [D]. 济南: 山东大学, 2019.

[16] 吴肖望. 模块化组合式污泥干燥机及节能干燥系统设计 [D]. 南昌: 南昌航空大学, 2019.

[17] 李朋刚. 热泵污泥干燥系统设计及特性研究 [D]. 哈尔滨: 哈尔滨工业大学, 2019.

[18] 王森. 市政污泥太阳能干燥及好氧堆肥试验研究 [D]. 邯郸: 河北工程大学, 2016.

[19] 唐泽. 太阳能干燥技术及其应用探究 [D]. 北京: 北京化工大学, 2018.

[20] 王伟. 太阳能耦合热泵供能回热干燥系统模拟仿真及实验研究 [D]. 昆明: 云南师范大学, 2019.

[21] 曾庆洋. 污泥常温干燥特性及能耗分析 [D]. 广州: 华南理工大学, 2017.

[22] 钱炜. 污泥干化特性及焚烧处理研究 [D]. 广州: 华南理工大学, 2014.

[23] 张贵香. 污泥干湿混合的干燥特性研究 [D]. 广州: 华南理工大学, 2017.

[24] 蔡梓林. 污泥干燥和混燃特性及其在生活垃圾炉排焚烧炉中无害化处置 [D]. 广州: 华南理工大学, 2017.

[25] 张欣蕾. 污泥干燥及燃烧排放特性的研究 [D]. 徐州: 中国矿业大学, 2019.

[26] 张雪飞. 污泥热风干燥对流传质系数的估算及误差分析 [D]. 昆明: 昆明理工大学, 2016.

[27] 王盼丽. 污泥太阳能夹层干化过程及强化方法的研究 [D]. 常州: 江苏理工学院, 2018.

[28] 吴青荣, 张绪坤, 王高敏. 城市污泥低温干化技术研究进展 [J]. 环境工程, 2017, 35 (3): 127-131.

[29] 王盼丽, 周雅雯, 周全法. 城市污泥太阳能光热干化技术研究进展 [J]. 再生资源与循环经济, 2017, 10 (8): 36-37.

[30] 张馨予, 赵长龙, 张继军. 动态传导式污泥干燥及冷凝液特性研究 [J]. 现代化工, 2017, 37 (03): 181-184.

[31] 杨鲁伟. 多功能太阳能热泵干燥农产品关键技术研究 [J]. 中国科技成果, 2016, 17 (19): 34.

[32] 邓忠焕, 吴燕萍. 分析城市污水处理污泥干燥新技术 [J]. 建材与装饰, 2019 (24): 194-195.

[33] 高颖. 改良型太阳能污泥干化装置 [J]. 太阳能, 2013 (1): 43-45.

[34] 黄友旺, 陈梅倩, 付毕安. 基于热力学极值原理优化污泥干燥过程 [J]. 工程热物理学报, 2016, 37 (8): 1602-1607.

[35] 曹通, 李鸿远, 谢军, 等. 桨叶式干燥机污泥干化性能及热重试验研究 [J]. 中国给水排水, 2018, 34 (7):

106-112.
[36] 司欢欢，郭辉，赵旭，等．节能型污泥干燥工艺与设备的开发和应用［J］．化工机械，2017，44（4）：456-460.
[37] 郦春蓉．市政污泥间壁式干燥过程污染物排放研究［J］．广东化工，2019，46（12）：49-50.
[38] 刘亚军，王磊，邓文义，等．市政污泥热力干化污染物排放研究［J］．广东化工，2017，44（23）：13-14.
[39] 王可，柳建华，张良，等．太阳能-热泵干燥污泥装置的热平衡分析［J］．节能技术，2016，34（3）：266-269.
[40] 田顺，陈文娟，魏垒垒，等．太阳能-中水热泵污泥干化系统干化机理研究［J］．给水排水，2014，40（s1）：182-185.
[41] 中国科学院理化技术研究所．太阳能热泵联合污泥干化系统及干化方法：CN103482838B［P］．2014-12-31.
[42] 李亚伦，李保国，朱传辉．太阳能热泵干燥技术研究进展［J］．包装与食品机械，2018，36（06）：59-64.
[43] 曹黎．太阳能热泵污泥干燥机组［J］．农业工程学报，2012，28（5）：184-188.
[44] 苏文湫．微波干燥技术处理市政污泥实验研究［J］．价值工程，2016，35（17）：105-107.
[45] 宋国华，张振涛，等．温室太阳能污泥干化系统的设计及试验研究［J］．中国农业大学学报，2013，18（5）：141-145.
[46] 吴生礼，陶乐仁，谷志攀，等．污泥薄层干燥特性及动力学模型分析［J］．净水技术，2017，36（12）：33-37.
[47] 张绪坤，刘胜平，吴青荣，等．污泥低温干燥动力学特性及干燥参数优化［J］．农业工程学报，2017，33（17）：216-223.
[48] 江晖，廖传华．污泥干化技术的应用现状［J］．中国化工装备，2019（3）：39-43.
[49] 王高敏，吴青荣，姚斌，等．污泥干燥动力学的研究进展［J］．环境工程，2016，34（10）：124-127.
[50] 张雪玉．城市污水污泥干燥动力学特性影响因素的实验研究［D］．北京：北京交通大学，2016.
[51] 张璧光，李梁，张振涛，等．污泥热泵干燥速率及能耗的实验研究［J］．干燥技术与设备，2007，5（5）：220-224.
[52] 李帅旗，陈永珍，黄冲，等．污泥热干燥技术的研究现状与进展［J］．广东化工，2017，15（44）：181-184.
[53] 郑邓衡，钟明灯，巫燕萍．污泥自身特性及主要脱水手段简介［J］．中山大学研究生学刊（自然科学医学版），2016，37（4）：4-10.
[54] 王刚，孙文鸽，吴志根，等．相变蓄热在污泥干化中的应用与经济性分析［J］．环境保护科学，2015，41（4）：124-128.
[55] 张振涛，杨鲁伟，董艳华，等．用于污泥热泵干化的带式干燥机热力分析［J］．流体机械，2010，38（12）：44-48.
[56] 于镇伟，陈坤杰，高崎，等．有机污泥干燥特性与干燥模型研究［J］．农业机械学报，2017，48（10）：291-296.
[57] 汪泳．市政污泥干燥特征及污泥中温带式干燥工艺应用研究［D］．天津：天津大学，2014.
[58] 华经产业研究院．中国污泥处理行业影响因素与发展趋势分析 减量化、资源化、无害化是未来趋势［R/OL］．（2019-05-20）［2019-10-20］．http://www.huaon.com/story/429571.
[59] 前瞻产业研究院．2018年中国污泥处理行业发展现状及趋势分析［R/OL］．（2019-02-18）［2019-10-20］．https://bg.qianzhan.com/trends/detail/506/190218-6233cd25.html? tdsourcetag= s_pcqq_aiomsg.
[60] 曾庆洋，伍健东，周兴求，等．污泥厚度和风速对污泥常温干燥的影响及干燥模型分析［J］．科学技术与工程，2017，17（12）：60-66.
[61] 钱骅．太阳能污泥处置的应用［J］．过滤与分离，2016，26（3）：41-45.
[62] 张振涛，杨鲁伟，周远，等．污泥太阳能干化技术研究进展［J］．科技导报，2010，28（22）：39-42.
[63] Lowe P. Developments in the thermal drying of sewage sludge［J］. Waste and Environment Journal, 1995, 9（3）: 306-316.
[64] Sato H, Eto S, Suzuki H. Dewatering sludges: relationship between amount of bound water and dewate-

ring characteristics of alum sludges [J] . Filtration. & Sefaration, 1982: 492-497.

[65] 曹黎，饶宾期．利用热泵干燥污泥技术的试验研究［J］．干燥技术与设备，2011（04）：18-23.

[66] 吕君，魏娟，张振涛，等．热泵烤烟系统性能的试验研究［J］．农业工程学报，2012，12（s1）：63-67.

[67] Louarn S, Ploteau J P, Glouannec P, et al. Experimental and numerical study of flat plate sludge drying at low temperature by convection and direct conduction [J] . Drying Technology, 2014, 32 (14) : 1664-1674.

[68] Léonard A, Blacher S, Marchot P, et al. Convective Drying of Wastewater Sludges: Influence of Air Temperature, Superficial Velocity, and Humidity on the Kinetics [J] . Drying Technology, 2005, 23 (8) : 1667-1679.

[69] Font R, Gomez-Rico M F, Fullana A. Skin effect in the heat and mass transfer model for sewage sludge drying [J] . Separation and Purificatio Technology, 2011, 77 (1) : 146-161.

[70] Vaxelaire J. Moisture sorption characteristics of waste activated sludge [J] . Journal of Chemical Technology and Biotechnology, 2001, 76 (4) : 377-382.

[71] Bennamoun L, Arlabosse P, Léonard A. Review on fundamental aspect of application of drying process to wastewater sludge [J] . Renewable and Sustainable Energy Reviews, 2013, 28: 29-43.

[72] Sevik S, Aktas M, Dogan H, et al. Mushroom drying with solar assisted heat pump system [J] . Energy Conversion and Management, 2013, 72: 171-178.

[73] Minea V. Advances in Heat Pump-Assisted Drying Technology [M] . Boca Raton: CRC Press, 2016.

[74] 张振涛，董艳华，张璧光，等．热泵除湿干燥机空气旁通模型的研究［J］．北京林业大学学报，2010，32（6）：101-104.

[75] 余万．水处理污泥干燥特性及过程研究［D］．武汉：武汉大学，2011.

[76] 张兆龙，朱芬芬，官辉力，等．北京城市污泥大颗粒低温热干化效率研究［J］．安全与环境学报，2015，15（06）：190-195.

[77] 李爱民，曲艳丽，陈满堂，等．污水污泥干燥特性的实验研究［J］．燃烧科学与技术，2003（05）：404-408.

[78] 中国科学院理化技术研究所．太阳能和多联式热泵联合的污泥干化系统：CN201110401600. 5 ［P］. 2013-06-12.

第10章 热泵干燥技术在工农业生产中的应用

干燥是造纸、纺织、食品工业以及化工等工业生产中必不可少的重要工序。干燥过程中存在能源消耗大、污染环境、生产效率低、产品质量差等问题，所以采取新技术降低能源消耗、保护环境是企业自身发展的需要，同样也是对我国经济可持续发展做出的贡献。热泵作为一种新的节能、环保技术，随着其自身不断发展与提高，特别是高温热泵干燥介质出口温度的提高，热泵干燥技术在造纸、纺织、食品及化工领域的应用范围将会更加广泛。

10.1 热泵干燥技术在造纸行业的应用

造纸工业的能源消耗巨大，其能耗大约占造纸成本的15%，随着能源的短缺及能源价格的不断上涨，该数值呈上升趋势。纸机干燥部是保证产品质量、降低产品能耗的关键工序。传统的纸机干燥部多段供汽系统存在诸如能耗大、烘缸积水、压力调节困难、环境污染等缺点。蒸汽喷射式热泵是一种将低品位热能转化为高品位热能的节能设备，将该技术应用于纸机干燥部能够提高干燥效率，达到节能的目的，而且还有助于提高纸机车速、产量及产品质量。

10.1.1 纸机干燥部的工作原理

传统的纸机干燥部蒸汽冷凝水系统为三段通汽式，属于被动式蒸汽串联系统，其工作示意图如图10-1所示。蒸汽首先进入高温烘缸段，未冷凝的蒸汽（含吹贯蒸汽）依次作为中温段、低温段的烘缸用汽。在满足高温段用汽压力的前提下，蒸汽冷凝水的循环动力是各段汽水分离罐的工作压力。但在实际应用中，该系统普遍存在烘缸积水、闪蒸蒸汽量小、节能效果不明显等问题；这一系列问题的根本原因是烘缸进、出口压差过小，不足以推动冷凝水排出导致烘缸积水。所以解决这些问题的关键在于增大烘缸进、出口压差，而采用热泵技术可以有效地解决这一问题。

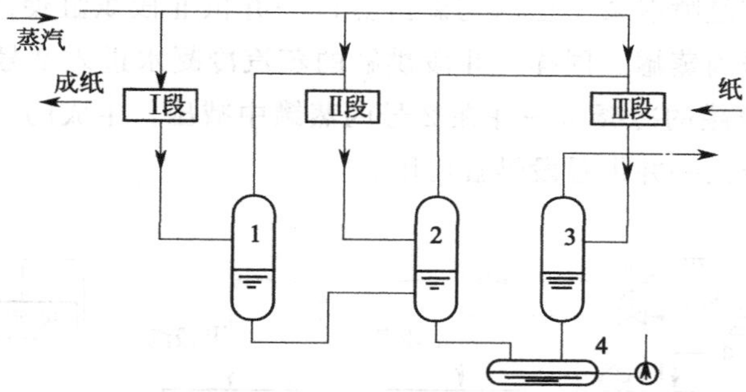

图 10-1 传统的三段通汽系统示意图

1—高温段蒸汽水分离罐；2—中温段蒸汽水分离罐；3—低温段蒸汽水分离罐；4—冷凝水储罐

造纸机干燥部热泵供汽系统属于主动式蒸汽并联供热系统，其工作示意图如图 10-2 所示。该系统利用蒸汽喷射式热泵代替节流减压装置，向纸机的各段烘缸供给所需品位和数量的蒸汽，利用蒸汽减压前后的能量差来提高冷凝水二次蒸汽的品位供生产循环使用。各段烘缸排出的蒸汽冷凝水依次经过多效蒸发、热量回收和降低温度后，再送回热电站或锅炉房。利用热泵工作蒸汽和热泵供出蒸汽的能量品位差作为蒸汽喷射式热泵的动力，吸收汽水分离器中的二次蒸汽使其工作压力降低，从而增大烘缸进、出口压差，解决了传统三段通汽式系统存在的一系列问题。

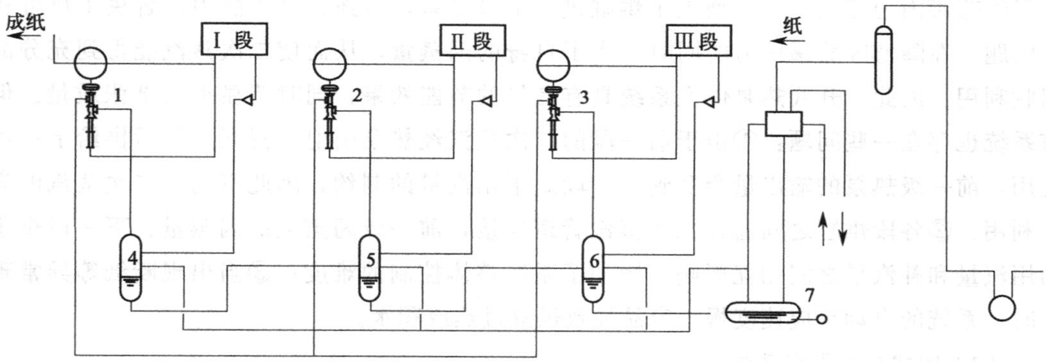

图 10-2 热泵供汽示意图

1～3—可调式热泵；4—一级汽水分离罐；5—二级汽水分离罐；6—三级汽水分离罐；7—冷凝水储罐

10.1.2 纸机干燥部热泵供汽系统分类

采用热泵供汽系统能够借助喷射式热泵的作用增大烘缸前后的压差，解决传统供汽系统中存在的烘缸积水、闪蒸蒸汽量小、节能效果不明显等问题。在热泵供汽系统中根据二次蒸汽的流向，可以分为开式热泵供汽系统和闭式热泵供汽系统。

（1）开式热泵供汽系统

图 10-3 是开式热泵供汽系统的热力流程示意图。与传统三段供汽系统相比，主要区别是在 1 号和 2 号闪蒸罐的顶部各安装了一个蒸汽喷射式热泵。新鲜蒸汽直接进入Ⅰ段

烘缸，在烘缸中放热后，冷凝水流入 1 号闪蒸罐。Ⅰ段烘缸的冷凝水在 1 号闪蒸罐中减压，生成的二次蒸汽经喷射泵增压后与新鲜蒸汽一并供Ⅱ段烘缸使用，1 号闪蒸罐中余下的冷凝水流入 2 号闪蒸罐。同样，Ⅱ段烘缸的蒸汽冷凝水进入 2 号闪蒸罐，与从 1 号闪蒸罐流入 2 号闪蒸罐的冷凝水一并在 2 号闪蒸罐中减压，生成的二次蒸汽经喷射泵增压后与电厂的新鲜蒸汽一并供Ⅲ段烘缸使用。

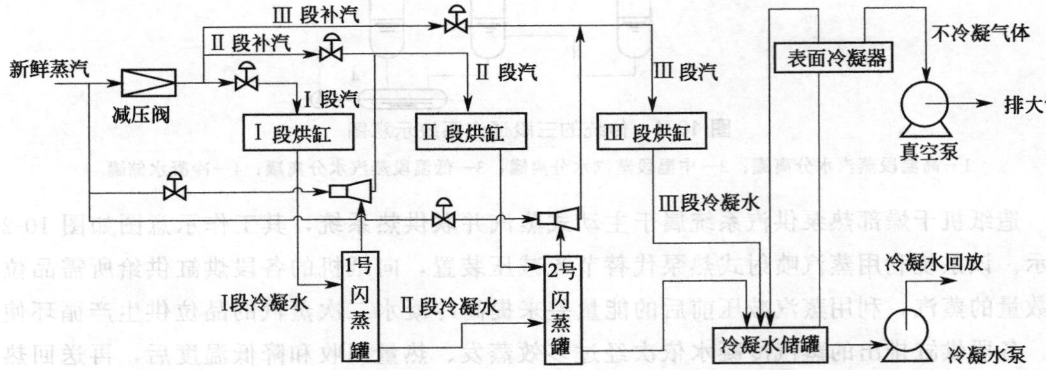

图 10-3 开式热泵供汽系统的热力流程示意图

开式热泵供汽系统利用喷射器原理，最大限度地引射出低品位的二次蒸汽，从而降低了闪蒸罐内的蒸汽压力，增大了烘缸进、出口压差，增强其排水能力，解决了烘缸积水问题。在降低闪蒸罐压力的同时增大了自身的闪蒸量，从而使二次蒸汽能得到充分的回收利用。因此，开式热泵供汽系统具有良好的节能效果，同时明显提高纸张质量。但该系统也存在一些问题：①由于前一段的二次蒸汽经热泵引射、提高品位后供给下一段使用，前一级热泵的输出量会受到下一段烘干用汽量的制约，因此不利于二次蒸汽的充分利用；②各段烘缸之间通过二次蒸汽管道连接，前一级闪蒸罐的闪蒸量、下一段烘干的用汽量和补汽量之间相互影响，增加了系统整体控制的难度；③当出现断纸等异常现象时，系统的自动反应速度慢，容易导致烘缸过热或积水。

（2）闭式热泵供汽系统

闭式热泵供汽系统的热力流程如图 10-4 所示，每个闪蒸罐的顶部安装喷射泵，而且每个闪蒸罐和其对应段的烘缸之间多了一条供汽回路。系统稳定运行后，Ⅰ段不再由新鲜蒸汽直接供汽，而是由Ⅰ段烘缸排入 1 号闪蒸罐中的蒸汽冷凝水减压后生成的二次蒸汽经喷射泵增压与新鲜蒸汽一同为Ⅰ段烘缸供汽，1 号闪蒸罐中剩余的冷凝水流入 2 号闪蒸罐。同样Ⅱ段烘缸的蒸汽冷凝水进入 2 号闪蒸罐，与从 1 号闪蒸罐流入 2 号闪蒸罐的冷凝水一同在 2 号闪蒸罐中减压，生成的二次蒸汽经喷射泵增压后与新鲜蒸汽一并供Ⅱ段烘缸使用。2 号闪蒸罐中剩余的蒸汽冷凝水流入 3 号闪蒸罐。以此类推，Ⅲ段烘缸的蒸汽冷凝水进入 3 号闪蒸罐，与从 2 号闪蒸罐流入 3 号闪蒸罐的冷凝水一同在 3 号闪蒸罐中减压，生成的二次蒸汽经喷射泵增压后与电厂蒸汽一并供Ⅲ段烘缸使用。

与开式热泵供汽系统相比，该系统的一个显著特点是其二次蒸汽经由热泵提升品位

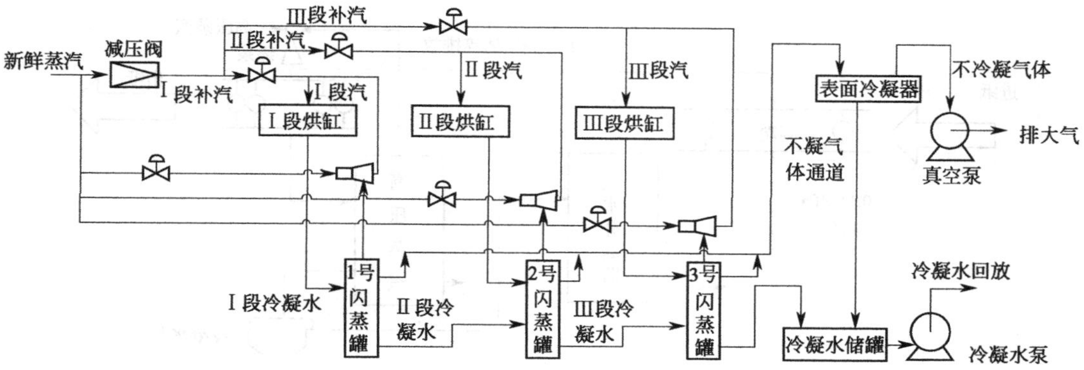

图 10-4 闭式热泵供汽系统的热力流程示意图

后只供本段烘缸使用，不足的部分通过补汽来实现。因此，各段烘缸之间的联系较少，相互之间的耦合作用小，易于控制。同时系统设置了不凝气体流通管道，便于不凝气体及时有效地排出，增大了烘缸的换热效率。但闭式热泵供汽系统的一次性投资要高于开式热泵供汽系统。

10.1.3 纸机干燥部热泵供汽系统应用装备

上海某造纸厂完成对传统三段通汽式系统的改造，采用热泵供汽系统之后不仅解决了烘缸积水问题，同时减少了汽耗量及二氧化碳排放，具有较高的经济效益与环境效益。

该厂改造前存在以下问题：①烘缸内蒸汽的换热效率低，生产过程中汽耗量大，排出大量 CO_2；②生产纸品发生变化时设备易发生故障，断纸现象严重；③烘缸进、出口压差过小导致烘缸积水严重；④纸机提速缓慢，产量难以提高；⑤控制复杂，操作较困难。

为解决上述问题，该厂采用美国 Gardner 公司的喷射热泵控制系统对原系统进行改造，系统流程见图 10-5。热泵利用少量高压蒸汽高速通过热泵喷嘴时产生的抽吸力吸入汽水分离器的二次蒸汽，经过混合获得的高品位蒸汽重新流回烘缸。该系统采用流速控制法，根据不同纸品烘干所需的参数要求控制二次蒸汽流速，提高了产品质量。同时应用计算机调节热泵阀门的开度，保证二次蒸汽管道孔板前后压差不变，从而维持二次蒸汽流量恒定，提高产量。

改造完成后，上述问题得到了极大改善。利用热泵的抽吸作用增大烘缸进、出口压差，保证缸内排水顺畅，提高了缸内蒸汽的换热效率，降低了汽耗量，同时减少了 CO_2 排放量；并且系统的控制精度高，烘缸的表面温度维持在生产要求范围内，有利于纸机提速且减少了断纸现象的发生，提高了产品的质量与产量。该厂的吨纸耗能由改造前的 9.0GJ/t 纸降低至改造后的 7.5GJ/t 纸以下，平均每吨纸节约了 1.5GJ 能量，相应的汽耗量降低了 16.7%。年节约蒸汽 85359GJ，价值 418.3 万元（蒸汽价格按 49 元/GJ 计），并且年减排 CO_2 达到 7677t，具有明显的经济效益与环保效益。

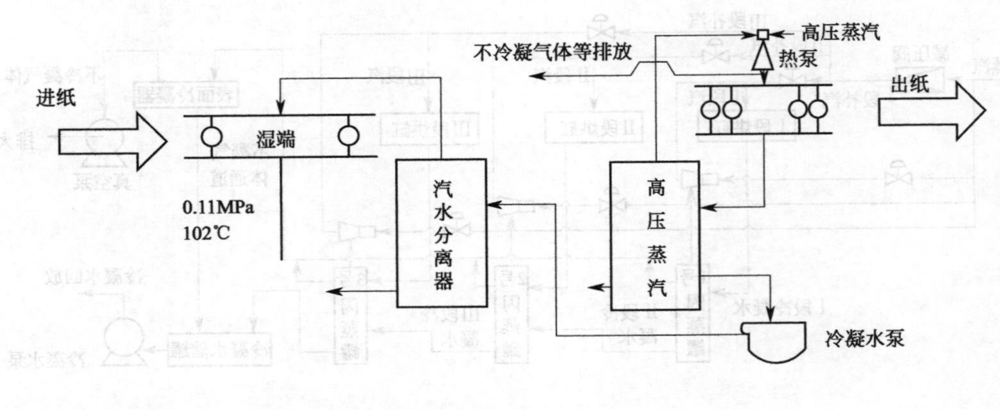

图 10-5　热泵控制流程示意图

综上，纸机干燥部热泵供汽系统利用喷射器的抽吸原理增大了烘缸进、出口压差，克服了传统三段通汽式系统中存在的烘缸积水、闪蒸蒸汽量小的问题；同时缩短了纸机的提速时间，有效避免了断纸现象的发生，可根据不同纸品调节生产工况，提高纸品的产量与质量；并且更加节能高效，生产相同纸品，采用热泵供汽系统的单位产品能耗下降 20%～30%；与此同时大大减少了温室气体的排放，更加环保。因此将热泵干燥技术应用于造纸行业具有突出的经济效益与显著的环境效益，具有广阔的发展空间。

10.2　热泵干燥在褐煤发电系统中的应用

褐煤干燥是降低褐煤中水分的一种褐煤加工提质技术，是褐煤高效利用的有效手段。褐煤的干燥过程可以分为恒速干燥、降速干燥两个阶段，按照褐煤中水分干燥脱除的形态，干燥技术可分为蒸发干燥和非蒸发干燥。其中，蒸发干燥包括蒸汽滚筒干燥、蒸汽流化床干燥、烟气滚筒干燥、烟气流化床干燥等，非蒸发干燥包括热压脱水工艺等。目前，国内的褐煤电厂多采用高温烟气通过磨煤机干燥煤粉，但高温烟气与煤粉直接接触存在安全隐患，而且褐煤中的水分过高导致调节复杂，动力消耗和维护费用相应提高。

10.2.1　吸收式热泵的褐煤预干燥发电供热水回收系统

吸收式热泵的褐煤预干燥发电供热水回收系统，采用吸收式热泵分步梯级回收预干燥尾气中的热量和水分，对外供热，形成热电水多联产，实现褐煤的高效利用。通过溶液吸收、蒸发再冷凝的方法回收褐煤干燥尾气中的水分，极大提高了水回收率以及回收水品质。利用锅炉烟气对褐煤进行预干燥，而后进入锅炉燃烧加热水，水吸热变为高温高压蒸汽进入汽轮机膨胀做功，通过发电机进而转化为电能。

吸收式热泵的褐煤预干燥发电供热水回收系统原理如图 10-6 所示。从锅炉中抽取部分烟气送入干燥机中干燥褐煤原煤后送入锅炉燃烧，燃烧产生的烟气被分成两部分，一部分被抽出用于干燥褐煤，另一部分在锅炉中加热工质水。

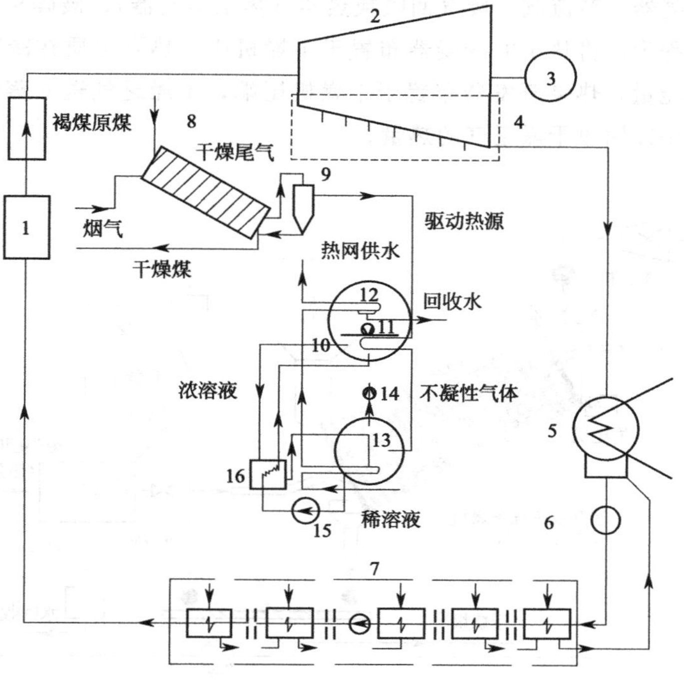

图 10-6 吸收式热泵的褐煤预干燥发电供热水回收系统

1—锅炉；2—汽轮机；3—发电机；4—汽轮机抽气口；5—凝汽器；6—凝结水泵；
7—回热系统；8—干燥机；9—除尘器；10—发生器；11—除液器；12—冷凝器；
13—吸收器；14—真空泵；15—溶液泵；16—溶液热交换器

工质水吸热变成高温高压水蒸气送入汽轮机中膨胀做功，机械功通过发电机转化成电能后输出。同时，汽轮机的排汽在凝汽器中凝结变成凝结水，凝结水经凝结水泵、回热系统除氧、加热、升压变为给水，送入锅炉，开始新的循环。干燥机中的尾气送入除尘器，尾气中携带的固体颗粒通过除尘器下端的除尘口送入锅炉燃烧，除尘后的尾气作为吸收式热泵的驱动热源，通入发生器中利用显热加热发生器中的稀溶液，释放显热后的尾气作为低温热源直接通入吸收器，尾气中的水蒸气被吸收器中的浓溶液吸收，尾气中的不凝结气体通过真空泵抽出对外排放；吸收器中的浓溶液吸收水蒸气变为稀溶液，同时放出热量加热热网水；稀溶液经过溶液泵、溶液热交换器送入发生器，在发生器中吸收干燥机尾气的显热，蒸发出水蒸气变为浓溶液，浓溶液经过溶液热交换器回到吸收器中开始新的循环；蒸发出来的水蒸气进入冷凝器，二次加热热网水使其满足供热要求引出对外供热，释放出热量后凝结成液态水，通过管路引出，该部分水就是烟气尾气中所携带的水蒸气，通过吸收式热泵实现回收。

10.2.2 集成热泵干燥的褐煤发电系统

如图 10-7 所示，集成热泵干燥的褐煤发电系统包括水处理系统、间壁式滚筒干燥机、压缩机、冷凝器、节流阀、废气回收换热器（热泵蒸发器）、破碎机、除尘器、发电机等。其工作流程为：将热泵的冷凝器布置于干燥机中，热泵工质在冷凝器中释放热量为干燥过程提供能量，热泵蒸发器布置于干燥机尾端，干燥乏气送入蒸发器，热泵工质在蒸发器中蒸发用以回收干燥乏气的热量。

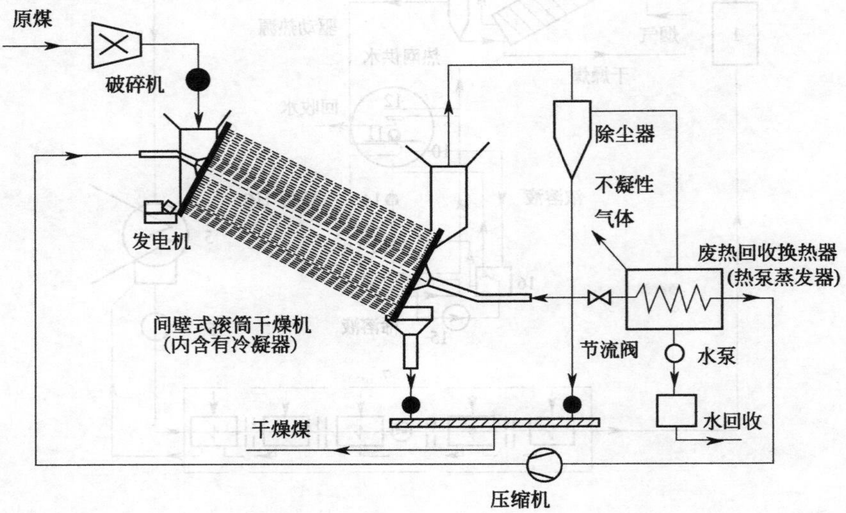

图 10-7 集成热泵干燥的褐煤发电系统

对比图 10-8 与图 10-9 可看出，褐煤发电系统中耦合热泵干燥系统的本质是在褐煤发电系统中输出部分电能（原煤含量的 1.04%）用于褐煤干燥过程。干燥后的褐煤用于燃烧过程，由于水分含量降低、热值增加，因此燃烧温度大幅度升高，从而使燃烧㶲损率由直接燃烧褐煤发电系统中的 32.96%降低至 28.08%，降低了 4.88%，实现了燃煤发电过程的㶲损分布优化，进而实现了系统整体的节能效果。

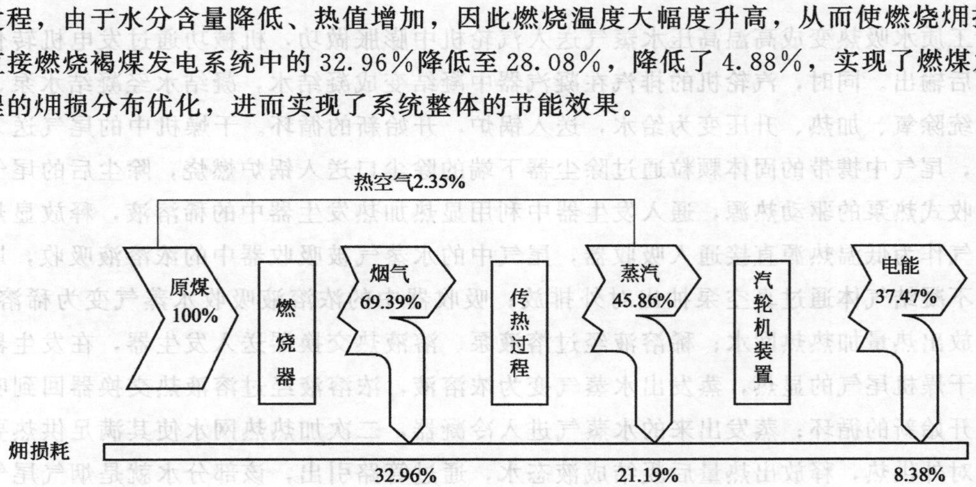

图 10-8 直接燃烧褐煤发电系统的流程

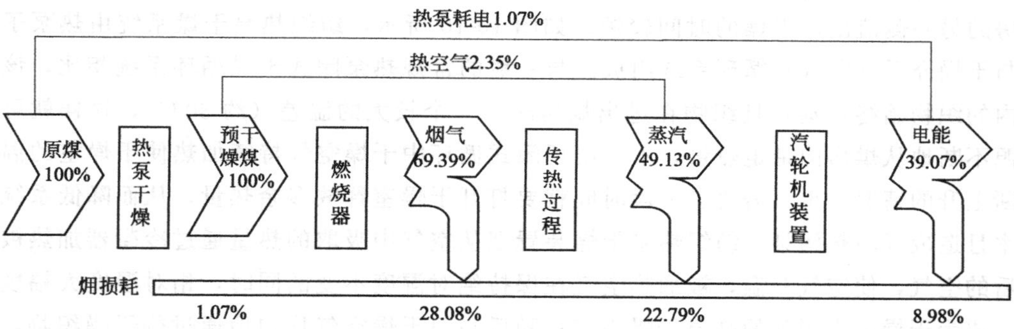

图 10-9　集成热泵干燥的褐煤发电过程

直接进行燃烧褐煤发电具有初投资大、效率低等问题，而由生产实践可以得出对褐煤进行预干燥处理是褐煤高效利用的有效技术方式。相关研究表明采用热泵方式进行预干燥，在基准工况下可以使系统的供电标准煤耗降低 11.54gce/(kW・h)；此外通过系统㶲分析可知，在褐煤发电系统中耦合热泵干燥系统，可大幅度降低燃煤过程的㶲损失，具有较大的节能潜力。

10.2.3　热泵干燥技术在褐煤发电系统中的展望

大力发展和推广热泵预干燥低质褐煤以提质洁净煤，是煤炭、电力行业节能减排、工艺革新重要且现实的途径。热泵干燥技术在发电系统中的应用在生产安全、节能降耗和节约水资源等方面具有巨大优势，对中国褐煤干燥提质工业化进程的发展、褐煤资源清洁高效利用领域的开拓具有重要意义，符合中国可持续发展战略和节能减排的要求。不但对中国煤炭、电力行业的节能减排起到巨大的带动效应，也对中国煤炭、电力能源基础行业的绿色技术升级革新起到重要的推动作用。

10.3　热泵干燥技术在纺织行业的应用

纺织行业使用烘干筒和烘房对纺织物进行干燥，这些传统的干燥技术不仅能耗高、干燥效率低，还易造成环境污染。纺织物的自然干燥受外界环境的影响比较大，并且干燥的质量和产量难以控制，而纺织行业常用的干燥方法如蒸汽干燥、真空干燥、远红外干燥、电热干燥和微波干燥等虽然能较好地控制干燥条件和缩短干燥时间，但因所采用的供热能量分布不均，往往难以保证干燥质量。

10.3.1　纺织热泵干燥技术

在纺织干燥行业中，纺织物需要较低的含水率，且其干燥是连续的动态的过程；纺织物从烘房的一侧进入，顺着支撑的轴承滚轮在干燥室中运动，匀速通过烘房，最后从烘房的另一侧流出，干燥的时间较短。如图 10-10 所示，纺织热泵干燥系统由热泵子系统与干燥介质（空气）循环系统组成。与一般的常规热泵闭式干燥循环系统相比，该系统内的织物始终运动，且织物在进出烘房时有一个较大的温差（约 30℃），这样就可以源源不断地从烘房内带走热量，不会出现闭式循环中干燥空气持续加热使干燥室的温度不断上升的情况，也不需要过一段时间就要打开干燥室释放多余热量，从而降低系统热效率且造成环境热污染。纺织热泵干燥装置把从空气中吸取的热量通过冷凝器加热被除湿后的空气，使空气升温，被加热空气在保持绝对湿度不变的同时，相对湿度大幅度降低，成为干燥能力很强的高温干燥空气；随后高温干燥空气均匀地通过待干燥织物，在和织物中的水分发生热交换与水蒸气分压力相互平衡作用后，织物中的水分子吸收了空气中的热能，迅速地从物料中逸出而被气流带走，织物因而得到干燥；经过干燥室后的空气只有一部分通过蒸发器除湿，而另外一部分空气直接与除湿后的空气按比例混合，随后一同进入冷凝器被加热。这样湿空气重新进入热泵装置被加热除湿，完成一个循环。干燥空气不断地循环，织物则被不停地干燥，直至符合要求为止。

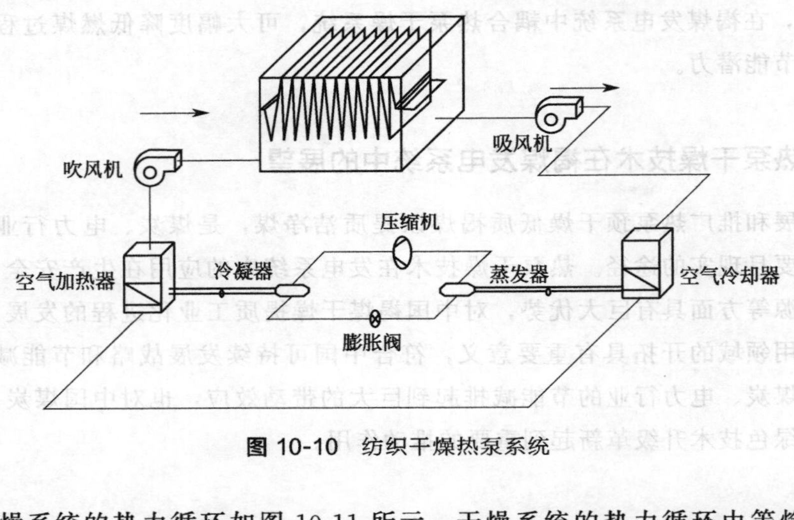

图 10-10　纺织干燥热泵系统

纺织干燥系统的热力循环如图 10-11 所示。干燥系统的热力循环由等焓吸湿（2—3）、等湿冷却（3—4）、降温除湿（4—5）、混合（3、5—1）与等湿加热（1—2）五个热力过程构成。

10.3.2　热泵干衣机

目前市场上常用的干衣机大部分使用电或蒸汽加热空气，热空气随后被吹入干衣筒，与衣服只进行一次热质交换就被排入大气。此种干燥方式干燥能耗高，衣服的水分也不易渗出；特别是衣服在干衣筒内扭成团状后，热空气与衣物的接触面积更小，每脱 1kg 水需 1～2.8kW·h 的电量。另外，这种干燥方法还容易发生局部过热而损伤衣物，同时运行噪声也很大，这些原因使得干衣机的推广率较低。将成熟的热泵干燥技术应用于干衣机，制造成家用干衣机进行推广，不仅可以大大减少干衣时的能量损耗，还可以使洗衣不受天气条件的限制、穿着的衣服每天得到及时干燥，具有广阔的应用前景。

采用电加热方式的干衣系统通过提高电加热器加热的空气温度来增强系统的除湿能力。但电加热器较难控制干燥空气的温度，若干燥空气的温度过高，容易伤害蚕丝、丝绸等高档衣物纤维，大量地使用水来冷却系统中的湿空气又浪费自来水。寻找一种节能环保的洗衣干衣机迫在眉睫，针对上述问题，采用热泵干燥的洗衣干衣机（图 10-12）应运而生。

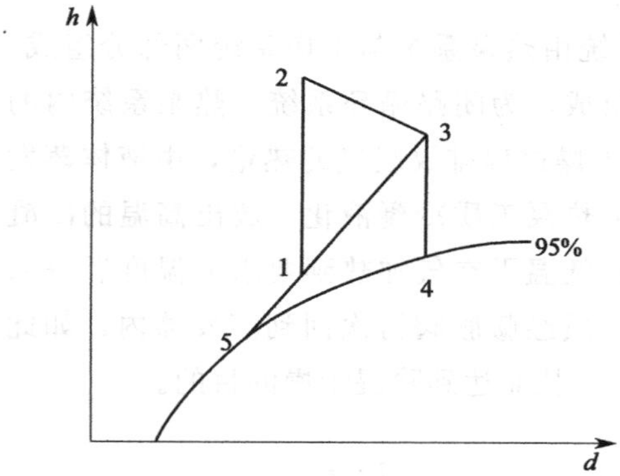

图 10-11 纺织干燥热泵系统的热力循环

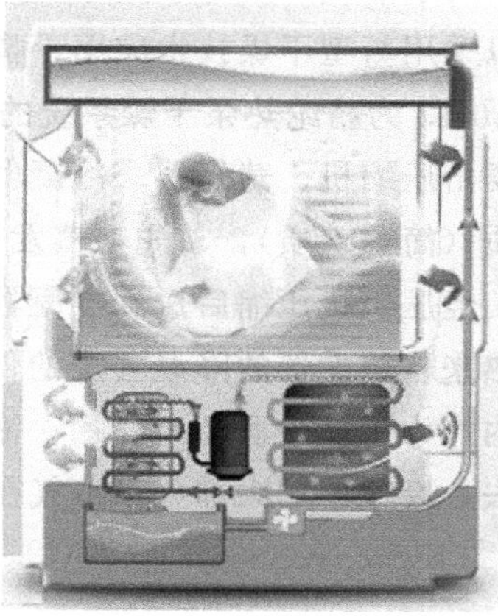

图 10-12 热泵干衣机

传统的电加热式干衣机为了达到所需要的设计条件，衣服表面的进口空气温度几乎达到 120℃，因此对加热器功率的要求大约为 3kW。因此整个系统总的除湿率为 0.66kW·h/kg，比 0.55kW·h/kg 的目标约小 17%。而使用热泵干燥系统的洗衣干衣机完全能达到 0.55kW·h/kg 的除湿率这个目标，且整体效率比电加热干燥方式提高了大约 13%。除了能效改进，使用热泵干燥系统的洗衣干衣机还有传统干衣机通常不具备的特点：不必对外排风，不会影响室内空气的相对湿度。

传统的电加热干燥方式中，尽管提高了空气侧循环的绝热性，但干燥效率未能达到 1 以上；而热泵干燥技术把一份电能转化为三到四份热量。另外，传统电加热干燥系统用自来水冷却由滚筒排出的热空气，费水费电；而热泵干燥系统中，因热泵的作用，循环利用了热空气，回收传统电加热干燥系统排出热量的同时，还能降低干燥运转时间与电耗。

其次，在传统电加热方式中，必须将由滚筒吹向衣物的热空气提高到 100℃以上的高温。而在热泵干燥方式中，通过热交换器可以大幅度地冷却由滚筒排出的高温多湿空气，即使排出温度是 70℃左右的低温，也能使衣物干燥，并且减少了高温干燥对丝绸等贵重物料的损伤，能够降低衣物在高温干燥时产生的裙皱与收缩，使干衣功能接近日照干燥并减少干燥不均的现象。另外，热泵干燥系统可以使洗涤水的温度提高约 10℃进行清洗，即使在冬季仍能获得很高的清洗能力，在夏季对于衣物领子、袖口处的顽固皮脂污垢也能有效清洗。

10.3.3 热泵干燥技术在腈纶生产中的应用

腈纶经过二次拉伸、上油、卷曲后的丝束中含有大量的水分，根据对腈纶回潮率的质量要求，需经过加热干燥除去丝束中多余的水分，因此干燥工序是腈纶后处理的重要步骤。传统的干燥方法是将已加热的新鲜空气持续不断流过被干燥的物料表面，以吸收物料的水分而达到干燥物料的目的。在干燥过程中排出干燥室内湿温空气中部分水分的唯一物理方法是通风，将水分含量高的湿温空气排入大气。为了保持连续干燥，必须向干燥室提供已加热的新鲜空气，目前多数干燥室利用蒸汽或电加热空气。由于排出空气中含较多的水蒸气，且每千克水蒸气的潜热高达 2500kJ，因此传统的干燥方法能量损失大。所以采用新型干燥技术应用于腈纶后处理尤为重要。

图 10-13 为腈纶热泵干燥系统的示意图，该系统由热泵系统与干燥系统两部分组成。热泵主要由压缩机、蒸发器、冷凝器和膨胀阀等组成，为闭路循环系统。热泵系统内的工作介质（简称工质），首先在蒸发器中吸收来自干燥过程排放废气的热量，由液体蒸发为蒸汽，经压缩机压缩后送到冷凝器中；在高压下热泵工质冷凝液化，放出高温的冷凝热去加热来自蒸发器的降温去湿的低温干空气，把低温干空气加热到要求的温度后进入干燥室内作为干燥介质循环使用；液化后的热泵工质经膨胀阀再次回到蒸发器内，如此循环下去，废气中的大部分水蒸气在蒸发器中冷凝，从而达到除湿干燥的目的。

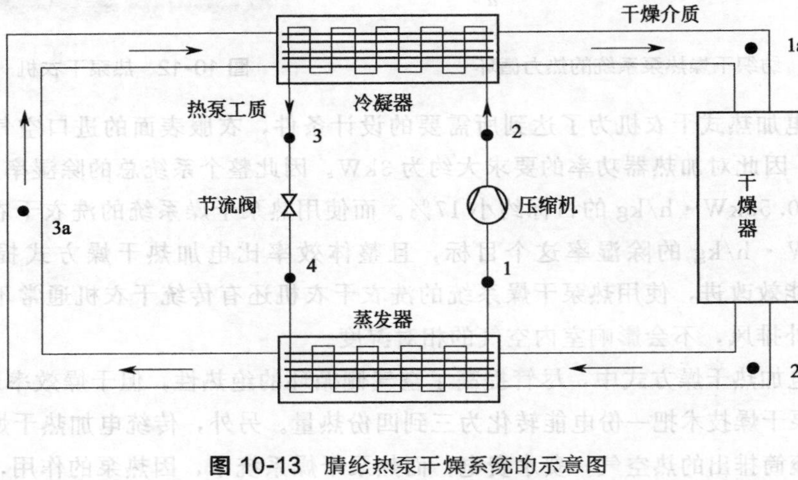

图 10-13　腈纶热泵干燥系统的示意图

热泵干燥技术是利用热泵除去由干燥室内排出的湿空气中的水分并使除湿后的空气重新加热的技术。整个干燥过程为：流过物料的湿热空气经热泵的蒸发器使空气温度和湿度下降，除湿后的空气再流过热泵的冷凝器使空气加热，最后空气流过物料重新吸湿。

10.3.4　热泵干燥技术在纺织行业的展望

随着化石能源的日益枯竭及国家对节能减排的大力倡导，热泵干燥技术与洗衣机的集合能满足安全、环保、节能的要求，在减少洗衣时间的同时节约了运行成本。热泵组合干燥系统综合了传统干衣机与热泵干衣机的优点，具有广阔的发展前景；同时在原有单级热泵干燥系统的基础上进一步改进，双级蒸发热泵干燥系统更加节能环保，有巨大的商业价值。

(1) 热泵组合干燥系统

与传统干燥系统相比，热泵干燥的实质也是对流干燥，同样存在热损失问题。把热泵干燥技术与传统电加热干衣系统相结合，能够降低热泵系统压缩机的负荷，加快干衣速度，提高系统效率。

(2) 二级蒸发干燥系统

二级蒸发热泵干燥系统的工作原理就是把来自冷凝器的制冷工质分成两部分，一部分制冷工质通过高压膨胀阀进入高压蒸发器，另一部分制冷工质通过低压膨胀阀进入低压蒸发器。两股制冷工质在蒸汽混合室内混合，来自高压蒸发器的工质进入混合室前必须用调节阀来降低压力。混合后的制冷工质再经压缩机压缩后进入冷凝器，完成二级制冷循环。实验证明二级蒸发热泵干燥系统可在较大范围内改变干燥系统的温度和相对湿度，并能提高系统的效率系数，节约能耗。

采用热泵干燥技术的洗衣干衣机与传统的电加热干燥方式相比，在节能性、干衣效果、干衣时间以及不影响室内湿度等方面都有卓越的优势，能把降低能源消耗和提高干衣效果两者完美统一，给洗衣机行业带来巨大的技术革命。

10.4 热泵系统在制碱、制盐行业的应用

10.4.1 热泵在制碱行业的应用

离子膜法全卤制碱，其核心技术在于淡盐水的浓缩处理和回收利用。离子膜法烧碱要实现全卤制碱，就是要将淡盐水处理到接近饱和；而使淡盐水接近饱和有两种方式，即除去水分或者加盐提高浓度。除去水分的方式有膜过滤、多效蒸发、机械蒸汽再压缩(MVR)蒸发及淡盐水返井。

MVR是蒸汽机械再压缩技术，将低温位的蒸汽经压缩机压缩，温度、压力提高，焓值增加，然后进入换热器冷凝，以充分利用蒸汽的潜热。除开车启动外，整个蒸发过程中无需生蒸汽，重新利用它自身产生的二次蒸汽的能量，从而减少对外界能源的需求。全卤制碱工艺中，实施淡盐水返井的难度大；实施多效蒸发，蒸发1t水的成本为82.8元；采用MVR蒸发1t水的成本为1.6元，故选择MVR更适合实际情况。其中MVR工艺的流程如图10-14所示。

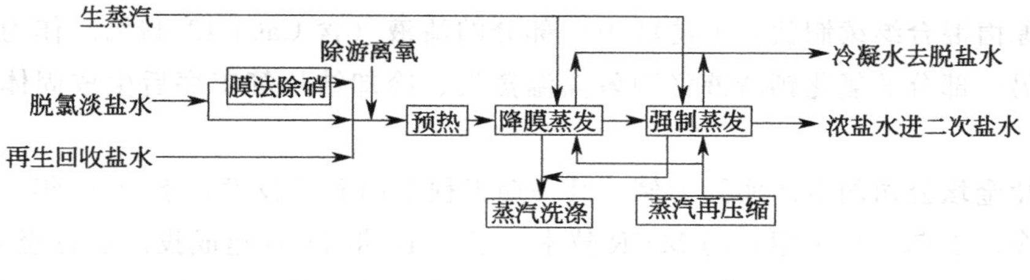

图 10-14 MVR工艺的流程

自脱氯工序来的淡盐水一部分经膜法除硝后进入淡盐水中间槽，另一部分直接进入淡盐水中间槽，二次盐水再生的回收盐水也直接进入淡盐水中间槽；3部分淡盐水在中间槽混合后，通过泵送往预热器进行预热，并在泵的出口加入少量 Na_2SO_3，保证不含游离氯，与蒸汽冷凝水和浓盐水并联换热后，进入降膜蒸发器进行蒸发。生产装置系统运行时，使用生蒸汽将蒸发器内的淡盐水通过加热室升高温度，产生二次蒸汽，二次蒸汽循环利用；系统产生的二次蒸汽达到平衡后，关闭生蒸汽阀门，停止生蒸汽的使用。在淡盐水的浓缩过程中，降膜蒸发器和强制循环蒸发器内同时产生二次蒸汽，通过降膜蒸发器和强制循环蒸发器内的除膜器第一次除掉二次蒸汽中夹带的氯离子和其他杂质；然后，二次蒸汽进入二次蒸汽洗涤器，通过洗涤泵用洗涤器内的循环洗涤水第二次洗涤二次蒸汽，产生的冷凝液通过调节阀控制液位，排出冷凝液系统。

现有的工艺是用固体盐去饱和淡盐水的，而固体盐是由卤水通过真空制盐工艺制得的；制1t固体盐的能源和原料消耗为（五效真空制盐）1.08t蒸汽、54kW·h电、4.0～5.0m^3卤水。加固体盐将 $108\times10^4m^3$ 淡盐水（配套 15×10^4t 离子膜烧碱，掺卤25%情况下）饱和，需要 16×10^4t 固体盐，卤水制盐的能耗为 17.28×10^4t 蒸汽，$864\times10^4kW\cdot h$ 电，折合标煤 2.33×10^4tce：而采用MVR工艺浓缩淡盐水后，可以直接使用卤水为制碱原料，$108\times10^4m^3$ 淡盐水浓缩至饱和的能源消耗为 $1752\times10^4kW\cdot h$，折合标煤 0.22×10^4tce。

10.4.2 热泵在制盐行业的应用

经过多年，热泵制盐技术在国外得到了长足发展，使用MVR技术要比多效蒸发技术（Multiple Effect Distillation，ME）约节省三分之一，符合我国节能降耗的政策。机械压缩式热泵工作时，加热蒸汽进入加热室后与卤水换热，蒸发出水分，即二次蒸汽；二次蒸汽被压缩机吸入，通过压缩机的绝热压缩作用，提高二次蒸汽的压力和饱和温度，然后送回原蒸发器的加热室，作为加热蒸汽使用；压缩机在此过程中消耗一定的有用能。

图10-15为热泵制盐工艺的原理图。热泵制盐主要由以下几个系统组成：蒸发系统、二次蒸汽洗涤系统、蒸汽压缩系统、压缩蒸汽过热度消除系统、进罐卤水预热系统、离心脱水干燥系统、冷凝水系统、生蒸汽系统、其他系统（根据物料的不同，通常有卤水处理系统，石膏晶种法需要有石膏系统）等。原卤经过二次预热后进入一级MVR蒸发制盐工序，MVR制盐工序的盐浆经离心分离，散湿盐经皮带送至干燥车间，清液送入下一级MVR蒸发和钙液浓缩系统（三效蒸发）；钙液浓缩系统产生的盐浆排放至混合桶与预热后的原卤混合继续制盐，上清液中一部分的清液（含CaCl 42.44%）作为产品液体钙出售，另一部分的氯化钙清液经两效高温蒸发、冷却结片等工序后生成固体二水氯化钙产品。

以中盐金坛公司的生产实际为例，其一期工程采用ME技术，于2004年6月建成投产运行至今；二期工程采用新的MVR技术，于2010年11月建成投产运行至今。表10-1与表10-2为2011年1～8月份，ME技术、MVR技术的能耗详细生产数据统计。表10-3为ME技术与MVR技术的比较。

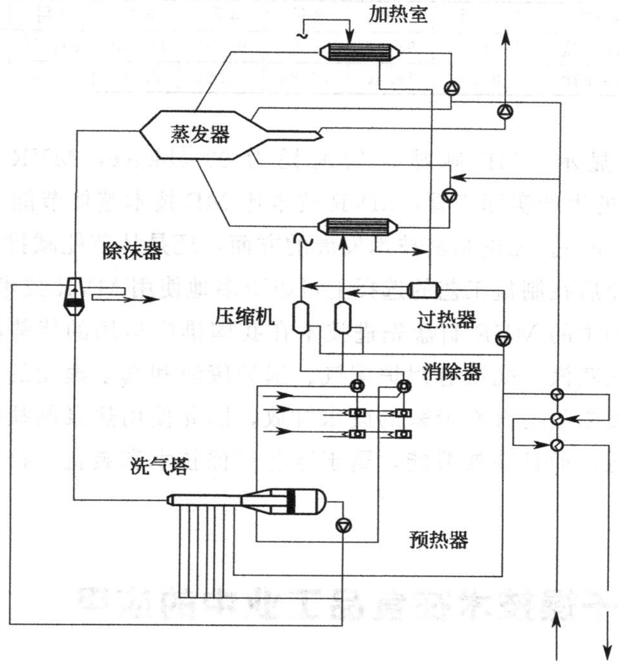

图 10-15 热泵制盐工艺的原理图

⊡ 表 10-1 一期（ME 技术）能耗折标准煤

统计	一期产量/t	蒸汽量/t	汽耗/（t/t）	汽耗折标准煤/kgce	电量/kW·h	电耗/（kW·h/t）	电耗折标煤/kgce	总消耗/kgce
1 月	77944	60095	0.771	83.70849	2761458	35.43	14.31321	98.0217
2 月	76994	59130	0.76798	83.38057	2818903	36.61	14.79124	98.17181
3 月	56060	42380	0.75598	82.07704	2487012	44.36	17.92281	99.99985
4 月	70993	54381	0.76601	83.16594	2955107	41.63	16.81663	99.98257
5 月	59429	44453	0.748	81.21131	2823532	47.51	19.19445	100.4058
6 月	66629	50971	0.765	83.05651	3057902	45.89	18.54136	101.5979
7 月	70124	52873	0.75399	81.86177	3216994	45.88	18.53382	100.3946
8 月	80705	61981	0.76799	83.31194	2933473	36.35	14.68463	98.06657

⊡ 表 10-2 二期（MVR 技术）能耗折标准煤

统计	一期产量/t	蒸汽量/t	汽耗/（t/t）	汽耗折标准煤/kgce	电量/kW·h	电耗/（kW·h/t）	电耗折标煤/kgce	总消耗/kgce
1 月	41801	11077	0.265	28.771	5504150	131.68	53.1967	81.967
2 月	46766	12205	0.261	28.335	5911489	126.41	51.0679	79.403
3 月	97395	25225	0.259	28.120	11997216	123.18	49.7651	77.885
4 月	84332	22179	0.263	28.554	10667469	126.49	51.1035	79.657
5 月	87814	22919	0.261	28.336	10620930	0.95	48.863	77.199
6 月	89622	23749	0.265	28.770	11598988	129.42	52.2862	81.056
7 月	87878	22642	0.258	27.974	10488742	119.36	48.2197	76.193
8 月	103326	26594	0.257	27.944	13122402	127.00	51.308	79.252

⊡ 表 10-3　ME、MVR 技术的能耗表

项目	单位	1月	2月	3月	4月	5月	6月	7月	8月	平均
ME 总能耗	kgce/t 盐	98.02	98.18	99.99	99.98	100.40	101.59	100.39	98.06	99.58
MVR 总能耗	kgce/t 盐	81.96	79.40	77.88	79.65	77.19	81.05	76.15	79.25	79.07

实际生产数据显示，ME 吨盐平均消耗为 99.58kgce，MVR 吨盐平均消耗为 79.07kgce。从现在的生产实际来看，MVR 技术比 ME 技术整体节能 100%×（99.58－79.07）/99.58＝20.6%。无论是从技术发展的方面，还是从节能减排、追求效益最大化的角度上去考虑，今后在制盐工艺的选择上可以更多地使用 MVR 技术。

综上，以用电为主的 MVR 制盐先进技术在我国推广运用的优势将越来越明显。由于循环利用蒸发二次蒸汽，既没有锅炉尾气、锅炉废渣和真空蒸发的末效乏汽排放，也没有因冷凝真空蒸发末效乏汽而带来的废水排放，因此使用热泵制盐技术制盐对大气及环境的污染显著降低；而且高效节能，属于绿色环保技术和装置，符合我国能源、环保的基本国策。

10.5 热泵干燥技术在食品工业中的应用

在食品的生产过程中，大部分能源应用于对食品物料的干燥，因此选择合理的干燥设备与工艺能够节约能源，推动食品工业的发展。在食品工业中干燥产品的质量一般采用干燥后物料的风味、色泽和质地的退化程度等指标来衡量，所以在干燥中对干燥温度、湿度以及干燥时间有着较高的要求。

传统的热风对流干燥在生产过程中干燥的温度过高，得到的食品通常芳香类挥发性物质保留少，耐热性差的维生素流失严重，表面皱缩严重且色泽较差；干燥不同物料时难以根据物料自身特性调节干燥的温、湿度，严重时造成物料损坏和大量能源浪费。而采用热泵干燥技术，循环空气的温、湿度及循环流量可精确调节，可根据不同物料的干燥特性调节干燥工况，避免了物料损坏的情况，保证了物料的干燥品质；并且热泵干燥技术的温度调节范围在－20～100℃（添加辅助加热装置），相对湿度调节范围在 15%～80%。与传统的热风干燥相比，热泵干燥技术更加节能高效，并且干燥品质好、营养价值高、产品等级高。

10.5.1 带鱼热泵干燥及装备

带鱼在我国资源丰富、味道鲜美，具有较高的营养价值，是水产品加工的主要产品之一。其产品种类丰富，除了原产品直接面向消费者外，还被制成各种深加工产品，如带鱼罐头、带鱼即食风味产品等。由于带鱼自身的组织特性及营养成分，因此在死亡后易发生变质；其体内的营养成分会在酶的作用下发生分解，从而导致产品鲜度的下降、感官品质的劣化、营养物质的流失和商业价值的降低。干燥技术作为水产品加工的重要处理手段，能够在一定程度上改变带鱼的组织结构及理化性质，从而抑制酶的活性及微

生物的滋生，能够维持产品质量水平，保留其独特风味，提高产品的商业价值。

传统的热风干燥其干燥温度通常在80℃以上，温度变化范围大，干燥产品的营养流失严重，风味、颜色和组织结构均发生不同程度的劣化。而在热泵干燥过程中，干燥温度维持在50℃左右，且温度波动较小，产品保持了较高的营养成分，风味独特且色泽良好，很大程度上提升了产品品质及商业价值。

下面进行实验比较传统的热风干燥和热泵干燥对带鱼品质的影响。选取新鲜度高、无机械损伤、鱼皮完整的带鱼（每条重500～1000g），经清洗后切除头尾并剖除内脏，将其切成长度10cm左右形状大小均匀的小段。设置产品水分含量25%为干燥终点，分别采用热泵干燥（A组）和热风干燥（B组）在相同干燥条件下（干燥温度为40℃，循环风量为7.2km/h）进行，实验仪器与设备见表10-4。

⊡ **表 10-4　仪器与设备**

名称	型号	生产厂家
热泵-热风联合干燥机	JK-ZT-HGJ103	杭州易德有限公司
数显式分析天平	WSC-100	北京赛多利斯有限公司
恒温恒湿箱	A-1000S	南京大卫仪器设备有限公司
便携式色差仪	SQP	北京光学仪器厂
水分测定仪	LRO-10T	上海慧泰仪器制造有限公司
均质机	MA150	上海标本模型厂
高压蒸汽灭菌锅	FJ200-SH	上海申安医疗器械厂

在干燥过程中，每隔1h进行一次水分测定，每组样品平行测定三次取平均值。干燥结束后，对两组样品通过微生物分析及T-VBN值、SMER值、色差值及复水比的变化，评价两种干燥方式的干燥效果及产品质量。

（1）微生物分析

在无菌条件下称取待检测带鱼10g与90mL无菌水均质，完成后对样品均质液进行10倍梯度稀释；取各浓度梯度下样品的均质液1mL接种在标准琼脂培养基上，于恒温培养箱中培养后对其菌落总数进行计数，从而计算干燥后带鱼样品的菌落总数（操作参数：均质时间2min，转速9000r/min，培养温度37℃，培养时间72h）。在热泵干燥、热风干燥两种干燥方式下，鱼体菌落总数的分析结果见图10-16。可以看出两种干燥方式下鱼体菌落总数的差异较大，热风干燥（B组）的样品鱼体菌落总数明显高于热泵干燥（A组）。这是由于在热风干燥的过程中始终存在外界空气的流通，一方面样品接触了外界空气中的细菌；另一方面样品周围的氧气含量始终维持在较高水平，为微生物的繁殖营造了适宜环境。而热泵干燥能够有效抑制菌落的繁殖，这是因为干燥全程不与外界气体发生接触，干燥环境更加纯净。所以，采用热泵干燥方式比传统的热风干燥抑菌效果更为明显。

（2） T-VBN值

T-VBN是水产品加工领域中鲜活度的一项重要评价指标，表示水产品在鲜活度降低过程中在微生物或酶的作用下导致蛋白质分解生成胺或氨类含氮化合物的量。样品在热泵干燥、热风干燥下，鱼体内T-VBN值的分析结果见图10-17。传统热风干燥所得样品的蛋白质流失严重，干燥产品的鲜活度较差。这是因为干燥过程中温度过高且波动较大，造成蛋白质大量分解，干燥产品劣化严重，干燥效果较差。而热泵干燥后样品的 T-VBN 值保持较低水平，其原因是干燥温度较低且波动幅度小，大大减少了干燥过程中蛋白质的分解。因此，在产品新鲜度方面热泵干燥明显优于热风干燥。

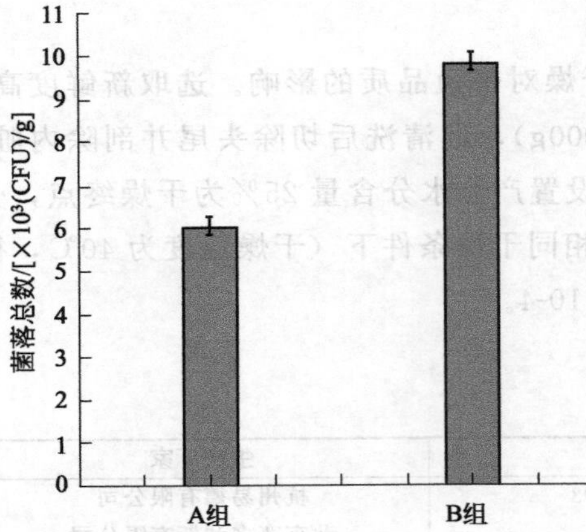

图 10-16 不同干燥方式产品的菌落总数

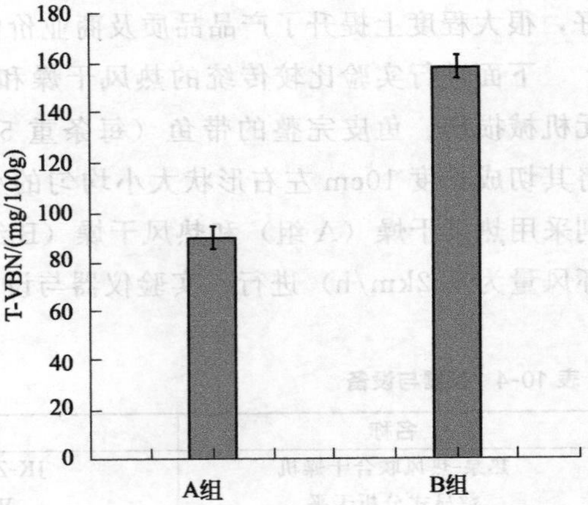

图 10-17 不同干燥方式产品的 T-VBN 值

（3） SMER 值

SMER 是水分变化总量与总能耗量的比值，表示单位能耗除湿量。其计算方法如下：

$$SMER=(M_0-M_1)/W \quad (10\text{-}1)$$

式中 M_0——样品干燥前的质量，kg；

M_1——样品干燥后的质量，kg；

W——干燥过程的总能耗，kW·h。

带鱼样品在热泵干燥、热风干燥下的 SMER 值见图 10-18。由图可知，热泵干燥的 SMER 值大于热风干燥，说明处理相同样品热泵干燥的能耗较小，更为节能；在耗能相同的情况下，热泵干燥的效率更高。而传统的热风干燥耗能大、成本高，不利于产品商业价值的提升。

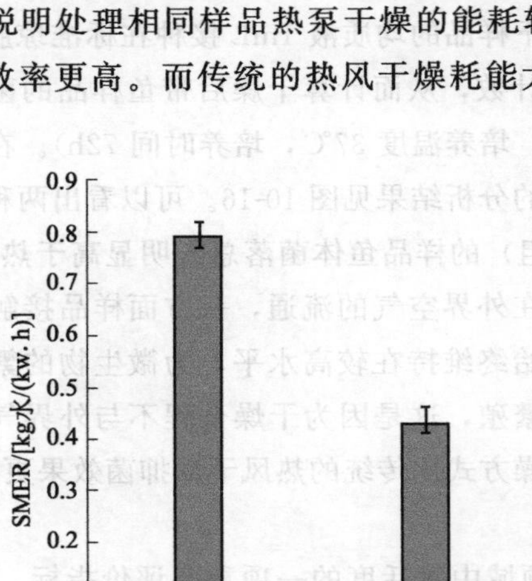

图 10-18 不同处理方式 SMER 值

（4）色差值

颜色是海产品重要的感官标准之一，在很大程度上决定了产品的商业价值。本实验采用便携式色差仪，以白陶瓷板为色差分析标准，对不同干燥样品的透明度 L^*、红度 a^* 和黄度 b^* 进行测定，分析两种样品各颜色指标的变化情况，从而比较样品的感官质量，评价不同干燥方式的干燥效果。带鱼样品在热泵干燥、热风干燥下的 L^*、a^*、b^* 变化情况见表 10-5。分析不同干燥方式所得样品的色差变化可知，热泵干燥很好地维持了干燥样品颜色的稳定性，在一定程度上保证了产品的感官品质；而经过热风干燥的样品颜色变化程度较大，干燥效果较差。

⊡ **表 10-5 不同干燥方式对色差值的影响**

指标	a^*	b^*	L^*
A 组	2.21±0.03	1.03±0.04	24.17±0.03
B 组	9.47±0.01	10.15±0.05	36.28±0.01

（5）复水比

复水比是干制品重新吸收水分后的净重同复水前净重的比值，是评价干制品质量的重要因素。其计算方法如下：

$$R = W_1 / W_0 \tag{10-2}$$

式中 W_1——产品复水并去除表面水分后的净重，kg；

W_0——产品复水前的净重，kg。

本实验将样品置于 25℃的蒸馏水中复水浸泡 12h 后，立即使用真空泵对其沥干 30s，去除表面水分后迅速称重，每组样品重复测定三次取平均值。带鱼样品在热泵干燥、热风干燥处理下的复水比测定见图 10-19。分析图 10-19 可知，热泵干燥样品的复水值维持在较高水平，说明样品在复水后其新鲜程度恢复较高，产品质量较好；而热风干燥样品复水能力差，产品质量较差。相关研究表明，干制品的复水能力取决于其体内细胞组织的完整性，其细胞组织结构越完整，干制品的复水性能就越好；相反，在干燥过程中样品细胞的组织结构破坏程度越大，其复水能力就越差，产品的质量水平就越低。

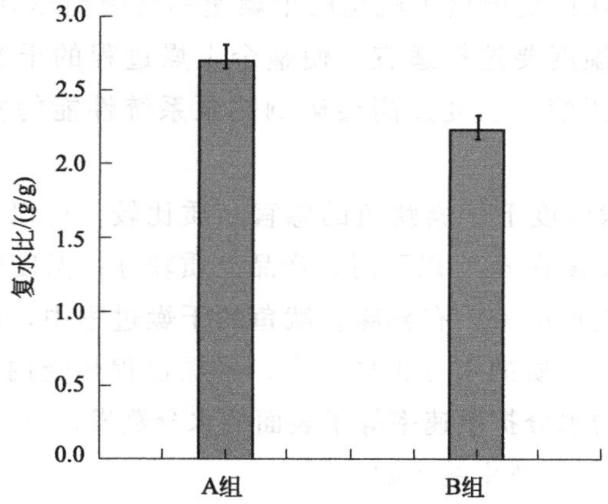

图 10-19 不同干燥方式产品的复水比

10.5.2 热泵-热风联合的鱿鱼干燥工艺及装备

热泵-热风联合的鱿鱼干燥设备如图 10-20 所示，主要由热泵系统和干燥系统两部分组成。热泵系统主要由压缩机、蒸发器、冷凝器、工作介质、毛细管以及铜管等组成；干燥系统主要由风机、电辅助加热、干燥室、网状托盘、内循环风道以及风门等组成。

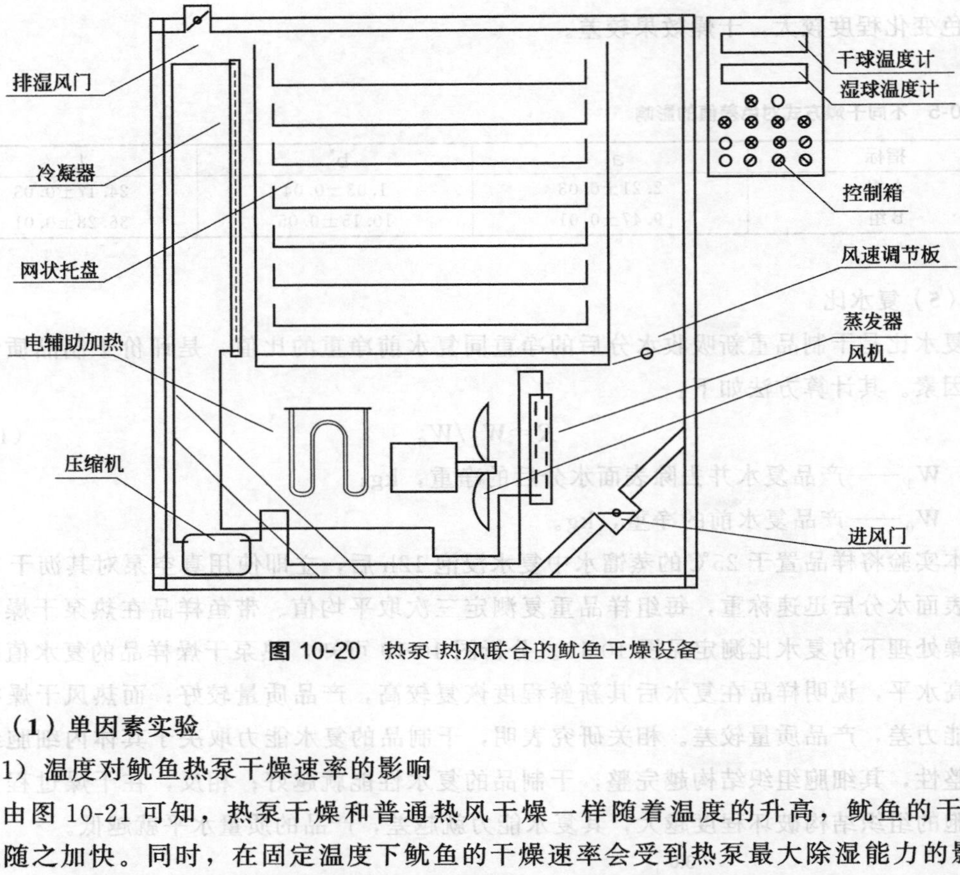

图 10-20 热泵-热风联合的鱿鱼干燥设备

(1) 单因素实验

1) 温度对鱿鱼热泵干燥速率的影响

由图 10-21 可知，热泵干燥和普通热风干燥一样随着温度的升高，鱿鱼的干燥速率也随之加快。同时，在固定温度下鱿鱼的干燥速率会受到热泵最大除湿能力的影响。所以热泵干燥鱿鱼时，温度要选择适宜，使整个干燥过程的干燥速率尽最大可能地与设备的最大除湿能力相匹配。温度过高会影响热泵系统性能的发挥，温度过低干燥速率降低。

图 10-22 为不同干燥温度下干燥鱿鱼的感官品质比较，可以看出温度越低，鱿鱼的品质越好。鱿鱼干燥的温度在 60℃以下时，产品品质较好；温度升高为 70℃时，鱿鱼的表面很硬，颜色较暗，变形严重，有异味。鱿鱼的干燥过程中，内部到鱿鱼表面的水分扩散速率低于表面到干燥介质的水分扩散速率；干燥过程是受内部水分扩散限制的，要尽量使内部到鱿鱼表面的水分扩散速率等于表面的水分蒸发速率。

2) 风速对鱿鱼热泵干燥速率的影响

如图 10-23 所示，风速越大，干燥速率越快；但随着风速增大到一定程度后，继续

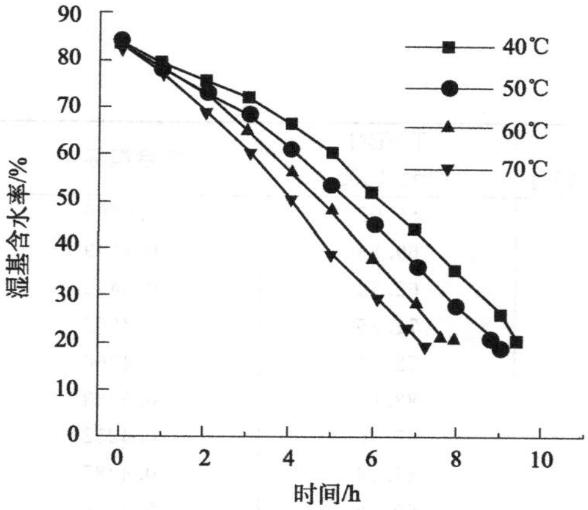

图 10-21 不同温度下的鱿鱼热泵干燥曲线

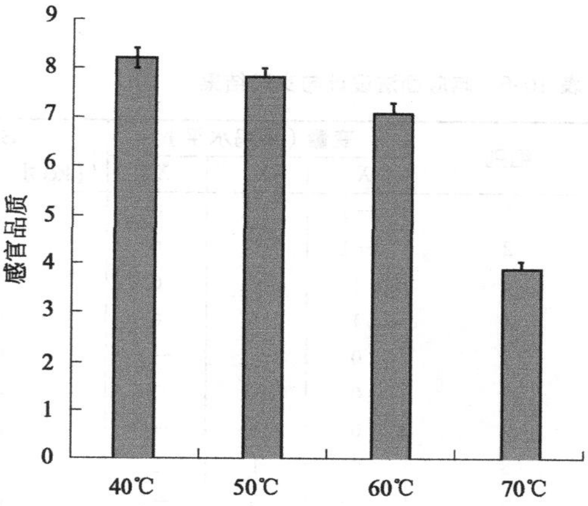

图 10-22 不同温度下干燥鱿鱼的感官品质

增加将会使干燥速率变小。从图 10-23 中还可以看出，2.0m/s 的风速在干燥后期的干燥速率稍低于 1.5m/s 时的干燥速率；主要原因是热泵干燥为封闭式循环除湿干燥，风速太大不利于湿的干燥介质与蒸发器热交换。

3）干燥介质的相对湿度对鱿鱼热泵干燥速率的影响

一般情况下，干燥介质的相对湿度越低，越有利于物料的干燥，如图 10-24 所示。但是，热泵干燥的干燥速率始终要受到热泵的最大除湿能力影响。从图 10-24 可以看出不同的相对湿度，在热泵干燥的初期影响并不明显，在干燥达到一定阶段后，相对湿度对干燥的速率影响才体现出来。

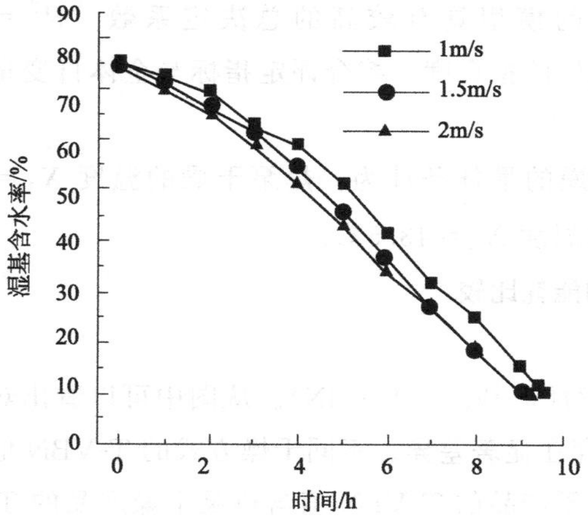

图 10-23 不同风速下的鱿鱼热泵干燥曲线

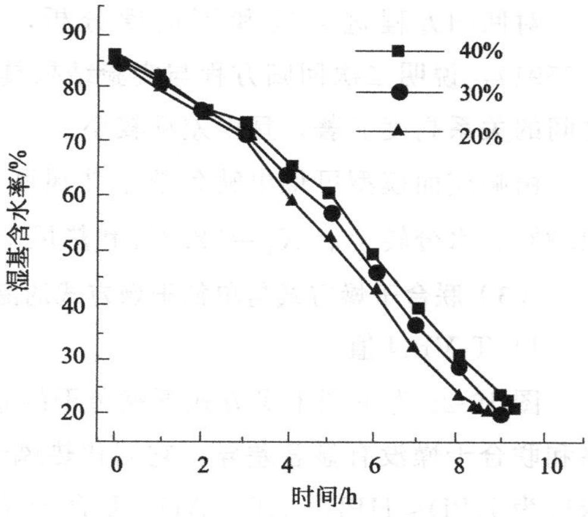

图 10-24 不同相对湿度下的鱿鱼热泵干燥曲线

（2）响应面法优化热泵与热风联合的干燥

选择热泵的温度、水分转换点和热风的温度为自变量，进行 3 因素 3 水平的 Box-Behnken 优化实验设计，以综合指标为实验指标进行优化。利用统计软件 SAS 8.0 进行实验设计与数据分析，得到优化工艺条件。实验设计和结果见表 10-6。

⊡ 表 10-6　响应面法设计与实验结果

组别	变量（编码水平）			SMER /[kg水/(kW·h)]	T-VBN /(mg/100g)	综合指标 Y
	X_1	X_2	X_3			
1	−1	−1	0	0.65	86.05	0.4366
2	−1	1	0	0.48	69.86	0.4149
3	1	−1	0	0.49	62.14	0.5442
4	1	1	0	0.54	71.35	0.4862
5	0	−1	−1	0.52	72.57	0.4366
6	0	−1	1	0.70	83.95	0.5463
7	0	1	−1	0.46	67.10	0.4252
8	0	1	1	0.47	67.24	0.4387
9	−1	0	−1	0.48	69.38	0.4222
10	1	0	−1	0.78	93.48	0.5277
11	−1	0	1	0.67	82.90	0.5153
12	1	0	1	0.77	95.32	0.4903
13	0	0	0	0.74	86.85	0.5651
14	0	0	0	0.74	86.71	0.5673
15	0	0	0	0.73	85.74	0.5662

采用回归方程 $Y=a_0+a_1X_1+a_2X_2+a_3X_3+a_{11}X_1X_1+a_{22}X_2X_2+a_{33}X_3X_3+a_{12}X_1X_2+a_{13}X_1X_3+a_{23}X_2X_3$ 的形式以及 SAS RSREG 程序对表 10-7 的数据进行处理，得到如下回归方程：

$Y=0.784367+0.04475X_1-0.025525X_2+0.0221X_3-0.057608X_1X_1-0.0125X_1X_2-0.045X_1X_3-0.077658X_2X_2-0.0507X_2X_3-0.052258X_3X_3$。

对回归方程进方差和可信度分析，建立的模型具有较高的总决定系数（$R^2=0.9591$），说明二次回归方程与实验结果具有较好的拟合度，综合评定指标与全体自变量之间的关系高度显著，且误差项较小。

由响应面模型可得出鱿鱼热泵热风联合干燥的最佳条件为：热泵干燥的温度 $X_1=54.3$℃、水分转换点 $X_2=32.3\%$和热风干燥的温度 $X_3=43.5$℃。

（3）联合干燥方式与单独干燥方式的品质和能耗比较

1）T-VBN 值

图 10-25 为不同干燥方式下鱿鱼干的总挥发性盐基氮（T-VBN）。从图中可以看出热泵和联合干燥没有显著差异，它们和热风干燥存在显著差异。不同干燥方式的 T-VBN 值依次为 HPD<HPD+AD<AD。联合干燥鱿鱼干产品的 T-VBN 值与热泵干燥产品的 T-VBN 值相差很小，明显低于热风干燥产品的 T-VBN 值，联合干燥能够较好地保持鱿鱼干的品质。

2）色差

表 10-7 为不同干燥方式下鱿鱼干的色差值。从表中可以看出 HPD+AD 和 HPD 干燥的产品差别不是很大，色泽优于 AD 产品。

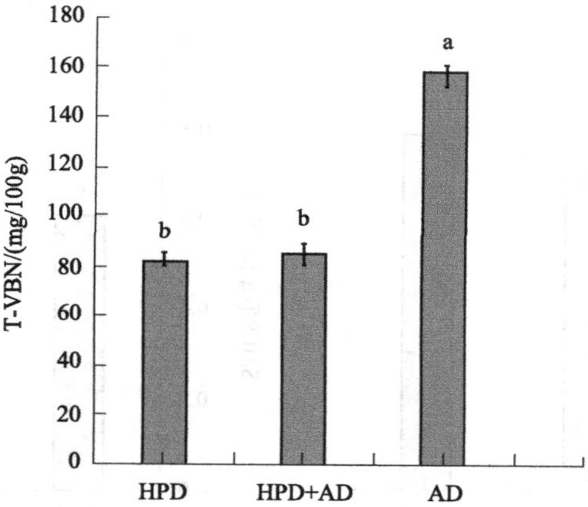

注：a、b不同字母表示有显著性差异(p<0.05)，下同。

图 10-25　不同干燥方式下样品的 T-VBN 值

表 10-7　不同干燥方式下样品的色差值

样品	L^*	a^*	b^*	ΔE^*
HPD	42.25 ±0.02a	11.45 ±0.02a	12.13 ±0.03a	42.46 ±0.03c
HPD+AD	38.85 ±0.06b	10.51 ±0.02b	11.49 ±0.02b	44.35 ±0.02b
AD	31.15 ±0.02c	4.29 ±0.03c	2.07 ±0.04c	53.73 ±0.02a

注：a、b、c、d 不同字母表示有显著性差异(p<0.05)。

3）细菌总数

图 10-26 为检测到的不同干燥方式得到鱿鱼干的菌落总数情况。可以看出 AD＞HPD＋AD＞HPD，这是因为热泵干燥的整个过程在封闭的环境下完成，得到的产品微生物较少；而热泵-热风联合干燥在后期虽然是开放式热风干燥，但是后期物料的含水量低，微生物的数量要低于单独热风干燥。

4）能耗 SMER 值

图 10-27 为不同干燥方式生产鱿鱼干的能耗 SMER 值。不同干燥方式生产鱿鱼干的能耗 SMER 值影响极显著，并且 SMER 值的大小依次为 HPD＋AD＞HPD＞AD。HPD＋AD 联合干燥鱿鱼干的能耗 SMER 值是 AD 样品的 163.04%，是 HPD 样品的 122.95%，联合干燥比单纯热风干燥的节能达到 38.67%。

以上分析表明，与传统的热风干燥相比，热泵干燥所得产品的微生物菌落更少、蛋白质保有量更多、鲜活度更高、色泽更好，并且能耗更低、干燥效率更高，具有节能的优点，将其运用到实际生产中具有很好的可行性。

10.5.3　热泵干燥技术在食品工业中的展望

随着科技的发展及国家对环保要求的日益提高，太阳能-热泵组合系统、微波-热泵组合系统等组合热泵系统以及多级蒸发、相变技术等手段改造的新型热泵干燥系统应运而生。这些新型系统更加节能高效，并且更加符合物料自身的干燥特性，具有广阔的市场前景。

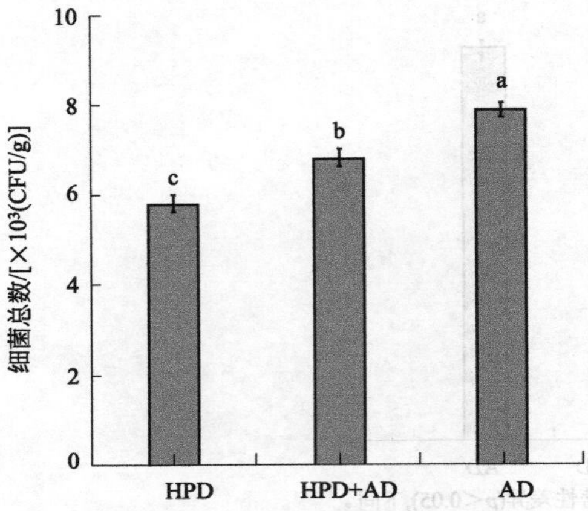

图中字母a、b、c表示有显著性差异($p<0.05$)

图 10-26 不同干燥方式下样品的菌落总数

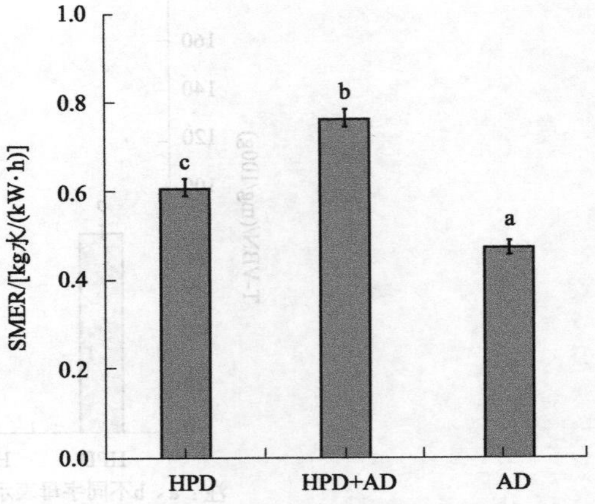

图中字母a、b、c表示有显著性差异($p<0.05$)

图 10-27 不同干燥方式下样品的 SMER 值

（1）热泵组合干燥系统

为了进一步缩短干燥时间，提高干燥效率，更进一步节省能源，可以让热泵干燥系统和其他能源系统联合起来。例如热泵与太阳能组合的干燥系统，可以实现优势互补，在气候条件好的时候可以充分地利用太阳能；在气候条件较差的时候，可以用热泵干燥弥补太阳能的缺陷。此外也有采用红外辅助加热的热泵干燥系统。

（2）自动控制技术的应用

干燥加工是一个复杂多变的过程，根据物料的脱水情况及环境状况需要适时调控干燥工艺的参数，这对于节约能源以及提高产品的质量均有助益。热泵干燥系统不仅可以调节空气的湿度而且可以调节空气的温度，很容易实现对干燥加工过程的全自动人工智能控制，从而降低操作成本，提高制品品质。

（3）复叠式热泵干燥系统

目前高温热泵的需求很大，如何提高热泵的干燥温度是一个有待解决的问题。可以使用复叠式热泵干燥系统以及通过辅助加热系统，将经过冷凝器加热的空气进一步提高其温度。

热泵干燥技术能在相对低的温度下对产品进行干燥，可以有效解决食品在干燥过程中高温变性的问题，在高附加值的食品工业方面具有非常广阔的应用前景。在联合干燥中热泵干燥仍能保持其对干燥介质湿度、温度、风速的精准独立控制和高效节能等特点，可提高热泵干燥的产品品质；太阳能辅助可有效加强节能效果。在世界能源短缺和环境日益恶化的背景下，热泵干燥技术在食品工业方面的产业化规模逐步扩大。

10.6 二氧化碳热泵干燥系统及应用

热泵系统的正常循环离不开制冷工质。由于臭氧层破坏和温室效应的不利影响，用自然工质替代传统工质 CFCs 越来越受到国内外制冷界的重视。CO_2 作为一种自然工质，化学性能稳定，具有良好的安全性，对环境无害，因此，CO_2 作为 CFCs 与 HCFCs 类物质的长期替代物具有非常光明的前景。

10.6.1 CO_2 热泵干燥系统原理

热泵干燥系统常见的形式有开式、半开式和闭式三种，而在实际工程应用中最多的为闭式热泵干燥系统。CO_2 热泵干燥系统由热泵循环子系统和空气循环子系统两个系统组成，具体见图 10-28。其中，热泵循环子系统由蒸发器、冷凝器、压缩机、节流阀等组成，而空气循环子系统由干燥室、风机、辅助冷却器等组成。在热泵系统中，制冷工质经压缩机压缩后在气体冷却器中冷凝放出热量，经过膨胀阀节流降压变成气液二相态，温度降低，而后进入蒸发器，在蒸发器内吸热蒸发，进入气液分离器后气体被吸入压缩机完成制冷循环。在空气循环子系统中，进入蒸发器的高温高湿空气被冷凝除湿，转变为低湿空气进入气体冷却器被加热为干热空气，由风机送入干燥室，带走被干燥物料的水分，从干燥室出来的湿热空气再次流入蒸发器，完成一次空气循环。如图 10-28 所示，5—6 为干空气在气体冷却器中的等湿加热过程，6—7 为干空气在干燥室里的等焓吸湿过程，7—8—5 为热湿空气在辅助冷却器和蒸发器中的冷凝除湿过程，1—2—3—4 为制冷剂工质 CO_2 的制冷循环过程。由于 CO_2 在冷凝过程中温度有较大的滑移，故能够与空气的升温过程有很好的温度匹配，同时也有利于满足热泵干燥过程中梯级放热的要求。

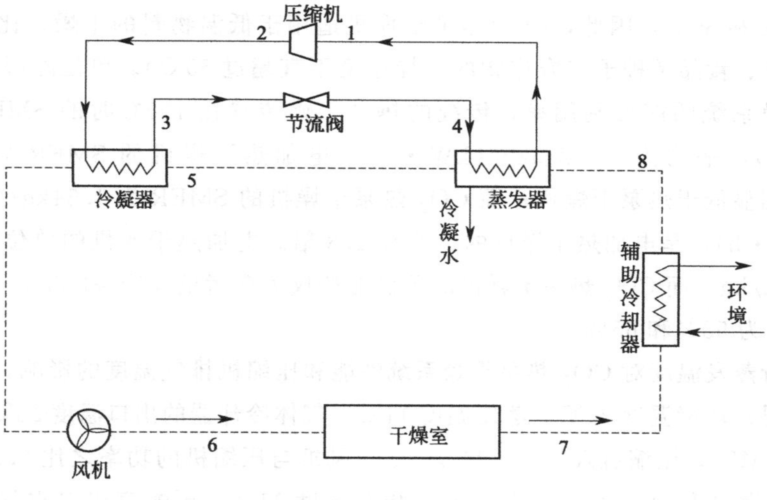

图 10-28　CO_2 热泵干燥系统的流程图

10.6.2 CO_2 热泵干燥系统性能分析

Schmidt 等学者采用传统的电加热干燥机和两台不同功率的 CO_2 压缩机进行了对比实验。表 10-8 为 CO_2 热泵干燥系统中压缩机的性能参数，表 10-9 为典型参数和实验结果。表10-9中除湿率（MER）为单位时间内的除水量，单位能耗（SEC）为除去1kg水的能耗，节能潜力（ESP）为电加热干燥机与CO_2热泵干燥机的能耗（包括压缩机和风机能耗）之差和电加热干燥机的能耗之比。

表 10-8　压缩机的性能参数

名称	Bock（德国）	Dorin（意大利）
型号	FKX3 * CO_2	CD4.017S
类型	开式	半封闭式
缸数	2	2
行程/mm	49	11
排量/(m^3/h)	1.8～5.4	1.7

表 10-9　典型参数和实验结果

干燥系统	电加热干燥机	CO_2 热泵干燥机	
压缩机	—	Bock	Dorin
制热量/kW	12	16	12
空气入口温度/℃	130	60	50
MER/(kg/h)	9	12	5
SMER/[kg/(kW·h)]	0.72	1.54	2.05
SEC/(kW·h/kg)	1.39	0.65	0.49
ESP/%	—	53	65

注：MER(Moisture Exaction Rate)为除湿率，SEC(Specific Consumption)为单位能耗，ESP(Energy Saving Potential)为节能潜力。

由表10-9可知，电加热干燥机的干燥室入口空气温度很高（130℃），而CO_2热泵干燥机只有50℃和60℃，因此，CO_2热泵干燥机适用于低温物料的干燥，比如说热敏物料、生物制品、食品及种子（农作物的干燥温度不宜超过55℃）。单位除湿率SMER反映了整个干燥系统的能量利用率，传统的热泵干燥装置在100℃时的SMER值为1～4kg/(kW·h)，平均为2～2.5kg/(kW·h)。电加热干燥机的SMER只有0.72kg/(kW·h)，明显低于热泵干燥机；而CO_2热泵干燥机的SMER为1.54kg/(kW·h)和2.05kg/(kW·h)，是电加热干燥机的2.2和2.8倍。电加热干燥机的单位能耗（SEC）为1.39kg·h/kg，而CO_2热泵干燥机的单位能耗仅为前者的47%和35%，因此，节能潜力（ESP）为53%和65%。

为了分析蒸发温度对CO_2热泵干燥系统性能和压缩机排气温度的影响，首先确定测试的标准工况；环境温度20℃，蒸发温度11℃，气体冷却器的出口温度26℃，气体冷却器的压力9.9MPa，压缩机入口的过热度5℃，风机与压缩机的功率之比0.2，电能转化效率0.9。干燥温度为55℃，干燥环境的相对湿度11%，干燥室出口空气的相对湿度55%。根据以上条件，针对CO_2热泵干燥系统中压缩机排气压力分别为8.5MPa、8.8MPa、9.1MPa和9.4MPa的四种不同情况进行了相关研究。

在CO_2热泵干燥系统的标准工况下，不改变其他参数，系统中的压缩机在不同排气压力情况下性能不同。图10-29～图10-31分别给出了在压缩机排气压力为8.5MPa、8.8MPa、9.1MPa和9.4MPa时，热泵干燥系统的COP、SMER和压缩机排气温度随蒸发温度的变化规律。

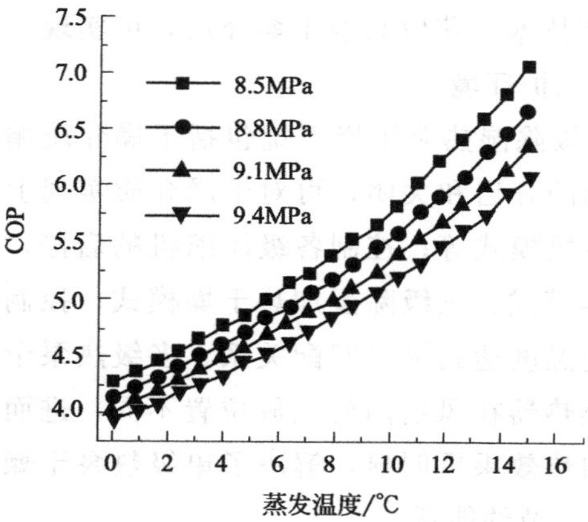

图 10-29　蒸发温度与 COP 的关系

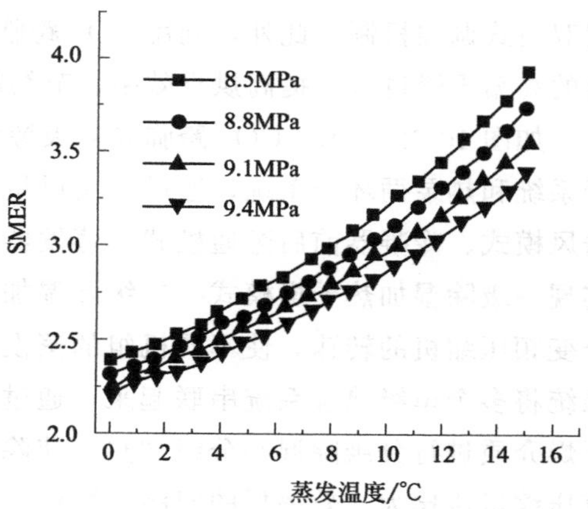

图 10-30　蒸发温度与 SMER 的关系

由图 10-29～图 10-31 可以看出，压缩机在不同排气压力的情况下，系统的 COP 和 SMER 都会随着蒸发温度的增加而逐渐增加，同时曲线的斜率逐渐增大；压缩机的排气压力越大，曲线的斜率变化越小；在蒸发温度相同时，系统的 COP 和 SMER 随着压缩机排气压力的增加而减小；压缩机的排气温度随着蒸发温度的升高而减小，排气温度随排气压力的升高而升高。导致上述现象的原因是，当压缩机的排气压力恒定时，蒸发压力随着蒸发温度的升高而升高，致使压缩机的压比减小。

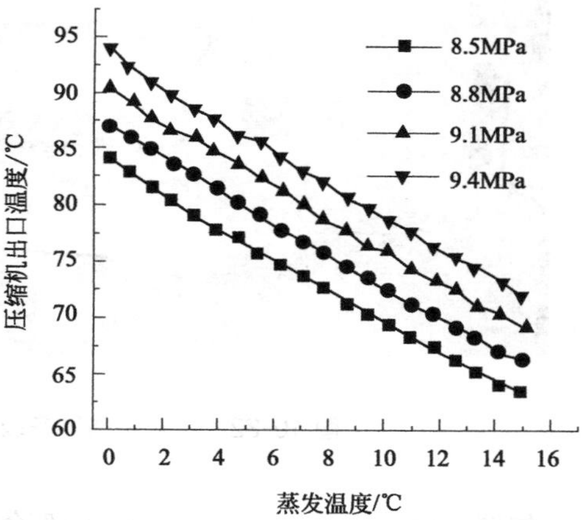

图 10-31　蒸发温度与压缩机出口温度的关系

在运行 CO_2 热泵干燥系统的过程中，要求必须保证压缩机的排气温度不能过低，这是由于排气温度与进入干燥室的空气温度有直接关系，同时 CO_2 热泵干燥系统不能够同时具有较高的压缩机排气压力和较高的系统性能。因此，需要 CO_2 热泵干燥系统具有一个最高蒸发温度限制；当蒸发温度超过该限制时，压缩机的排气温度将低于系统正常运行的排气温度，致使空气循环温度降低，从而导致干燥时间增加。在实际运行中，为保证热泵干燥系统正常工作，蒸发温度应低于最高蒸发温度限制，使得压缩机的排气温度不低于系统运行的正常排气温度。

10.6.3　多级旁通与多级除湿的 CO_2 跨临界联合热泵干燥系统

针对物料干燥过程中排湿废气潜热回收率低的问题，金旭、刘忠彦等学者提出了一种排湿废气多级旁通与多级除湿耦合的热泵干燥系统。通过分析蒸发与冷凝近连续变温过程的能量损失及干燥能效，设计了蒸发器多级除湿与冷凝器多级加热的系统；通过研究热泵循环和干燥介质循环的高效耦合机制，设计了基于露点温度调控机理的半开和封闭双模式调控机制。此外，利用CO_2跨临界循环技术，获取高温干燥介质，可实现对物料的高温干燥过程，提高烘干效率、节约能源、保护环境。

如图10-32所示，CO_2跨临界多级旁通与多级除湿热泵干燥系统包括干燥介质循环子系统和热泵循环子系统，通过控制风量调节阀的开启和关闭，可对干燥介质实现上下送风模式、冷凝器前后旁通模式、蒸发器前后新风模式等；控制各级压缩机的启停，可实现一级除湿加热干燥模式、二级除湿加热干燥模式、三级除湿加热干燥模式；控制多个变频压缩机的转速，使不同机组的蒸发、冷凝温度达到最优匹配关系。多级热泵干燥系统将多个单级热泵系统串联起来，通过多个换热器在风道内的摆放位置不同，进而对干燥介质进行分级除湿和分级加热，使除湿、加热效果更明显，解决了单级热泵干燥系统压缩机压比大、效率低的问题，缩短干燥时间、节约能耗。

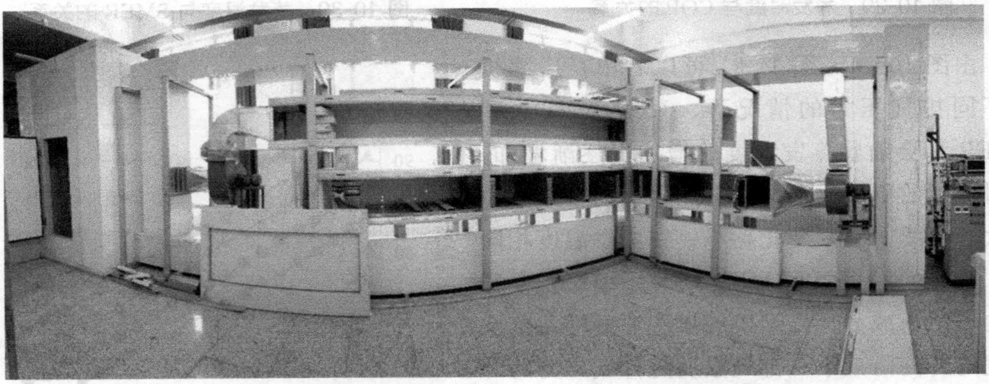

图10-32 CO_2跨临界多级旁通与多级除湿联合热泵干燥系统

如图10-33所示，多级旁通与多级除湿热泵干燥系统由制冷剂循环系统和干燥介质循环系统组成。制冷循环系统由蒸发器、压缩机、冷凝器、节流阀等部件组成。制冷剂在蒸发器内吸热汽化后进入压缩机，被压缩机压缩成高温高压的气体后进入冷凝器，在冷凝器内放热冷凝，然后经过膨胀阀节流降压回到蒸发器完成制冷剂循环。第一级级热泵机组采用CO_2制冷剂，第二级机组采用制冷剂R134a，第三级机组采用制冷剂R410a。干燥介质循环由物料干燥段、蒸发除湿段和冷凝升温段组成。干燥室排出的空气被循环风机送到蒸发段，经过蒸发器降温除湿后再经过冷凝器加热，达到要求的送风温度后再由循环风机送入干燥室进行物料干燥。本系统额外增加辅助冷凝器和辅助电加热器，能有效地调控热泵系统提供的热量，即当热泵系统提供的热量过多时由辅助冷凝器将多余的热量排除，当热量不足时由辅助电加热器提供额外的热量。本系统还可通过控制空气调节阀的开度和变频风机来调控风量，以满足不同干燥物料所需要的干燥条件，实现节能并有效地提高干燥质量。

多级旁通与多级除湿的CO_2跨临界联合热泵干燥系统共设9个气体调节阀和四个变频风机，其运行可通过控制风量调节阀的开启与关闭，实现闭式循环的上、下送风模式

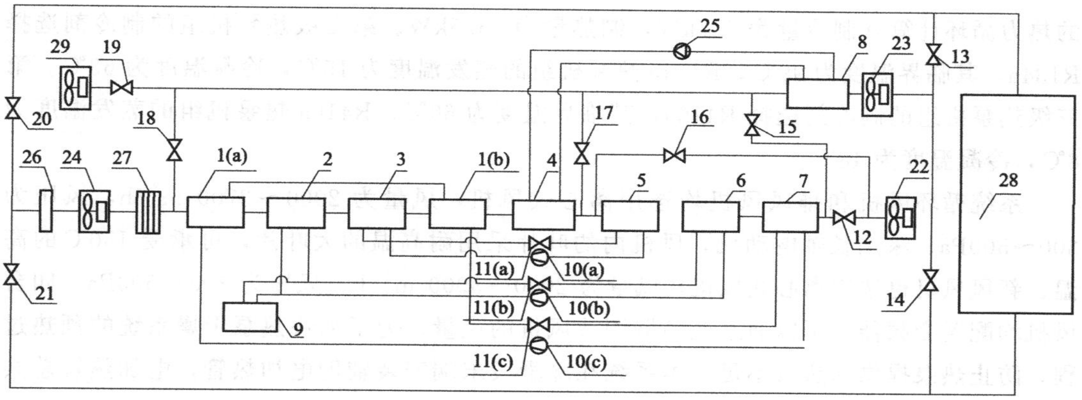

图 10-33 多级旁通与多级除湿的 CO_2 跨临界联合热泵干燥系统原理图

1 (a)、1 (b) —第一级热泵机组的冷凝器；2—第二级热泵机组的冷凝器；3—第三级热泵机组的冷凝器；
4、8—热管换热器；5—第三级热泵机组的蒸发器；6—第二级热泵机组的蒸发器；7—第一级热泵机组的蒸发器；
9—第二级热泵机组的辅助冷凝器；10 (a) ～10 (c) —各级机组的压缩机；11 (a) ～11 (c) —各级机组的膨胀阀；
12～17—风量调节阀；18—旁通阀；19～21—风量调节阀；22～24，29—变频风机；25—氟泵；
26—毕托管；27—电加热装置；28—烘干室

和半开式循环的上、下送风模式等多种送风方式。

闭式循环的上、下送风模式：打开风量调节阀，在循环风机的作用下，干燥室内的空气由干燥室上部排出；经过风量调节阀、热管换热器、风量调节阀后，依次经过第一级热泵机组的蒸发器、第二级热泵机组的蒸发器、第三级热泵机组的蒸发器进行冷却除湿；然后再依次经过热管换热器、第一级热泵机组的冷凝器、第三级热泵机组的冷凝器、第二级热泵机组的冷凝器、第一级热泵机组的冷凝器、电加热器进行加热；当空气达到一定温度后在循环风机的作用下，通过风量调节阀，由干燥箱下部送入干燥室内对物料进行干燥，或者通过风量调节阀，由干燥箱上部送入干燥室内对物料进行干燥。

半开式循环的上、下送风模式：打开风量调节阀，在循环风机的作用下，干燥室内的废气由干燥室上部排出，一部分废气经过风量调节阀由排风风机排出；另一部分空气经过风量调节阀，与经由引风机通过风量调节阀 12 进入的新风混合，依次经过第一级热泵机组的蒸发器、第二级热泵机组的蒸发器、第三级热泵机组的蒸发器进行冷却除湿；然后再依次经过热管换热器、第一级热泵机组的冷凝器、第三级热泵机组的冷凝器、第二级热泵机组的冷凝器、第一级热泵机组的冷凝器、电加热器进行加热；当空气达到一定温度后在循环风机的作用下，通过风量调节阀，由干燥箱下部送入干燥室内对物料进行干燥，或者通过风量调节阀，由干燥箱上部送入干燥室内对物料进行干燥。

当干燥箱入口处的空气温度为 65℃，相对湿度为 15%；出口处的空气温度 35℃，相对湿度为 85%时。根据假设的空气状态参数，得到干燥箱入口空气的含湿量和密度分别为 30.79g/kg、1.13kg/m^3；入口空气的含湿量和密度分别为 23.92g/kg、1.03kg/m^3。干燥空气的体积流量为 2350.78 m^3/h。

第一级热泵机组选择 CO_2 跨临界循环，热泵机组的蒸发温度为 22℃，气体冷却器的出口温度为 65℃；当排气容积为 42m³/r、冷凝器侧压力为 11MPa 时，根据制冷剂 CO_2 的热力循环计算其制冷量为 6.7kW，制热量为 16.5kW。第二级热泵机组的制冷剂选择 R134a，其临界温度为 99℃。R134a 热泵机组的蒸发温度为 15℃，冷凝温度为 63℃。第三级热泵机组的制冷剂选择 R410a，其临界温度为 60℃。R410a 热泵机组的蒸发温度为 8℃，冷凝温度为 48℃。

系统循环风机和排风风机均选用离心式风机，风量为 2000～3700 m³/h，风压为 300～500Pa；采用长轴电动机，风机内的叶片采用耐高温的大叶片，可承受 150℃的高温。新风风机也选用离心式风机，风量为 2000～3000 m³/h，风压为 300～500Pa。四台风机均配置变频器，可以通过变频器调节风机的风量。为了加快热泵干燥系统的预热过程，防止热泵提供的热量不足，本系统在冷凝段末端安装辅助电加热管，电加热管总共可提供 20kW 的热量。

当 CO_2 热泵的排气容积为 20.8m³/r、蒸发温度为 15℃时，随着气体冷却器出口制冷工质的温度变化，CO_2 机组的制热效率 COP 如图 10-34 所示。气体冷却器出口制冷剂的温度越高，系统的 COP 越低，当冷凝器出口制冷剂的温度为 60℃时，COP 为 2.36；当冷凝器出口制冷剂的温度为 80℃时，COP 为 0.47。而以 R134a、R410a 为制冷剂的热泵机组的平均 COP 为 3。在多级热泵的最外侧安置 CO_2 机组会对干燥系统整体的性能产生很大影响。因此，本系统设计时 CO_2 跨临界热泵机组采用双气体冷却器模式，降低气体冷却器出口制冷介质的温度。

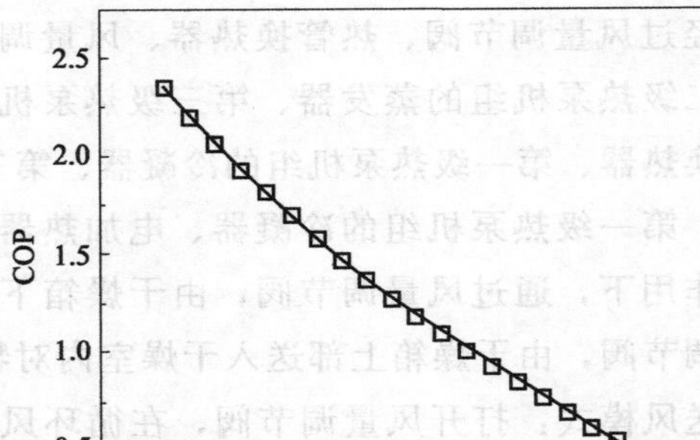

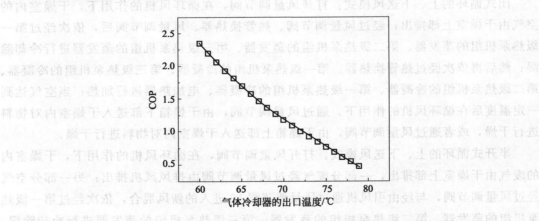

图 10-34 CO_2 跨临界热泵机组的 COP 随气体冷却器出口温度的变化

CO_2 跨临界循环热泵干燥系统是今后的发展方向，但目前 CO_2 干燥装置还未得到商业化应用。对于 CO_2 热泵干燥机组，不同的方面有不同的优化措施，如：①超临界 CO_2 的换热性能和循环机理研究；②开发与改进新型可靠的压缩机；③回收压缩机的膨胀功以提高能源利用效率；④开发新的与高压运行环境相适应的微通道换热器等换热设备；⑤对制冷系统、空气循环系统和控制系统进行整体优化，提高系统的干燥质量；⑥根据生产实际开发新型的自动控制系统；⑦开发具有干燥、空气调节、冷冻储藏等多功能的 CO_2 热泵干燥机。以期 CO_2 热泵干燥机能应用在实际工业农业的领域，具有更好的应用前景。

参考文献

[1] 张晓弟，罗正芳，阎尔平，等．纸机干燥部低压蒸汽热泵供热系统的研究和应用［J］．中国造纸，2009，28（11）：6-10.

[2] 汤伟，吕定云，王孟效．造纸机热泵供汽系统的应用［J］．中国造纸，2007（10）：49-56.

[3] 张程．蒸汽喷射式热泵在纸机干燥部的应用与分析［D］．大连：大连理工大学，2004.

[4] 刘明，付豪，苗国耀，等．集成热泵干燥的褐煤发电系统理论研究［J］．工程热物理学报，2016，37（5）：929-934.

[5] 王进仕．一种集成吸收式热泵的褐煤预干燥发电供热水回收系统：104676971［P］．2015-06-03.

[6] 方凌星，王磊．热泵干燥系统在纺织行业的应用［J］．建筑热能通风空调，2005，24（05）：89-92.

[7] 潘瑾．热泵干燥技术在洗衣机中的应用［J］．装备机械，2012（1）：67-71.

[8] 任健．腈纶新型干燥技术综述［J］．山东纺织经济，2012（06）：68-70，73.

[9] 朱惠兰．浅谈循环加热室自身返碱蒸汽煅烧炉［J］．盐业与化工，2014，43（01）：35-37.

[10] 吴宗生．电渗析制卤—热泵法制盐工艺的研究［J］．盐业与化工，2014，43（05）：20-22.

[11] 王荣欣，张伟．机械热泵技术在淡盐水浓缩中的应用［J］．氯碱工业，2014，50（01）：11-13.

[12] 黄成．机械压缩式热泵制盐工艺简述［J］．盐业与化工，2010，39（04）：42-44.

[13] 魏汉峰，祁永朝．盐硝联产热泵技术的节能应用［J］．中国井矿盐，2017，48（05）：3-4，14.

[14] 朱保利．热泵干燥及其在食品工业中的应用［J］．农机化研究，2006（10）：193-196.

[15] 张绪坤，毛志怀，熊康明，等．热泵干燥技术在食品工业中的应用［J］．食品科技，2004（11）：10-13.

[16] 陈迪丰．带鱼联合干燥技术优化及货架期预测［D］．舟山：浙江海洋大学，2018.

[17] 中华人民共和国卫生部．食品微生物学检验菌落总数测定：GB 4789.2—2010［S］．北京：中国标准出版社，2010.

[18] 中国水产科学研究院南海水产研究所．水产品中挥发性盐基氮的测定：SC/T 3032—2007.［S］．北京：中国标准出版社，2007.

[19] 倪梅林，房科腾，曹苏仙．DAD 检测干鱿鱼制品中苯甲酸、山梨酸的含量［J］．光谱实验室，2006（05）：1039-1041.

[20] 要志宏，关倩倩，聂相珍，等．食品干燥技术研究进展［J］．农业与技术，2016，36（16）：249-250.

[21] 任爱清．鱿鱼热泵-热风联合干燥及其干制品贮藏研究［D］．无锡：江南大学，2009.

[22] 高瑞昌，苏丽，黄星奕，等．腌干鲢鱼组织蛋白酶 B、L 活力变化的响应面法预测研究［J］．食品科学，2012，33（17）：136-140.

[23] 林家辉，章学来，张振涛．水产品热泵干燥技术综述［J］．制冷与空调，2019，19（09）：1-4，11.

[24] 张兴亚，吴晶晶，於海明，等．热泵干燥机研究现状及展望［J］．农业工程，2018，8（08）：78-82.

[25] Lin Y. Simulation study of direct expanding solar heat pump with heat storage device［J］. Journal of Engineering Thermophysics，2012，3（5）：865-867.

[26] Ahmad M W，Eftekhari M，Steffen T，et al. Investigating the per-formance of a combined solar system with heat pump for houses［J］. Energy & Buildings，2013，63（7）：138-146.

[27] 赵宗彬，朱斌祥，李金荣，等．空气源热泵干燥技术的研究现状与发展展望［J］．流体机械，2015，43（06）：76-81.

[28] 高旭娜，吴薇，孟志军，等．蓄能型振荡热管太阳能集热器热性能［J］．农业工程学报，2017，33（16）：234-240.

[29] 程同．小型二氧化碳热泵干燥系统的研制［D］．南京：南京农业大学，2015.

[30] 王帅，欧阳晶莹，吴宇，等．CO_2 热泵干燥的运行工况分析［J］．节能，2012，31（10）：22-25，2.

[31] 黄秀芝，吕静，何哲彬，等．CO_2 热泵干燥机的性能分析［J］．制冷与空调，2010，24（04）：57-60.

[32] 曾宪阳，马一太，李敏霞．二氧化碳热泵干燥技术［J］．中国农机化，2005（03）：44-46.

[33] 曾宪阳，马一太，李敏霞，等．二氧化碳热泵干燥系统的研究［J］．流体机械，2006（04）：52-56.